# 건축 정보 통신

이상일
원충호
박종규

개정판

# 실전 스마트 감리

박영사

# 머리말

정보통신 설계와 감리 등 엔지니어링 분야가 건축, 기계, 전기, 소방 등의 분야에 비해 기술적으로, 법, 제도적으로 뒤쳐져 있는 게 현실이다. 그러나 정보통신기술이 4차 산업혁명을 이끌고 가는 핵심 기반 기술이고, 콘크리트 구조물인 건축에 지능(Intelligence)을 내장시켜 두뇌(Brain) 역할을 정보통신기술이 수행하는 것을 고려하면, 발전해야 할 여지가 많은 분야임이 분명하다.

4차 산업혁명 분야에서 정보통신이 건축과 융합함으로써 구체화되는 분야가 스마트홈, 스마트 아파트, 스마트 빌딩, 스마트 시티 등이다.

이와 같은 향후 발전 전망을 고려해보면 정보통신 설계와 감리 등 엔지니어링 분야가 한 단계 도약해 나가야 할 시점에 서 있다. 4차 산업혁명 시대에 걸맞은 건축정보통신 감리 분야로 발전해나갈 수 있도록 하기 위해서는 이 분야에서 활동하는 감리원들의 기술력을 향상시키고, 저변을 확대할 필요성이 증대되고 있다. 정보통신감리원들의 업무 체계를 정립하여 실무 경력이 없는 정보통신감리자가 건축현장에 배치되어 정보통신 감리업무를 효율적으로 수행할 수 있도록 현장 감리실무 책자를 발간하고자 한다.

건축현장의 정보통신 감리업무는 건축의 진행공정에 따라 착공단계, 시공단계, 준공단계로 구분된다. 본 책자는 정보통신감리원이 건축현장에서 배치되어 착공단계, 시공단계, 준공단계 순으로 현장에서 수행해야 할 주요한 감리업무들을 차례대로 기술하였다.

1장에서는 공사단계별 감리업무 체크리스트를 요약하고, 2장에서는 착공단계의 감리업무 전반을, 3장은 착공단계의 감리업무 중 더 심화되는 분야를, 4장은 주요 설비들의 설계도면을 실전 검토하는 내용을 다루었고, 5장은 시공단계의 감리업무 전반을, 6장에서는 시공단계 감리업무 중 심화되는 분야를, 7장에서는 주요 설비의 시공 후 실전 검사(검측)업무를 다루었으며, 8장에서는 준공단계의 감리업무 전반을, 9장에서는 준공단계의 감리업무 중 심화되는 분야를, 그리고 10장에서는 기존 정보통신 감리를 한 단계 도약시켜 4차 산업혁명시대에 걸맞은 미래지향적인 스마트 정보통신감리를 지향하기 위해 필요한 내용 등으로 구성하였다.

책의 구성을 현장에서 감리업무가 수행되는 순서에 맞게 편집하였기 때문에 초보 감리원이라도 본 책자를 가이드북으로 삼고 감리업무를 수행할 수 있도록 하였다. 그리고 기존에 해오던 수동적인 감리업무로부터 탈피하여 스마트 정보통신 감리업무 수행을 위한 가이드를 착공단계, 시공단계, 준공단계별로 포함시켜 놓았으니 먼저 3장, 6장, 9장 끝부분의 '스마트 감리를 위한 핵심 길목 붙잡기'와 10장을 먼저 읽기를 권고한다.

본 책자는 저자들이 운영하는 "정보통신감리실무가이드북 광장" 밴드방에서 축적된 감리현장의 실무지식을 발췌하여 작성하였기 때문에 그 출처를 밝혀서 책자의 내용을 바탕으로 더 깊이 있고 더 광범위한 분야의 감리 실무 정보를 찾아서 참고(책 내용 중 **참고** 로 표기)할 수 있도록 배려하였다.

본 책자가 현장에서 일하고 있는 정보통신감리원뿐 아니라, 특히 처음 정보통신 감리분야로 진출하려는 초보 감리원들에게 좋은 가이드가 되길 바라고, 건축정보통신감리업무 체계를 확립하고 미래지향적인 스마트한 정보통신감리를 향해 나가는 데 조금이라도 기여하길 바라는 마음 간절하다.

머리말 말미에 개정판 발간에 대해 첨언하고자 한다. 이 책자를 2023년 4월에 발간하고, 1년도 채 되지 않은 시점에서 개정판을 발간하게 된 사유는 다음과 같다.

"방송정보통신설비 기술기준에 관한 규정" 2022년 12월 6일 개정, 그리고 "접지설비 구내통신설비선로설비 및 통신공동구 등에 관한 기술기준" 2022년 12월 12일 개정에 따라 건축정보통신 설계, 시공, 감리 등 엔지니어링 분야에서 FTTH(Fiber To The Home), FTTO(Fiber To The Office)가 법률적으로 의무화되는 커다란 변혁이 이루어졌다.

이에 따라 건축현장에서 실제적인(De Facto) 정보통신설비 설계기준으로 활용되는 "초고속정보통신건물인증지침"도 2023년 6월 7일부로 대폭적으로 개정됨으로써 이 책자를 그대로 방치할 수가 없어서 개정하게 되었다.

**2024년 2월**

**저자 이 상일/원 충호/박 종규**

# 목차

# 도입부

## 1. 정보통신감리시장에 진입하려는 초보 감리자를 위한 제언

정보통신감리에 관심이 있지만 아직 감리실무분야를 잘 모르는 독자들을 위해 정보통신감리 시장에 진입하는 방법에 관해 소개하고자 한다.

저자는 ICT폴리텍에서 정보통신감리원 자격증 발급을 위한 교육과정에 강사로 참여하고 있는데, 수년전부터 교육 신청자들이 부쩍 늘어나는 추세이다. 교육 신청자들 적체가 심해 민원이 생길 정도이다. 2020년 이후 코로나로 인한 '사회적 거리두기' 때문에 교실 좌석의 1/2 교육생만 수용할 수 있기 때문에 여전히 대기 중인 신청자들이 많았으나, 코로나 확산세가 심해지면서 비대면 온라인 교육으로 전면적으로 전환됨으로써 오히려 쉽게 교육받을 수 있게 되었다.

정년 퇴직한 사람들도 많지만, 젊은 사람들도 많이 참여하고 있는데, 젊은 신청자들의 소속 직장을 확인해보니 통신사(KT, SKT, LGU+), 방송사(지상파, 케이블 등), 공무원, 군, 공공기관 등에 재직 중인 상태로 당장 감리분야로 들어올 사람들은 아니고, 정년 퇴직 후 "100세 시대"에 "평생 현역으로 살아가기" 위한 Tool을 하나 갖추어 놓기 위한 목적으로 휴가나, 재택근무 기간을 활용해서 정보통신감리 자격증을 따놓으려는 사람들이 많은 것 같다.

본 도입부에서는 정보통신감리 진입을 돕기 위하여 시장에 처음 진입하는 순서를 단계적으로 설명한다.

### 1) 정보통신감리 자격증 취득

"한국정보통신공사협회"는 감리원 자격증 교육 신청자의 학력, 경력, 관련 기술자격증 보유 등을 종합 평가하여 초급, 중급, 고급, 특급 정보통신감리 자격증을 발부한다. 협회에 가서 상담을 받으면, 어떤 등급을 받을 수 있는지 확인할 수 있다. 특급

자격증은 2009년 이후부터 정보통신기술사 자격증 보유자에게만 발급된다. 2009년 당시 특급감리원이 정보통신감리원 3만여명 중 1만명을 돌파함으로서 너무 특급에 편중되지 않게 하기 위함이다.

2009년 이후부터 정보통신기술사 소지자들에게만 특급 자격이 부여된다. 이처럼 정보통신분야에서 특급으로 올라가기 위한 사다리는 오직 정보통신기술사 자격을 취득하는 것이 유일한 방법이다. 기존 "정보통신공사업법 시행령"에 따르면, 관련 기사, 산업기사, 기능사 등 기술자격증이 없으면, 경력이 풍부해도 고급 감리원 자격증도 발급받는 게 불가능하다. 전기감리분야도 유사하다. 이에 비해 소방분야는 소방감리경력 8년만 채우면 특급으로 업그레이드될 수 있다.

2022년말 과기정통부에서 혁신과제로 정보통신기술자/감리원 자격제도를 정비할 예정인데, 정보통신공사업 시행령 제10조(정보통신감리원의 자격기준 등)가 개정이 되면 자격증이 없더라도 경력만으로도 고급, 특급 감리원으로 승급할 수 있게 된다.

"한국 ICT폴리텍대학 산학협력단"에 감리원 교육 신청을 하고 일주 이내의 교육과정을 수료하고 간단한 평가를 통과하면, 교육 수료와 동시에 감리원 자격증을 발급받는다.

교육기간은 오프라인 교육, 온라인+오프라인 혼합 교육, 그리고 고급 이상, 중급 이하 등에 따라 2~4일간이다. 온라인으로 강의를 미리 수강하면 오프라인 대면 교육기간을 1~2일 단축할 수 있다.

정보통신감리원 등급에 따라 일하는 감리현장의 규모가 달라진다. "정보통신공사업법 시행령" 제8조(감리대상인 공사의 범위)에 따르면 건설현장의 정보통신공사비 규모에 따라 현장 배치 책임감리원의 등급이 결정된다. 정보통신감리원 등급이 4단계이지만, 특급감리원의 경우 정보통신기술사 보유 여부에 따라 감리 대상 현장의 규모가 달리지기 때문에 실제로는 5단계라고 할 수 있다. 총공사비 대비 감리배치 조건은 아래와 같다[정보통신공사업법 시행령 제8조의3(감리원의 배치기준 등)].

■ 특급(정보통신기술사 자격 보유): 정보통신 총공사비 100억원 이상

■ 특급 정보통신감리원: 정보통신 총공사비 70억원 이상~100억원 미만

■ 고급: 정보통신 총공사비 30억원 이상~70억원 미만

■ 중급: 정보통신 총공사비 5억원 이상~30억원 미만

■ 초급: 정보통신 총공사비 5억원 미만

일반적으로 아파트 건축 현장의 경우, 1500~2000세대 규모이면 정보통신공사비가 100억원을 넘어서므로 특급(정보통신기술사 자격 보유) 정보통신감리원이 배치되어야 한다.

### 2) 경력 신고

감리자격증을 발급받은 후, 그간 근무했던 경력을 해당 기관으로부터 소정의 양식에 발급받아 "한국정보통신공사협회"에 가서 등록하면 기술자 수첩에 경력이 등재된다. 특히 유의해야 할 사항은 "한국정보통신공사협회"에 등록된 회사의 경력만 인정받을 수 있다는 점이다.

감리업에 진입하기 유리한 경력은 "~감리", "~설계", "~감독", "~시공 관리" 등의 내용으로 등재하는 것이 감리 일자리를 구하는데 유리하다.

경력확인서 등재내용은 취업시 경력 산정에 아주 중요한 요소가 된다.

KT 등 통신업체에서 유지보수 등 운용업무에 종사했던 엔지니어들은 "유지보수"로 경력이 등재되는 경우가 많은데, 자격증 활용이나 구직 관점에서 좋은 경력이 아니다. 그러므로 경력확인서에 경력사항을 등재할 때 감리실무 경력이 많은 선배들의 조언을 듣고 실행하길 권고한다. 경력확인서에 등재된 경력사항의 수정은 전체 경력에 대해 최초 1회만 수정 가능하다(이후 추가된 경력에 대해서도 수정 불가).

### 3) PQ(Pre-Qualified) 교육 과정 수료

"ICT 폴리텍대학"(경기도 광주시 순암로 16-26)에서 시행하는 단기전문 교육과정, 즉 5일 단위 교육 과정을 2건 수료하면, 감리 용역 입찰시 사전 서류 평가에서 교육 가점이 만점이 되므로 채용에 유리하다.

이 교육 실적은 3년간 유효하다. 감리원을 고용하는 감리회사 사장 입장에서는 동일한 조건이라면 PQ교육 과정을 이수한 감리자를 선호하므로 미리 교육을 받아놓는 것이 구직에 유리하다. 일자리를 구하려는 감리자가 많을 경우에는 어떤 감리회사는 입사 조건으로 PQ 교육 이수를 내걸기도 한다. 감리원들은 한 현장 감리가 끝나면, 대기 기간 중에 회사비용으로, 다른 현장 나가기 전 PQ 교육을 이수하는 것이 일반적이다.

교육 과정은 동 대학 홈페이지에서 확인할 수 있다. 교육비 환급과정과 비 환급과정으로 분류할 수도 있다. 환급과정은 연말에 교육비를 환급받을 수 있다.

건축사사무소에서 건축설계감리용역과 정보통신설계감리 등 용역을 일괄해서 수주하기 위해 정보통신 설계 감리회사와 컨소시엄을 구성해서 입찰에 참여하는 경우에는 건축분야 실무교육기관의 PQ 교육이수 실적을 요구하기도 한다.

### 4) 정보통신감리원 구인란/구직란을 확인하거나 등재

가장 보편적인 구인/구직 정보는 "한국정보통신공사협회" 홈페이지에서 확인할 수 있다. 그리고 기술사 자격을 가진 특급은 "한국기술사회" 홈페이지에서 구인 정보를 확인할 수도 있고, 스스로 구직 정보를 올릴 수 있는데, 구직 정보를 올리려면 최근까지 회비를 완납한 상태여야 가능하다. 감리회사에서 구인할 때 요구하는 서류는 다음과 같다.

■ 경력확인서("한국정보통신공사협회" 발급)

특정 분야에서는 "한국엔지니어링협회"에서 발급하는 경력확인서 요구하는 경우도 있다. 경력확인서를 발급받거나 새로운 경력 사항을 추가 등재하려면 최근까지 회비(연 2만원)을 완납한 상태여야 한다. 참고로 "한국정보통신공사협회"에 등록된 경력 사항은 "엔지니어링협회"에서 그대로 인정해준다.

■ 정보통신감리원 자격증 사본

■ 이력서

■ 정보통신기술사 자격증 사본(소지자에 한해서)

감리를 구직하거나 희망하는 독자는 감리원 자격증, 경력확인서, 기술사 자격증 등을 미리 파일 (PDF, 포트폴리오 등)로 만들어 놓으면 입사 서류 제출시 효율적이다.

### 5) 연봉 협상 기준

감리시장의 연봉은 수요와 공급에 의해 결정된다. 관련법에 의해 일자리 수가 결정되는데, 일자리수가 많을수록 연봉이 비례해서 올라간다.

그러므로 법제도적으로 일자리가 구체적으로 규정되어 있는 전기감리, 소방감리 연봉이 정보통신감리에 비해 1,000만원 이상 높다. 그리고 관청, 공공, 군쪽과 민간 분야가 다르다. 특급 감리원의 경우, 민간 재건축 현장에 비해 LH현장이 1,000만원 이상 연봉이 높다. 그리고 고급과 특급과는 500만원 정도 차이가 난다. LH아파트 건축 현장의 정보통신감리원 특급 연봉은 4,500~5,000만원 정도이다.

정보통신 공사비가 100억원 이상인 경우, 정보통신기술사 자격을 가진 특급감리원이 배치되어야 하는데, 대체적으로 LH 현장의 경우 연봉을 8천만원 이상 받을 수 있다.

일반 회사 연봉을 단순하게 비교하기 어려운 것처럼, 정보통신감리원 연봉을 비교하는 것이 쉽지 않다. 퇴직금을 연봉에 포함해서 제시하는 회사(사실 대부분이다)도 있고, 체재비, 현장 수당, 식대, 교통비 등 지급 기준과 방법이 다양하기 때문이다. 그러므로 연봉을 계약할 때, 구체적인 조건을 자세하게 확인해야 한다.

### 6) 감리실무 경력이 없는 초보 감리원이 감리시장에 진입하는 방법

감리 실무 경력이 없다는 건 감리시장 진입에 큰 핸디캡이다. 풍부한 경력을 갖고 일하고 있는 기존 감리원들도 그런 어려운 진입 과정을 다 거쳤다. 감리회사 입장에서 초보 감리원을 수주한 현장에 배치하는 것은 큰 부담이다. 감리 현장의 문제가 본사에까지 영향을 미치게 되기 때문이다. 가장 흔하게 발주처 현장 감독관으로부터의 감리자 교체 요구이다. 이 경우 감리회사 사장과 현장 감리원이 순순히 물러나는 경우가 많은데, 요즘은 멘탈이 강한 초보 감리원의 경우 노동 관련법을 제시하면서 버티기도 한다.

초보 감리원은 연봉 등에서 일부 손해 볼 요량으로 입사 인터뷰에 임해야 한다. 그 결과 책임감리원이 있는 현장에 보조 감리로 들어가든지 또는 경력있는 감리원들이 선호하지 않는 지방 현장으로 내려가야 한다. 그럴 경우, 감리 경력이 많은 선배를 찾아서 멘토로 삼고 현장에서 안정될 때까지 원격 지원을 받는 것도 좋은 방법이다.

지방 현장의 경우, 역주변에 거주하고 있어서 KTX 등으로 출퇴근이 가능하거나 지방에 머무를 거처가 있으면 감리회사에서 선호한다. 그 이유는 월 100만원 가까운 체재비를 절감할 수 있기 때문이다. 이런 조건이나, 감리회사가 선호하는 조건들을 잘 활용하면 입사에 유리하다. 감리회사는 감리현장의 문제가 본사로 올라오지 않고, 현장 운영에 소요되는 인건비 등 비용을 최소화 하는 것이 최대 관심 사항이기 때문이다.

구직을 위해 감리회사 인사담당자와 Job Interview시 그 현장이 주택법 현장인지, 건기법 현장인지를 확인해야 한다. 민간 재건축현장은 주택법 현장이고, LH 등 공공기관이나 관청 발주현장은 건기법 현장이다. 건기법 현장이 주택법 현장에 비해 감리원 연봉이 1000만원 이상 높다. 그 이유는 건기법 현장의 감리 근무가 훨씬 더 엄격하고 수행 업무량도 많기 때문이다.

구직 당시 나이가 50대 또는 그 이하이면 건기법 현장에 도전해 보는 게 좋고, 60대 이상이면 주택법 현장이 무리가 없을 것이다. 그러나 나이는 숫자에 불과하다는 Active Senior인 분들은 건기법 현장에 도전하는 것도 의미있는 일일 것이다.

### 7) 연봉을 올리는 방법

큰 틀에서는 법제도적으로 전기감리와 소방감리 수준으로 배치현황 신고, 배치기준 등이 정립되어 강제적으로 시행이 되면 연봉이 올라간다. 이건 법 제정·개정이 이루어져야 한다. 예를 들어 "정보통신공사업법 시행령" 제8조(감리대상인 공사의 범위)에 현재 정보통신공사비 규모에 따른 책임감리원 등급만 규정하고 있고, 투입 감리원 수는 의무사항으로 규정되어 있지 않다.

관련법 제개정은 감이 익어서 떨어지는 것 같이 저절로는 절대로 되지는 않는다. 전기와 소방 분야를 부러워만 할 게 아니고, 관련법 제개정을 위한 강력한 실천방안(청와대 국민 청원 동의, 민원제기 등)에 정보통신감리원과 정보통신기술자들이 관심을 갖고 행동으로 참여해야 한다. 이러한 미비한 배치기준만 전기, 소방 수준으로 개정되면, 정보통신감리원 일자리가 3배 이상 늘어날 것이고, 연봉도 1,000만원 이상으로 올라갈 것으로 예상한다.

그리고 개인적으론 실무경력관리를 체계적으로 해야 한다. 아파트 감리, 철도 감리, 공공 인프라 감리 등 분야에 따라 경력을 일원적으로 가져가는 것도 좋은 방법이다.

참고 [정보통신감리밴드, 정보통신감리 시장에 처음 진입하는 방법] 2020년 7월 1일

## 2. 백세 시대에 평생현역으로 살아가는 노하우

최근 노년층을 대상으로 실시한 여론조사 결과를 요약하면, 73세까지 일하기 원하고, 보수는 200만원이면 충분하다는 응답이 나왔다.

요즘 젊은이들의 높은 실업율도 심각한 국가적인 문제이지만, 평균 수명 증가에 따라 노년층 일자리도 사회적인 문제가 되고 있다. 노년층 일자리를 상징하는 신조어 “고다자”, “임계장”을 풀어보면 노년층의 일자리 특성을 이해할 수 있다. “고다자”는 “고”르기 쉽고 “다”루기 쉽고 “자”르기 쉽다를 의미한다. “임계장”은 “임”시직, “계”약직, 노인“장”을 의미한다.

우리나라가 OECD 국가 중 노인빈곤율, 노인자살율 1위 국가이다. 코로나 팬데믹의 성공적인 방어로 세계인들로부터 K-방역이라는 찬사를 받음으로 선진국에 올라섰다고 자부심을 갖는 이면에는 노인빈곤율, 노인자살율 OECD 국가 중 1위, 출산율이 0.9명대로 떨어져 세계 최저 등의 그림자가 우리가 극복해야 할 국가적인 현안이 되고 있다.

### 1) 초고령 사회와 100세 시대

국내 인구분포는 65세 이상 인구비율이 2000년에 7%를 넘어 “고령화 사회”(Aging Society)로 전환되었고, 2017년에 14%를 넘어 “고령사회”(Aged Society)로, 2025년쯤 20%를 넘어 “초고령 사회”(Super Aged Society)로 전환될 것으로 전망한다. 그리고 멀지 않아 100세 시대를 향해 접근할 것이다. 그러면 노인들의 일자리 문제가 더욱 심각한 국가 사회적인 문제가 될 것이다.

할 일이 없는 100세 시대는 “축복”이 아니라 “재앙”으로 다가올 것이다. 젊은이들의 일자리도 중요하지만 노인들의 일자리도 중요한 이유이다. 노인빈곤율과 노인자살율 OECD 1위의 불명예를 탈출하는 효율적인 방법 중 하나가 노인 일자리를 만드는 것이다.

### 2) 평생 현역으로 살기

정신과 의사 이시형 교수가 원하는 죽음은 죽는 날까지 강단에 서다가 마지막 강의를 한 후 취침하면서 세상을 뜨는 것이라고 했다. 이시형 교수가 주장하는 100세까지 건강하게 살기 위한 방법은 다음과 같다.

■ 죽을 때까지 현역으로 살아라.

■ 지적 쾌감을 느끼도록 공부하라.

■ 사회나 가족들에게 필요한 존재가 되어라.

■ 거창하지 않더라도 사회나 인류에 기여하는 삶을 살아라.

■ 아침 기상시 가슴 설레는 일이 있도록 살아라.

■ 스스로 다리로 걸을 수 있도록 건강 관리를 하라. 걷지 못하면 의료비가 5배 증가한다.

### 3) 제2의 인생 (2-nd Life)을 위한 바람직한 일자리

정년 퇴직 후 2-nd Life를 살기 위한 방법으로 여행, 취미생활, 봉사, 일 등 다양한 방법이 있다. 전관 예우로 제공되는 일자리는 지속성이 없다. 길어야 2~3년이다. 2-nd Life 품격의 중요한 고려 요소는 지속성, 자부심, 보람, 자존감 등을 가질 수 있느냐는 것이다. 물론 개인의 인생관, 가치관 등에 따라 다르겠지만 이런 조건을 그런대로 만족하는 것이 직업을 갖고 꾸준하게 일하는 것이다.

2-nd Life를 위한 바람직한 일자리는 지속적이고, 생산적이며, 보람과 자부심을 느낄 수 있는 일이다. 바람직한 일자리 조건을 리스트업 해보면 다음과 같다.

■ 법제도적으로 보장되는 일

■ 진입 문턱이 있는 일

■ 나이 제한이 없는 일

■ 젊은이와 경쟁하지 않는 일

■ 젊은 시절에 축적한 경륜이 도움이 되는 일

여기에다가 생산적이며, 가정과 국가와 사회에 미약하더라도 기여할 수 있다면 금상첨화이다.

### 4) 2-nd Life를 위한 이상적인 일자리는 정보통신감리

노후의 중요한 3가지는 돈, 건강, 일자리 등이다. 인생 전반부의 일은 '죽도록'이란 수식어가 붙을 정도로 전력투구하는 일자리가 주류를 이루지만, 후반부의 일은 삶을 풍성하게 돕는 여유로운 일자리라면 더욱 좋을 것 같은데, 정보통신감리 일자리가 여기에 해당된다고 생각한다.

정보통신감리업무는 법적으로 일자리가 만들어지고, 자격증으로 인해 진입 문턱이 형성되며, 비교적 긴 경력이 필요하므로 젊은이들과 일자리를 놓고 다투지 않으며, 어느 정도 이상의 연봉을 받을 수 있으며, 다른 분야에 비해 나이 제한이 그리 엄격하질 않다. 민간 분야에서는 70대 감리원들을 어렵지 않게 찾아볼 수 있다.

정보통신 감리는 3)항에서 언급한 "2-nd Life를 위한 바람직한 일자리 조건"을 대체적으로 만족하고 있다고 볼 수 있다.

### 5) 향후 100세 시대 일자리 전망

앞으로 다가오는 세상은 "인간 노동의 종말"을 맞이하는 세상이 도래할 것이다. 실제로 4차산업혁명의 진전으로 AI로봇이 인간을 잉여인간으로 만드는 시기를 앞당기고 있다. 할 일이 없는 잉여인간으로 추락하는 것을 방지하는 해법으로 AI로봇세를 재원으로 해서 전 국민들에게 조건 없이 돈을 나누어주는 기본소득제도(Universal Basic Income)가 거론되고 있는데, 주관에 따라 판단이 다를 수 밖에 없다.

그런 측면에서 정보통신감리 자격증은 100세 현역 시대를 살아가는 Active Senior 노년층들에게 귀중한 자격증이 될 것으로 전망된다. 일자리가 "최상의 복지"라는 주장이 앞으로 더욱 힘과 지지세를 얻을 것이다.

**참고** ["100세 시대 평생현역으로 살기"와 정보통신감리] 2020년 7월 2일

## 3. 법제도 관점의 정보통신 감리업무 진단

### 1) 정보통신 감리업무란?

"정보통신공사업법" 제2조(정의)에 따르면 감리는 다음과 같이 정의되어 있다.

"공사에 대하여 발주자의 위탁을 받은 용역업자가 설계도 및 관련 규정대로 시공되는지 여부의 감독 및 품질관리, 시공 관리 및 안전 관리에 대한 지도 등에 관하여 발주자의 권한을 대행하는 것이다."

이와 같이 감리 제도는 발주자의 업무 부담을 경감시키고, 전문성 보완을 위하여 도입하였다.

### 2) 감리 대상 공사

"정보통신공사업법 시행령" 제8조(감리대상인 공사의 범위)에 따르면, 감리 대상 공사의 범위는 다음과 같다.

■ 총 공사금액이 1억원 이상인 전기통신사업용 정보통신공사, 철도, 도시철도, 도로, 방송, 항공, 송유관, 가스관, 상하수도설비용 정보통신공사

■ 6층 이상이거나 연면적 5000㎡ 이상인 건축물에 설치되는 정보통신설비의 설치공사

참고로, 정보통신설비가 설치되지 아니되는 지하층, 축사, 창고, 차고 등은 건축물의 층수 및 연면적의 계산에 포함하지 않는다. 만약, 지하층 등에 정보통신설비가 설치된다면 층수와 면적에 포함된다.

### 3) 감리원의 업무 범위

"정보통신공사업 시행령 제8조의2(감리원의 업무 범위)에 따르면 감리원의 업무 범위는 다음과 같이 정의되어 있다.

■ 공사 계획 및 공정표 검토

■ 공사업자가 작성한 시공 상세 도면의 검토 및 확인

■ 설계도서와 시공 도면의 내용이 현장 조건에 적합한지 여부와 시공 가능성 등에 대한 사전 검토

■ 공사가 설계도서 및 관련 규정에 적합하게 행해지고 있는지 확인

■ 공사 진척 부분에 대한 조사 및 검사
■ 사용 자재의 규격 및 적합성에 관한 검토 및 확인
■ 재해 예방 대책 및 안전 관리 확인
■ 설계 변경에 관한 사항의 검토 및 확인
■ 하도급에 대한 타당성 검토
■ 준공도서의 검토 및 준공 확인

#### 4) 감리원 배치 기준

"정보통신공사업법 시행령" 제8조3에 따르면 책임감리원의 등급은 정보통신 총공사비 규모에 따라 5억원에서 100억원 이상까지 규정하고 있다.

■ 특급(정보통신기술사 자격 보유): 100억원 이상
■ 특급: 70억원 이상~100억원 미만
■ 고급: 30억원 이상~70억원 미만
■ 중급: 5억원 이상~30억원 미만
■ 초급: 5억원 미만

"정보통신공사업법 시행령" 제8조 3(감리원 배치 기준 등)에 보조 감리원의 배치 기준을 다음과 같이 애매모호하게 규정하고 있다.

"~발주자와 협의하여 감리원의 공사 현장에 상주해야 하는 기간 및 추가로 배치하려는 수를 산정할 때 정보통신공사업법 제6조(기술기준의 준수 등) 3항 제2호에 따른 감리업무 수행기준 또는 엔지니어링 산업 진흥법 제31조(엔지니어링 산업의 대가 기준) 제2항에 따른 엔지니어링 사업의 대가 산정 기준(표준 품셈 등을 말한다)을 이용할 수 있다.

#### 5) 정보통신 설계감리 등 엔지니어링 관련 법제도적인 현안

가) 건축물내 정보통신 설계 및 감리업무 소관

"정보통신공사업법" 제2조(정의)의 ("건축사법" 제4조에 따른 건축물의 건축 등은 제외) 악법 조항에 의해 건축물내 정보통신 설비 설계 및 감리 소관을 건축사로 규정하고 있다. "건축사법" 제4조(설계 또는 공사 감리 등) 2항에서 건축물의 감리는 건축사가 하도록 규정하고 있고, "건축법" 제2조(정의) 4항에서 건축물에 설치하는 전기, 전화설비, 초고속정보통신설비, 홈네트워크 등은 건축설비로 규정함으로써 건물 내부의 정보통신 설계와 감리 업무에서 정보통신기술자를 배제하고 있다.

그러나 2023년 6월 30일에 "정보통신공사업법" 개정이 이루어져 제2조(정의) 중 제8호(설계)와 제9호(감리), 제10호(감리원)에서 정보통신공사의 범위를 정할 때 "건축사법에 따른 건축물의 건축 등은 제외한다"라는 그간 논란이 되었던 소위 '괄호 조항'을 없앤 것이다. 설계·감리의 대상이 되는 공사의 범위에 관한 내용을 정비함으로써 정보통신기술자 및 정보통신 엔지니어링사업자가 용역업자로서 건축사와 동등한 지위에서 관련 업무를 수행할 수 있도록 했다.

#### 나) 설계 및 감리 품질 저하 우려

건축물 내부 정보통신 설계 업무에서 정보통신 설계 단종 업체들이 건축사사무소로 부터 저가로 하도급을 받아 수행하고 있다.

건축물내 정보통신공사 설계감리업무를 건축사가 독점함으로써 저가 불법 하도급, 수직적 협력관계 고착화 등으로 시장 질서가 왜곡되고 정보통신공사 설계 및 감리 품질이 저하되는 문제가 발생한다.

#### 다) 정보통신 감리 배치 기준

"정보통신공사업 시행령" 제8조 3(감리원 배치기준)에 따르면, 전기와 소방감리와는 달리 배치되는 정보통신감리원 수를 의무적으로 규정하지 않고 있으므로 책임 감리원 1명만 배치해도 위법이 아니다. 공사비 규모가 비슷한 전기감리와 소방감리 배치 기준과 비교해보면 얼마나 열악한지 이해할 수 있다.

전기 감리 배치 기준은 "전력기술관리법" 제22조(감리원의 배치 기준 등)과 "전력기술 관리법 요령" 제25조(공동 주택 등의 감리원 배치 기준)에 근거하여, 아파트 800세대당 1명(4명 초과하는 경우 감리회사와 발주처 협의하여 축소 가능)을 의무적으로 배치해야 하고, 소방 감리 배치 기준은 "소방시설공사업법 시행령" 제9조(감리원의 배치 기준 등)에 근거하여 아파트 총 연면적 20만 ㎡당 2명, 그 이후에는 10만 ㎡ 증가시 마다 1명의 감리원이 추가로 배치되어야 하는데, 아파트 연면적 10만 ㎡는 500~600세대 정도이므로 소방감리원 배치 기준이 전기 감리 배치 기준 보다 더 많다.

# Chapter 01

# 공사단계별 감리업무 체크리스트 요약

공사를 공정 진행 단계로 구분하면 [그림 1-1]과 같이 착공단계, 시공단계, 준공단계 등으로 나눌 수 있다.

아파트 건축 현장의 경우, 전체 공기를 3년으로 잡을 경우, 착공신고 후 3개월까지는 착공단계의 감리업무를 집중적으로 수행해야 하며, 준공 시점으로부터 3개월 이전부터는 준공단계의 감리업무를 집중적으로 수행해야 한다.

**그림 1-1 공사단계별 감리업무 요약**

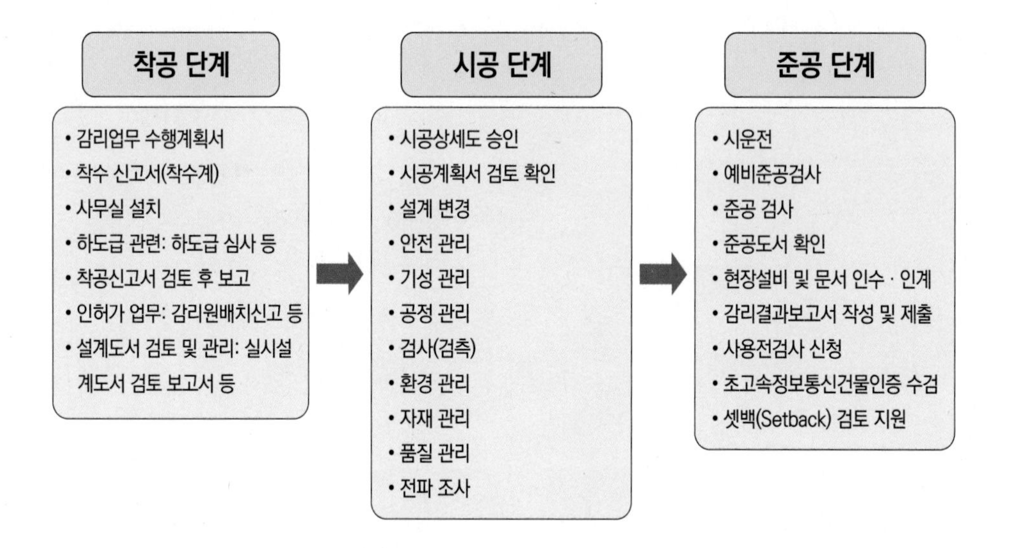

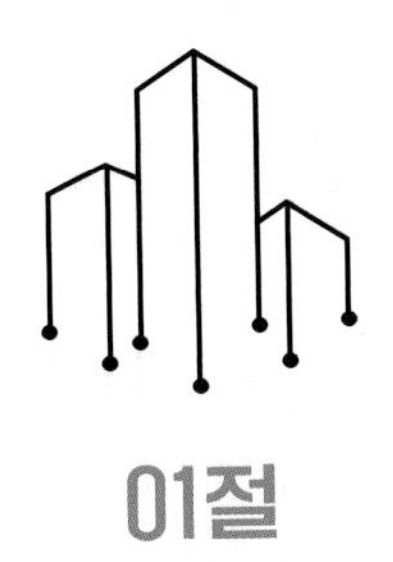

# 01절
# 착공단계 감리업무 체크리스트

공사가 착공되면, 시공이 본격적으로 시작되면서 감리업무도 시작되는데, 착공단계의 감리업무는 시한성이 있으므로 실수하지 않도록 신속하게 처리해야 한다. 그러나 현장 상황에 따라 예상치 않는 여러가지 문제로 인해 신속한 처리에 어려움이 발생하기도 하므로 적절하게 대처해야 한다.

## 1 착공단계 감리업무

착공단계에서 집중적으로 수행하는 감리업무를 요약하면 [그림 1-2]와 같다.

그림 1-2 착공단계 감리업무 요약

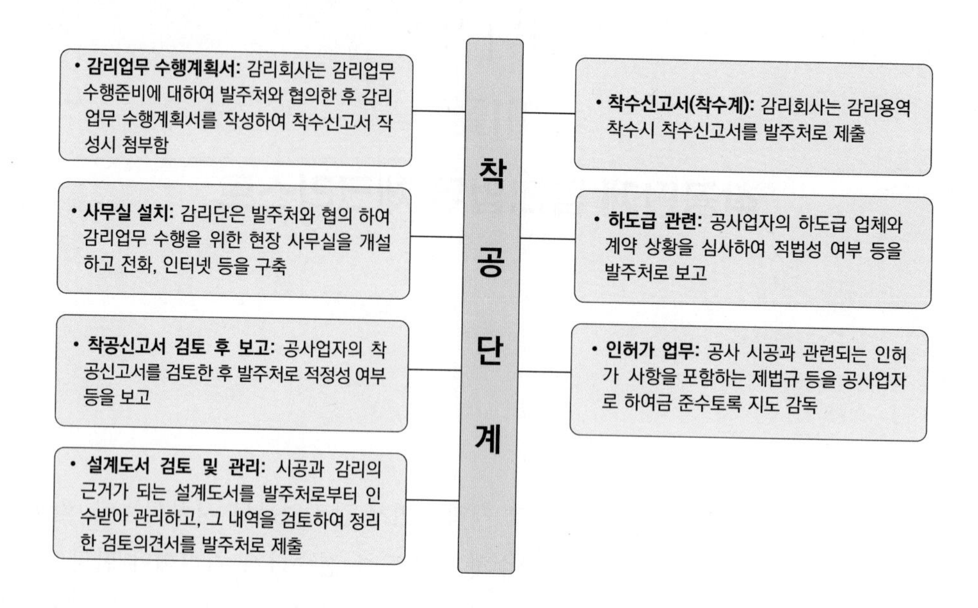


## 2 착공단계 감리업무별 체크리스트 요약

착공단계에서 발주자, 지원업무담당자, 감리원, 공사업자 등이 수행해야 하는 업무를 체크리스트로 요약하면 〈표 1-1〉과 같다.

표 1-1 착공단계의 감리업무 체크리스트

| 업무종류 | 세부사항 | 업무담당 | | | |
|---|---|---|---|---|---|
| | | 발주자 | 지원업무 담당자 | 감리원 | 공사업자 |
| • 감리계약 체결 | • PQ기준 | 주관 | | | |
| | • 감리업무수행계획서, 감리원배치계획서 | 승인 | 검토 | **작성** | |
| • 용지측량, 기공승락, 지장물 이설확인, 용지보상 등의 지원 업무를 수행 | | | 주관 | **확인** | 시행 |
| • 감리업무 착수(전반적 사항) | | 승인 | 확인 | **보고** | |

| • 업무연락처 등의 보고 | | 확인 | 확인 | **보고** | 작성 |
|---|---|---|---|---|---|
| • 설계도서 등의 검토 | • 감리원에게 보고 | | | **확인** | 검토, 보고 |
| | • 발주자에게 보고 | | 확인 | **검토, 보고** | 검토, 보고 |
| • 설계도서 등의 관리 | | | | **시행** | |
| • 공사표지판 등의 설치 | | | 확인 | **승인** | 시행 |
| • 착공신고서 | | 승인 | 확인 | **검토, 보고** | 작성 |
| • 공사 및 이해관계자 합동회의 | • 타부문공사 간섭사항<br>• 본공사 관련자 | 주관 | 주관 | **검토, 보고** | 시행 |
| • 하도급 관련사항 | | 승인 | 확인 | **검토, 보고** | 요구 |
| • 현장사무소,공사용도로 작업장 부지 등의 선정 | • 가설시설물 설치계획표 | | 협의 | **승인** | 작성 |
| • 현지여건조사 | | | | **합동조사** | 합동조사 |

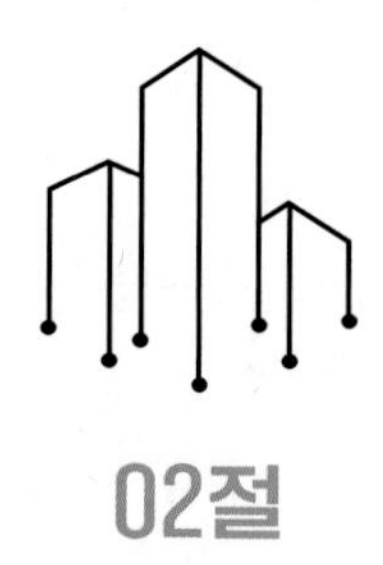

# 02절

# 시공단계 감리업무 체크리스트

공사현장에서 착공단계의 업무들이 정리되면, 시공이 본격적으로 시작되면서 감리업무도 이에 맞추어 가속화된다. 시공단계의 감리업무는 반복적으로 시행되는 특성이 있으므로 매너리즘에 빠지지 않도록 유의해야 하며, 시공인력들의 긴장감이 흐트러지지 않게 현장을 잘 관리해야 한다.

## 1 시공단계 감리업무

시공단계에서 집중적으로 수행하는 감리업무를 요약하면 [그림 1-3]과 같다.

그림 1-3 시공단계 감리업무 요약

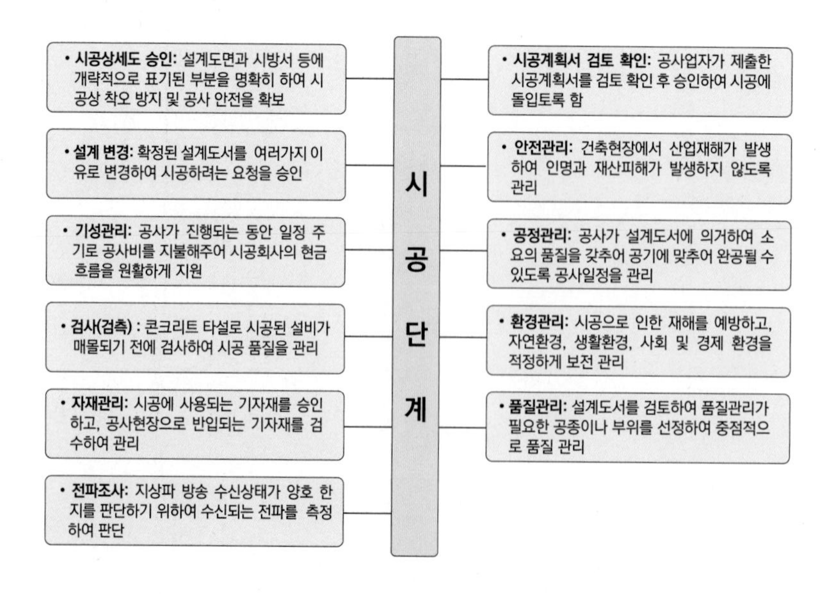

## 2 시공단계 감리업무별 체크리스트 요약

시공단계에서 발주자, 지원업무담당자, 감리원, 공사업자 등이 수행해야 하는 업무를 체크리스트로 요약하면 〈표 1-2〉와 같다.

**표 1-2 시공단계의 감리업무 체크리스트**

| 업무종류 | 세부사항 | 업무담당 | | | |
|---|---|---|---|---|---|
| | | 발주자 | 지원업무 담당자 | 감리원 | 공사업자 |
| • 행정업무 | • 발주자에 대한 정기 및 수시 보고사항 | 접수 | 확인 | **보고** | 작성 |
| | • 현장 정기교육 | | | **지시, 확인** | 주관 |
| | • 감리원의 의견제시 등 | 요구 | 확인 | **작성, 보고** | 요구 |
| | • 민원사항처리 등 | 요구 | 요구 | **작성** | 시행 |
| | • 정보통신기술자 등의 교체 | 요구 | 조사, 검토 | **필요성 보고** | 시행 |
| | • 제3자 손해의 방지 | | | **지시** | 주관 |
| | • 공사업자에 대한 지시 | | | **주관** | 시행 |
| | • 수명사항의 처리 | 지시 | 확인 | **지시, 보고** | 시행 |
| | • 사진촬영 및 보관 | | 접수 | **보고** | 시행 |
| • 기자재관리 | • 주요기자재 공급원 승인요청서 검토 | | | **승인** | 시행 |
| | • 기자재 반입검사 | | | **승인** | 시행 |
| | • 기자재 불출 등 관리 점검 | | | **확인** | 시행 |
| • 품질관리 | • 품질관리계획 (QMS/EMS) | 승인(감리) | 확인 | **검토 보고** | 작성 |
| | • 품질시험계획서 | | | **검토, 승인** | 작성 |
| | • 중점품질관리 | | | **입회 확인** | 시행 |
| | • 외부기관에 품질시험 의뢰 | 주관 | 필요시 입회 | **검토 확인** | 시행 |
| • 시공관리 | • 시공계획서 | | | **승인** | 작성 |
| | • 시공상세도 | | | **검토, 승인** | 작성 |
| | • 금일작업실적 및 명일작업계획서 | | | **검토, 확인** | 작성, 협의 |
| | • 시공확인 | | | **확인** | 요구 |

| | | | | | |
|---|---|---|---|---|---|
| | • 검사업무 | | | **확인** | 요구 |
| | • 현장상황 보고 | | 지시 | **보고** | 작성 |
| • 공정관리 | • 공정관리계획서 | | | **검토, 승인** | 작성 |
| | • 공사진도 관리 | | 확인 | **검토, 보고** | 작성 |
| | • 부진공정 만회대책 | | 확인 | **검토, 보고** | 작성 |
| | • 수정 공정계획 | | 확인 | **검토, 보고** | 요구, 작성 |
| | • 준공기한 연기원 | 승인 | 확인 | **검토, 보고** | 요구, 작성 |
| | • 공정현황 보고(필요시) | | 요청, 확인 | **검토, 보고** | 보고 |
| • 안전관리 | • 안전관리 조직편성 및 임무 부여 | | | **검토, 승인** | 작성 |
| | • 안전점검 | 주관 | | **지도, 확인** | 시행 |
| | • 안전교육 | | | **지도** | 시행 |
| | • 안전관리 결과 보고서 | | | **검토** | 작성 |
| | • 사고 보고 및 처리 | 확인 | 확인 | **확인, 보고** | 조치 |
| • 환경관리 | • 환경관리 | | | **지도, 확인** | 시행 |
| | • 제보고 사항 | | 접수 | **검토, 보고** | 작성 |
| • 설계변경 | • 경미한 설계변경 | | 확인 | **검토, 승인, 보고** | 작성 |
| | • 발주자의 지시에 따른 설계변경 | 지시 | 지시 | **검토, 확인, 보고** | 시행, 보고 |
| | • 공사업자 제안에 따른 설계변경 | 승인 | 확인 | **검토, 확인, 보고** | 요구, 작성 |
| | • 계약금액의 조정 | 승인 | 확인 | **검토, 확인, 보고** | 요구, 작성 |
| | • 설계변경전 기성고 및 지급기자재의 지급 | 승인 | 확인 | **확인** | 요구, 작성 |

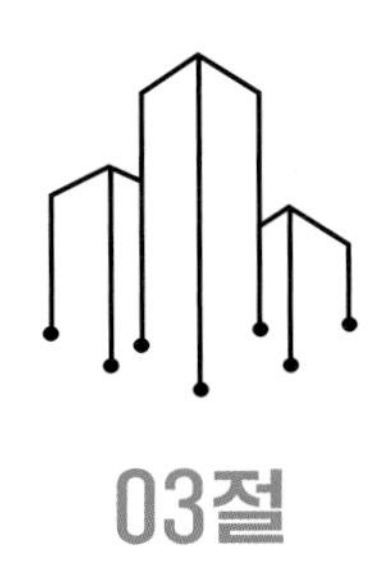

# 03절

# 준공단계 감리업무 체크리스트

공사가 준공단계로 접어들면, 정해진 준공일시에 차질이 발생하지 않도록 준공단계 감리업무 체크리스트를 작성하여 일정을 관리해야 한다.

준공단계의 감리업무는 예상 준공일시를 기준으로 역산하여 일정계획을 수립해서 실기하지 않도록 관리해야 한다. 그러나 현장 상황에 따라 예상치 않는 변수로 인해 준공일시에 영향을 주는 돌발적인 문제가 발생할 수 있으므로 적절하게 대처해야 한다.

## 1 준공단계 감리업무

준공단계에서 집중적으로 수행하는 감리업무를 요약하면 [그림 1-4]와 같다.

그림 1-4 준공단계 감리업무

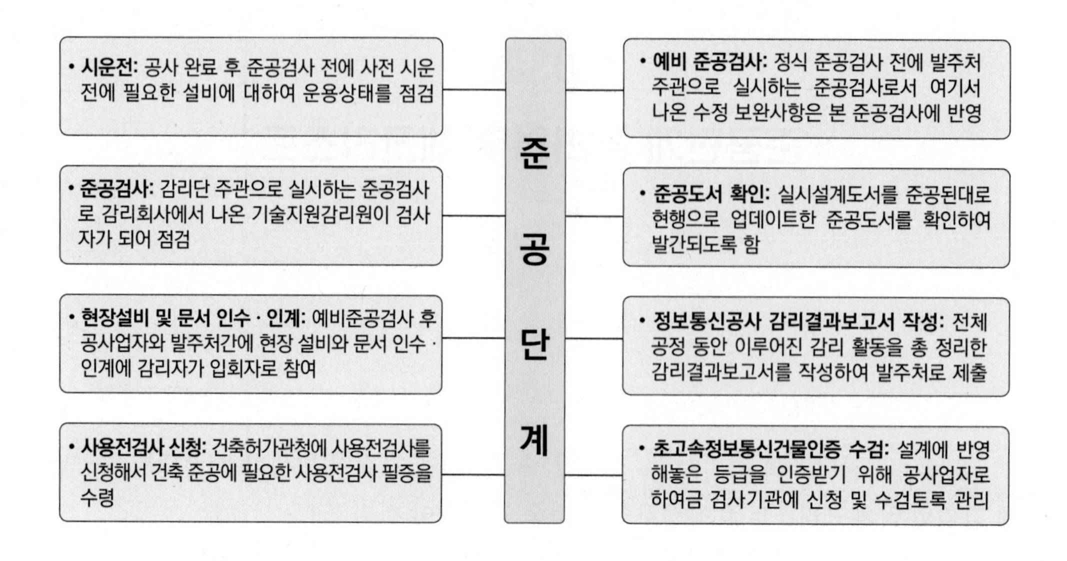


## 2 준공단계 감리업무별 체크리스트 요약

준공단계에서 발주자, 지원업무담당자, 감리원, 공사업자 등이 수행해야 하는 업무를 체크리스트로 요약하면 〈표 1-3〉과 같다.

**표 1-3 준공단계의 감리업무 체크리스트**

| 업무종류 | 세부사항 | 업무담당 | | | |
|---|---|---|---|---|---|
| | | 발주자 | 지원업무 담당자 | 감리원 | 공사업자 |
| • 기성 검사지침 | • 검사자의 임명 | | 확인 | **보고** | 요구 |
| | • 불합격 공사에 대한 재시공 명령 | | 확인 | **지시, 보고** | 시행 |
| • 기성부분검사 절차 | • 기성부분검사원 및 기성내역서 검토 | | 확인 | **검토, 보고** | 작성 |
| | • 감리조서의 작성 | | 확인 | **작성** | |
| | • 기성부분 검사 | | 필요시 입회 | **검사, 보고** | 입회 및 시행 |
| • 준공검사 절차 | • 시설물 시운전 계획 | | 확인 | **검토, 승인** | 작성 |
| | • 시설물 시운전 | | 필요시 입회 | **검토, 보고** | 시행 |
| | • 예비 준공검사 | 검사 | | **검토, 보고** | 시행 |
| | • 준공도면 등의 검토·확인 | | 확인 | **검토, 확인** | 작성, 제출 |
| | • 준공표지의 설치 | | 확인 | **지시, 확인** | 시행 |
| • 시설물 인계·인수 | • 시설물 인계·인수 계획 수립 | 접수 | 확인 | **검토, 보고** | 작성 |
| | • 시설물 인계·인수 | 주관 | 확인 | **검토, 입회** | 작성, 시행 |
| • 준공 후 현장문서 인계·인수 | • 준공도서 등의 인수 | 인수 | 확인 | **작성, 보고** | |
| • 유지관리 및 하자보수 | • 시설물의 유지관리 지침서 등 | 인수 | 확인 | **검토, 보고** | 작성, 제출 |
| | • 하자보수에 대한 의견 제시 | 요구 | 확인 | **의견 제시** | 시행, 보고 |

# Chapter 02

# 착공단계 감리업무 수행

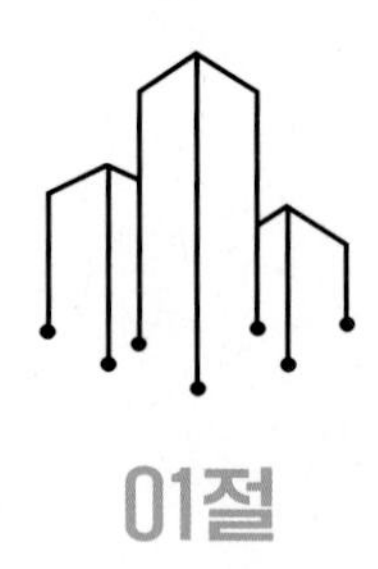

## 01절

# 착공단계 감리업무 개요

건축 현장의 감리업무를 시기적으로 구분하면, 착공(공사 착수), 시공(공사 시행), 준공(공사 완료) 단계의 감리업무로 구분한다. 설계단계에서의 감리는 하지 않고, 착공단계에서부터 시작하는 것이 일반적이다.

이 가운데서 착공단계의 감리업무에 관하여 확인해 본다. 특히 처음 현장에 투입되는 초보 정보통신감리원은 무엇부터 시작해야 할지, 시공사에게 무엇을 지시해야 할지, 어떤 자료를 제출하게 해야 할지, 발주처에겐 어떤 보고를 먼저 해야 할지 막연할 것이다. 감리 현장에서 감리 실무를 수행하면서 느끼고 축적된 노하우를 공유토록 한다.

"정보통신공사 감리업무 수행기준"(2019.12. 과기정통부)을 근거로 하고, 실제 감리 현장에서 수행되는 실무를 위주로 설명한다. 관/공공/군 발주 현장과 민간 발주 현장이 서로 다르다. 건축현장인 경우, 발주처가 관청/공공기관이면 "건설기술진흥법"의 적용을 받고, 발주처가 민간이면 "건축법"의 적용을 받으므로 감리업무 내용이 서로 다르다. 실제 감리현장에서 투입 초기에 실제적으로 수행해야 하는 업무 위주로, 또는 착안하거나 고려해야 하는 내용 위주로, 감리단이 능동적으로 주도해야 하는 업무 위주로 언급한다.

**참고** [감리현장실무: 착공단계의 감리현장 업무 수행 노하우] 2020년 10월 23일

# 02절

# 착공단계 감리업무

## 1 감리업무 수행계획서

감리용역 계약 즉시 감리회사는 발주자와 협의하여 상주 감리원 및 기술지원 감리원 투입 등 감리업무 수행 준비에 대하여 발주자와 협의하고 "감리업무 수행계획서"를 작성해야 한다. 이 계획서는 "착수신고서"(착수계) 작성시 첨부 자료로 활용된다.

참고 https://cafe.daum.net/impeak/Ulvk/23

실제로 감리업무수행계획서와 착수신고서(착수계)는 현장에 배치된 감리단에서 작성하지 않고, 감리회사 본사에서 이전 현장용으로 제출했던 보고서를 참고하면 용이하게 작성할 수 있으므로 본사에서 제출하는 것이 일반적이다.

본사에서 제출했더라도 현장에 배치된 감리원은 본사로 착수신고서(착수계) 사본을 요청해서 그 내용을 파악해야 한다. 그러나 감리회사에서 감리용역비, 감리용역기간, 투입 감리원 수 등이 포함되어 있으므로 제공하는 것을 꺼리는 경우도 있다.

## 2 착수 신고서 (착수계)

감리회사는 감리용역 착수시 "착수신고서"(착수계)를 발주처로 제출하여 승인을 받아야 한다. 착수신고서 양식은 "정보통신공사 감리업무 수행기준"의 (서식3)을 사용하여 작성한다.

"착수신고서"는 다음 서류를 첨부해야 한다.

- ◆ 감리업무 수행계획서
- ◆ 감리비 산출 내역서
- ◆ 상주감리원, 기술지원감리원 배치계획서, 감리원 경력확인서
- ◆ 감리원 조직 구성, 감리원별 투입기간, 담당 업무

참고 https://cafe.daum.net/impeak/Ulvk/48

입찰시 PQ(Pre Qualified: 입찰 참가 자격 사전심사) 조건을 충족하기 위해 포함된 감리원을 다른 감리원으로 교체할 경우, 발주처 승인을 받아야 한다. 영세한 감리회사에서는 경력이 많은 감리원을 입찰 전용으로 활용하기 위하여 배치할 때 교체를 상습적으로 하는 경우가 있다. 발주처에서 감리원 교체를 승인하지 않을 경우, 초반에 잠깐 배치하였다가 퇴사, 질병 등을 불가피한 사유를 무리하게 만들어서 교체하기도 하는데, 바람직하지 않다.

## 3 사무실 설치

감리단은 발주처와 협의하여 감리업무 수행을 위한 업무용 사무실과 상황실(회의실 겸용) 등을 설치해야 한다.

"정보통신감리업무 수행기준" 제9조(사무실의 설치)에서 발주자와 공사업자가 감리단사무실을 제공하는 것으로 규정되어 있다. 만약 공사업자가 감리단 사무실을 제공하는 것을 놓고 금품 등의 거래나 편의 제공으로 해석할 소지가 있으나 준공단계에서 발주처와 공사업자간에 정산을 하므로 이에 해당되지 않는다. 사무용 집기 및 비품은 발주처와 감리용역계약서에 규정되어 있다. 감리단 비용으로 확보할 수도 있고, 발주자가 제공할 수도 있다. 시공사가 임시사무실을 지어서 사용하는 경우에는 그 공간을 일부 할당받아 감리단 사무실로 사용한다.

감리단 사무실은 제한구역으로, 상황실은 통제구역으로 설정하고 출입기록부를 비치 관리해야 한다. 종전에는 텔레캅 등 보안 회사와 계약해서 야간 휴무일에 원격실시간 감시를 하였으나, 요즘은 그렇게 하지않는 경우도 많다. 감리단 사무실에는 초고속인터넷, 팩스, 유선 전화, 복합기(칼라, 스캐너, 팩스) 등을 설치해야 하는데, 감리단 규모에 따라 적절하게 구축한다.

## 4 하도급 관련

공사업자가 발주처로부터 도급받은 공사의 일부에 대하여 수급인이 제3자와 이행계약을 체결하는 것을 하도급이라고 하는데, 감리원은 "정보통신공사업법" 제31조(하도급의 제한 등), "정보통신공사 하도급계약의 적정성 심사기준"에 따라 적정성 여부를 검토하여 발주처로 제출해야 한다. 하도급 현황에 대한 양식은 "정보통신공사 감리업무 수행기준"의 (서식 7) 양식을 사용한다.

참고 https://cafe.daum.net/impeak/Ulvk/48

공사 현장에서 안전사고로 인한 산업재해의 근본적인 원인으로 불법 하도급을 지적하고 있다. 불법 하도급으로 인해 공사비를 적정하게 지급받지 못한 하도급 공사업체는 안전을 위한 비용을 지출할 여력이 없어져 안전사고 발생 비율이 높아지게 되므로 하도급 관리는 대단히 중요한 업무이다.

"정보통신공사업법" 제31조(하도급 제한 등)에 따르면 공사업자가 발주처로부터 도급받은 공사 중 일부를 다른 공사업자에게 하도급하거나 하도급 받은 공사 중 일부를 다시 재하도급하려면 발주자로부터 서면으로 승낙을 받아야 한다.

정보통신감리원은 "정보통신공사업법" 제31조 6(하도급 계약의 적정성 심사 등), "정보통신공사업법 시행령" 제32조 2(하도급 계약의 적정성 심사 등), "정보통신공사감리업무 수행기준" 제12조(하도급 및 재하도급 관련 사항), "정보통신공사 하도급 계약의 적정성 심사기준(고시)","국가계약법" 제12조(계약보증금), "하도급 거래 공정화에 관한 법률" 제13조(하도급대금의 지급 등)~14조(하도급대금의 직접지급) 등에 근거하여 하도급과 재하도급의 적정성 여부를 검토하여 발주처로 제출한다.

"정보통신공사업법" 제31조 6(하도급계약의 적정성 심사 등)에 따르면, 공사규모와 전문성을 고려할 때 하수급인의 시공능력이 현저히 부족하다고 인정되거나 하도급 계약금액이 원 도급 금액의 82% 미만인 경우 하도급 계약의 적정성을 심사할 수 있다.

하도급 심사는 "정보통신공사 하도급 계약의 적정성 심사기준(고시)"과 "하도급거래의 공정화에 대한 법률"에 규정된 사항을 이행토록 지도 감독해야 한다.

- 하도급업자 자격 적정성 여부: 정보통신공사업 등록수첩 사본
- 하도급 금액: 원도급 금액의 82% 이상
- 하도급 범위: 전체공사의 50/100 미만

◆ 하도급 단계: 1단계, 특별한 경우(하도급 받은 공사 중 기술상 분리하여 시공할 수 있는 독립된 공사) 2단계까지 허용

◆ 하도급계약 승낙신청서: "정보통신공사업법 시행에 관한 규정"[별지24]

"정보통신공사업법" 제31조(하도급의 제한 등)에 따르면 공사업자는 도급받은 공사의 50%를 초과하여 다른 공사업자에게 하도급할 수 없다. 그러나 발주자가 공사의 품질이나 시공상의 능력을 높이기 위하여 필요하다고 인정하는 경우나 공사에 사용되는 자재를 납품하는 공사업자가 그 납품한 자재를 설치하기 위하여 공사하는 경우에는 공사의 전부를 하도급하지 아니하는 범위에서 50%를 초과하여 하도급할 수 있다.

"정보통신공사업법 시행령" 제30조(하도급 범위 등)에서 공사업자가 하도급할 수 있는 공사는 도급받은 공사 중 기술상 분리하여 시공할 수 있는 독립된 공사로 하되, 그 범위는 공정 또는 구간 등을 기준으로 산정한다고 규정한다. 그리고 하수급인이 다시 2단계로 재하도급할 수 있는 공사의 범위는 하도급을 받은 공사 중 기술상 분리하여 시공할 수 있는 독립된 공사에 한한다고 규정한다. "기술상 분리하여 시공할 수 있는 독립된 공사"란 공정별 또는 구간별 등으로 분리하여 시공하여도 책임구분이 명확한 경우로서 발주된 전체 공사의 완성에 지장을 주지 아니하는 공사를 말한다.

참고 https://cafe.daum.net/impeak/Ulvk/38

재건축 조합 아파트의 경우, 공사비 내역서가 제공되지 않음으로 실질적인 하도급 심사가 어렵다. 민간 재건축의 경우 공사비가 평당 공사비로 계약되어 정보통신공사비의 구분이 불명확해서 하도급 금액 관점에서는 하도급 심사가 어렵기 때문에 성실 시공확약서를 받아 처리한다.

공사업자의 불법 하도급이 밝혀지면 공사를 중지시키고 발주자에게 서면으로 보고해야 한다.

현장에서 감리원이 수행하는 하도급 심사에는 한계가 있다. 건설현장의 하도급 구조가 워낙 복잡하고 감리원의 권한에 한계가 있으므로 하도급 관련 심사를 명쾌하게 수행하는 것이 어려운 경우도 있다.

## 5 착공신고서 검토 후 보고

감리단은 공사업자로부터 "착공신고서"를 제출받아 7일 이내에 적정성 여부를 발주처로 보고해야 한다. 건축 위주의 현장에서 시공사가 건축감리단으로 "착공신고서"를 제출했다면서 정보통신 "착공신고서" 제출을 하지 않으려는 경우가 있는데, 감리단은 정보통신공사가 건축 공사에 포함되지 않기 때문에 별도로 "착공신고서"를 제출하도록 지시해야 한다. 정보통신공사 착공신고서는 정보통신감리원 배치현황신고(착공 후 30일 이내)에 중요한 자료가 되므로 중요한 부분이다.

감리단은 시공사의 "착공신고서"를 다음 착안사항에 따라 검토해야 한다(정보통신공사 감리업무 수행기준, 2019.12. 제13조 참조).

- ◆ 공사기간(착공 ~ 준공)
- ◆ 기타 공사 계약문서에서 정한 사항
- ◆ 현장기술자(정보통신기술자, 안전관리자) 적격 여부
- ◆ 정보통신공사 예정공정표 적정성
- ◆ 품질관리 계획서 적정성
- ◆ 안전관리계획서 적정성
- ◆ 작업인원 및 장비투입계획서 적정성

"착공신고서"는 다음 서류가 포함되어야 한다.

- ◆ 정보통신기술자 지정통지서(현장관리조직, 현장기술자, 안전관리자)
  (정보통신기술자: 정보통신공사업법 시행령 제34조)
  (안전관리자: 산업안전보건법 제17조)
- ◆ 정보통신공사 예정 공정표
- ◆ 품질 경영계획서
- ◆ 공사도급계약서 및 산출내역서 사본
- ◆ 착공 전 사진
- ◆ 현장기술자 경력확인서 및 자격증 사본
- ◆ 안전 및 환경경영계획서
- ◆ 작업 인원 및 장비 투입 계획서
- ◆ 기타 발주자가 지정한 사항

특히 시공사의 현장기술자가 규정에 맞게 배치되어 있는지 경력확인서와 기술자 격증 사본 등을 통해 확인해야 한다.

"정보통신공사업법 시행령" 제34조(정보통신기술자의 현장 배치 등)에 의하면, 공사 도급금액이 5억원 이상이면 중급 이상의 정보통신기술자를, 5천만원~5억원 미만이면 초급 이상의 정보통신기술자를 배치해야 한다. 도급공사 1개의 현장에 1명의 정보통신기술자를 배치해야 하는 것이 원칙이다.

건설사로부터 공사 일부를 하도급 받아 실제로 시공하는 협력회사의 현장 소장들이 정보통신기술자 자격을 갖고 있지 않으면, 책임 감리원이 정보통신기술자를 배치토록 건설사로 지시해야 한다.

## 6 인허가 업무

감리원은 공사 시공과 관련된 인허가 사항을 포함한 제 법규 등을 시공자로 하여금 준수토록 지도 감독하여야 한다.

발주자의 이름으로 득하여야 하는 인허가 사항은 발주자에게 협조 요청해야 한다.

이 항 관련으로는 "정보통신감리원 배치현황 신고"가 있는데, 건축허가 신청일이 2019년 10월 25일 이후이면, 정보통신감리단은 발주처의 확인을 받아 시 · 도지사로(현장기준) "정보통신감리원 배치현황 신고"를 하고 감리원 배치확인서를 발급 받을 수 있다[정보통신공사업법 시행령 제8조의 4(감리원배치현황신고 등) 참조].

정보통신감리원 배치현황신고는 발주처나 감리회사의 권리 보다는 감리원들의 일자리 확보와 권익 강화를 위한 것이므로 주도적으로 신고하는것이 바람직하다. 영세한 감리회사는 배치현황 신고된 감리원을 감리용역 입찰에 활용할 수 없으므로 여러가지 이유를 들어 회피하려고 한다.

참고 https://cafe.daum.net/impeak/Kbv0/528

## 7 설계도서 검토 및 관리

정보통신감리단이 현장에 투입되면, 발주처로 부터 설계도서 1세트를 인계받아야 한다. 설계도서 1세트에는 정보통신 설계도서는 물론이고, 건축분야의 설계도서도 포함된다.

설계도서의 표지에는 발주처의 직인이 날인되어야 하고, 설계 도서 매 페이지마다 설계 내역을 검토한 기술사의 날인이 있어야 유효한 설계도서로 인정받는다. 실시설계도서에 발주처 대표의 직인이 찍혀있다는 것은 시공과 감리의 기준으로 발주처가 승인하였다는 것을 의미한다.

민간 주도 재건축 아파트 현장에서는 기본 설계 도서 작성과정에서 건축비 증액을 위한 설계 변경이 이루어져 착공신고가 되고 감리단이 현장에 배치되었는데도 실시설계도서가 감리단으로 제공되지 않아 문제가 되는 경우도 있다.

건축분야 설계도서를 참고할 정도가 되려면, 현장 감리 실무 경력이 최소 5년 이상 되어야 한다. 감리원은 시공계획서, 설계도면, 시방서, 공사비 내역서, 각종 계산서, 공사 계약서의 계약 내용과 해당 공사의 조사 설계보고서 등의 내용을 완전히 숙지해야 한다.

감리원은 설계도서를 해당 공사 시공 전에 검토하여야 하는데, 착안 사항은 다음과 같다(정보통신공사 감리업무 수행기준, 2019.12, 제18조 참조).

- ◆ 현장 조건 부합 여부
- ◆ 시공의 실제 가능 여부
- ◆ 타 공정과의 부합 여부
- ◆ 설계도면, 시방서, 각종계산서, 산출내역서 등의 상호 일치 여부
- ◆ 설계도서의 누락, 오류 등 불명확한 부분 존재 여부
- ◆ 산출내역서상의 수량과 계약수량과의 일치 여부
- ◆ 공법 개선 및 사업비 절감을 위한 구체적인 검토

감리단은 자체적으로 실시설계도서를 검토한 결과 불명확하거나 중대한 사안이 있을 경우 설계회사로 전달하여 설계사의 답변을 받아 발주처로 "설계도서 검토의견서"를 제출한다.

공사 계약 문서에 적용상 우선 순위가 명기되어 있지 않을 경우, 설계도서간에 내

용이 상이할 경우, 우선 순위는 다음과 같이 적용한다(정보통신공사 감리업무 수행기준 제20조 참조).

- 계약서
- 계약 특수 조건 및 계약 일반 조건
- 시방서
- 설계도면
- 산출내역서
- 관계법령의 유권 해석
- 감리원의 지시 사항

(입찰안내서/계약서 등에 우선순위가 정해져 있으면, 계약서 등이 우선한다)

정보통신감리원은 감리업무 착수와 동시에 공사에 관한 설계도서 및 자료, 공사계약문서 등을 발주자로 부터 인수하여 관리번호를 부여하고, 관리대장을 작성하여 공사관계자 이외의 자에게 유출을 방지하는 등 관리를 철저히 하여야 하며, 외부에 유출하고자 하는 때에는 발주자 또는 지원업무담당자의 승인을 받아야 한다.

그리고 설계도면 등 중요한 자료는 반드시 잠금장치가 된 서류함에 보관하여야 하며, 보관된 설계도서 및 관리 서류의 명세서를 기록하여 내측에 부착, 관리하여야 한다.

# 03절

# 착공단계 감리업무 기타 고려사항

## 1 발주처 주관회의(공사착수회의, 공사관계자/이해관계자합동회의) 참석

발주처는 공사 초기에 관련자(발주처 지원업무담당자, 공사업자, 설계자, Stakeholder)들을 모아서 Kick off 미팅 성격의 회의를 개최한다. 정보통신감리단은 "공사착수회의"에 참가해서 관련자들과 상견례 등을 하고, 사무실 설치 등을 협의하고 발주처로 부터 설계도서를 인계받는다. 그리고 "합동 회의"에서는 감리단이 설계도서 검토내용과 현장조사내용을 설명해야 하는데, 실제로는 거의 이루어지지 않는다.

특히 재건축 아파트 건축현장에서는 발주자인 조합이 건축감리단 위주로 관심을 갖기 때문에 건축감리단과의 착수회의 등은 할 수도 있겠지만, 정보통신감리단은 건축감리단에 비해 3개월 정도 늦게 배치되므로 발주처 주관 Kick off 미팅은 거의 하지 않는다.

## 2 작업 일보, 안전일보, 주간/월간/분기 공정 계획표

정보통신감리원이 현장에 배치되더라도 정보통신공사가 본격적으로 시행되지 않는 경우가 있다. 그럴 경우 시공사의 "작업일보"나 "안전일보"에 포함시킬 내용이 없다. 정보통신감리단은 공정 진행과정을 모니터링 하다가 적절한 시기부터 시공사로 "작업일보"와 "안전일보" 제출을 지시해야 한다.

작업일보는 금일과 명일의 작업 사항, 안전관리, 검측사항, 검수예정, 그리고 금일/금월/ 누계 투입인원 등을 포함한다. 그리고 공정 관리를 위해 시공사로 하여금 "주간/월간/분기 공정계획표"를 제출토록 해야 한다. 시공사에서 사용하는 각종 양식들은 시공사 고유의 양식을 사용하는 것이 일반적이다.

정보통신감리단은 본격적인 감리업무 개시 전에 시공사와의 "공정 회의체", 감리단 내부 "감리 회의체"를 구성해서 주간단위로, 또는 월간 단위로 운영해야 한다. 그리고 회의 결과를 서면으로 회의록으로 작성해서 참가자들의 서명을 받아 관리해야 한다. 회의 진행하는 상황을 사진으로 찍어 같이 보관하기도 한다. 나중에 회의 내용이나 참석 여부가 문제가 되는 경우, 증빙할 수 있어서 유리하다.

## 3 감리업무일지, 월간/분기 감리보고서

현장에 상주하는 정보통신감리원은 매일 "감리업무일지"를 작성해야 한다. 감리업무일지 양식은 "정보통신공사 감리업무 수행기준"(서식 8) 책임감리업무 일지양식과 (서식 9)의 보조감리업무 일지양식을 사용한다. 그리고 발주처와 협의 결과에 따라 월간 또는 분기 단위로 "감리보고서"를 발주처로 제출해야 한다. 월간 또는 분기 감리업무보고서 양식은 "정보통신공사 감리업무 수행기준"의 (서식 1)과 (서식2) 양식을 사용한다. 제출 형식은 발주처에서 원하는대로 소프트파일(PDF), 하드카피 제본, 소프트파일(PDF) & 하드카피 제본 형태로 제출한다.

감리단에서 사용하는 각종 양식들은 현장별, 회사별로 다양한데, "정보통신업무 감리업무 수행기준"에서 규정된 양식이 있는 경우, 그것을 사용하는 것이 합리적이다.

감리일지는 감리단과 감리원의 근무내용이 기록되어 있으므로 감독기관에서 현장 점검을 오거나, 산업재해 발생시 감독관청이나 수사기관에서 제일 먼저 요구하는 현장 서류이므로, 평소에 신경을 써서 잘 작성해야 한다.

월간/분기 감리보고서는 감리단이 발주처로 주기적으로 제출하는 문서이므로, 자세하게 볼 기회가 거의 없지만, 시공사와 발주처 등과 현안이 발생할 경우 근거가 될 수 있으므로 구체적으로 정확하게 작성하는 것이 바람직하다. 그리고 준공을 위해서 허가 관청으로 사용전검사를 신청할 때 첨부 서류중 감리결과 보고서가 포함되는데, 감리 결과보고서의 대상 설비가 구내통신 선로설비, 이동통신 구내선로설비, 방송 공동수신설비 등으로 제한되는 것이 발주처로 제출하는 감리결과 보고서와 주요한 차이점이다.

현장 공사가 완료되면, "정보통신공사업법 시행령" 제14조(감리결과의 통보)에 따라 7일 이내에 아래 항목이 포함된 감리결과 보고서를 작성하여 발주처로 제출함으로써 감리용역이 마무리된다.

- ◆ 착공일 및 완공일
- ◆ 공사업자의 성명
- ◆ 시공 상태의 평가 결과
- ◆ 사용 자재의 규격 및 적합성 평가 결과
- ◆ 정보통신기술자 배치의 적정성 평가 결과

## 4 감리 현장에서의 문서 발송 근거

건축현장에서 정보통신감리단은 발주처와 시공사, 그리고 가끔 외부 기관으로 문서를 발송하는 경우가 있다. 정보통신감리단에서 다른 외부 기관으로 문서를 발송할 때 발송 명의와 전결 권한 등에 관해 혼란스러워 하는 경우가 있다.

감리단 발송문서는 책임감리원(감리단장) 명의로 보내거나 또는 감리회사 대표 명의로 보낸다. 감리회사 대표 명의로 보낼때도 감리단장이 결재하고, 대표 직인을 찍어 발송한다. 발주처에 따라, 현장에 따라, 감리회사에 따라 다른 것 같다. 예를 들어 감리기성신청서(이 문서는 감리회사 본사에서 작성함), 감리분기보고서(감리 현장에서 작성함) 등 중요하다고 생각되는 문서를 발주처로 보낼때는 감리회사 대표 명의로 보내고, 감리업무 수행에 따른 사소하고 반복적인 업무지시서(지시부) 등을 시공사로 보낼땐 감리단장 명의로 보낸다.

감리현장에서 사용되는 문서를 찾고자 할 때는 아래기준을 참조하기 바란다.

**참고** 정보통신공사 감리업무 수행기준의 붙임Ⅱ. 감리서식

**참고** 건설공사 사업관리방식 검토기준 및 업무수행지침의 별표/서식

**참고** 전력시설물 공사감리업무 수행지침의 부록 Ⅱ. 감리서식

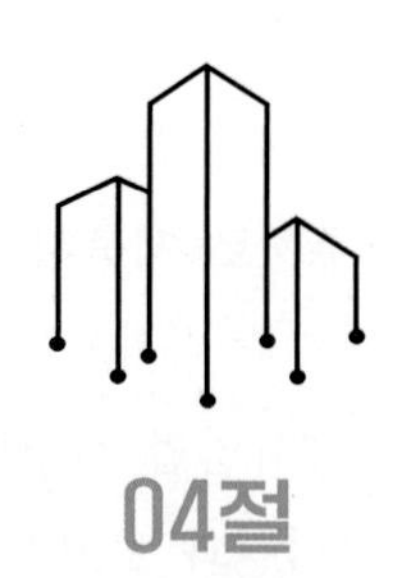

# 04절

# 초고속정보통신건물 인증 심사항목 해설

건축 현장의 정보통신 분야의 대관업무로는 1999년 4월 부터 시행된 "초고속정보통신건물인증"(2007년 1월 부터 시행된 "홈네트워크건물인증" 포함) 과 "사용전검사"가 있다. 전자는 선택이고, 후자는 건축 준공 승인에 필요한 필수이다.

1999년 4월부터 시행된 초고속정보통신건물인증제도는 건축분야의 정보통신감리 업무 위상을 강화하는데 크게 기여하였다. 초고속 정보통신건물인증 등급과 인증 심사항목에 대해 알아본다. 초고속정보통신건물 인증제도에서 초고속정보통신건물 인증 등급은 특등급, 1등급, 2등급이 있고, 홈네트워크건물 인증 등급은 AAA(홈IoT), AA, A등급이 있다.

초고속정보통신건물인증 제도의 대상 건물은 다음과 같이 구분된다.

◆ 건축법 제2조(정의) 제2항 제2호의 공동주택 중 20세대 이상인 건축물

- 아파트
- 연립주택
- 다세대주택
- 기숙사
- 준주택 오피스텔

◆ 건축법 제2조(정의) 제2항 제14호의 업무시설 중 3,300㎡ 이상 건축물

- 일반 업무시설

초고속정보통신건물/홈네트워크 인증 기준이 실제적인 설계기준이 되고 있다. "초고속 정보통신건물인증"을 받지 않으면 적용하지 않아도 되지만, 이 인증 기준은 실제적인 설계 표준(De Facto)으로 활용되고 있다. 건물 종류별로 인증 등급은 특등급, 1등급, 2등급으로 규정되어 있다.

참고 인증업무처리지침 https://www.bica.or.kr/file/guideList.do

초고속정보통신건물인증 업무처리지침의 변화과정은 〈표 2-1〉과 같다.

**표 2-1 초고속정보통신건물인증 업무처리지침의 변화 과정**

| 연도 | 핵심내용 | 인증등급 |
|---|---|---|
| 2000년 10월 1일 | 처리지침 체계화 및 전면 개정 | 1, 2, 3 등급 |
| 2002년 2월 1일 | 예비인증 강화, 오피스텔 제정 | |
| 2004년 1월 1일 | 공동주택 특등급 제정 | 특, 1, 2, 3 등급 |
| 2006년 1월 1일 | 업무시설 특등급 제정 | |
| 2007년 1월 1일 | 홈네트워크건물인증 도입 | 특, 1, 2, 3 등급<br>AA, A, 준A 등급 |
| 2009년 8월 1일 | 무선 AP적용, PoE 인증서 제출 | |
| 2010년 9월 15일 | 거실 인출구 광 1구, 디지털방송 광케이블 사용 | |
| 2012년 2월 6일 | 광케이블 8코어, FM라디오, 디지털방송 | 특, 1, 2 등급<br>AA, A, 준A 등급 |
| 2012년 9월 19일 | 도시형생활주택 제정, FM라디오 생략 가능 | |
| 2013년 1월 1일 | 건물간선계, 수평배선계 Cat5e 이상 | |
| 2013년 4월 15일 | 미래창조과학부 - 관리기관 | |
| 2016년 2월 22일 | 무선AP확대 적용(연립,다세대 등) | |
| 2017년 4월 3일 | 구내간선, 건물간선 기준 명확화 | |
| 2017년 5월 26일 | 광케이블 사용 확대(2등급, 음성) | |
| 2017년 7월 1일 | 홈네트워크건물인증 강화(IoT 등) | 특, 1, 2 등급<br>AAA, AA, A, 준A 등급 |
| 2017년 7월 26일 | 과학기술정보통신부 - 관리기관 | |
| 2018년 3월 1일 | FM라디오 삭제, 준A 폐지, 출입문 개정 | 특, 1, 2 등급<br>AAA, AA, A 등급 |
| 2019년 3월 1일 | Cat6 추가, 세대단자함 설치요건 변경 | |
| 2019년 8월 5일 | 오피스텔 구내간선 광케이블 8코어 | |

| 2020년 1월 13일 | 관계자외 출입통제 표시, IoT기기 확장성 | |
|---|---|---|
| 2021년 5월 24일 | 홈네트워크건물인증 개정(심사1)필수, (심사2)선택, 예비전원필수 | |
| 2021년 11월 22일 | 1등급 아파트에 초고속인터넷용 광케이블 2코어 인입 | |
| 2023년 6월 7일 | "방송정보통신설비 기술기준에 관한 규정" 개정(2022년 12월 6일 개정, 2023년 6월 7일 발효) 그리고 "접지설비 구내통신설비선로설비 및 통신공동구 등에 관한 기술기준" 개정(2022년 12월 12일 개정, 2023년 6월 7일 발효)에 따른 FTTH, FTTO 트렌드 반영 | |

"초고속 정보통신건물인증업무 처리지침"이 실제적인(de facto) 설계기준으로 활용되고 있는 상황을 고려할 때, 정보통신감리원들은 "초고속정보통신인증업무 처리지침" 개정 내역에 관심을 가져야 한다. 그리고 개정 내역의 기술적 관점에서의 이유 및 의미 등을 챙겨봐야 한다. 초고속정보통신건물인증 업무처리지침의 개정 의미를 분석하면 아래와 같다.

"초고속 정보통신건물인증업무 처리지침"은 1994년 4월 시행된 이래 24회(그중 5회는 전부 개정)에 걸쳐서 개정되었으며, 2007년 1월부터 "홈네트워크건물인증 지침"이 추가되었다. 소관 부처가 정부 조직 개편으로 정보통신부(1999년 4월), 방송통신위원회(2009년 8월 1일), 미래창조과학부(2013년 4월 15일), 과학기술 정보통신부(2017년 7월 26일) 등으로 바뀌어 왔다.

2022년 8월 현재 그간 24회에 걸쳐 이루어진 지침 개정 내역 가운데서 법제도적인 부분은 생략하고, 정보통신기술 관점에서 큰 의미가 있거나 정보통신감리원 업무 수행시 반드시 챙겨야 할 부분을 리스트업 한다. 2024년 1월 현재, 2023년 6월 7일 개정된 지침이 현행 "초고속정보통신건물인증업무 처리지침"이다. 자세한 항목은 〈표 2-2〉와 같다.

**표 2-2 초고속정보통신건물인증 업무처리지침의 개정 의미 분석**

| No | 개정일시 | 개정 내역 | 개정 의미 |
|---|---|---|---|
| 1 | 2004년 1월 1일 | ~ 공동주택 특등급 심사항목 추가:<br>☆ 1/2/3등급으로 분류, 1등급의 경우에도 구내간선계, 건물간선계만 광케이블, 수평배선계는 UTP케이블로 배선 | ~ 특등급의 경우 수평배선계까지 광케이블 배선하므로 FTTH(Fiber to the Home) 트렌드 반영 |

| 2 | 2006년 1월 1일 | ~ 업무시설, 오피스텔 분야에 특등급 추가 | ~ 광케이블 배선 대상 확대 |
|---|---|---|---|
| 3 | 2007년 1월 1일 | ~ 홈네트워크 건물인증 추가<br>☆ AA, A, 준A 등급 신설(2022년 현재는 AAA, AA, A 등 3등급) | ~ 초고속정보통신건물에 지능형 홈네트워크 추가 |
| 4 | 2009년 8월 1일 | ~ 무선 AP(WiFi) 선택 사항으로 추가<br>☆ 무선 AP규격: IEEE 802.11g 이상 (2022년 현재는 IEEE 802 11ac)<br>☆ PoE는 IEEE 802.3af<br>☆ 무선 AP수용시 세대단자함에 전원 콘센트 2구 이상<br>☆ 무선 AP수용시 인출구 개수를 거실 제외한 실별 2구 이상, 주방 2구 이상(무선AP를 인출구 1개소로 간주함) | ~ 2007년 출시된 애플의 아이폰에 WiFi가 탑재되어 스마트폰에 탑재가 일반화 됨으로서, 무선 AP (WiFi)가 거주 공간으로 진입 |
| 5 | 2010년 9월 15일 | ~ 특등급 세대당 광케이블 4c(SMF 2c + MMF 2c)을 광케이블4c(SMF 2c 이상)로 개정 | ~ 광케이블은 단거리 저속 응용은 MMF, 장거리 고속응용은 SMF 였으나, SMF로 단일화 되어 가는 트렌드를 반영해서 SMF위주로 권고하면서, MMF의 재고 정리기간을 부여함 |
| | | ~ 무선AP규격 업그레이드<br>☆ IEEE802.11g 이상에 IEEE802.11n 이상으로 개정 | ~ IEEE 802.11계열 WiFi 기술 추세를 반영함 |
| | | ~ 세대단자함-거실 구간 광인출구 추가 (SMF 1c 또는 MMF 2c) | ~ 세대내 광케이블을 세대단자함에서 거실까지 확대해서 최종 End User측으로 더욱 다가감 |
| | | ~ 방재실 헤드엔드-세대단자함 구간 디지털 방송용 광케이블 1c추가(SMF 권장 | ~ 통신용 광케이블 예비 코어를 디지털 TV용으로 사용할 수 있게 허용하면서, 중장기적으로 디지털TV 전용 광케이블 시공을 권고함 |
| | | ~ 통신용 구내간선계, 건물간선계, 수평배선계 광케이블 중 예비 케이블을 디지털 방송용으로 사용 허용 | - |
| 6 | 2012년 2월 6일 | ~ 특등급/1등급: 구내간선계 광케이블 코어수 증가<br>☆ 광케이블 6코어에서 8코어(최소 SMF 6코어 이상)로 증가 | ~ 아파트 관리사무소에서 광케이블 6코어를 초고속인터넷사업자들에게 사용을 허용하지 않음으로 8코어 중 6코어 이상은 초고속인터넷사업자(ISP) 사용할 수 있도록 확보토록 함 |

| | | | |
|---|---|---|---|
| | | ~ 지하주차장 FM라디오 방송신호 수신 가능여부 현장 확인 | ~ 지하주차장이 대피공간으로 사용되므로 재난 방송인 FM방송의 수신이 가능토록 함. 추후 관련 법에 반영됨 |
| | | ~ 거실의 직렬단자에는 별도의 FM라디오 방송용 출력단자 설치(분배기 가능) | ~ 거실 전면 TV방송 인출구 앞부분에 2분배기를 사용하여 TV방송 인출구와 FM라디오 인출구를 설치함 |
| | | ~ 업무시설/오피스텔 광케이블 디지털 TV수신 설비 확대<br>~ 연면적 5000m$^2$ 이상 공동주택에 디지털 방송 헤드엔드-층구내통신실 구간에 광케이블 1코어 이상 설치(SMF 설치 권장)<br>~ 층 구내통신실에 디지털 방송용 광수신기 ONU 설치 | ~ 방재실-층통신실 구간은 광케이블로 연결되고, 다시 층구내통신실의 디지털 방송용 수신기 ONU에서 광전변환되어 세대단자함 분배기까지 동축케이블 HFBT로 연결 |
| | | ~ 디지털 방송 채널(VSB) 출력 레벨, 영상반송파대 잡음비, 디지털 방송 수신 품질 규격 등을 정의함 | ~ 2010~ 2012년 지상파 TV방송이 아날로그방식에서 디지털 방송(VSB 6)으로 전환되는 것을 계기로 추가함 |
| 7 | 2013년 1월 1일 | ~ 건물간선계, 수평배선계 케이블 요건 업그레이드<br>☆ 세대당 UTP Cat3 x 4p이상에서 UTP Cat5e x 4p 이상으로 개정<br>☆ 구내간선계는 소요 pair수가 많기 때문에 50pair로 제한되는 UTP Cat5e 대신에 여전히 UTP Cat3로 배선함 | ~ UTP 케이블의 표준 Category를 UTP Cat5e로 결정함 |
| | | ~ 1개의 동으로 구성되는 공동주택의 구내간선계는 UTP Cat3 대신에 UTP Cat5e로 규정함 | ~ 구내간선계는 소요 pair수가 많기 때문에 UTP Cat3를 사용하는데, 1개 동으로 구성되는 경우에는 소요 pair수가 적기 때문에 UTP Cat5e로 배선토록 함 |
| | | ~ 디지털 방송용 광케이블(광수신기)를 장치함에 설치할 경우 동축케이블용 구내전송증폭기는 설치할 수 없도록 규정함 | ~ 왜 제한하는지?<br>현재 TV장치함에 광수신기ONU와 동축케이블용 증폭기가 같이 설치되고 있음 |
| 8 | 2016년 2월 22일 | ~ 기존 아파트 특등급에만 적용하던 무선AP(WiFi)를 공동주택(연립주택, 다세대주택, 기숙사도시형 생활 주택)으로 확대<br>~ 세대단자함에서 무선AP까지 UTP Cat5e x 4p 이상 배선 | ~ 거실 천장에 설치되는 무선 AP는 세대단자함내에서 초고속인터넷 회선과 연결되어 백홀을 형성하고, PoE방식으로 전원을 공급 |

| | | | |
|---|---|---|---|
| | | ~ 무선 AP설치하는 경우 세대단자함내 전원 콘센트 2구 이상 설치 | 받기 때문에 UTP Cat5e케이블과 전원 콘센트를 뒤늦게 추가함 |
| 9 | 2017년 4월 3일 | ~ 무선 AP 기술 스펙 업그레이드<br>☆ IEEE 802.11n에서 IEEE 802.11ac로 발전<br>~ 홈네트워크 심사항목에 기기 추가: 심사항목(1)에 가스밸브제어기, 심사항목(2)에 환기제어장치, 에너지효율관리시스템 추가<br>~ "방송통신설비 기술기준에 관한 규정", "접지설비·구내통신설비·선로설비 및 통신공동구 등에 대한 기술 기준" 개정 내용을 [별표 5] "심사시 준수사항" 통합해서 정리<br>☆ 일반 사항<br>☆ 구내배선 시스템 구분방법<br>☆ 구내 배관설비 설치요건<br>☆ 구내배선 성능시험 기준 및 방법 | ~ [별표 5]~[별표 8]을 [별표 5]로 통합 |
| 10 | 2017년 5월 26일 | ~ 구내간선계 광케이블 구축대상 확대<br>☆ 공동 주택 2등급<br>~ 구내 간선계 광케이블 확보 코어수 확대<br>☆ 연립주택, 다세대주택, 기숙사, 도시형 생활주택 등의 특등급/1등급/2등급<br>~ 구내간선계 음성급 배선에 광케이블 확대<br>☆ 음성급 구내간선계 광케이블 8코어 이상 | ~ 음성급(전화) 회선 구축에 광케이블 사용토록 업그레이드 했는데, 향후 전화 서비스가 VoIP방식으로 초고속 인터넷 회선에 통합될 것이므로 확대될 가능성이 높지 않을 것 같음 |
| | | ~ 기술 기준 개정에 따른 구내간선계, 건물 간선계 기준 명확화<br>☆ 건축 환경이 다양하므로 구내간선계와 건물간선계를 명쾌하게 구분하는 것이 용이하지 않으므로 새로운 환경을 반영하여 정의가 계속 업데이트됨<br>☆ 1개의 건물(동)로 구성되는 경우에는 구내간선계가 존재하지 않고 건물간선계와 수평배선계만 존재한다.<br>☆ 2개 이상의 건물(동)이 있는 경우, 집중구내통신실에서 건물내 중간배선반까지 광케이블로 배선하고, 중간배선반에서 세대대자함까지 광케이블 또는 UTP케이블로 배선하는 경우, 구내간선계와 수평배선계가 확장되어 건물 간선계는 존재하지 않는다(초고속인터넷용 광케이블 배선방식이 이에 해당된다). | - |

| 11 | 2017년 7월 1일 | ~ 홈IoT 적용을 위한 홈네트워크 인증등급 AAA등급 신설: AAA, AA, A, 준A 등 4등급<br>☆ 홈네트워크 건물인증 심사항목(3) 추가 | ~ 4차산업혁명으로 인해 스마트홈, IoT홈 추세 반영 |
|---|---|---|---|
| 12 | 2018년 3월 1일 | ~ FM라디오 심사기준 삭제<br>☆ 관련 법에서 지하층 설치 의무화<br>~ 홈네트워크 건물 인증 준A등급 폐지<br>~ 구내통신실 출입문 유효 너비, 유효높이 기준 개정<br>☆ 구내통신실: 0.9m x 2.0m<br>☆ 단지서버실: 0.9m x 2.0m<br>☆ 통신배관실(TPS실): 0.7m x 1.8m | ~ 장비 반입 원활하게 출입문 사이즈 규정 |
| 13 | 2019년 3월 1일 | ~ UTP Cat6a 케이블 채널 성능 기준 추가 | ~ 초고속인터넷 End User 속도가 FE(100Mbps)에서 1GbE, 10GbE으로 발전해 나감으로 UTP Cat5e에서 UTP Cat6a로 업그레이드 대비하여 채널 성능기준에 반영함 |
| | | ~ 홈네트워크 건물 인증 적용대상에 오피스텔 추가<br>~ 예비전원 장치 심사기준에 ESS 추가<br>~ 세대단자함 설치 요건 변경<br>☆ 신발장, 세탁실, 베란다, 발코니 이외의 장소(단, 전용면적 $60m^2$ 미만 세대는 신발장 제외) | ~ 세대단자함이 신발장 뒤에 숨어 있어서 유지보수 작업시 불편함을 개선하기 위함 |
| 14 | 2019년 8월 5일 | ~ 국선단자함이 설치된 공간(집중구내통신실 등)은 별도 건물 적용할 수 있다.<br>☆ 구내 간선계 정의와 관련되는데, 1개의 건물로 구성된 경우는 구내간선계가 존재하지 않는데, 예외로 적용할 수 있다.<br>~ 업무시설(오피스텔) 2등급 구내간선계 광케이블 요건 변경<br>☆ 광케이블 4코어 이상에서 광케이블 8코어 이상<br>~ [별표 5]의 링크 성능 기준 변경: UTP Cat3와 UTP Cat5e의 1㎒대역에서의 최대 삽입손실값 변경 | ~ 광케이블 적용 확대 |
| 15 | 2020년 1월 13일 | ~ 광선로 구내 배선 측정항목 및 기준 변경<br>☆ 세대단자함-거실 인출구까지의 배선 성능 기준을 세대단자함-광인출구로 변경 | |

| 16 | 2021년 5월 24일 | ~ 홈네트워크 건물인증 심사기준 개정<br>☆ 필수 심사항목(1)에서 선택 심사항목(2)로 변경: CCTV장비 월패드 연동, 가스밸브제어기, 조명제어기, 난방제어기, 현관방범감지기, 원격검침전송장치 | ~ 지능형홈네트워크 연결기기가 증가하므로 필수항목에서 선택항목으로 변경하여 연결기기 선택의 융통성 부여 |
|---|---|---|---|
| | | ~ 용어 변경<br>☆ 월패드- 세대단말기<br>☆ 주동 출입시스템- 전자출입시스템<br>☆ 폐쇄회로텔레비전-영상정보처리기 | ~ "지능형 홈네트워크 설시설치 및 기술기준" 개정내용 반영 |
| 17 | 2021년 11월 22일 | ~ 아파트 1등급 수평 배선계에서 광케이블이 선택인 것을 의무로 변경<br>☆ 세대당 광케이블 SMF 2c 이상 or UTP Cat5e 4p이상을 SMF 2c 이상 + UTP Cat5e 4p이상으로 개정 | ~ 아파트 1등급의 경우에도 세대단자함으로 광케이블 SMF 2c 이상 인입되므로 FTTH으로 더욱 다가감 |
| 18 | 2023년 6월 7일 | ~ 광케이블 코어수 확장, 적용 확대, MMF 제외<br>☆ 구내간선계 광케이블 8코어(SMF 6코어 이상), 세대 수평배선계 광케이블 4코어(SMF 2코어 이상) 등 표현을 광케이블(SMF) 12코어 이상, 광케이블(SMF) 4코어 이상 등으로 개정<br>☆ MMF 부분을 완전 제거하고, 광케이블=SMF로 통일<br>☆ 특등급 세대단자함 - 거실 광케이블 구간의 경우, SMFx1코어 이상 또는 MMFx2코어 이상으로 되어있는 것에서 MMF 부분을 삭제<br>☆ 1등급, 2등급 초고속인터넷용 수평배선계를 UTP Cat5e에서 SMFx2코어 이상으로 개정<br>☆ 구내간선계 광케이블 기준을 광케이블 8코어(SMF 6코어 이상) 이상"을 "SMF 광케이블 12코어 이상"으로 개정<br>~ UTP Cat6 도입<br>☆ 세대내 거실/침실 배선에서 특등급과 1등급은 UTP Cat5e와 UTP Cat6를 이원화 시공토록 개정<br>☆ UTP Cat5e: 전화 Voice용<br>☆ UTP Cat6: 초고속인터넷용<br>~ 거실 WiFi AP 규격과 백홀 케이블 업그레이드, WiFi 공용부로 확대 | 관련 법 개정에 따라 FTTH, FTTO를 반영하고, 정보통신설비의 기술규격을 업그레이드함 |

| | | | | |
|---|---|---|---|---|
| | | | ☆ 세대단자함과 거실 천장 WiFi AP구간의 백홀을 UTP Cat5e에서 UTP Cat6로 업그레이드(권고)<br>☆ WiFi AP 규격을 IEEE802.11ac를 IEEE802.11ax(WiFi 6)로 업그레이드<br>☆ WiFi 보안을 위해 새롭게 WPA3 적용<br>☆ PoE의 경우, IEEE802.3af를 IEEE 802.af 이상으로 개정<br>☆ WiFi AP 설치 지역을 어린이 놀이터, 주민공동시설(커뮤니티) 등 공용부로 확대하고, 백홀용으로 UTP Cat6나 광케이블을 시공<br>~ 세대용 스위치 Multiplex 규격 업그레이드<br>☆ 세대용 스위치를 설치하는 경우, "속도 1Gbps 이상에서 속도 1/10Gbps 이상"으로 개정<br>~ AAA등급 IoT 기기 연결 확장성 확보 기준 개선<br>☆ "제조사가 서로 다른 5개 이상의 기기"를 "품목이 서로 다른 5개 이상의 기기"로 변경<br>~ AA, A 홈네트워크 건물 인증등급보안 점검 신설<br>☆ AAA등급에만 있던 보안점검 기준을 AA, A등급으로 확대<br>~ 준주택 오피스텔 도입<br>☆ 준주택오피스텔 도입에 따라 공동주택 기준에 포함하고, 기존 오피스텔 인증 기준을 삭제<br>☆ 공동주택(아파트), 공동주택(연립주택, 다세대주택, 기숙사, 도시형 생활주택), 업무시설, 오피스텔 등 4개 분야로 구분하였으나, 오피스텔을 삭제 | |

위 변경내역을 분석해 보면 그 사유는 다음과 같다.

### 가) 정보통신 기술 발전 트렌드 반영

◆ 무선AP(WiFi) 발전 단계에 따라 2009년 8월 1일 수10Mbps를 지원하는 IEEE802.11g에서 2010년 9월 15일 100Mbps(FE)를 지원하는 IEEE802.11n으로, 다시 2016년 2월 22일 1Gbps를 지원하는 IEEE802.11ac로, 다시 2023년 6월 7일 10Gbps를 지원하는 IEEE802.11ax(WiFi 6)로 업그레이드 되었다.

◆ UTP Cat3에서 UTP Cat5e로, 다시 UTP Cat6a를 지향

### 나) 광케이블 적용 분야 확대, End User 측으로 접근

◆ 광케이블 발전 추세 반영: MMF 퇴출시키고 SMF로 지향
◆ 구내간선계 광케이블 적용을 아파트에서 오피스텔 등으로 확대
◆ 광케이블 구내간선계 코어수 확대
◆ 구내간선망에서 세대단자함까지 확대, 그리고 세대단자함에서 거실 광인출구까지 확대

### 다) 정보통신 관련 법령 개정 내역 반영

◆ "방송통신설비의 기술기준에 관한 규정"
◆ "방송공동수신설비의 설치기준에 관한 고시"
◆ "지능형 홈네트워크 설비설치 및 기술기준"
◆ "접지설비·구내통신설비·선로설비 및 통신공동구 등에 대한 기술기준"
◆ "전기설비 기술기준의 판단기준"
◆ "KS 전선 규격" 등의 개정을 반영한다.

### 라) 지능형 홈네트워크 연결기기 확대 수용

◆ 홈IoT기기 확대로 AAA 등급 신설, 준A등급 폐지

다음 [표]들은 공동주택(아파트)-"특등급"의 초고속정보통신건물 인증 심사기준이다.

편의상 인증 심사기준 각각 항목단위로 여러개로 분할하여 다수의 〈표〉로 나타냈으며, 편의상 〈표〉 번호는 〈표 2-3-1〉 ~ 〈표 2-3-2〉와 같은 방식으로 구분하여 나타내었다.

배선설비 중 구내간선, 건물간선, 수평배선의 구분방법은 아래와 같으며, 구성방식은 [그림 2-1]을 참조하기 바란다.

◆ 하나의 구내에는 1개의 주배선반 등을 설치하며, 건물의 배선관리 및 접속을 위

해 각 건물(동) 별로 1개의 건물배선반(MDF) 등을 설치하되 필요시 하나의 건물에 라인별 또는 기타 방법으로 여러 개의 건물배선반 등을 설치할 수 있다.

- 각 배선반은 필요시 통합 설치될 수 있다. 즉 주배선반 등이나 건물배선반 등 또는 중간배선반(IDF) 등이 건물의 배선환경이나 여건에 따라 통합 설치될 수 있다.
- 구내배선의 수용/종단 여부 및 각 배선반(단자)의 상호 종속관계를 기준으로 구내간선계, 건물간선계, 수평배선계로 [그림 2-1]과 같이 구분한다.
- 국선단자함이 설치되는 공간을 별도의 건물로 적용할 수 있으며, 해당 공동주택에 구내간선케이블을 설치하여 동단자함에 배선할 수 있다.

**그림 2-1 구내간선계, 건물간선계, 수평배선계의 구분**

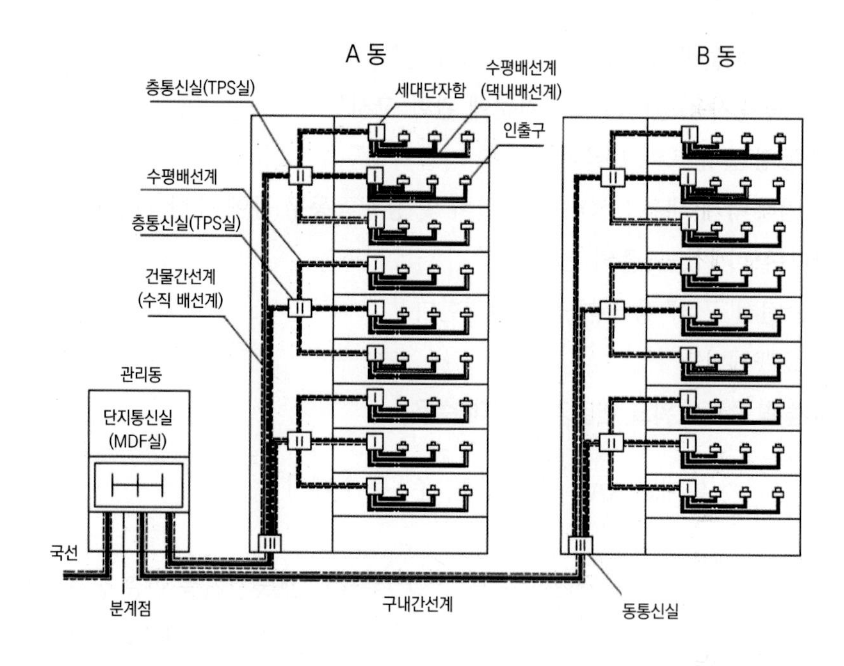


**표 2-3-1 공동 주택(아파트) - 특등급 초고속정보통신건물 인증심사 기준**

| 심사항목 | | | 요건 | 심사방법 |
|---|---|---|---|---|
| 배선설비 | 배선방식 | | 성형배선 | 설계도서 대조심사 |
| | 케이블 | 구내 간선계 | 광케이블(SMF) 12코어 이상 + 세대당 Cat3 4페어 이상 | 배선설비성능등급 대조심사(구내간선/건물간선/수평배선의 구분방법은 별표5 참조 |

[해설]

1. 구내간선계는 집중구내통신실(MDF/FDF실)~아파트 동 지하층 동통신실구간을 가리킨다. 위에서 언급한 앞의 광케이블 12코어는 초고속인터넷 구축용이고, 뒤의 세대당 UTP Cat3 4pair는 유선전화 구축용이다. 구내 간선계의 광케이블 12코어는 4세대 x 6개층 = 24세대 또는 4세대 x 8개층 = 32세대 범위를 커버한다. ISP사업자는 KT, SK BB, LGU+ 등이 있는데, 특정 사업자가 시장 점유율 50%를 초과하기 어렵다. 초고속인터넷을 구성하는데 사용되는 FTTH-PON방식의 Optical Splitter는 32분기용이 일반적이고, FTTH-AON방식의 L2 스위치는 24포트가 일반적이기 때문에 각 ISP들이 광케이블 12코어 중 1코어를 갖고 24세대 또는 32세대까지 커버할 수 있다.
2. 광케이블 12코어는 모두 SMF로 시공해야 한다. MMF는 퇴출되는 광케이블이기 때문이다.
3. 구내간선계 광케이블 12코어 중 최소 SMF 8코어 이상은 초고속인터넷서비스를 제공하는 ISP들이 사용할 수 있게 확보해야 한다.
   "방송통신설비 기술기준에 관한 규정" 개정(2022년 11월 29일 개정, 2023년 6월 7일 시행)으로 인해 광케이블 8코어가 12코어 이상으로 증가됨으로써 초고속정보통신건물 인증심사기준도 개정되었다.
   그러나 현실은 ISP들이 독자적으로 구내간선계에서 초고속인터넷용 광케이블과 유선전화용 UTP케이블을 구성하는 경우도 있다. 그 이유는 ISP들이 자가망으로 고객 가까이 다가가기 위해서이다.
4. 구내간선계에서 유선전화를 광케이블로 구성하기 위해서는 가입자 단위가 500세대 이상이 되어야 효율적인데, 대부분의 경우, 35층 x 4세대 = 140세대 규모로 적절하지 않다. 그런데 대부분의 경우 유선전화용으로 세대당 UTP Cat3 4pair를 구축한다.
5. 구내간선계에서 유선전화를 위한 UTP케이블로 Cat3로 시공하는 이유는 100pair 이상 심선을 갖는 UTP Cat5e케이블이 출시되지 않기 때문에 UTP Cat3로 시공한다. 예를 들어 아파트 동이 한층이 4세대이고, 30층이면 120세대 x 4pair = 480 pair이므로 500 pair 심선 용량을 갖는 케이블을 구내간선계에서 사용하므로 UTP Cat3로 시공한다.

**표 2-3-2 공동 주택(아파트) - 특등급 초고속정보통신건물인증 심사기준**

| 심사항목 | | | 요건 | 심사방법 |
|---|---|---|---|---|
| 배선설비 | 배선방식 | | 성형배선 | 설계도서 대조심사 |
| | 케이블 | 건물간 선계 | 세대당 광케이블(SMF) 4코어 이상 + 세대당 UTP Cat5e 4페어 이상 | 배선설비성능등급 대조심사(구내간선/건물간선/수평배선의 구분방법은 별표5 참조 |

[해설]

1. 건물간선계는 아파트 동 지하층 동통신실~층통신실(TPS실) 구간을 가리킨다. 세대당 초고속인터넷과 미래 수요를 위해 광케이블이 4코어 설치되고, 유선전화를 위해 UTP Cat5e 4pair가 설치된다.
2. 초고속인터넷용 광케이블을 보면, 구내간선계에서는 집중구내통신실(MDF/FDF실)-층통신실(TPS실) 구간에 광케이블 12코어가 포설되고, 건물 간선계에서는 층통신실(TPS실)-세대단자함 구간에 광케이블 4코어가 포설된다.
3. 층통신실(TPS실)에서 광케이블 12코어와 4코어는 분리되어 있다.
   그러면 구내간선계 광케이블 12코어와 건물간선계 광케이블 4코어간의 관계는 중간에 통신사들이 설치하는 FTTH PON의 Optical Splitter가 연계한다.
4. 집중구내통신실에서 출발한 광케이블 12코어는 동지하 동통신실에서 성단되지 않고, 바로 층통신실(TPS실) FDF에서 성단되므로 광케이블의 경우, 구내간선계와 건물간선계를 구분하는 FDF가 없다. 이 구성을 잘 파악해야 구내간선계의 광케이블 12코어와 건물간선계의 광케이블 4코어의 용도를 이해할 수 있다.
5. 광케이블 12코어는 24세대~32세대 단위로 할당되는데, 그것은 ISP들의 Optical Splitter가 32단자, 64단자, 128단자로 분기되기 때문이다.
   즉 광케이블 1코어를 Optical Splitter에 연결하면 32세대까지 수용해서 FTTH PON 방식의 초고속 인터넷을 구성할 수 있기 때문이다.
6. 유선전화용 UTP케이블은 집중구내통신실에서 세대단자함을 향해 세대당 4pair씩 출발해서 구내간선계에서 UTP Cat3(또는 Cat5e)와 건물간선계의 UTP Cat5e로 이어져 세대단자함에 종단된다.

유선전화용 UTP케이블은 지하층 동통신실 IDF에서 구내간선계와 건물 간선계가 연계된다. 초고속인터넷을 위해서는 광케이블 1코어가 사용되므로 특등급 세대로 인입되는 광케이블 4코어 중 3코어는 예비로 남는다.

**표 2-3-3 공동 주택(아파트) - 특등급 초고속정보통신건물인증 심사기준**

| 심사항목 | | | | 요건 | 심사방법 |
|---|---|---|---|---|---|
| 배선설비 | 배선방식 | | | 성형배선 | 설계도서 대조심사 |
| | 케이블 | 수평 배선계 | 세대인입 | 세대당 광케이블(SMF) 4코어 이상 + 세대당 UTP Cat5e 4페어 이상 | 배선설비성능등급 대조심사 |
| | | | 댁내배선 | 실별 인출구 2구당 Cat6 4페어 + Cat5e 4페어 이상, 거실 인출구 광 1구(SMF 1코어 이상) | |

[해설]

1. 수평배선계는 층통신실(TPS실)~세대단자함~세대인출구 구간을 가리킨다.
2. 층통신실에서 세대로 초고속인터넷을 위한 광케이블 4코어와 유선전화를 위한 UTP Cat5e x 4pair가 인입되어 세대단자함 내부의 FDF와 멀티플렉서에 각각 종단된다.

**표 2-3-4 공동 주택(아파트) - 특등급 초고속정보통신건물인증 심사기준**

| 심사항목 | | 요건 | 비고 |
|---|---|---|---|
| 케이블 | 접속자재 | 배선케이블 성능등급과 동등 이상으로 설치 | |

[해설]

1. 배선케이블은 성능등급과 동등 이상으로 설치한다.

**표 2-3-5 공동 주택(아파트) - 특등급 초고속정보통신건물인증 심사기준**

| 심사항목 | | 요건 | 비고 |
|---|---|---|---|
| 케이블 | 세대단자함 | 광선로종단장치(FDF), 디지털방송용 광수신기, 접지형 전원시설이 있는 세대단자함 설치, 무선 AP 수용시 전원 콘센트 4구 이상 설치 | 설계도서 대조심사 및 현장 확인 |

[해설]

1. 세대단자함은 전기케이블이 세대로 인입되어 각방 조명등과 전열 콘센트로 분배시키는 전기분전반처럼, 정보통신과 방송케이블이 세대로 인입되어 각방 인출구로 분배시키는 관문이다. 세대단자함은 FDF, 멀티플렉서, 광전변환장치 ONU, SMATV분배기, CATV분배기, 접지형 콘센트 등으로 구성된다.
2. 통신사의 FTTH PON초고속인터넷의 가입자측 모뎀 ONU가 추가된다. 이 FTTH의 ONU는 광전변환장치ONU와는 다르다.
   최근의 세대단자함에서는 SMATV용 광케이블을 동축케이블로 변환하는 광전변환장치 ONU와 거실 천장 WiFi AP에 DC동작 전원을 공급하는 AC어댑터와 와이파이용 PoE Injector가 결합된 장치가 포함된다.
3. 접지형 콘센트 4구는 다음과 같은 설비로 전원을 공급하는데 사용된다.
   - 멀티플렉서(스위칭 허브)
   - 광전변환장치 ONU
   - WiFi PoE Injector(AC어댑터 기능 포함)
   - 초고속인터넷 FTTH PON의 ONU

**표 2-3-6 공동 주택(아파트) - 특등급 초고속정보통신건물인증 심사기준**

| 심사항목 | | 요건 | 비고 | |
|---|---|---|---|---|
| 케이블 | 인출구 | 설치대상 | 침실, 거실, 주방(식당) | |
| | | 설치개수 | 침실 및 거실 | 실별 4구 이상[2구(Cat6 1구, Cat5e 1구)씩 2개소로 분리 설치], 거실 광인출구 1구 이상 단, 무선AP 수용 시 거실을 제외한 실별(Cat6 1구, Cat5e 1구) 이상 |
| | | | 주방(식당) | (Cat6 1구, Cat5e 1구) 이상 |
| | | 형태 및 성능 | 케이블 성능 등급과 동등 이상의 8핀 모듈러 잭(RJ45) 또는 광케이블용 커넥터 | |

[해설]

1. 특등급 세대의 인출구는 방단위로 2개소여야 하고, 거실에 무선 와이파이 AP가 설치되면 거실만 2개소이고, 나머지 방은 1개소여도 된다.
2. 와이파이 AP가 거실 천장에 시공되면 거실을 제외한 각방에는 1개소의 인출구만 시공

하여도 되지만, 2구 이상을 2개소로 분리 시공하는 것이 일반적이다.

3. 주방에도 2구 이상 설치해야 한다. 거실의 광인출구는 세대단자함~거실구간에 미래 수요를 위해 시공하는데, SMF로 시공해야 한다. 당장은 사용되지 않으므로 인출구 부분에 먼지를 방지하는 Dust Cap을 씌워야 있다.
4. 단지내 커뮤니티에 와이파이AP 1개소 이상 설치는 의무사항이다. 와이파이AP용 백홀은 UTP Cat 6으로 시공해야 한다.

**표 2-3-7 공동 주택(아파트) - 특등급 초고속정보통신건물인증 심사기준**

| | | |
|---|---|---|
| 무선 AP | 단지공용부(필수) | 단지내(주민공동시설, 놀이터 등) 1개소 이상, 무선AP까지 광케이블 또는 Cat6 4페어 이상 |
| | 세대내(선택) | 1개소 이상, 세대단자함에서 무선AP까지 Cat 4페어 이상 |

[해설]

1. 세대내 와이파이 AP는 거실 천장에 주로 시공된다. 그리고 동작전원 공급방식은 UTP 케이블을 공용하는 PoE방식을 적용한다.
2. 와이파이 AP규격은 IEEE802.11ax(WiFi 6) 이상이고, PoE방식은 IEEE802.3af(15.4W), IEEE 802.3at(30W), IEEE802.3bt(90W) 등이 있는데, 아직까지 IEEE802.3af(타입 1)을 주로 사용한다.
3. IEEE802.11ax(WiFi 6)의 전송속도는 10Gbps이다. IEEE802.3af (타입1)의 전력 규격은 15.4W이다.
4. 침실, 거실, 주방의 2구 중 1구(전화용)는 UTP Cat5e로, 다른 1구(인터넷용)는 UTP Cat6으로 시공한다.

**표 2-3-8 공동 주택(아파트) - 특등급 초고속정보통신건물인증 심사기준**

| 심사항목 | | 요건 | 심사방법 |
|---|---|---|---|
| 배관설비 | 구조 | 성형배선가능구조 | 설계도서 대조심사(배관설비 설치 요건은 별표5 참조) |
| | 건물간선계 | 단면적 1.12㎡(깊이 80㎝ 이상) 이상의 TPS 또는 5.4㎡ 이상의 동별 통신실 확보 | |

| | 예비배관 | 설치구간 | 구내간선계,<br>건물간선계 | |
|---|---|---|---|---|
| | | 수량 | 1공 이상 | |
| | | 형태 및 규격 | 최대 배관 굵기 이상 | |

**[해설]**

1. 층통신실(TPS실) 또는 동 통신실을 선택적으로 시공하게 되어 있는데, 실제로는 둘 다 시공한다.
2. TPS실은 정보통신설비가 독점하지만, 동통신실 공간은 전기, 소방 등의 설비와 공용하므로 면적이 꽤 넓다. "초고속정보통신건물 인증업무처리지침"에서는 동통신실에는 정보통신설비만 설치하라고 되어있지만 현실은 그렇지 못하다.
3. TPS실 공간은 정보통신설비 시공에 아주 중요한 공간인데, 단면적 1.12㎡(바닥면적), 깊이 80㎝ 이상의 괴상한 구조로 정의되어 있다.

   이것은 2010년 부산해운대 우신 골든스위트 아파트의 피트공간에서 청소원들의 실수로 대규모 화재가 발생함에 따라 "피트공간 등 소방시설 설치기준 적용 변경지침"에 따라 가로 세로 높이가 1.2 x 1.2 x1.2m 공간 이상이면 소공간 소화장치를 설치해야 하는 지침 개정에 따라, TPS실에 소화기 설치를 회피하기 위하여 괴상한 구조로 정의하게 된 것이다.

   TPS실의 깊이가 80㎝이면, 장비 시공과 유지보수 작업이 어려운 환경이 된다. 본말이 전도된 것이라고 볼 수 있다. 이런 식으로 TPS실 사이즈를 규정하게 되니 TPS실 구조가 점점 더 줄어 들어도 별로 비정상적으로 인식하지 않게 된다.

   건물간선계의 규정에 의해 단면적 1.12㎡(깊이 80㎝ 이상) 이상의 TPS실 또는 단면적 5.4㎡이상의 동별 통신실 중 하나를 선택할 수 있으며, FDF설치 위치에 따라 건축사(설계사)들이 설계하는 것이 일반적이다.
4. 그리고 구내간선계와 건물간선계의 배관은 지하층 수평 트레이와 아파트 동의 수직 트레이가 대신하고 트레이 상에는 배관을 사용하지 않으므로 예비 배관 역시 해당되지 않는다.

**표 2-3-9 공동 주택(아파트) - 특등급 초고속정보통신건물인증 심사기준**

<table>
<tr><th colspan="3">심사항목</th><th>요건</th><th>비고</th></tr>
<tr><td rowspan="8">구내통신실<br>(MDF)</td><td rowspan="6">면적</td><td>~300 세대</td><td>12㎡ 이상</td><td rowspan="8">현장실측으로 유효면적확인<br>(집중구내통신실의 한쪽 벽면이 지표보다 높고 침수의 우려가 없으면 '지상 설치'로 인정)</td></tr>
<tr><td>~500 세대</td><td>18㎡ 이상</td></tr>
<tr><td>~1,000 세대</td><td>22㎡ 이상</td></tr>
<tr><td>~1.500 세대</td><td>28㎡ 이상</td></tr>
<tr><td>~1,501 세대</td><td>34㎡ 이상</td></tr>
<tr><td>디지털<br>방송장비설치</td><td>3㎡ 추가(단 방재실에 설치할 경우 제외)</td></tr>
<tr><td colspan="2">출입문</td><td>유효너비 폭 0.9m, 높이 2m 이상의 잠금장치가 있는 방화문 설치 및 관계자외 출입통제 표시 부착</td></tr>
<tr><td colspan="2">환경관리</td><td>- 통신장비 및 상온/상습 장치 설치<br>- 전용의 전원 설비 설치</td></tr>
</table>

[해설]

1. 집중구내통신실(단지통신실)은 아파트 단지의 전화국이라고 할 정도로 중요한 공간이다.
2. 아파트 세대로 인입되는 초고속인터넷용 광케이블을 성단하는 FDF, 유선전화용 UTP 케이블을 성단하는 MDF가 시공되어 있다. 집중구내 통신실은 면적, 출입문, 전용전원 설비, 상온 상습 등 조건이 충족되어야 한다.
3. 준공단계가 되면 집중구내통신실로 유선통신 3사, KT, LGU+, SK BB 등과 지역케이블 사업자들의 케이블이 인입되고 랙형 FDF, 소형 전화교환기, Optical Splitter 등 광전송장치가 설치되므로 면적, 전원장치, 상온 상습(냉방기 또는 환풍기) 등 환경조건이 갖추어져야 하고, 출입문은 방화문 규격, 그리고 장비 반입에 어려움이 없는 구조와 사이즈로 제작되어야 한다. 방화문은 갑종 또는 을종방화문이 있으며, 시험성적서를 필히 확인해야 한다.

**참고** [건축물의 피난·방화구조 등의 기준에 관한 규칙(약칭: 건축물방화구조규칙)] 2022년 4월 29일

4. 한편, 홈네트워크 건물 인증을 위해서 위에서 규정된 면적에 2㎡가 추가되어야 하는데, 단지서버, L3백본스위치와 FDF 등을 위한 바닥 면적이다.

**표 2-3-10 공동주택(아파트) - 특등급 초고속정보통신건물인증 심사기준**

<table>
<tr><th colspan="3">심사항목</th><th>요건</th><th>비고</th></tr>
<tr><td rowspan="4">구내배<br>선성능</td><td colspan="2">구내간선계</td><td>광선로 채널 성능 이상</td><td rowspan="4">측정 장비에 의한<br>실측 확인</td></tr>
<tr><td colspan="2">건물간선계</td><td>광선로 채널 성능 이상</td></tr>
<tr><td rowspan="2">수평배선계</td><td>세대인입</td><td>광선로 채널 성능 이상</td></tr>
<tr><td>댁내배선</td><td>광선로 채널 성능 이상 + 동선로 채널 성능 이상</td></tr>
</table>

[해설]

1. 구내배선 성능은 구내간선계와 건물간선계에서는 광케이블을, 수평배선계에서는 광케이블과 구리케이블의 성능을 기준으로 삼는다.
2. UTP 케이블 채널 성능은 EIA/TIA 568B를 기준으로 적용하는데, UTP Cat3, Cat5e, Cat6, Cat6a 등에 대하여 다음 각 주파수 1㎒, 16㎒, 100㎒, 200㎒, 250㎒, 500㎒대역에서 측정한다.
3. 광케이블 채널 성능 기준은 "초고속정보통신건물 인증업무처리지침" [별표5]를 참조하기 바란다.

참고 https://www.bica.or.kr/file/guideList.do

4. 광케이블 채널 성능은 SMF, MMF에 대해 특정 파장에서 광손실을 측정하는데, 구내광선로 구간과 세대단자함-거실 광인출구 구간의 채널 성능기준은 다음과 같다.
   - 구내광선로 구간: SMF는 5.5㏈이하, MMF는 11.5㏈ 이하
   - 세대단자함-거실 광인출구 구간: 1.5㏈ 이하

**표 2-3-11 공동 주택(아파트) 특등급 초고속정보통신건물인증 심사기준**

| 구분 | 요건 | 심사항목 |
|---|---|---|
| 도면관리 | 배선, 배관, 통신실 등 도면 및 선번장 | 보유 여부 |

**[해설]**

1. "정보통신공사업법 시행령"에 따르면 실시설계도면과 준공도면을 건축물이 유지되는 기간 동안 보관 관리하게 되어 있다.

   **참고** 정보통신공사업법 시행령 제7조(설계도서의 보관의무)

2. 그리고 MDF, IDF, FDF 단자에는 사용현황을 표시하는 라벨이 부착되어 있고, 선번장을 도큐먼트로도 작성하여 현행 관리토록 해야 한다.
3. 선번장은 단자 번호와 세대나 전화번호 등 ID와의 관계를 작성해놓은 테이블이다. 케이블 라벨링의 일반적인 방법은 [그림 2-2]와 같다.

**그림 2-2 케이블 라벨링 방법**

| 스티커형 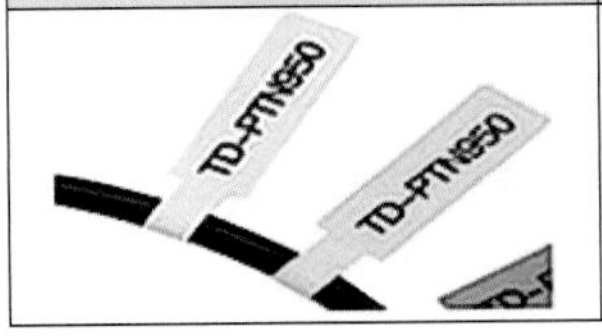 | 튜브형 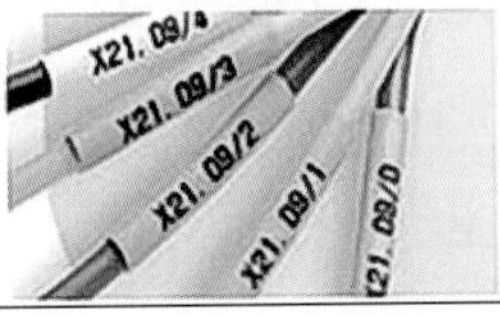 | 나일론타이형 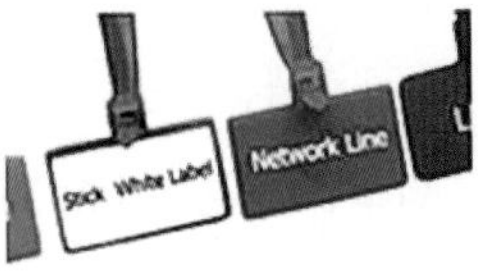 |
|---|---|---|

**표 2-3-12 공동주택(아파트) 특등급 초고속정보통신건물인증 심사기준**

| 심사항목 | | 요건 | 심사방법 |
|---|---|---|---|
| 디지털방송 | 배선 | 헤드엔드에서 세대단자함까지<br>광케이블 1코어 이상 설치(SMF 권장) | 현장 실측 |

[해설]

1. SMATV(Satellite Master Antenna TeleVision) 신호를 세대까지 분배하는데, 동축케이블 대신에 광케이블을 사용할 수 있다.
2. 헤드엔드에서 세대단자함까지 광케이블 1코어 이상을 배선하게 되어 있는데, 실제로는 건물 간선계에서 Optical Splitter를 사용하므로 1:1 배선 구조가 아니고, 1:N 배선 구조이다.
3. SMATV는 단방향이므로 광케이블 분배망으로의 전환이 용이한데 비해 CATV는 양방향이여서 복잡하여 상용화가 이루어지지 않고 있다. 디지털방송으로 인해 헤드엔드 출력단에 광송신기(OTX), 광증폭기(EDFA), 광분배기(Optical Splitter) 등이 방재실에 추가로 시공된다.

다음에 초고속정보통신건물 특등급 인증 심사항목 기준에 적용된 주) 항목에 대한 해설을 아래에 나타내었다.

**주1)** 구내 간선계 광케이블(SMF) 12코어 이상 중 최소 SMF 8코어 이상은 초고속 인터넷 사업자가 사용할 수 있도록 확보하여야 한다.

[해설]

구내간선계와 건물간선계 광케이블 12코어는 8코어가 사용되므로 4코어가 예비로 남고, 세대 인입 광케이블 4코어는 1코어가 사용되므로, 3코어가 예비로 남는다. 이 예비 광케이블을 SMATV신호 분배용으로 사용할 수 있다.

**주2)** 디지털 방송을 위한 전송 선로는 구내간선계, 건물 간선계, 수평 배선계(세대 인입)의 통신용 광케이블을 사용할 수 있다(기존의 특등급 공동 주택 및 오파스텔에서 예비 광케이블을 활용하여 디지털 방송 수신환경 설비를 추가로 설치할 경우 재 인증 가능).

[해설]

구내광케이블과 건물간선계 광케이블 후단에 Optical Splitter를 통해 세대인입 광케이블과 연결하고, 세대단자함내에서 ONU를 통해 SMATV용 분배기에 연결된다.

**주3)** 세대단자함내에 네트워크 기능을 갖는 세대용 스위치를 설치하는 경우에는 1G/10Gbps 이상 스위칭 허브 및 IGMP Snooping 기능을 지원하여야 하며, TTA

시험성적서를 제출하여야 한다.

[해설]

거실 광인출구는 세대단자함의 미니 MDF~거실 광인출구 구간에 SMF 1코어를 시공한다. 세대단자함과 거실 구간의 광케이블은 미래용이므로 인출구 입구를 Dust Cap으로 막아 놓는다.

**주4)** 무선AP는 TTA로부터 IEEE 802.11ax 이상의 성능과 WPA3 보안 규격을 만족하는 시험성적서를 제출하여야 한다. 또한, PoE 방식일 경우에는 IEEE 802.3af 이상의 시험성적서를 제출하여야 한다.

[해설]

1. 세대단자함에서 무선AP까지 Cat5e 4페어 이상 배선설비는 필수이나, 무선AP를 설치하는 것은 선택사항이다. 무선 와이파이 AP의 백홀은 유선 초고속인터넷이므로 초고속인터넷이 Fast Ethernet(100Mbps)에서 1GbE으로 발전됨에 따라 IEEE802.11ac(WiFi 5)로 발전되었고, 다시 초고속인터넷이 10GbE으로 발전되면 IEEE802.11ax(WiFi 6)로 발전될 것이다.
2. 와이파이는 2023년에 IEEE802.11be(WiFi 7)로 발전할 예정이다. FTTH PON 초고속인터넷을 백홀로 거실 천장에 설치된 WiFi AP와 UTP Cat5e로 연결되는데, PoE로 전원과 함께 공급된다.
3. 무선 와이파이 AP의 백홀용 케이블은 PoE로 인해 UTP케이블을 사용해야 한다. 와이파이AP가 발전되면 백홀용 UTP 케이블도 UTP Cat5e 에서 UTP Cat6로, 다시 UTP Cat6a로 업그레이드될 것이다.

**주5)** 세대 전용면적이 60m$^2$ 미만인 경우 디지털 방송용 광케이블(광수신기)을 장치함에 설치할 수 있다.

**참고** [감리현장실무, #초고속정보통신건물인증심사항목 해설(1)] 2021년 9월 25일

**참고** [감리현장실무, #초고속정보통신건물인증심사항목 해설(2)] 2021년 9월 26일

**참고** [감리현장실무, #초고속정보통신건물인증심사항목 해설(3)] 2021년 9월 29일

**참고** [감리현장실무: #초고속정보통신건물인증심사항목 해설(4)] 2021년 9월 30일

05절

# 홈네트워크건물 인증 심사항목 해설

건축 현장 정보통신분야의 대관업무로는 "초고속정보통신건물인증"("홈네트워크 건물인증" 포함)과 "사용전검사"가 있다. 사용전검사는 건축 준공승인에 필요한 필수이며, 초고속정보통신건물인증은 건축주의 선택사항이다. 1999년 4월부터 시행된 초고속정보통신건물인증제도(홈네트워크건물인증은 2007년 4월)는 건축분야의 정보통신감리 업무 위상을 강화하는데 크게 기여하였으며, 4차 산업혁명시대를 맞아 스마트홈, 스마트빌딩으로 발전해나감에 따라 홈네트워크건물인증제도의 중요성이 강조되었다.

홈네트워크건물인증 등급은 AAA, AA, A 등급이 있다. 특히 AAA등급은 홈IoT와 홈네트워크 보안이 강화된 등급이다. 홈네트워크건물인증대상은 "건축법" 제2조(정의) 제2항 제2호의 공동주택 중 20세대 이상의 건축물 또는 "주택법 시행령" 제4조(준주택의 종류와 범위) 제4항에 따른 오피스텔(준주택)을 대상으로 한다. 또한, 홈네트워크건물인증기준은 초고속정보통신건물 1등급 이상의 등급을 인증받아야 한다.

건축물 대부분은 구내정보통신망 설계시, 초고속정보통신건물/홈네트워크건물 인증기준이 실제적인 설계기준이 되고 있다.

홈네트워크건물 인증심사기준은 각 항목단위로 여러개로 분할하여 다수의 〈표〉로 분할되어 편의상 〈표 2-4-1〉 ~ 〈표 2-4-2〉와 같은 방식으로 표기하였다.

**표 2-4-1 홈네트워크건물 인증 심사 기준**

| 심사항목 | 요 건 | | | 심사방법 |
|---|---|---|---|---|
| | AAA등급 | AA 등급 | A등급 | |
| 등급 기준 구분 | 심사항목(1) + 심사항목(2) 중 16개 이상 + 심사항목(3) | 심사항목(1) + 심사항목(2) 중 16개 이상 | 심사항목(1) + 심사항목(2) 중 13개 이상 | |

첫째, 홈네트워크건물인증 모든 등급의 필수항목인 심사항목(1)에 대해서 알아보자.

**표 2-4-2 홈네트워크건물 인증 심사 기준**

| 심사항목 | 요 건 | | | 심사방법 |
|---|---|---|---|---|
| | AAA등급 | AA 등급 | A등급 | |
| 배선방식 | 성형배선 | | | |

[해설]

배선은 Star Topology(성형배선)가 일반적이다. 세대단말기(월패드)와 각종 홈네트워크 설비간은 직접 배선되어야 한다. 그러나 예외가 있다. 세대내 온도조절기와 침입감지기(동체감지기)를 시공하는 경우, UTP Cat5e x1 line(CD 16C)을 이용하여 RS-485 시리얼 통신방식으로 작동하는 다수개의 온도조절기와 침입감지기를 각각 IN-OUT~IN-OUT 방식으로 시리얼로 연결한다.

**표 2-4-3 홈네트워크건물 인증 심사 기준**

| 심사항목 | 요 건 | | | 심사방법 |
|---|---|---|---|---|
| (1) | 배선 | 세대단자함과 세대단말기간 | UTP Cat5e 4페어 이상 | |

[해설]

1. "지능형 홈네트워크 설비 설치 및 기술기준에 관한 고시"에 따라 월패드가 "세대단말기"로 변경되었다. 그 의도는 홈네트워크의 세대 허브를 월패드로 고정하지 않고 세대단말기의 범위를 확장하기 위한 것이다. 세대단말기와 TPS실(층구내통신실)의 L2 WG(Work Group)스위치간을 연결하기 위한 UTP Cat5e x 1 line(4 pair)이 소요된다.
2. 세대단말기(월패드)에 국선 유선전화회선을 수용하기 위해서는 세대단자함에서 UTP Cat5e x 1 line이 추가로 배선되어야 한다. 일반적으로 욕실폰은 인터폰(VoIP)을 수용하므로 별도의 케이블이 필요없다.

**표 2-4-4 홈네트워크건물 인증 심사 기준**

| 심사항목 | 요 건 | | | 심사방법 |
|---|---|---|---|---|
| (1) | 배선 | 세대단자함과 세대단말기간 | CD 16C 이상(세대단자함과 세대단말기와의 배선 공유시 22C 이상) | |

[해설]

1. 세대단자함과 세대단말기 공유시는 CD 16C 예비 배관이 필요없고 CD 22C로 대체 가능하다고 되어있는데, 세대단자함은 세대입구 신발장 근처에 있고, 세대단말기(월패드)는 거실에 소파를 놓는 벽체에 위치하는데, 배관을 공유한다는 의미가 구체적으로 어떤 상황인지 이해가 어렵다.
2. 세대단말기와 세대단자함 구간의 예비 배관은 홈게이트웨이 분리형 월패드방식에서 홈게이트웨이가 세대단자함내에 위치하는 걸 고려하였으나, 요즘 대부분 월패드는 홈게이트웨이 일체형이므로 배관을 세대단자함을 경유하지 않고 월패드로 바로 배관할 수 있는데, 수요가 있을지 관심사항이다.

**표 2-4-5 홈네트워크건물 인증 심사 기준**

| 심사항목 | 요 건 | | | 심사방법 |
|---|---|---|---|---|
| (1) | 설치공간 | 블로킹 필터 | - 3상 4선식: 150㎜ x 200㎜ x 60㎜<br>- 단상 2선식: 70㎜ x 160㎜ x 60㎜ | |

[ 해설]

1. 홈네트워크를 PLC(Power Line Communication)방식으로 구성할 경우 적용되지만, 거의 대부분 정보통신 UTP 케이블 방식으로 홈네트워크를 구축하므로 해당되지 않는다.
2. 블로킹 필터는 전력선을 통해 통신신호가 다른 네트워크(세대)로 전송되는 것을 차단하고 다른 네트워크(세대)의 통신신호와 노이즈가 유입되는 것을 차단하는 PLC 부품으로 블로킹 필터는 동작 주파수대에 따라 저속, 고속이 있고, 단상, 3상3선, 3상4선 등의 종류가 있다.

**표 2-4-6 홈네트워크건물 인증 심사 기준**

| 심사항목 | 요 건 | | | 심사방법 |
|---|---|---|---|---|
| (1) | 면적 | 집중구내통신실 면적 | 2㎡ | 현장 실측으로 유효면적 확인 |

[해설]

1. "초고속정보통신건물인증 심사기준"에서 규정된 집중구내통신실(MDF실) 면적에 2㎡를 추가한다.
2. 홈네트워크 구성을 보면, 방재실 L3백본 스위치와 층 구내통신실(TPS실)의 L2 WG(work Group)스위치 구간을 광케이블 4코어(사용 2코어, 예비 2코어)로 연결된다. 이용도의 광케이블을 성단하는 FDF, L3백본스위치, 단지서버 등이 집중구내통신실(MDF실)에 위치하므로 2㎡ 상면을 추가로 반영한 것이다.
3. 그 이유는 집중구내통신실에서 유선전화용 UTP케이블과 초고속인터넷용 광케이블이 지하층 통신용 트레이를 통해 각동으로 대규모로 분산 배선되므로 홈네트워크용 광케이블도 집중구내통신실에서 분산 배치하는 것이 효율적이다.
   예를 들어 1501세대 이상이면 집중구내통신실(MDF실) 면적이 34㎡ 이상인데, 여기에 2㎡ 면적이 추가된다.

**표 2-4-7 홈네트워크건물 인증 심사 기준**

| 심사항목 | 요 건 | | 심사방법 |
| --- | --- | --- | --- |
| (1) | 통신 배관실 (TPS)<br>[공동주택] | - 출입문은 외부인으로부터 보안을 위하여 유효너비 0.7m, 유효높이 1.8m 이상의 잠금장치가 있는 출입문으로 설치하고 관계자외 출입통제 표시 부착<br>- 외부 청소 등에 먼지, 물 등이 들어오지 않도록 50㎜ 이상의 문턱 설치, 다만, 차수관 또는 차수막을 설치하는 때에는 그러하지 아니함 | 설계 도면 대조심사 및 육안검사 |

[해설]

1. 주거용건축물 공동주택의 통신배관실(TPS실)에는 광케이블 4코어를 성단하는 벽부형 FDF, L2 WG(Work Group)스위치가 위치할 수 있다. 문턱, 차수관, 차수막 등은 침수를 고려한 규정이다. 출입문 유효너비는 장비 반입을 고려한 것이다.

**참고** 주거용건축물이란, 건축법 시행령 별표1(용도별 건축물의 종류) 제1호 및 제2호에 따른 단독주택 및 공동주택을 가리킨다.

**표 2-4-8 홈네트워크건물 인증 심사 기준**

| 심사항목 | 요 건 | | 심사방법 |
| --- | --- | --- | --- |
| (1) | 층구내통신실<br>[오피스텔] | - 출입문은 외부인으로부터 보안을 위하여 유효너비 0.9m, 유효높이 2.0m 이상의 잠금장치가 있는 방화문 설치 및 관계자 외 출입통제 표시 부착<br>- 통신장비, 상온/상습 장치, 전용의 전원 설비 설치<br>- 외부 청소 등에 먼지, 물 등이 들어오지 않도록 50㎜ 이상의 문턱 설치, 다만, 차수관 또는 차수막을 설치하는 때에는 그러하지 아니함 | 설계 도면 대조심사 및 육안검사 |

[해설]

1. 오피스텔은 업무용 건축물로 분류되어 "방송통신설비의 기술기준에 관한 규정"에 의해 집중구내통신실과 층구내통신실 기준에 부합되어야 한다. 홈네트워크건물인증을 받고자 한다면, 집중구내통신실은 면적(2㎡)을 키워야 하고, 층구내통신실은 출입문 크기 및 방화문, 상온상습장치, 전용전원설비가 추가되어야 한다.

참고 업무용건축물이란, "건축법 시행령" 별표1(용도별 건축물의 종류) 제14호 따른 업무시설로 "오피스텔"은 업무시설에 해당됨

표 2-4-9 **홈네트워크건물 인증 심사 기준**

| 심사항목 | 요 건 | | 심사방법 |
|---|---|---|---|
| (1) | 단지서버실 | - 출입문은 외부인으로부터 보안을 위하여 유효너비 폭 0.7m, 높이 1.8m 이상의 잠금장치가 있는 출입문으로 설치하고 관계자 외 출입통제 표시 부착 | 설계 도면 대조심사 및 육안검사 |

[해설]

홈네트워크를 위해 단지서버실을 별도의 공간으로 확보할 경우 3㎡ 이상 되어야 하고, 바닥은 케이블 여장 등을 위하여 이중마루로 구성해야 한다.

표 2-4-10 **홈네트워크건물 인증 심사 기준**

| 심사항목 | 요 건 | | 심사방법 |
|---|---|---|---|
| (1) | 예비전원장치 | - 정전에 대비하여 무정전전원장치 또는 발전기에 의한 비상 전원이 자동 절체 시스템에 의해 공급<br>- 공용부: 단지서버, 백본, 워크그룹 스위치<br>- 세대부: 홈게이트웨이(세대단말기와 통합 가능), 세대단말기(무선망을 이용하는 휴대용 기기는 제외) | 설계 도면 대조심사 및 육안검사 |

[해설]

1. "지능형 홈네트워크 설비 설치 및 기술기준에 관한 고시"에서도 필수설비에 대해서는 비상전원 공급을 규정하고 있다. 상전이 중단되더라도 홈네트워크용 필수설비와 세대단말기(월패드)는 중단되지 않아야 하므로 비상전원이 준비되어야 한다. 비상전원이란 발전기/무정전전원공급장치(UPS)/ESS를 가리키며, 공동주택에서는 주로 발전기를 비상전원으로 사용한다. 비상전원은 소방펌프/비상조명/비상방송/재난방송설비 등에 공급된다.
2. 집중구내통신실과 방재실에는 UPS(Uninterrupted Power System)가 예비전원으로 준비되고, 공용부와 세대부(일부 설비)에는 디젤발전기 비상전원이 준비된다. UPS는 절체시 중단이 없는데 비해 디젤발전기 비상전원은 절체시 순단(Short Interruption)이 발생한다.
3. 홈네트워크는 L3백본스위치와 L2 WG스위치를 거쳐서 단지서버와 세대단말기(월패드)가 인터워킹하므로 상전 중단시에도 운영이 지속되려면 이들 설비[단지서버, L3백본스위치, L2 WG스위치, 세대단말기(월패드)]에 예비전원이 공급되어야 한다. 최근 세대단말기(월패드)에 예비전원이 공급되지 않는 것이 문제가 되었기 때문에 세대단말기(월패드)에 예비전원, 즉 세대내에서 비상전원이 공급되게 시공되는지 확인해야 한다.
4. 아파트단지에서 상전이 중단되는 경우, ATS(Automatic Transfer Switch)에 의해 디젤발전기의 비상전원이 공급된다. 아파트 단지에서 상전이 중단되면, 자동으로 디젤발전기가 기동해서 미리 정해놓은 제한된 부하에 비상전원이 공급된다. 아파트 상전이 중단되면 세대분전함 내부의 APU(Automatic Power switching Unit) 기동에 의해 비상전원이 세대단말기(월패드), 세대단자함, 난방 온수분배제어기, 비상등 등과 같이 선택된 부하에 비상전원이 공급된다.

두 번째, 홈네트워크건물인증 등급의 선택항목인 심사항목(2)에 대해서 알아보자. 각 등급별로 심사항목(2)는 선택적으로 구성할 수 있다.

편의상 〈표 2-5-1〉 ~ 〈표 2-5-2〉 방식으로 표기하였다.

**표 2-5-1 홈네트워크건물 인증 심사 기준**

| 심사항목 | 요 건 | | | 심사방법 |
|---|---|---|---|---|
| (2) | 영상정보 처리기기 | 배선 | - 전선: UTP Cat5e 4P * 1 이상<br>- 구간: CCTV의 DVR 또는 Web변환기에서 단지네트워크 장비(WG 스위치)까지 | 설계 도면 대조심사 및 육안검사 |
| | | 기기설치 | - 공용부에 CCTV 또는 Web변환기가 설치되어 있고, 세대단말기에 CCTV를 볼 수 있는 UI 기능이 있어야 함 | |

[해설]

1. 세대단말기로 공용부(주차장, 주동출입구, 어린이 놀이터, 엘리베이터 등) CCTV 영상을 시청할 수 있게 하기 위한 기능이다.
   종전엔 어린이 놀이터 CCTV영상을 헤드엔드에서 SAMTV의 특정 채널로 삽입해서 부모들이 가정에서 거실 TV수상기로 어린이 놀이터에 놀고 있는 자녀들의 영상을 볼 수 있었다.
   그러나 TV시청방법이 SMATV시청방식에서 CATV 또는 IPTV방식으로 전환됨에 따라 세대단말기로 시청하는 방식으로 변경되었다.
2. 세대단말기에서 CCTV메뉴를 터치하고 어린이 놀이터 등 원하는 지역을 선택하면 영상을 볼수 있다. 이 화면에서 특정 CCTV를 한번 더 터치하면 Full 화면으로 확대해 시청할 수 있는 등 다양한 기능을 세대단말기가 제공한다.

**표 2-5-2 홈네트워크건물 인증 심사 기준**

| 심사항목 | 요 건 | | | 심사방법 |
|---|---|---|---|---|
| (2) | 가스밸브 제어기 (전기차단장치) | 배선 | - 전선: UTP Cat5e 4P * 1 이상<br>- 구간: 세대단말기 또는 홈게이트웨이와 가스 밸브 제어기(전기차단장치)<br>- 전력선 제어일 경우 배선 심사를 하지 않고 전력선 모뎀의 설치 유무를 확인 | 설계 도면 대조심사 및 육안검사 |
| | | 기기설치 | - 감지기, 제어기, 차단기가 설치되어 있어야함 | |

[해설]

세대단말기와 가스밸브제어기(가스제어수신기)를 UTP Cat5e x 1line으로 연결하여 가스밸브를 닫거나 열 수 있게 한다.

가스제어수신기(GC), 가스밸브차단기(GV), 가스감지기(G) 등은 일체적으로 동작한다.

**표 2-5-3 홈네트워크건물 인증 심사 기준**

| 심사항목 | 요 건 | | | 심사방법 |
|---|---|---|---|---|
| (2) | 조명제어기 | 배선 | - 전선: UTP Cat5e 4P * 1 이상<br>- 구간: 세대단말기 또는 홈게이트웨이와 조명제어스위치<br>- 전력선 제어일 경우 배선 심사를 하지 않고 전력선 모뎀의 설치 유무를 확인 | 설계 도면 대조심사 및 육안검사 |
| | | 기기설치 | - 조명제어스위치가 설치되어 있어야 함 | |

[해설]

1. 세대단말기에서 조명을 켜거나 끌 수 있고 조도조절기능을 수행할 수 있다. 조명스위치 일체형과 분리형이 있으며, 세대 내부에서 조명 제어는 세대단말기와 전기스위치간에 인터워킹이 이루어져야 한다.
2. 세대 전기분전반은 입선된 전기가 세대내 거실과 침실로 분배하는 기능을 수행하는데, 좌와 우측 조명등, 좌와 우측 전열 콘센트로 브레이커를 통해 공급된다. 세대분전반 내부에는 일반 상전과 디젤발전기 비상 전원이 들어오는데, 상전이 중단되면 APU에 의해 미리 결선되어 있는 부하에만 비상 전원이 공급된다. 세대단말기와 세대단자함, 비상등, 난방용 온수분배기 등에는 비상전원이 공급되게 결선되어야 한다.
3. 외출시 세대내 조명등을 일시에 소등하는 일괄소등스위치, 그리고 네트워크 스위치에 의한 부분적인 그룹 소등, 그리고 전열 콘센트의 대기전력 차단 등은 세대단말기(월패드)와 RS - 485 시리얼 통신에 의해 이루어진다.

**표 2-5-4 홈네트워크건물 인증 심사 기준**

| 심사항목 | 요 건 | | | 심사방법 |
|---|---|---|---|---|
| (2) | 난방제어기 | 배선 | - 전선: UTP Cat5e 4P * 1 이상<br>- 구간: 세대단말기 또는 홈게이트웨이와 난방제어기 또는 온도조절기<br>- 전력선 제어일 경우 배선 심사를 하지 않고 전력선 모뎀의 설치 유무를 확인 | 설계 도면 대조심사 및 육안검사 |
| | | 기기설치 | - 난방제어기가 설치되어 있어야 함 | |

[해설]

1. 각실 독립제어방식과 일괄 중앙제어 방식이 있다. 각실 독립제어방식은 세대단말기와 각방의 온도조절기간에 UTP Cat5e x 1line으로 연결되어 있다. 세대단말기와 각방의 온도조절기와 온수분배조작반간에는 UTP Cat5e x 1line으로 In_Out~In_Out방식의 Daisy chain 방식에 의해 시리얼로 연결된다.
   세대단말기~온도조절기~온수분배 조작반 간에는 RS-485 Serial Communication 방식으로 연동하고 각각 7비트길이의 주소를 갖기 때문에 UTP케이블 1 line에 다수의 온도조절기를 시리얼로 연결해도 충돌이 발생하지 않는다. 각 방단위로 온도를 독립적으로 설정하기 위해서는 난방 배관과 분배기가 독립적으로 시공되어야 한다.
2. 온도조절기는 온수분배조작반의 밸브를 열거나 닫는다. 난방용 온수분배조작반에서 밸브를 열면 난방 온도가 상승하고 닫으면 난방온도가 떨어진다.
   세대단말기에서 난방메뉴를 선택해서 방단위로 난방 온도를 독립적으로 설정할 수 있다.

**표 2-5-5 홈네트워크건물 인증 심사 기준**

| 심사항목 | 요 건 | | | 심사방법 |
|---|---|---|---|---|
| (2) | 현관방범감지기<br>(고시: 개폐감지기) | 배선 | - 전선: UTP Cat5e 4P * 1 이상<br>- 구간: 세대단말기 또는 홈게이트웨이와 현관방범감지기 | 설계 도면 대조심사 및 육안검사 |
| | | 기기 설치 | - 현관문에 현관방범감지기가 설치되어 있어야 함 | |

[해설]

현관문(아파트 세대 출입문)에 설치되는 방범감지기와 세대단말기(월패드)가 UTP Cat5e x 1 line으로 연결된다. 현관문의 열림을 감지하는 자석식 감지기(EM Lock)가 문 열림을 감지하여 세대단말기로 전달하면, 설정여부에 따라 만약 방범이 유효하게 설정되어 있으면 경보가 발령된다.

**표 2-5-6 홈네트워크건물 인증 심사 기준**

| 심사항목 | 요 건 | | | 심사방법 |
|---|---|---|---|---|
| (2) | 주동(柱棟)현관 통제기 (고시:주동출입 시스템) | 배선 | - 전선: UTP Cat5e 4P * 1 이상<br>- 구간: 주동현관통제기(인터폰)와 단지네트워크 장비(WG스위치)까지 | 설계 도면 대조심사 및 육안검사 |
| | | 기기 설치 | - 주동현관에 자동문과 인터폰이 설치되어 있어야 하며, 또한 인터폰에는 카드리더기도 설치되어 있어야 함. | |

[해설]

현관기의 통제기가 홈네트워크을 통해 방재실의 출입통제서버(단지서버)와 연동되도록 구성해서, 입주민 카드를 RF리더에 대거나, 패스워드를 입력하여 정상적으로 서버에서 인증되면 주동현관기를 개방한다. 방문자가 인터폰으로 방문 세대를 호출하면, 입주자가 세대단말기의 Exit Button을 조작하여 현관문을 개방해줄 수 있다. 그리고 관리실과 세대와 통신할 수 있다.

**표 2-5-7 홈네트워크건물 인증 심사 기준**

| 심사항목 | 요 건 | | | 심사방법 |
|---|---|---|---|---|
| (2) | 원격검침 전송장치 (고시:원격검침시스템) | 배선 | - 전선: UTP Cat5e 4P * 1 이상<br>- 구간: 원격검침 전송장치와 계량기간 | 설계 도면 대조심사 및 육안검사 |
| | | 기기설치 | - 원격검침전송장치와 계량기가 설치되어 있어야 하고, 공용부에 원격검침용 서버가 설치되어 있어야 함 | |

[해설]

1. 각세대 5종 계량기의 데이터가 세대단위의 원격검침 전송장치(TCU)로 모여서 동단위 원격검침장치(DCU)에서 집선되어 방재실의 원격검침서버(CCMS)로 연결된다.
2. 세대 단위 원격검침전송장치(TCU)는 7비트의 RS-485통신 주소를 가지므로 ~TCU_In_Out ~ TCU_In_Out 방식으로 UTP Cat5e x 1 line을 통해 128개 TCU가 Daisy chain 방식으로 동단위 원격검침장치(DCU)에 종단된다.

**표 2-5-8 홈네트워크건물 인증 심사 기준**

| 심사항목 | 요 건 | | | 심사방법 |
|---|---|---|---|---|
| (2) | 침입 감지기 | 배선 | - 전선: UTP Cat5e 4P * 1 이상<br>- 구간: 세대단말기 또는 홈게이트웨이와 침입감지기 | 설계 도면 대조심사 및 육안검사 |
| | | 기기 설치 | - 세대 또는 베란다 외부에 침입 감지기가 세대별 1개소 이상 설치되어 있어야 함 | |

[해설]

1. 아파트 양측 베란다에 동체감지기를 여러 곳에 설치하여 침입자를 감지한다. 동체감지기는 지향성이 있는 것과 지향성이 없는 것이 있는데, 전자는 베란다에, 후자는 거실에 설치한다.
2. 베란다 동체감지기는 지상1, 2층 세대와 옥상층 바로 아래 세대에만 설치하고, 거실 동체감지기는 전 세대에 설치하기도 한다. 거실 동체감지기는 사생활 침해 우려가 있지만 홈뷰와 결합하여 노약자, 반려동물을 캐어하는 서비스에 활용할 수 있다. 침입감지기가 홈네트워크건물 인증항목이라면 세대별 1개소 이상 설치해야 한다.

**표 2-5-9 홈네트워크건물 인증 심사 기준**

| 심사항목 | 요 건 | | | 심사방법 |
|---|---|---|---|---|
| (2) | 환경 감지기 | 배선 | - 전선: UTP Cat5e 4P * 1 이상<br>- 구간: 세대단말기 또는 홈게이트웨이와 환경감지기 | 설계 도면 대조심사 및 육안검사 |
| | | 기기 설치 | - 환경감지기는 세대별 1개소 이상 설치되어 있어야 함 | |

**[해설]**

점차 증가되는 중국발 미세먼지로 인해 중요성이 인식되었고, 코로나 팬데믹으로 인해 더욱 중요성이 강조되고 있다. 오염(VOC)감지기, 온도습도, 이산화탄소($CO_2$)감지기, 오존 감지기, 미세먼지 감지기 등 다양한 환경감지기가 있다. 미세먼지 감지기 등을 설치해서 미세먼지가 검출되면 환기시스템 작동을 트리거하는 방식으로 운영할 수 있으며, 거실 천장에 시공되는 WiFi AP에 미세 먼지 감지기를 장착하여 홈네트워크 월패드와 연동하여 전열교환식 환기설비의 작동과 연동시킬 수 있다

코로나 팬데믹 이후 건설사 주도로 개발한 코로나 바이러스 필터도 관심을 끌고 있다. 환경감시기가 홈네트워크건물인증항목이라면 세대별 1개소 이상 설치해야 한다.

**표 2-5-10 홈네트워크건물 인증 심사 기준**

| 심사항목 | 요 건 | | | 심사방법 |
|---|---|---|---|---|
| (2) | 차량 통제기 | 배선 | - 전선: UTP Cat5e 4P * 1 이상<br>- 구간: 차량통제기(인터폰)과 단지 네트워크 스위치(WG스위치) | 설계 도면 대조심사 및 육안검사 |
| | | 기기 설치 | - 차량통제기가 설치되어 있어야 하고, 주차 서버 및 주차용 인터폰이 설치되어 있어야 함 | |

[해설]

주차장 차단기 개폐 신호를 송출하고, 등록 차량의 진출입 정보를 관리한다. 차량통제기가 RFID(900㎒) 방식과 차량번호 식별방식(LPR: Liscenced Plate Recognition)방식이 있는데, LPR방식이 압도적이다.

**표 2-5-11 홈네트워크건물 인증 심사 기준**

| 심사항목 | 요 건 | | | 심사방법 |
|---|---|---|---|---|
| (2) | 전자경비시스템 | 배선 | - 전선: UTP Cat5e 4P * 1 이상<br>- 구간: 전자경비시스템과 단지 네트워크 스위치(WG스위치) | 설계 도면 대조심사 및 육안검사 |
| | | 기기 설치 | - 경비실 또는 관리실에 전자경비 시스템이 설치되어 있어야 함 | |

[해설]

세대내 침입자와 화재 등 비상사태 발생시 자동으로 감지하여 경비실과 관리실로 자동 통보하는 기능을 수행한다.

전자경비시스템이 아파트 관리실과 경비실에 설치되고 홈네트워크에 연결되어 작동해야 하는데, 경비실기가 있으면, 전자경비시스템이 있는 걸로 판단한다.

주차관제설비, 주동출입통제 설비, CCTV설비, 비상벨 등과 연동되는 제어단말이 관리실 또는 경비실에 설치하면 효율적이다.

**표 2-5-12 홈네트워크건물 인증 심사 기준**

| 심사항목 | 요 건 | | | 심사방법 |
|---|---|---|---|---|
| (2) | 무인택배시스템 | 배선 | - 장비(WG스위치) | 설계 도면 대조심사 및 육안검사 |
| | | 기기 설치 | - 공용부에 택배 서버가 설치되어있고, 세대단말기에 택배 도착용 사용자인터페이스(UI)기능이 있어야 함<br>- 택배함 수량은 소형 주택(60㎡ 이하)의 경우 세대수의 최소 10~15%, 중형 주택(60㎡ 초과) 이상은 세대수의 최소 15~20% 정도 설치되어야 함 | |

[해설]

1. 무인택배 서버가 방재실에 위치하므로 L2 WG스위치 보다는 홈네트워크의 L3 백본스위치에 수용되는 경우가 많다.
   택배원이 택배 화물이나 등기우편물을 무인택배시스템에 저장해놓으면 입주자가 택배원과 비대면으로 편리한 시간에 픽업할 수 있는 설비인데, 요즘은 빌라까지도 필수설비가 되고 있다.
2. 초기에는 유선전화 등 통신수단이 수용되었으나, 택배원들이 자신의 스마트폰을 업무에 활용하므로 요즘은 수용하지 않는게 일반적이다.
   요즘은 택배함에 동작 전원을 공급하는 전기케이블 HFIX 2.5㎟, 방재실의 무인 택배서버와 연동하기 위한 데이터용 회선 UTP Cat5e x 1 line, 택배함을 감시하는 CCTV용 UTP Cat5e x 1 line 등이 배선된다.

**표 2-5-13 홈네트워크건물 인증 심사 기준**

| 심사항목 | 요 건 | | | 심사방법 |
|---|---|---|---|---|
| (2) | 욕실폰 | 배선 | - 세대단말기 또는 홈게이트웨이와 욕실폰 | 설계 도면 대조심사 및 육안 검사 |
| | | 기기 설치 | - 욕실폰은 1개 이상의 욕실에 설치되어 있을 것 | |

[해설]

1. 세대 현관카메라, 공동현관 로비폰과 음성통화가 가능하며, 문열림이 가능하다. 욕실에 전화기가 설치되는데, 단지내 인터폰(VoIP)이나 유선통신사의 국선(집전화)을 수용할 수 있다.
   월패드에도 아파트 전화(인터폰)와 집전화(유선전화)가 수용될 수 있는데, 국선 유선전화를 수용하려면, 세대단자함의 커플러 단자와 월패드 사이에 UTP Cat5e x 1 line이 추가로 배선되어야 한다.
2. 아파트전화(인터폰)는 홈네트워크 회선상에서 SIP(Session Initiation Protocol)이 적용되는 VoIP(Voice over IP)방식으로 구성되므로 별도의 UTP 케이블이 필요하지 않다.
   VoIP 인터폰의 교환기 서버는 방재실의 SIP서버가 담당하는데, 구내전화번호를 구내사설IP주소로 변환해서 라우팅해서 연결한다. 특등급 아파트의 경우, 부부 욕실과 공동

욕실 모두 설치하는데, 인터폰(VoIP)폰일 경우가 대부분이다.

**표 2-5-14 홈네트워크건물 인증 심사 기준**

| 심사항목 | 요 건 | | | 심사방법 |
|---|---|---|---|---|
| (2) | 주방TV | 배선 | - 세대단말기 또는 홈게이트웨이와 주방TV | 설계 도면 대조심사 및 육안검사 |
| | | 기기 설치 | - 주방에 주방TV가 설치되어 있을 것(모니터 포함 설치되어 있어야 함). | |

[해설]

1. 세대 현관카메라, 공동현관 로비폰과 음성통화가 가능하며, 문열림이 가능하다. 주방TV 인출구를 이용할 수 있는데, 주방TV 인출구에 SMATV를 수신할지, 아니면 CATV를 수신할지는 세대단자함내 결선에 달려있다.
2. 주방TV를 시청하려면, 세대단자함 SMATV분배기 또는 CATV분배기 단자에서 주방TV인출구까지 동축케이블 HFBT 5C x 1c가 배선된다.
   주방TV인출구에는 SMATV신호가 공급될 가능성이 크다.
   이 경우 주방TV 대신에 주방 라디오를 설치하더라고 청취에 문제가 없다. 그 이유는 SMATV신호에 지상파TV, FM라디오, 지상파DMB, IF(Intermediate Frequency)로 다운된 위성방송신호 등이 혼합되어 있기 때문이다.
3. 세대 입주자가 주방TV에서 CATV를 보려면, 세대단자함내에서 CATV분배기와 연결되어야 하고(케이블방송사 직원이 작업), 케이블 STB(Set Top Box)가 설치되어야 한다.

**표 2-5-15** **홈네트워크건물 인증 심사 기준**

| 심사항목 | 요 건 | | | 심사방법 |
| --- | --- | --- | --- | --- |
| (2) | 에어컨 제어 | 배선 | - 전선: UTP Cat5e 4P * 1 이상<br>- 구간: 세대단말기 또는 홈게이트웨이와 실외기 | 설계 도면 대조심사 및 육안검사 |
| | | 기기 설치 | - 에어콘이 빌트인 되어 있고 세대는 세대단말기에 에어콘 제어용 사용자인터페이스(UI) 기능이 있어야 함<br>- 전력선 제어일 경우 월패드와 에어컨 실외기에 전력선 모뎀이 설치되어 있을 것 | |

[해설]

세대 거실과 각방 천장속에 시스템 에어콘이 시공되는데, 에어콘과 실외기가 월패드에 수용되어 있어서 켜거나 끌 수 있고, 온도를 제어할 수 있고, 실외기 상태를 관리할 수 있다.

**표 2-5-16** **홈네트워크건물 인증 심사 기준**

| 심사항목 | 요 건 | | | 심사방법 |
| --- | --- | --- | --- | --- |
| (2) | 일괄소등 제어 | 배선 | - 전선: UTP Cat5e 4P * 1 이상<br>- 구간: 세대단말기 또는 홈게이트웨이와 일괄소등스위치 또는 세대분전반의 일괄소등 릴레이 | 설계 도면 대조심사 및 육안검사 |
| | | 기기 설치 | - 세대현관 출입구 주위에 일괄소등 스위치가 설치되어 있거나 또는 세대분전반에 일괄소등 릴레이가 설치되어 있을 것 | |

[해설]

일괄 소등스위치가 월패드에 수용되므로 월패드에서 일괄소등 스위치로 세대내 조명등 전체를 일시에 켜거나 끌 수 있다.

**표 2-5-17 홈네트워크건물 인증 심사 기준**

| 심사항목 | 요 건 | | | 심사방법 |
|---|---|---|---|---|
| (2) | 디지털 도어락 | 배선 | - 전선: UTP Cat5e 4P * 1 이상<br>- 구간: 세대단말기 또는 홈게이트웨이와 디지털 도어락. 만약 문열림 방식이 무선일 경우 배선은 심사하지 않음 | 설계 도면 대조심사 및 육안검사 |
| | | 기기 설치 | - 세대현관문에 디지털 도어락이 설치되어 있어야 하며, 무선인 경우는 문열림이 가능한 무선모듈이 부착되어 있거나 문열림 동작을 확인할 수 있어야 함<br>유선방식의 경우 현관문에 흰지가 설치되어 있어야 함 | |

[해설]

1. 세대 출입문에 설치된 디지털 도어락을 월패드에 수용해 놓으면 세대단말기에서 출입문을 열 수 있다. 세대단말기와 디지털락은 무선으로 연결하는 것이 일반적인데, 그 이유는 유선으로 시공하는 과정에서 타공 등으로 방화문 규격으로 제작된 출입문을 훼손할 우려가 있기 때문이다.
2. 만약 유선으로 연결되면 디지털 도어락 동작 전원까지 PoE방식으로 공급할 수 있는데, 무선으로 시공되면 배터리를 주기적으로 교체해야 하는 번거로움이 있다.

**표 2-5-18 홈네트워크 건물 인증 심사 기준**

| 심사항목 | 요 건 | | | 심사방법 |
|---|---|---|---|---|
| (2) | 엘리베이터 호출 연동제어 | 배선 | - 전선: UTP Cat5e 4P * 1 이상<br>- 구간: 엘리베이터 연동서버와 단지 네트워크 장비(WG스위치) | 설계 도면 대조심사 및 육안검사 |
| | | 기기 설치 | - 공용부에 엘리베이터 연동 서버가 설치되어 있을 것. 세대 호출방식의 경우 세대단말기에 엘리베이터 호출용 사용자 인터페이스(UI)기능이 있어야 하고, 로비 호출용일 경우 로비에 호출연동 장치가 설치되어 있을 것 | |

[해설]

1. 방재실의 엘리베이터 서버는 L3백본스위치에 수용된다.
2. 세대단말기에서 엘리베이터 호출 메뉴를 기동시켜 호출하면 홈네트워크을 통해 방재실에 위치하는 엘리베이터 서버와 연동으로 엘리베이터가 해당 층으로 호출된다.

**표 2-5-19 홈네트워크건물 인증 심사 기준**

| 심사항목 | 요 건 | | | 심사방법 |
|---|---|---|---|---|
| (2) | 주차인식 시스템 | 배선 | - 전선: UTP Cat5e 4P＊1 이상<br>- 구간: 주차차량 위치인식 서버와 단지 네트워크 장비(WG스위치) | 설계 도면 대조심사 및 육안검사 |
| | | 기기 설치 | - 공용부에 주차 인식용 서버가 설치되어 있어야 하며, 지하 주차장에 차량 위치를 파악할 수 있는 장비가 설계 도면과 동일하게 설치되어 있어야 함 | |

[해설]

1. 월패드에서 주차위치인식 메뉴를 기동시켜 확인하면, 홈 네트워크를 통해 방재실의 주차차량 위치인식서버(Location Server)와의 연동으로 위치를 확인할 수 있다.
2. 방재실의 주차차량 위치인식서버는 L3백본스위치에 수용될 수도 있다.

**표 2-5-20 홈네트워크건물 인증 심사 기준**

| 심사항목 | 요 건 | | | 심사방법 |
|---|---|---|---|---|
| (2) | 현관도어 카메라 | 배선 | - 전선: UTP Cat5e 4P＊1 이상<br>- 구간: 세대단말기 또는 홈게이트웨이와 현관도어 카메라 | 설계 도면 대조심사 및 육안검사 |
| | | 기기 설치 | - 세대 현관문 외부에 현관 카메라가 설치되어야 함 | |

[해설]

세대단말기에서 현관문 밖에 설치되는 현관도어 카메라 메뉴를 기동시켜 작동시키면 세대 방문자 영상을 볼 수 있다.

**표 2-5-21 홈네트워크건물 인증 심사 기준**

| 심사항목 | 요 건 | | | 심사방법 |
|---|---|---|---|---|
| (2) | 홈뷰어 카메라 | 배선 | - 전선: UTP Cat5e 4P * 1 이상<br>- 구간: 세대단말기 또는 홈게이트웨이 또는 세대통신 단자함에서 홈뷰어 카메라 | 설계 도면 대조심사 및 육안검사 |
| | | 기기 설치 | - 세대내에 홈뷰용 카메라가 설치되어 있어야 하고, 공용부에 홈뷰어 제어용 서버가 설치되어 있어야 함 | |

[해설]

1. 세대 내부를 들어다 볼 수 있는 홈뷰어 카메라가 설치되고, 공용부에 홈뷰 제어용 서버가 설치되어야 하는데, 사생활 침해 가능성이 있어서 도입하는데 신중한 검토가 필요하다.
2. 요즘 출시되는 세대단말기(월패드)에 카메라가 내장되는 경우가 많지만 입주자들이 관리하지 않고 방치하는 경우가 많다. 애완견, 노약자 등을 캐어하기 위한 수요가 있을 경우, 월패드 내장 카메라를 이용하거나 개인적으로 IP 네트워크 카메라를 시공해서 초고속인터넷 회선에 공유기로 접속하면 스마트홈 앱으로 감시가 가능하다. 홈뷰 카메라는 홈네트워크에 연결되는데 비해, 일반 네트워크 CCTV카메라는 초고속인터넷에 연결되는 것이 차이점이다.

**표 2-5-22 홈네트워크건물 인증 심사 기준**

| 심사항목 | 요 건 | | | 심사방법 |
|---|---|---|---|---|
| (2) | 대기전력 차단장치 | 배선 | - 전선: UTP Cat5e 4P * 1 이상<br>- 구간: 세대단말기 또는 홈게이트웨이와 대기전력차단장치 | 설계 도면 대조심사 및 육안검사 |
| | | 기기 설치 | - 세대내에 대기전력 자동 차단 콘센트 또는 대기전력 차단 스위치가 설치되어 있어야 함 | |

[해설]

세대내 전기콘센트의 전원을 차단할 수 있는 대기전력차단 장치가 설치되어 있으므로 에너지를 절약할 수 있다.

**표 2-5-23 홈네트워크건물 인증 심사 기준**

| 심사항목 | 요 건 | | | 심사방법 |
|---|---|---|---|---|
| (2) | 세대단말기와 데이터통신이 가능한 홈분전반 | 배선 | - 전선: UTP Cat5e 4P * 1 이상<br>- 구간: 홈 분전반과 세대단말기 | 설계 도면 대조심사 및 육안검사 |
| | | 기기 설치 | - 홈 분전반 내부 또는 댁내 부하의 이상상태(과전류, 누설 전류, 아크)를 감지하고 차단기로 차단할 수 있으며, 세대단말기와 데이터 통신이 가능한 분전반이 설치되어 있어야 함<br>- 홈 분전반은 댁내에 설치된 접촉 불량 감지 콘센트와 통신이 가능하여 함 | |

[해설]

1. 홈 분전반과 세대 단말기간에 데이터통신이 가능하면, 일괄소등 스위치와 대기전원차단 스위치 뿐 아니라, 댁내 부하의 이상상태, 과전류, 누설전류, 아크 등의 상태를 검출하여 경보 발령하는 등의 전기 관련 편리한 기능을 구현할 수 있다.
2. 일괄소등 스위치, 대기전원 차단 스위치 등을 원격에서 제어할 수 있는 RS-485통신 기능이 내장된 스마트 스위치의 전기선(HFIX 2.5㎟)은 세대분전함에서 분기되어 연결되고, 제어선(UTP Cat5e)은 세대단말기와 네트워킹된다.

**표 2-5-24 홈네트워크건물 인증 심사 기준**

| 심사항목 | 요 건 | | | 심사방법 |
|---|---|---|---|---|
| (2) | 환기제어장치 | 배선 | - 전선: UTP Cat5e 4P * 1 이상<br>- 구간: 세대단말기 또는 홈게이트웨이에서 환기 제어기 | 설계 도면 대조심사 및 육안검사 |
| | | 기기 설치 | - 세대내에 환기장치제어기가 설치되어 있고, 세대단말기에서 환기장치를 제어할 수 있는 사용자 인터페이스(UI)기능이 있어야 함 | |

[해설]

1. 월패드에서 환기제어시스템의 작동을 제어할 수 있고 예약이 가능하므로 편리하게 실내 공기를 깨끗하게 관리할 수 있다.
2. 전열방식의 환기제어시스템은 실내의 오염된 공기를 외부의 깨끗한 공기로 바꾸는 과정에서 실내의 온기를 외부에서 유입되는 차가운 공기를 데우는데 사용하여 에너지를 절약한다. 내부 순환과 외부 순환비율을 조정할 수 있는데, 보통 7:3으로 설정한다.

**표 2-5-25 홈네트워크건물 인증 심사 기준**

| 심사항목 | 요 건 | | | 심사방법 |
|---|---|---|---|---|
| (2) | 에너지 효율관리 시스템 | 배선 | - 전선: UTP Cat5e 4P * 1 이상<br>- 구간: 에너지관리시스템 서버와 단지네트워크 장비(WG스위치) | 설계 도면 대조심사 및 육안검사 |
| | | 기기 설치 | - 에너지효율 관리시스템 서버(원격검침서버와 통합 가능)가 설치되어 있고, 세대단말기에 댁내 에너지 사용량을 확인할 수 있는 사용자인터페이스(UI)기능이 있어야 함 | |

[해설]

1. 세대단말기와 에너지관리시스템을 연결해 놓으면, 세대에너지 사용량 조회, 단지 내 평균 에너지 사용량 비교 등을 확인할 수 있고, 에너지 사용을 효율적으로 관리할 수 있다.
2. 에너지관리시스템은 사용량을 모니터링하는 수준의 수동적인 EMS와 적극적으로 불필요한 에너지 사용을 차단하는 능동적인 EMS가 있는데, 여기에서는 수동적인 EMS를 기준으로 하는 것 같다.
3. 전체 건물에 대한 소유권이 일원화 되어있는 회사건물에서는 능동적인 EMS를 도입할 수 있지만, 세대단위로 소유권이 분산되어 있는 아파트 단지에서는 능동적인 EMS 도입이 어렵다.

**표 2-5-26 홈네트워크건물 인증 심사 기준**

| 심사항목 | 요 건 | | | 심사방법 |
|---|---|---|---|---|
| (2) | 음성인식제어기 | 배선 | - 전선: UTP Cat5e 4P * 1 이상<br>- 구간: 세대단말기 또는 홈게이트웨이 또는 세대용 스위치에서 음성인식제어기 | 설계 도면 대조심사 및 육안검사 |
| | | 기기 설치 | - 세대내부에 음성인식 제어기가 설치되어 있어야 함 | |

**[해설]**

AI 스피커를 의식하여 추가된 항목이다. 음성인식 기능을 세대단말기(월패드)에 내장할 수도 있다. 세대 내부에 AI스피커와 같은 음성인식제어기를 세대단말기와 연동시켜 놓으면, 세대단말기에서 메뉴 터치방식 대신에 음성 인식 방식으로 제어할 수 있다.

세 번째, AAA등급(홈 IoT)에 해당하는 항목인 심사항목(3)에 대해서 알아보자. 편의상 〈표 2-6-1〉 ~ 〈표 2-6-2〉 방식으로 표기하였다.

**표 2-6-1 홈네트워크건물 인증 심사 기준**

| 심사항목 | 요 건 | | 심사방법 |
|---|---|---|---|
| | AAA 등급(홈 IoT) | | |
| (3) | 스마트 기기용 | - 심사항목(2)에서 설치된 기기 중 9개 이상을 세대단말기 외에 스마트기기용 앱으로 제어하거나 기기의 상태정보(알림 포함)를 조회할 수 있어야 함 | 설계 도면 대조심사 및 육안검사 |

**[해설]**

홈IoT기기를 제어하거나 상태정보(Alarm 포함) 조회할 수 있게 하는 스마트 기기용 앱은 애플의 iOS용과 Android용이 따로 개발되어야 한다.

**표 2-6-2 홈네트워크건물 인증 심사 기준**

| 심사항목 | 요 건 | | 심사방법 |
|---|---|---|---|
| 심사항목 (3) | Iot 기기 연결 확장성 확보 (①, ②번 중 선택) | 설치된 홈네트워크 기기를 포함하여 ① 품목이 서로 다른 5개 이상의 기기(제품)를 스마트 기기용 앱으로 제어하거나 상태정보(알림 포함)를 조회할 수 있어야 함<br>② 제조사가 서로 다른 2개 이상의 기기(제품)를 세대단말기에 추가 연결하고 스마트 기기용 앱으로 제어 또는 상태정보(알림 포함)를 조회할 수 있어야 함<br>* 심사 시 홈Iot 기기 제어 확인을 위해 스마트 기기용 앱 및 2개 이상의 기기(제품) 준비 필수(②번은 기기 준비 제외 가능)<br>* 신청인은 입주민에게 제공할 Iot 기기 연결 매뉴얼(Iot 기기(제품) 목록 포함)을 제출하여야 함 | 설계 도면 대조심사 및 육안검사 |

**[해설]**

스마트홈 앱으로 다양한 제조사의 가전기기들을 제어할 수 있어야 한다. 설치된 홈네트워크기기의 유지보수 및 제품공급의 안정성을 위해 필요한 부분이다.

다음은 홈네트워크 건물 인증 심사항목 기준에 적용된 주) 항목에 대한 해설을 아래에 나타내었다.

**주1)** 집중구내통신실 면적 2㎡는 초고속정보통신건물 인증 심사기준에 명시된 집중구내통신실 면적에 추가하여야 한다.

**주2)** 전력선은 '전기설비기술기준의 판단기준이 정하는 전선규격(HFIX) 이상'을 말한다.

**주3)** 전력선 방식을 적용할 경우에만 블로킹 필터 설치공간을 확보하여야 한다.

**주4)** 단지서버실을 설치하지 않고, 단지서버를 집중구내통신실이나 방재실내에 설치할 수 있음. 다만, 집중구내통신실을 설치하는 경우는 보안을 고려하여 영상정보처리기(CCTV)를 설치하여야 한다.

**주5)** 홈네트워크 심사항목의 기기를 무선으로 적용할 경우 배선 심사는 제외하고 작동 여부를 확인한다.

**주6)** 차량통제기의 인터폰은 문제 발생시 관리자와 통화할 수 있는 설비를 말한다.

**주7)** 세대내 기기 수량을 1개 이상 설치하는 경우 세대단말기 + 또는 홈게이트웨이와 첫번째 기기까지만 배선을 심사한다.

**주8)** 대기전력 차단장치의 자동 차단콘센트는 배선 심사에서 제외한다.

주9) 2개 이상의 심사항목을 하나의 기기에 통합 설치할 수 있으며, 배선은 UTP Cat 5e 4P * 1 이상 적용(무선방식일 경우 제외)하고 각각의 기능에 대하여 작동여부를 확인한다.

주10) 국토교통부장관과 사전 협의하고, "국가균형발전 특별법" 제22조에 따른 지역발전위원회에서 선정한 단지서버 설치 규제 특례 지역의 경우에는 '클라우드컴퓨팅 발전 및 이용자 보호에 관한 법률' 제2조 제3호에 따른 클라우드 컴퓨팅 서비스를 이용하는 것으로 할 수 있다. 이 경우 이를 증명할 수 있는 문서를 제출하여야 한다.

주11) 홈네트워크건물인증을 받고자 하는 신청인은 '지능형 홈네트워크 설비 설치 및 기술기준' 제14조의 2(홈네트워크 보안)에 해당하는 사항에 대하여 한국정보진흥협회 보안점검단이 발급한 보안점검 성적서, 보안점검결과서를 제출하여야 한다. 다만, AAA등급(홈IoT)을 신청하는 경우에는 홈IoT기기를 제어하는 앱과 심사항목(2) 중 설치된 무선기기를 포함한다('정보통신망 이용촉진 및 정보보호 등에 관한 법률' 제48조의 6에 따라 정보보호인증을 받은 기기 및 앱의 경우 보안요구사항을 충족한 것으로 인정한다).

참고 [감리현장실무: #홈네트워크건물인증심사항목 해설(1)~(7)] 2021년 9월 10일, 2021년 9월 11일, 2021년 9월 14일, 2021년 9월 18일, 2021년 9월 20일, 2021년 9월 22일, 2021년 9월 23일

# Chapter 03

# 착공단계 감리업무 중 집중심화 분야

1절 하도급 심사 실무 노하우

2절 구내이동통신중계설비 설계 등 RAPA와 협의 의무 적용

3절 감리단 자가망 구축

4절 OT(시간외 수당) 협상

5절 정보통신감리원 배치현황 신고

6절 스마트 감리를 위한 착공단계에서 핵심 길목 붙잡기

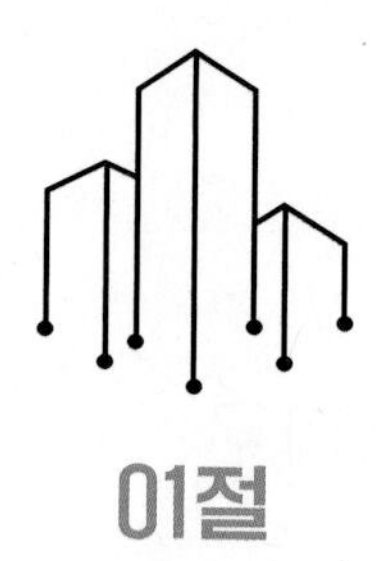

# 01절
# 하도급 심사 실무 노하우

## 1 하도급 개요

정보통신감리원은 "정보통신공사업법 시행령" 제8조의 2(감리원의 업무범위) 제9호에 의거 '하도급에 대한 타당성 검토' 의무를 갖는다. 정보통신감리원들은 엔지니어들이므로 법에 관해서는 기피하는 경향이 있는데, 하도급 심사는 관심을 갖고 관리해야 한다.

하도급은 발주자로부터 받은 공사의 일부를 원 도급업자가 다른 공사업자에게 분리하여 재하도급하는 것을 가리키는데, 그 과정에서 시공품질 저하, 공사 현장 민원 발생 등의 문제를 방지하기 위해 하도급 금액, 하도급 단계, 하도급 범위 등을 제한하고 적절한 보고 임무 등을 법적으로 규정한다.

건설산업현장에서는 하도급이란 용어보다는 "하청"이란 일본식 표현을 많이 사용한다. 원청과의 선명한 대비를 통해 갑-을 관계를 더 선명하게 보여주기 때문이다. 하청이 무조건 나쁜건 아니다. 원청업체의 비용을 줄일 수 있고 다양한 업체와의 협업을 통해 기술과 품질을 끌어올릴 수 있다. 만약 원청업체가 비용을 줄이는 것을 목적으로 삼아 약자인 하청업체를 쥐어짜낸다면 품질뿐 아니라 안전문제까지 불거져 나올 수 밖에 없다. "건설산업기본법" 제29조(건설공사의 하도급제한)에서 건설현장에서의 다단계 하도급을 금지하고 있는 이유이다.

법에서 규정해 놓은 기준을 위반하는 것을 불법 하도급이라고 하는데, 많은 문제를 발생시키고 있다. 국내 건설 현장에서 발생하는 산재 사망사고 비율이 OECD국가 가운데 1위인데, 이것의 중요한 원인이 불법 하도급일 정도로 하도급을 법에 따라 집행하는지 관리하는 것이 중요하다. 어떤 공사계약이 불법 하도급으로 다단계로 내려가면, 실제 공사비가 누수되어 최종적으로 공사하는 시공 업체는 합법적인 금액의 50% 이하 비용으로 공사해야 하므로 안전관리 분야에 돈을 지출할 여력이 없어지기 때문이다.

## 2 하도급 심사 실무

### 1) 하도급 기준

#### 가) 하도급 금액: 원 도급 금액의 82% 이상

하도급 계약금액이 원 도급 금액의 82%에 미달하는 경우 "정보통신공사업법 시행령" 제32조 2(하도급계약의 적정성 심사 등)에 의거 하도급계약의 적정성을 심사해야 한다.

건설사의 경우, 하도급회사는 계열사 등 특수관계이거나 오랜 기간 동안 하도급 영역을 단골로 수주하는 협력회사이므로 하도급 계약 금액 한도 82%가 문제가 될 경우, 이면 계약으로 진행할 여지가 있다.

#### 나) 하도급 범위: 원 도급공사의 50% 미만

"정보통신공사업법" 제31조(하도급의 제한 등)에 따르면, 도급받은 공사의 50% 이상을 다른 공사업자에게 하도급해서는 안된다고 규정한다. 단, 예외적으로 다음의 경우 50%를 초과할 수 있다.

- ◆ 발주처가 공사의 품질이나 시공상 능력을 높이기 위하여 필요하다고 인정한 경우
- ◆ 공사에 사용되는 자재를 납품하는 공사업자가 납품 자재를 설치하는 경우

국내 건설사들의 아파트 재건축 프로젝트 추진 형태를 보면, 대부분 일을 하도급 업체들이 진행하고, 건설사는 현장 관리 인력만 상주한다.

[그림 3-1]은 국내 건설산업의 구조를 잘 보여주고 있다.

**그림 3-1 국내 건설산업의 구조**

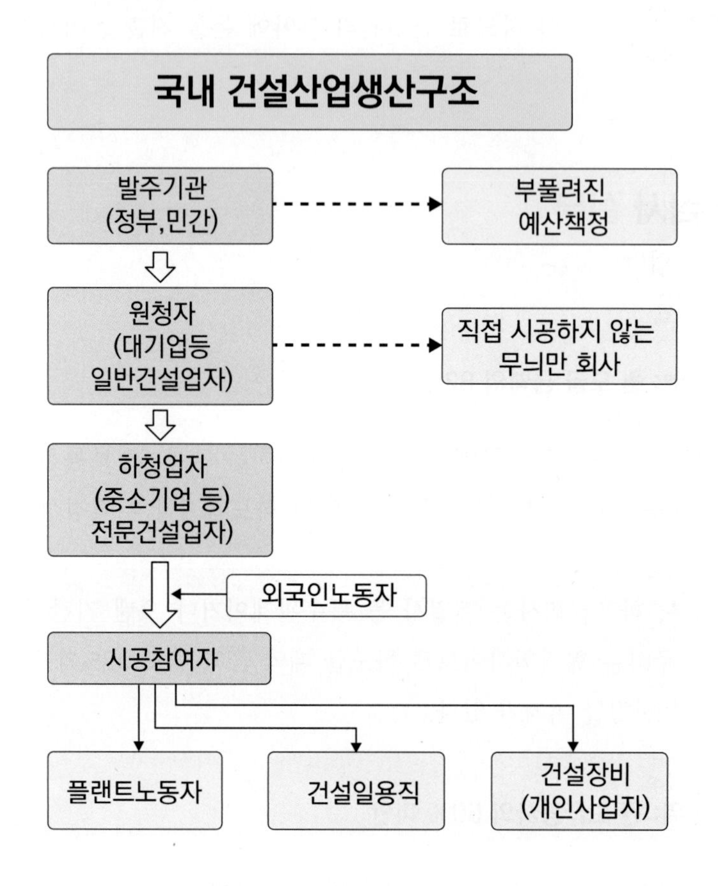


이런 사업 추진 체계에서 불법 하도급이 되지 않도록 하도업체를 건설사의 계열사로 조작하는 등의 "위장 직영" 등 방법으로 법적인 문제를 해결하는 것 같다.

건설사와 하도급 공사업체간 계약 내용을 보면, 많이 사용하는 자재를 건설사가 하도급 공사업체에게 제공하는 지급자재로 규정하여 공사비를 줄임으로 하도급 공사 한도 50%를 초과하지 않도록 관리한다. 그리고 주요 장비들의 경우, 건설사는 장비 제조사와 장비 구매 계약을 체결하고, 계약내용 속에 장비 시공용역을 포함시켜 계약하는 편법을 사용하므로 하도급 공사로 진행하지 않는 것이 관례이다. 또한 건설현장은 다양한 분야의 기술이 요구되는 특수성으로 인해 공종별 하청업체를 이용할 수 밖에 없는데, 건설사가 모든 공사를 직영하면 수익성이 악화될 것이다. 이런 건설 시장 환경에서 불법 다단계가 횡행하고, 그로 인해 실제 공사비가 누수 되어 부실시공으로 이어지게 된다.

다단계 하도급구조에서 중간 단계의 시공회사 또는 가공 회사는 시공하지 않고도 재하청하는 과정에서 수수료를 불로 소득으로 챙기고 이로 인해 공사비가 누수된다. 다단계 불법 하도급구조에서 나온게 "품떼기"이다. [그림 3-2]는 품떼기 형태를 보여 준다. 원도급자로부터 하도급 받은 업자는 불법 이면계약으로 공사 전체 또는 일부를 불법으로 재하도급한다. 그리고 재하도급 받은 업체는 무면허, 무자격 공종별 팀을 구성하고 있는 작업반장과 불법으로 계약해서 작업 인력을 제공받아 공사를 진행하는 것을 품떼기라고 한다.

**그림 3-2 다단계 하도급과 품떼기**

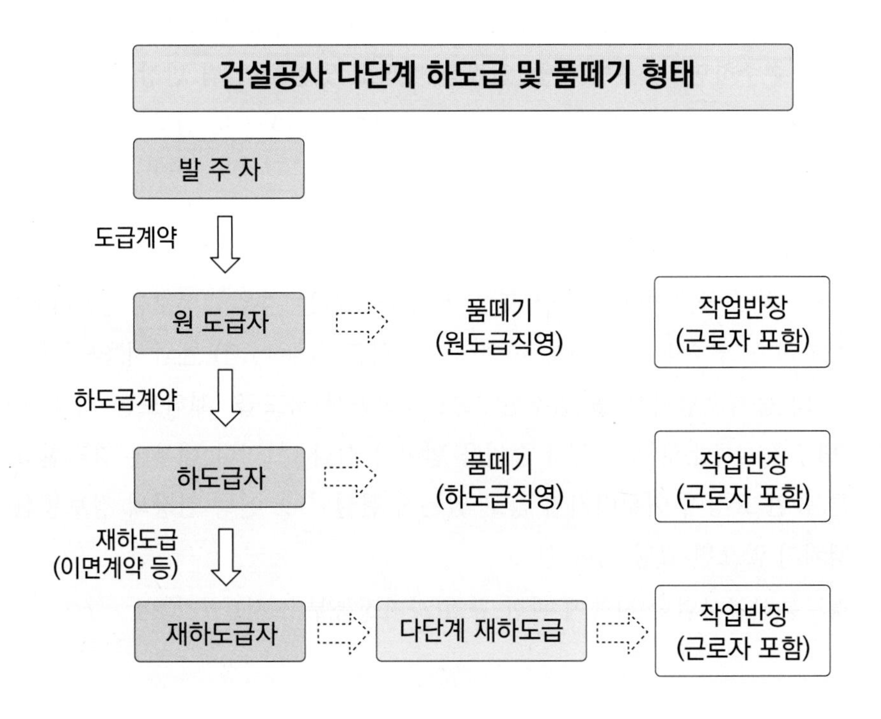

### 다) 하도급 단계: 조건부 2단계까지 가능

"정보통신공사업법 시행령" 제30조(하도급의 범위 등)에 의거 기술상 분리하여 시공할 수 있는 경우 재하도급을 허용하고 있다. 재하도급 범위는 도급받은 공사 중 기술상 분리하여 시공할 수 있는 독립 공사로서 공정 또는 구간 등을 기준으로 산정하며, 공정별, 구간별 분리 시공시 책임 구분이 명확한 경우로 전체 공사 완성에 지장을 주지않는 공사에 한정한다. 그러나 공사현장에선 불법 하도급이 많이 이루어지고 있지만 교묘하게 위장하므로 적발하기가 쉽지 않다.

아파트 공사현장에서 합법적인 2단계 하도급 사례를 들면, 골조가 다 올라가고 케이블 입선작업, 풀링 작업이 끝나고 MDF, IDF, FDF 등에 성단하고, 설비들이 방재실, MDF실, 동통신실, TPS실에 들어올 쯤에 광케이블 융착 작업을 한다. 인입되는 광케이블 끝에 광Pig Tail을 부착해서 생겨난 광커넥터를 이용해서 FDF의 광 어댑터에 꽂아서 성단하는 작업을 외부 전문업체가 수행한다.

정보통신 공사업체들은 현실적으로 시공 인력을 상시로 보유할 수 없다. 그래서 공사 용역을 수주하면, 공종별 시공 인력을 데리고 있는 작업팀 반장을 채용하여 실적급으로 연봉 계약을 하는 방법으로 법적인 문제를 해결하기도 한다.

### 라) 하도급 관련 보고

시공사가 원 도급공사를 하도급 또는 재하도급 하는 경우, "정보통신공사업법 시행령" 제31조(하도급계약 승낙신청서 등)에 의거 "하도급(재하도급) 계약서"와 "하수급인(재하수급인)의 등록수첩사본"을 첨부한 "정보통신공사 하도급·재하도급 계약 승낙신청서"를 발주처(감리단)로 보고하여 승인을 받아야 한다. 그러나 대부분 감리현장에서 법에 따른 승인 요청이 이루어지지 않고 있는게 현실이다. 건축 현장의 정보통신감리원들이 챙기지 않으면 그냥 넘어간다.

**참고** 정보통신공사업법 시행에 관한 규정(과기정통부 고시) 별지 24

### 2) 저가 하도급 심사 절차

이 중에서 가장 예민한 것이 저가 하도급이다. 특히 감사원 감사 대상이 되는 관청, 공공기관, 군 공사에서는 신경을 많이 쓴다. 아파트 재건축 주택조합에서 발주하는 공사는 대부분 평당 공사비를 받는 공사도급 계약이고, 건설사가 내역서를 기업 영업비밀 이라고 공개하지 않기 때문에 근본적으로 저가 하도급 심사가 어렵다.

저가 하도급 심사를 위한 건축분야 관련법은 다음과 같다.

- ◆ "건설공사 하도급 심사기준"(국토교통부 고시 제2012-557호)
- ◆ "하도급 거래 공정화에 대한 법률"
- ◆ (계약예규) "공사계약 일반 조건" 제42조(기획재정부 계약예규 581호)

저가 하도급 심사 대상은 "하도급 금액/원 도급금액 = 82% 미만인 하도급 계약건" 이다. 하도급 계약 금액이 원 도급 금액의 82% 미만이더라도 "하도급심사 자기평점"을 평가해서 90점 이상 되면 통과된다.

"하도급 심사 자기평점"의 평가 항목은 다음과 같다.

- ◆ 하도급 가격의 적정성(낙찰 비율 등)
- ◆ 수급인의 사업수행능력 (하수급인의 시공능력평가액 등)
- ◆ 하수급인의 신뢰도(협력업체 등록기간 등)
- ◆ 하수급 공사 여건(공사 난이도 등)

〈표 3-1〉은 정보통신공사 하도급계약의 적정성 심사기준을 참고로 제시한다.

**표 3-1 정보통신공사 하도급계약의 적정성 심사기준**

| 심 사 요 소 | 배점한도 | 자기평점 | 심사평점 |
|---|---|---|---|
| 1. 하도급계약금액의 적정성<br>가. 하도급공사의 낙찰 비율<br>나. 원도급공사의 낙찰 비율 | 50<br>(30)<br>(20) | | |
| 2. 하수급인의 사업수행능력<br>가. 하수급인의 시공능력 평가액<br>나. 하수급인의 시공 경험<br>다. 정보통신공사업 영위기간<br>라. 하도급공사의 하자담보 책임기간<br>마. 하수급공사의 시공 여건<br>바. 공사업법 위반 여부 | 50<br>(20)<br>(15)<br>(5)<br>(5)<br>(5)<br>(감점 1) | | |

**참고** 정보통신공사 하도급계약의 적정성 심사기준(과기정통부 고시) 서식1

"하도급 심사 자기 평점"이 90점을 넘지 못하면 건설공사 하도급 심사기준 제9조 1항에 의거해서 평가한다.

하도급 부분 금액 x 70% + 입찰자 평균금액 x 30% = REF

하도급 금액이 REF에 비해 20% 이상 낮지 않는 경우에는 통과한다. 만약 REF도 통과하지 못하면 발주처, 감리단 등이 "저가 하도급 심사 협의체"를 구성해서 심사하고, 여기서도 통과하지 못하면 재입찰 공고를 내어 다시 하도업체를 선정한다.

### 3) 공사 계약금액 조정

공사 계약 금액 조정 사유로는 다음과 같은 경우가 있다.

- ◆ 설계 변경: 설계도서 누락 오류, 도급자와 시공자 요청
- ◆ 물가 변동(ESC): 계약일로 부터 90일 경과시, 입찰일 기준 3% 이상 물가 변동시
- ◆ 기타 계약 변경: 공사기간 변동, 자재 수급 방법 변경 등

특히 물가 변동에 의한 공사계약 금액 변동을 ESC(Escalation)라고 하는데, 물가 변동으로 인한 계약금액 조정이라고 한다. ESC는 발주처, 시공사 양측에서 발의할 수 있는데, 유리한 쪽에서 발의한다. 물가가 올라서 계약 금액 상승시는 시공사에서 발의하고, 반대로 물가가 내려서 계약 금액 하락시는 발주처에서 발의한다.

아파트 재건축 프로젝트의 경우, 건설사와 주택조합간의 공사 도급 계약서에 대부분 ESC를 적용하지 않는 것으로 되어 있다. 조합에서 ESC를 챙기는게 현실적으로 어려울 것이다.

### 4) ESC에 관한 세부적인 절차를 규정해놓은 관련법

- ◆ "국가계약법"(국가를 당사자로 하는 계약에 관한 법률) 제19조(물가변동 등에 의한 계약금액 조정)
- ◆ "국가 계약법 시행령" 제64조(물가변동으로 인한 계약 금액 조정)
- ◆ "국가계약법 시행 규칙" 제74조(물가변동으로 인한 계약 금액 조정)
- ◆ "공사 계약 일반 조건" 제22조(물가 변동으로 인한 계약금액 조정)

◆ "지수 조정율 산출 요령"(회계 예규)

원 도급업체가 받는 공사 금액이 ESC로 인해 증가하는 경우, 계약 내역은 이미 조정이 된 상태에서 어떤 사유로 지체되어 실제 계약이 늦게 이루어진 하도급업체의 공사 금액 비율이 떨어져서 저가하도급 계약으로 전환되는 사례도 있다.

### 5) 하도급 대금 지급 방법

"정보통신공사업법" 제31조 4(하도급대금의 지급 등)와 제31조 5(하도급 대금의 직접 지급), "정보통신공사업법 시행령" 제32조(발주자의 하도급 대급 직접지급방법 등)에 따르면, 수급인은 발주자로부터 선급금을 받은 경우에는 하수급인이 자재의 구입, 현장 근로자의 고용, 그밖에 하도급공사를 시작할수 있도록 그가 받은 선급금의 내용과 비율에 따라 하수급인에게 선급금을 지급하여야 한다. 이 경우 수급인은 하수급인이 선급금을 반환하여야 할 경우에 대비하여 하수급인에게 보증을 요구할 수 있다.

수급인은 발주자로부터 도급받은 공사에 대한 준공금을 받은 경우에는 하도급 대금의 전부를, 기성금을 받은 경우에는 하수급인이 시공한 부분에 상당한 금액을 각각 지급받은 날부터 15일 이내에 하수급인에게 하도급 대금을 현금으로 지급하여야 한다. 수급인은 하도급을 한후 설계변경 또는 물가변동 등의 사정으로 도급금액이 조정되는 경우에는 조정된 공사금액과 비율에 따라 하수급인에게 하도급 금액을 증액 또는 감액하여 지급할 수 있다.

발주자는 다음 각 호의 어느 하나에 해당하는 경우에는 하수급인이 시공한 부분에 해당하는 하도급 대금을 하수급인에게 직접 지급할 수 있다.

◆ 발주자와 수급인간에 하도급 대금을 하수급인에게 직접 지급할수 있다는 뜻과 그 지급의 방법·절차를 명백히 하여 합의한 경우
◆ 하수급인이 수급인을 상대로 그가 시공한 부분에 대한 하도급 대금의 지급을 명하는 확정 판결을 받은 경우
◆ 수급인의 지급 정지·파산 등으로 인하여 수급인이 하도급 대금을 지급할 수 없는 명백한 사유가 있다고 발주자가 인정하는 경우

발주자는 수급인의 지급정지 · 파산 등으로 인하여 하도급 대금을 지급할 수 없는

사유가 발생한 것을 확인한 때에는 기성부분과 하수급인이 시공한 부분의 금액을 확정한 후 하수급인에게 하도급 대금의 직접 지급을 청구할수 있다는 뜻과 지급할 금액을 통보하면, 하수급인은 통보를 받은 날부터 15일 이내에 하도급 대금의 직접지급을 청구하면, 발주자는 청구를 한 하수급인에게 하도급 대금을 직접 지급하고, 그 사실을 수급인에게 통보한다. 발주자는 하도급 대금지급의 우선순위를 정하는 때에 하도급 대금을 직접 지급받을 하수급인이 다수인 경우에는 하도급공사의 준공 또는 기성순위를 기준으로 한다.

최근 공공사업(조달청)의 경우 하도급 지킴이를 통해 발주처와 하도급사간 직접계약을 요구하는 경우가 많다.

**참고** https://www.g2b.go.kr:8105/sc/portal/main.do 사이트 참조

### 6) 하도급 실태

공정거래위원회에서 하도급 불공정 행위를 근절시키기 위해 노력하고 있지만, 법의 사각지대가 많은 것이 현실이다. 재벌 그룹사의 계열사 간 거래, 계열사 일감 몰아주기, 납품단가 후려치기 등이 근절되지 않는 것이 좋은 사례이다.

하도급 위반 행위에 대해 징벌적 손해 배상을 청구해도 법정에서 이길 확율이 거의 없다. 현행 하도급 법은 "대기업 - 중소기업"간 하도급 거래를 전제로 만들어졌으나, 현실은 "대기업 - 대기업관계사 - 중견기업", "중소기업 - 인력파견 용역업체" 등 다단계로 이루어지며, 하도급 법 위반은 밑에서 주로 이루어지는 게 현실이다. 하도급 불공정 행위를 근절시키기 위한 방안으로 공정위만 불공정 하도급 거래업체를 고발할 수 있는 전속 고발건을 폐지하자는 주장, 위반 행위에 제재를 강화하고 벌점 초과시 공정거래위원장의 영업 정지 권한을 신설하자는 주장이 나오고 있다.

하도급 법 강화는 어떻게 보면 국가 경제의 주역인 대기업에 대한 규제의 강화일수도 있다. "공정 경제"를 강하게 추진하려면 하도급법을 강화해야 하겠지만, 또 다른 한축인 "혁신 경제"를 강하게 추진해 경제 성장을 가져오게 하려면 규제를 타파해야 하는 관점에서 한쪽만 보고 갈 수는 없을 것 같다.

**참고** [감리현장실무: 감리자의 주요 업무, #하도급 심사], 2020년 2월 13일

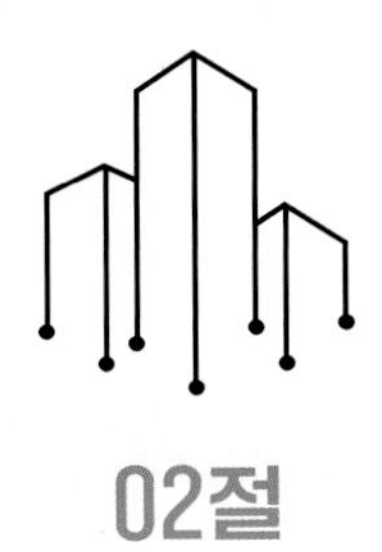

# 02절

# 구내이동통신중계설비 설계 등 RAPA와 협의 의무 적용

## 1 개요

관련법 "방송통신설비의 기술기준에 관한 규정"의 개정으로 이동통신 중계설비 의무 설치 대상 지역이 지하층으로 부터 지상층으로 까지 확대되었고, 이동통신 중계설비 설계 주체가 RAPA(한국전파진흥협회) "이동통신설비 구축지원센터"로 변경되었다.

참고 https://mobile.rapa.or.kr/front/main/main.do

### 1) 구내이동통신중계설비 설치 대상 변경

아파트 건축현장은 "방송통신설비의 기술기준에 관한 규정" 개정안(2017년 4월 25일 개정 공포, 2017년 5월 26일 시행) 시행으로 구내 이동통신중계설비 설치 대상이 지하주차장에서 옥상 등 지상으로까지 확대되었다. [그림 3-3]은 관련법 개정 전후(2017년 5월 26일)를 비교를 나타내었다.

그림 3-3 **구내이동통신중계설비 설치 대상변경**

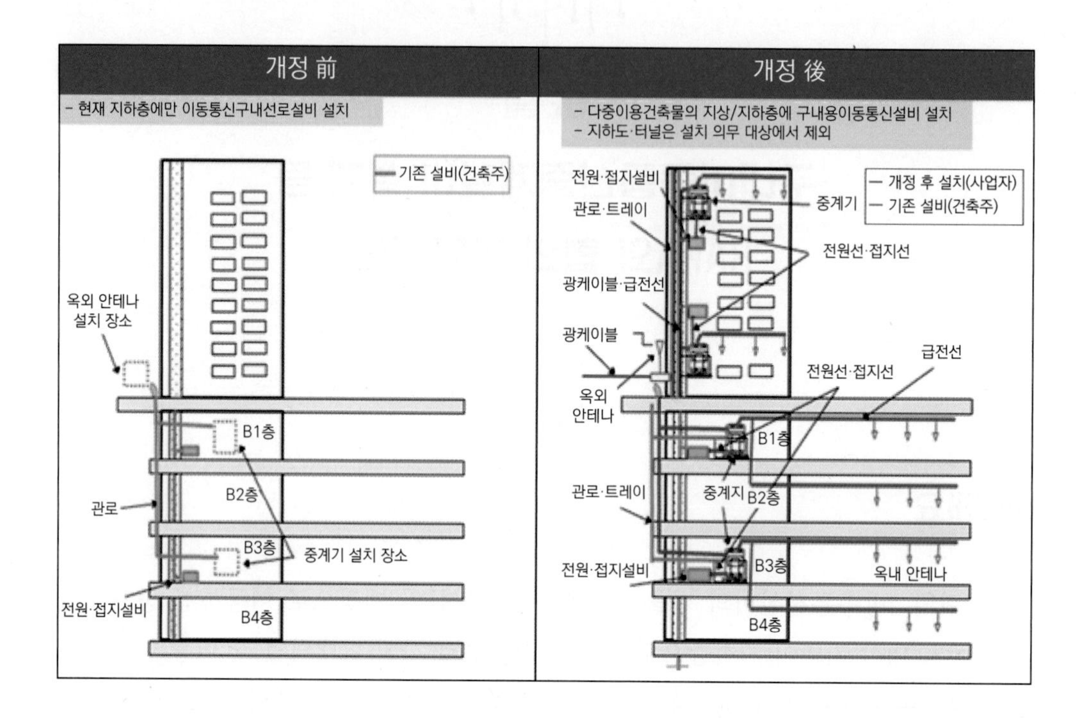


[그림 3-4]는 건물 구내이동통신중계설비 구축을 위한 건축주와 이통사의 역할 분담을 보여주고 있다. 관련법 개정에 따라 건물 지상층 까지 이동통신설비 설치가 의무화 되었고, RAPA(한국전파진흥협회) "이동통신설비 구축지원센터"와 이동통신구내 중계설비의 설치 장소에 대해 협의해야 한다. 그런데 적용기준은 건축 허가 또는 주택건설사업계획 승인 등을 상윗법 개정 시행일인 2017년 5월 26일 이후에 신청하거나 승인받은 경우에 해당된다.

만약 2017년 5월 26일 이전에 신청하거나 승인받은 경우는 이동통신 중계설비 설치를 위해 RAPA "이동통신설비 구축지원센터"와의 협의 의무가 적용되지 않으며, 선로설비 부분만 종전 관련법(2013년 3월 23일)의 제17조(구내통신선로설비의 설치대상)에 따르면 된다.

그림 3-4 **구내이동통신설비 구축을 위한 건축주와 이동통사의 역할 분담**

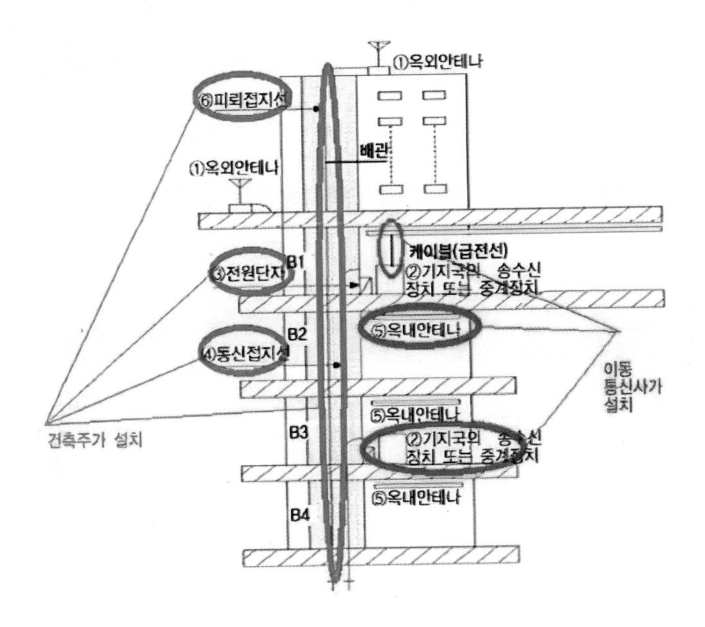


해당 공동주택단지에 지하층(지하주차장 등)이 있다면 지하층에 이동통신 구내선로 설비를 정보통신공사 설계에 따라 설치하고, 준공 또는 사용 승인 전후 이동통신사에게 개별 연락을 취하여 중계장치와 안테나를 추가로 시공하게 하면 된다.

"구내용 이동통신설비 협의 비대상확인서"를 RAPA "이동통신설비구축지원센터"에서 발급받을 수 있다. 이 확인서는 PDF 파일로 내려 받으면 사업변경, 사용전검사, 사용 승인 등을 신청할 때 참고 자료로 활용할 수 있다.

### 2) 구내용 이동통신설비 설치 관련 규정

가) "전기통신사업법" 제69조의 2(구내용 이동통신설비의 설치)

나) "방송통신설비의 기술기준에 관한 규정" 제17조의 2(구내용 이동통신설비의 설치대상), 제17조의 3(구내용 이동통신설비의 설치장소), 제24조의 2(이동통신구내통신설비의 설치 및 철거)

### 3) 구내 이동통신중계설비 설계 등 구축업무 처리 변경

"방송통신설비의 기술기준에 관한 규정" 제24조의 2의 제2항을 근거로 건축주/

사업주체와 이동통신사간 혼선방지 및 창구 단일화를 위해 구내용 이동통신설비 설치 의무화 협의 창구로 RAPA가 협의 대표로 선정되었으므로 RAPA와 협의를 진행한다.

[그림 3-5]는 건축주와 RAPA "이동통신설비 구축지원센터"와 업무 협의 절차를 보여준다.

그림 3-5 **건축주와 RAPA "이동통신설비 구축지원센터" 업무협의절차**

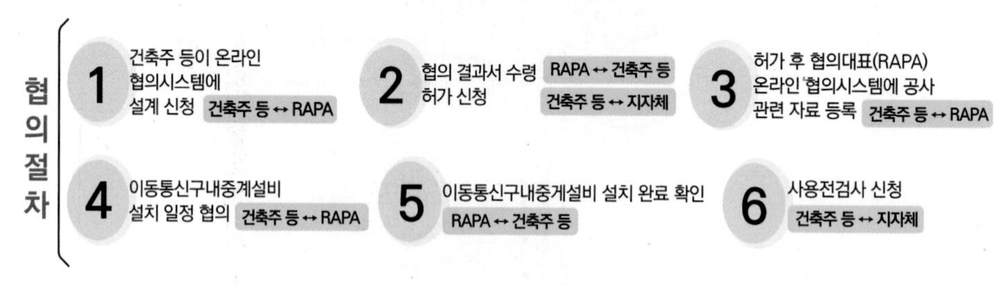


◀ 이동통신설비 구축지원센터 / http://www.mobile.rapa.or.kr / 02-317-6030/3 ▶

## 2 아파트 입주 초기 전자파 민원

RAPA "이동통신설비구축지원센터"는 구내이동통신중계설비 설계 결과를 사업주체로 전달하면, 사업주체는 견본 주택이나 홈페이지에 게재해야 한다. 이렇게 함으로써 아파트 단지 입주후 전자파 민원으로 이동통신 안테나가 떠돌아다니는 문제를 예방할 수 있다.

아파트 입주 초기 이동통신 중계기 설치 관련 전자파 장해(EMI) 민원이 발생하면 "공동주택 전자파 갈등 예방 가이드라인 지침"(2017년 6월 제정, 2021년 7월 개정)에 따라 이동통신 사업자에게 전자파 노출 저감 노력과 민원 해소를 위한 전자파 측정 등 다양한 활동을 요청할 수 있다.

아파트 준공단계가 되면, 이동통신중계설비가 단지내 지하층은 물론 이고, 저층 세대를 위한 화단 안테나, 고층 세대를 위한 옥상 안테나가 시공되는데, 지상층 이동통신 안테나를 환경친화형으로 위장하는데도 전자파 민원이 발생한다. [그림 3-6]은 화단에 설치된 자연 친화형 이동통신 중계 안테나의 모습인데, 솔라셀, 스피커 형태로 위장되어 있다.

그림 3-6 **화단에 설치된 자연 친화형 이동통신 중계 안테나**

[그림 3-7]은 옥상에 설치되는 이동통신 중계안테나를 위장 은폐하는 방식이다.

그림 3-7 **옥상에 설치되는 이동통신 중계안테나를 위장 은폐 사례**

이동통신 중계 안테나 설비를 건축 구조물 처럼 보이는 자재로 덮어 씌우는 펜스 은폐형을 많이 사용한다. 이렇게 이동통신 중계안테나를 숨기고 위장하고 은폐하는 데도 불구하고 전자파 민원이 발생한다.

그런데 입주 초기에는 아파트 입주자대표회의가 아직 구성되질 않아 아파트 단지의 의사 결정기구가 없으므로 전자파 민원을 아파트 입주민 전체 이익 관점에서 판단하기 어려워서 지상층 안테나가 이리 저리로 떠돌아 다니게 된다.

RAPA "이동통신설비 구축지원센터"의 지원을 받으면, 이런 전자파 민원을 해결하는데 도움이 된다. 이동통신 중계설비 시공을 위한 설계비는 이동통신사들이 RAPA "이동통신설비구축지원센터"로 납부한다.

참고로 "구내용 이동통신설비의 설치기준"은 〈표 3-2〉와 같다.

**표 3-2 구내용 이동통신설비의 설치기준**

| 근거조문 | 구분 | 설치대상 | 설치장소 |
|---|---|---|---|
| 1. 「전기통신사업법」 제69조의2 제1항 제1호 및 이 영 제17조의2 제1항 | 연면적의 합계가 1,000제곱미터 이상인 건축물(제2호, 제3호 및 「국방·군사시설사업에 관한 법률」 제2조 제1호에 따른 국방·군사시설에 해당하는 건축물은 제외한다) | 가. 「건축법 시행령」 제2조 제17호에 따른 다중이용 건축물(주택단지에 건설된 건축물은 제외한다) | 1) 각 지상층<br>2) 각 지하층 |
| | | 나. 가목에 해당하지 않는 지하층이 있는 건축물 | 각 지하층 |
| 2. 「전기통신사업법」 제69조의2 제1항 제1호 및 이 영 제17조의2 제3항 | 500세대 이상의 공동주택이 있는 주택단지에 건설된 주택 및 시설 | 가. 제24조의2 제1항에 따라 협의하여 지상층에 이동통신구내중계설비를 설치하기로 한 주택 및 시설 | 1) 과학기술정보통신부장관이 정하여 고시하는 기준에 적합한 지상층<br>2) 각 지하층 |
| | | 나. 가목에 해당하지 않는 지하층이 있는 주택 및 시설 | 각 지하층 |
| 3. 「전기통신사업법」 제69조의2 제1항 제3호 | 도시철도시설 | 과학기술정보통신부장관이 정하여 고시하는 기준에 적합한 장소 | |

**권고 사항!**

감리하는 아파트 단지의 건축 허가 신청일이 2017년 5월 26일 이후이면, RAPA "이동통신설비구축지원센터"(대표전화 02-317-6030, help@rapa.or.kr)와 단지내 이동통신중계설비 구축에 관해 사전에 협의하기 바란다.

**참고** [감리현장실무: #구내 이동통신 중계설비 설계 등 RAPA와 협의 의무 적용 기준] 2020년 10월 20일

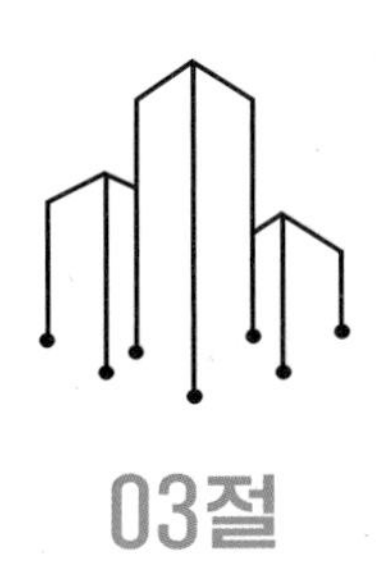

# 03절
# 감리단 자가망 구축

## 1 개요

건축 현장에 감리단이 개설되면, 초고속 인터넷과 유선 전화가 개통되어야 한다. 감리단이 사용하는 인터넷 회선과 전화 회선 개통에 정보통신감리원이 자의든 타의든 관여하게 된다. 이걸 제대로 수행하지 못하면, 감리단 동료들로 부터 물론 겉으로 드러내서 그러진 않겠지만 “정보통신 감리 저 친구 엉터리 아니야?”란 평가를 받게 된다.

그러므로 정보통신 감리자는 10명 규모의 감리단 내부 자가망 LAN을 어떻게 구축할 것인지 방법을 이해하고 있어야 한다. 이 내용을 이해하면, 다양한 업무용 내부망을 구축하는데 활용할 수 있다. 건축 현장에서 감리단 형태와 규모는 다양하다. 공공/관청이 발주하는 현장 처럼 정보통신 감리가 건축감리단에 소속해 있는 경우에는 감리단 규모가 10명을 넘을 수도 있다. 민간 재건축 아파트 현장 처럼 건축감리단이나 전기감리단과 분리되어 있고, 정보통신 감리와 소방 감리 용역을 같은 감리회사에서 수주하는 경우는 정보통신소방 감리단 규모가 5명 내외로 된다.

### 1) 초고속 인터넷과 유선전화 가입을 위한 통신사와 협상

감리단 사무실이 위치하는 환경은 정보통신 인프라가 취약해서 유선 통신사들이 감리단의 초고속인터넷이나 유선전화 가입 신청을 반가워하질 않는다. 준공 전까진 정보통신 인프라가 단지 내부로 진입하지 않기 때문에 가설로 시공하려다 보니 비용이 많이 소요되기 때문이다. 규모가 큰 건설사는 유선통신사와 협상해서 현장 사무실 통신 회선 가설 비용을 부담하고, 광케이블을 가공으로 끌어드려 초고속인터넷을 설치한다. 그러나 영세한 감리단은 가설비용 1000만원을 지불할 수 없다. 그러므로 건설사의 양해를 받아 가설해 놓은 광케이블을 이용해서 초고속 인터넷을 설치하는 것이 현실이다.

그런 활용이 가능한 것은 FTTH 초고속인터넷은 PON방식으로 구성되는데, 중간에 Optical Splitter로 광케이블 SMF 1코어를 4, 8, 16, 32 등으로 분기하므로 사용하지 않는 여분의 분기 단자를 활용할 수 있기 때문이다. [그림 3-8]은 건축 현장에 가설된 광케이블이다. 임시 사무실 벽에 부착된 박스가 Optical Splitter인데, 커버를 열어보면 4-Optical Splitter가 보이고, 두개 단자는 사용되지 않는 상태이다.

**그림 3-8** **건축 현장에 가설된 광케이블**

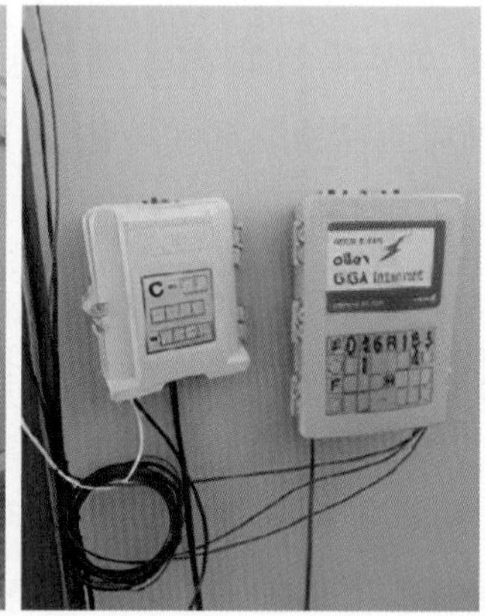

## 2) 5명 규모의 감리단 내부 자가망 구축

감리단 규모가 5명 정도이면 일반 가정에서 초고속인터넷을 사용하는 방법을 그대로 활용할 수 있다. 초고속 인터넷 1회선을 설치해놓고 Multi User가 사용하는 것이 보편적이다. 일반 가정의 경우, 초고속 인터넷 1회선을 가입하고, 유무선 IP공유기로 여러 Room의 PC를 유선으로 수용하고, 가족들의 스마트폰 여러대를 WiFi 무선으로 초고속인터넷 회선에 연결해서 사용한다.

결과적으로 가정 내부로 초고속 인터넷 1회선을 인입시켜서 유선 인터넷 PC의 Multi User, 그리고 와이파이로 접속되는 무선 인터넷 스마트폰의 Multi User로 구성되는 막강한 유무선 자가망이 구축되는 것이다. 그리고 원룸 임대업자의 경우에는 초고속인터넷 1회선을 가입해놓고 원룸 수십 개의 방을 UTP Cat 5e x 1 line으로 연결해 수십 명의 원룸 유저가 초고속 인터넷 1회선을 공용한다. 물론 여기에도 IP유무선 공유기와 L2스위치(스위칭 허브)가 사용된다.

원룸의 엔드 유저가 다시 공유기를 설치하여 인터넷 회선수를 더 많이 확장해 나갈 수 있다. 이런 이용은 초고속인터넷 서비스 이용 약관에서 금지하고 있는 자가망 구축 금지에 해당되는 건데, 워낙 이런 형태의 사용이 보편적이므로 ISP들도 어찌할 수 없는 상황이 아닐지. 가끔 KT 등 ISP들이 유저가 2명을 초과하는 경우, 경고 화면을 PC 바탕 화면에 띄어서 추가 요금을 내도록 유도했는데, 요즘은 IEEE 802.11 ac급(1Gbps) 와이파이 AP를 내장하는 IP유무선 공유기를 5000원/월 정도의 추가 요금을 받고 제공한다.

[그림 3-9]는 KT가 제공하는 IP유무선 공유기(IEEE 802.11 ac WiFi AP 내장)이다.

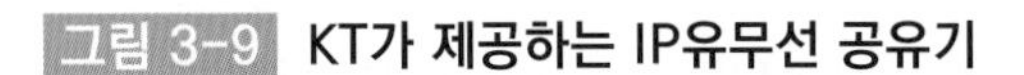

그림 3-9 KT가 제공하는 IP유무선 공유기

위 [그림 3-9]에서 아래쪽에 위치하는 것이 FTTH ONT모뎀인데, 여기에도 IP유무선 공유기가 내장되어 있다. 추가로 IP유무선 공유기를 제공하는 이유는 ONT모뎀의 출시 시기가 수년전이여서 WiFi AP가 구형인 IEEE802.11n(100Mbps)이기 때문이다. 이런 솔루션을 사용하면, RJ-45 포트가 8개(ONU에 4개, 추가 유무선 IP공유기에 4개)이므로 유선으로 End User 8명까지 수용할 수 있으며, 1Gbps 백홀 속도를 갖는 WiFi를 공용할 수 있다.

그리고 일반 가정과 달리 감리단과 같은 사무실에서 필요한 응용, 예를 들어 공용 프린터, 스캐너, 유선 전화 팩스 등의 구성은 10명 이상 규모 자가망 구성에서 설명한다.

### 3) 10명이상 ~ 수 10명 규모의 감리단 자가망 구축

10명~20여명 규모의 감리단의 자가망은 유무선 IP공유기와 L2스위치(스위칭 허브)를 사용해서 구성한다. 초고속 인터넷 1회선을 Multi User 이용 환경에서 유무선 IP공유기와 L2스위치의 활용에 관해 살펴본다.

IP공유기는 사설 IP주소를 가변적으로 할당하는 DHCP서버 기능을 갖는다. 그리고 공인 IP주소와 사설 IP주소간에 관계를 맵핑해주는 NAPT 기능도 갖는다. 공인 IP주소는 세계적으로 유일한 것으로 인터넷상에서 이용되고, 사설IP주소는 구내 전화번호 처럼 구내에서만 통용된다.

공인 IP주소와 사설 IP주소간에 1:1로 맵핑하기도 하고(NAT), 1개의 공인 IP주소를 다수의 사설IP주소와 1:N으로 맵핑하기도(NAPT) 하는데, 공유기에서 사용하는 방식은 후자의 방식이다. 후자의 방식에서 다수의 사설 IP주소를 식별하는 수단은 Layer4의 포트 번호를 활용한다. 그러면 초고속인터넷 회선의 End User단에서 IP공유기와 L2스위치를 어떻게 사용할까.

[그림 3-10]은 유선 IP공유기, WiFi AP, L2스위치간의 네트워킹을 보여준다. 공유기가 유무선 IP공유기이면, WiFi AP는 불필요하다.

그림 3-10 유선 IP공유기, WiFi AP, L2스위치간의 네트워킹

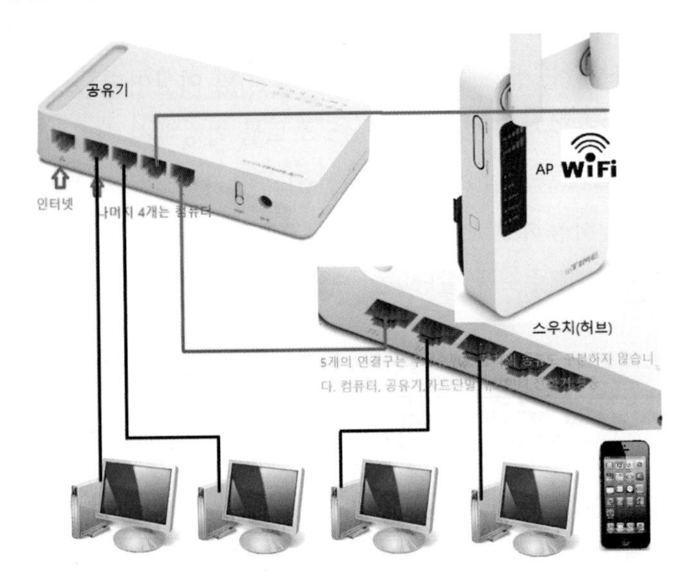


엔드 유저단에서 유저가 4명 이하이면, 유무선 IP공유기만 사용한다. 유무선 IP 공유기에는 보통 4개 RJ 45-포트와 와이파이 액세스를 갖는다. 요즘은 공유기 포트가 4개 이상으로 증가해서 구내에서 L2스위치를 불필요하게 만든다. [그림 3-11]은 iP time의 유무선 공유기인데, RJ-45포트 수가 증가했다.

그림 3-11 iP time의 유무선 공유기

내장된 WiFi AP도 IEEE802.11ac로 빨라졌다. 와이파이 AP는 무선 L2스위치라고 할 수 있다. 그러므로 와이파이 AP에 액세스하는 멀티 유저들은 IP공유기로 부터 사설 IP를 할당받는다. 엔드 유저단의 유저가 10명 이상이면, 초고속인터넷 회선-유무선 IP공유기-L2스위치 구성으로 RJ-45 포트를 확장해서 사용한다.

요즘 공유기 포트가 증가함으로서 유무선 IP공유기만으로도 충분하다. IP 공유기와 L2스위치를 같이 사용하면, 스위치의 RJ-45 포트에 수용된 멀티 유저들은 유무선 IP공유기로 부터 사설 IP주소를 할당받아 초고속인터넷 회선을 이용한다.

## 2 감리단 자가망 구축 사례

감리원 20명이 근무하는 감리단실 자가망을 실제로 구축한 사례이다. 초고속인터넷 1회선에 유무선 IP공유기, L2스위치로 구축한 자가망을 연결하여 [그림 3-12]와 같은 다양한 서비스를 이용한다.

- 초고속 인터넷
- 유선 전화(VoIP)
- 네트워크 프린터
- 스캐너
- 팩스
- 클라우드 서버 스토리지
- 와이파이 액세스

**그림 3-12** 감리원 20명이 근무하는 감리단실 자가망 실제 구축 사례

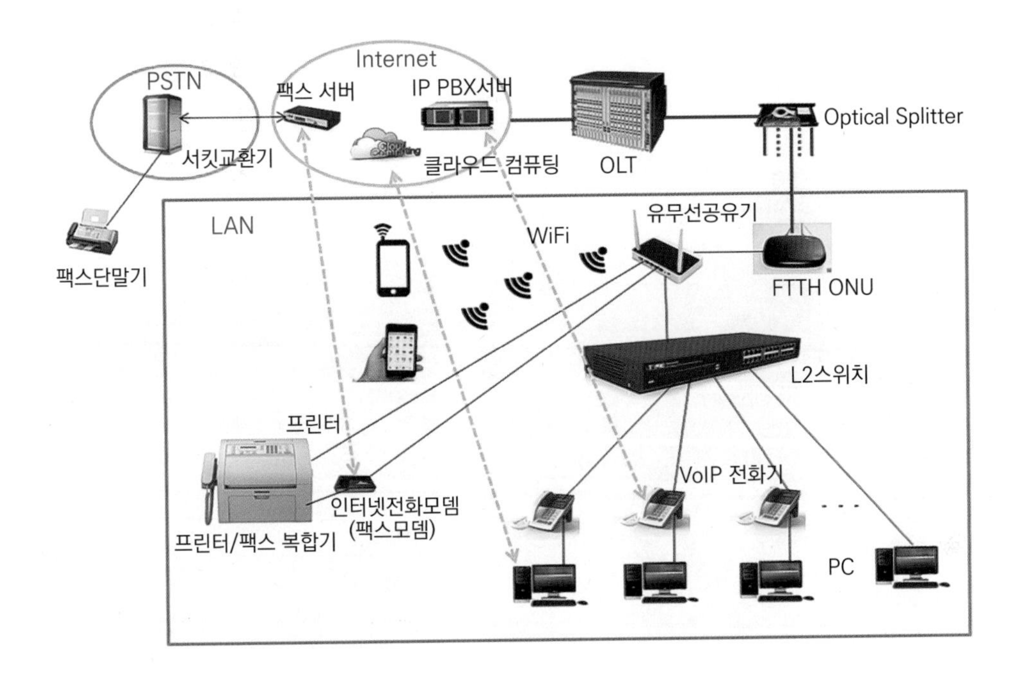


## 1) 초고속인터넷

[그림 3-13]은 외부 Optical Splitter에서 나온 광케이블이 감리단실 창문으로 인입되어(현장 용어로 "월창"해서) 초고속 인터넷이 설치된 모습이다. KT 등 ISP는 여기까지 해주면 설치가 끝난 것이다. 초고속인터넷은 FTTH E-PON방식이다.

E-PON은 "전화국모뎀 OLT - Optical Splitter - 가입자세대모뎀 ONU"로 구성된다. [그림 3-13]에서 가장 아래 바닥에 놓여 있는 것이 FTTH ONU이고, 중간에 부착되어 있는 것이 L2스위치이고, 가장 상단에 있는 것이 유무선 IP공유기이다. 유무선 IP공유기, L2스위치 등 내부망은 감리단 스스로 구축해야 한다. L2스위치에서 나오는 청색 UTP케이블이 바닥으로 배선이 되어 근무자들의 VoIP전화기와 PC를 연결한다.

그림 3-13 FTTH E-PON 방식(유무선 공유기 포함)

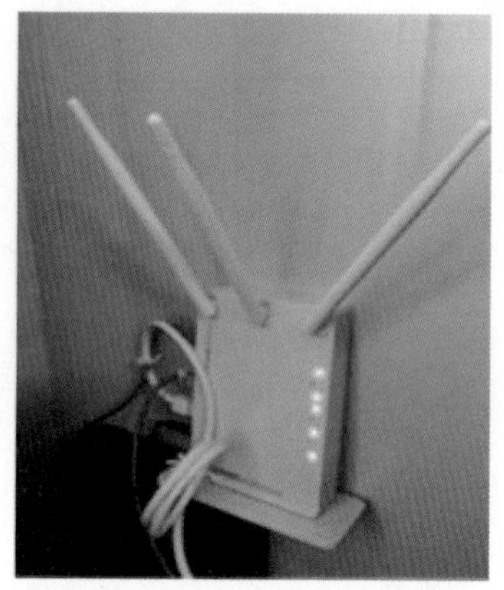

### 2) 유선 VoIP 전화

유선전화는 초고속인터넷을 이용하여 VoIP방식으로 구축한다. VoIP는 L2스위치 기반의 LAN 자가망 상에 오버레이 형태로 구성된다. 초고속인터넷을 제공하는 ISP와 VoIP를 제공하는 통신사업자가 달라도 가입할 수 있다. [그림 3-14]는 감리단 내부망에 VoIP전화를 구성하는 개략도이다.

그림 3-14 감리단 내부망에 VoIP전화를 구성하는 개략도

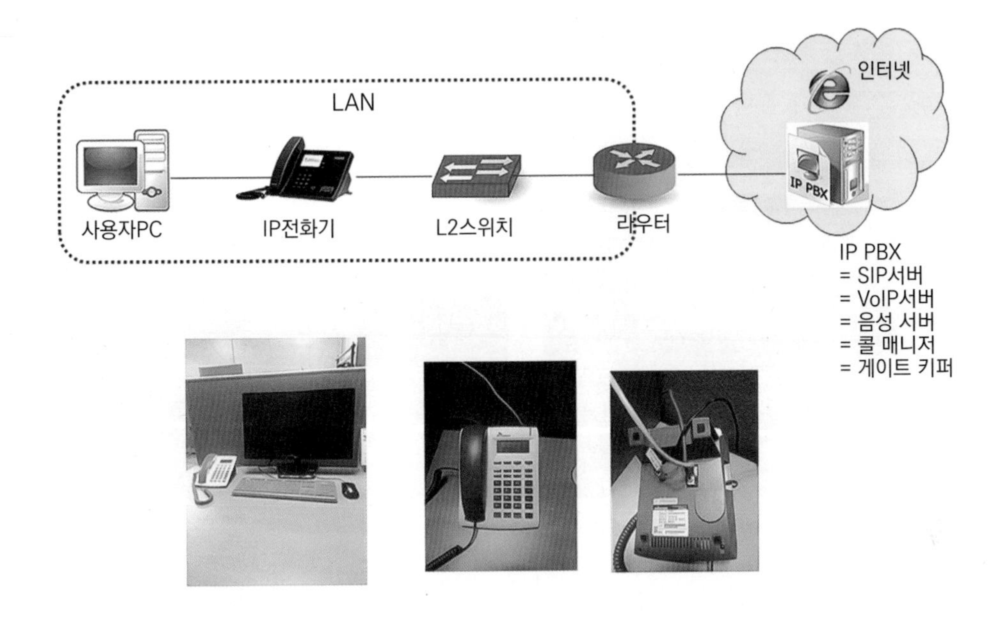


[그림 3-14]의 하단에서 우측 VoIP 전화기 밑부분을 보면, L2스위치에서 온 청색 UTP케이블이 연결되고, 다시 황색 UTP케이블로 PC에 연결된다. VoIP전화기는 24시간 Always on하는 장치이고, PC는 근무시간에만 켜져있는 장치이므로 VoIP전화기를 먼저 연결한다. 인터넷 전화단말은 가입된 인터넷 전화회사의 IP- PBX(SIP서버)와 연동되게 셋팅되어 있다.

### 3) 팩스 서비스

VoIP 전화회선으로 팩스 서비스를 이용하는 절차는 복잡하다. 인터넷 전화회선으로 팩스서비스를 제공하는 통신사업자의 서비스를 이용하면 된다. 인터넷전화는 음성정보를 Vocoding방식으로 압축하므로 팩스정보를 전송할 수 없다. 그래서 팩스 모뎀을 사용해서 전송하면 서비스 제공회사의 원격 팩스 서버가 수신하고 이 신호를 유선전화 회선으로 중계한다. 감리단 사무실 팩스 번호는 이 유선전화 번호를 대외적으로 알린다. [그림 3-15]는 팩스 서비스를 위해 복합 단말기 우측 하단에 팩스 모뎀을 설치한 게 보인다.

그림 3-15 팩스 서비스를 위해 복합 단말기 우측 하단에 팩스 모뎀

## 4) 스캐너

프린터 팩스 복합기는 스캐너 기능을 갖는다. 스캐너를 작동시키면 스캔된 PDF 파일이 자가망 LAN을 통해 정해진 스캔 폴더에 저장되게 셋팅한다. 스캔 폴더를 사용자 PC 바탕 화면에 개인별로 설정할 수 있다.

## 5) 네트워크 프린터

프린터 팩스 복합기가 내부 자가망 LAN에 연결되어 있으므로 네트워크 프린터로 다수의 이용자가 공용할 수 있다.

## 6) 클라우드 서버 스토리지 또는 NAS서버

감리단의 방대한 문서를 저장하기 위한 스토리지가 필요하다. 포털, 플랫폼회사, 통신사들이 제공하는 클라우드 서비스를 이용하면 효율적이다. 또는 NAS서버를 구매하여 감리단 사무실에 설치하는 것도 하나의 방법이다. NAS서버는 IP Time 등 시중에 다양한 종류의 휴대용 NAS서버가 존재한다. 또한 랜섬웨어 및 악성코드로 인해 감리단 문서가 손실될 수 있으니 다양한 방법으로 월1회 이상 백업하는 것을 권장한다.

### 7) WiFi 액세스

와이파이는 패스워드를 설정해서 외부인이 사용하지 못하게 한다. 유무선 IP공유기는 자신의 사설 IP주소를 갖는다. 자가망 LAN 내부에 있는 PC로 그 주소를 액세스해서 와이파이 AP의 패스워드를 설정하여 인접해 있는 다른 감리단 이용자의 접근을 차단한다.

통상적으로 WiFi 공유기는 IP Time 제품의 경우 http://192.168.0.1을 사용한다. 대부분 초기 ID 와 PW는 Admin 이다. 관리자로 접근하여 관리 ID/PW 및 무선 AP 접속을 위한 SSID(네트워크이름)/PW(암호)를 필수로 변경해야 한다. WiFi 공유기에 접속하여 DHCP설정, NAT설정, 사용제한 등 다양한 설정을 할 수 있다.

감리단의 방대한 문서를 저장하기 위한 스토리지가 필요하다. 비용이 많이 소요되는 독립적인 서버를 구축하지 않고, 포털, 플랫폼회사, 통신사들이 제공하는 클라우드 서비스를 이용하면 효율적이다.

**참고** [감리현장실무: 건축 현장 #감리단 내부 자가망 구축 사례, IP유무선 공유기, L2 스위치 활용] 2020년 2월 3일

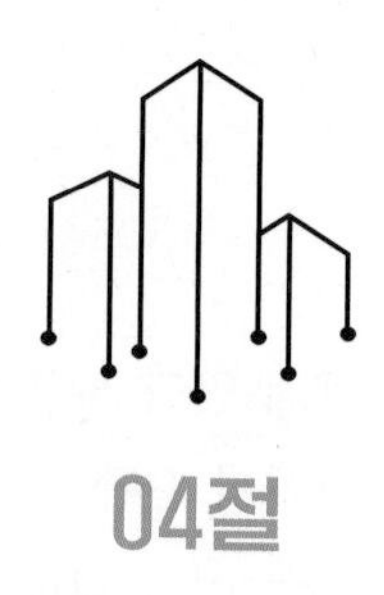

# 04절

# OT(시간외 수당) 협상

건설 현장에서 사용하는 OT란 용어의 의미가 무엇일까? OT는 Over Time인데, 법정 정규 근로 시간외 추가로 더 근무하는 "초과 근무"를 의미하지만, 현장에서 거론되는 OT는 주로 "초과 근무 수당"을 의미하는 경우가 더 많다.

## 1 개요

### 1) 건설 현장 감리업무에서 OT가 발생하는 이유

국내 건설현장은 주 6일 근무제로 운영된다. 이에 비해 감리원들은 주5일 근무제이다. 건설현장은 토요일에 시공이 이루어지지만, 감리자들이 회사와 체결한 "근로계약서"에 의해 쉬는게 보편적이다. 토요일은 도로가 붐비질 않아 레미콘 차량이 다니기 용이하고, 토요일에 콘크리트 타설을 하면, 콘크리트 양생에 일요일을 이용할 수 있으므로 효율적이다. 그래서 감리단은 토요일 검측 근무 때문에 발주처(시공사)로 OT를 요구한다.

한편, 시공사 하도업체들이 금요일 밤 또는 토요일 오전에 콘크리트 타설을 하기 위해, 금요일 저녁에 마무리가 조금 덜 된 철근 작업, 그리고 통신, 소방, 전기 배관 작업을 완료할 수 있게 작업자들에게 평소 일당의 1.5배를 지불하고 Over Time을 요청하는 경우도 있다. 그러나 요즘은 돈 벌러온 조선족 외국계 근로자들 조차도 OT를 그리 반기지 않는다고 한다.

### 2) 다양한 OT 지급 방법

"건기법" 현장에서는 발주처가 계약된 금액이 상향으로 조정되는걸 원치 않는다. LH공사 계약서(과업내용서)도 그러한 관점에서 작성된다. 즉, 근무시간외, 휴일 등 OT 근무는 시공사의 요청에 따라 시행하고 대체 휴무로 운영하고 있다. "주택법" 현장에서는 조합 등 발주처와 잘 협의하면, 필요시 초과 근무를 시행하고 OT 수당을 받는 경우도 있다.

#### 가) 공공 현장

LH공사는 감리 대가를 Man-Day로 계산한다. 감리용역 대가가 1달 22일 근무를 기준으로 산출된다. 한달 근무일수가 22일에 미달되면 추후 감액 조정하게 되어 있다. 결과적으로 실제 근무한 날짜를 카운트해서 감리대가를 지불한다. 그래서 LH 현장 감리원들이 토요일에도 출근하는 경우가 생긴다. LH공사가 발주한 현장에서 초과 근무를 하면, 평일에 대체 휴무로 쉬게 하고, OT를 지급하지 않는다. 이처럼 관, 공공, 군이 발주한 현장에선 OT를 돈으로 지불하지 않고 대체 휴무로 시행하는 것이 일반적이다.

#### 나) 민간 현장

민간 현장에선 건설사들이 토요일 시공, 주로 콘크리트 타설을 합법적으로 하기 위해서 감리단과 총액 베이스로 OT 규모를 정해서 합의한다. 감리원 1인당 월 20~60만원 규모의 OT를 실제 시간외 근무와 관계 없이 일률적으로 지급하기도 한다.

정상적으로 하려면, 콘크리트 타설 전에 배관 검측을 하기 위해 출근한 감리원만 해당 근무시간에 상당하는 휴일 근무 수당을, OT 실적급으로 지급하는 것이 원칙이다. 그러나 실적급으로 OT를 지불하면, 감리단 내부에서의 형평성, 시공사(발주처)의 과도한 OT 부담이 발생한다. OT를 정액 지급을 공식화하기 위해, 시공사(발주처)와 감리회사 또는 감리원 개인과 계약을 체결한다.

OT 계약 방법은 시공사(발주처)에 따라 다르다. 개인적인 경험에 따르면, SK건설은 감리회사와, 포스코 건설은 감리원 개인과 OT 계약을 한다. OT 계약 주체가 감리회사가 되면, OT 비용 중 일부(10~50%)를 본사에서 통과비로 떼어내고 나머지를 감리원에게 지급해준다.

OT를 실적급이 아니고, 정액급으로 지불하는 방식으로 계약하게 되면, 초기엔 감리원이 교대로 토요일에 출근해서 배관 검측을 실시하는데, 시간이 지나면서 유야무야 되는 경우도 있다. 토요일 검측 대가로 지불하는 OT는 보통 골조가 올라가는 기간 동안에만 한시적으로 집행된다. 요즘은 민간 현장에서도 OT수당을 주지 않고 대체 휴무로 시행하는 비율이 증가하고 있다.

## 2 OT 협상시 고려 사항

먼저 발주처와 감리회사간 "감리 용역 계약서" 내용 중에 시간외 근무에 대한 대가에 대해 확인해야 한다.

"감리용역 계약서" 내용 중에 감리원 시간외 근무, 즉 OT에 관한 언급이 없거나, 시간외 근무를 의무사항으로 넣어놓고도 OT 대가를 구체화 하지 않은 경우도 있다. 그러나 발주처(시공사)의 필요에 의해 시간외 근무가 발생하면, 그에 대한 대가를 요구할 수 있다. 그러면 발주처에서는 OT 수당을 지불하지 않으려고 여러가지 대안을 감리단에게 제시한다.

- ◆ 대체 휴무: 토요일에 검측을 위해 출근한 감리원에게 근무일에 쉬도록 허용한다.
- ◆ 총 계약 투입 Man-month를 가변적으로 활용: 주 5일 기반으로 산출된 Man-month를 조정해서 토요일 검측을 위한 근무가 가능토록 평일에 투입되는 Man-month를 줄인다. 그런데 정보통신감리원이 1명 근무하는 경우에는 근본적으로 평일 대체 휴무가 불가능하다.

## 3 정리되어야 할 것

감리현장에서 OT는 표준화된 기준이 없이 시공사, 발주처에 따라 주먹구구 임시변통, 편법으로 시행되고 있다. 건설현장은 주 6일 근무체계이고 감리자들은 주 5일 근무 체계이므로 감리업계의 표준화된 OT 수당 대가 기준이 정립되어야 한다. 이런 관점에서 감리용역 계약(공공, 민간으로 구분)을 위한 표준 계약서가 필요하다.

그리고 토요일 등 감리자의 공백을 대비한 고려 사항인데, 안전관리를 필요로 하는 시공사의 휴일 근무는 원칙적으로 지양하게 하고, 필요시 사전에 감리단에 안전요원 배치 보고 및 작업 승인을 받은 후, 시행하도록 관리할 필요가 있다. 토요일 등 휴무일, 감리자가 없는 상황에서 안전사고, 산업재해가 발생하게 되면, 감리단의 안전관리 의무 소홀로 간주되기 때문이다.

감리원은 토요일(휴일) 시공을 어떻게 처리해야 할까. 엄밀하게 따지면 감리원 없이 시공하는 것이므로 불법이다. 시공사로 부터 휴일 "작업일보" 및 "주말근무계획서"를 제출받아 발주처로부터 승인 받고 작업을 진행해야 한다.

건설현장에서 "안전보건기준에 관한 규칙" 제38조(사전조사 및 작업계획서의 작성 등)을 참조하여, 작업계획서를 작성하고 그 계획에 따라 작업을 하도록 하여야 한다. 또한, 공공기관은 "건설기술진흥법" 제65조의 2(일요일 건설공사 시행의 제한)에 의해 일요일 건설공사를 시행해서는 아니 된다. 다만, 동법 시행령 제103조의 2(일요일 건설공사 시행 제한의 예외)에 따라 발주처의 승인을 득한 아래의 경우에는 가능하다.

- ◆ 사고 · 재해의 복구 및 예방과 안전 확보를 위하여 긴급 보수 · 보강 공사가 필요한 경우
- ◆ 날씨 · 감염병 등 환경조건에 따라 작업일수가 부족하여 추가 작업이 필요한 경우
- ◆ 교통 · 환경 등의 문제로 평일 공사 시행이 어려운 경우
- ◆ 공법 · 공사의 특성상 연속적인 시공이 필요한 경우
- ◆ 민원, 소송, 보상 문제 등 건설사업자의 귀책 사유가 아닌 외부 요인으로 인하여 공정이 지연된 경우
- ◆ 도서 · 산간벽지 등 낙후지역의 10일 미만의 단기공사로서 짧은 시일 내에 공사를 마칠 필요성이 크다고 인정되는 경우

**참고** [광장 이야기 코너: 3편, #OT=Over Time=초과 근무수당] 2020년 8월 19일

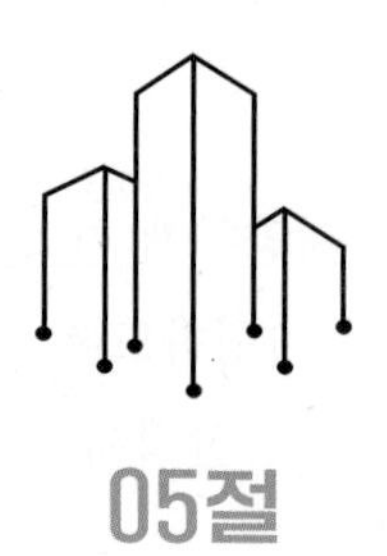

# 05절

# 정보통신감리원 배치현황 신고

2018년 12월 24일 "정보통신공사업법"의 개정에 따라 2019년 10월 25일 이후 발주된 공사부터 그 현장에서 일하는 정보통신감리원 배치현황 신고가 의무화 되었다.

"정보통신공사업법" 부칙 제2조(제16020호, 2018.12.24)에 따라 제8조(감리 등) 제3항의 개정 규정은 이법 시행(2019.10.25) 이후 발주된 공사부터 적용된다.

## 1 개요

### 1) 배치현황 신고란?

정보통신감리원 배치현황 신고는 감리원들의 일자리 확보 등 권익 보호를 위한 것이다. 감리원 개인 입장에서는 감리원 일자리 보호 관점에서 유리하지만, 회사 입장에서는 배치 신고된 감리원을 다른 감리용역 수주를 위한 입찰시에 책임 감리원으로 활용할 수 없기 때문에 추가로 감리원을 채용해야 하는 부담이 있다. 이처럼 정보통신감리원 배치현황 신고는 감리회사 입장과 감리원 입장이 충돌하는 부분이 있다.

2019년 10월 25일 이후에 발주된 공사에 적용되므로 아직 전체 공사 현장에서 정보통신감리원 배치현황 신고가 의무화된 현장 비율은 낮지만 점차 증가하고 있다. 그러므로 정보통신감리원들이 배치현황 신고 시행에 의한 일자리 증가, 그리고 연봉 상승을 실감하려면, 2019년 10월 25일 시행일을 기준으로 3~5년 이상은 지나야 할 것 같다.

### 2) "정보통신공사업법 시행령" 배치현황 신고 관련 조항 해석

정보통신감리원 배치현황 신고는 "정보통신공사업법" 제8조(감리 등)에 근거를 두고 있다. 제8조에 따르면, 2019년 10월 25일 이후에 발주된 공사가 해당되므로 그 이전에 발주된 공사에 대해서는 배치현황 신고가 의무사항이 아니다.

### 3) 관련법 해석의 혼란

'2019년 10월 25일 이후에 발주된 공사'란 표현에서 다양한 해석 가능성이 있다.

"발주된 공사"에서 "공사"를 건축 관점에서 볼 것인지, 정보통신공사 관점에서 볼 것인지 혼란 가능성이 있다. 건축물내 정보통신 공사는 건축 공사에 포함되어 발주되므로 건축공사 발주일로 보는 게 타당성이 있다. 아파트 건축 현장에서 정보통신 공사 착공계를 접수하는데, 여기에 정보통신공사 착공일이 나온다. 이 착공일을 기준으로 삼아야 한다는 의견도 있다. 일반적으로 정보통신공사 착공일은 건축 착공일에 비해 수개월, 심하면 1년 이상 늦을 수도 있다.

"발주"를 입찰일, 공고일, 계약일 등으로 다양하게 해석할 수 있다. 별도의 입찰공고가 없는 계약의 경우, 견적서 의뢰일로 통신공사 발주일로 갈음할 수 있으며, 사전 절차없이 정보통신공사 계약이 체결되었을 경우는 해당공사 계약일을 기준으로 하지만 통상적인 해석은 "공사, 정보통신공사 착공" 관점으로 보는 것이 타당하다. 감리원은 정보통신공사 착공전에 계약이 되어야 하고 배치가 되어야 한다.

## 2 배치현황 신고 방법

"정보통신 공사업법 시행령" 제8조의 4(감리원 배치현황의 신고)에 잘 정리되어 있다. 공사 시작일 기준 30일 이내에 각 시·도지사에 감리원 배치현황 신고를 해야 한다. 배치현황신고는 특별시장·광역시장·도지사등 시·도지사에게 제출해야 한다(각 시·도는 공사현장 기준).

최근에는 민원24사이트를 통해서 온라인으로도 신고 가능하다. 안내 및 신청방법은 아래 사이트를 참조하기 바란다.

참고 https://www.gov.kr/mw/AA020InfoCappView.do?HighCtgCD=A03004&CappBizCD=17210000009&tp_seq=

신청서류는 "정보통신공사업법 시행에 관한 규정" 별표 서식과 정보통신공사업법 제8조의 4(감리원 배치현황의 신고)에 의해 아래와 같다.

- 감리원 배치현황신고서("정보통신공사업법 시행에 관한 규칙" 별지 제6호의 2서식)
- 감리원 배치 계획서(발주자 확인)
- 공사감리 용역 계약서 사본
- 감리원의 등급을 증명하는 서류(별표2)
- 공사 현장 간 거리도면(정보통신공사업법 시행령 제8조의 3 제3항 제1호 나목에 해당하는 공사감리를 하는 경우)
- 감리원의 국민연금 가입증명서와 용역업자 등록(신고)증(정보통신공사업법 제2조 제7호에 해당하는 서류)을 함께 제출하면, 행정정보 공동이용서에 동의하지 않아도 된다.

감리용역회사에서 감리원 배치현황 신고를 한 후, 지자체에서 감리원 배치확인서("정보통신공사업법 시행에 관한 규정" 별지 제6호의 3서식)를 요청하면 발급해준다.

## 3 배치현황 신고 위반 벌칙

"정보통사공사업법" 제76조(벌칙) 3에 의거 "감리원 배치기준을 위반하여 공사의 감리를 발주하거나 감리원을 배치한자"는 500만원 이하의 벌금에 처한다.

다음 [그림 3-16]은 "정보통신공사업법시행령" 제8조의 3(감리원의 배치 기준)에 의한 정보통신감리원 배치기준인데, 책임감리원의 등급만을 규정하고 있고, 공사 규모에 따른 보조감리원 수와 배치기간 등은 발주자와 합의하여 배치하도록 하는 등 느슨하게 규정하고 있다.

"정보통신공사업법" 제78조(과태료) 제1항 1의 2호와 "정보통신공사업법 시행령" 별표 10에 의거 감리원 배치현황을 신고하지 않으면 150만원 이하의 과태료에 처한다.

그림 3-16 **정보통신감리원 배치기준**

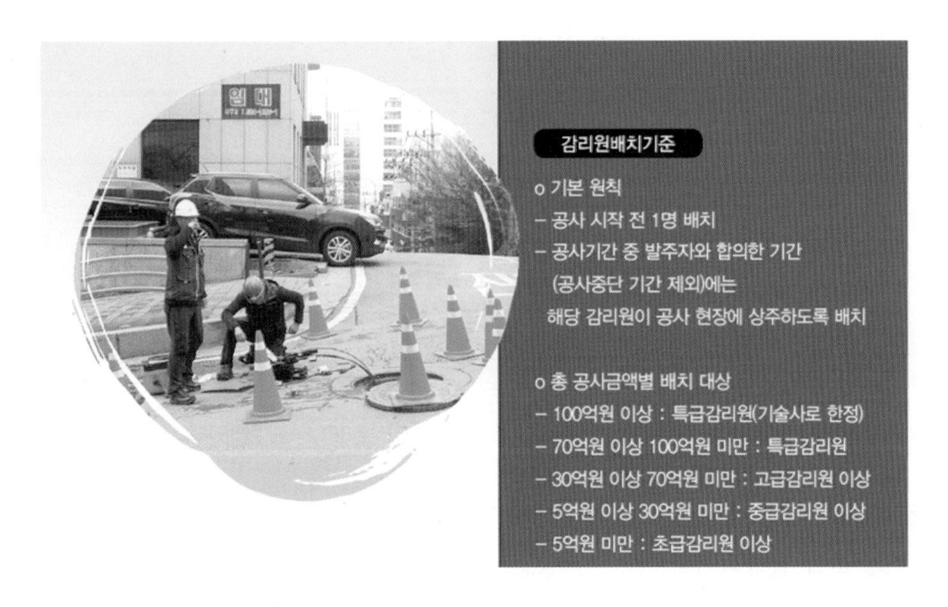


배치현황 신고 의무 현장인데 해석 오류로 신고를 하지 않고, 준공단계에서 미신고로 판별되면, "사용전검사" 과정에서 문제가 되고, 전체 준공처리 관점에서 난관이 발생할 수 있다. 배치현황 신고 의무 적용 대상 여부가 애매하면, 배치현황 신고 소관 부서인 시·도지사(또는 지자체), 그리고 관련법 주관 부서인 과기정보통신부에 서면으로 질의해서 답변을 받아두는 것이 좋다. 정보통신감리원 배치현황 신고는 각 시·도지사에게 하여야 하나, 경기도의 경우 각 지자체에 위임하였다.

**권고 사항!**

정보통신감리원 배치 신고는 감리원들의 일자리 확보 등 권익을 위한 것이다. 일부 몰지각한 감리회사는 건축 초기에 정보통신감리원을 배치했다가 발주처와 물밑 타협으로 감리원 일부를 철수시키거나 부분적으로 현장 배치하는 경우가 가끔 있다. 이런 관점에서 배치현황 신고 제도를 정보통신감리원들의 일자리를 지키는 방어벽으로 잘 활용하는 것이 바람직하다.

참고 [광장 이야기 코너: 5편, 정보통신감리원 #배치현황 신고] 2020년 8월 25일

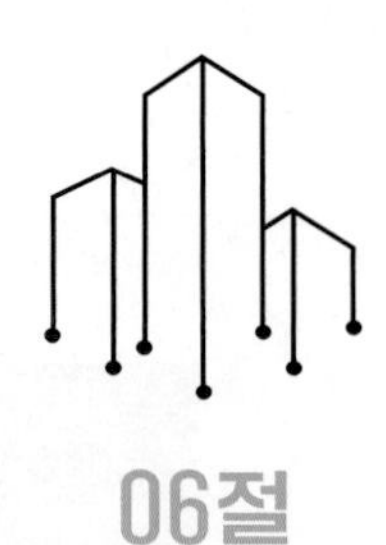

# 06절

# 스마트 감리를 위한 착공단계에서 핵심 길목 붙잡기

건축 현장에서 감리업무를 수행하는 과정을 리뷰해보면, 대부분 시공사 주도로 끌려가는 것이 일반적이다.

착공단계 감리업무의 시작이 시공사로 부터 다음과 같은 서류로 트리거되는 것을 보면 이해가 될 것이다.

## 1 감리업무 핵심 서류

정보통신 감리단에서 착공단계부터 감리업무를 주도적으로 앞서 리드하기 위한 주요 공정 포인트로는 다음과 같은 것을 들 수 있다.

1) 작업일보 및 명일(휴일)작업계획서 제출 지시
2) 주간/월간/분기 공정표 제출 지시
3) 착공신고서 제출 및 정보통신기술자 배치 지시
4) 건축구조관점에서 실시설계도서 검토 지시
5) 하도급 심사 자료 제출 지시(하도급심사 필요시)
6) 공종별 시공계획서 작성 지시
7) 검측체크리스트 또는 ITP(Inspection Test Plan)/ITC(Inspection Test Checklist) 작성 지시
8) 기자재 공급승인원 제출 지시

위의 사항들은 정보통신감리단에서 먼저 지시하지 않으면, 제출하려고 하지 않는 것이 일반적이다. 그러므로 감리단에서 주도적으로, 시공감리업무를 주도해 나가기 위해서는 적절한 타이밍에 따라 시공사로 관련 서류 제출이나 준비를 하게 지시해야 한다.

#### 가) 작업일보 제출 지시

작업일보는 시공사의 당일과 명일의 작업계획을 감리단과 발주처로 보고하는 양식이다. 감리단은 작업일보를 통해 현장의 작업 진행 상황과 계획을 파악할 수 있다. 그런데 정보통신감리단이 현장에 진입하여 근무하고 있는데도, 아직 건축 골조 위주의 공사가 진행된다는 핑계로 작업일보를 제출하지 않으려고 한다. 그러므로 가능하면 작업일보 제출을 빨리 지시하기 바란다.

#### 나) 주간/월간/분기 공정표 확인

건축 골조공사가 본격화 되면, 정보통신 배관 공사가 시작된다. 공사가 시작되면 주간공정표, 월간 및 분기 공정표를 시간에 맞게 제출하게 하고, 전체 공정표도 제출받기 바란다.

#### 다) 착공신고서 및 기술자 배치 확인

시공사가 전체 공사를 시작하면, 건축 허가 기관과 발주처로 착공신고서를 제출한다. 그런데 전체적인 착공신고는 정보통신감리단이 현장에 배치되기 전에 이루어지는 것이 일반적이다.

그래서 정보통신감리단이 진입한 이후, 시공사에서는 전체적인 착공신고서를 제출했다고 정보통신공사 착공신고서는 제출하지 않으려고 한다. 그렇더라도 정보통신감리단에서는 정보통신공사 착공신고서를 제출받아 그 내용을 검토하고, 문제가 있는 경우 발주처로 보고해야 한다. 또한 정보통신공사업법 제33조(정보통신기술자의 배치)에 의해 기술자를 현장에 배치하도록 하고 확인해야 한다.

#### 라) 건축 구조관점에서 실시설계도서 검토

정보통신감리단이 현장에 배치되면, 실시설계도서를 우선적으로 챙겨야 한다. 착공초기 정보통신 실시설계도서 검토시, 주요설비 별로 도면이 작성되어 있으므로 설비별로 도면을 검토하는 것이 일반적이다. 그러나 아직 골조가 올라가기 전이므로 건축 구조 관점에서 정보통신 실시설계도서 검토가 이루어지는 것이 바람직 하다.

집중구내통신실과 방재실이 건축도면에 적절한 위치에, 적절한 상면으로 반영되어 있는지, 그리고 동통신실과 층구내통신실이 확보되어 있는지 확인해야 한다(공동주택과 업무용건축물의 기술기준이 상이하므로 건축허가서 상의 용도를 정확하게 파악하고, 설계도서를 검토하는 것이 중요하다. "방송통신설비의 기술기준에 관한 규정" 별표 1~4를 참고하면 효율적이다).

그리고 정보통신설비의 IDF와 FDF, 홈네트워크의 L2 WG스위치와 FDF, 그리고 SMATV/CATV설비의 TV증폭기함(분기기, 분배기, 증폭기, ONU 등) 등 설비가 동통신실과 층구내통신실에 기술기준에 적합하게 배치되어 있는지도 확인해야 한다.

만약 정보통신감리단이 현장에 배치되었는데도 아직 실시설계도서가 완성되지 않았다면, 그 사실과 지연 사유를 확인하고 서류로 근거를 남겨놓아야 한다. 설계도서 납품 지연이 나중에 준공연기 사유로 건설사에서 악용할 수 있기 때문이다.

그리고 실시설계도서가 제공된 상태이면, 우선적으로 그 내용을 검토해야 하며, 동시에 시공사로도 실시설계도서 검토를 지시하고 그 내역을 감리단으로 보고토록 해야 한다. 실시설계검토 결과를 수합한 검토의견서를 발주처와 설계사로 보내어서 의견을 확인해야 한다.

#### 마) 하도급심사(하도급심사 필요시)

국내 건축 현장에서는 하도급 구조가 상당히 복잡하므로 감리단에서 먼저 지시하지 않으면, 시공사에서는 소극적으로 대응한다. 공사현장에서 산업재해나 중대 재해가 발생하면, 수사기관에서 필수적으로 조사하는 것이 하도급 관련 내용이다. 그러므로 정보통신감리단에서는 먼저 시공사로 하여금 하도급 심사를 위한 서류를 제출하라고 지시해야 한다. 하도급의 최종 승인권자는 발주처이므로, 감리단은 승인문서(승낙신청서)를 발송하여 승인을 득한 후 공사를 진행해야 한다.

### 바) 시공계획서 검토 및 지도

시공사가 공종별, 주요설비별 하도급 계약이 이루어지면, 시공사로 하여금 공종별 시공계획서를 감리단으로 보고토록 지시한다. 그리고 감리단에서 중점적으로 수행할 착안사항, 현안 사항이 시공계획서에 반영되게 지도해야 한다.

공종별, 주요 설비별 시공계획서에는 공사 개요, 현장운영 계획, 설비별 구축 계획 뿐 아니라, 품질관리, 환경관리, 안전관리 계획, 시공물량, 중장비투입계획 등이 포함되도록 지도해야 한다.

### 사) 검측 체크리스트 또는 ITP/ITC(Inspection Test Plan/Checklist) 작성 지시

현장 검측 체크리스트 또는 ITC는 감리현장의 꽃이다. 어떤 항목을 중점적으로 검측할지, 매몰 공정은 어떤식으로 검측할지 등 검측 스케줄과 시험항목을 시공사와 사전에 협의하는 것이 매우 중요하다. 체크리스트와 ITC를 포함한 현장품질관리계획서를 작성하여 발주처의 승인을 득하는 것도 매우 좋은 방법이다.

물론 민간건축 현장에서는 잘 지켜지지 않지만, LH/SH 현장은 매우 잘 정리되어 있다. 민간건축물 현장도 감리원의 의무를 다해야 하고 정보통신품질 확보를 위해, 최소한의 체크리스트 또는 ITC를 작성 후 관리하는 것이 중요하다.

### 아) 기자재 공급승인원 제출 지시

기자재 공급승인원을 제출받아 검토할 때에는, 필수적인 서류가 있다. 아래 서류를 필수로 제출할 수 있도록 사전에 조율하고 지시하는 것이 중요하다.

- ◆ 공급자의 사업자 등록증 사본
- ◆ 품질시험 대행 국·공립 시험기관의 시험성과
- ◆ 납품실적 증명
- ◆ 시험성과 대비표
- ◆ 제품설명서
- ◆ KS인증서 사본

**권고 사항!**

감리현장 교훈: 악마는 디테일에 있다(The devil is in the detail).

디테일은 사소한 걸 의미하는데, 사소한 건 중요하지 않다고 건성으로 넘길 수 있는데, 이 말은 맞지 않다. 사소한데 문제가 없어야 진짜 중요한게 완전해지기 때문이다.

그러므로 감리업무 수행시 사소한 걸 무시해선 안 된다. 정보통신감리원들이 수행하는 감리업무에서도 이 경구(The devil is in the detail)는 그대로 적용된다. 이전에 감리했던 현장에서 경험했던 시행착오나 어려움을 당하였던 문제들을 리뷰해 보면 대부분 Detail한 것이다.

그것은 하인리히 법칙(Heinrich's Law)으로 확인된다. 하인리히 법칙은 1931년 미국의 트래블러스 보험회사에 근무하던 허버트 윌리엄 하인리히가 보험회사에 근무하면서 수많은 통계를 분석한 결과, 사망자 1명이 나오면 그전에 같은 원인으로 발생한 경상자가 29명이 있었고, 같은 원인으로 부상당할번한 잠재적인 부상자가 300명이나 있었다는 사실을 발견해 큰 재해:사소한 재해:경미한 사고의 발생비율=1:29:300이라는 법칙을 발견했다. 이처럼 큰 사고나 대규모 산재는 갑자기 발생하는 게 아니고, 사소한 사고로 출발한다는 걸 의미한다.

국내 건축 현장은 건설사는 관리만 하고, 실제 공사는 하도급 협력사들이 시공한다. 그러므로 공종별, 주요 설비별 하도급 시공사가 결정되면, 해당 분야의 시공계획서를 감리단으로 제출토록 하고, 감리단과 건설사가 참여하는 회의체에서 그 내용을 프레젠테이션 하도록 지도하는 것이 바람직하다.

또한 건축물은 다양한 공정(건축, 통신, 토목, 전기, 소방)이 존재하고 상호 협력해야 할 부분이 많이 발생한다. 물론 건축분야가 주축이 되어 주도해 나간다. 공정별 인터페이스회의 또는 공정회의 등에는 필수로 참석하여 의견을 듣고, 의견을 이야기하는 것이 매우 중요하다.

**참고** [감리현장실무: #스마트 감리를 위한 핵심 길목 붙잡기(1): 착공단계] 2022년 2월 28일

# Chapter 04

# 설계 도면 실전 검토

01절

# 주요설비 설계도면 검토 체크포인트

실시설계도서 검토에 관해서 정보통신설비 별로 나누어서 살펴본다. [그림 4-1]은 정보통신 설계 및 감리업무 Flow를 보여주고 있다.

## 1 공사 단계별 정보통신 감리업무

감리현장에 처음 배치되면 착공단계에서 해야 할 일들이 있다. 감리업무는 크게 시기별로 분류하면 착공단계 감리업무, 본격적인 시공단계의 감리업무, 준공단계에 수행해야 할 감리업무들이 있다.

- ◆ 착공(착수) 단계 감리업무: 시공사 착공신고서 검토, 감리단 착수신고서 제출, 하도급 심사 등
- ◆ 시공(시행) 단계 감리업무: 공정관리, 품질관리, 기성관리, 안전관리, 기자재승인, 환경관리, 시공상태 검측 등
- ◆ 준공(완료) 단계 감리업무: 사용전검사 수검, 시운전, 예비준공검사, 준공검사, 초고속정보통신건물인증(홈네트워크 인증 포함), 준공도면 승인, 준공설비 인수·인계에 입회, 운용 메뉴얼 등 문서 인수·인계에 입회 등

건축물의 경우 설계 감리는 하지 않는 것이 일반적이고, 공공 프로젝트인 경우에는 공사비가 100억원을 초과할 경우, 설계 VE(Value Engineering)를 수행한다. 감리원들이 건축 현장에서 수행하는 업무는 시공 감리로 분류할 수 있다.

**그림 4-1** 정보통신 설계 및 감리업무 단계

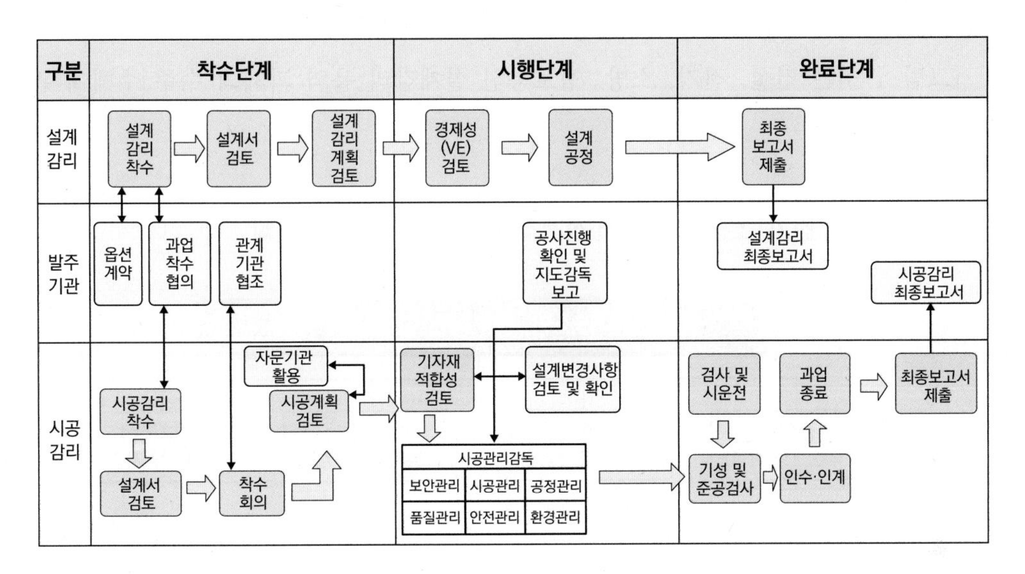


[그림 4-2]는 시공감리 용역이 진행되는 프로세스를 보여준다.

**그림 4-2** 시공 감리 용역 진행 프로세스

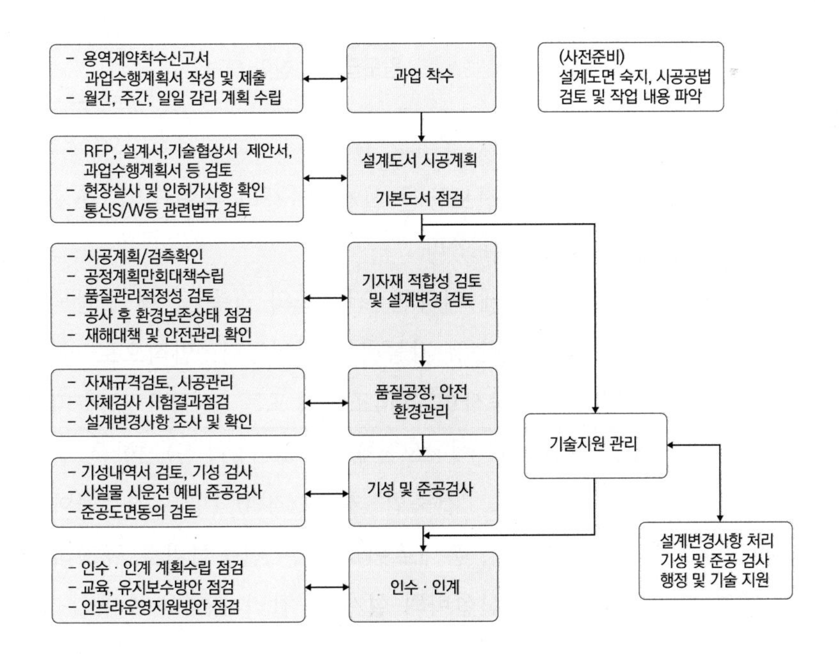

기성검사, 준공검사의 검사자는 현장에 상주하는 감리원이 아니고 감리회사에서 지원 나오는 기술지원감리자가 역할을 수행한다.

[그림 4-3]은 건설, 전기, 소방, 정보통신 설계감리 용역 과제의 수주 주체에 관한 것이다.

**그림 4-3 건설, 전기, 소방, 정보통신 설계감리 용역 과제의 수주 주체**

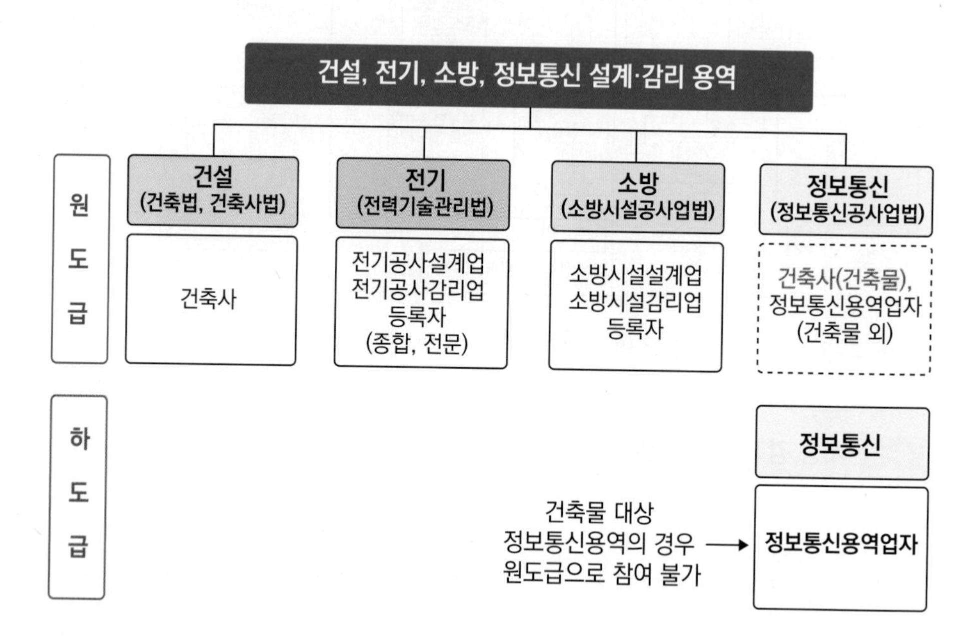


위 [그림 4-3]에서만 보더라도 정보통신 설계 및 감리 용역 수주 주체가 건축사인게 얼마나 터무니없는 것인지 알 수 있다.

"정보통신공사업법" 제2조(정의)에 의하면 '건축물의 건축 등'에 포함되는 정보통신공사의 설계 및 감리는 건축사만 수행 가능하게 되어있다. 법적으로 따져보면, "정보통신공사업법" 제2조(정의)에 "건축사법" 제4조(설계 또는 공사감리 등)에 따른 건축물의 건축 등은 제외하였고, "건축사법" 제4조(설계 또는 공사감리 등) 2항은 건축물의 감리는 건축사가 하도록 규정하고 있고, "건축법" 제2조(정의) 4항은 건축물에 설치하는 전기, 전화설비, 초고속정보통신설비, 홈네트워크 등은 건축설비로 규정하고 있으므로 법적으로 보면, 건축물내 정보통신설비의 설계 및 감리 용역을 수행할 수 있는 주체는 건축사이다.

건축사사무소가 건축물내 내부 정보통신 설계 및 감리 용역을 일괄 수주하여 정보통신 설계/감리 단종업체에게 저가로 불법 하도급 주는 문제가 발생한다. 그 결과 정보통신 설계 및 감리 용역 수행 품질이 떨어지고, 건축물내 정보통신공사 설계감리 업무가 건축사의 독점 구조로 됨으로써 저가 불법 하도급, 수직적 협력관계 고착화 문제가 발생하고, 시장 질서 왜곡, 정보통신공사 설계 및 감리 품질 저하 문제가 발생한다.

오랜 기간에 걸친 수많은 정보통신엔지니어들의 개선 요구에 따라 2023년 6월 30일에 "정보통신공사업법" 개정이 이루어져 제2조(정의) 중 제8호(설계)와 제9호(감리), 제10호(감리원)에서 "건축사법에 따른 건축물의 건축 등은 제외한다"라는 그간 논란이 되었던 소위 '괄호 조항'을 제거하여 정보통신 공사의 범위에 관한 내용을 정비함으로써 정보통신기술자 및 정보통신 엔지니어링사업자가 용역업자로서 건축사와 동등한 지위에서 관련 업무를 수행할 수 있도록 정상화되었다.

착공 단계에서는 시공사가 발주처로 제출한 착공신고서(착공계)를 검토한 후 검토의견서를 발주처로 제출해야 한다. 그리고 감리단 자체 착수신고서(착수계)도 발주처로 제출해야 한다. 그 다음에는 실시설계도서를 검토해서 검토의견서를 발주처로 보고하고, 시공사, 설계사 등으로도 통보하여 반영 여부를 확인해야 한다.

**참고** [현장 감리실무: #실시설계 도면 검토의견서 작성 개요(1회)] 2020년 6월 12일

## 2 설계의 단계

건축현장에서 정보통신설계도서는 기본설계도서, 실시설계도서 등 2단계로 진행된다. 기본설계도서는 건축 허가신청 전에 완성되어야 하고, 실시설계도서는 착공신고 전에 완성되어야 한다.

기본설계도서는 건축 허가신청시 첨부서류로 제출된다. 실시설계도서는 실제 시공과 감리의 근거가 되는 설계 도서이다. 설계라 함은 설계자가 자기 책임하에 건축물의 건축, 대수선, 용도변경, 리모델링, 건축설비의 설치 또는 공작물의 축조를 위한 설계도서를 작성하고 그 설계도서에서 의도한 바를 설명하며, 지도, 자문하는 행위를 말한다(국토교통부 고시).

건축물 설계는 공간적인 형태의 실이나 구조 제공을 넘어서 쾌적한 환경을 창조하는 것이며, 사용 목적과 부합되도록 하여야 하고, 환경 창조의 중요성을 인식하고, 사회적 요구내용의 반영과 재난에 대한 대책을 병행하여 시행해야 한다.

설계과정은 일반적으로 계획설계, 기본설계, 실시설계 등 3단계로 구분되나 일반 건축물의 정보통신 설계는 계획과 기본설계를 병행하는 기본설계와 구체적인 설계단계인 실시설계 등 2단계로 구분하여 시행된다.

[그림 4-4]는 설계진행 단계를 보여준다.

**그림 4-4 설계 진행 단계**

| | | |
|---|---|---|
| 계획 단계<br>(계획 설계) | 기본구상<br>↓<br>기본계획 | • 여러 조건의 정리<br>• 설계조건의 설정 |
| | | • 정보통신설비 등급결정<br>• 계획(안)작성 |
| 설계 단계<br>(기본+실시설계) | ↓<br>기본설계<br>↓<br>실시설계 | • 기본설계도서의 작성<br>• 추정공사비의 파악 |
| | | • 실시설계도서의 작성<br>• 공사비의 적산 |

### 1) 계획설계

계획 설계는 건축설계 목표에 따라 기본계획을 구상하는 것으로 정보통신설비의 종류, 방식을 선정하여 개략공사비를 포함한 기본시스템, 사업성을 건축주 또는 발주자에게 제시하여 승인을 받는 단계이다.

### 2) 기본 설계

기본설계는 계획설계 내용을 구체화하여 발전된 안을 정하는 단계로서, 과업지시서에 따른 기본계획서, 기본설계서를 작성하고, 건축의 평면계획에 참여하여 정보통신설비 관련 필요 면적을 확보하고, 정보통신설비의 배치 위치를 결정하고, 주요 설비의 설치위치가 건축물 또는 단지의 중심에 배치되게 한다.

정보통신분야의 기본 설계도서는 법적인 규제를 받는 사용전검사 대상 설비 위주로 작성되므로 어떤 의미에선 미완성 도면이라고 볼 수 있다. [그림 4-5]는 기본설계 순서를 보여준다.

**그림 4-5 기본설계 순서**

**기본설계 순서**

1. 정보통신설비 및 기기의 형식, 방식 등을 정하고, 장비의 설치장소, 소요면적, 천장고, 바닥하중, 장비 반입경로 등을 검토한 후 건축 평면 계획시 반영
2. 건축계획에 정보통신설비 기기를 개략적으로 배치하여 설치공간을 확보하고, 설비설치면적의 확인과 추정공사비의 산출에 필요한 기본도면(계통도, 블록도 등) 작성
3. 중요 정보통신설비 기기의 시스템 설정, 종류, 방식, 건축주의 요구사항 등을 기본으로 하여 안전성, 신뢰성, 기능성, 유지보수성, 확장성, 경제성 등을 검토
4. 공사비(예산), 정보통신설비의 등급 결정, 정보통신설비 종류와 적용시스템의 종류, 공사범위, 공사기간 등을 확인해 발주자와 협의
5. 기본설계 내용은 기본설계도서로 정리하고 발주자에게 제출하여 승인을 받음

### 3) 실시 설계

기본 설계도서에 따라 입찰, 계약 및 공사에 필요한 설계도서를 작성하는 단계로서 도면, 시방서, 산출서, 공사비 내역서, 설계 계산서 등으로 구성된다. [그림 4-6]은 실시설계 순서, [그림 4-7]은 설계설명서(시방서) 작성방법을 보여준다.

**그림 4-6 실시설계 순서**

**실시설계 순서**

1. 정보통신설비의 시스템 및 기기는 항상 새로운 것들이 개발되어, 새로운 기능과 특성을 갖고 있으므로 기본설계에서 결정되지 않았거나, 이미 결정되어 있는 것에 대해서도 중요기기의 성능을 비교하여 최적의 설비를 적용할 수 있도록 검토

2. 실시설계 단계에서는 기본설계 추정공사비를 기초로 설정된 예산범위에서 설계를 진행함과 동시에 변경이 되어야 할 사항에 대하여는 발주자와 협의하여 시설등급을 결정

3. 설계도서 작성 완료 후 공사내역서 작성
   1) 공사내역서는 건축주 (사업시행자)가 공사업자를 결정하기 위한 기준이 되며
   2) 적절한 공사비로 설계가 이루어져 있는지
   3) 타 공종과의 균형은 어떤지를 판단하는 중요한 기준이 됨

**그림 4-7 설계설명서(시방서) 작성방법**

**설계설명서(시방서) 작성**

1. 설계설명서는 설계도면에 표현이 곤란한 설계내용, 공사방법 등을 문장으로 표현한 것으로 그 내용은 공사방법, 시공상 주의사항, 사용자재의 특성 및 주요 기능, 공사범위, 다른 설비와의 공사한계 등이다.

2. 설계설명서는 공사를 정확히 할 수 있고, 공사에 불명확한 사항이나, 도급 계약상 문제점이 생기지 않도록 작성하여야 한다.

3. 공사 설계설명서는 표준 설계설명서를 기반으로 하고 발주자에 따라 달리 할 수 있으며, 공사의 특수성, 지역여건, 시공공법, 품질 시험 및 검사 등 품질관리 등에 관한 사항을 기술한다.

### 4) 설계도서의 다양한 표현

감리 현장에서 "설계도서"가 다양한 표현으로 사용된다.

### 가) "사업승인도면" = 기본 설계도면

건축주가 구청 등 지자체에 건축 허가신청서를 제출할 때 설계도서를 첨부하는데, 이때 기본설계도서가 첨부된다.

### 나) "착공 도면" = 실시 설계도면

건축주가 건설사와 공사계약을 체결한 후, 건설사에서 시공에 착수하는데, 이때 구청 등 지자체에 착공신고를 한다. 이때 제출되는 설계도서는 실시설계도서이다.

만약 실시설계도서가 지연되어 설계회사에서 건축주에게 납품하지 못하는 경우가 있는데, 이때 건설사는 초기 토목공사시에 쪽도면으로 편법 시공하는 경우도 있다.

### 다) "준공 도면" = 실시설계도면 + 설계변경 내역

건설사가 실시설계도면을 기준으로 시공을 하게 되는데, 시공 과정에서 여러 가지 사유로 실시설계도서대로 시공하지 못하는 경우가 발생한다.

설계 변경은 설계내역이 현장 상황과 맞지 않거나 오류나 누락이 있는 경우, 새로운 공법 적용 등과 같이 시공사의 제안에 의해, 발주처의 필요에 의해, 사용 기자재의 지입자재/지급자재 분류 변경 등에 의해 발생한다. 이때 정해진 절차에 따라 설계변경을 하게 되고, 설계변경이 승인이 되면 실시설계도서와 다르게 시공하게 된다. 그러므로 준공 예정일 2개월 전에 실시설계도서에 설계변경된 내용을 반영한 새로운 설계도서를 업데이트하는데, 이 설계도서를 준공도서라고 한다.

시공사는 설계변경 시공 내역을 감리자의 검토 후 서면으로 설계업체로 제출하고, 설계업체는 준공 도서 작성시 설계변경 내역을 반영한다. 발주자와 설계사간 설계도서 용역계약범위에 준공도서까지 포함된다. 준공된 아파트의 하자 여부를 가리는 기준은 준공도서가 된다. 준공도서는 실시설계도서와 함께 건물이 철거될 때까지 보관해야 한다.

### 5) 설계도서와 관련되는 논쟁들

아파트의 경우, 기준이 되는 설계도서는 무엇일까? 시공과 감리의 근거가 되는 설계도서는 실시설계도서이다. 그래서 실시설계도서의 앞표지에는 발주처 대표자 직인이 날인되어 있다. 그러나 다양한 이유로 실시설계도서대로 시공될 수는 없다. 시공단계에서 여러번의 설계변경이 불가피하게 발생하기 때문이다.

준공 예정일 2개월 전에 시공사는 준공도면을 작성해서 감리자의 날인을 받아서 발주처로 제출해야 한다. 설계변경 내역이 반영된 도면이므로, 신축된 아파트의 시공기준이 된 도면은 준공 도면이다. 만약 설계변경으로 인해 해당 설비가 다운그레이드된 경우, 아파트를 분양받은 계약자들이 사업승인 도서대로 시공하지 않았다고 항의를 할 수 있고, 입주 계약자들이 집단으로 소송을 제기할 수도 있다.

특별한 사정이 없는 한 준공된 아파트의 하자 발생 여부는 분양광고, 분양안내 제공이나 견본 주택 제시 등이 참고가 될 수 있지만, 원칙적으로 준공 도면이 기준이 된다.

## 3 실시설계도서의 종류

발주처는 설계사(건축사 사무소)로 설계 용역을 발주한다. 민간 건축 설계 용역 발주의 경우, 건축사 사무소가 건축, 기계, 토목, 조경, 전기, 소방, 정보통신 설계를 일괄 수주해서 건축, 토목, 기계, 조경은 건축사사무소에서 직접 설계하고, 전기, 소방, 정보통신 설계는 하도급으로 설계한다.

설계 용역 계약은 착공 신고에 필요한 "기본 설계도서", 그리고 시공과 감리에 필요한 "실시설계도서"를 납품하는 걸로 계약한다. 납품 설계도서의 종류는 다음과 같다.

- ◆ 실시설계도면
- ◆ 공사시방서
- ◆ 공사비내역서
- ◆ 설계계산서

설계사가 발주처로 제공하는 실시설계도서 종류는 용역 계약내용에 따라 다르다. [그림 4-8]은 실시설계 단계의 결과물을 보여준다.

**그림 4-8 실시설계 단계의 결과물**

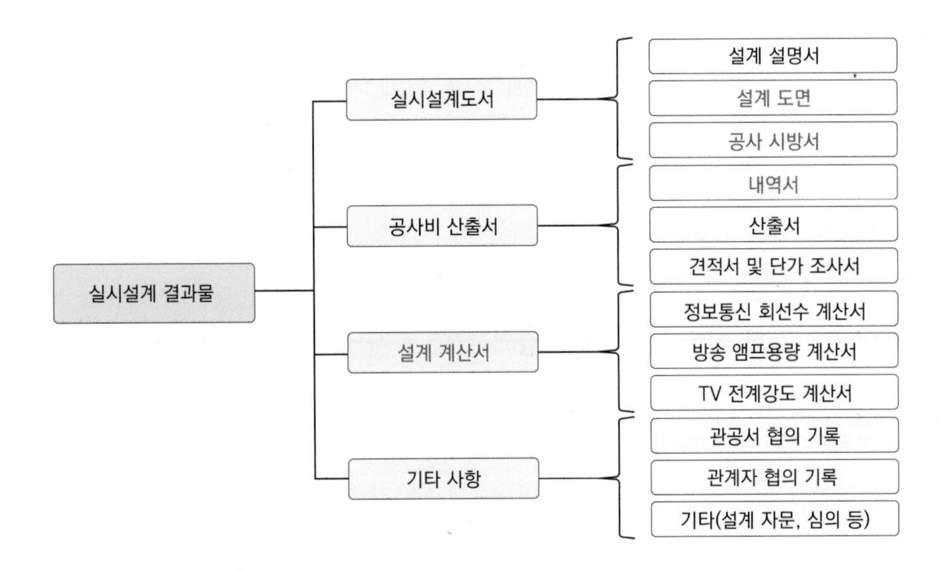


정보통신감리원이 현장에서 감리업무의 기준이 되는 것이 바로 실시설계도서이다. 실시설계도서에는 설계사의 책임자와 발주처 대표의 도장이 날인되어야 유효하다. "정보통신공사업법" 제7조(설계 등)에 따르면 설계도서를 작성한 자는 그 설계도서에 서명 또는 기명날인 하도록 규정하고 있다.

설계도면은 시공 내역이 도면으로 표시되어 있고, 공사시방서는 공사 방법을 규정하고 있는데, 일반적인 용어로 표현하면 시공에 사용되는 설비들의 사양서(仕樣書), 규격(Specification), 기술 표준(Technical Standard)에 해당된다.

공사비 내역서는 공사비 내역을 상세하게 정리해놓은 도서이고, 설계 계산서는 시공에 사용되는 설비들의 단자수, 용량 등을 산출한 계산 결과를 정리해놓은 도서이다.

민간아파트 재건축/재건설 현장에 감리로 처음으로 투입되면, 다음과 같은 이유로 놀라거나 황당함은 느끼게 된다.

- ◆ 엉성하고 20페이지 ~ 30페이지 규모의 빈약한 "공사 시방서"
- ◆ 착공신고하고 시공이 진행되는데도 아직 완성되지 않은 "실시설계도서"
- ◆ 건설사 영업비밀이란 이유로 제공되지 않는 "공사비 내역서"

민간 아파트 재건축 현장에 처음 배치된 감리원이 이와 같은 상황을 이해하기 어렵다. 아파트 재건축현장에 처음 배치된 정보통신감리원은 공사 시방서가 빈약한 걸 보고 놀란다. 공공발주 현장의 경우, 공사 시방서가 수백 페이지 분량이 되어 두꺼운 책 분량이 된다. 이에 비해 어떤 민간 재건축 현장은 전기시방서와 합본이 되어 있는데도 수십페이지를 넘지 못한다.

공사시방서가 구체적이면, 시공사의 주요 자재 선택에서 재량권이 떨어진다. 이에 비해 발주처의 주요 자재 선택 권한, 즉 설계 단계에서 주요 기자재 관련 이권 개입 가능성이 커진다. 그러므로 건설사의 이익을 극대화 하기 위해서는 공사 시방서가 있으나마나 한 것이 유리하다.

그리고 민간 재건축 현장은 공사비 내역서가 공개되질 않는다. 그 이유는 재건축 공사 용역을 수주한 건설사가 주택조합과 평당 공사비 계약을 체결하므로 영업 비밀이라고 주장한다. 주된 이유는 공사비 내역서가 공공-국가 발주 공사 현장 처럼 자세하게 공개되면, 건설사의 이익을 극대화 하는데 방해가 되기 때문이다.

대형 건설사와 비전문가들로 구성된 주택조합간의 대관 로비력, 전문성, 자금력, 정보력 등에서 비교가 되지 않은 비대칭 구조가 이런 비정상적인 상황을 만든 것 같다. 이런 민간 재건축 현장의 비정상을 정상으로 만들기 위해서는 재건축의 근거가 되는 "도시 및 주거환경 정비법(도정법)/시행령/시행규칙"을 개정 보완하던지 다른 법 제도를 만들어야 개선이 될 것이다.

## 4 실시설계도서 검토의 의미와 중요성

착공 단계에서 감리원이 해야 할 일 가운데 중요하지만 소홀하게 다루어지기 쉬운 실시설계도서 검토에 관해서 언급한다.

처음 현장으로 나가는 초보 감리원에게 실시설계도서 검토는 대단히 부담스러운 업무이다. 그래서 주말에 선배 감리원에게 실시설계도서를 들고가서 도움을 받기도 한다. 감리 실무 경험이 있는 정보통신감리원들의 경우에도 "귀찮니즘"으로 인해 철저하게 검토하지 경우가 더러 있다. 물론 열정적으로 실시설계도서를 검토하는 감리원들이 더 많다. 그리고 현장에 늦게 투입되어 구조물이 올라가는 상황인지라 설계검토 의견서를 시기적으로 반영할 수 없게 되는 경우도 있다. 이런 관점에서 정보통신감리원이 건축 감리원보다 수개월 늦게 투입되는 것은 타당성이 없다. 골조가 올라가기 전에 실시설계도서를 검토하려면 건축감리원과 같이 투입되어 설계도서를 미리 검토해야 하기 때문이다.

감리단 투입 초기에 실시설계도서 검토를 가능한한 빠르게 진행해야 한다. 본격적인 골조가 올라가기 전에 완료해서 골조 시공시에 반영되게 해야하기 때문이다. 이런 주장이 설득력을 갖기 위해선 정보통신감리원들이 실시설계도서 검토를 제대로 해서 의미있고 무시할 수 없고, 존재감있는 검토의견서를 작성해야 한다.

이제까지 정보통신감리원들의 설계도서 검토의견서를 살펴보면, 오탈자 수정, 별 의미가 없는 내용 위주 등 실질적인 내용이 빈약한 경우가 많았다. 그리고 발주처에서도 그냥 절차로만 생각하고 정보통신감리단 설계도서 검토의견서 내용에 별로 기대하지 않는 경우가 많았다. 앞으로는 실시설계도서 검토를 시의 적절하게 알차게 수행하면, 감리 현장에서 정보통신 감리단의 존재감을 나타내는데도 크게 도움이 될 것이다.

그리고 실시설계도서 검토의견서는 발주처나 시공사에서 투입된 정보통신감리원들의 실무 능력을 평가하는 잣대로 활용되기도 한다. 처음 제출한 설계도서 검토의견서가 형식적이고 부실하면, 감리단을 얕보게 되고, 그 수준으로 정보통신감리단 대응 수준이 결정된다. 그러므로 투입 초기 실시설계도서를 철저하게 검토하여 발주처나 시공사에서 정보통신감리단의 실무 능력을 무시하지 못하게 만들어야 한다.

실시설계도서 검토는 감리업무의 실제적인 “시작”이라고 생각하고 소홀히 하지 않도록 해야 한다. 실시설계도서를 철저히 검토하면, 해당 현장의 모든 정보통신설비 개요를 초반에 잘 파악할 수 있다. 감리업무의 시작은 실시설계도서의 검토라고 생각하고 설계도서 검토업무를 철저하게 수행하는 게 바람직하다.

## 5 설계 도면을 읽는 요령

초보 감리원들은 설계 도면에 대한 두려움이나 부담을 갖는다. 그러나 설계 도면을 읽은 원리와 요령을 익히면 어렵지 않다. 설계 도면을 읽는 원리와 요령을 요약한다.

### 1) 배관 배선 경로 읽기

가) 초보 감리원들은 도면을 검토할 때, 설계 도면으로부터 설비를 이해하려고 하지 말고, 해당 설비의 구성과 동작 기능을 먼저 이해하는 것이 효율적이다.

나) 설계 도면에서 동작 기능을 가능하게 하는 설비와 배관 배선 설계를 확인하는 방식으로 설계 도면을 이해하면 효과적이다.

다) 케이블이 가는 길은 정해져 있다. 방재실과 집중구내통신실(MDF실)에서 각동으로, 각층으로, 각세대로 인입되는 경로는 다음과 같다.

◆ 방재실이나 집중구내통신실(MDF실)에서 각동으로 가는 길은 지하층 천장 통신용 수평 트레이

◆ 각동 위층으로 올라오는 길은 지하층 건물 코어부분의 동통신실에서 시작하는 수직 트레이

◆ 수직 트레이에서 각층의 세대로 케이블이 분기되는 위치는 층구내통신실(TPS실)

◆ 세대로 들어오는 관문은 세대단자함

도면에서는 배관이 가는 Return Path를 화살표 끝에 표시한다. 세대 내부에서 화살표는 세대단자함으로 가는 것이다. 세대내 홈네트워크 관련 설비들은 세대단말기(월패드)로 가는 것이다. 이런 방식으로 이해하면, 화살표의 끝, Return Path로 층구내통신실(TPS실), 집중구내통신실(MDF실)등으로 기록되어 있는걸 보고 케이블이 가는 길을 파악할 수 있다.

라) 지하층 천장, 기둥, 벽체, 몰드바 등에 설치되는 각종 정보통신방송 설비들, 예를 들어 CCTV카메라, 스피커, 원패스 AP, 비상벨, 무선통신보조설비, 이동통신 중계기, 재난방송 FM/T-DMB중계설비 등이 방재실로 인입되는 경로는 다음과 같다.

◆ 지하층 전 구역을 동단위로 구분하여 해당 동 구역에 속해 있는 설비들의 배관과 배선은 해당 동 지하층 동통신실로 인입되어 함체에 성단

◆ 동통신실에서는 지하층 천장 정보통신 트레이를 통해 방재실 인입

마) 도면의 다양한 심볼, 케이블의 종류와 회선수, 배관 종류와 사이즈 등을 이해하려면 설계도면의 앞부분 '범례 및 주기 사항'이나 도면 페이지 우측 상단 주기 사항을 먼저 보고 기억해야 한다.

바) 배관의 종류와 사이즈는 우측 상단 '주기 사항' 란에 기록되어 있다. 예를 들어 UTP Cat5e x 2(CD 22C), 이것의 의미는 UTP Cat 5e x 2 line(4 pair 케이블 x 2)이 CD 22C 배관속에 입선된다는 것이다.

◆ 물론 CD배관은 바닥이던, 천장이던 콘크리트 속에 매입

◆ 배관이 천장에 매입되는지, 바닥에 매입되는지는 도면에 그려져 있는 선의 종류

가 실선인지 점선인지로 구분

◆ 배관이 천장 배관, 슬라브 바닥 배관, 노출 배관, 지하 땅속 매입 배관인지를 나타내는 선의 정의는 도면 제일 앞부분 '범례 및 주기 사항'에 요약되어 있다. 실선, 점선, 파선 등으로 표시된다.

사) UTP Cat 5e x 1line(CD 16C) 등으로 표기되어 있더라도 지하층 트레이, 코어 부분의 수직 트레이가 있는 구간에서는 "알"(Bare)케이블 형태로 트레이상에 포설된다.

아) 설비가 같다고 배관 배선이 반드시 동일하지 않다.

◆ 예를 들어 지하층 주차장 입구의 주차 관제설비는 제조사에 따라 배관 배선이 다를 경우가 많다.

◆ 다른 현장과 동일한 설비에 대한 배관 배선이 다르다고 이상해 할 필요가 없고, 설비별 제조사가 미리 정해지면, 설계사가 해당 설비 설계도서 작성 시에 제조사로부터 설계 지원을 받는 것이 일반적이다.

## 2) 주요 기자재 설비 위치 읽기

가) 설계 도면을 검토할 때, 해당 설비의 배관 배선 경로를 파악하는 것도 중요하지만, 주요 기자재 설비들이 어느 위치에 시공되는지를 확인해야 한다.

나) 정보통신 및 방송 주요기자재 설비들은 다음과 같은 장소에 배치된다.

◆ 단지통신실과 방재실

◆ 동통신실

◆ 층 구내통신실(TPS실)

◆ 세대단자함

◆ 세대 천장과 벽체

◆ 경비실

◆ 지상/지하 공동현관

◆ 옥상 출입문

◆ 지하층 기둥, 벽체, 몰드바, 램프 입구 등

다) 동통신실과 층통신실에 시공되는 정보통신설비의 IDF와 FDF, 홈네트워크 설비의 L2 WG스위치와 FDF, SMATV/CATV의 TV증폭기함(분기기, 분배기, 증

폭기, ONU 등) 등이 집중되지 않고 골고루 분산 배치되는지를 확인한다. 특히 층구내통신실(TPS실) 공간은 협소하게 설계되므로 층통신실 상면의 효율적인 활용을 고려해야 한다.

라) 옥상층의 출입문 관건장치, 옥상 태양전지 설비의 제어 및 모니터링 설비, 그리고 지상층과 지하층의 공동현관기, 자전거 보관소, 재활용 쓰레기 처리 설비, 음식물 쓰레기 종량제 설비, 지하주차장 입구차량통제 설비, 무인택배설비, 전기차 충전기 등이 홈네트워크에 또는 CCTV설비에 연결되어 방재실 관련 서버와 TCP/IP로 연동 네트워킹이 되어 있는지 확인한다.

## 6 실시설계도서 검토 방법

정보통신감리원은 시공계획서, 설계도면, 공사시방서, 공사비내역서, 각종계산서, 공사계약서의 계약내용과 해당 공사의 조사설계보고서 등의 내용을 완전히 숙지하여야 한다. 그리고 설계도서 등에 대하여 공사계약문서 상호 간의 모순되는 사항, 현장 실정과의 부합여부 등 현장 시공을 중심으로 하여 해당 공사의 시행 전에 검토하여야 하며, 검토내용에는 다음 각 호의 사항 등이 포함되어야 한다.

- ◆ 현장조건에 부합 여부
- ◆ 시공의 실제가능 여부
- ◆ 타 사업 또는 타 공정과의 상호부합 여부
- ◆ 설계도면, 시방서, 각종계산서, 산출내역서 등의 내용에 대한 상호일치 여부
- ◆ 설계도서의 누락, 오류 등 불명확한 부분의 존재 여부
- ◆ 산출내역서 상의 수량과 계약수량과의 일치 여부
- ◆ 시공상의 예상 문제점 및 대책 등
- ◆ 공법개선 및 사업비 절감을 위한 구체적인 검토

정보통신감리원은 공사업자에게 설계도서 및 산출내역서 등을 검토하도록 하여 검토결과를 보고받아 불합리한 부분, 착오 등을 시정토록 하고, 불명확하거나 중대한 사안이 있을 때에는 그 내용과 의견을 발주자에게 보고하여야 한다.

어떻게 설계도서를 검토해야 발주처와 시공사, 설계사 등에서 신경을 써서 검토

의견서를 대접하게 할 수 있을까. 사실상 방대한 설계도서를 첫장 부터 꼼꼼하게 검토하는건 시간적으로 어렵다. 그러나 큰 틀에선 전체를 봐야 한다. 정보통신 설비 중 누락된건 없는지 확인해야 한다. 그러므로 체크리스트를 갖고 도면을 검토하는것이 효율적이다. 그렇다면 체크리스트는 어떻게 작성할까. 인터넷 등에서 찾아서 활용할 수도 있다. 최근 유사한 현장에서 설계 도서를 검토한 정보통신감리원 동료나 지인으로 부터 필요한 정보를 받는 것도 좋은 방법이다.

그리고 "정보통신감리 실무가이드북 광장" 밴드에 올라와 있는 정보들을 나름대로 정리해도 좋은 체크리스트가 될 수 있으며, 최근에 개정된 관련 법에 영향을 받지 않는지, 받는다면 설계 도서에 반영되었는지를 확인해야 한다. 또한 설계시 적용한 "초고속정보통신건물인증" 등급과 "홈네트워크건물 인증" 등급을 충족하는지도 확인해야 한다. 그리고 "사용전검사" 관련 규정을 확인하여 원활한 통과 가능 여부도 미리 확인해야 한다. 설계도서 검토의견서를 발주처로 보낼 때는 공문으로 처리해서 근거를 남겨놓는 게 좋다. 중대한 정보통신 설비 누락을 검토 의견서로 지적했는데도 반영하지 않고서는 준공 단계에서 문제가 되는 경우, 감리단으로 그 책임을 넘길 수 있기 때문이다.

건축 정보통신 및 방송설비별 실시설계 도면 검토시 고려해야 하거나 유의해야 한 사항들, 그리고 주요 정보통신설비들의 실시설계도서 검토 체크포인트를 차례로 공유한다.

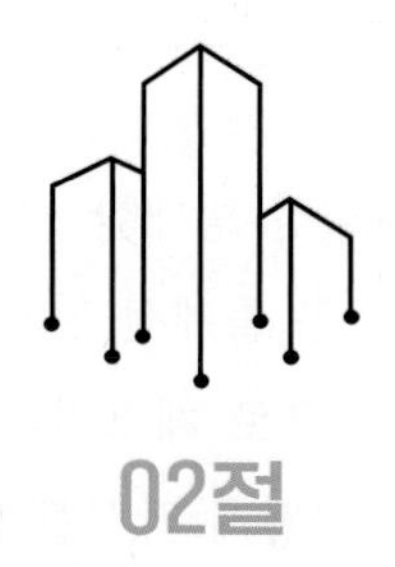

02절

# 정보통신설비 도면 실전 검토

정보통신설비 도면은 여러 설비의 실시설계도면 중 유선전화와 초고속인터넷과 관련이 되는 가장 기본이 되는 설계도면이다.

아래 [그림 4-9]는 정보통신설비 도면 블록도이다.

그림 4-9 **정보통신설비 도면**

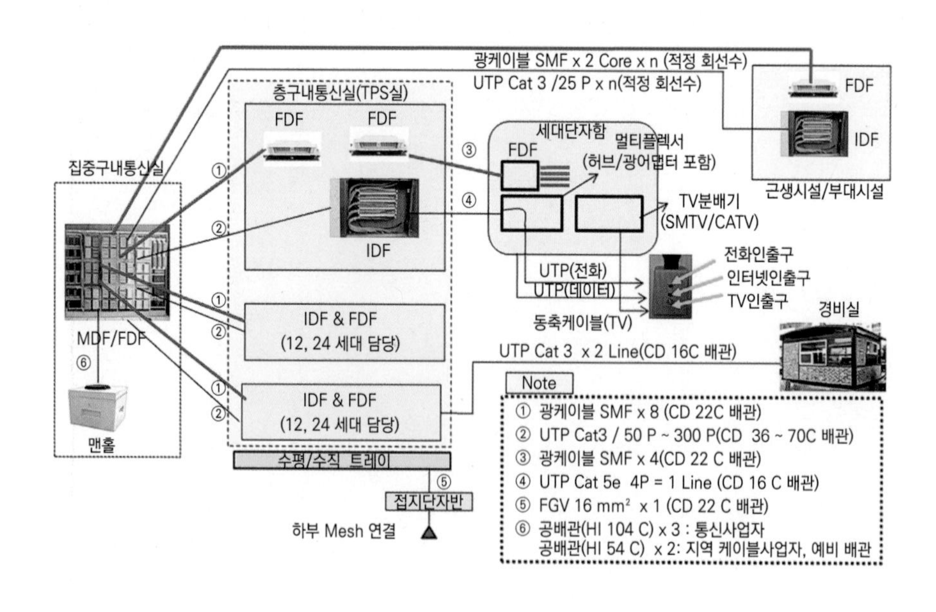

## 1 구내통신선로설비 실시설계도면 검토 체크리스트

### 1) 구내통신선로설비 도면 검토를 위한 가이드라인

구내통신선로설비 실시설계도면 검토를 위한 가이드라인으로는 다음 규정을 숙지해야 한다.

가) "방송통신설비의 기술기준에 관한 규정" 제19조(구내통신실의 면적 확보)와 제20조 (회선 수)에 따른 구내통신실 면적과 회선수를 만족하는지 확인한다.

나) "사용전검사" 항목 중 구내통신선로설비, 이동통신 구내선로설비, 방송공동수신설비 기준을 설계내역이 충족하는지를 확인한다.

다) "접지설비 · 구내통신설비 · 선로설비 및 통신공동구 등에 대한 기술기준"을 설계내역이 충족하는지를 확인한다.

라) "방송공동수신 설비의 설치기준에 관한 고시"에서 규정한 설치기준을 설계내역이 충족하는지를 확인한다.

마) "지능형 홈네트워크 설비 설치 및 기술기준에 관한 고시" 에서 규정한 설치기준을 설계내역이 충족하는지를 확인한다.

바) "범죄예방건축기준고시", "주차장법시행규칙", "주택건설기준 등에 관한 규칙", "개인정보보호법" 등 기술기준 충족 여부를 확인한다.

사) "초고속정보통신건물인증지침" 해당 아파트/업무용건물의 등급이 특등급, 1등급인지 확인한 후, 설계 내역이 충족되는지 확인한다.

아) "홈네트워크건물인증지침" 해당 공동주택의 등급이 AAA등급, AA등급, A등급인지 확인 한 후, 설계 내역이 충족되는지 확인한다.

### 2) 구내통신선로설비 도면 검토를 위한 체크리스트

가) 집중구내통신실(MDF실) 면적과 구내통신선로의 회선수가 기준에 충족되도록 설계에 반영되었는지 확인하기 바란다.

나) 층구내통신실(TPS실)의 여러 조건들, 법제도적으로 규정되어 있지 않지만, 상면적, EPS실과 격벽 여부와 출입문 설치 상황 등이 지나치게 불편하지 않는지 점검하기 바란다.

다) 특등급, 1등급, 2등급 공히 집중구내통신실(MDF)에서 층구내통신실(TPS실)까지 광케이블 x 12코어가 모두 다 SMF로 설계되어 있는지 확인하기 바란다.

라) 특등급의 경우, 세대단자함에서 거실 구간에 광케이블 SMF x 1코어가 반영되어 있는지 확인하기 바란다.

마) 층구내통신실(TPS실)에 위치하는 IDF, FDF가 홈네트워크용 L2 WG스위치나 SMATV/CATV증폭기함과 같은 층에 시공되지 않는지 확인하기 바란다.

바) 요즘 층구내통신실(TPS실)은 상면적이 좁기 때문에 분산 배치하는 것이 바람직하다. 특히 FDF에는 KT 등 ISP들이 FTTH PON방식의 초고속인터넷을 구성하기 위해 Optical Splitter를 시공하므로 그 공간까지 고려해야 한다.

사) 정보통신설비 중 FDF에 성단된 광케이블 SMF x 12코어 중 사용되지 않는 8코어를 TV신호 분배용으로 사용되는 경우, FDF와 다른 층에 위치하는 TV증폭기함과는 OJC(Optical Jumper Cord)로 연결되어야 하는데, 연결 상황을 점검해보기 바란다.

아) 세대내 TV, 데이터, 전화 인출구가 특등급/1등급의 기준에 맞게 설계에 반영되는지 확인하기 바란다.

**참고** [감리현장실무: 실시설계 도면 검토(2회), #정보통신 설비도면 검토 체크포인트] 2020년 6월 15일

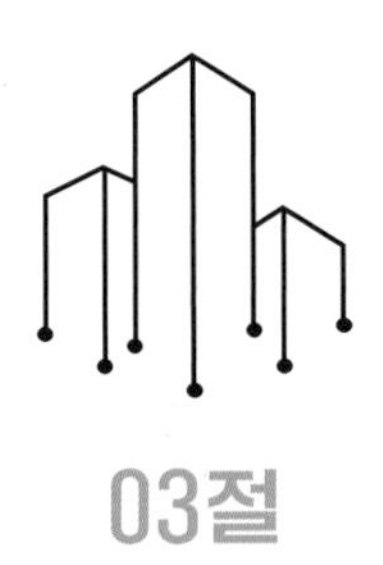

# 03절

# 홈네트워크설비 도면 실전 검토

홈네트워크 실시설계도면은 아파트 단지의 백본에 해당되는 중요한 설비에 대한 도면이므로 많은 설비들이 네트워킹 된다.

[그림 4-10]은 홈네트워크 설계도면 블록 예시도를 나타낸다.

**그림 4-10 홈네트워크 설계도면 블록 예시도**

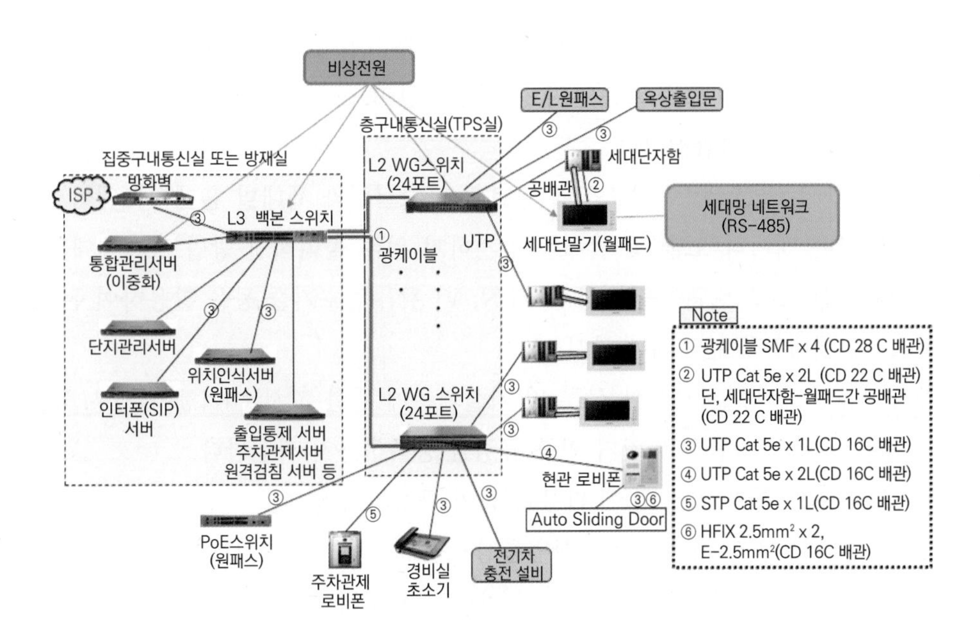

# 1 홈네트워크 실시 설계도면 검토 체크리스트

## 1) 홈네트워크 도면 검토를 위한 가이드라인

홈네트워크 설비 실시설계도면 검토를 위한 가이드라인으로는 다음 규정을 숙지해야 한다.

가) "초고속정보통신건물인증지침" 중 "홈네트워크건물인증기준"에 해당하는 공동주택의 등급이 AAA(IoT), AA, A 중 어느 등급인지 확인하고 설계 내역이 충족되는지 확인한다.

2015년 6월 IoT제조/서비스업체, 보안업체, 학계, 공공기관 등 60여단체가 민간 주도 "IoT보안 Alliance"를 결성했고, 2016년에 "IoT 공통보안 가이드"를 작성했고, 이를 바탕으로 2017년에 "홈 가전 IoT보안 가이드"를 릴리스했고, 과기정통부는 이를 근거로 2017년 7월에 홈네트워크 인증 등급 AAA를 신설했다.

나) "지능형 홈네트워크설비 설치 및 기술기준에 관한 고시"(과기정보통신부, 국토교통부, 산업통상자원부)의 홈네트워크 보안 규정을 충족하는지 확인한다. 홈네트워크 보안 부분은 2022년 1월에 개정되고, 2022년 7월부터 시행되므로 주택건설 사업승인일이 2022년 7월 1일 이후이면 의무적으로 따라야 하고, 그 이전이라도 홈네트워크 보안이 중대한 현안이므로 발주처와 협의하여 적용토록 하는 것이 바람직하다.

다) 고시 제14조(홈네트워크 보안)에 따르면 단지서버와 세대별 홈게이트웨이 사이의 망은 데이터 노출 및 탈취를 방지하기 위해 물리적인 방법으로 세대를 분리하거나 소프트웨어를 이용한 VPN, VLAN, 암호기술 등을 활용하여 논리적으로 세대간을 분리해야 한다.

라) "지능형 홈네트워크설비 설치 및 기술기준에 관한 고시"(과기정보통신부, 국토교통부, 산업통상자원부)의 기기 인증 규정을 충족하는지 확인한다.

마) 고시 제13조(기기인증 등)에 다음과 같이 규정되어 있다.

"1. 홈네트워크 사용기기는 산업통상자원부와 과학기술정보통신부의 인증 규격에 따른 기기인증을 받은 제품이거나 이와 동등한 성능의 적합성 평가 또는 시험성적서를 받은 제품으로 설치해야 한다.

2. 기기인증 관련 기술기준이 없는 기기의 경우 인증 및 시험을 위한 규격은 '산업표준화법'에 따른 한국산업표준(KS)을 우선 적용하며, 필요에 따라 정보통신단체 표준(TTA) 등과 같은 관련 단체 표준을 따른다."

바) "지능형 홈네트워크설비 설치 및 기술기준에 관한 고시"에서 제12조(연동 및 호환성) 홈게이트웨이-단지서버, 홈네트워크 사용기기와 홈게이트웨이간 연동이 가능해야 한다고 규정하고 있고, 산자부에서 2010년대 초중반에 홈네트워크 설비를 대상으로 KS표준, TTA표준을 제정하였다. 홈네트워크 설비에 대한 KS 국가표준과 TTA산업표준은 〈표 4-1〉과 같다.

- ◆ 월패드: KS X 4503
- ◆ 홈게이트웨이: KS X 4504
- ◆ 월패드-홈게이트웨이: KS X 4501
- ◆ 홈게이트웨이-단지서버: KS X 4505
- ◆ 월패드-세대내 12개 기기들: KS X 4506

2016년 8월 24일에 "지능형 홈네트워크 설비 설치 및 기술 기준" 제12조(연동 및 호환성 등)의 홈게이트웨이와 홈네트워크기기~단지서버간 "KS 연동" 기능이 "상호 연동"으로 개정되었고, 제13조(기기 인증 등)의 인증 부서로 산업통상자원부로부터 과학기술정보통신부가 추가되었다.

**표 4-1 홈네트워크 설비 대상의 KS표준, TTA 표준**

| 한국산업표준 | 정보통신단체표준 |
|---|---|
| **제정자:** 사업통상자원부 국가기술표준원장<br>**심의:** 산업표준심의회 장비기술심의회<br>**원안작성 협력:** 지능홈국가표준/인증연구회<br>**고시:** 산자부 국가기술표준원 전기전자정보표준과 | **제정자:** 한국정보통신기술협회(TTA)<br>**표준초안 검토위원회:** 스마트홈 프로젝트그룹<br>**표준안 심의위원회:** 통신망기술위원회<br>**시험성적서 발급:** 한국정보통신기술협회(TTA) |
| **KS명:** 홈네트워크 상호연동 프로토콜<br>**KS번호:** KS X 4501<br>**고시:** 2011년 3월 3일 | **표준명:** 홈네트워크상호연동 미들웨어 프로토콜의 어댑터간 통신절차<br>**표준번호:** TTAK.KO.0166(인용 표준: KS X 4501) |

| KS명: 홈네트워크 상호연동 프로토콜<br>KS번호: KS X 4502<br>고시: 2011년 3월 3일 | 표준명: 홈네트워크상호연동 미들웨어 프로토콜의 어댑터간 통신절차<br>표준번호: TTAK.KO.0166(인용 표준: KS X 4502) |
|---|---|
| KS명: 지능형 홈네트워크 월패드<br>KS번호: KS X 4503<br>고시: 2011년 3월 3일 | 표준명: 지능형 홈네트워크 월패드 시험<br>표준번호: TTAK.KO.0168/R2 (인용 표준: KS X 4503) |
| KS명: 지능형 홈네트워크 홈게이트웨이<br>KS번호: KS X 4504<br>고시: 2011년 12월 30일 | 표준명: 지능형 홈네트워크 홈게이트웨이 시험<br>표준번호: TTAK.KO.0169/R2(인용 표준: KS X 4504) |
| KS명: 홈네트워크용 단지서버 프로토콜<br>KS번호: KS X 4505<br>고시: 2012년 12월 28일 | 표준명: 지능형 홈네트워크 단지서버 프로토콜 시험절차(홈게이트웨이/월패드 프로파일)<br>표준번호: TTAK.KO.0174(인용 표준: KS X 4505) |
| KS명: 스마트홈기기제어 프로토콜<br>KS번호: KS X 4506<br>고시: 2016년 1월 20일 | 표준명: IP기반 스마트홈기기제어 프로토콜<br>표준번호: TTAK.KO.0224(인용 표준: KS X 4506) |

사) "사용전검사"는 구내통신선로설비, 이동통신 구내선로설비, 방송구내선로설비만 사용전검사 대상이므로 홈네트워크설비는 해당 사항이 없다. 다만, 최근 홈네트워크 보안이 이슈가 되면서, 몇몇 지자체에서는 홈네트워크설비 체크리스트를 사용전검사 신청시 또는 감리결과보고서 제출시 함께 제출하도록 하고 있다. 앞으로 홈네트워크 설비도 "사용전검사" 대상에 포함될 가능성이 크다. 〈표 4-2〉는 지능형 홈네트워크 필수설비를 나타내며, 〈표 4-3〉은 시공상태의 평가결과서 샘플을 제시하고 있다.

**표 4-2 지능형홈네트워크 필수설비**

| 홈네트워크망 | 홈네트워크 장비 | | | |
|---|---|---|---|---|
| 단지망과 세대망 | 홈게이트웨이 | 세대단말기 (월패드) | 단지네트워크장비 | 단지서버 |

**표 4-3 지능형홈네트워크설비 시공상태의 평가결과서 샘플**

| 시공상태의 평가결과서 | | |
|---|---|---|
| 검사항목 및 내용(해당 공사만 기재) | 결과 | 검사자 |
| 4. 지능형 홈네트워크 설비에 대한 검사 샘플검사양식(2021년 - 과학기술정보통신부고시 제2020-24호) | | |
| 가. 홈네트워크 필수설비 | | |
| 1) 단지망과 세대망으로 분리되어 있는지 여부 | | |
| 2) 홈게이트웨이, 세대단말기, 단지네트워크장비, 단지서버가 설치 여부 | | |
| 3) 상시전원(정전시 비상전원) 공급 여부 | | |
| 나. 홈네트워크설비 설치기준 | | |
| 1) 세대단말기가 단지서버간 상호연동이 가능하고 공용부기기 제어 가능 | | |
| 2) 단지네트워크장비는 집중구내통신실이나 통신배관실에 설치 여부 | | |
| 3) 단지네트워크장비는 별도의 랙(Rack)에 설치되고 잠금장치 설치 여부 | | |
| 4) 세대단말기가 단지서버간 상호연동이 가능하고 공용부기기 제어 가능 | | |
| 5) 단지서버는 집중구내통신실 또는 방재실에 설치 여부 | | |
| 6) 단지서버는 영상정보처리기기로 관제하고 있는지 여부 | | |
| 7) 설계된 홈네트워크사용기기의 기술기준 적정성 여부 | | |
| 8) 홈네트워크설비 설치공간의 기술기준 적정성 여부 | | |
| 다. 홈네트워크 설비의 기술기준 | | |
| 1) 홈네트워크사용기기는 적합성평가 또는 시험성적서 제품 사용 여부 | | |
| 2) 홈게이트웨이 TTA인증 여부 | 여 / 부 | |

아) 2022년 현재 출시되는 월패드 등 홈네트워크 설비는 TTA시험성적서를 받은 사례가 거의 없으며, 받으려고 해도 KS 국가 표준, TTA산업표준이 너무 오래된 버전이여서 통과할 수 없으며, TTA에서도 시험성적서를 발급해줄 수 있는 준비가 되어 있지 않다. 그래서 홈네트워크 제조사들이 KC인증서로 대체하게 되었고, KC인증이 건축현장에서 통용이 되어왔으나 2021년 월패드 거실 영상 해킹 사건을 계기로 국립전파연구원에서 월패드 KC인증은 전파 유해성 여부 인증이지 연동과 보안을 인증해주는 것이 아니므로, KS, TTA 표준을 적용해야 한다는 문서를 2022년 상반기에 준공처리에 필수적인 "사용전검사" 소

관부서인 지자체로 발송했다.

과학기술정보통신부와 국립전파연구원간 상반되는 문서로 혼란스러워하는 지자체 사용전검사 부서와 건축 현장으로 산업통상자원부가 KC 인증을 받으면, 홈네트워크 기기 인증을 준수한 것으로 판단할 수 있고, 상호 연동성과 관련하여 KS 등 표준 준수 의무화를 폐지할 예정이라는 문서(2023년 5월 23일)를 발송함으로써 혼란스러운 상황이 일단 수습이 되었다.

### 2) 홈네트워크 설비 도면 검토를 위한 체크리스트

가) 세대단자함과 세대단말기(월패드) 간에 예비 배관이 설계에 반영되어 있는지 확인해야 한다(월패드와 게이트웨이가 분리형인 경우에 해당).

나) 세대내 세대단말기(월패드)에 공급되는 전원이 비상전원인지 확인해야 한다("지능형 홈네트워크설비 설치 및 기술기준에 관한 고시"에서 규정).

다) 공동주택의 홈네트워크건물인증 등급(AAA, AA, A)을 확인하고, 설계 내용이 해당 등급을 만족하는지 확인해야 한다.

라) 특히 AAA등급(IoT)인 경우에는 스마트홈 서비스, Firewall 규격에 신경을 써야 한다. KISA보안점검 성적서와 보안점검결과서가 확보되어 있어야 한다.

마) 공동주택 홈네트워크는 스마트홈, 스마트빌딩을 위한 구내 백본망이다. 이런 관점에서 방재실 L3백본 스위치와 각동 L2 WG스위치간을 연결하는 광케이블이 SMF x 4코어(2코어는 예비)로 설계되어 있는지 확인하기 바란다. 그리고 광케이블 타입이 SMF여야 한다. 만약 광케이블 MMF로 설계되어 있으면 SMF로 변경토록 해야 한다.

바) 세대내 가전기기들이 가능하면 많이 홈네트워크에 수용되도록 유도해야 한다. 그래야 스마트 홈 앱으로 제어할 수 있는 기기가 늘어난다. 예를 들어 현관문 디지털락이 홈네트워크에 수용되어 있어야 스마트폰 앱으로 원격에서 제어할 수 있다.

◆ L2 WG 스위치에 연결되는 월패드 수용율을 확인해야 한다. LH공사는 시방서상에서 예비율 20%를 적용한다.

◆ 실시설계 도면상에 L2 WG스위치가 48포트, 96포트로 표시되어 있는 경우, 단일 L2스위치인지, 다수 24포트 L2스위치를 어떻게 결합해서 사용하는지 확인해

야 한다.

사) 홈네트워크 사용기기는 산업통상자원부와 과기정보통신부의 인증 규격에 따라 기기인증을 받은 제품이거나 이와 동등한 성능의 적합성 평가 또는 시험성적서를 받은 제품인지 확인한다. 기기인증 관련 기술기준이 없는 경우 인증 및 시험을 위한 규격은 산업표준화법에 따른 KS를 우선으로 적용하며, 필요에 따라 TTA 등과 같은 단체 산업표준을 충족하는지 확인한다.

아) 단지서버, Firewall, L3백본 스위치, L2 WG스위치, 월패드 등의 규격이 발주처의 시방서에 규정되어 있으면 충족 여부를 확인하고, 주요자재승인 요청서 처리시 기술 검토를 철저하게 해야 한다.

자) 방재실 서버 중 어느 서버가 이중화되는지 확인해야 한다. L3백본 스위치 상단, 즉 Firewall, 서버 등의 이중화가 필요한지 발주처의 판단이 필요할 수도 있다.

차) 특히 세대단말기(월패드)의 규격이 게이트웨이 분리형인지, 통합형인지 확인하고, 세대단말기(월패드)의 서비스 메뉴 체계를 확인하고 누락된 기능이 없는지 확인해야 한다.

카) 엘리베이터 캐빈과 연결되는 각종 회선, 예를 들어 방재실 엘리베이터 서버와의 DDC, 비상 인터폰, 비상방송 스피커, CCTV카메라, 엘리베이터 TV(공지, 안내, 광고 등) 등 회선 구성에 적용되는 프로토콜이 TCP/IP이면, 홈네트워크에 수용되는지, Proprietry한 프로토콜이면, 독자적인 구성(통합 배선)인지 여부를 확인한다.

**참고** [감리현장실무: 실시설계 도면 검토(3회), #홈네트워크 설비도면 검토 체크포인트 ] 2020년 6월 17일

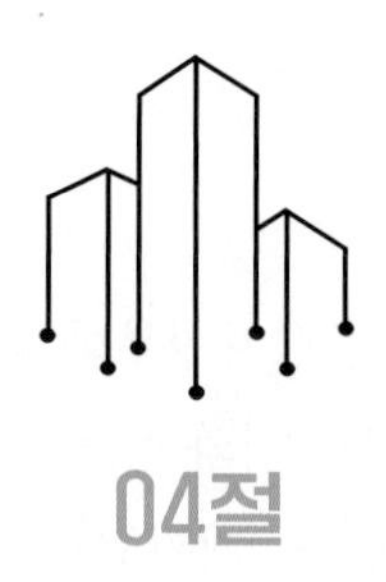

## 04절

# SMATV/CATV설비 도면 실전 검토

SMATV/CATV실시설계도면은 아파트 등 공동주택에서 SMATV와 CATV신호를 수신하여 세대 TV인출구 까지 공급하는 설비에 관한 도면이다. [그림 4-11]은 SMATV/CATV실시설계도면 블록도 예시를 제시한다.

**그림 4-11** SMATV/CATV실시설계도면

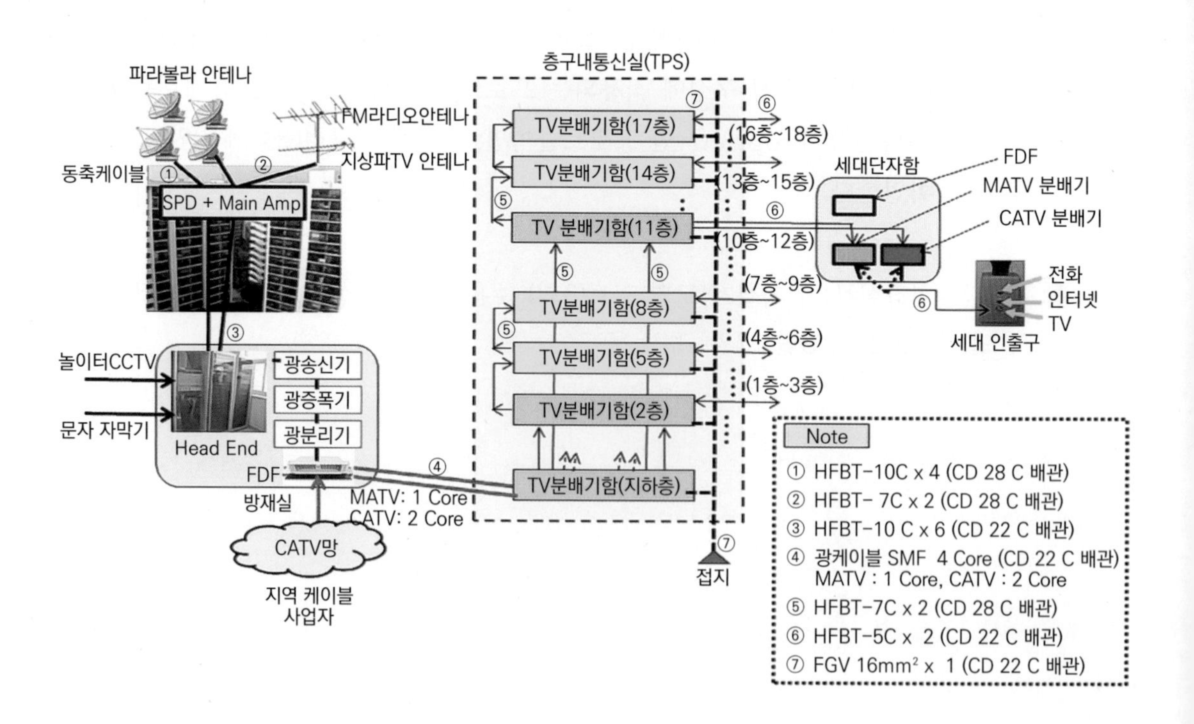

# 1 SMATV/CATV(방송공동수신설비) 실시설계도면 검토 체크리스트

## 1) SMATV/CATV(방송공동수신설비) 도면 검토를 위한 가이드라인

SMATV/CATV(방송공동수신설비) 실시설계도면 검토를 위한 가이드라인으로는 다음 규정을 숙지해야 한다.

가) "방송공동수신설비 설치기준에 관한 고시"를 숙지해야 하며 설계내용이 이 고시를 만족하는지를 확인해야 한다.

나) "사용전검사"의 방송공동수신설비 검사기준을 설계내용이 충족되는지를 확인해야 한다.

다) 방송공동수신설비를 설치해야 하는 규정은 "건축법시행령" 제87조(건축설비의 설치 의무)에 다음과 같이 규정되어 있다

◆ 공동주택

◆ 바닥 면적이 5000㎡이상 업무용시설과 숙박시설

라) 고시에서 방송공동수신설비란, 방송공동수신안테나시설과 종합유선방송 구내전송선로설비를 말한다.

"주택건설 기준 등에 관한 규정" 제42조(방송수신을 위한 공동수신설비의 설치 등)에 따르면, 공동주택의 각 세대에는 "건축법 시행령" 87조(건축설비의 설치의무)에 따라 설치되는 방송공동수신설비 중 지상파TV방송, FM라디오 방송, 위성방송 안테나와 연결된 단자를 2개소 이상, 60㎡이하이면 1개소 설치하게 되어 있다. 공동주택 단지의 경우, 분산상가와 지하상가에 방송공동수신안테나시설을 설치하는 경우가 있다. 그러나 "건축법 시행령" 제3조 5(용도별 건축물의 종류)에 따르면 상가는 업무용시설로 분류되지 않으므로 방송공동수신설비 설치의무 대상은 아니지만 설치하는 경우도 있다.

## 2) SMATV/CATV(방송공동수신설비)도면 검토를 위한 체크리스트

가) 옥상 안테나에서 방재실 헤드엔드 구간의 거리가 100m이내이면, HFBT 10C 동축케이블로 지원이 가능하다. 그러나 특별한 이유로 300m를 초과하는 경우 광케이블 시공 등의 특별 대책을 강구했는지 확인하기 바란다.

나) 방송공동수신안테나시설은 현실적으로는 KS-5, KS-6호만 설치하던지 KS-

5, KS-6, AS, BS 등 4기까지 설치하기도 한다. 예를 들어 LH 임대 아파트는 KS-5, KS-6만 설치하고, 서울 강남 재건축 현장은 KS-5, KS-6, AS, BS 등 4기를 일반적으로 시공한다. 고시 제2조(정의)에 따르면 어느 위성방송이던 수신만 되면 충족되지만 단지의 상황에 적절한지 검토해야 한다. 일반적으로 국내 유일의 위성방송 사업자인 Sky Life 위성방송을 송출하는 KS-6 위성방송 신호를 수신할 수 있으면 사용전검사에는 문제가 없다.

다) 옥상 안테나와 옥탑층 TV-Main 앰프 사이에 SPD(서지보호기)가 설계에 반영되어있는지 확인하기 바란다.

라) 지하 주차장 내부에 재난방송인 FM라디오, T-DMB중계망을 독자적인 망으로 구축하는지 확인하기 바란다. 건축허가 신청일이 2015년 8월 4일 이전에는 소방의 무선통신보조설비에 중첩해서 구성하였으나, 그 이후엔 독자적인 중계망을 구축해야 한다는 등 논란이 있다.

마) 방재실 헤드엔드에서 각동지하층 동통신실 TV증폭기함 구간에서 SMATV신호를 광케이블SMF로 전송하는 경우, ONU의 광커넥터 타입을 APC(Angled Physical Contact)형(커넥터 부트가 초록색)으로 시공되는지 확인해야 한다.

바) 층구내통신실(TPS실)의 TV증폭기함 내부에 필요한 전원, 증폭기 댓수 만큼의 접지형 콘센터가 설계에 반영되어 있는지 확인하기 바란다.

사) 층구내통신실(TPS실)이 협소하여 정보통신 설비용 FDF와 IDF를 지하1층 동통신실에 통합 시공하는 경우에도 동축케이블의 큰 감쇄손실로 인해 TV증폭기함을 층구내통신실(TPS실)에 분산 시공하였는지 확인하기 바란다. TV증폭기함에서 동축케이블로 세대로 분배하는 경우, 커버할 수 있는 범위는 3층 정도이다.

아) TV신호 분배망에 동축케이블을 사용하는 경우, 한 개의 TV증폭기함이 커버하는 층수를 제한해야 하는데, 커버하는 층수가 3개층을 초과하면, 동축케이블 감쇄손실로 인해 TV수신신호 레벨이 규격을 충족하지 못할 수 있으므로 확인해야 한다.

자) 30층 이상인 경우, TV증폭기의 증폭도가 30㏈로 제한되므로 동건물 TV분배망을 저층부, 중층부, 고층부로 분할하여 1단계로 TV신호를 분배하고, 다시 저층부, 중층부, 고층부 단위로 2단계로 TV신호를 분배하는 방식으로 구성되는지를 확인하길 바란다.

차) 지상파 TV를 Yagi안테나(협대역 470㎒ ~ 698㎒), LPDA안테나(광대역470㎒ ~ 806㎒)를 설치해서 지상파로 수신하는 가구가 5% 미만이다. 그러므로 아파트 단지에서 SMATV를 시청하는 가구는 거의 없을 것이다. 비록 SMATV 신호로 시청하지 않더라도 시공은 정확하게 되도록 관리해야 한다.

카) UHD-TV신호(698㎒ ~ 806㎒)를 수신하여 분배할 수 있도록, 이것 역시 시청하지 않더라도 헤드엔드에 UHD-TV Remodulator를 KBS 1/2, MBC, SBS, EBS (KBS1 송출) 채널별로 장착되게 확인해야 한다. 건축허가 신청일이 2017년 2월 3일 이후이면, 헤드엔드에 UHD-TV Remodulator를 포함시켜야 한다.

**참고** [감리현장실무: 실시설계 도면 검토(4회), #SMATV/CATV설비도면 검토 체크포인트] 2020년 6월 20일

## 05절

# CCTV설비 도면 실전 검토

CCTV설비실시설계 도면은 단지내 CCTV카메라를 네트워킹 하는 설비에 관한 도면으로 정보통신설비 도면, 홈네트워크 도면, SMATV/CATV도면 등과 함께 정보통신감리자 소관의 건물내 중요한 4개 정보통신 설비에 관한 도면 중 하나이다.

[그림 4-12]은 CCTV 설비실시설계 도면 블록 예시도를 나타낸다.

**그림 4-12 CCTV설비실시설계 도면 블록 예시도**

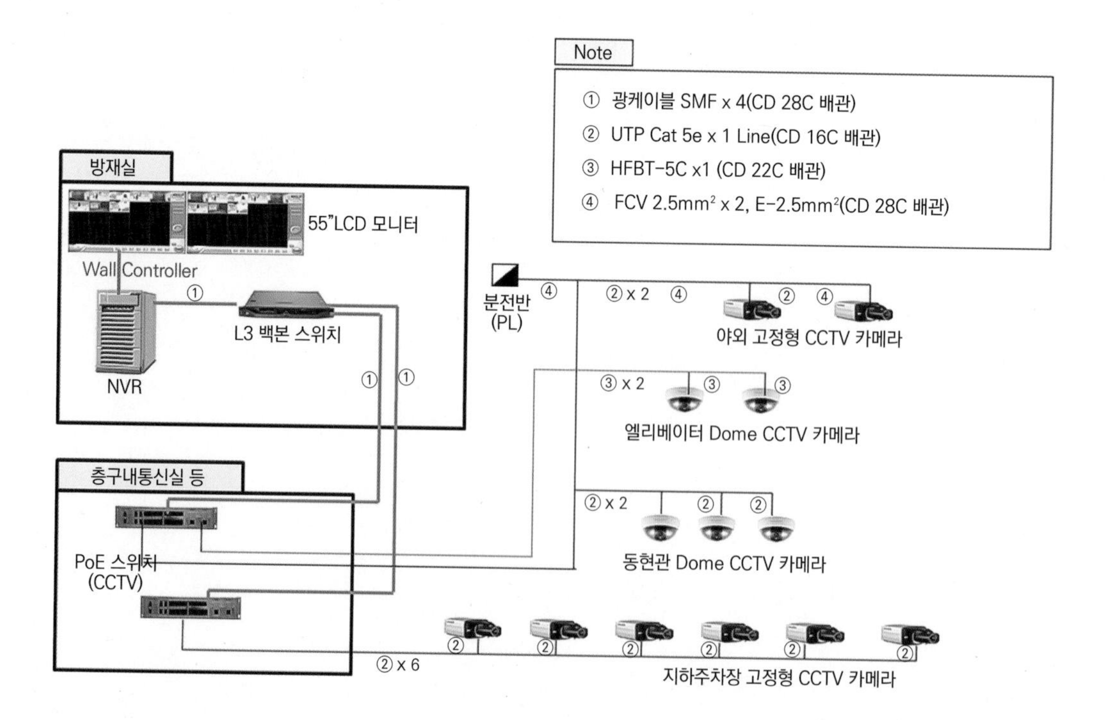

## 1 CCTV설비 실시설계도면 검토 체크리스트

### 1) CCTV설비 도면 검토를 위한 가이드라인

CCTV설비 실시설계도면 검토를 위한 가이드라인으로는 다음 규정을 숙지해야 한다.

가) "범죄예방건축기준고시" 중 CCTV 관련 조항을 설계 내역이 충족되는지 확인한다.

나) "주차장법 시행규칙" 중 CCTV 관련 항목을 설계 내역이 충족되는지를 확인한다.

다) "주차장법 시행규칙" 제6조(노외주차장의 구조설비 기준)에 따르면 주차대수 30대를 초과하는 규모의 자주식 주차장으로서 지하식 또는 건축물식에 의한 노외주차장에는 CCTV를 설치해야 하며, 다음 항목을 준수해야 한다.

◆ 방범설비는 주차장 바닥면으로부터 170㎝ 높이에 있는 사물을 식별할 수 있도록 설치해야 한다.

◆ CCTV카메라와 녹화 장치 모니터 수가 일치하여야 한다.

◆ 선명한 화질이 유지될 수 있도록 관리하여야 한다.

◆ 촬영된 자료는 컴퓨터보안시스템을 설치하여 1개월 이상 보관하여야 한다.

라) "주택건설기준 등에 관한 규정" 중 CCTV 관련 항목을 설계 내역이 충족되는지를 확인한다. 이외에도 수많은 법에 CCTV 관련 조항이 포함되어 있다. CCTV설비가 설치되어야 하는 관련법은 〈표 4-4〉와 같다.

**표 4-4 CCTV 설치 관련 법**

| No | 근거 법령 | 조항/서식 | 기기 유형 | 설치 장소 |
|---|---|---|---|---|
| 1 | 주차장법 시행 규칙 | 제6조 제1항 11호 | CCTV 및 녹화 장치를 포함하는 방범설비 | 주차대수 30대 초과 규모의 자주식 주차장과 지하식 또는 건축물식 노외주차장 |
| 2 | 주택건설기준 등에 관한 규정 | 제24조의 2 | CCTV | 주택 단지 |

| 3 | 아동복지법 | 제32조 | 개인정보보호법 제2조 제7호 영상정보처리기기 | 유치원, 초등학교, 특수학교, 어린이집, 도시공원 등 아동 보호구역 |
|---|---|---|---|---|
| 4 | 폐광지역개발 지원에 관한 특별법 시행령 | 제14조 2항 | CCTV | 카지노 호텔 내부 및 외부의 주요 지점 |
| 5 | 외국인 보호 규칙 | 제37조 | 영상정보처리기기 등 | 보호시설 |
| 6 | 공중위생관리법 시행 규칙 | 별표1 | CCTV | 목욕탕의 목욕실, 발한실, 탈의실 이외 시설 |
| 7 | 국제 항해선박 및 항만시설의 보안에 관한 법률 시행규칙 | 별표4 | CCTV | 국제여객터미널 여객대기 지역, 항만시설내 |
| 8 | 생명윤리 및 안전에 관한 법률 시행 규칙 | 별표4 | CCTV | 실험실 및 보관시설 |
| 9 | 지하 공동보도시설의 결정 구조 및 설치기준에 관한 규칙 | 제12조 | 자체 감시카메라 | 지하공동보도 |
| 10 | 보행안전 및 편의 증진에 관한 법률 | 제6조 이하 | 개인정보보호법 제2조 제7호 영상정보처리기기 | 탐방로, 산책로, 등산로 등 |
| 11 | 근로자 참여 및 협력증진에 관한 법률 | 제20조 제1항 제14호 | CCTV | 사업장내 근로자 감시 |
| 12 | 사격장 및 사격장 안전관리에 관한 법률 | 제5조 | CCTV | 사격장 |
| 13 | 주택건설기준 등에 관한 규칙 | 제9조 | CCTV | 아파트 승강기, 어린이 놀이터, 각동 출입구 |
| 14 | 주택건설기준 등에 관한 규정 | 제39조 | CCTV | 주택단지 |
| 15 | 영유아 보호법 | 제15조의 4 | CCTV | 어린이집 |
| 16 | 범죄예방 건축기준 고시 | 제10조, 제11조 | CCTV | 100세대 이상 아파트, 다가구 주택 등, 일용품 소매점, 다중생활시설 등 |

마) "주택건설기준 등에 관한 규정" 제39조(영상정보처리기기의 설치)와 "주택건설기준 등에 관한 규칙" 중 제9조(영상정보처리기기의 설치기준)에 CCTV관련 내용이 다음과 같이 규정되어 있다.

- ◆ 승강기, 어린이 놀이터, 각동의 출입구 마다 CCTV를 설치할 것
- ◆ CCTV카메라는 전체 또는 주요 부분이 조망되고 잘 식별될 수 있도록 설치하되 카메라 해상도는 130만 화소 이상일 것(최근의 대부분의 카메라는 Full HD급에 해당되는 200만 화소를 충족하고 있어 200만 화소 이상의 카메라가 설치된다.)
- ◆ 카메라 수와 녹화장치의 모니터 수가 같도록 설치할 것. 다만 모니터 화면이 다채널로 분할 가능하고 다음의 요건을 충족하는 경우에는 그렇지 않다.
- ◆ 다채널 카메라 신호를 1대의 녹화장치에 연결하여 감시할 경우 연결된 카메라 신호가 전부 모니터 화면에 표시되어야 하며, 1채널의 감시화면의 대각선 방향의 크기는 최소한 4인치 이상일 것
- ◆ 다채널 신호를 표시한 모니터 화면은 채널별로 확대 감시 기능이 있을 것
- ◆ 녹화된 화면의 재생이 가능하며 재생할 경우에 화면의 크기 조절 기능이 있을 것

## 2) CCTV 설비 도면 검토를 위한 체크리스트

가) IP 네트워크 방식으로 구성되는지 확인하기 바란다.

나) 모든 CCTV카메라는 Full HD급 영상을 지원하는 200만 화소 규격을 갖는지 확인하기 바란다.

다) 요즘 어안(Fish Eye)렌즈 CCTV 카메라를 채택하는 현장이 늘어나고 있다. LH공사 현장처럼 시방서에 규정되어 있으면 그대로 시행해야겠지만, 민간 아파트현장은 램프 등 제한적으로 적용되고 있으므로, 적용분야의 적정성을 고려해보기 바란다.

라) 어린이 놀이터 CCTV카메라 영상을 거실 월패드 영상으로 시청할 수 있게 설계되었는지 확인하기 바란다.

마) NVR 스토리지 용량이 모든 카메라 영상을 1개월 이상 저장할 수 있는지 확인하기 바란다. CCTV카메라 영상 저장기간이 주차장의 경우에는 1개월인데 비해 유치원의 경우는 2개월이다.

바) CCTV 카메라 감시 영역 관점에서 사각이 발생할 수 있는 다음과 같은 취약

지역 체크리스트를 작성하여 확인하기 바란다.

- ◆ 2층 올라가는 계단실 및 필로티
- ◆ 무인택배설비 및 쓰레기 분류장
- ◆ 음식물 쓰레기 처리장
- ◆ 어린이 놀이터 및 지상 자전거 보관소
- ◆ 어린이집/유치원 출입구
- ◆ 전기실 및 기계실, 옥상의 출입구
- ◆ 엘리베이터 캐빈 내부 및 지상층 엘리베이터 전실
- ◆ 지하 주차장 전기차 충전설비 등

사) 야외에 설치되는 CCTV카메라는 낙뢰서지 방지대책(SPD 20KVA 및 피뢰침 10Ω이하 접지, 함체 100Ω 이하)이 되어있는지, 방진·방수(IP65 이상) 규격이 만족되는지 확인하기 바란다.

아) 만약 AI CCTV가 적용되면, 대상 서비스 시나리오를 확인해보고, 도난, 폭행, 무단 물건 방치, 불법주자, 월담 등 필수적인 기능이 누락되지 않았는지 확인하기 바란다.

자) 엘리베이터 캐빈내 CCTV카메라는 "지하층 엘리베이터 접속단자함-Travelling Cable-엘리베이터 캐빈"까지 연결되는데, 가까운 동통신실의 CCTV용 "L2스위치-엘리베이터 접속 단자함"까지는 UTP Cat5e x 1 line으로 연결되고, "접속단자함-Travelling Cable-엘리베이터 캐빈 구간"은 RG-58동축케이블로 연결되는지 확인하기 바란다. RG-58동축케이블은 연선으로 되어있어서 유연성이 있는데, 엘리베이터 캐빈에 연결되어 같이 움직이는 Travelling 케이블 속에 포함되어 있다.

UTP케이블과 RG-58동축케이블은 전송방식이 상이하므로 접속부 양단에 EoC(Ethernet over Coaxial)라는 신호변환장치를 사용하는지 확인하기 바란다.

**참고** [감리현장실무: #CCTV설비도면 검토 체크포인트] 2020년 6월 22일

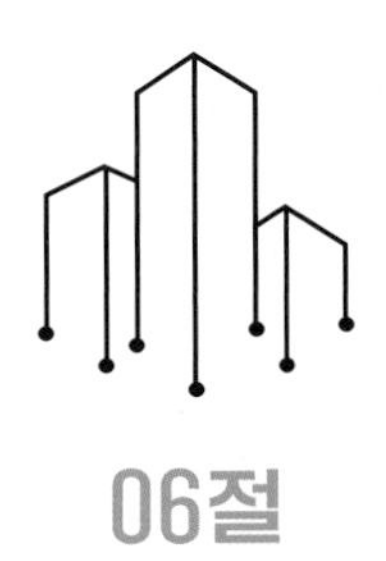

06절

# 원격검침설비도면 실전 검토

원격검침 설비 실시설계도면은 수도, 온수, 열량, 가스, 전력 등 5종 계량기를 원격에서 계량할 수 있는 설비의 도면으로, 아파트 정보통신 10여개 설비 중 하나인데 현장에 따라 전기도면에 포함되는 경우도 있는데, 기술로 분류하면 정보통신감리 소관이 맞다.

[그림 4-13]은 원격검침 설비 실시설계도면 블록예시도를 나타낸다.

**그림 4-13 원격검침 설비 실시설계도면 블록예시도**

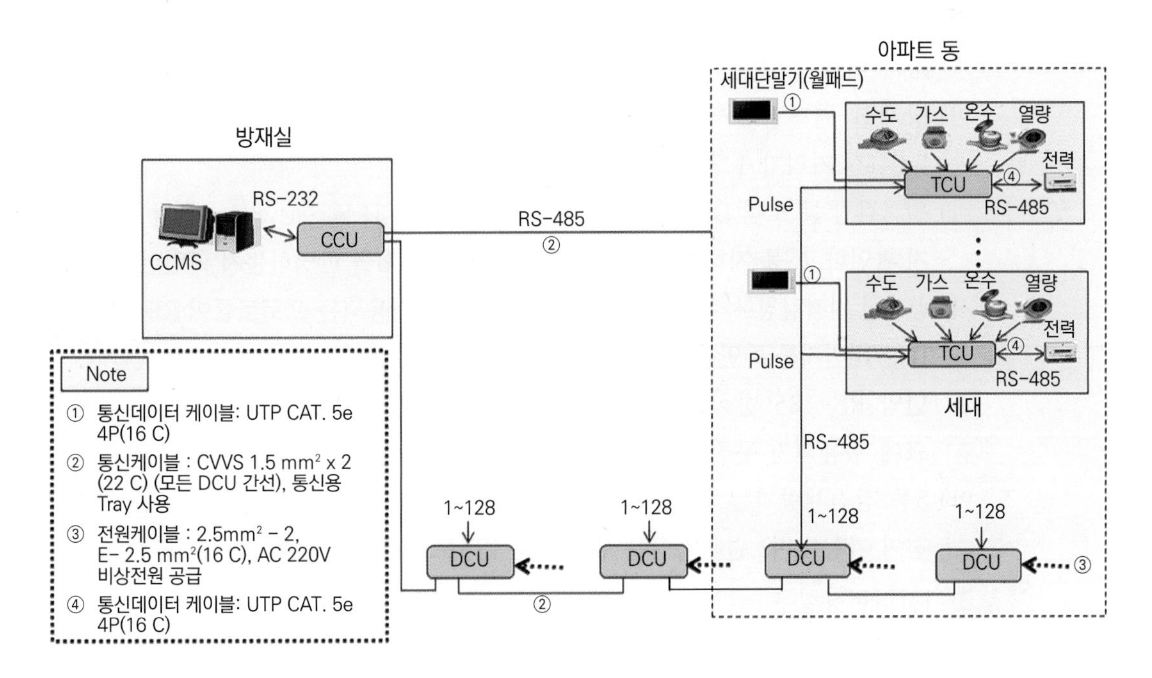

## 1 원격검침설비 실시설계도면 검토 체크리스트

### 1) 원격검침설비 도면 검토를 위한 가이드라인

원격검침설비 실시설계도면 검토를 위한 가이드라인으로는 다음 규정을 숙지해야 한다.

가) "초고속정보통신건물인증업무 처리지침" 중 "홈네트워크건물인증"

나) 과기정통부, 국토교통부, 산업자원부 등의 "지능형 홈네트워크설비 설치 및 기술기준에 관한 고시"

### 2) 원격검침설비 도면 검토를 위한 체크리스트

가) 부대시설, 예를 들어 어린이집, 경로당, 도서관 등에 5종 검측 설비들이 적절하게 설계되었는지 확인한다. 항상 "5종메터"가 다 적용되는 건 아니기 때문이다.

나) 원격검침설비의 세대모뎀 TCU는 In Out-In Out형태의 Daisy Chain 결선으로 연결되는데, 마지막 단자의 개방으로 반사신호에 의한 품질 저하를 방지하기 위한 종단처리 여부를 확인한다.

다) 방재실 원격검침서버 CCMS와 각동 지하층 동통신실 모뎀DCU간에 차폐케이블 CVVS 1.5㎟ x 2로 네트워킹되어 있는지 확인한다.

라) 지하층 동통신실 모뎀DCU와 인근 PM간에 HFIX 2.5㎟ x 2와 접지선 E-2.5㎟가 네트워킹되는지 확인한다.

마) 방재실 원격검침서버 CCMS와 각동 DCU, 그리고 각동 DCU와 인접 동 DCU간 거리가 1.2㎞를 초과하지 않는지 확인한다.

바) 원격검침 동 모뎀 DCU당 원격검침 세대 모뎀 TCU 몇 개(128개 이내)를 수용하는지 확인하고, 동 지하층 동통신실에 적정수의 DCU를 반영하는지 확인한다.

사) 방재실 원격검침 서버 CCMS와 각동 DCU간에 적용되는 프로토콜이 RS-485인지 TCP/IP인지를 확인하고, 프로토콜에 맞는 네트워킹이 반영되었는지 확인한다. 만약 RS-485 방식으로 연동하는 경우에는 TCP/IP로 인터워킹하는 홈네워크에 수용되지 못하고 독자적인 네트워크로 구성되는지 확인한다.

아) 5종 검침계량기는 DC-PLC를 통한 가스, 수도, 온수, 난방, 전기 5종 원격검침이 가능하며, 원격검침을 위한 RS-485포트가 탑재되어 있다.

**참고** [감리현장실무: 실시설계 도면 검토(6편), #원격검침 설비도면 검토 체크포인트 ] 2020년 6월 27일

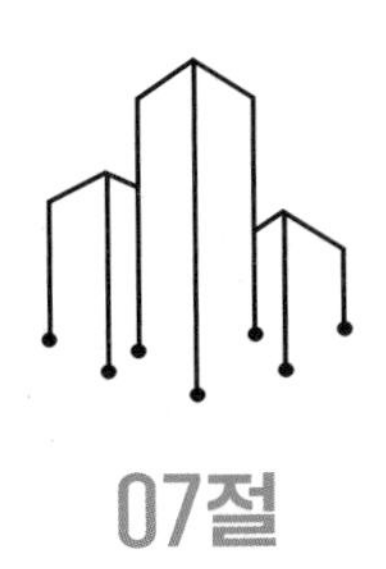

# 07절

# 주차관제설비 도면 실전 검토

주차 관제설비 실시설계도면은 아파트 지하 주차장이나 회사 건물 내부 출입이 허용된 등록 차량인지 여부를 확인하여 출입을 통제하는 설비와 관련되는 도면이다.

[그림 4-14]은 주차 관제설비 설계도면 블록예시도를 나타낸다.

**그림 4-14 주차 관제설비 설계도면 블록 예시도**

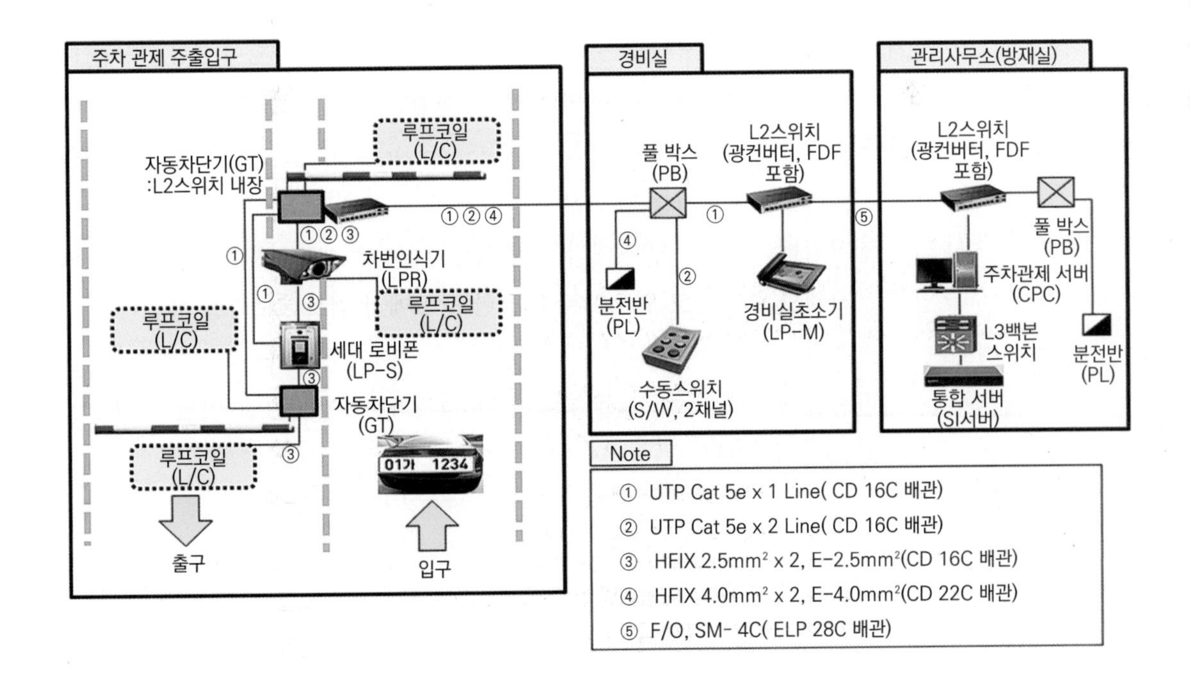

## 1) 주차관제 설비 도면 검토를 위한 체크리스트

가) 주차관제설비 방식이 LPR(License Plate Recognition) 방식인지를 확인한다. 요즘 LPR방식이 대세이므로 LPR 방식으로 설계되었는지를 확인한다. LPR 카메라는 Full HD급 이상의 카메라를 사용하기를 권장한다.

나) 입차 Lane 뿐 아니라, 출차 Lane에도 LPR이 설계되는지 확인한다.

다) 주차관제설비는 가까운 경비실을 통해 방재실 서버와 연결되는데, 주차관제설비~경비실간 구간에서 전기적 간섭 가능성이 있는 경우, STP(SF-UTP)케이블로 설계되었는지 확인한다.

라) 주차관제설비를 연결하는 경비실~방재실 구간의 광케이블이 여전히 MMF케이블이면 SMF방식으로 교체를 권고한다.

마) 주차관제설비 설계도면 검토시 사용되는 배관과 케이블 종류를 구간별로 유의해서 살펴보기 바란다.

바) 최근에는 클라우드방식(주차관제서버 등을 주차관리업체에서 운영)의 주차관제시스템이 대세를 이루고 있다. 클라우드방식은 인터넷망이 구축되어야 하며, 그에 따른 물리적 보안이슈(단지망으로 접속되지 않도록 함)도 검토해야 한다.

사) 주차 진입로에 설치되는 주차관제설비는 루프코일(센서방식)의 위치, 차량의 정지위치, 차량 직선구간도 중요하고, 차량폭[주택건설기준 등에 관한 규정 제10조(공동주택의 배치) 제3항 소방자동차접근 등], 회전반경, 진입높이 등 법령에 따라 명확하게 구분해야 하므로, 시공상세도(Shop Drawing)를 시공사로부터 제출받아, 승인 후 시공하기를 권고한다.

아) LPR 전용카메라 대신 "IP카메라 + 영상분석솔루션(ANPR 차량번호인식)"을 도입하는 사례도 증가하고 있으므로 다양한 각도에서 검토해보기를 바란다.

**참고** [감리현장실무: 실시설계 도면 검토(7편), #주차관제설비도면 검토 체크포인트 ] 2020년 7월 4일

# 08절

# 지하층PC(Precast-Concrete) 공법 기둥 설계도면 실전 검토

건축 현장에서 정보통신감리원이 최초로 수행하는 검사(검측)업무가 정보통신 접지시공 상태를 검사하고, 그 다음 순서로 수행하는 것이 PC공법 기둥 설계 도면을 검토 하는 것이 될 것이다.

PC(PreCast-Concrete) 공법이란 공장에서 생산된 건축 재료를 양중 장비를 이용하여 현장에서 조립 및 접합하여 시공하는 공법이다.

## 1 정보통신감리자가 건축을 알아야 하는 이유

정보통신감리자라도 건축 분야를 알아야 하는 이유가 있다. 정보통신 감리가 이루어지는 현장이 대부분 건축 현장이기 때문이다. 공공기관이나 관청이 발주한 공사 현장에서 발주자, 시공자, 감리자 합동 회의를 주기적으로 진행한다. 주로 발표되고 논의되는 게 건축분야이다. 논의되는 내용들이 정보통신감리자에겐 생소하지만 알아듣기 위해 노력해야 한다.

건축 현장에서 전기 감리자들을 보면, 처신과 눈치가 빠르고 존재감도 있고 자신들의 소리도 낸다. 어떤 때는 시공사의 약점을 잡아 꼼짝 못하고 만들어 따라오게 만든다. 이런 부분에 정보통신 감리자들이 약하다. 전기감리자들은 대부분 시공 경험이 있고, 건축 구조를 잘 안다. 그건 전기설비들이 정보통신설비보다 더 건축 구조에 밀착되어 있기 때문일 것이다. 그게 정보통신 감리자들도 건축에 관해 알려고 노력해야 하는 이유이다.

그리고 소방감리자들도 존재감이 있고, 자신의 소리를 낸다. 그 배경은 엄격한 소방 관련 법 때문이다. 소방감리자는 소방 전기, 소방 기계, 소화액 등 화학, 배관내 유속 등 물리, 소방수들의 무선통신보조설비 등 정보통신 등과 같이 많은 분야와 관련이 되므로 개략적으로 아는 경우가 많다. 그렇지만 소방법으로 현장에서의 모든 논쟁거리를 정리한다. "소방법 위반하면 준공 책임 못 집니다" 라고 한마디 하면 일거에 상황이 정리되기 때문이다.

## 2 PC공법 지하층 기둥 설계도면 검토 체크리스트

### 1) PC공법 지하층 기둥 설계도면 검토를 위한 가이드라인

PC(Precast-Concrete) 지하 기둥 설계도면 검토를 위한 가이드라인으로는 다음 규정을 숙지해야 한다.

가) "접지설비·구내통신설비·선로설비 및 통신공동구 등에 대한 기술 기준", "범죄 예방 건축기준 고시", "비상방송설비의 화재안전기준(NFSC-204)" 등의 규정을 설계 내역이 만족하는지를 확인한다.

### 2) PC(Precast-Concrete) 지하 기둥 도면 검토를 위한 체크리스트

PC 공법 지하 기둥 설계도면 검토 시 적용할 체크리스트를 리스트업 해본다.

가) PC 공법 지하 기둥에 설치될 스피커, T-DMB 안테나, 비상벨, 소화전, 유도등 등이 물리적으로 특정 기둥에 너무 밀집되어 혼란스럽고 미관을 해치지 않는지를 확인한다.

나) PC 공법 기둥에 설치될 각종 기기들을 연결하는 배관, 배선들이 전기적으로 간섭을 발생시킬 우려가 없는지 확인한다. 특히 스피커와 T-DMB 안테나 높이가 비슷하므로 같은 기둥에 설치되지 않게 하는 것이 바람직하다.

다) PC 공법 기둥에 설치될 각종 설비들의 시공 높이가 적절한지 확인한다.

라) 특히 스피커 케이블에는 100V 레벨의 신호가 전송되므로 인접 회선과의 전기적 간섭에 유의해야 한다. 특히 시공 높이가 비슷한 T-DMB안테나와의 전기적 간섭을 고려해야 한다.

마) 소화전의 높이는 1.5m로 제한되므로 소화전 용량에 따라 기둥 폭을 넘지 않게 소화전 함체 폭을 적절하게 제작해야 하며, 함체 높이가 1.5m를 넘지 않게 해야 한다.

**참고** [감리현장실무: 실시설계 도면 검토(8편), #지하층PC공법 기둥설계도면 검토 체크포인트] 2020년 7월 5일

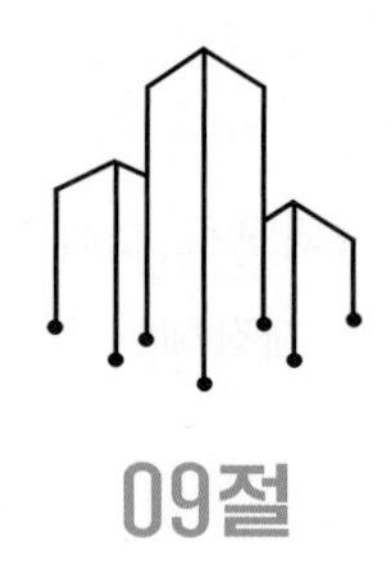

09절

# 무선통신보조설비 도면 실전 검토

일정 규모 이상 건물 지하층과 고층(16층 이상)에는 관련법에 의해 지상 지휘부와 지하와 고층에서 화재진압 활동을 하는 소방대원들간의 무선통신을 중계해주는 무선통신보조설비가 누설동축 케이블(LCX: Leakage Coaxial Cable)과 안테나 등으로 설치된다.

무선통신보조설비는 소방감리 소관이지만, 기술적으론 오히려 정보통신감리와 연관이 크므로 제도적 개선이 필요하며, 소개한다.

[그림 4-15]는 무선통신보조설비 설계도면 블록예시도를 나타낸다.

**그림 4-15 무선통신보조설비 설계 블록도면 예시도**

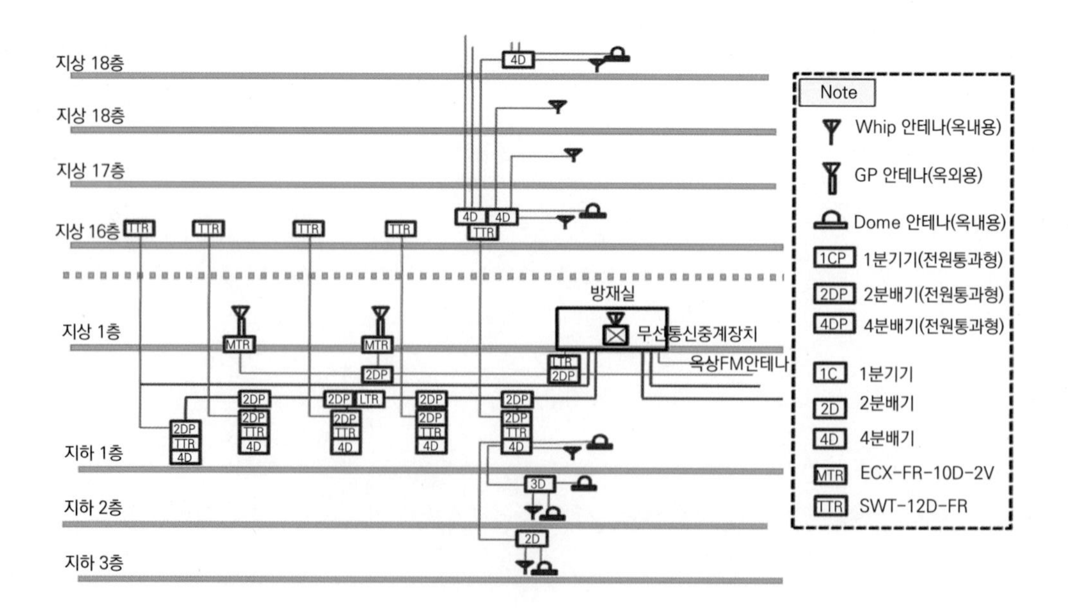

## 1 무선통신보조설비 실시설계도면 검토 체크리스트

### 1) 무선통신보조설비 도면 검토를 위한 가이드라인

무선통신보조설비 실시설계도면 검토를 위한 가이드라인으로는 다음 규정을 숙지해야 한다.

가) "NFSC-505"(무선통신보조설비 화재안전기준)에서 규정된 내용을 무선통신보조설비 설계 내역이 충족되는지 확인한다.

### 2) 무선통신 보조설비 도면 검토를 위한 체크리스트

가) 무선통신보조설비가 지하층에 LCX방식으로 구축되는지, 안테나 방식으로 구축되는지 확인해보기 바란다. 만약 LCX방식으로 설계되어 있으면, 안테나 방식으로 변경을 강력하게 권고하기 바란다. 특히 아파트 단지 처럼 지하층이 대규모이면 더욱 그렇다.

나) 무선통신보조설비에 중계기가 설계 도면에 포함되는 경우, 아날로그/디지털 겸용인지 확인하기 바란다. 지하층 규모가 큰 경우 대부분 중계기를 포함한다. 아날로그/디지털 겸용 중계기가 아니면, 지하층에서 소방관들의 신형 디지털 무전기가 동작하지 않을 수 있다.

다) 무선통신보조설비에 지하층 FM라디오와 T-DMB 중계기능이 포함되어 있으면 별도 중계망으로의 분리를 권고하기 바란다. 그러나 이 FM/DMB와 공용 및 분리 이슈에 관해서는 찬성과 반대가 팽팽하게 맞서고 있다.

라) 관리용(업무용) 무선이 소방용무선에 미치는 영향을 방지할 수 있는 대책이 강구되었는지 확인하기 바란다. 이 문제는 2채널방식으로 방지할 수 있는데, 2021년 3월의 NFSC-505 개정으로 2채널 방식으로 시공해야 한다.

마) 2021년 3월의 NFSC-505의 개정으로 이제까지 불가능하였던 지상과 지하에서 진화 활동을 하는 소방관 간의 무선통신이 가능해야 한다. 그리고 엘리베이터 승강구와 엘리베이터 캐빈내에서도 통신이 가능토록 중계기가 설치되어야 한다.

바) 무선통신보조설비의 전파 서비스 커버리지는 이동통신 서비스 커버리지 수준의 완벽한 커버리지를 확보하기 어렵겠지만, 화재 진압 작업시 소방관들의 동선 범위 내에서는 음영 지역이 없는지 확인하기 바란다.

**참고** [감리현장실무: 실시설계 도면 검토(9편), #무선통신보조설비 도면 검토 체크 포인트] 2020년 7월 6일

**권고 사항!**

준공 단계가 되면, 신형 디지털 소방용 무전기를 확보하여 외부 전파가 완벽하게 차단되는 지하층 공간에서 정상적인 통화가 이루어지는지 여부를 확인하도록 소방감리원에게 권유하기 바란다.

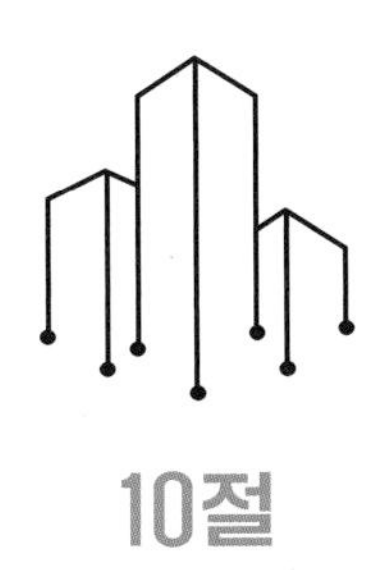

10절

# 전관방송/비상방송설비 도면 실전 검토

전관방송은 평시에는 공지사항을 전달하는 용도이지만, 화재 발화시 경보를 전달하는 비상방송으로 겸용된다. 전관방송설비는 정보통신감리 소관이고, 비상방송은 소방감리 소관인데, 이 처럼 두 설비가 통합되어 있지만 정보통신공사의 종류에 해당하므로 정보통신신공사업자가 시공한다.

[그림 4-16]은 전관방송/비상방송설비의 설계도면 블록예시도를 나타낸다.

**그림 4-16 전관방송/비상방송설비의 설계도면 블록예시도**

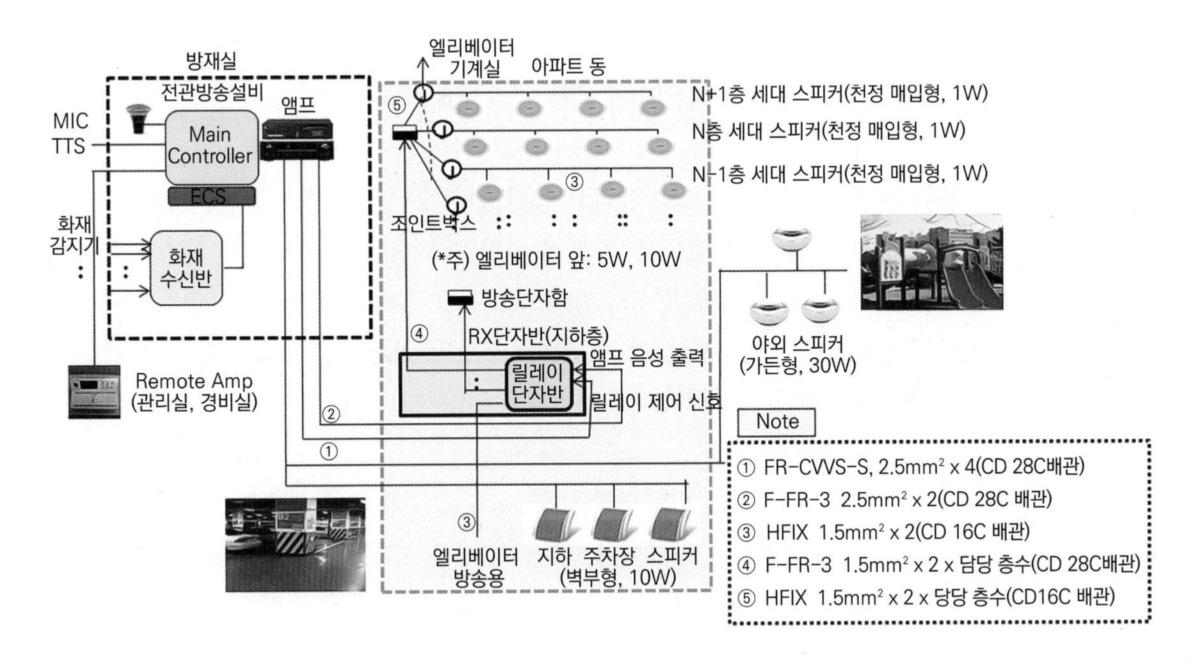

## 1 전관방송/비상방송설비 실시설계도면 검토 체크리스트

### 1) 전관방송/비상방송설비 도면 검토를 위한 가이드라인

전관방송/비상방송설비의 실시 설계도면 검토를 위한 가이드라인으로는 다음 규정을 숙지해야 한다.

가) "NFSC-202"(비상방송설비의 화재안전기준)의 규정을 설계 내역이 잘 충족되는지를 확인한다.

### 2) 전관방송/비상방송설비 도면 검토를 위한 체크리스트

가) RX수신반 또는 중계기 방식 중 어는 방식을 선택했는지 확인하고 단지 규모가 큰 경우에는 RX수신반 방식으로 권고하기 바란다.

나) "계산서"상에서 전관방송의 앰프 출력이 10% 이상 여유를 갖고 설계되는지 확인하기 바란다.

다) Remote Amp 설비가 적절하게 설계되는지 확인하기 바란다. Remote Amp를 적용하지 않는 경우도 있다.

라) "시방서"상에서 전관방송의 앰프 규격이 디지털방식인지 확인하고, 디지털 방식이면 Harmonics로 인한 왜곡 방지 대책이 강구되는지 확인하기 바란다.

마) 방재실 앰프설비/화재수신반과 동통신실 RX수신반 결선 상태가 4선 또는 6선인지 확인하기 바란다. RX수신반 제조사에 따라 달라질 수 있다. 앰프 신호를 전달하는 2선(F-FR-3 2C/1.5㎟), 화재수신반의 화재 경보신호를 전달하는 2선(FR-CVVS 2C/1.5㎟), 그리고 동작 전원 24V DC를 공급하는 2선 등으로 구성되는데, 동작 전원은 화재 수신반 경보신호를 전달하는 2선에 중첩해서 방재실의 UPS전원을 PLC방식으로 공급하거나 또는 RX수신반 인근에서 비상전원을 직접 공급받을 수 있다. 후자의 비상전원 사용시 RX수신반은 AC-DC정류기를 내장해야 하고 220V를 사용하므로 안전검사를 받아야 하는 번거로움이 있다.

바) RX수신반이 스피커 케이블 단락(Short)상태를 검출하여 앰프를 보호할 수 있는 기능을 갖고 있는지 확인해야 한다. 이 건은 2018년 하반기 국정감사에서 다루어져 문제가 노출되었고, 감사원에서 소방방재청에 주의 조치를 주었고,

소방방재청은 지자체로 모든 공동주택을 대상으로 시정조치 공문을 보낸 바 있다.

사) 특정 세대 스피커 케이블이 단락되는 경우, 해당 층 세대 전체의 스피커가 앰프로 부터 분리되어 먹통이 되지 않는지를 확인해야 한다.

아) 전관 방송 스피커 설치 간격 및 설치 위치에 관한 내용은 NFSC-202(비상방송설비의 화재안전기준) 제2조(음향장치)에 규정되어 있는데, "확성기(스피커)는 각 층마다 설치하되 그 층의 각 부분으로부터 하나의 확성기까지의 수평거리가 25m이하가 되도록 하고, 해당층의 각 부분에서 유효하게 경보를 발령할 수 있도록 음성 입력을 3W이상(실내는 1W 이상)으로 설치할 것"으로 되어 있는 부분을 만족하는지 확인한다. 그리고 방화구획으로 나뉘어져 있는 경우에는 25m와 관계없이 스피커를 시공해야 하므로, 이런 상황도 잘 살펴야 한다.

NFPC(화재안전성능기준)-608이 2024년 1월 1일자로 시행됨에 따라 NFSC - 202와 달라지는 것은 세대 비상 스피커 최소 입력이 1W에서 2W로, 설치기준은 수평거리 최대 25m에서 세대당 설치하는 것으로 변경해서 원룸과 같은 소형 주택에서 화재 경보 발령을 듣지 못해 위험에 빠지는 걸 방지하는 기준이 적용되는지 확인한다.

자) 2층 이상의 공용부 엘리베이터 전실, 지하층 세대 창고 등에 스피커가 설치되는지 확인해야 한다. 화재가 발생하면 해당 동의 엘리베이터들은 방재실의 화재수신반과 엘리베이터 서버간의 SI연동으로 화재 운전 모드로 전환되어 1층으로 강제 이동되고 운영이 중단되므로 아파트 지하주차장 엘리베이터 전실과 지상층 세대부 엘리베이터 전실에 비상방송 스피커가 설치되는지 확인해야 한다.

차) 층통신실에서 세대 거실 천장 스피커를 연결하는 방식에서 세대 단위로 성형배선을 하는 것이 바람직하지만, 한층에 10세대 이상이 되는 복도식 소형 아파트의 경우, 성형배선을 하면 배관 혼잡이 발생할 수 있다.

NFSC-202(비상방송설비의 화재안전기준) 제5조(배선)에 따르면 화재로 인하여 하나의 층의 확성기 또는 배선이 단락 또는 단선되어도 다른 층의 화재 통보에 지장이 없으면 만족되므로 Cascaded접속을 해도 무방하다.

카) 각 구간마다 사용되는 케이블의 종류가 적절한지 확인하기 바란다. 예를 들어 FR-3, FR-3 CVVS, TFR/CVVS, HFIX 등과 같이 내화(Fire Retardant) 특성

과 전기적 간섭을 방지하기 위한 차폐(Shield) 특성을 갖는지 확인해야 한다.

소방분야의 NFSC-102("옥내소화전설비의 화재안전기준") 고시가 2022년 3월 개정, 3개월 유예 후 2022년 6월 시행으로 전관방송/비상방송 설비 분야에도 영향을 미치는데, 내열전선 FR-3는 단종되고, 내화전선 FR-8은 내화 성능이 750℃/90분에서 850℃/120분으로 강화되었다. 스피커 연결 간선케이블은 FR-3 내열 케이블 대신에 성능이 강화된 FR-8 내화 케이블로 설계되는지 확인해야 한다.

타) 앰프와 스피커를 연결하는 케이블에는 최대 약 100V 신호가 전송되므로 다른 정보통신 및 제어신호 케이블과의 전기적 간섭이 발생하지 않게 조치되는지 확인해야 한다. NFSC-202(비상방송설비의 화재안전기준) 제5조(배선)에 따르면 다른 전선과 별도의 관, 덕트, 몰드 또는 풀박스 등에 설치할 것으로 규정한다.

요즘 지하층에서는 몰드바 상에 시공하므로 CCTV카메라와 스피커 케이블이 같은 몰드바에 시공되지 않는지 확인할 필요가 있다.

파) 방재실에서 RX수신반 구간은 FR-3, CVVS, TFR 등 내열 내화, 전기적 차폐 케이블을 사용하는데, RX수신반에서 각층 방송단자함 구간에 일반 HFIX 전선을 사용하는 경우가 가끔 있다.

**권고 사항!**

전관/비상방송설비 시공이 완료되면, 발화 층 바로 아래층과 위 몇개층에만 선별적으로 비상방송이 제대로 발령되는지를 점검해야 한다.

**참고** [감리현장실무: 실시설계 도면 검토(10편), #전관방송/비상방송설비도면 검토 체크포인트] 2020년 7월 7일

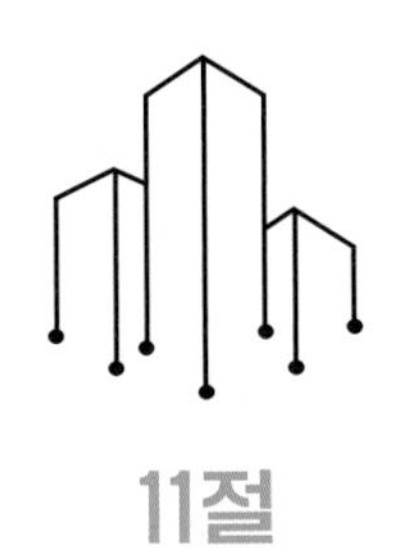

# 11절

# 집중구내통신실(MDF실) 및 층통신실(TPS실)도면 실전 검토

집중구내통신실(MDF실), 방재실은 아파트 단지의 전화국, 방송국, 경찰서, 소방서이자 상황실 역할을 한다. 서울 도심지 재건축 아파트의 경우, 아파트 통신실 공간을 줄여 분양 면적을 늘이는 것을 선호하는 조합에 영합하기 위한 기이한 설계가 성행하고 있는 실정이다.

## 1 집중구내통신실(MDF실)과 방재실의 위치

시내 전화국은 보통 Serving Area의 Center에 위치하는 것이 일반적이다. 미국에서 시내 전화국을 CO(Central Office)라고 하는 것이 좋은 사례이다.

중앙에 위치하는 것이 네트워크 구축에 소요되는 전송매체 Total 길이가 짧아지니 투자비가 최소화되는 등 장점이 많다. 그래서 대부분의 아파트 단지에서는 단지 중앙에 관리사무소, 집중구내통신실(MDF실), 방재실 등이 위치한다. 만약 집중구내통신실과 방재실이 아파트 단지 중앙에 위치하지 않게 설계되었다면, 그 이유를 설계사에 확인해 보면 분명히 이유가 있다. 방송공동수신설비 중 안테나설비는 지상파 방송 수신이 양호한 것이 최적 조건이다. 아파트 단지가 구릉이 심하면, 높은 외곽 지대 동 옥상에 자릴 잡을 수도 있다.

일반적으로 방재실을 단지 중앙에 놓고 그 동의 층수를 주변 동 보다 더 높게 하면 지상파 방송 수신이 양호한데, 단지의 구릉이 심하면 그게 어려우니 높은 지대 외곽 동 옥상, 즉 남산이나 관악산 송신소와 LoS가 만족되는 장소에 위치시킨다. 옥상

방송 안테나와 방재실 헤드엔드 사이의 거리가 멀면, 그 중간에 증폭기를 여러단을 쓰거나 광케이블로 전송하던지 등 대책이 필요하다. 실시 설계도면에서 확인할 필요가 있다.

정보통신 및 방송 주요 설비들이 시공되는 공간이 집중구내통신실(MDF실), 방재실, 층구내통신실(TPS실) 등이다. 본격적인 골조 시공에 들어가기 전에 정보통신감리원은 이에 대한 설계기준 충족 여부를 확인해야 한다.

## 2 집중구내통신실(MDF실) 설계 기준 검토 및 고려 사항

감리 초기 실시설계도서 검토시, 그리고 골조 공사가 끝나고 정보통신설비 공사가 본격적으로 시작될 쯤에 집중구내통신실(MDF실)과 층구내통신실(TPS실)에 대한 현황을 점검해야 한다.

감리 초기 실시설계도서 검토시에는 면적, 출입문 사이즈, 위치 층 등 일단 시공이 되어 버리면 수정이 불가능한 항목을 중심으로 설계 기준의 준수 여부를 확인해야 한다.

"방송통신설비의 기술기준에 관한 규정" 중 제19조(구내통신실의 면적 확보)에 구내통신실 면적에 관한 내용이 명시되어 있다. [그림 4-17]은 "방송통신설비의 기술기준에 관한 규정" 중 구내 통신실(집중구내통신실) 과 층구내통신실 면적에 관한 규정이다.

그림 4-17 구내통신실(집중구내통신실) 과 층구내통신실 면적

**방송통신설비의 기술기준에 관한 규정**

[별표2]

업무용 건축물의 구내통신실 면적확보 기준(제19조 제1호 및 제3호 관련)

| 건축물 규모 | 확보대상 | 확보면적 |
|---|---|---|
| 1. 6층 이상이고 연면적 5000m² 이상인 업무용 건축물 | 가. 집중구내통신실 | 10.2m² 이상으로 1개소 이상 |
| | 나. 층구내통신실 | 1) 각 층별 전용면적이 1000m² 이상인 경우에는 각 층별로 10.2m² 이상으로 1개소 이상<br>2) 각 층별 전용면적이 800m² 이상인 경우에는 각 층별로 8.4m² 이상으로 1개소 이상<br>3) 각 층별 전용면적이 500m² 이상인 경우에는 각 층별로 6.6m² 이상으로 1개소 이상<br>4) 각 층별 전용면적이 500m² 미만인 경우에는 각 층별로 5.4m² 이상으로 1개소 이상 |
| 2. 제1호 외의 업무용 건축물 | 집중구내통신실 | 건축물의 연면적이 500m² 이상인 경우 10.2m² 이상으로 1개소 이상.<br>다만, 500m² 미만인 경우는 5.4m² 이상으로 1개소 이상 |

[별표 3]

공동주택의 구내통신실 면적확보 기준(제19조 제2호 및 제3호 관련)

| 구분 | 확보면적 |
|---|---|
| 1. 50세대 이상 500세대 이하 단지 | 10m² 이상으로 1개소 |
| 2. 500세대 초과 1000세대 이하 단지 | 15m² 이상으로 1개소 |
| 3. 1000세대 초과 1500세대 이하 단지 | 20m² 이상으로 1개소 |
| 4. 1500세대 초과 단지 | 25m² 이상으로 1개소 |

업무용 건축물에는 소정의 면적 기준(별표2)을 충족하는 집중구내통신실(MDF실)과 층구내통신실(TPS실)을 확보하도록 규정되어 있다. 또 주거용 건축물 중 공동 주택에는 소정의 면적 기준(별표3)을 충족하는 집중구내통신실(MDF실)을 확보하게 규정되어 있다. 이 규정에 따르면, 아파트는 층구내통신실(TPS실)이 언급되어 있지 않다. 그러나 실제로는 거의 모든 아파트가 층구내통신실(TPS실)을 갖는다.

집중구내통신실(MDF실)은 이중마루 하부에서 케이블의 배선공간이 확보되어야 하고, 높은 장비 랙이 설치되므로 층고가 높아야 하며, 고가의 정보통신장비와 컴퓨터들이 설치되므로 스프링클러 헤드가 설치되지 않아야 하며, 화재에 대비하여 할론

소화설비와 같은 청정소화설비를 시설해야 한다.

건축 구내 통신/방송망 설계의 "사실상의 표준"(de facto standard)인 "초고속정보통신건물 인증업무 처리 지침"에 따르면, 공동 주택 특등급의 경우, 단면적 1.12㎡(깊이 80㎝ 이상) 이상의 TPS실 또는 단면적 5.4㎡ 이상의 동별 통신실을 확보하도록 규정하고 있다. "초고속정보통신건물인증 업무처리지침"에서 규정하고 있는 TPS실의 조건(단면적 1.12㎡, 깊이 80㎝ 이상)은 현실과 맞지 않다.

실시설계도서에 집중구내통신실(MDF실), 층구내통신실(TPS실)의 세부적인 내용이 제대로 그려져 있지 않아서, 시공할 쯤에 시공상세도 승인 과정을 통해 시공하게 된다. 집중구내통신실이나 층구내통신실에 설비들이 시공되려면 다음과 같은 조건을 만족해야 한다.

- ◆ 건물 골조공사가 다 올라가고, 배관, 입선이 마무리 되어야 한다.
- ◆ 전기가 정식으로 입전되어야 한다.
- ◆ 벽면 외장 마감이 되어야 한다.
- ◆ 실내 인테리어 공사가 완료되어야 한다.
- ◆ 설비들이 먼지, 도난, 악의적인 훼손이나 파괴 등으로 부터 보호될 수 있도록 출입문과 창문 시건장치가 완비되어야 한다.

## 3 층구내통신실(TPS실) 설계기준 및 검토 사항

"초고속정보통신건물인증업무 처리 지침"에서 특등급 아파트의 경우 층구내통신실 설계기준을 리스트-업 하면 다음과 같다.

가) 단면적 1.12㎡(깊이 80㎝ 이상) 이상의 TPS 또는 5.4㎡ 이상의 동별 통신실 확보하게 되어 있다."홈네트워크건물 인증 심사기준"에 통신배관실(TPS실)의 시공 조건이 규정되어 있다.

나) 출입문은 외부인으로 부터 보안을 위하여 폭 0.7m, 높이 1.8m 이상(유효 너비와 유효 높이)의 잠금장치가 있는 출입문으로 설치하고 "관계자 외 출입통제" 표시를 부착해야 한다.

다) 외부 청소 등에 의해 먼지, 물 등이 들어오지 않도록 50㎜ 이상의 문턱 설치, 다만 차수관 또는 차수막을 설치하는 때에는 그러하지 않다.

## 4 방재실 설계 기준 및 검토 사항

방재실은 방범, 방재, 안전을 위한 설비들이 설치되는데, "건축법", "소방법", "초고층 및 지하 연계 복합 건축물 재난 관리에 관한 특별법" 등에 정의되어 있다.

종합방재실이란, 초고층 건축물(50층 이상 또는 200m 이상) 등의 관리 주체로 그 건축물 등의 건축·소방·전기·가스 등 안전관리 및 방범·보안·테러 등을 포함한 통합적 재난관리를 효율적으로 시행하기 위한 실이다. 아파트 등 공동 주택의 경우 전산실로도 공용된다. 즉 방재실은 건물의 기능을 지원하는 설비들의 서버가 설치되는 공간이다.

방재실에는 통합 서버, 단지 서버, 출입통제 서버, 차량관제 서버, 원패스 서버, CCTV 영상 스토리지(NVR), 전관방송/비상방송, 헤드엔드, 원격검침 서버, 무인택배 서버 등 정보통신감리 대상 설비 뿐 아니라, 화재 수신반과 무선통신보조설비(소방감리 소관), 엘리베이터 서버, 전력, 조명 제어, 태양광 서버, 전기차 충전 서버, 자동제어 설비 등이 설치된다.

방재실은 이중마루 하부에서 케이블 배선공간이 확보되어야 하고, 높은 장비 랙이 설치되므로 층고가 높아야 하며, 고가의 정보통신설비와 컴퓨터들이 설치되므로 스프링클러 헤드가 설치되지 않아야 하며, 화재에 대비하여 인체에 무해한 할론 소화설비와 같은 청정소화설비를 시설해야 한다.

"홈네트워크건물 인증 심사기준"의 단지 서버실에 대한 조건은 다음과 같다.

- 별도의 공간을 확보할 경우 3㎡ 이상, 단지 서버실을 설치하지 않고, 단지 서버를 집중구내통신실이나 방재실에 설치할 수 있다. 다만, 집중구내통신실에 설치하는 경우, 보안을 위해 CCTV를 설치해야 한다.
- 이중 바닥(Raised Floor)방식으로 설치하고 출입문은 외부인으로 부터 보안을 위하여 폭 0.7m 높이 1.8m 이상(유효 너비와 유효 높이)의 잠금 장치가 있는 방화문 설치 및 "관계자외 출입 통제" 표시를 부착해야 한다.
- "방재실 및 제어실은 사람이 상시 근무하는 장소"이므로 화재안전기준 NFSC-106에 의해 이산화탄소 소화설비를 설치해서는 안 된다.
- "통신기기실·전자기기실·기타 이와 유사한 장소"는 스프링클러헤드를 화재안전기준 NFSC-103에 의해 제외할 수 있다.
- 방재실 및 통신기기실은 "소방시설법 시행령" 별표5에 의해서 바닥면적이 300

㎡ 이상인 경우 물분무 등 소화설비를 설치하도록 하고 있다.

◆ 여기서 물분무 등 소화설비란 물분무/미분무/발포/할로겐/청정 소화설비를 말한다.

**참고** [감리현장실무: 실시설계 도면 검토(11편), #단지통신실(MDF실)층통신실(TPS실)설계도면 검토 체크포인트] 2020년 7월 9일

**참고** [#감리현장실무: 아파트 단지 #집중구내통신실(MDF실)/방재실/동통신실/층구내통신실(TPS실) 설치 기준 검토] 2020년 3월 11일

**권고 사항!**

감리 초기 본격적인 골조 공사가 이루어지기 전에 MDF실, 방재실, TPS실의 면적 등이 설계기준을 충족하는지 먼저 확인하기 바란다. 집중구내통신실(MDF실)과 방재실은 아파트 단지에 따라 상당히 다양하다.

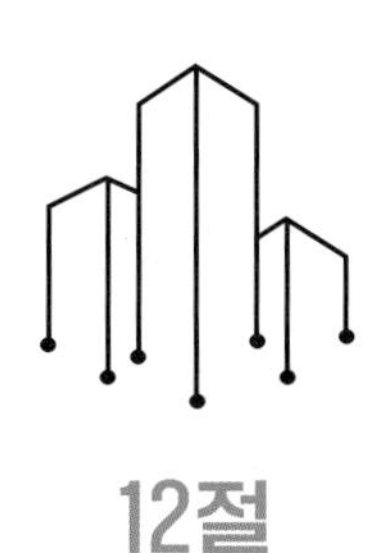

12절

# 무인택배설비 도면 실전 검토

핵가족화의 진전, 맞벌이 부부의 증가 등으로 무인택배설비가 아파트 단지의 보편적이고 필수적인 설비가 되고 있다. 10년 전만 하더라도 무인택배설비가 선택이였는데, 이젠 필수 설비가 되었다.

감리단 배치 초기 아파트 실시설계도면 검토시 무인택배설비가 누락되어 있으면, 추가할 것을 제안하고 "실시설계도서 검토의견서"에 그 내용을 포함시켜 놓는 게 좋다.

[그림 4-18]은 무인택배 설비 실시설계도면 블록예시도를 나타낸다.

**그림 4-18 무인택배 설비 실시설계도면 블록 예시도**

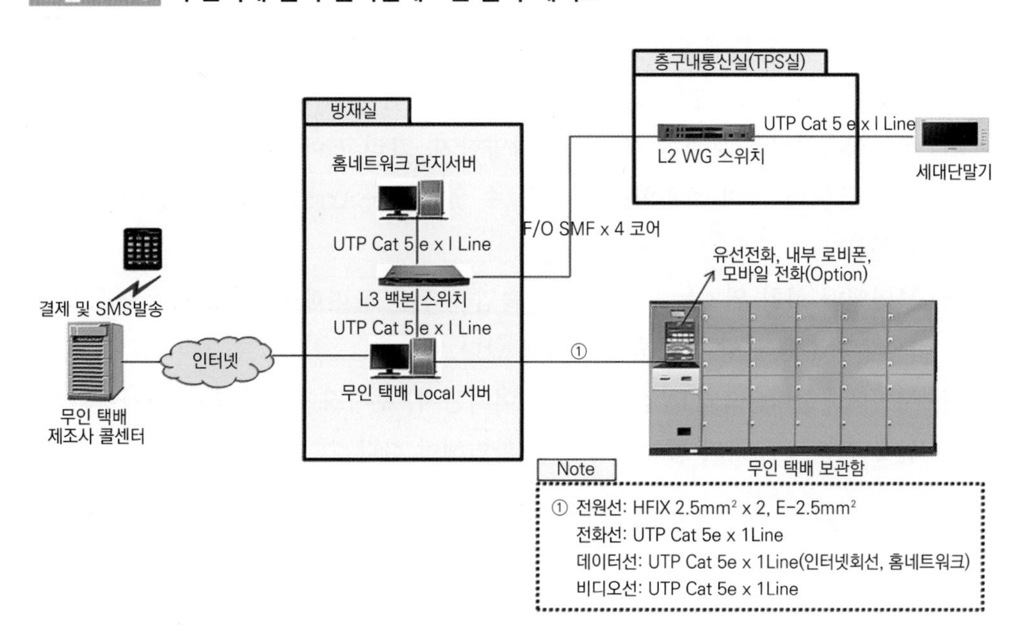

# 1 무인택배설비 실시설계도면 검토 체크리스트

## 1) 무인택배설비 도면 검토를 위한 가이드라인

무인택배 설비 실시설계도면 검토를 위한 가이드라인으로는 다음 규정을 숙지해야 한다.

가) "초고속정보통신건물인증 제도"중 (홈네트워크건물 인증기준) 해당 아파트의 홈네트워크건물 인증등급이 AAA, AA, A 등급 중 어느 등급인지를 확인한 후, 설계 내역이 충족되는지 확인한다.

## 2) 무인택배설비 도면 검토를 위한 고려사항

가) 무인택배 설비는 외부 인터넷과 연동이 되어야 하는데, 홈네트워크으로 들어오는 인터넷 회선을 공유기로 같이 사용하지 않고, 제조사 콜센터와 별도의 인터넷회선으로 구축한다.

나) 공동 현관기와 SI 연동시켜 입주자가 귀가시 픽업할 택배 물품이 있을 경우, 음성과 메시지로 알려주는 기능은 어떻게 할 것인지 확인한다.

## 3) 무인택배설비 도면 검토를 위한 체크리스트

가) 설치되는 무인택배설비의 박스 수량이 전체 세대수의 10%~20%가 넘는지 확인하기 바란다. 앞으로 무인택배 수요가 점점 더 증가할 전망이다.

나) 무인택배설비의 보관함 사이즈가 다양한지, 그리고 아주 큰 물건을 보관할 수 있도록 여러 개의 보관함을 통합할 수 있는 Re-Arrangeable기능이 있는지 확인한다.

다) 무인택배 설치 위치는 입주자들의 출입 동선을 고려해야 하고, 입주자의 보행과 차량 주행에 방해가 되지 않아야 한다.

라) 무인택배설비는 CCTV감시가 이루어지는지, 주차장에서 주행하는 차량과 충돌로 훼손될 우려가 없는지 위치를 확인해야 한다.

**참고** [감리현장실무: 실시설계 도면 검토(12편), #무인택배설비 도면 검토 체크포인트] 2020년 7월 10일

**권고 사항!**

택배 차량의 동선을 확인해 보기 바란다. 요즘 유행하는 공원형 아파트는 지상으로는 차량 주행을 허용하지 않으므로 무인택배함을 지하층에 설치한다. 이럴 경우 택배 차량이 지하주차장으로 내려가야 하는데, 택배 차량이 탑차 구조로 되어있어 지하주차장 층고가 높지 않으면 진입할 수 없는 문제가 생긴다.

이미 지하골조가 낮게 시공된 아파트에서는 택배 차량의 지하층 진입이 불가능하므로 할 수 없이 지상층에 무인택배설비를 설치해야 하는데, 준공후 관리사무소와 택배원들간에 택배 차량 지상 진입을 놓고 신경전이 벌어지는 사례가 있다.

"주차장법"에 의하면 지하주차장 층고가 2.3m로 되어 있는데, 택배용 탑차는 높이가 2.5m이다. 이 문제를 해결하기 위해 국토교통부는 "주택건설기준등에 관한 규칙"을 2.3m에서 2.7m로 개정하여 2019년 1월 16일부터 시행하고 있다. 이 사안은 건축감리 소관이지만, 무인택배설비와 관련되는 문제이므로 정보통신감리원이 알고 있어야 한다. 그리고 발주처와 건축감리단으로도 미리 알려서 준공 이후 문제가 되지 않게 조치하는 것이 바람직하다.

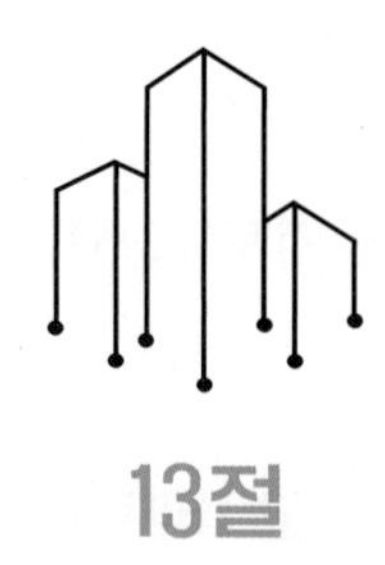

# 13절

# 공동현관기설비 도면 실전 검토

공동현관기는 인가된 사람인지 여부를 식별(Identification) 인증(Authentification) 하여 공동현관 출입문의 개방 승인(Authorization)을 결정하므로 "시설 보안" 설비로 분류할 수 있다.

[그림 4-19]는 공동현관기 설비 도면 블록 예시도를 나타낸다.

**그림 4-19 공동현관기 설비 도면 블록 예시도**

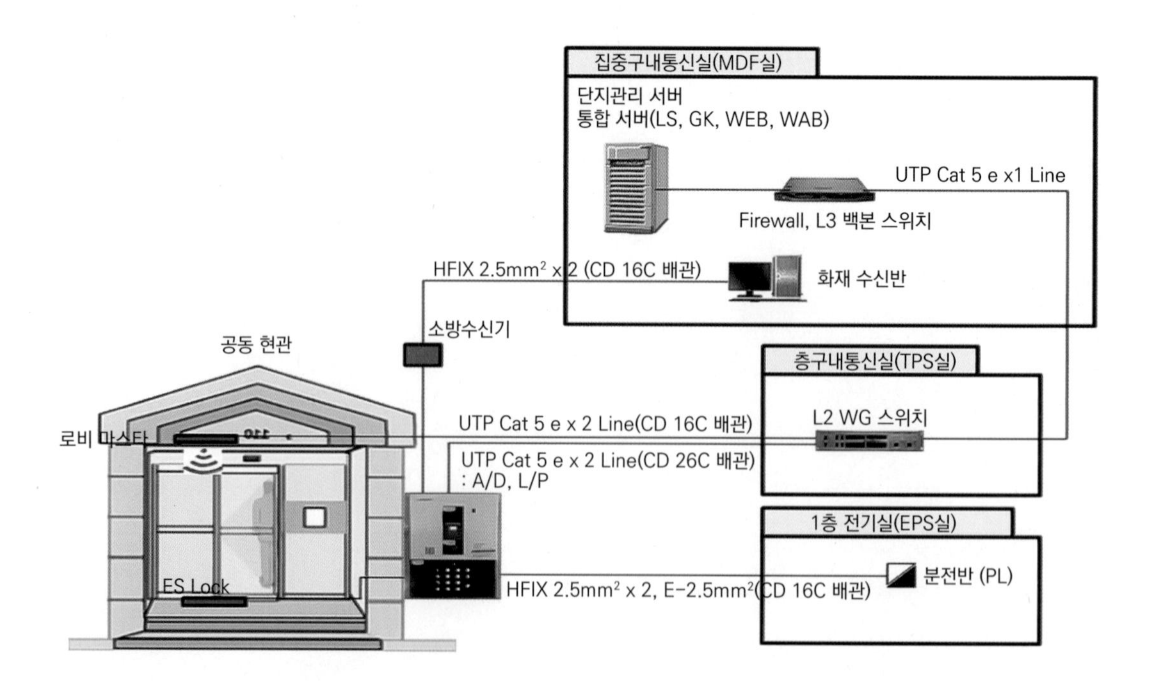

## 1 공동현관기설비 실시설계도면 검토 체크리스트

### 1) 공동현관기설비 도면 검토를 위한 가이드라인

공동현관기 설비 실시설계도면 검토를 위한 가이드라인으로는 다음 규정을 숙지해야 한다.

가) "초고속정보통신건물인증 제도" 중(홈네트워크건물 인증기준) 해당 아파트의 홈네트워크건물 인증등급이 AAA, AA, A 등급 중 어느 등급인지를 확인한 후, 설계 내역이 충족되는지 확인한다.

### 2) 공동현관기 설비 도면 검토를 위한 체크리스트

가) 공동현관기에 다음과 같은 케이블들이 연결되도록 설계에 반영되는지 확인한다.

- ◆ 전원케이블 HFIX 2.5㎟ x 2코어와 접지케이블 E-2.5㎟
- ◆ LP(Lobby Phone)과 AD(Auto Door)를 연결하기 위한 UTP Cat5e x 2line
- ◆ 인근 소방 중계기에서 오는 내화케이블 FR-3(또는 FR-8), 2.5㎟ x 2코어

나) 원패스 로비 마스터가 공동현관기에 설치되는지 확인한다. 이것이 설치되어 있으면, 원패스 태그를 가진 입주민이 공동 현관 앞에 서면, 공동 현관이 자동으로 개방된다.

아파트 단지 입주민 출입관리와 차량의 편리한 주차관리를 위해 RFID태그, ZigBee 원패스 태그를 사용해 오다가 근래에 스마트폰 앱의 활성화로 BLE(Bluetooth Low Energy)를 이용하는 SKS(Smart Key System) 앱 출입관리 서비스가 보편적으로 사용되고 있는데, 단일 출입관리 방식인지, 두 가지를 병행하는 방식으로 설계되는지를 확인한다.

다) 공동현관기의 출입자 통제를 들어오는 사람만 통제하는지, 나가는 사람까지 통제하는지 확인하기 바란다. 아파트의 경우는 들어오는 사람만 통제하지만, 중요 기관이나 부서의 경우에는 나가는 사람까지 통제한다.

라) 인근 경비실에서 경비원이 수동으로 공동현관 출입문을 개폐할 수 있게 구성하는 경우(구성하지 않는 경우도 많은 것 같다), 경비실과 공동현관기를 연결하는 케이블이 STP(SF-UTP)로 설계되었는지 확인한다.

마) 특히 화재감지기를 집선하는 인접 중계기로부터 온 FR-3(또는 FR-8) 내화케이

블이 연결되는지 확인해서 소방감리원에게 알려주기 바란다. 해당 동 화재 발생시 대피를 돕기 위해 공동현관 출입문을 자동으로 개방하기 위함이다.

**참고** [감리현장실무: 실시설계 도면 검토(13편), #공동현관기 설비도면 검토 체크 포인트] 2020년 7월 11일

**권고 사항!**

특히 공동현관기 설비가 시공되는 공간이 좁아서 동일한 CD배관에 전기 케이블HFIX 2.5㎟와 UTP Cat5e 케이블이 같이 입선되는 사례가 없는지 검측시 점검하기 바란다.
공동현관기의 다양한 설계, 예를 들어 정맥인식, 얼굴인식, 홍체 인식 등 인증 방식에 관한 흥미로운 사례가 있는지 확인하기 바란다.

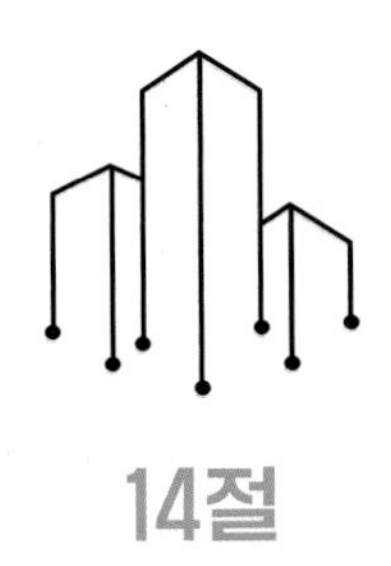

14절

# 원패스 설비(비상벨 포함) 도면 실전 검토

요즘 건축되는 아파트에는 대부분 Building IoT에 해당되는 "원패스"가 설치된다.

아파트단지 내부에서는 입주민들의 출입을 일원화하여 자동화하는 원패스는 보통 ZigBee(2.45㎓) 방식으로 구현되는데, ZigBee 태그를 소지하고 있으면, 도처에 설치된 ZigBee AP에 의해 접속되어 ZigBee서버에서 ID가 확인되고, IPS(Indoor Positioning Service)기능에 의해 현재 위치까지 식별되므로, 아파트 단지 구내에서 일원적인 출입 통제의 자동화가 이루어진다. 비상벨 기능까지 포함할 수 있다.

원패스 용어는 건설사에 따라 다른 용어로 불리기도 한다. 현대건설은 SKS(Smartphone Key System)으로 부른다. 그리고 무선통신방식도 ZigBee 또는 Bluetooth Low Energy(BLE) 등을 사용한다. 원패스 태그 대신에 스마트폰 앱 방식으로 구현하기도 한다.

## 1 원패스 설비 실시설계도면 검토 체크리스트

### 1) 원패스 설비 도면 검토를 위한 가이드라인

원패스 설비 실시설계도면 검토를 위한 가이드라인으로는 다음 규정을 숙지해야 한다.

가) "초고속정보통신건물인증 제도" 중(홈네트워크건물 인증기준) 해당 아파트의 홈네트워크건물 인증등급이 AAA, AA, A 등급 중 어느 등급인지를 확인한 후,

설계 내역이 충족되는지 확인한다.

나) 원패스로 비상벨 기능을 제공하는 경우에는 "범죄예방 건축 기준 고시", "공중화장실 등에 관한 법률", "장애인 · 노인 · 임산부 등의 편의증진 보장에 관한 법률" 등을 설계내역이 충족하는지 확인한다.

◆ "범죄예방 건축기준고시" 제10조(100세대 이상 아파트에 대한 기준)에 따르면, 지하 주차장 차로와 통로 및 출입구의 기둥 또는 벽에는 경비실 또는 관리사무소와 연결된 비상벨을 25m 이내마다 설치하고, 비상벨을 설치한 기둥(벽)의 도색을 차별화하여 시각적으로 명확하게 인지될 수 있도록 하여야 한다.

[그림 4-20]은 원패스 설비 도면 블록예시도를 나타낸다.

그림 4-20 원패스 설비 도면 블록예시도

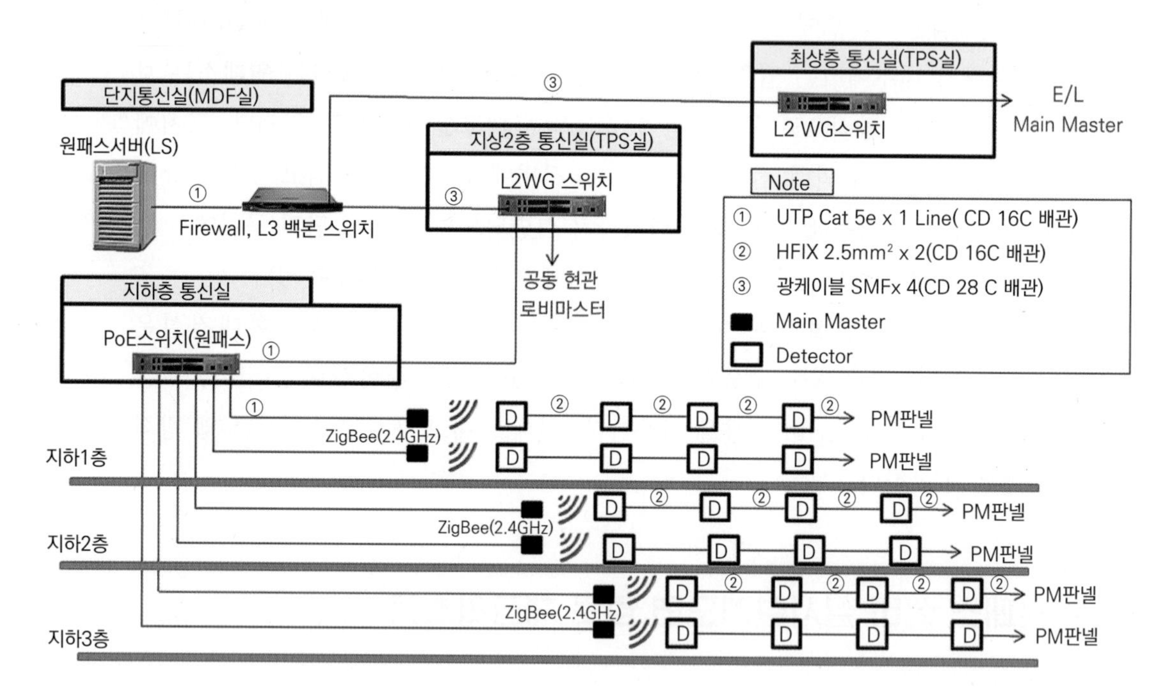


◆ "공중화장실 등에 관한 법률" 제7조(설치기준)에 따르면 시장군수 구청장은 범죄 및 안전사고를 예방하기 위하여 비상벨(비상 상황발생시 그 시설의 관리자 또는 주소지를 관할하는 경찰관서에 즉시 연결되어 신속한 대응이나 도움을 요청할 수 있도록 설치된 기계장치를 말한다.) 등 안전관리시설을 설치하여야 하며, 안전관리 시설의 설치가 필요한 공중 화장실 등은 조례로 정한다(2021년 7월 20일 신설).

◆ "장애인 · 노인 · 임산부 등의 편의증진 보장에 관한 법률"에 따르면, 장애인화장실에는 화장실의 벽면 0.6~0.9m 높이와 0.2m 높이에 각 1개씩 2개의 비상벨과 화장실 출입문 천장에 경보음 발신기를 1세트를 독립적으로 설치하여 긴급구조요청용 비상벨 버튼을 누를 경우, 발광 및 경보음 발신되도록 규정되어 있다.

### 2) 원패스 설비 도면 검토를 위한 체크리스트

가) 감리 현장에 원패스가 적용되는지 확인하기 바란다. 만약 적용되지 않는다면 도입을 권유하기 바란다. 그 이유는 4차산업혁명의 핵심기술 중 하나인 IoT가 건물에 융합되는 IoT Building 사례이기 때문이다.

나) 원패스설비가 설계도면에 반영되어있는 경우, IoT센서에 해당되는 ZigBee AP가 건물 구조속에 Embedded되는 위치를 확인하기 바란다. 현장에 따라 ZigBee AP를 지하주차장에 비상벨 위치에만 설치하게 설계된 사례가 있다.

다) 지하층 ZigBee AP를 집선하여 수용하는 동통신실의 PoE스위치를 방재실 원패스 서버와 연동시키기 위해 홈네트워크를 이용하는지, 독자적인 네트워크으로 설계되는지 확인하기 바란다. 홈네트워크 단지망을 이용하는 경우가 대부분이다.

라) 입주민들이 소지하는 원패스 태그가 RFID 태그와 결합된 형태로 제공되는지 확인하기 바란다. 원패스 태그는 밧테리가 필요한데, 적절하게 교체하지 않아 작동하지 않더라도 RFID태그로 공동현관기를 열 수 있다.

마) ZigBee 기반의 원패스 서비스 대신에 BLE기반의 스마트폰 앱 방식으로 대체되고 있다. 스마트폰에 관련 앱을 설치하고 스마트폰에 탑재되어 있는 BLE모뎀을 열어놓은 스마트폰을 소지한 채 출입문에 접근하면 출입문이 저절로 개방되고, 엘리베이터 전실로 접근하면 엘리베이터가 자동으로 호출되는지 확인한다.

**참고** [감리현장실무: 실시설계 도면 검토(14편), #원패스 설비도면 검토 체크포인트] 2020년 7월 13일

**권고 사항!**

감리하고 있는 현장의 원패스에서 Location 인식을 위해 어떤 방식을 사용하는지 확인하기 바란다. 그리고 위치 식별 오차 범위가 어떻게 되는지 파악하기 바란다.

아파트 단지내에서 원패스 설비의 ZigBee AP 종류와 설치 장소를 확인하기 바란다. 원패스 ZigBee AP 설치 장소는 천장 몰드바상에 일정 간격으로 설치되고, 지하주차장 출입구의 차량관제설비, 공동현관기, 엘리베이터 천장, 세대 출입문 등에 설치된다.

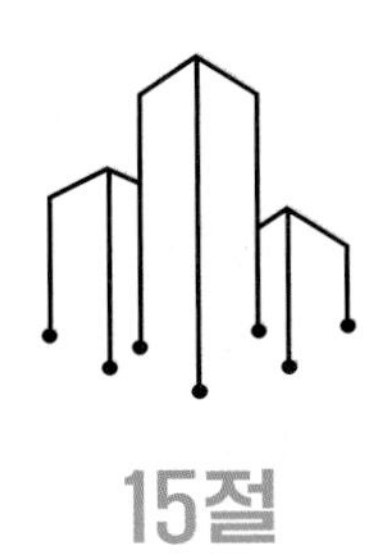

15절

# 이동통신중계기 도면 실전 검토

건물 구내나 아파트단지의 이동통신 중계설비는 건축주(건설사 대행)와 이통사가 역할을 분담하여 설치한다. 이동통신 중계설비는 아파트 준공 허가를 위해 필수적인 "사용전검사"의 대상 설비이므로 잘 챙겨야 한다. [그림 4-21]은 이동통신 중계기 설비 블록예시도를 나타낸다.

그림 4-21 **이동통신 중계기 설비 블록예시도**

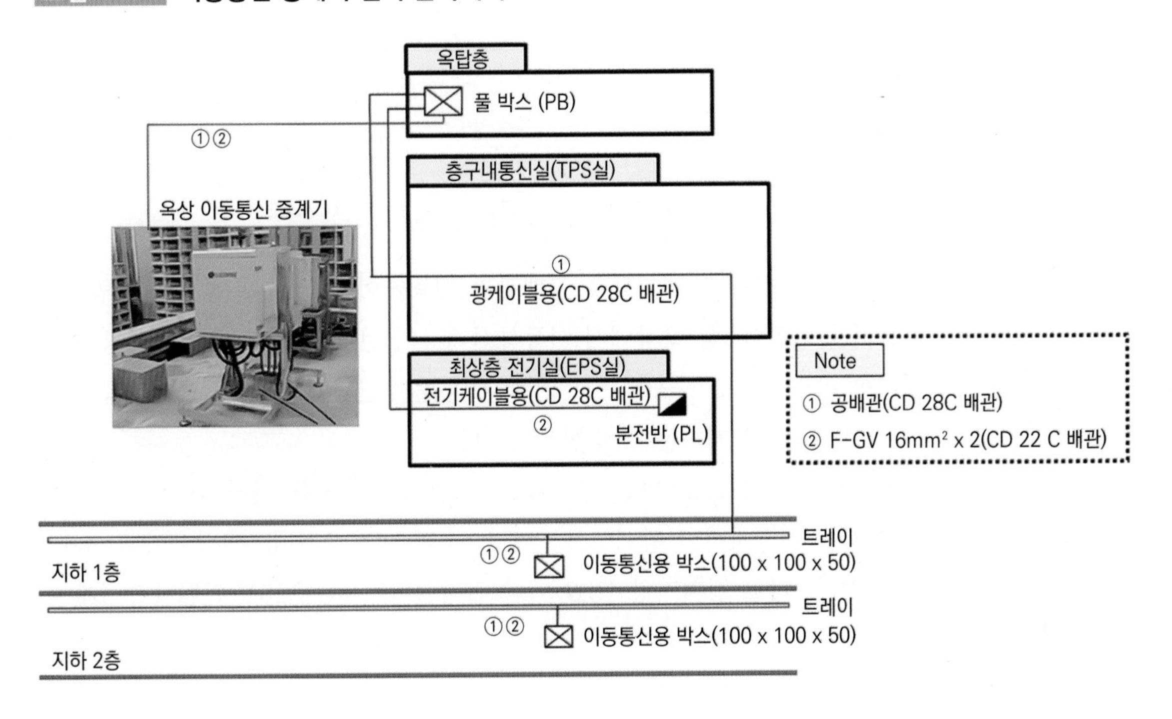

# 1 이동통신중계기 설비 실시설계도면 검토 체크리스트

## 1) 이동통신중계기 설비 도면 검토를 위한 가이드라인

이동통신 중계기 설비 실시설계도면 검토를 위한 가이드라인으로는 다음 규정을 숙지해야 한다.

가) "사용전검사" 항목 중 이동통신 구내선로설비 검사 기준을 설계 내역이 충족되는지를 〈표 4-5〉의 사용전검사 항목을 참조하여 확인하기 바란다.

**표 4-5 사용전검사 항목**

| | |
|---|---|
| **관의 종류** | • 내부식성 금속관 또는 KS C 8455 동등 규격 이상의 합성수지제 전선관 |
| **관의 수** | • 3공 이상(옥외 안테나에서 기지국의 송수신장치 또는 중계장치까지) |
| **관의 내경** | • 32㎜ 이상 , 다조인 경우에는 급전 전체 외경의 2배 |
| **접속함** | • 관로의 길이가 40m 초과시 및 관로의 굴곡점에 설치 |
| **접지시설** | • 접지저항 10Ω 이하<br>• 옥외 안테나까지 피뢰접지선<br>• 기지국의 송수신장치 또는 중계기까지 통신 접지선 설치 |
| **상용전원** | • 2㎾ 이상, 220V, 3개 이상 |
| **장소확보** | • 기지국의 송수신장치 또는 중계장치의 설치장소<br>• 송수신용 안테나의 설치장소 |

## 2) 이동통신 중계기 설비 도면 검토를 위한 체크리스트

가) 아파트 동 옥상에 광케이블용 공배관과 전력케이블 배관이 설계에 반영되어 있는지 확인한다. 동 옥상에서 이동통신 3사의 전파 환경에 달라 이동통신 중계기를 독립적으로 시공하므로 전력 케이블 배관과 광케이블 공배관을 2~3개로 여유있게 설계하는 것이 합리적이다.

중계장치 설치용 $2m^2$ 이상 면적과 옥외 안테나 설치용 면적 $4m^2$ 이상을 확보하고, 중계장치까지 광케이블 인입용 배관 내경 22mm 이상 x 2공(예비 1공) 이상, 그리고 접지저항 10Ω 이하 접지설비와 AC 220V 전원단자 3개 이상이 반영되는지 확인한다.

나) 아파트 지하 주차장 공간에 이동통신 3사 공동 구축 이동통신 중계설비가 설계에 반영되어 있는지 확인한다. 이동통신3사는 지하 주차장 공간에서는 중계기 설비를 완전하게 공용한다.

다) 아파트 저층 세대를 위한 화단 중계기용 공배관과 전력케이블 배관이 설계에 반영되는지를 확인한다. 이동통신3사는 화단형 중계기 구축시에 Pole만 공용한다.

라) 옥상과 화단에 설치되는 이동통신 중계설비의 안테나가 외양이 스피커형이나 솔라셀 형 등 환경친화형으로 위장되어 입주민들을 거슬리게 않도록 고려했는지 확인한다.

마) 2017년 5월 26일 이후에 건축허가된 아파트의 경우, 이동통신 중계기 설계도면 내역이 지하층뿐 아니라, 지상까지 확대되어 있는지 확인하기 바란다.

참고 [감리현장실무: 실시설계 도면 검토(15편), #이동통신 중계기설비도면 검토 체크포인트 ] 2020년 7월 15일

**권고 사항!**

준공단계에서 이동통신중계기를 이통사 하도급공사업체들이 시공할때 정보통신감리원들은 사고 방지, 민원 발생 등에 대비해서 잘 관리해야 한다. 예를 들어 아파트 옥상에 이동통신 중계기 안테나가 시공되어 안테나가 노출되면, 즉시 안테나 위장용 커버를 씌우도록 관리한다. 그렇지 않으면 바로 전자파(EMI) 민원이 발생한다.

아파트 동 옥상 시공시 건설사들이 빼놓은 배관 위치가 이통사의 전파방향과 맞지 않으면, 배관이 옥상 바닥을 가로질러 어지럽게 시공될 수 있다. 그럴 경우 경계 벽체를 따라 배관이 이루어지게 하는 것이 바람직하다. 화단 중계기의 설치 위치를 어린이 놀이터 등 예민한 장소를 피해서 시공토록 관리해야 한다.

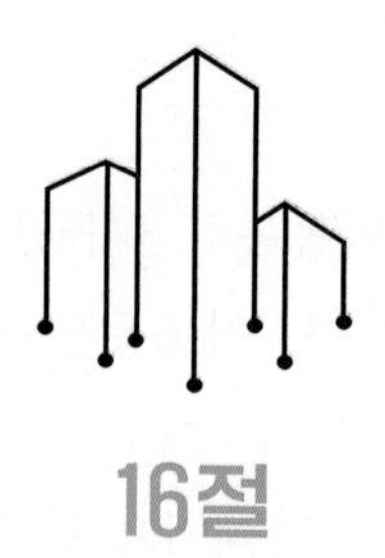

# 16절
# 방재실 SI설비 도면 실전 검토

아파트 단지의 방재실이나 대형 건물의 종합 상황실에는 다양한 용도의 서버들이 TCP/IP로 인터워킹 되는 구내 백본 홈네트워크에 연결되어 있다. 이 서버들이 다양한 서비스 시나리오에 따라 연동이 이루어지는데, 이것을 SI라고 한다.

건물 자동화를 위한 기계 공조설비, 조명, CCTV, 출입통제, 주차 관제, 빌딩 안내, 원격검침, FMS(Facility Management System) 등 개별 시스템을 통합 네트워크로 연동하여 감시, 제어를 실시하며, 다른 시스템간의 정보 공유, 연동 제어 등을 통하여 효율적이고 합리적인 건물 운영을 할수 있도록 지원하고 통합 모니터링 환경을 구축하여 효율적인 SI 시스템을 구축한다. [그림 4-22]는 방재실 SI설비 실시설계도면 블록 예시도를 나타낸다.

그림 4-22 방재실 SI설비 실시설계도면 블록 예시도

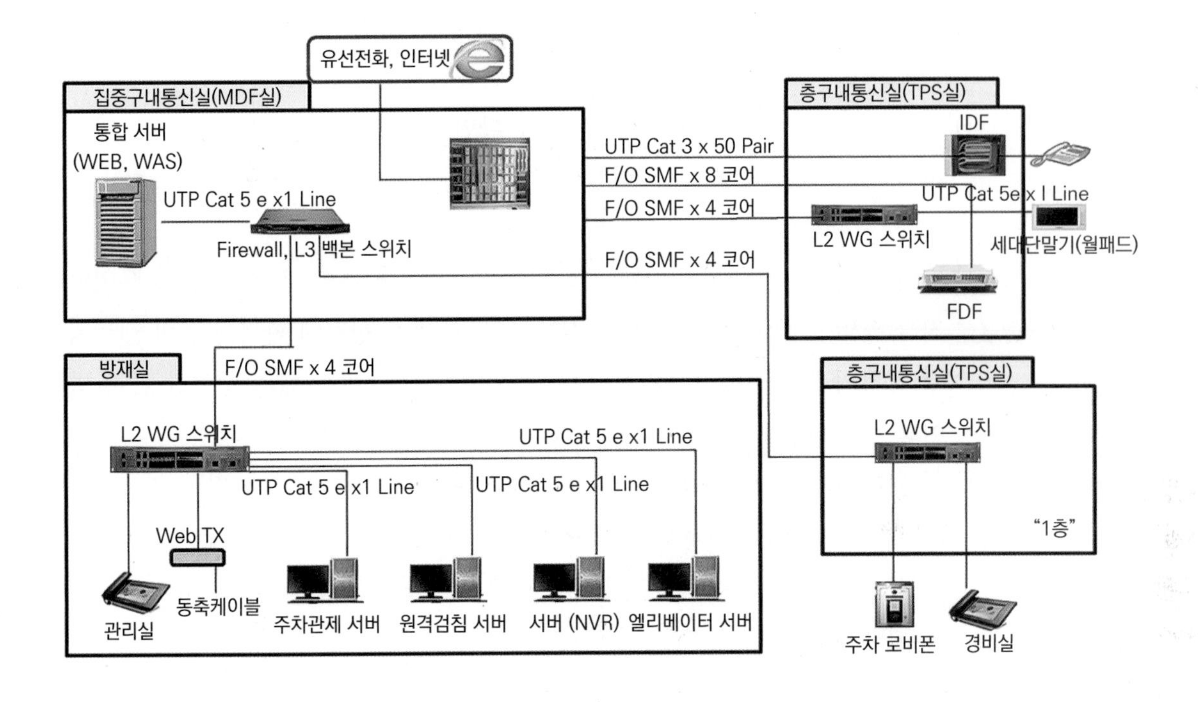


# 1 방재실 SI설비 실시설계도면 검토 체크리스트

## 1) 방재실 SI설비 도면 검토를 위한 가이드라인

방재실 SI설비 실시설계도면 검토를 위한 가이드라인으로는 다음 규정을 숙지해야 한다.

가) "초고속정보통신건물인증 제도"의 홈네트워크 인증등급: 해당 아파트의 홈네트워크 인증 등급이 AAA, AA, A 등급 중 어느 등급인지 확인한 후, 설계 내역이 충족되는지 확인한다.

### 2) 방재실SI설비 도면 검토를 위한 체크리스트

가) 방재실 서버들의 네트워킹 상황을 확인한다. 서버를 L3백본 스위치에 연결하는 케이블이 SMF광케이블인지 UTP케이블인지 확인한다.

나) 방재실 SI 서비스 시나리오의 종류를 확인한다. 종전 시나리오는 화재 발생 시나리오, 침입 시나리오, 전력 피크치 초과 시나리오, 세대 경보(가스, 화재, 침입 등) 시나리오 등이 일반적이다.

다) 단지가 넓어서 방재실이 2개 이상일 경우, 단지별 분리 운영 vs 통합 운영인지를 확인한다. 분리 운용 또는 통합운영 중 방식 선택에 따라 SI설비 네트워킹 상황이 달라진다. 그리고 관리사무소의 보안 경비 인력의 주야간 근무 방식도 달라진다.

라) SI 서버들의 이중화 범위를 확인한다. 아파트의 경우, 통합서버만 이중화된다. 그러나 회사나 중요한 단체의 경우, 이중화 범위가 확대될 수 있다. 이중화 적용기준은 해당 설비 운용 중단시 미치는 영향과 파급 영향을 우선적으로 고려해야 한다.

마) 통합SI 시나리오는 건축, 기계, 전기, 소방 등 모든 분야의 설비들과 상호연동 및 데이터를 주고받아야 한다. 메인 컨트롤 역할을 하는 것이 정보통신분야이므로 주도적으로 진행해야 한다.

바) 전기, 기계, 소방분야도 각각의 통합관제 SCADA시스템(중앙제어시스템, 자동제어시스템, 화재감시시스템)을 구축 · 운영하고 있다.

사) 이때, 모든 시스템이 TCP/IP프로토콜 기반이라면 연동하기가 수월하지만, 별도의 프로토콜 Modbus, Backnet, RS-485 등을 사용하면 프로토콜을 변환하고 연동하기 위한 별도의 장비가 추가되어야 한다.

아) 통합SI설비는 준공 후 유지보수업체에 넘어가게 되면, 애물단지가 되는 경우가 많다. 그 이유는 운영을 위한 필수 인력이 없고 기계 · 전기 · 소방분야 개별 시스템을 운영하기 때문에 통합SI의 필요성을 느끼지 못한다.

자) 많은 연동시나리오(화재 · 침입 · 전력 등)을 구성하는 것보다, 심플하면서 핵심이 되는 시나리오 1개~2개 정도가 가장 적정해 보인다. 그러나 4차 산업혁명시대를 맞아 스마트홈이 본격적으로 활성화 되면 SI연동 시나리오는 증가할 가능성이 크다.

**참고** [감리현장실무: SI 실시설시 도면 검토(마지막편, 16편), #방재실SI설비도면 검토 체크포인트 ] 2020년 7월 16일

**권고 사항!**

감리 현장에서 방재실과 MDF실에 설치되는 각종 서버를 확인하고, SI 연동 시나리오 종류를 확인하기 바란다.
그리고 스마트홈 시대를 맞이하여 아파트에 적용할 수 있는 기발한 SI 연동 시나리오를 구상해보기 바란다. Post Corona시대의 새로운 SI 시나리오의 출현이 가능할 것이다.

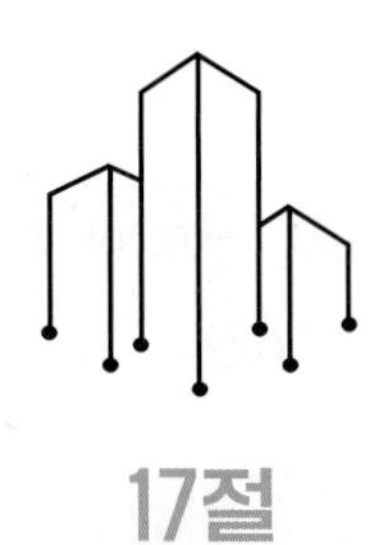

# 17절

# 전기차 충전기설비 도면 실전 검토

전기차 충전기설비 도면은 전기 도면에 포함되어 있다. 지하 주차장 전기차 충전기설비와 방재실 관련 서버와의 네트워킹은 정보통신 감리 소관의 홈네트워크를 경유하므로 정보통신 감리와도 관련이 된다.

[그림 4-23]은 전기차충전기설비도면 블록 예시도를 나타낸다.

**그림 4-23 전기차충전기설비도면 블록 예시도**

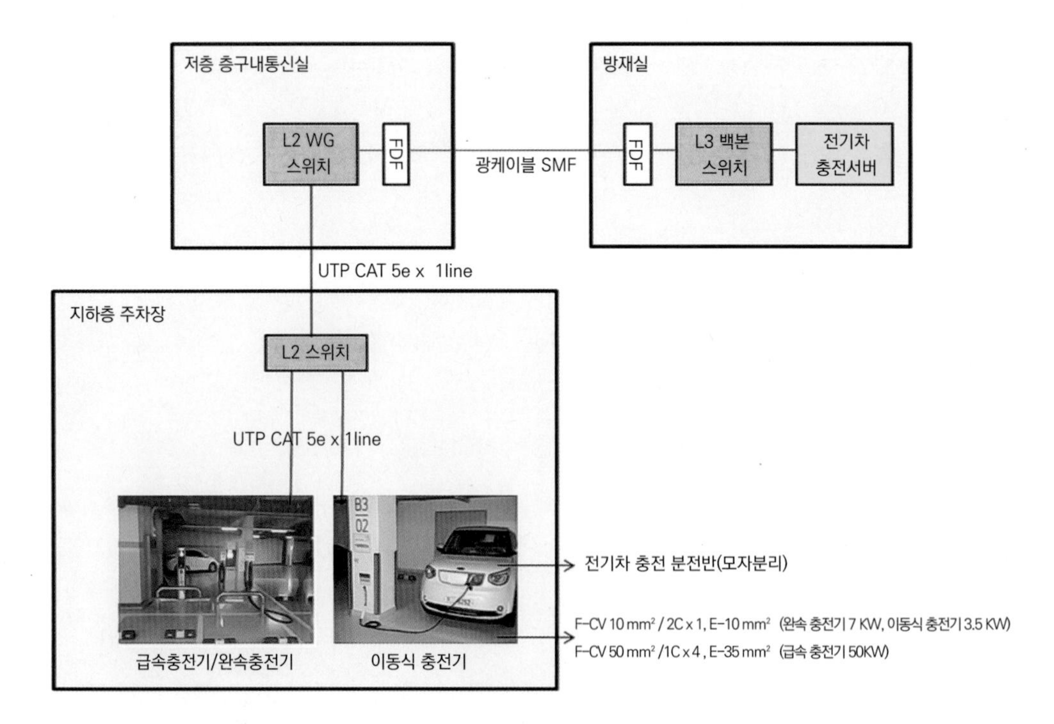

## 1 전기차충전기 설비 실시설계도면 검토 체크리스트

### 1) 전기차충전기 설비 도면 검토를 위한 가이드라인

전기차충전기 설비 실시설계도면 검토를 위한 가이드라인으로는 다음 규정을 숙지해야 한다.

가) "주택건설 기준 등에 관한 규정" 제27조(주차장), "주택 건설 기준 등에 관한 규칙" 제6조 2(주차장의 구조 및 설비)의 4항 "환경 친화적 자동차 개발 및 보급 촉진에 관한 법률" 제2조(정의) 3호 등에서 규정한 내용을 전기충전기 설계내역이 만족하는지를 확인한다.

### 2) 전기차충전기 설비 도면 검토를 위한 체크리스트

가) 전기차 충전기 설비는 전기감리 영역이지만, 방재실 관련 서버(또는 외부 관리업체 서버)와의 네트워킹이 정보통신설계 도면에 반영되어 있는지 확인하기 바란다.

나) 이동형 전기차 충전기용 콘센트를 이용하는 입주자로부터 충전요금을 받기 위해 방재실 전기차 충전기설비 관리 서버(또는 외부 관리업체 서버)와 인터워킹이 이루어져야 하는데, 이를 위한 네트워킹이 설계에 반영되어 있는지 확인해야 한다. 충전기용 콘센트와 지하층 천장 몰드바간에는 부분적으로 BLE 등과 같은 무선으로 연결되기도 한다.

다) 전기차 충전기 설비가 전기감리 소관이지만, 전기차 충전기 상태 모니터링, 설치 환경에 따른 충전 요금 계산 및 수금 관련 기능이 적절한지 여부를 검토하는 업무를 정보통신감리자가 지원해주는 게 좋다.

**참고** [감리현장실무: 틈새 설비 실시설계 도면 Keypoint 검토(1편), #전기차 충전기 설비도면 검토 체크포인트] 2020년 7월 17일

**권고 사항!**

이동형 전기차 충전기용 콘센트에는 220V를 공급하는 전기케이블 HFIX와 충전 요금을 부과하기 위한 RFID 식별과 전기 사용량을 방재실 서버(또는 외부 관리업체 서버)로 전달하기 위한 정보통신 케이블 UTP/STP케이블이 배선될 텐데, CD 16C 배관 시공시 이격거리 6㎝ 이상 되는지 확인이 필요하다. CD배관 대신에 프렉서블 스틸배관을 사용하기도 한다.

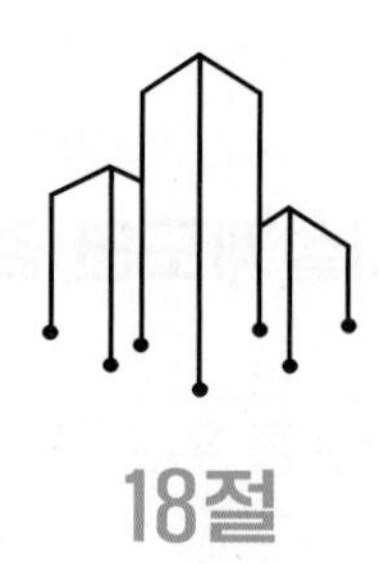

## 18절

# 홈네트워크 세대내부망설비 도면 실전 검토

홈네트워크 세대망을 통해 세대단말기(월패드)에 수용되어야 해당 설비가 스마트홈 제어에 포함된다. 예를 들어, 세대현관문의 디지털락이 세대단말기(월패드)에 유선이던, 무선이던 연결되어야 스마트홈 앱으로 외부에서 원격으로 세대문을 개방해줄 수 있다.

건축시 세대내 천장에 시공되는 시스템 에어컨이 세대단말기(월패드)에 수용되므로, 스마트홈 앱 제어 범위에 포함된다. 그러므로 홈네트워크 세대망을 검토할시 Keypoint는 세대단말기(월패드)에 수용되는 설비들을 확인하는 것이다.

[그림 4-24]는 홈네트워크 세대망 설비설계 블록예시도를 나타낸다.

**그림 4-24 홈네트워크 세대망 설비설계 블록예시도**

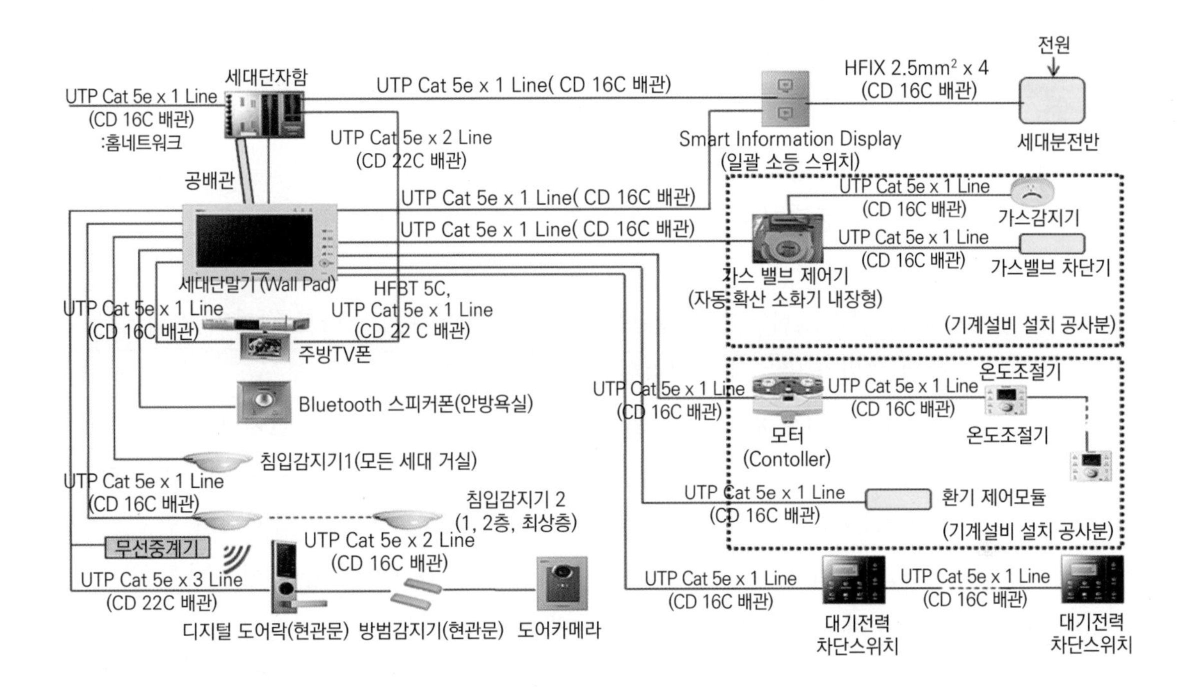


# 1 홈네트워크 세대망 설비 실시설계도면 검토 체크리스트

## 1) 홈네트워크 세대망 설비 도면 검토를 위한 가이드라인

홈네트워크 세대망 설비 실시설계도면 검토를 위한 가이드라인으로는 다음 규정을 숙지해야 한다.

가) "초고속정보통신건물인증 제도" 중 홈네트워크건물 등급에 해당 아파트의 등급이 AAA, AA, A 중 어느 등급인지 확인하고 설계 내역이 충족되는지를 확인한다.

## 2) 홈네트워크 세대망 설비 도면 검토를 위한 체크리스트

가) 홈네트워크 단지망과 세대망간의 연동하는 홈게이트웨이가 분리형인지 또는 월패드 통합형인지를 확인한다. 홈게이트웨이 분리형은 세대단자함 주변의

배관 밀집 문제로 인해 통합형이 보편화되었다.

나) 홈내부 환경 관리, 편의시설, 홈오토메이션 등과 관련되는 설비들은 가능한 많이 세대단말기(월패드)에 수용되는지 확인한다.

다) 입주 후 추가로 시공되는 각종 가전기기, A/V기기들을 무선으로 세대단말기(월패드)에 수용하는 여지가 있는지 확인한다.

라) 스마트홈 등급이 AAA인 경우, 홈네트워크 설계내역이 등급 조건을 충족하는지 확인한다.

마) 세대단말기(월패드)에 연결되는 설비들을 확인해서 스마트홈 관리 범위에서 누락된 설비가 없는지를 점검해야 한다.

바) 에어컨, 공기청정기, 로봇청소기, 냉장고, 세탁기, 오븐, 선풍기, 가습기 등과 같은 가전기기들을 세대단말기(월패드)와 연동시켜서 스마트홈 제어 대상에 포함시키는 방안을 확인한다. 요즘 신형 가전에는 WiFi가 탑재되어 있고, 구형 가전에는 리모컨과의 연동을 위한 적외선(IR)통신 모듈이 탑재되어 있는데, 이것을 세대단말기(월패드)와 연동에 이용할 수 있다.

사) Post Corona시대를 맞아 건축물에 코로나 바이러스 방어 설비들이 도입되고 있는데. 이런 설비들도 세대단말기(월패드)에 수용되는지 확인한다.

**참고** [감리현장실무: 틈새 설비 실시설계 도면 Keypoint 검토(2편), #홈네트워크 세대내부망 설비도면 검토 체크포인트] 2020년 7월 21일

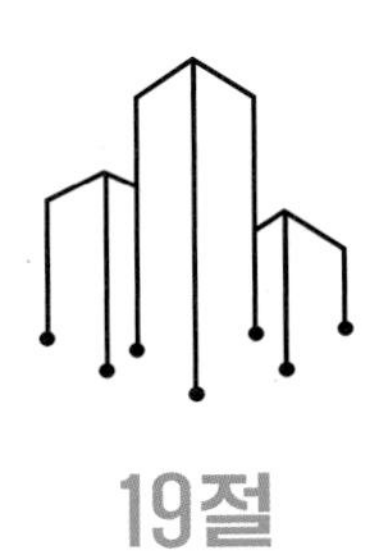

# 19절

# 어린이집 정보통신설비 도면 실전 검토

아파트 감리현장의 경우, 아파트 동에만 관심을 집중하고 부대설비에 대한 관심이 떨어지는 경향이 있는데, 오히려 부대설비에서 헛점이 많이 발견되므로 실시설계도서 검토시 주의깊게 해야 한다.

어린이집 설계도면 검토시 키포인트는 CCTV설비이다. CCTV설비에 관심을 갖고 검토하기 바란다. 만약 건축시 CCTV배관배선을 시공하지 않으면, 어린이집 운영자가 노출 배관으로 시공해야 하므로 미관도 좋지않고 건물도 훼손되는 등 문제가 발생한다.

## 1 어린이집 CCTV 설비 실시설계도면 검토 체크리스트

### 1) 어린이집 CCTV 설비 도면 검토를 위한 가이드라인

어린이집 CCTV 설비 실시설계도면 검토를 위한 가이드라인으로는 다음 규정을 숙지해야 한다.

가) "영유아보호법"/시행령/시행규칙 등에서 규정하는 CCTV설비 관련 내용이 설계에 제대로 반영되어야 한다.

### 2) 어린이집 CCTV 설비 도면 검토를 위한 체크리스트

가) 어린이집 내부에 CCTV카메라를 사각없이 설치할 수 있게 배관 배선이 설계에 반영되는지 확인한다.

나) 아파트 자체 CCTV설비 중 아파트 어린이집 입구를 모니터링할 수 있는 CCTV카메라가 설계에 반영되어 있는지 확인한다.

다) 어린이집 CCTV카메라 영상을 저장하는 NVR이 일반인이 접근할 수 없는 장소에 시공되고, 저장 용량이 2개월 이상 되는지 확인한다.

라) 어린이집 내부 각종 인출구는 어린이들의 손이 닿지 않는 높이로 설계되어 있는지 확인한다.

**참고** [감리현장실무: 특새 설비 실시설계 도면 Keypoint 검토(3편), #어린이집 정보통신 설비도면 검토 체크포인트] 2020년 7월 22일

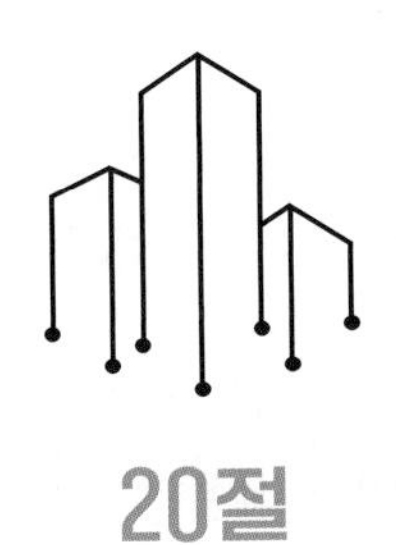

# 20절
# 야외 CCTV카메라설비 도면 실전 검토

야외에 설치되는 CCTV카메라의 시공 방법은 현장에 따라 너무 다양하다. 표준화된 시공기준이 없는 상황이다.

## 1 야외 CCTV카메라 설비 실시설계도면 검토 체크리스트

### 1) 야외 CCTV카메라 설비 도면 검토를 위한 가이드라인

CCTV 관련 법규는 많이 있지만, 야외 설치되는 CCTV카메라 시공 기준에 관한 법 규정은 없는 것 같다. 야외 CCTV카메라 설비 실시설계도면 검토를 위한 가이드라인으로는 다음 규정을 숙지해야 한다.

가) 야외 CCTV카메라는 실내 CCTV카메라에 비해 다음과 사항에 특히 신경을 써야 한다.

- ◆ 전송구간 길이: 전송거리에 따라 케이블 종류 선택(UTP 80m 이내)
- ◆ 낙뢰 서지 방어 대책: 접지(피뢰접지와 함체접지), SPD(20KVA)
- ◆ 전기적 간섭에 대비한 차폐 특성: STP(SF-UTP)케이블, 광케이블
- ◆ 방진방수 IP 규격: IP 66 규격 이상의 CCTV카메라와 함체
- ◆ 야간 영상 식별 특성: IR(Infrared) CCTV카메라

### 2) 야외 CCTV카메라 설비 도면 검토를 위한 체크리스트

LH 아파트 건축현장에서 적용하는 야외 CCTV카메라 시공방식이 권고할 만하다.

- ◆ 차폐를 위해 STP(SF-UTP)케이블 사용
- ◆ 외부함체 단독 접지(Pole하부에 Local 접지)
- ◆ IR(Infrared) 성능 (밝기 및 최대 사용시간)

**참고** [감리현장실무: 틈새 설비 실시설계 도면 Keypoint 검토(4편), #야외CCTV카메라 설비도면 검토 체크포인트] 2020년 7월 28일

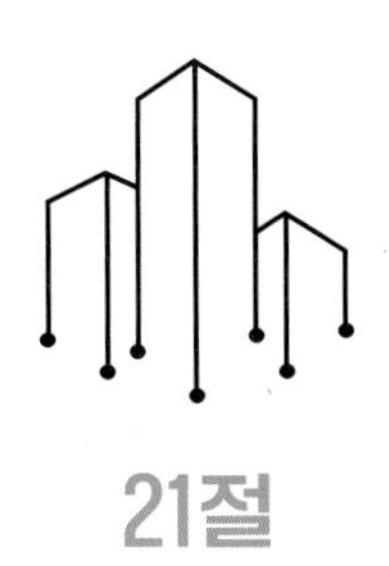

21절

# 세대출입문 디지털도어락설비 도면 실전 검토

종전에는 아파트 세대문 디지털락을 입주후에 입주자들이 설치했는데, 요즘은 건설사들이 건축범위에 포함시켜 시공하는 추세이다. 그리고 세대 출입문 제어를 스마트홈 범위에 포함시키기 위해 세대 출입문 디지털락을 홈네트워크 월패드에 연결시키는 것이 보편적이다.

[그림 4-25]는 세대출입문 디지털 도어락 설계도면 블록예시도를 나타낸다.

**그림 4-25 세대출입문 디지털 도어락 설계도면 블록예시도**

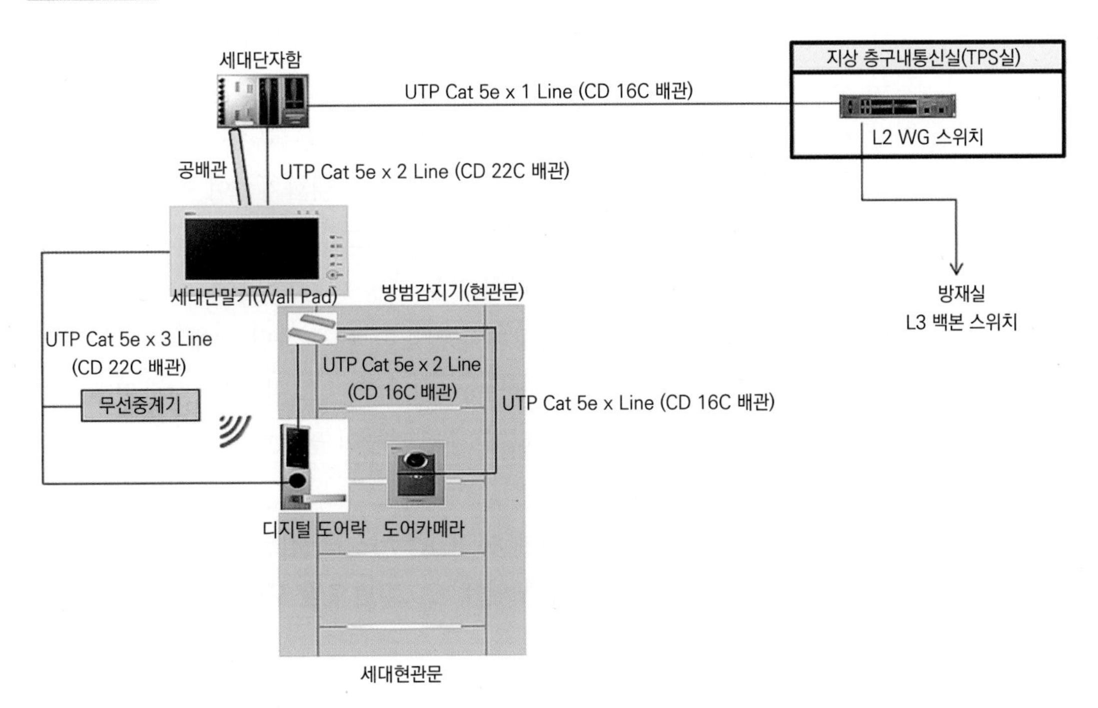

## 1 세대출입문 디지털 도어락 실시설계도면 검토 체크리스트

### 1) 세대출입문 디지털락 설비도면 검토를 위한 가이드라인

가) "소방시설공사업법"에 따라 디지털 도아락도 갑종 방화문 기준에 따라야 한다.
나) 디지털 도어락은 "KS C 9806(디지털 도어락)" 표준을 충족해야 한다.

### 2) 세대출입문 디지털락 도면 검토를 위한 체크리스트

가) 인증 방식: 요즘 아파트 건축 현장에 설치되는 디지털 도어락은 생체(지문, 홍체, 정맥, 음성, 안면) 인식, RF(RFID 터치, ZigBee 접근) 인식, Password 인식 기능이 있다.

나) 인증을 위한 연동 방식: 지문, RFID태그, ZigBee 태그인식, PW인식 등을 방재실 서버에서 할 수도 있고, Locally로 디지털락 자체에서 할 수도 있다. 어느 것이 더 유리할까?
스마트 홈 App에 의한 외부에서 스마트폰으로 원격 문개방 기능은 홈네트워크를 통한 단지 서버와의 연동으로만 가능하다. 그러므로 방재실 관련서버와 연동해서 인증하는 방식 적용이 바람직하다.

다) 소방 관련법 요구 조건 "소방시설공사업법"에 따라 디지털 도어락도 갑종 방화문 기준에 따라야 한다. 갑종 방화문은 화염이 다가왔을때, 불길을 1시간 이상 차단할 수 있는 문을 가리킨다. 그러나 열차단은 규정하지 않는 비차열이다. 따라서 디지털 도어락에 화재 전이를 막는 내화기술이 적용되어야 하고, 고온(화재) 감지시 비상경보가 발령되어야 하고, 잠금 장치가 자동으로 해제 되어야 한다. 그리고 비상시 캡터치로 문 개방 기능도 있다.

라) 세대 내부에 화재가 발생하면, 당황해서 평소에 쉽게 하던 세대 출입구 문 개방하는 방법을 몰라서 대피하지 못하는 사례가 있다고 한다. 그래서 비상상황 발생시 잠금장치 해제기능이나 캡터치 개방 기능이 필요하다.

**참고** [감리현장실무: 틈새 설비 실시설계 도면 Keypoint 검토(5편), #세대출입문 디지털도어락 설비도면 검토 체크포인트] 2020년 7월 30일

**권고 사항!**

방화문은 건축감리와 소방감리 소관 사항이지만, 홈네트워크에 디지털 도어락을 연결하는 시공 과정에서 방화문 법적인 조건을 훼손하는 일이 일어난다면 정보통신감리자도 책임이 있지 않을까. 관심을 갖고 점검해야 한다.

어떤 현장에서 세대문 디지털 도어락 시공시 유선으로 연결하는 과정에서 세대 방화문 훼손이 발생했고, 그것이 방재청에서 지적을 받았다면, 수천 세대 출입문 재시공 요구가 발생한다. 시공사는 엄청난 손해가 발생하고, 건축감리, 정보통신감리, 소방감리 등도 그 실수로 부터 자유롭지 못하다. 현장에선 세대출입문(방화문)에 디지털 락을 어떻게 시공하는지 확인해 보기 바란다.

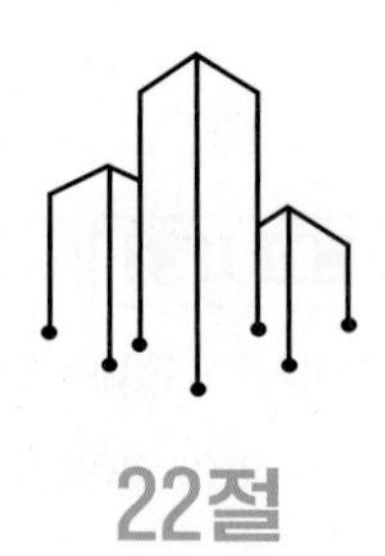

# 22절

# 세대 Gas설비 도면 실전 검토

아파트 세대내 가스 관련 설비와 가스 화재에 대한 방화 설비 구축 내용을 아파트 홈네트워크 도면으로 확인해본다. 특히 가스 관련설비는 안전에 대한 고려가 중요하다.

## 1 세대내부 Gas 설비 실시설계도면 검토 체크리스트

### 1) 세대내부 Gas 설비 도면 검토를 위한 가이드라인

세대내부 Gas 설비 실시설계도면 검토를 위한 가이드라인으로는 다음 규정을 숙지해야 한다.

가) "도시가스 안전관리 기준 통합 고시" 등 가스 관련 안전 규정을 Gas 관련설비 설계도면이 충족하는지를 확인한다.

### 2) 세대내부 Gas 설비 도면 검토를 위한 체크리스트

가) 세대 내부 Gas 설비들이 제대로 네트워킹이 되는지 확인해보기 바란다.
나) 가스 감지기 설치 위치와 높이가 적절한지 확인해보기 바란다.
다) 가스 설비가 원격검침설비와 적절하게 네트워킹되는지 확인해보기 바란다.
라) 가스 감지기가 아날로그 감지기인지, 기존 감지기인지 확인하기 바란다.
마) 가스 감지기가 Local로 동작하는지, 홈네트워크를 통해 방재실 화재수신반으로 연동하는지 확인해보기 바란다. 대부분 홈네트워크 연동으로 운영되는 것 같다.

참고 [감리현장실무: 틈새 설비 실시설계 도면 Keypoint 검토(6편), #세대Gas설비 도면 검토 체크포인트] 2020년 7월 31일

**권고 사항!**

가스메터 설비와 원격검침설비가 어떻게 연결되는지 확인해보기 바란다. 감리 현장에서 Gas, 방화 설비 등 소방 분야와 연관 되는 게 많다. 소방감리분야와의 협업해서 분쟁 사례가 발생하지 않도록 하길 바란다.

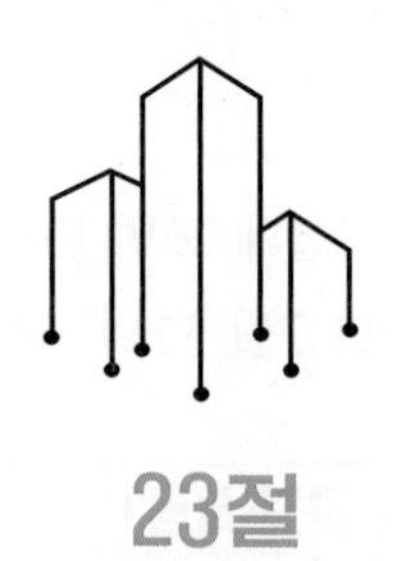

23절

# 무선통신보조설비/FM라디오/T-DMB지하층 중계망설비 도면 실전 검토

여러 건축 현장을 조사해보면, 지하층 FM라디오/T-DMB중계망설비를 소방용인 무선통신보조설비와 공용해서 구축하는 경우와 독자적인 중계망을 구축하는 경우가 혼재하는 상황에 있다. 무선통신보조설비를 공용하는 현안은 소방감리자의 의견도 중요하다.

## 1 지하층 FM라디오/T-DMB중계망설비 실시설계도면 검토 체크리스트

### 1) 지하층 FM라디오/T-DMB중계망 설비 도면 검토를 위한 가이드라인

지하층 FM라디오/T-DMB중계망 설비 실시설계도면 검토를 위한 가이드라인으로는 다음 규정을 숙지해야 한다.

가) "NFSC-505(무선통신보조설비)"에서 공용이 허용된 내용을 설계 내역이 충족하는지를 확인한다.

나) "방송공동수신설비 설치 기준에 관한 고시"에서 FM라디오와 T-DMB에 관해 규정된 내용을 설계내역이 충족하는지를 확인한다.

## 2) 지하층 FM라디오/T-DMB중계망 설비 도면 검토를 위한 체크리스트

가) 지하층 FM라디오/T-DMB중계망설비가 소방용 무선통신보조설비와 결합되어 있는지, 분리되어 있는지를 확인한다.

나) 감리현장에서 지하층 FM라디오/T-DMB 중계망이 소방용 무선통신보조설비상에 중첩해서 구축되는 것으로 되어 있으면 분리를 권고하기 바란다.

다) 지하층 FM라디오/T-DMB중계망이 독자적으로 구축되어 있을 경우, 전송매체가 HFBT-7C 또는 HFBT-10C인 것을 확인하기 바란다. 만약 이동통신 중계용으로 사용되는 ECX나 SWT로 설계되어 있으면, HFBT로의 변경을 권고하기 바란다. HFIX동축케이블은 3중 차폐인데 비해, ECX동축케이블은 2중 차폐이기 때문이다.

라) 만약 지하층 FM라디오/T-DMB중계망이 누설동축케이블(LCX)로 설계되어 있으면, 일반 동축케이블을 사용하는 중계기 안테나 방식으로 변경을 강력하게 권고하거나 지시하기 바란다.

**참고** [감리현장실무: 틈새 설비 실시설계 도면 Keypoint 검토(9편), #무선통신보조설비&FM라디오/T-DMB지하층 중계망 설비도면 검토 체크포인트] 2020년 8월 6일

**권고 사항!**

해당 건축물의 허가 신청일시가 2015년 8월 이후여서 T-DMB가 법적 의무 대상이 아니더라도 독자적인 지하층 FM라디오/T-DMB 중계망 구축을 권유하기 바란다.

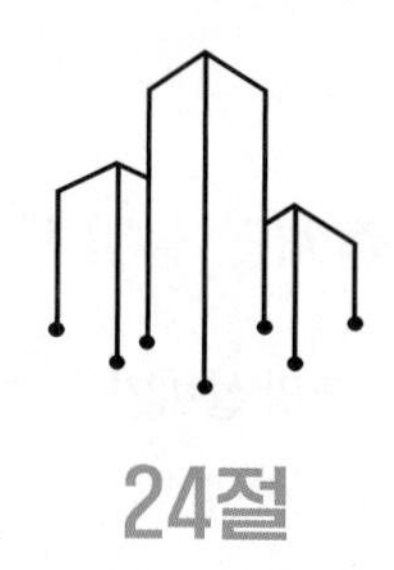

# 24절

# 세대내부 WiFi설비 도면 실전 검토

아파트 세대 내부 WiFi는 건설사, 통신사, 이용자 등 다양한 주체에 의해 설치될 수 있다. 여기서는 설계도면에 반영되어 건설사에 의해 시공되는 WiFi에 관한 것이다. “초고속정보통신건물 인증” 특등급이면, 세대내 거실 천장에 WiFi를 건설사가 시공한다.

[그림 4-26]은 세대 내부 거실 천장 WiFi 설비 실시설계도면 블록도를 나타낸다.

그림 4-26 세대내부 거실 천장 WiFi 설계도면 블록예시도

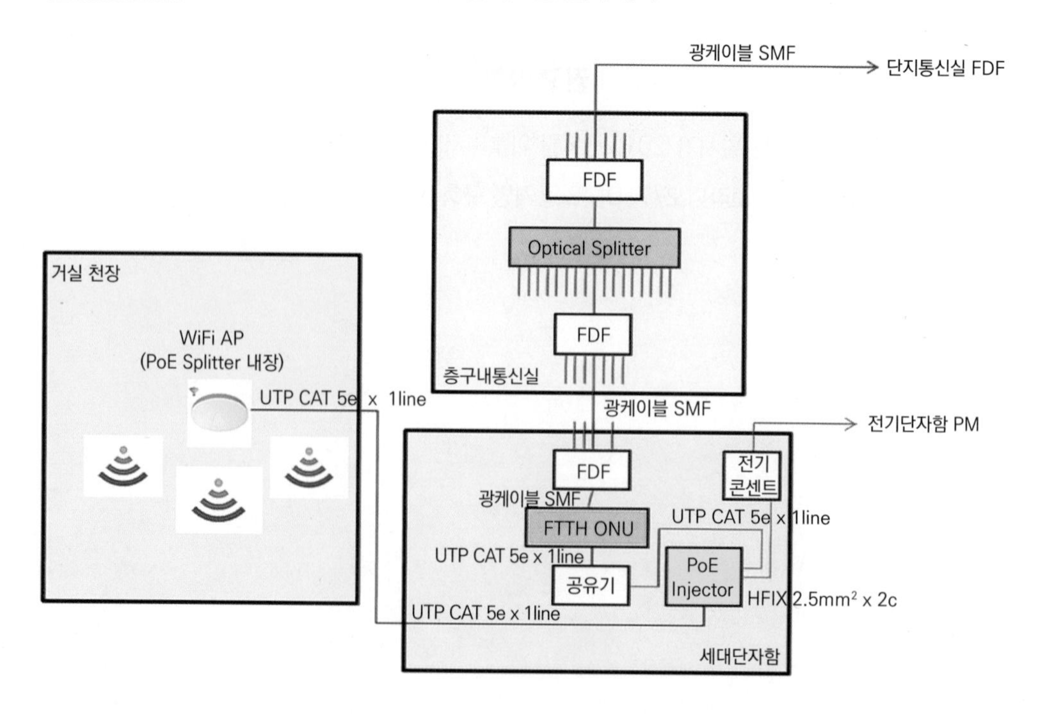

## 1 세대 내부 WiFi 설비 실시설계도면 검토 체크리스트

### 1) 세대내부 WiFi 설비 도면 검토를 위한 가이드라인

세대내부 WiFi 설비 실시설계도면 검토를 위한 가이드라인으로는 다음 규정을 숙지해야 한다.

가) "초고속정보통신건물인증지침"에서 규정된 세대내부 WiFi 관련 규정을 설계 내용이 만족하는지를 확인한다.

### 2) 세대 내부 WiFi 설비 도면 검토를 위한 체크리스트

가) 세대 내부에 설치되는 WiFi AP 규격이 IEEE 802.11ax(WiFi 6)인지를 확인해야 한다.

나) 세대 내부 WiFi AP를 연결하는 백홀용 케이블 규격을 확인한 결과, UTP Cat5e x 1line이여도 1Gbps속도에서는 병목이 되지 않지만, 향후 10Gbps로의 업그레이드에 대비해서 UTP Cat 6a이상의 규격으로 변경을 권유하기 바란다.

다) 아파트 세대 면적이 110㎡을 초과하는 경우, WiFi서비스 커버리지는 고려하여 세대당 2개 AP를 설계에 반영하였는지 확인한다. 세대 천장 WiFi AP가 2개 이상 시공되면 세대단자함내에 PoE Injector 설치 공간을 고려해야 한다.

라) 세대 거실 천장에 WiFi AP를 설치하면, 거실과 침실의 전화/인터넷/TV인출구가 1개씩 이여도 특등급으로 인증받을 수 있다. 그러나 특등급으로 인증받을 예정인 아파트 세대는 거실 와이파이가 있더라도 인출구를 2개씩 시공토록 권유하기 바란다.

**참고** [감리현장실무: 틈새 설비 실시설계 도면 Keypoint 검토(10편), #세대내부 WiFi 설비도면 검토 체크포인트] 2020년 8월 8일

**권고 사항!**

감리하고 있는 현장의 WiFi 관련 사항들, WiFi AP 규격, 백홀 케이블 규격 등이 적절한지 검토해보기 바란다.

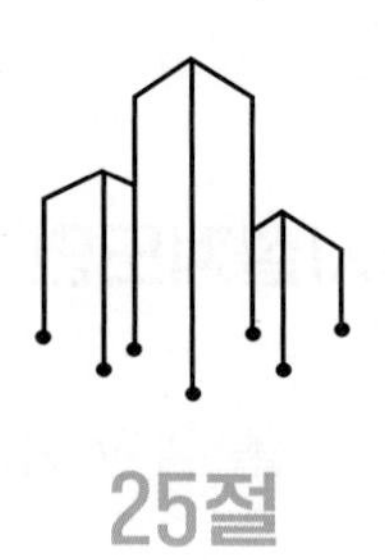

# 25절

# 아파트단지상가 정보통신설비 도면 실전 검토

## 1 아파트단지상가 실시설계도면 검토 체크리스트

### 1) 아파트 단지 상가 설비 도면 검토를 위한 가이드라인

아파트 단지 상가 설비 실시설계도면 검토를 위한 가이드라인으로는 다음과 같은 특성을 숙지해야 한다.

가) 아파트 분산상가/지하철 연계 상가는 아파트 단지와 운영주체가 분리된다. 이에 따라 전기, 기계, 소방, 정보통신 등의 설비가 아파 동/부대복리시설과는 분리되어 구축되고 준공 이후 운영도 독립적으로 이루어진다. 그러므로 한전 전기 입전, 통신사 KT, SK BB, LGU+ 등의 전화와 초고속인터넷 구축용 케이블이 따로 인입된다.

나) 분산상가는 상가 Room 수가 10여개 전후이고, 지하철 연계 상가는 Room 수가 수백 개 규모이므로 구축되는 정보통신/방송 설비가 서로 다르다. 그래서 지하철 연계 상가는 통신실과 방재실이 별도로 구축되는데 비해, 분산상가는 통신실을 따로 확보하거나 관리실 공간을 같이 사용하기도 한다.

다) "방송통신설비 기술기준에 관한 규정"과 "접지설비구내통신설비선로설비 및 통신공동구 등에 관한 규정" 개정으로 주거용과 업무용 건물의 End User단까지 SMF 광케이블 인입을 법으로 규정하여 FTTH, FTTO가 의무화되었다. 그러나 상가는 주거용도 아니고 업무용 건물도 아니어서 애매한 상황인데, 상가건물의 최소 단위 가게까지 광케이블 인입이 설계에 반영되었는지 확인하

고, 반영되지 않았으면 광케이블 인입을 권유한다.

### 2) 아파트 단지 상가 설비 도면 검토를 위한 체크리스트

가) 아파트에 구축되는 정보통신 방송 설비 중 아파트 상가에는 설치되지 않거나 다르게 시공되는 설비를 점검한다.

나) 주차관제설비: 규모가 작은 분산 상가에는 주차장 공간이 적으므로 설치되지 않고, 규모가 큰 지하철 상가에는 주차요금 카드결제 기능 내장된 주차관제설비가 시공된다.

다) 원격검침 설비: 세대에는 5종(전력, 온수, 난방, 수도, 가스 등) 원격 검침설비가 시공되는데 비해, 상가에는 5종 모두 시공되질 않고, 1, 2, 3, 4종 등 선별적으로 다양하게 시공된다. 그것이 해당 상가 Room에 적절하지 검토해야 한다.

라) 전관방송/비상방송설비: 상가는 층수가 5층 이하로 낮기 때문에 비상방송을 선별적으로 송출하는 RX수신반은 NFSC-202(비상방송설비의 화재안전기준)에 의해 시공되지 않는다. NFSC-202 제4조(음향장치)에 의하면, 층수가 5층 이상, 연면적 3000㎡을 초과하는 건물에 적용된다.

마) 기타설비

◆ 홈네트워크: 시공되지 않음

◆ 원패스: 시공되지 않음

### 3) 아파트 단지와 달리 아파트 상가를 대상으로 특별하게 고려해야 할 설비를 점검한다.

가) 상가 주차장은 유료로 운영되는 경우가 많으므로 주차요금을 징수할 수 있는 카드 결제 시스템을 주차관제설비에 갖추어야 한다. 그리고 출차시 정체 현상을 방지하기 위하여 주차요금 사전 정산기를 배치하면 효율적이다. 주차요금 사전 정산기를 주차 이용자들의 동선을 고려해서 적절한 위치에 배치해야 한다.

나) 상가 주차장은 불특정 다수가 이용하므로 주차장 구조에 익숙하지 않은 이용자들을 위해 주차유도 설비를 갖추면 빈 주차공간을 찾기위해 배회하는 시간을 줄일 수 있으므로 주차공간을 증설하는 효과가 있다.

**참고** [감리현장실무: #아파트단지내 상가 정보통신설비관련 Q&A] 2021년 10월 23일

Chapter 05

# 시공단계 감리업무 수행

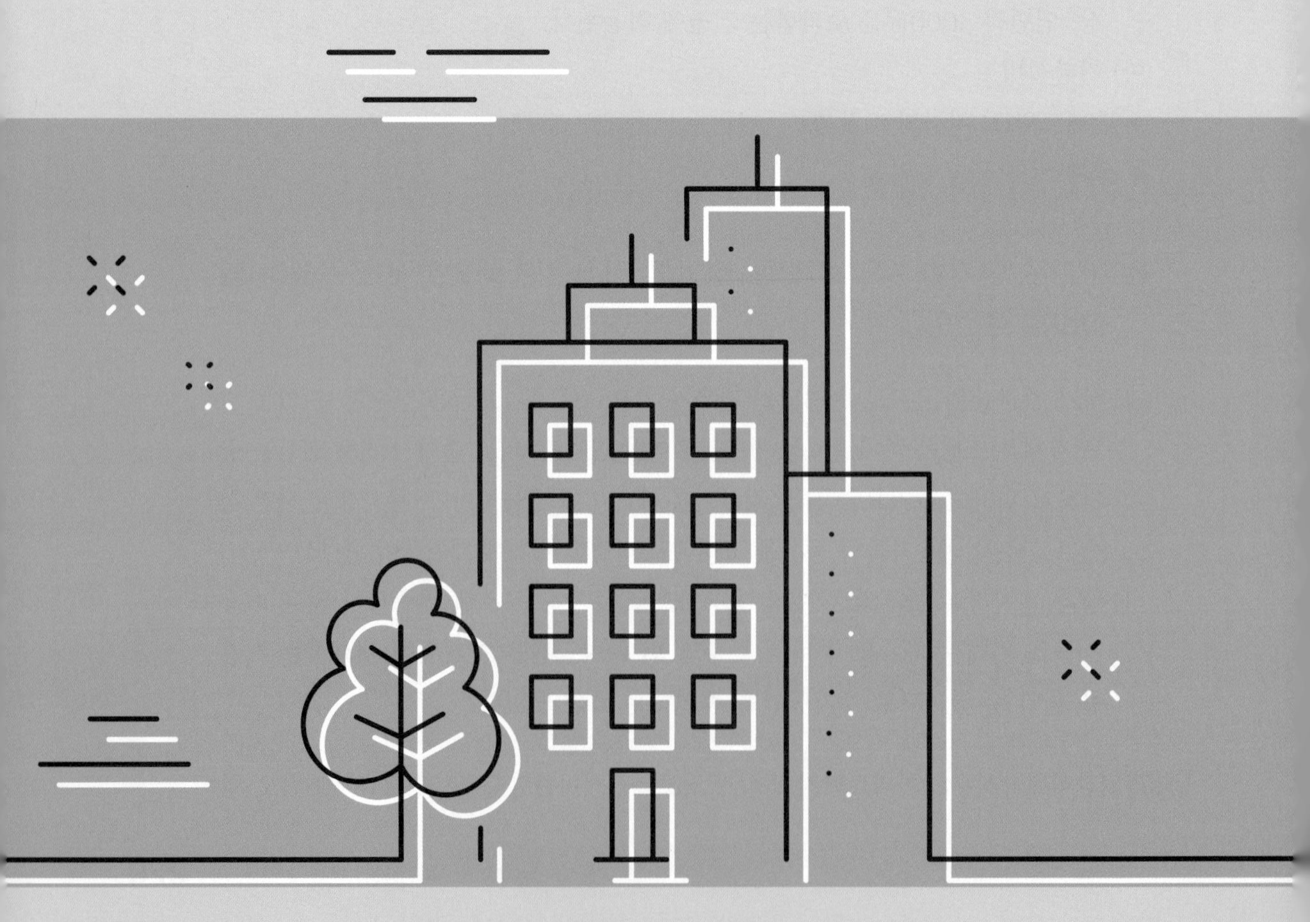

1절 시공계획서 검토

2절 주요 기자재 수급, 승인 및 검수업무 등 자재 관리

3절 공정관리

4절 안전관리

5절 환경관리

6절 품질관리

7절 검측(검사)

8절 시공상세도

9절 설계 변경

10절 전파조사

11절 기성관리

12절 감리원의 재시공 및 공사 중단명령

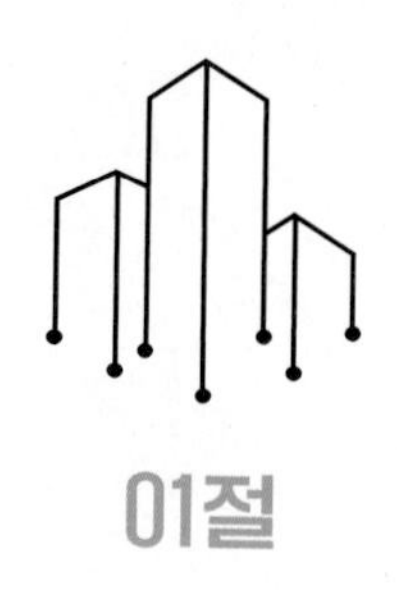

01절

# 시공계획서 검토

"시공계획서 검토 확인 업무" 노하우에 관해서 설명한다. "정보통신공사 감리업무 수행기준"(2019.12)의 제22조(시공계획서 또는 사업관리계획서의 검토 확인)에 관련 내용이 잘 정리되어 있다. 그러나 실제 감리 현장에선 이 규정대로 시행되지 않는 경우가 많은데, 감리단에서 시공사로 지시해서 이행토록 해야 한다.

## 1 시공계획서 승인 등 검토 절차

감리원은 공사업자가 작성하여 제출한 "시공계획서" 또는 "사업관리 계획서"를 공사 착공일로 부터 30일 이내에 제출받아 이를 검토 확인하여 7일 이내에 승인하여 시공하도록 해야 하고, 시공 계획서의 보완이 필요한 경우에는 그 내용과 사유를 문서로써 공사업자에게 통보해야 한다.

시공계획서 또는 사업관리계획서에는 다음 내용이 포함되어야 한다.

◆ 현장 조직표
◆ 공사 세부공정표
◆ 주요 공정의 시공절차 및 방법
◆ EPC(Engineering, Procurement, Construction)계약의 경우에는 실시설계 계획과 기자재 구매절차 및 방법 포함(공동주택은 대부분 해당사항 없음)
◆ 시공 일정
◆ 주요 장비 동원 계획

◆ 주요 기자재 및 인력 투입계획
◆ 주요 설비
◆ 품질, 안전, 환경 관리 대책 등

감리원은 시공계획서를 공사착공 신고서와 별도로 실제 공사 시작 전에 제출받아야 하며, 공사 중 시공계획서에 중요한 내용에서 변경이 발생한 경우에는 그때마다 변경된 시공계획서를 제출받아 검토 확인하여 승인한 후 시공토록 해야 한다.

## 2 고려사항

시공계획서 관련 업무는 대부분 현장에서 수행기준이 엄격하게 지켜지지 않는 게 현실이다. 물론 규정대로 수행되는 현장도 있으리라고 생각되지만, 정보통신 감리원은 시공사가 정보통신 착공신고서를 제출하고 나면, 정보통신공사 공종별 시공계획서 제출을 지시해야 하고, 내용이 누락되거나 충실하지 않으면 구체적으로 보완을 지시해야 한다.

특히 시공계획서에는 시공 현장에서의 품질 관리, 안전 관리, 환경 관리 등이 반드시 포함되어야 한다. 시공계획서 내용이 그런대로 만족스러운 수준으로 정리되면, 시공사로 하여금 그 내용을 시공사와 감리단 합동회의 자리에서 프레젠테이션 하게 하는게 좋다. 프레젠테이션 과정에서 시공사와 감리단이 그 내용을 다시 한번 리뷰하는 기회로 삼을 수 있을 뿐 아니라, 품질관리, 안전관리, 환경관리 업무 수행체계를 확인할 수 있다. 건축 현장에선 건축 감리단에서 주도적으로 챙기지만, 정보통신 분야 나름대로 챙겨야 할 일들이 있다.

감리단에서는 시공 결과를 검측(검사)할 때, 중점적으로 체크할 사항들을 시공사에게 피드백해서 시공 계획서에 반영되게 할 수 있다. 예를 들어 배관시공의 경우, 배관이 밀집된 부위에서 배관간 이격을 최대한 확보할 수 있게 하고, 배관을 정확하게 하부 철근과 상부 철근 사이에 위치하게 하고, 박스와 이음부는 가는 결속선으로 철근에 고정시켜 콘크리트 타설시, 밀려나거나 분리되지 않게 주의해서 시공할 것을 주문할 수 있고, 실제로 배관 시공검측(검사)시 확인해야 한다.

그리고 정보통신 배관 배선 시공 이후에 다양한 정보통신 설비별로, 예를 들어 지능형홈네트워크, 방송공동수신설비(SMATV/CATV), 영상정보처리기기(CCTV), 전관방송(비상방송), 원패스, 주차관제(주차유도), 원격검침, 무인택배 등의 시공이 이루어지는데, 이 경우에도 설비별 시공계획서를 제출하게 하고, 그 내용을 프레젠테이션 하도록 지시하는 게 좋다.

프레젠테이션시 해당 설비의 규격이 주요자재 승인 조건을 충족하는지를 확인할 수 있다. 설비 제조사별로 시공하게 되는데, 설비 제조사 현장 시공 관리자와의 상견례시에 시공계획서 제출 지시 및 프레젠테이션을 시행할때, 포함되어야 하는 목차를 제시해주면 시공계획서 완성도가 올라간다.

다양한 설비제조사 단위 시공이 준공 수개월 전에 집중적으로 이루어지므로 현장 안전관리에 신경을 써야 한다. 그리고 급하게 시공하는 경향이 있으므로 검측(검사)을 통해 철저하게 확인해야 한다. 이 과정을 통해 정보통신감리단은 해당 설비를 제대로 파악해서 검측(검사)시 적용할 체크리스트(ITP/ITC: Inspection Test Plan/Check)를 제대로 작성해서 철저하게 검사하고, 시공 품질도 확인해야 한다.

**참고** [감리현장실무: 시공단계의 감리업무 중 2편 #시공계획서 검토확인 업무 수행 노하우] 2020년 11월 11일

**권고 사항!**

감리단이 건축 현장에 진입하면 본격적인 시공에 들어가기 전에 시공사로 하여금 공사 착공 신고서에 이어서 시공계획서 제출을 지시해야 한다.
승인된 시공 계획서는 시공자로 하여금 프레젠테이션을 하게 지시해서 내용의 완성도를 높이고, 시공사와 감리단이 그 내용을 파악할 수 있게 하는 것이 효율적이다.

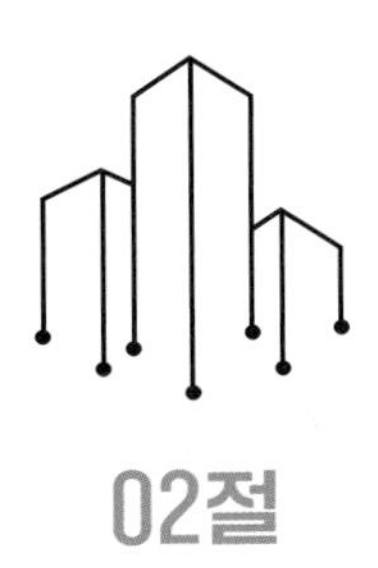

02절

# 주요 기자재 수급, 승인 및 검수업무 등 자재 관리

"정보통신공사 감리업무 수행기준"(2019.12)의 제25조(주요 기자재 수급계획과 공급원의 검토 승인), 26조(주요 기자재 및 지급기자재의 검수 및 관리)에 관련 내용이 잘 정리되어 있다. [그림 5-1]에 자재 관리 절차가 도시되어 있다.

그림 5-1 자재관리절차

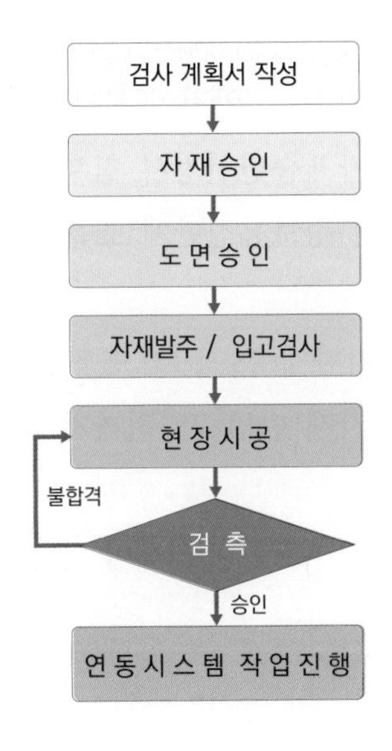


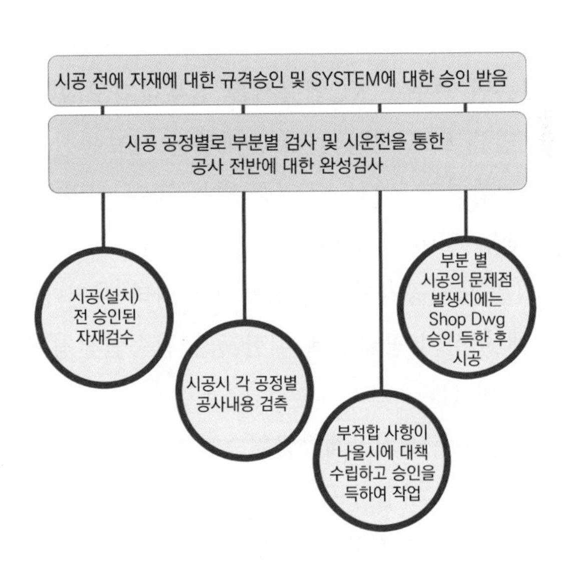

## 1 주요 기자재 승인절차

건축 자재는 한국공업규격 표시 제품(KS)을 원칙으로 하며, 규격 표시가 제정되지 않은 자재는 설계도서, 시방서상에 표시된 자재를 사용한다. 정보통신기기의 경우 기기인증 관련 기술기준이 없는 경우 인증 및 시험을 위한 규격은 산업표준화법에 따른 한국산업표준(KS)을 우선 적용하며, 필요에 따라 정보통신단체 표준(TTA) 등과 같은 관련 단체의 표준에 따라야 한다. "정보통신망 이용촉진 및 정보보호 등에 관한 법률"(정보통신망법) 제8조(정보통신망의 표준화 및 인증)에 따르면, 과학기술정보통신부장관은 정보통신망의 이용을 촉진하기 위하여 정보통신망에 관한 표준을 정하여 고시하고, 정보통신서비스 제공자 또는 정보통신망과 관련된 제품을 제조하거나 공급하는 자에게 그 표준을 사용하도록 권고할 수 있다. 다만, "산업표준화법" 제12조(한국산업표준)에 따른 한국산업표준이 제정되어 있는 사항에 대하여는 그 표준에 따른다.

예를 들어 홈네트워크 사용기기는 "지능형 홈네트워크 설비 설치 및 기술기준" 제13조(기기인증 등)에 따라 산업통상자원부와 과학기술정보통신부의 인증 기준에 따라 인증을 받은 제품이거나 이와 동등한 성능의 적합성 평가 또는 시험성적서를 받은 제품이여야 한다고 규정되어 있다.

감리단에서 주요자재 승인시 KS 등 표준인증서를 요구하니까 제조사에서 상대적으로 인증받기 쉬운 KC인증서를 첨부하기도 한다. KC인증은 '안전인증'과 '전자파 적합성 인증'으로 구분되는데, 대부분 정보통신설비의 자재승인신청시 첨부하는 자료로는 적합하지 않다. KS인증 받는 것이 여의치 않으면 정보통신단체 표준인 TTA 인증을 받는 것이 바람직하다.

감리원은 시공자에게 공정계획에 따라 사전에 주요 기자재(KS 의무화 품목 등)에 대하여 2개 이상의 공급원에 대한 공급원승인신청서를 기자재 반입 7일전까지 제출토록 관리해야 한다.

감리원은 주요 기자재공급원승인 요청시 다음 서류를 첨부토록 관리해야 한다.

- 공급자의 사업자 등록증사본(시 · 국세완납증명서)
- 공장 등록증 사본(납품장비가 공장제조 시)
- KS인증서 사본
- 제품설명서(카다로그)
- 납품실적 증명서

◆ 품질 시험대행 국공립시험기관의 시험성과(시험성과대비표)

발주처에 따라 첨부 서류가 약간씩 상이할 수 있다. 단, 관련 법령에 따라 품질검사를 받았거나 품질을 인정받은 기자재에 대해서는 예외로 한다.

감리원은 시험성적서가 품질기준을 만족하는지 여부를 확인하고 품명, 공급원, 납품실적 등을 고려하여 적합한 것으로 판단될 경우에는 "주요 기자재 공급원 승인요청서"를 제출받은 날로부터 7일 이내에 검토 승인해야 한다. 주요 기자재 공급원 승인 내역은 제조사, 품명 및 규격 등이다. 주요 기자재가 현장으로 반입되면 주요기자재 검수를 하게 되는데, 이때 승인 내역을 근거로 검수해야 한다.

감리원은 시공자에게 KS마크가 표시된 양질의 기자재를 선정하도록 관리해야 한다. 정보통신 기자재의 경우, L2스위치나 영상정보처리기기(CCTV) 처럼 KS규격이 없는 품목이 있다. 관급 공사현장에서 시공되는 정보통신 네트워크 장비의 경우 CC(Common Criteria) 보안인증서 또는 보안기능확인서를 요구하기도 한다.

그리고 각부처로 산재해있던 70여개의 법정 의무 인증 제도가 KC(Korea Crtification mark) 인증으로 일원화 되었다. 유럽연합에서 안전, 환경 및 소비자 보호와 관련으로 사용되는 CE(Conformite Europeenne mark)와 유사하다.

KC와 KS는 정부의 품질인증 제도인데, KC는 제품의 국내 정식 판매를 위해선 의무로 받아야 하고, KS는 의무는 아니지만 전체 산업분야에 널리 쓰이고 있다. 정보통신기기는 상용제품, 부속류, 제작품, 수입품 등 다양하고, 발주처에 따라 인증 요구가 복잡 다양하므로 자재 승인시 요구되는 품질 인증 조건도 복잡하다.

감리원은 주요 기자재공급원 승인 이후에도 지속적으로 사용자재의 품질 변화 여부를 관리해야 하며, 생산 중지 등 부득이한 경우에 대처할 수 있는 대책 마련을 지시해야 한다.

감리원은 주요자재 승인을 위한 검토과정에서 기술검토서를 작성하여 승인서류 처리시에 첨부하여 기록을 남기는 것이 효율적이다. 기술 검토서 작성을 통해 자재 승인 과정을 신중하게 처리할 수 있을 뿐 아니라, 이 주요자재가 현장 반입시 자재 검수과정에서 참고할 수 있기 때문이다.

자재는 발주자가 지급하는 지급 자재(관청이나 공공기관인 경우는 관급 자재)와 시공사가 구매하여 사용하는 지입 자재(관청이나 공공기관의 경우 사급 자재)로 구분되는데, 지급자재(관급자재)는 공사비에 포함되어 있지 않으나 잘 관리해야 한다.

감리원은 발주자가 지급하는 기자재가 있을 경우, 그것을 포함하는 전체 기자재 소요시기와 품목별 소요량을 예정 공정표에 의해 수급하는 기자재수급계획서를 작성해서 관리해야 한다.

## 2 주요 기자재 검수 및 관리 절차

감리원은 시공자로 하여금 공정계획에 따라 사전에 현장 검사가 곤란한 주요 기자재에 대한 공장인수시험(FAT: Factory Acceptance Tes)계획을 포함하는 주요기자재 수급계획을 수립하여 기자재가 적기에 현장에 반입되도록 하고, 지급기자재의 수급계획에 대해서는 발주자에게 보고하여 기자재의 수급차질에 따른 공정지연이 발생하지 않도록 해야 한다.

감리원은 주요 기자재수급계획과 공정계획이 부합되는지를 확인하고 문제가 있으면 조치해야 한다. 전통적으로 공장인수시험(FAT)이 필요한 자재로는 전기감리분야의 발전기, 소방감리분야의 소화전, 정보통신감리분야의 트레이(도장 및 도금) 등이다.

감리원은 주요 기자재공급원 승인을 받은 기자재가 현장으로 반입되면, 시공자로부터 송장사본을 접수하고, 반입된 기자재가 주요기자재 공급원으로 승인한 제조사의 제품이 맞는지 확인하고, 규격, 성능, 수량, 품질 변질여부 등을 검수하고, 반입된 검수 기자재와 시험합격 기자재를 시공자가 임의로 공사현장 외부로 반출하지 못하도록 그 결과를 "주요기자재 검수 및 수불부"에 기록 비치해야 한다.

[그림 5-2]에 주요 자재 승인, 입고, 반출 절차가 잘 도시되어 있다.

**그림 5-2 주요기자재 승인, 입고, 반출 절차**

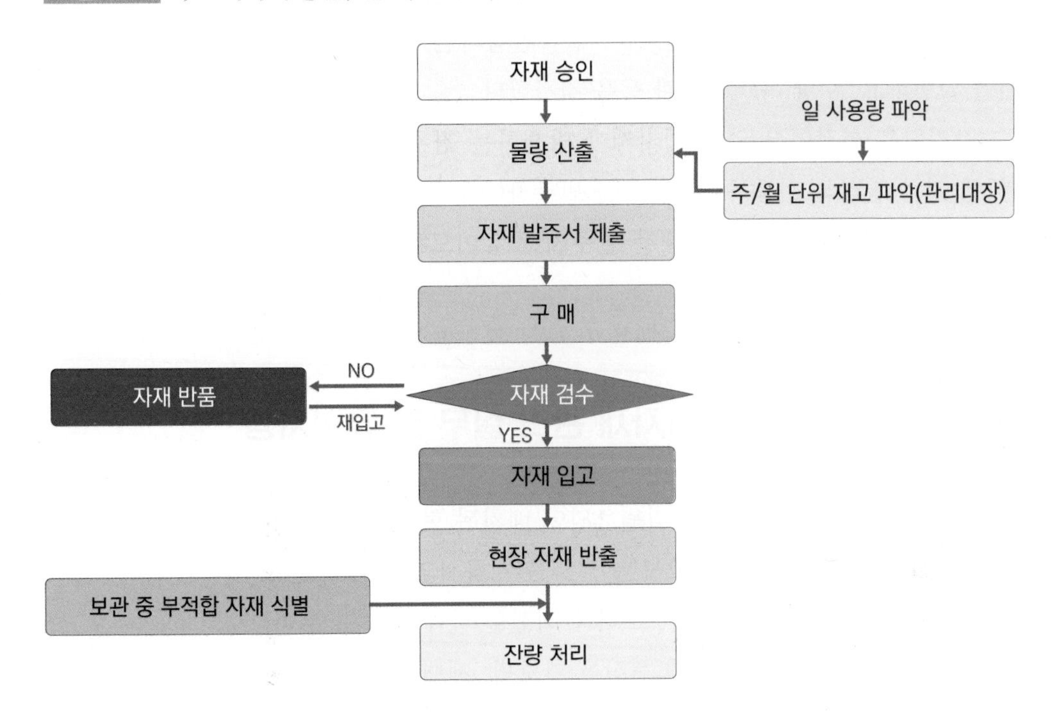


감리원은 주요 기자재 검수과정에서 규격, 성능, 수량 등 뿐 아니라 품질상태도 확인하여야 하며, 만약 품질이 변질되었을 경우는 즉시 현장에서 반출 조치해야 하고, 의심스러운 것은 별도 보관한 후, 품질검사 결과에 따라 검수여부를 결정한다.

감리원은 현장에 반입된 기자재가 도난, 우천에 따른 훼손, 동파, 유실 등이 발생되지 않게 품목별, 규격별로 저장 관리토록 감독하여야 하고, 공사 현장에 반입된 시험 합격 기자재는 시공자가 임의로 현장밖으로 반출하지 못하도록 "주요기자재 검수 및 수불부"에 기록 관리해야 한다. 감리원은 요청한 지급기자재가 배정되면, 납품지시서에 기록된 품명, 수량, 인도장소 등을 확인하고, 시공자에게 인수하도록 통보한다.

지급기자재 검수조서를 작성할 때 시공자가 입회하여 날인토록 하고 검수조서는 발주처로 보고해야 한다. 만약 발주처의 지급 기자재가 적기에 공급되지 못해서 공사 지연이 발생하는 경우, 시공자가 대체 사용을 요청하면 검토후 발주처의 승인을 받은 후 허용한다. 대체 지급 기자재인 경우에도 지급 기자재와 동일하게 품질, 규격 등을 확인하고 검수해야 한다.

감리원이 현장에서 품질시험, 검사를 할 수 없는 지급 기자재는 시공사 공동 입회하에 생산공장에서 시험검사를 실시하거나 외부 시험기관에 요청하여 품질을 확인할 수 있다. 감리원은 현장에 지급 기자재가 반입되면 시공자 입회하에 송장 또는 납품서를 확인하고, 수량, 규격, 외관 등을 검사한다.

감리원은 현장에서 잉여 기자재가 발생하는 경우, "발생품(잉여 및 회수자재) 정리부"에 기록 관리하고 품목, 수량 등을 발주자에게 보고하고, 시공자에게 지정 장소에 반납토록 해야 한다. 지급 자재는 발주처 소유이므로 공사에 사용하고 남은 자재는 반납해야 한다.

## 3 현장에서의 실제 기자재 관리 실무 및 유의사항

정보통신감리단의 경우, 감리원 1명이 배치된 현장이 많은데, 위에서 설명한대로 수행하기가 쉽지 않다. 사전에 모든 절차를 시공사와 협의 또는 지시하게 되면 업무 수행에 많은 도움이 될 수 있다. 그러나 최선을 다해서 다소 무리하더라도 이대로 실천하는 것이 바람직하지만 실제 현장을 가보면, 제대로 수행하지 못하는 경우가 많은 게 현실이다.

### 1) 기자재 공급원 승인시 유의 사항

자재 승인시 고려해야 할 사항은 본 자재가 설계도서, 시방서 등의 내용을 충족하는지, 그리고 제조사가 자재를 안정적으로 공급할 수 있는지 등을 확인해야 한다. 필요하면 공장 방문해서 검사할 수도 있고, 외부 기관에 의뢰해서 시험을 실시하게도 할 수 있는데, 그런 경우는 드물다.

감리원은 주요자재 승인공급원을 2개 업체 이상 승인해서 회사 부도, 도산 등의 상황에 대비해야 한다. 감리원은 주요 기자재승인요청서에 첨부된 국공립 시험기관의 시험 인증 내역을 세밀하게 확인해야 한다.

재건축 아파트인 경우, 공사시방서가 빈약해서 주요 설비 성능 규격이 없는 경우가 대부분인데, 이때 시공사들이 임의대로 주요 자재를 선정하려고 한다. 이 경우 감리원은 LH공사, SH공사의 시방서 내용을 참고할 수 있다.

아파트 건축 현장인 경우, 감리원은 주요 자재로 인한 입주자, 조합의 민원에 대비해야 한다. 건설사와 입주자간 계약에 따르면, 모델하우스에 시공된 자재를 그대로 또는 동급 이상의 자재를 사용해야 한다. 정보통신설비 가운데서 노출되는 거실의 월패드(세대단말기) 등은 신경을 써서 자재공급원 승인을 하고, 자재검수를 수행해야 한다.

그리고 지하주차장 입구에 설치되는 주차관제설비, 아파트 동 출입구에 설치되는 주동현관기, 지하층에 설치되는 스피커, 지상과 지하층 여러 곳에 설치되는 영상정보처리기기(CCTV) 카메라 등은 칼라나 디자인 등에 신경을 써서 기자재공급원 승인을 하는 게 좋다. 그리고 아파트 단지가 커서 다수의 시공사가 컨소시엄을 구성해서 공구나 단지로 분할해서 시공하는 경우, 주요 기자재를 통일시키는 것이 바람직하다.

### 2) 공장 인수시험(FAT) 시행

정보통신분야 기자재의 경우, 현장 검사가 곤란하여 공장인수시험(FAT)을 해야 하는 설비로는, 현장에 반입시 검사가 어려운 분체도장 및 도금이 되는 설비(트레이 등), 면진테이블 등이 있다.

예를 들어 전관방송/비상방송설비는 앰프에 연결되는 스피커의 케이블이 단락되면, 앰프 보호기능과 경보 기능이 작동해야 하는데, 2018년 국회 국정감사에서 제기된 문제로 인해, 그 이후 방재청에서 전국 지자체로 보완 공문이 발송된 사안이다. 만약 전관방송/비상방송설비 기자재공급원을 승인할 때, 이 기능을 확인해야 하며, 현장으로 반입되기 전에 공장인수시험(FAT)을 실시해도 좋을 것이다.

현장에서 잘못 사용되는 용어 중에 대표적인 것이 "반입 자재검사, 공장검수 계획" 이다. 현장으로 반입되는 자재는 "자재검수"를 수행하고, 공장으로 가서는 "공장검사(시험)"를 수행한다.

### 3) 자재 검수시 고려사항

자재가 현장으로 반입되면, 감리원이 검수하게 되는데, 승인한 자재와 품목과 규격이 일치하는지, 그리고 수량 등을 세밀하게 확인해야 한다.

현장으로 반입되는 기자재 검수시 검수 물품과 검수자가 포함되는 모습을 사진을 찍어 관련 서류에 첨부하여 보관하는 게 좋다. 사진에는 검수일시, 검수품목, 수량, 시리얼번호 등을 기록해 놓는 게 바람직하다. 주요 기자재검수요청서에는 품명, 규격, 수량 등을 기록하는데, 총 누계 수량을 표시토록 하는 게 좋다. 현장으로 반입되는 CD 배관 누계를 관리하면, 건물 골조의 공정율을 개략적으로 파악할 수 있다.

**참고** [감리현장실무: 시공단계의 감리업무 중 9편 #자재관리 업무 수행 노하우] 2020년 12월 1일

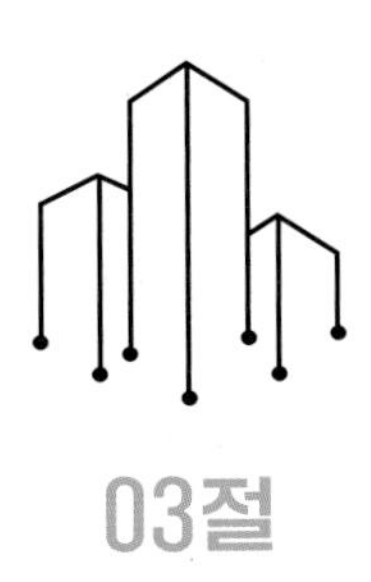

# 03절

# 공정관리

"공정 관리" 업무 수행 노하우에 관해 설명한다. "정보통신공사 감리업무 수행기준"(2019년 12월)의 제47조(공정관리), 제48조(공사진도관리), 제49조(부진공정 만회 대책), 제50조(수정공정계획), 제51조(공정현황 보고 등), 제52조(준공기한 연기) 등에 관련 내용이 잘 정리되어 있다.

현장에 건축감리단, 전기감리단, 소방감리단, 정보통신감리단이 상주하면서 감리업무를 합동으로 수행하는 경우, 공정관리의 중심축은 건축감리단이다. 건축시공이 앞서 나가고 전기, 소방, 정보통신 시공은 후속 공정으로 따라가는 형태이므로 공정율에서 부진은 건축분야에 그 원인이 있는 경우가 대부분이다.

## 1 공정관리란?

감리원은 당해 공사가 정해진 공기내에 설계도서, 시방서 등 설계도서에 의거해 소요의 품질을 갖추어 완공될 수 있도록 공정관리 계획 수립, 운영, 평가 등에 있어서 공정 진척 관리와 기성관리가 동일한 기준으로 이루어질 수 있도록 감리해야 한다.

공정율과 기성고를 일치시키는 게 이상적이지만, 실제 현장에서는 기성금을 지불하는 발주처와 기성금을 지급받는 시공사의 입장이 상반되기 때문에 기성고 관련으로 논란이 발생하는 경우도 있다.

## 2 공정관리 계획 검토 및 관리

감리원은 공사 착공일로부터 30일 이내에 시공자로부터 공정관리 계획서를 접수받아 14일 이내에 검토 및 승인하고 이를 발주처로 제출하는데, 다음의 사항을 검토 확인해야 한다.

- 시공자의 공정관리기법이 공사의 규모, 특성에 적합한지를 확인
- 공사계약서, 시방서 등에 공정관리기법이 명시되어 있는 경우에는 그것의 시행 여부를 확인
- 공사계약서, 시방서 등에 공정관리기법이 명시되어있지 않은 경우, 단순한 공종이나 보통의 공종 공사인 경우 공사조건에 적합한 공정관리기법을 적용토록 하고, 복잡한 공종의 공사 또는 감리인이 PERT/CPM이론을 기본으로 하는 공정관리가 필요하다고 판단되는 경우에는 별도의 PERT/CPM(Program Evaluation & Review Technique/Critical Path Method)기법의 공정 관리를 적용한다(PERT는 목표기일에 작업을 완성하기 위한 시간, 자원 기능을 조정하는 방법으로 주로 공기 단축을 위한 기법. 이에 비해 CPM은 작업기간에 비용을 결부시켜 최소비용공사의 비용 곡선을 구하여 급속 공사로 인한 비용 증가를 최소화한 것으로 공사비 절감을 목적으로 하는 기법이다).
- 특수한 현장 여건(돌관 공사 등)으로 전산 공정관리 등이 필요하다고 판단되는 경우에는 발주처와 별도의 공정관리를 시행하도록 건의한다.
- 일정관리와 원가관리, 진도관리가 병행될 수 있는 종합관리 형태의 공정관리가 되도록 조치한다.

## 3 시공현장에서의 공사 진도관리

### 1) 주간 상세공정표, 월간 상세공정표 확인 검토

감리원은 주간단위 공정계획 및 실적을 시공자로 부터 제출받아 이를 검토 확인하고 필요한 경우 시공자측 현장 책임자를 포함한 관계 직원 합동으로 금주 작업에 대한 실적을 분석, 평가하고, 공사추진에 지장을 초래하는 문제점, 잘못 시공된 부분의 지적 및 재시공 등의 지시와 재해 예방대책, 공정진도 평가, 기타 공사 추진상 필요한 내용의 협의를 위한 주간 또는 월간공사추진회의를 주관하여 실시하고 그 회의

록을 유지해야 한다.

주간상세 공정표를 확인할 때 고려해야 하는 사항은 다음과 같다.

- ◆ 작업 착수 2일 전에 제출받아 검토
- ◆ 해당 주간과 다음 주간의 공정계획을 확인
- ◆ 주간상세 공정표를 감리단과 시공사간 주간업무 회의 자료로 활용

### 2) 공사진도 확인

감리원은 매주 또는 매월 정기적으로 공사진도를 확인하여 예정 공정과 실시 공정을 비교하여 공사의 부진여부를 확인한다.

감리원은 시공자로부터 전체 실시공정표에 따른 월간, 주간 상세공정표를 사전에 제출받아 검토, 확인하여야 한다. 월간 상세공정표는 작업 착수 7일 전, 주간 상세공정표는 작업 착수 2일 전 제출받아야 한다.

건축 공정은 외부 요인에 의해 영향을 받지만 정보통신 공정은 선행 공정인 건축 공정에 의해 영향을 받는 경우가 많다. 감리원은 공정 진척도 현황을 최근 1주일 전의 자료가 유지될 수 있도록 관리하고 공정지연을 방지하기 위하여 주 공정 중심의 일정관리가 될 수 있도록 시공자를 감리하여야 한다.

### 3) 부진 공정 만회 대책

감리원은 공사진도율이 계획 공정 대비 월간 공정실적이 10% 이상 지연되거나 누계공정실적이 5% 이상 지연될 때는 시공자로 하여금 부진사유 분석, 만회대책 및 만회 공정표 수립을 지시해야 한다.

감리원은 시공자가 제출한 부진공정 만회대책을 검토 확인하고, 주간단위 점검평가, 미 조치시 필요 대책 수립 등을 통하여 정상 공정을 회복할 수 있게 조치한다.

### 4) 수정 공정계획

감리원은 설계변경, 천재지변, 공법변경, 지급자재 공급지연, 석면과 지장물(地障物) 철거지연, 공사용지(用地) 제공 지연, 문화재 발굴조사 등의 사유로 공사진척 실적이 지속적으로 부진할 경우, 공정계획을 재검토하여 시공자에게 수정공정 계획을 제

출받아 7일 이내에 검토 후 승인하고 발주처로 보고한다. 공사 지연 사유는 대부분 건축, 토목 분야에서 발생하는 것들이다.

수정공정계획을 검토할 때 수정목표 종료일로 부터 당초 계약 종료일을 초과하지 않도록 조치해야 하며, 부득이 초과할 경우에는 사유를 분석하여 발주처로 보고해야 한다.

### 5) 공정보고

감리원은 주간 및 월간 단위 공정 현황을 시공자로 부터 제출받아 이를 검토 확인하여야 하며, 월간 공정 현황을 정기 감리보고서에 포함하여 발주처에 보고한다.

## 4 실제 현장에서의 공정관리계획

정보통신분야의 공정관리 계획은 시공계획서에 포함시켜 작성하는 것이 일반적이다. 다음 [그림 5-3]은 공정관리 계획의 일부분을 보여준다.

그림 5-3 공정관리계획

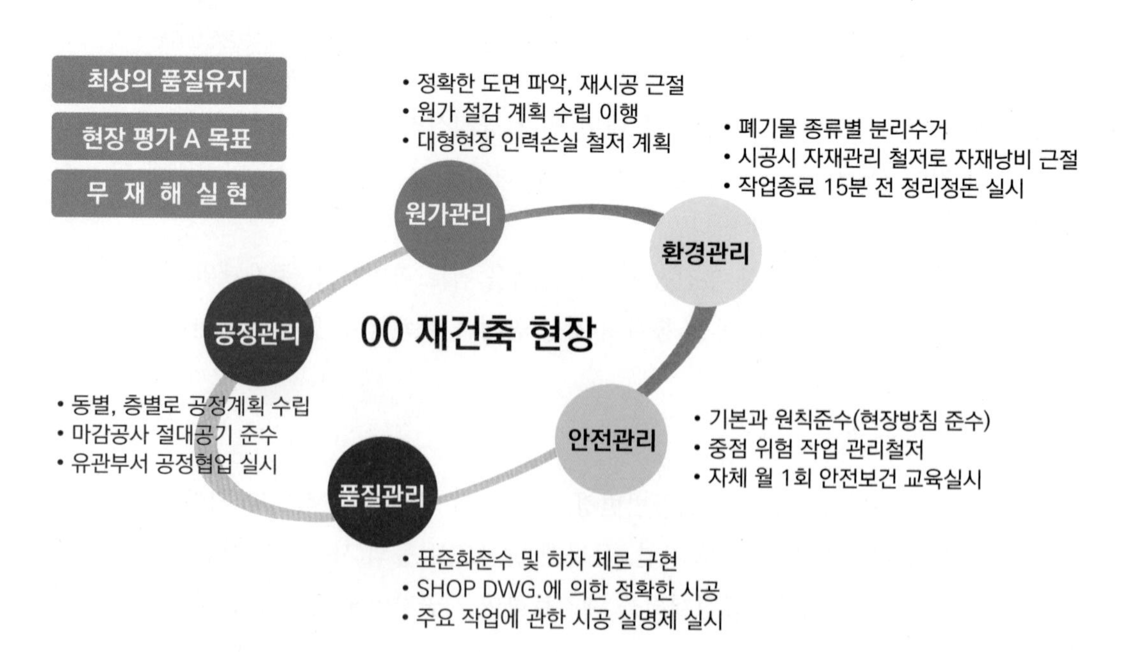

다음 [그림 5-4]는 건축 현장의 정보통신공사의 포괄적인 전체 공정 계획을 표로 정리한 것이다.

**그림 5-4 전체공정계획**

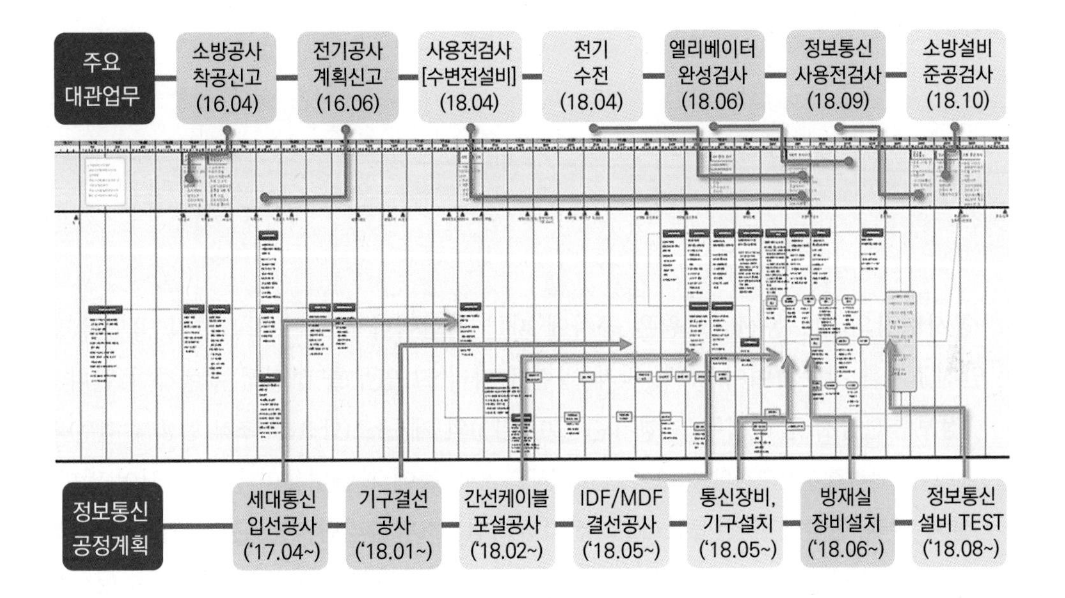


**참고** [감리현장실무: 시공단계의 감리업무 중 6편 #공정관리 업무수행 노하우] 2020년 11월 24일

04절

# 안전관리

공사현장의 정보통신감리원은 공사에 따른 위험이나 장해가 발생하지 않도록 모든 안전조치를 강구하여야 하며, 관계 법령에 따라 그 업무를 성실히 수행해야 한다.

"정보통신공사 감리업무 수행기준"(2019.12)의 제53조(안전관리조직 편성 및 임무)와 제54조(안전관리결과 보고서의 검토), 제55조(사고 처리) 등에 관련내용이 잘 정리되어 있다.

실제 감리 현장에선 건축감리단, 전기감리단, 소방감리단, 정보통신감리단 등 다수 감리단이 존재하는 경우엔 건축감리단에서 안전관리업무를 주도적으로 수행하므로 정보통신감리단은 수동적으로 협력하면 된다.

그리고 실제로 정보통신감리는 혼자 나가 있는 현장이 대부분이여서 안전 관련 법대로 수행하기가 어려운 게 현실이다. 그러나 다수의 감리원으로 구성되는 정보통신감리단이 건축감리단이 배치되지 않고 단독으로 감리를 수행하는 현장에선 주도적으로 안전관리업무를 수행해야 한다.

## 1 산업재해 관련 법 개정/제정 분위기

2020년 노동계는 청계천 피복노조 출신으로 "근로기준법 준수하라! 우리는 기계가 아니다!"라는 구호를 외치면서 분신한 전태일 열사 50주기를 맞아 "중대재해기업처벌법" 제정을 추진하는 과정에서 업계의 반대와 거부감으로 법 제정 과정에서 "중대재해 처벌법"으로 법 제목이 바뀌었다.

이 "중대재해기업처벌법"은 노동 친화법 이므로 보수 진영과 기업인들이 강한 거부감을 나타내고 있다. 기존에 있던 '산업안전보건법'은 행정법이고, '중대재해처벌법'은 형사법이다.

사실 산업재해를 관리하는 법으로 "산업안전보건법"이 있고, 2020년 1월 초에 노동계 의견을 반영하여 "김용균법"이란 이름으로 이법을 개정하는 과정에서 경영계와 보수 진영 의견을 반영하는 등 처벌 수위가 완화됨으로써, 노동계를 만족시키지 못하고 있는 실정이다. [그림 5-5]에 중대재해처벌법 시행령의 주요 내용을 나타내었다.

**그림 5-5 중대재해처벌법 시행령의 주요 내용**

**중대재해처벌법 시행령 주요 발표 내용** *자료=국무조정실

| 구분 | 중대산업재해 | 중대시민재해 |
|---|---|---|
| 근거 | 종사자의 안전·보건상 유해 또는 위험방지 | 공중이용시설, 공중교통수단 등 이용자 안전 위한 조치 규정 |
| 인력 배치 | 300인 이상 사업장만 전담 인력 배치 | 적정 인력 배치 의무로 규정 |
| 예산 편성 | 모두 적정 예산 편성 의무로 규정 | |

**사업장 규모별 중대재해처벌법 적용 시점**

| 50인 이상 **2022년 1월** | 5인 이상 50인 미만 **2024년 1월** | 5인 미만 **적용 제외** |
|---|---|---|

**중대재해처벌법 처벌규정**

**사업주·경영책임자 법정형**

| **사망 시** | 징역 1년 이상 또는 벌금 10억원 이하 | **부상·질병 시** | 징역 7년 이하 또는 벌금 1억원 이하 |
|---|---|---|---|

**법인·기관 양벌 규정**

| **사망 시** | 50억원 이하 벌금 | **부상·질병 시** | 10억 이하 벌금 |
|---|---|---|---|

## 2 안전 관리 조직체계

정보통신공사의 안전 시공 추진을 위해 안전조직을 구성하되, 현장 규모와 작업 내용 및 "산업안전보건법"의 해당 규정 제15조(안전보건관리책임자 선임), 제16조(관리책임자 지정), 제17조(안전관리자 지정), 제19조(안전보건관리담당자 지정), 제24조(산업안전보

건위원회)에 명시된 업무가 수행되도록 편성해야 한다.

다음 [그림 5-6]은 현장의 안전조직 체계도이다.

**그림 5-6 안전관리조직도**

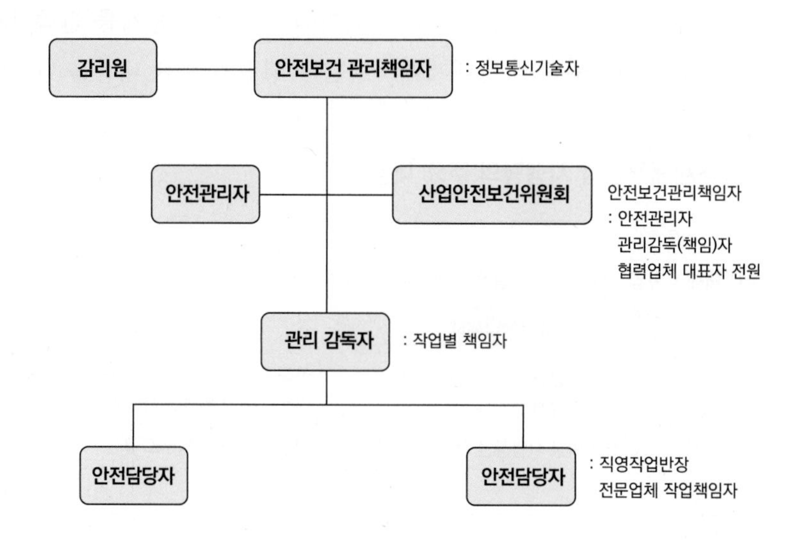


다음 [그림 5-7]에 나오는 안전 장구는 건설현장에서 작업자들이 착용해야 한다. 감리자들도 현장으로 나갈 때는 기본적으로 안전모, 안전화, 각반 등을 착용해야 한다.

**그림 5-7 안전장구**

하루 작업을 시작하기 전에 몸을 풀어 몸의 유연성과 균형감각을 올리는 체조를 실시한다. 그리고 작업장 단위로 공사현장으로 들어가기 전에 공기구를 챙기면서 작업반장 주도로 안전 기본 지침을 재확인하는 TBM(Tool Box Meeting)을 진행한다.

외부에서 점심 식사하고 공사장으로 들어오는 작업자를 대상으로 시공사의 안전관리요원이 음주 측정기로 음주 여부를 측정해서 한번이라도 적발되면 바로 현장에서 퇴출시키는 조치를 취한다.

그리고 조금이라도 추락사고 위험성이 있는 작업시에는 안전고리를 걸고 작업하게 관리한다. 사다리 작업시에는 반드시 2인 1조로 작업을 진행해 추락사고를 방지한다.

공동주택 건축 현장은 준공이 가까워지면, 지하층에는 세대로 들어갈 내장재 등 인화성있는 기자재들이 엄청나게 쌓이게 되는데, 이때 작업자들의 흡연, 전열기 사용, 동절기 추위로 불을 피우는 행위 등을 엄격하게 관리해서 화재를 예방해야 한다.

## 3 정보통신감리원의 안전관리 업무 수행을 위한 현실적인 고려

현장의 안전관리 관련법으로는 "산업안전보건법"을 비롯하여 "근로기준법", "산업재해보상보험법", "건설기술진흥법", 등이 있는데, 정보통신 공사는 타 분야와 함께 이루어지는 경우가 많으므로 다른 분야의 법을 준용한다.

"정보통신공사업법"에는 일반적인 안전관리에 대하여 구체적으로 규정되어 있지 않은데, 그 이유는 산재발생율이 낮은 정보통신공사의 특성을 고려한 것으로 보여진다.

현장의 규모에 비례해서 몇명의 정보통신감리원이 배치되어야 하는지를 나타내는 배치기준이 제정되지 않은 정보통신감리업계의 현실을 고려해보면, 안전 관련 법대로 실천하기가 쉽지 않다.

실제 감리원 1명이 상주하는 단독 현장의 경우,"안전업무일지"를 시공사로부터 받는 게 안전관리업무의 전부라고 해도 과언이 아니다. 좀 더 적극적인 감리원은 시공사에서 건축감리단으로 제출하는 "월간 안전통계", "분기 안전관리결과 보고서" 사본을 얻어보는 정도가 현실이다. 그리고 시공사의 "안전관리계획서"는 대부분의 경우, "시공계획서"에 공정관리, 환경관리 등 분야와 함께 포함시켜 작성하는 게 일반적이다.

다음 [그림 5-8]은 안전관리 계획서의 작업요소별 안전관리대책에서 케이블 포설 공사 부분을 발췌한 것이다.

**그림 5-8 케이블 포설 공사시 안전관리 대책**

| 작 업 순 서 | | 위 험 요 인 | 안전관리 대책 | 위험도 |
|---|---|---|---|---|
| 케이블 포설 공사 | | 〈 T/L 이용한 작업 / 사다리 이용 추락주의 / 개구부(開口部) 주의 〉<br># 고소작업 낙하 및 추락주의 / 협착주의<br>고소작업으로 이루어 지므로 추락 위험이 항상 내재 되어있음. | | |
| | ① 준비작업 Cable 하차 및 양중 | 1) 자재 양중(引揚 重量物)시 협착 주의 | 1) 자재 하역공간 확보<br>2) 지게차 작업 반경 내 접근금지<br>3) 받침목의 수평 유지<br>4) 신호수 및 안전 관리자 현장 배치 | ★★ |
| | ② Cable 재단 및 운반 작업 | 1) 자재 운반시 허리 및 관절 재해 위험 | 1) 중량물 운반에 관한 주의사항 전달 후 작업 투입<br>2) 자재 운반시 2인 1조 또는 충분한 인원 투입하여 작업<br>3) 작업 후 주위 청결 유지 | ★★ |
| | ③ 간선 Cable 포설 작업 | 1) 상부 작업으로 인한 추락위험<br>2) Cable Duct(케이블 트레이) 협착주의<br>3) T/L 운전시 협착 및 낙하물 주의<br>4) Duct의 날카로운 부분에 의한 외상 위험 | 1) 작업 전 TBM을 통한 안전교육 실시<br>2) T/L (Table Lift, 고소 작업대)운전교육 이수자 운전<br>3) T/L 이동시 유도원 배치<br>4) T/L 사용 안전수칙 준수<br>5) 안전관리자 항시 상주 | ★★★ |
| | ④ IDF Rack MDF Rack 설치 | 1) 자재 운반시 협착주의<br>2) 공구 사용시 외상위험 | 1) 안전통로 확보 후 작업<br>2) 공도구 점검 확인 및 장갑착용 | ★★ |
| | ⑤ IDF 및 MDF Cable 성단 | 1) Cable 순번주의<br>2) Cable 협착주의<br>3) 낙하물 발생주의 | 1) 작업장 주변 정리정돈 후 작업 | ★★ |
| | ⑥ 주위 정리 및 작업완료 | 1) Cable 협착주의<br>2) 낙하물 발생주의 | 1) 안전통로 확보 후 작업 | ★ |

다음 [그림5-9]는 케이블 종단에 각종 기기와 기구를 부착 시공할때의 안전 관리 대책이다.

**그림 5-9 케이블 종단 안전관리대책**

| 구분 | 작업명 | 위험 요인 | 안전 관리 대책 | 위험도 |
|---|---|---|---|---|
| ① | 지하주차장 방송공사 | - 스피커 취부 작업시 작업대 전도 및 추락 위험<br>- B/T비계(飛階, 아시바, アジアンバ) 상부에서 추락 위험 | - 작업용 발판 2인 1조 작업<br>- 아웃트리거 설치 및 상부 안전고리 체결 후 작업 | ★★★ |
| ② | 지하주차장 카메라설치 공사 | - 카메라 취부 작업시 작업대 전도 및 추락 위험<br>- B/T비계 상부에서 추락위험 | - T/L 사용 및 작업용 발판 2인 1조 작업<br>- 아웃트리거(전도 방지장치) 설치 및 상부 안전고리 체결 후 작업 | ★★★ |
| ③ | 세대 입선 및 결선공사 | - 카메라 취부 작업시 작업발판 전도 및 추락 위험<br>- 스피커 취부 작업시 작업발판 전도 및 추락 위험 | - 작업발판 안전대 설치 후 사용 | ★★ |
| ④ | 세대 기구 취부공사 | - 충전드릴 사용시 손목골절 위험<br>- 기구 결선 시 촬상 위험 | - 소형 충전드릴 사용하고, 숙련공 작업 투입<br>- 케이블 절단 및 결선시 보호장갑 착용 | ★★ |
| ⑤ | 안테나 설치공사 | - 외부 작업시 추락 위험<br>- 장비운반시 협착 및 추락 위험 | - 소형 충전드릴 사용하고, 숙련공 작업 투입<br>- 케이블 절단 및 결선시 보호장갑 착용 | ★ |
| ⑥ | E/V CAMERA 설치공사 | - ELEV 상부작업시 추락 위험 | - ELEV 상부 작업시 ELEV 업체와 협력 하에 작업 | ★★ |

다음 [그림 5-10]은 사고가 자주 발생하는 사다리 사용시 안전관리 대책을 보여준다.

**그림 5-10** **사다리 사용시 안전관리 대책**

**① 규정작업대 사용**
- 작업 발판 일체형 사다리 사용
- 공도구 사용허가서 부착

**② 전도방지대 고임**
- 전면 아웃트리거 고임

**③ 고소작업 2인 1조**
- 고소작업 시 2인 1조
- 하부: 견고한 지지

**④ 고소작업 안전벨트**
- 고소작업시 안전벨트
- 전도방지 조치

**이동식 사다리의 구조 【제446조】**
- 견고한 구조로 할 것
- 재료는 손상·부식 등이 없는 것으로 할 것
- 폭은 30㎝ 이상으로 할 것
  다리부분에는 미끄럼 방지장치를 설치하는 등 미끄러지거나 넘어지는 것을 방지하기 위한 필요한 조치를 할 것
- 발판의 간격은 동일하게 할 것

"산업안전보건법" 개정에 따라 건축현장의 안전관리자 배치기준이 2023년 7월 1일 부터 공사비 규모 60억원에서 50억원으로 하향 확대 시행됨으로써 정보통신 공사현장에도 적용 여부를 확인할 필요가 있다.

앞으로 정보통신 감리제도가 전기감리, 소방감리 수준으로 정비되면, 정보통신감리단에서 시공 현장의 안전관리업무를 좀더 체계적으로 수행할 수 있는 날이 올 것이다.

**참고** [감리현장실무: 시공단계의 감리업무 중 4편 #안전관리 업무수행 노하우] 2020년 11월 19일

**권고 사항!**

감리현장에 근무하는 정보통신감리원들은 현장의 안전관리를 위해 어떤 업무를 수행하고 있는지 확인해보기 바란다.
큰 산고나 산재는 갑자기 발생하는 게 아니고, 사소한 사고로 출발한다. 그건 하인리히 법칙(Heinrich's Law) 1:29:300으로 확인된다. 하인리히는 사망자 1명이 나오면 그전에 같은 원인으로 발생한 경상자가 29명이 있었고, 같은 원인으로 부상당할번한 잠재적인 부상자가 300명이나 있었다는 사실을 발견해 큰 재해:사소한 재해:경미한 사고의 발생비율=1:29:300이라는 법칙을 발견했다. 이 법칙을 통해서 산업현장의 안전관리업무는 사소한 것에서 출발한다는 사실을 명심해야 한다.

05절

# 환경관리

"환경 관리" 업무 수행 노하우에 관해 설명한다. "정보통신공사 감리업무 수행기준"(2019.12)의 제56조(환경관리)에 관련 내용이 잘 정리되어 있다.

실제 감리 현장에선 건축감리단, 전기감리단, 소방감리단, 정보통신감리단 등 다수 감리단이 존재하는 경우엔 건축감리단에서 환경관리업무를 주도적으로 수행하므로 정보통신감리단은 수동적으로 협력하면 된다. 그리고 실제로 정보통신감리원은 혼자 나가 있는 현장이 대부분이여서 환경 관련 법대로 수행하기가 어려운 게 현실이다.

그러나 다수의 감리원으로 구성되는 정보통신감리단이 단독으로 감리를 수행하는 현장에선 주도적으로 환경관리업무를 수행해야 한다.

## 1 환경관리란?

시공자에게 시공으로 인한 재해를 예방하고 자연환경, 생활환경, 사회, 경제 환경을 적정하게 관리보전 함으로써 현재와 장래에 모든 국민이 건강하고 쾌적한 환경에서 생활할 수 있도록 하는데 목적이 있다.

다음 [그림 5-11]은 환경관리 계획 수립시 고려해야 하는 사항들을 보여준다.

**그림 5-11 환경관리 계획시 고려사항**

**환경관리계획서 중 정보통신감리원이 처리해야 할 사항은 통신장애 대책, TV 수신장애 대책 등이다.**

- 인근 가옥 등 공작물 피해 대책
- 소음 및 진동 대책
- 분진 및 먼지 대책
- 통신 장애 대책
- TV 수신 장애 대책
- 지하 침하 대책
- 하수로 인한 인근 대지, 농작물 피해 대책
- 악취 및 위생 대책
- 폐기물 보관 및 처리 대책
- 토양 오염방지 대책
- 기타 민원 방지 대책 및 조치 방안

다음 [그림 5-12]는 환경영향 평가항목을 나타낸다.

**그림 5-12 환경영향 평가 항목(서울특별시)**

| 연번 | 내용 |
|---|---|
| 1 | 친환경 건설기계 사용 의무화(100%) |
| 2 | 대기오염 저감을 위한 1종 보일러 설치 의무화(오피스텔 포함) |
| 3 | 친환경차 주차면 주차단위구획의 10% → 12%, 전기차 충전시설 7% → 10% 확보 |
| 4 | 제로에너지건축물 인증 의무화(2023년) |
| 5 | 태양광 발전시설 주거용 건축물 건축면적의 35%, 비주거용 건축물 건축면적의 40% |
| 6 | 건축물 계약전력 용량의 5% 이상 연료전지 설치 |
| 7 | 건축물 공용부 냉방부하의 60% 이상은 주간전력 사용하지 않는 방식 적용 |
| 8 | 음식물류 폐기물 처리를 위하여 대형감량기, RFID종량기 중 1종 이상을 설치 |
| 9 | 건축물 사용 자재의 15% 이상, 정비사업 배출 폐기물 중량의 30% 이상 재활용 제품 사용 |
| 10 | 일조침해 발생 사실 입주민에게 사전 공고 |

교통량이 많은 도심지 건축현장은 건축 허가단계에서 전문기관으로부터 교통영향 평가를 받는데, 평가결과에 따라 설계내용이 바뀌는 경우도 있다. 대규모 아파트 단지의 경우, 단지 관통 도로를 지역사회에 개방하기도 한다.

## 2 환경 관리 조직

감리원은 "환경영향평가법"에 따른 환경 영향 평가 내용과 이에 대한 협의 내용을 시공자가 충실히 이행하도록 하고, 조직을 편성하여 그 임무를 수행토록 지도 감독해야 한다. 다음 [그림 5-13]은 건축현장의 환경관리 조직 구성을 보여준다.

그림 5-13 환경관리 조직구성

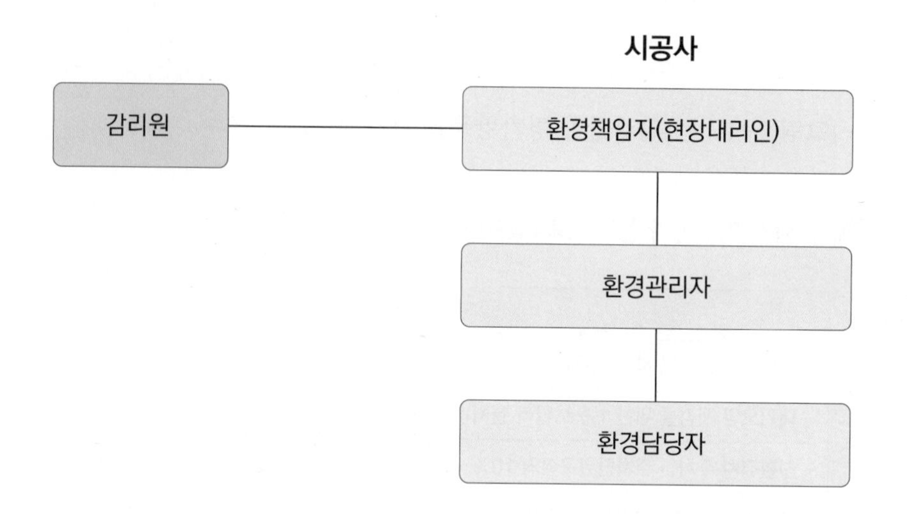


건축현장에서 총괄적인 환경관리는 건축감리단이 담당한다. 건축 감리단내에서 토목 감리원이 환경관리 업무를 담당하는 것이 일반적이다.

감리원은 시공자에게 환경관리 책임자를 지정하게 하여 환경관리 계획과 대책 등을 수립토록 해야 하며, 예산의 조치와 환경관리자, 환경담당자를 임명하도록 하여 그들에게 환경관리업무를 책임지고 추진하게 해야 한다.

감리원은 시공자에게 "환경영향평가법"에 따른 협의 내용과 관리책임자 지정서를 제출받아 검토한 후 발주자에게 보고해야 한다.

## 3 감리자의 환경관리 관련 임무

감리원은 해당 공사의 환경영향평가보고서 및 협의 내용을 근거로 하여 지형, 지질, 대기, 수질, 소음, 진동 등의 대책이 포함된 환경관리 계획서가 수립되었는지 검토 확인해야 한다.

감리원은 "환경영향평가법 시행규칙" 제13조(협의 내용의 반영결과 통보)에 따라 발주처에 의해 관리책임자로 지정된 경우, 사후 환경관리 계획에 따른 공사 현장에 적합한 관리가 되도록 다음과 같이 감리업무를 수행해야 한다.

1) 시공자에게 환경영향평가서 내용을 검토하게 하여 현장 실정에 적합한 저감대책을 수립토록 하고, 시공단계별 환경 관리계획서를 수립 관리토록 지시한다. 특히 중점관리 대상지역을 지정하여 관리토록 지시한다.
2) 시공자에게 매일 환경관리에 대한 일일 점검 및 평가를 실시하고, 점검사항을 매주 환경영향 조사결과서에 기록하여 감리원의 확인을 받도록 한다.
3) 시공자에게 공종별 시공이 완료된 때에는 환경영향평가 이행 상태를 사후 환경영향조사결과 보고서에 기록하여 감리원의 확인을 받은 후, 다음 단계의 공사를 추진하도록 지시한다. 감리원은 "환경영향 평가법" 제26조(주민 등의 의견 재수렴)에 따라 관리대장을 비취하여 기록 관리하고, 제24조(평가 항목·범위 등의 결정) 1항에 따라 환경영향평가 결과를 조사기간이 만료된 날부터 30일 이내 지방환경청장 및 승인기관의 장에게 통보해야 한다.

## 4 건축현장에서의 환경 관리 사례

도심지 건축 현장은 주변에 거주하는 시민들의 민원이 빈발하므로 시공사는 환경관리에 많은 신경을 쓴다. 대부분 환경 관련 민원은 건축 관련이다.

대부분 공사장 소음, 먼지, 암반 폭파시 진동, 야간 작업시 불빛 등인데, 가끔 노출되는 공간에서 규정대로 안전 조치를 하지 않고 전기 용접을 하거나 준공단계에서 건축 외벽에 분무 도장작업을 하면, 주변 아파트에서 내려다보던 주민의 신고가 소방서나 구청으로 접수된다.

공사장 주변을 차단하는 펜스의 높이가 과거에 비해 엄청나게 높아졌다. 공사현장의 자재 도난 등을 방지하기 위한 목적도 있지만 공사장의 소음, 분진, 야간 작업시 불빛 등을 차단하기 위한 목적도 있다. 다음 [그림 5-14]는 아파트 건설현장의 외곽 펜스 모습이다.

그림 5-14 **건설현장 펜스**

그리고 공사장을 출입하는 차량은 반드시 바퀴를 씻는 세륜기를 통과하게 해서 공사장 흙이 주변 도로를 오염시키는 것을 방지한다. 다음 [그림 5-15]는 공사장 출입구에 설치된 세륜기이다.

그림 5-15 **공사장 출입구에 설치된 세륜기**

그리고 주변 행인들에게 잘 보이는 공사장 펜스에 소음측정기를 설치해서 운영한다. 여름철에는 공사장 차량으로 인해 인접 도로상에 먼지가 날리는 것을 방지 하기 위해 살수차를 주기적으로 운행해서 도로상에 물을 뿌리기도 한다.

주택가에 인접한 공사 현장에서 야간 작업을 하는 경우에 불빛과 소음이 주민들을 거슬리게 하지 않게 조심하지 않으면 여지없이 민원이 발생하여 허가 관청에서 주의하라는 담당자 전화가 걸려오기도 한다.

저층 아파트나 단독 주택가에 인접한 건축 현장에서 건물 골조가 높게 올라가는 과정에서 일조권 침해가 조금이라도 발생하면 여지없이 일조권 소송전문 변호사를 내세워서 공사중지 가처분 신청이 들어온다. 이럴 경우 발주자는 공사를 계속하기 위해서는 과도한 보상금을 지불하고서라도 합의하는 게 일반적이다.

공사장 인접 저층 아파트나 연립주택 주민들이 TV수신 전파 장애를 이유로 전문 변호사를 내세워 소송을 걸어오고, 동시에 허가 구청에 민원을 제기한다. 이 경우에도 주민들이 승소한 판례가 있기 때문에 합의해야 건물 준공에 지장을 받지 않는다.

## 5 실제 정보통신감리 현장에서의 환경 관리

정보통신감리원이 단독으로 상주하는 현장의 경우, 시공사의 정보통신 시공 분야의 "환경관리계획서"는 대부분의 경우, "시공계획서"에 공정관리, 환경관리 등 분야와 함께 작성된다.

다음 [그림 5-16]은 정보통신 시공분야의 환경관리 계획 부분 중 환경관리 방침을 발췌한 내용이다.

그림 5-16 **환경관리계획의 환경관리 방침**

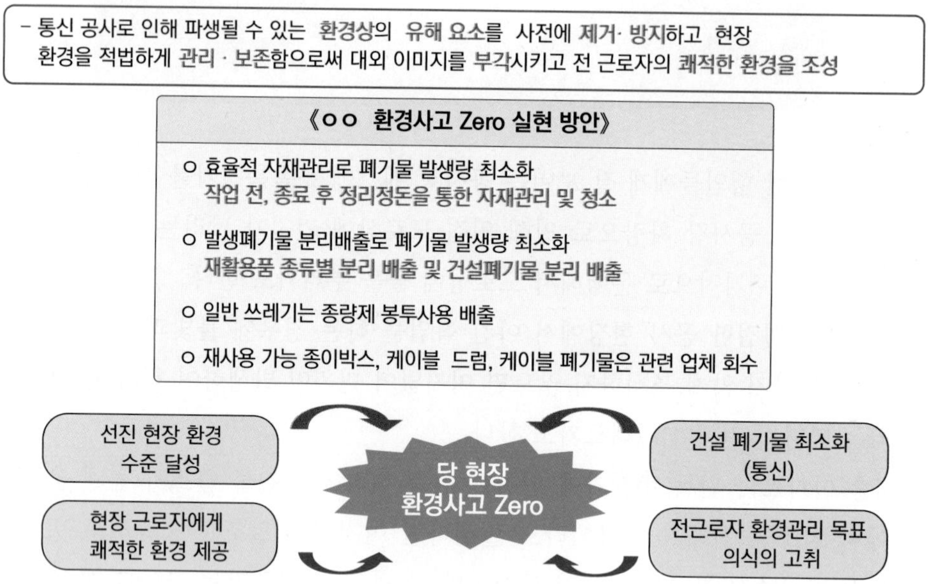

- 통신 공사로 인해 파생될 수 있는 환경상의 유해 요소를 사전에 제거· 방지하고 현장 환경을 적법하게 관리 · 보존함으로써 대외 이미지를 부각시키고 전 근로자의 쾌적한 환경을 조성

《ㅇㅇ 환경사고 Zero 실현 방안》

- ㅇ 효율적 자재관리로 폐기물 발생량 최소화
  작업 전, 종료 후 정리정돈을 통한 자재관리 및 청소
- ㅇ 발생폐기물 분리배출로 폐기물 발생량 최소화
  재활용품 종류별 분리 배출 및 건설폐기물 분리 배출
- ㅇ 일반 쓰레기는 종량제 봉투사용 배출
- ㅇ 재사용 가능 종이박스, 케이블 드럼, 케이블 폐기물은 관련 업체 회수

선진 현장 환경 수준 달성

현장 근로자에게 쾌적한 환경 제공

당 현장 환경사고 Zero

건설 폐기물 최소화 (통신)

전근로자 환경관리 목표 의식의 고취

다음 [그림 5-17]은 환경관리 계획 중 세부실천사항을 발췌한 내용이다.

**그림 5-17 환경관리 실천사항**

**건설 폐기물 관리 세부 실천사항**

- 현장 내 지정 장소에 비닐 수거함 설치
- 현장 내에서는 폐기물 무단 투기를 절대 금함
- 폐기물 반출 시에는 근거 자료를 확보
- 폐기물의 무단 소각, 매립, 불법처리는 절대 금함
- 분리수거 생활화

**현장 내 실천사항**

- 공정작업 후 청소 및 정리정돈 생활화
- 작업 마감 5분 전 정리정돈
- 자재반입 후 비닐보양 및 자재 실명제 실시
- 지정된 장소 이외에 자재 야적 금지

다음 [그림 5-18]은 정보통신 시공분야의 환경관리세부 계획을 발췌한 것이다.

**그림 5-18 환경관리세부계획**

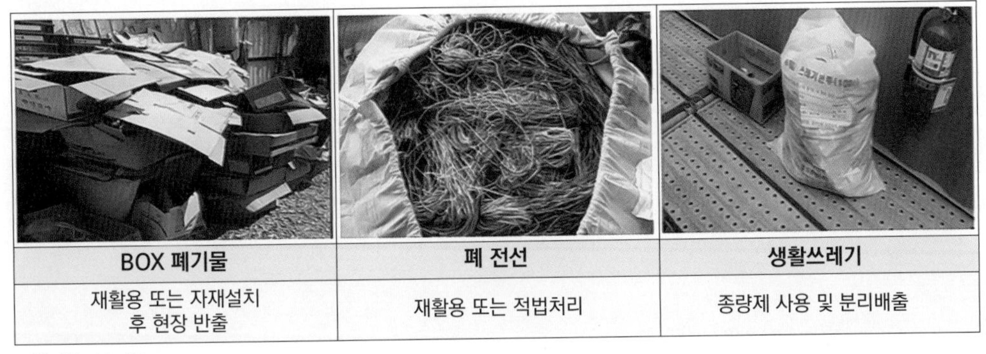

| BOX 폐기물 | 폐 전선 | 생활쓰레기 |
|---|---|---|
| 재활용 또는 자재설치 후 현장 반출 | 재활용 또는 적법처리 | 종량제 사용 및 분리배출 |

**세 부 보 고**

| 폐기물 저감 | 소음/진동 억제 | 대기오염 |
|---|---|---|
| - 반입자재의 포장상태 및 재질 확인<br>- 반입자재의 포장재 재활용 여부 및 반출 여부 확인(포장재의 최소화)<br>- 포장재 분리 후 지정장소 이동 및 외부 반출 (현장 내 무단소각 및 매립 방치 금지) | - 소음 전달이 심한 야간작업 자제<br>- 자재 운반 및 이동시 과도한 충격 금지<br>- 운반 및 출퇴근 차량 저속(10km/h)운행 및 경적금지 | - 동절기 주차장 내 차량 공회전 금지 (차량 내 휴식)<br>- 폐자재 불법 소각 금지<br>- 난방유 사용 난방기구 사용금지<br>- 사무실내 공기청정기 설치(금연 실시) |

**참고** [감리현장실무: 시공단계의 감리업무 중 8편 #환경관리 업무수행 노하우] 2020년 11월 28일

**권고 사항!**

감리현장에 근무하는 정보통신감리원들은 현장의 환경관리를 위해 어떤 업무를 수행하고 있는지 확인해보기 바란다.

건설현장에서 노조 또는 노조를 사칭하는 각종단체의 소속 조합원 채용 및 타워크레인 같은 장비 사용 강요 등과 같은 갑질요구를 건설사가 들어주지 않으면 현장 상공에 드론을 띄어 폐기물을 적재한 장소를 찍어 안전 및 환경관련법 위반을 신고하겠다고 협박하는 사례에서 보는 것처럼, 현장의 안전관리와 환경관리는 노조의 부당한 갑질의 수단으로 악용되는걸 유의해야 한다.

# 06절

# 품질관리

품질관리는 "정보통신공사 감리업무 수행기준"(2019.12)의 제34조(품질관리 관련 감리업무), 제35조(중점 품질관리), 제36조(성능시험계획), 제37조(품질관리 검사요령)에 관련 내용이 잘 정리되어 있다.

## 1 품질 관리

감리원은 설계도서, 시방서, 공정계획, 시공계획서 등을 검토하여 하자 발생빈도가 높거나 품질관리가 소홀히 해질 우려가 있거나 시공 후 보완이 어렵고 많은 노력과 시간이 소요되는 등 재시공이 어려운 공종이나 부위를 중정 품질관리 대상으로 선정하여 다른 공종에 비해서 우선적으로 품질 관리 상태를 입회, 확인하여야 한다. 중점 품질관리 공종 선정시 고려해야 할 사항은 다음과 같다.

◆ 하자 발생 빈도가 높은 공종 및 관리상 불량 부위의 시정이 어려운 부분
◆ 시공 부위가 매몰되어 추후 품질 확인과 재시공이 어려운 부분
◆ 품질 불량 부위가 주변이나 다른 공종에 영향을 미치는 경우
◆ 신기술 또는 시공 전례가 없는 공법으로 시공하는 경우

감리원은 선정된 중점 품질관리 공종별로 관리방안을 수립하여 시공자에게 실행토록 지시하고, 실행 결과를 수시로 확인하여야 한다. 중점 품질관리방안 수립시 다음 내용이 포함되어야 한다.

- ◆ 중점 품질 관리 공종의 선정
- ◆ 공종별로 시공중 또는 시공후에 발생하는 예상 문제점
- ◆ 각 문제점에 대한 대책방안 및 시공 시점
- ◆ 중점품질관리대상 시설물, 시공, 하자 가능성이 큰 지역 또는 부분 선정
- ◆ 중점 품질관리 대상을 작성, 기록, 관리하고 확인하는 절차

감리원은 중점 품질관리 대상으로 선정된 공종에 대한 관리방안을 수립하여 시행 전에 발주자에게 보고하고 시공자에게도 보고해야 한다.

감리원은 주요 품질 대상 부분을 시공할 때는 "중점 품질관리 공종" 팻말을 설치하고, 정보통신기술자가 입회토록 조치해야 한다. 그런데 정보통신분야의 중점품질관리대상은 무엇이 될 수 있을까?

건축 현장의 경우, 전체 공기의 1/2이 배관과 케이블 입선 시공, 그리고 MDF, IDF, FDF시공과 광케이블 성단 시공인데, 광케이블을 성단하는 FDF 시공분야를 중점 품질관리 대상으로 설정하는 것도 괜찮을 것 같지만, 현장에서 이렇게 실천하는 사례를 거의 보질 못한 것 같다.

건축분야의 경우, 레미콘 차량으로 반입되는 콘크리트에 대한 품질 관리를 철저히 수행한다. 건축 감리원이 레미콘 차량이 들어오면, 수송 소요시간이 1.5시간 이내인지 확인하고, 레미콘 샘플을 용기에 퍼담아서 현장에서 슬럼프 테스트, 염분과 공기 기포 측정 등을 거치는데, 기준치를 통과하지 못하면 회차시킨다. 그리고 레미콘 샘플을 조그만한 원통(공시체)에 담아 현장 시험실로 보내어 수조에 보관한 후, 1주, 2주, 3주 경과할 때마다 끄집어 내어 충격기로 콘크리트 강도를 측정한다. 만약 기준치 이상의 강도가 나오지 않으면, 재시공해야 한다.

다음 [그림 5-19]는 공시체를 만능재료시험기(UTM)에 올려놓고 시험하는 사진이다.

그림 5-19 **공시체 시험 사진**

## 2 성능 시험 계획

감리원은 시공자에게 각 공종 마다 준비과정에서 부터 작업 완료시까지의 각 과정마다 품질 확보를 위한 수단, 절차 등을 규정한 "종합품질관리계획서"(TQC: Total Quality Control)를 작성 제출토록 하고 이를 검토 확인해야 한다. 감리원은 시공에 사용될 정보통신 기자재로 인한 품질 하자를 방지하기 위해 품질관리 계획을 다음과 같이 지도해야 한다.

- 공종계획에 따라 시험종목을 선정하여 시공자가 적정 품질관리할 수 있도록 사전에 지도한다.
- 공인기관 의뢰 시험과 현장 실시시험으로 구분하여 시험계획을 수립하여 실시한다.
- 시공자가 공정계획서를 제출할때 품질관리계획서가 첨부되게 하여 효율적인 품질관리가 이루어지도록 사전 점검한다.
- 시공자가 품질관리 시험요원을 자격, 능력 면에서 적정하게 보유하고 있는지 확인하고 사전에 교육 지도 관리해야 한다.

## 3 건축 현장에서의 정보통신 시공 품질관리업무의 수행 실태

앞에서 언급된 내용들은 건축 분야에서 이루어지는 품질관리 지침을 참고해서 작성하다보니, 정보통신 분야에는 적절하지 않는 부분도 있고, 간과하고 있는 부분도 있는 것 같다.

그리고 자재 관리, 검사(검측) 업무와도 중복되는 부분도 있는 것 같다. 실제 정보통신 품질관리 계획은 시공계획서에 포함되어 감리단으로 보고되는 경우가 많다. 다음 [그림 5-20]은 시공계획서에 포함되어 있는 품질 관리 계획 부분을 발췌한 것이다.

그림 5-20 시공계획서 품질관리계획

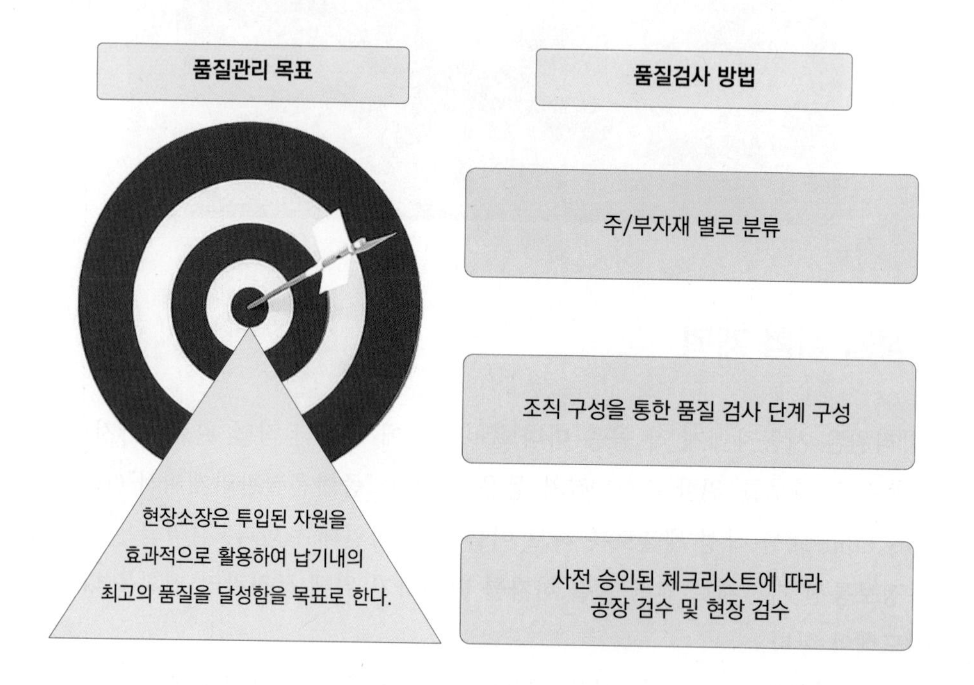


위에서 언급한 내용들이 정보통신감리 현장에서 보편적으로 시행되지 않는 상황인 것 같지만, 실제 현장에서 어느 정도 수행되고 있는지 확인이 필요하다.

참고 [감리현장실무: 시공단계의 감리업무 중 10편 #품질관리 업무 수행 노하우] 2020년 12월 3일

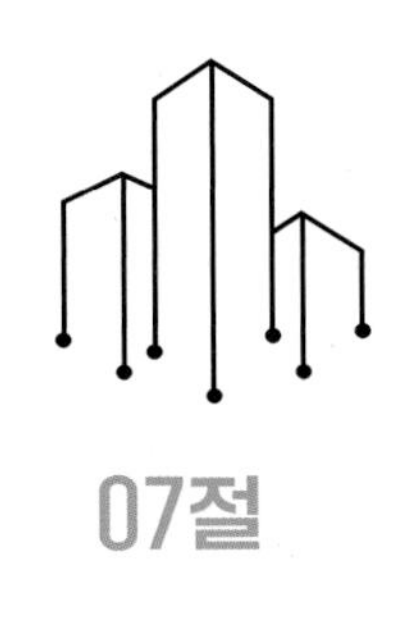

# 07절

# 검측(검사)

"정보통신공사 감리업무 수행기준"(2019.12)의 제44조(검사 및 시험업무), 제45조(매몰 부분 검사)에 관련 내용이 잘 정리되어 있다.

감리현장에서 통용되어 오던 "검측"이란 용어가 "검사"라는 용어로 통일되었다. 검측(조사)업무는 전체 감리업무 중에서 중요한 일이지만, 이게 주가 되어서는 안 된다. 검측(검사)업무는 시공상태를 세밀하게 살펴서 시공품질을 유지하는 역할을 한다. 즉 숲속에서 나무 하나하나를 살피는 것에 비유된다.

그런데 정보통신감리원은 건축물의 Brain역할을 하는 ICT설비들이 효율적, 적절하게 작동하는지를, 마치 숲을 바라보는 시각으로 살피는게 더 중요하다.

그러므로 검측(검사)업무는 중요하지만, 그게 감리업무의 대부분이고 가장 중요한 일이라고 인식하는 순간, 정보통신감리원으로서의 큰 부분의 역할을 간과하고 있다는 걸 이해하고 제대로 실행할 때, 건축 현장에서 정보통신감리원들의 역할과 존재감을 제대로 인정받을 수 있다.

## 1 검사(검측) 업무란?

감리 현장에서 검사업무는 감리원이 근무하는 전체 시간 중에서 많은 비율을 차지한다.

검사에 그렇게 많은 시간을 소비하는데도 불구하고, 습관적으로 반복적으로 시행하는 업무로 인식하는 경향이 있다. 그리고 검사 업무가 초반 건축 구조물에 매입되는 CD 배관 검측업무에 치중되어 있다. 검사시 착안 사항에 해당되는 체크리스트에 대한 중요성도 간과하고 있는 게 현실이다. 검사를 제대로 실효성있게 하려면, 대상 설비의 검사 포인트, 그리고 검사 체크리스트를 제대로 리스트업 해야 한다.

## 2 검사(검측) 체크리스트 작성

검사 체크리스트는 규정상으론 정보통신감리단에서 공정별로, 단계별로 작성해서 사용해야 한다.

감리원은 검사 시험항목을 계약 설계도면, 시방서, 정보통신 관계 법령 및 감리업무 수행기준 등을 기준으로 작성하되, 공사 목적물의 규격과 품질을 완성하는데 필수적인 사항을 포함하여 검사 항목을 결정해야 한다.

감리원은 검사 체크리스트를 작성할 때 다음 사항을 유의해야 한다.

- ◆ 체계적이고 객관성있는 현장 확인과 승인
- ◆ 부주의, 착오, 미확인에 따른 실수를 사전에 예방하여 충실한 현장 확인
- ◆ 확인 검사의 표준화로 현장의 정보통신기술자에게 작업의 기준 및 주안점을 정확히 주지시켜 품질 향상을 도모
- ◆ 객관적이고 명확한 검사결과를 시공자에게 제시하여 현장에서의 불필요한 시비를 방지하는 등 효율적인 확인 검사 업무 도모

실제로는 시공자가 검사 체크리스트를 감리단으로 제출한다. 그러면 감리단에서 검토하고, 감리단 자체에서 정리해놓은 체크리스트를 추가해서 그것을 실제 검사시 체크리스트로 활용한다.

시공사가 제출하는 체크리스트의 의미는 시공할 때 그 부분에 신경을 쓰겠다는 의지의 표현이고, 감리단이 추가한 체크리스트는 그 부분에 관심을 갖고 검사하려는 의도를 담고 있다. 특히 콘크리트에 매몰되는 배관 등 설비는 타설 전 검사가 필수적이다. 감리단 스스로가 설비별 체크리스트를 작성해서 반영하는 것이 바람직하다.

## 3 검사(검측)업무 수행 절차

"정보통신공사 감리업무 수행기준"은 과기정통부에서 2019년 12월에 제정한 감리업무 수행기준이다. 이 기준에서는 "검측"을 "검사" 업무로 표현하고 있다. 검사시 체크리스트 작성 절차는 다음과 같다.

제44조(검사 및 시험업무)에서 정보통신 감리원은 "검사 및 시험계획서"(ITP: Inspection & Test Plan)와 "검사시험 점검표"(ITC: Inspection & Test Checklist)가 포함된 "검사업무 지침"을 현장별로 작성 수립하여 이를 근거로 검사 업무를 수행하도록 되어 있다.

"검사업무 지침"은 검사해야 할 세부 공종, 검사 절차, 검사시기 또는 검사 빈도, 검사 체크리스트 등의 내용을 포함해야 한다. 수립된 "검사업무 지침"은 필요시 발주자의 승인을 받아 모든 시공 관련자에게 배포 주지하고 확실한 이행을 위해 교육을 실시한다. 현장에서의 검사는 체크리스트를 사용하여 수행하고 그 결과를 체크리스트에 기록한 후 시공자에게 통보하고 후속 공정의 승인 여부와 지적사항을 명확히 전달한다.

검사 체크리스트에는 검사 항목에 대한 시공 기준 또는 합격 기준을 가급적 계량화하여 검사결과의 합격 여부를 합리적으로 신속히 판정한다. 대부분의 경우 검사 결과는 합격(적합), 불합격(부적합)으로 판정한다. 감리원은 시공자가 제출하는 검사요청서 접수시 공사참여자 서명이 들어있는 실명부의 첨부 여부를 확인해야 한다.

## 4 실제 검사(검측) 업무 수행 절차

현장 시공이 완료되면, 시공관리 책임자가 1차로 점검한 후, 이상이 없으면 "검사요청서"를 감리단으로 제출한다.

검사요청서는 '검사 체크리스트', '시험성과', '도면', '공사 참여자 실명부' 등이 첨부되어 있다. 검사요청서는 검사 수일 전, 최소한 하루 전에 제출되게 하여 검사 실시전에 도면 검토를 통하여 검사 대상 시공 내역을 파악할 수 있게 한다.

감리원은 1차 점검내용을 검토한 후, 현장 확인검사를 실시한다. "검사요청서"는 감리단에서 검수결과를 시공사로 통보시, 편의를 위해 하단 반페이지 지면에 "검사결과통보서"가 포함되어 있는데, "검사 결과 통보서" 양식에 검사 결과를 기록하고 감리자가 날인한 후 시공사로 전달한다.

다음 [그림 5-21]은 "검사요청서"와 "검사결과 통보서" 양식이다.

**그림 5-21 검사요청서와 검사결과통보서 양식["정보통신공사 감리업무 수행기준"(서식 13)]**

## 검 사 요 청 서

번호: 20 . . .
받음 : ○○공사 책임감리원 ○○○

다음과 같은 세부공종에 대하여 검사요청 하오니 검사 후 승인하여 주시기 바랍니다.

| 위 치 및 공 종 | |
|---|---|
| 검 사 부 위 | |
| 검사 요구일시 | |
| 검 사 사 항 | |

붙임 : 검사 체크리스트, 시험성과, 도면, 공사 참여자 실명부

공사업자 점검직원 ㊞
현장대리인 ㊞

## 검 사 결 과 통 보 서

번 호: 20 . . .
받 음 : ○○공사 정보통신기술자 ○○○

문서번호 ○○로 검사요청 한 건에 대하여 20 . . . 검사한 결과를 다음과 같이 통보합니다.

1. 검사결과
2. 지시사항

붙임 : 감리원의 검사 체크리스트

감리원 ㊞
책임감리원 ㊞

**참고** [https://cafe.daum.net/impeak/U5wn(다양한 체크리스트 샘플)]

감리원도 “검사요청서” 내용을 검토하고 해당 도면을 확인하고 체크리스트를 확인한다. 그리고 시공자의 인도를 받아 현장으로 나가서 검사를 실시한다. 단계적인 검사로는 현장 확인이 곤란한 공종은 시공 중 감리원이 계속적인 입회 및 확인으로 시행한다. 정보통신분야에서 이런 공종으로 무엇이 있을까?

건축분야에서 철근작업, 배관작업, 형틀작업이 끝나면, 콘크리트 타설을 한다. 이때 건축감리원이 타설이 이루어지는 동안 입회해서 콘크리트 시공품질이 양호하게 유지되게 감독한다.

그 이후 검사결과를 시공사로 통보하는데, 시험 결과가 합격이면 검사결과통보서에 적합, 합격 등으로 평가해서 시공사로 전달하고, 검사시에 촬영한 사진을 프린트하여 검사요청서/검사결과통보서 문서에 첨부해서 보관한다. 만약 검사결과가 불합격이면 재시공 또는 보완해서 다시 검사 요청서를 제출토록 한다.

검사 결과가 불합격인 경우, 시공자가 불합격 이유를 명확하게 이해할 수 있도록 불합격 내용을 첨부해서 통보하고, 보완 시공후 재검사 받도록 조치한 후, 감리일지와 감리보고서에 반드시 기록하고 시공자가 재검사를 요청할때 잘못 시공한 정보통신기술자의 서명을 받아 그 명단을 첨부하도록 해야 한다.

정보통신분야 검사업무의 대부분은 콘크리트속으로 매몰되는 배관 시공 상태를 대상으로 하므로 시공 상태를 증빙할 수 있는 사진을 촬영하여 관련 문서에 포함시켜 보관 관리해야 한다. 감리원이 검사하는 모습을 사진으로 촬영하는데, 사진 좌측 하단 여백에 촬영 일시, 촬영내용을 기록한 후 공종별로 구분하여 작업 순서대로 정리하여 검사요청서/검사결과통보서 문서철에 첨부하여 보관한다. 검사 모습을 촬영한 사진에 감리원을 포함시킬지 여부는 발주처의 의견에 따르면 된다. 공공기관이나 관청발주 공사 현장에서는 검사 사진 촬영시 감리원을 반드시 포함시키도록 요구하는 것이 일반적이다.

다음 [그림 5-22]은 검사 업무 처리 절차이다.

그림 5-22 **검사업무 처리 절차**

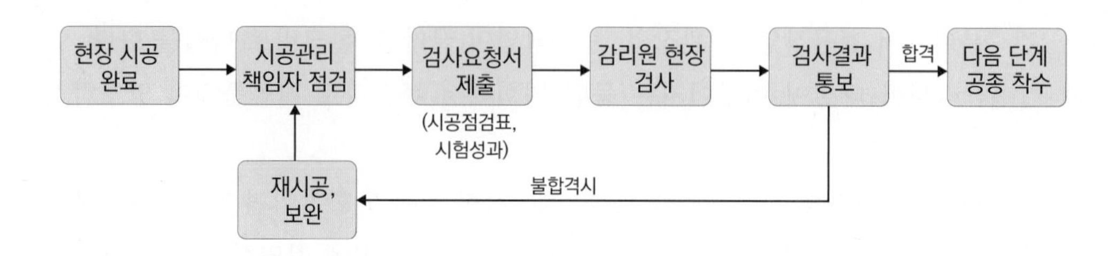


## 5 대상 설비별 검사(검측) 포인트 발굴

현장에서 검사 업무는 슬라브(바닥)나 벽체속으로 들어가는 배관 검측이 가장 많다. 검사 대상 설비에 대해서 적정한 시점에 체크포인트를 발췌하고, 그 포인트에서 검사할때 중요하게 검사해야 할 체크리스트를 완성해서 검측을 실시해야 한다.

시공사 하도업체 현장소장 성향에 따라 시공 상태가 질서정연하게 깔끔하기도 하고, 지저분하고 어지러울 수도 있다. 그러므로 시공 물량이 많은 공정은 시공사에게 먼저 샘플 시공을 지시하고, 그 현장의 모든 감리원과 시공자들이 참여하여 시공 과정과 결과물을 확인하는 게 좋다. 그렇게 시행하면, 그 건축 현장에서 해당 공정의 시공방법과 시공품질이 통일이 된다.

## 6 검사(검측)시 유의 사항

감리자는 검사하러 나가기 전에 검측 관련 도면을 점검하고, 검측 체크리스트를 확인한 후 나가야 한다.

검사현장으로 나갈 때는 현장 상황에 익숙한 시공자를 앞세우고 뒤따라가는게 안전에 유리하다. 그리고 반드시 안전통로를 이용해서 이동해야 하고, 만약 미처 안전통로가 확보되지 않은 경우에는 시공사 안전관리 책임자에게 안전 통로 확보를 요청해야 한다.

그리고 시공 상태를 건성으로 보지 말고 예리하게 매의 눈으로 시공 상태를 점검해야 현장 작업자들의 긴장이 유지되고, 신경을 써서 시공에 임하므로 전반적인 시공 품질이 올라간다. 예를 들어 배관 검사리스트에 배관의 굴곡 반경과 굴곡 각도 총계 한계 등이 체크리스트가 포함되어 있는데도, 정작 현장 배관 검사를 나가서는 구불구불하게 배관해놓은 걸 보고도 간과하는 경우가 많다. 아래 [그림 5-23] 매립배관 사례를 참조한다.

그림 5-23 **매립배관 사례**

"접지설비·구내통신설비·공동구 등의 기술기준" 제28조(옥내배관 등)에 다음과 같이 규정되어 있다. "배관 1구간에 있어서 굴곡 개소는 3개소 이내이어야 하며, 1개소의 굴곡 각도는 90도 이내로 하며, 3개소의 합계는 180도 이내이어야 한다."

복잡한 배관을 보고 이론적으로 알고 있는 걸 적용해야 하는 게 쉬운 일이 아니다. 이처럼 검사는 알고 있는 것과 현장 시공 상태를 검사할때 적용할 수 있는 것과는 근본적으로 다르다. 감리업무는 탁상공론(卓上空論)을 경계해야 하며, 실사구시(實事求是)를 최고의 가치로 인식해야 한다.

수십여 년 전에 건물, 교량 붕괴 등 안전사고가 자주 발생하자 국토교통부에서 건설현장 건축감리단을 일제 점검한 적이 있었다. 건축감리원들의 검사업무 실시 상황을 점검해본 결과, 재검사 실시한 게 거의 나타나지 않았다. 결과적으로 감리 무용론이 나오게 되는 배경이다. 검사시 현장에서 지적하고 수정한걸 기록을 남기지 않았던 결과이다. 그러므로 감리원은 검사업무 수행시 현장 시공자에게 수정 보완을 지적했던 내용을 "검사결과 통보서"에 자세하게 기록을 남기는 게 바람직하다.

참고 [감리현장실무: 시공단계의 감리업무 중 7편 #검사(검측)업무 수행 노하우] 2020년 11월 27일

**권고 사항!**

검사(검측)는 체크리스트를 잘 작성해야 하고, 실제 현장에 검사하러 나갈 때 체크리스트에 따라 세밀하게, 한 항목씩 점검해야 한다. 이렇게 해서 숙달이 되어 고수가 되면, 한눈에 단시간내에 잘못된 시공부분을 찾아낼 수 있게 될 것이다.

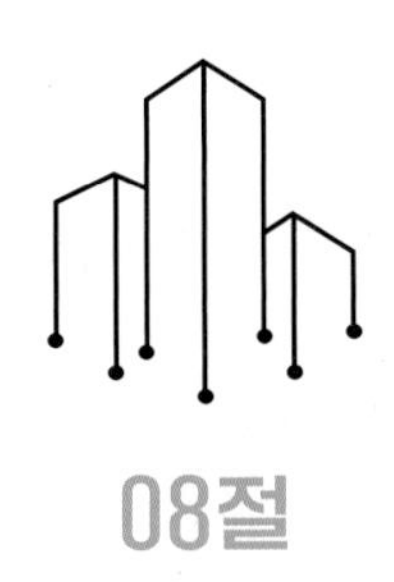

08절

# 시공상세도

"정보통신공사 감리업무 수행기준"(2019.12)의 제23조(시공상세도 승인)에 시공상세도 관련 내용이 잘 정리되어 있다.

건설현장은 실시설계도면, 공사시방서 등 설계도서를 기반으로 시공이 이루어진다. 그러나 실시설계도서의 불완전성, 다른 공종과의 충돌로 인한 조정 필요성, 예상치 않았던 시공환경변화 등에 대응하여 시공상세도(Shop Drawing)를 보조적으로 사용하여 시공이 이루어진다.

시공상세도는 현장에서 운영되는 Drawing Shop에서 작성되는데, 대개의 경우 골조가 다 올라가면 현장에서 철수한다. 실시설계도서의 완성도가 낮으면, 시공상세도를 작성해야할 분량이 증가한다. 시공상세도 요청 및 승인 관련 업무 편의를 위해 감리단에서 시공사로 검토 결과를 통보할 때 사용할 양식이 같이 달려 있다.

시공상세도 검토요청서와 검토결과통보서는 "정보통신공사 감리업무수행기준"에는 (서식)이 포함되어 있지 않다. [그림 5-24]를 참고한다.

그림 5-24 **시공상세도 관련 문서양식표준양식 없음**

| 시공상세도 승인요청서 | | | |
|---|---|---|---|
| 문서번호 | | 수신 | 책임감리원, 담당감독관 |
| 공 사 명 | | 공종 | □건축 □토목 □전기 □기계 □조경 |
| 도면명칭 | | | |
| 부 위 | | | |
| 세부내용 | | | |
| 첨부도면 | | | |
| 특기사항 | | | |
| 상기 시공상세도를 검토 요청하오니 결과를 통보하여 주시기 바랍니다.<br>년 월 일 | | 담 당 자 (인)<br>현장대리인 (인) | |

| 시공상세도 검토결과 통보 | | | |
|---|---|---|---|
| 문서번호 | | 수신 | 현장대리인 |
| 검토의견 | 감독관 | | |
| | 감리원 | | |
| 판 정 | 적합 □ 조건부적합□ 부적합□ | | |
| 특기사항 | | | |
| 상기 검토요청에 대한 검토 결과를 통보합니다.<br>년 월 일 | | 담 당 감 리 원: (인)<br>감리단장: (인) | |

시공상세도는 실시설계도서의 부족하거나 분명하지 않은 부분을 채우는 용도인데, 현장에서 실시설계도서가 제때에 납품되지 못해서 시공에 어려움을 겪는 경우, 시공사가 현장에서 운영하는 드로잉샵에서 시공상세도를 작성해서 시공을 계속해 나가기 위한 편법으로 활용하는 사례도 있다.

## 1 시공상세도 처리 절차

시공상세도는 설계도면과 시방서 등에 개략적으로 표기된 부분을 명확히 하여줌으로써 시공상의 착오방지 및 공사 안전을 확보하기 위한 수단으로 사용함으로 다음 각호의 사항에 대한 것과 발주자의 공사 시방서에 작성하도록 명시한 시공상세도에 대하여 작성하였는지를 확인한다.

◆ 시설물의 연결 이음 부분의 시공상세도

◆ 매물 시설물의 처리도

◆ 주요 기기 설치도

◆ 규격 치수 등이 불명확하여 시공에 어려움이 예상되는 부위의 각종 상세도면

그리고 감리원이 필요하다고 인정하는 경우, 시공자는 시공상세도를 제출하여 승인을 요청해야 한다. 시공상세도의 첨부 자료는 이전 도면, 이후 도면 차이를 식별할 수 있어야 하고, 설계도면 여백 부분에 시공상세도 변경 사유를 기재해야 한다. 감리자는 시공상세도 승인시 다음 사항을 확인한다.

◆ 설계도면, 시방서, 관계 규정 일치 여부

◆ 실제 시공 가능 여부

◆ 안전성 확보 여부

◆ 계산의 정확성

◆ 도면의 선명도 등 품질

◆ 시공시 유의 사항: 도면에 표시 어려운 내용

◆ 도면으로 표시 곤란한 내용은 시공시 유의사항으로 작성되었는지 등의 검토

감리원은 시공상세도 검토 확인시까지 관련 공정의 시공을 허용하지 말아야 하며, 시공상세도는 접수일로부터 7일 이내에 승인해야 하며, 기간이 더 필요한 경우에는 사유 등을 명시하여 통보해야 한다. 다음 [그림 5-25]은 시공상세도 승인 업무 처리 흐름도이다.

**그림 5-25 시공상세도 승인 업무 처리 흐름도**

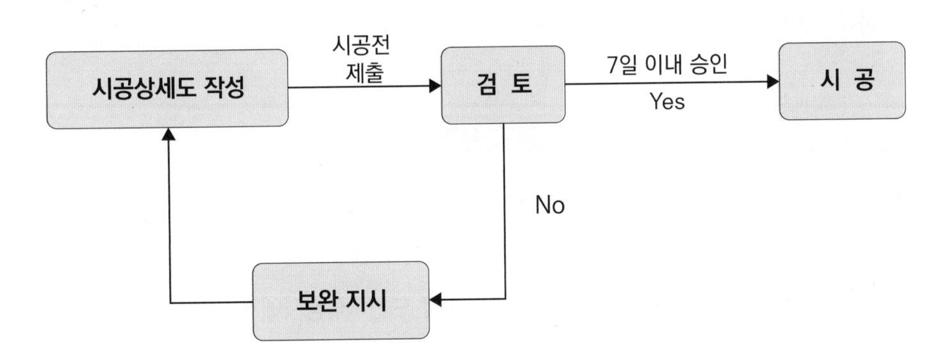

다만 발주자로부터 특별시방서에 명시한 사항과 공사조건에 따라 감리원과 시공자가 필요한 시공상세도를 조정할 수 있다. LH공사와 같은 공공 현장의 경우, 과업지시서에 의해 시공상세도 승인을 발주처에서 관장하는 경우도 있다.

## 2 시공상세도 작성 대상 설비

시공상세도 작성 대상 설비는 시방서에 규정된다. 다만 발주자가 특별 시방서에 명시한 사항과 공사 조건에 따라 감리원과 공사업자가 필요한 시공상세도를 조정할 수 있다. 시공자는 감리원이 시공상 필요하다고 인정하는 경우에는 시공상세도를 제출하여야 한다. 감리원이 시공상세도를 검토·확인하여 승인할 때까지 시공을 해서는 안 된다.

아파트 감리현장에서 실무 경험에 의한 시공상세도 작성 대상 설비를 리스트업하면 다음과 같다. 개인적인 경험에 의한 것이므로 가변적이고, 추가할 수 있다.

- 방재실: Floor Plan
- 집중구내통신실(MDF실): Floor Plan
- 층구내통신실(TPS실): Floor Plan
- 구내 인입관로: 통신3사, 지역케이블 방송사 인입 설비
- 방송공동수신 안테나설비: 옥상 부분
- 면적별, 타입별 단위세대
- 이동통신 단지내 중계설비
- 주차관제시스템: 도로 인입부(부스, Loop, 차단바, LPR위치)

**참고** [감리현장실무: 시공단계의 감리업무 중 1편 #시공상세도 승인 업무 수행 노하우] 2020년 11월 3일

**권고 사항!**

감리단이 건축 현장에 진입하면 착공 단계에서 시방서 등을 참고해서 시공상세도 대상설비 리스트를 작성하여 미리 시공사로 통보해야 한다.
승인된 시공상세도에 의해 시공이 이루어지면, "준공 도면" 작성시에 반영되었는지를 반드시 확인해야 한다.

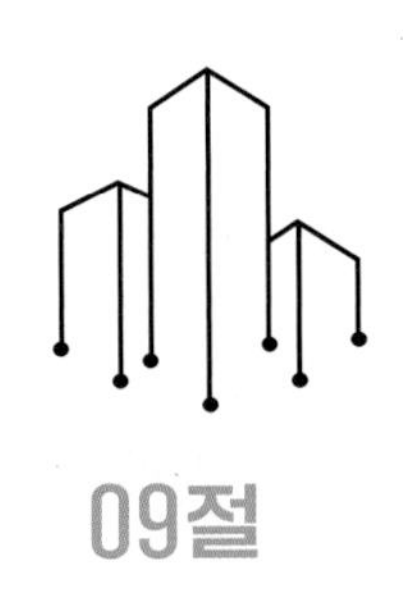

09절

# 설계 변경

"정보통신공사 감리업무 수행기준"(2019.12)의 제4장 "설계변경 및 계약금액의 조정 관련 감리업무"에 설계변경 관련 내용이 잘 정리되어 있다.

실제 현장에서 반드시 이 수행기준대로 설계변경 업무가 처리 되는건 아니고, 발주처 등에 따라 약간씩 변형되어 처리된다.

건설현장에서 근무한 경력이 긴 엔지니어들은 설계변경이란 용어에 부정적이다. 우리 사회가 투명하지 않던, 고도 경제 성장하던 1970~1980년대 시기에 '나랏 돈은 먼저 본 자가 주인'이란 말이 회자(膾炙)되던 시절에 공사 현장에서 불필요한 설계변경으로 인해 많은 돈들이 유흥가를 떠돌아 다닌 그 시절을 경험했기 때문이다. 그 결과 국가 공공 건설사업의 경우, 아직까지도 감사를 받을 때 설계변경이 우선적으로 타겟이 된다.

## 1 설계변경이란?

이미 확정된 실시설계도서대로 시공하지 않고 일부 변경해서 시공하는 것을 설계변경이라고 한다. 특히 정보통신설비는 기술의 라이프 사이클이 짧아서 설계시점과 시공시점의 간격이 크면, 설계변경이 발생할 수 있는데, 이를 방지하기 위해 공사시방서에서 설비 규격을 정의할 때, "최신의 시스템으로 시공해야 한다"라는 문구를 넣어놓으면 설계 변경을 줄일 수 있다. 다음 [그림 5-26]은 시공시점과 설계시점 차이로 인한 설계변경 발생 상황을 보여준다.

그림 5-26 시공시점과 설계시점 차이로 인한 설계변경 발생상황

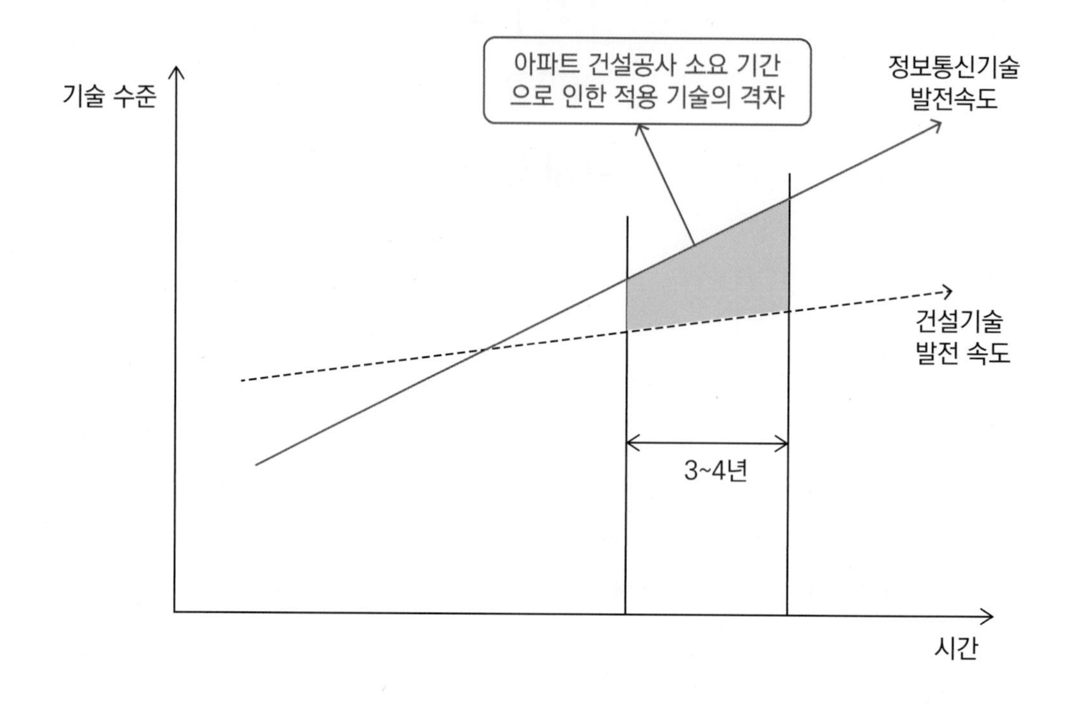


특히 관급공사나 공공 공사의 경우, 국가 예산 수급이 원활치 않아 설계와 시공간 수년의 시차가 발생하기도 한다. 그리고 민간 재건축 아파트 현장에서는 근본적으로 공사비 내역서가 제공되지 않음으로써 규정에 의한 설계변경이 어렵다. 건설사와 주택조합간의 공사계약서에 시공설비 종류가 규정되어 있는데, 공사 계약서에 포함되지 않는 설비를 조합에서 추가로 시공 요구를 하게 될 경우, 시공사와 협상을 해서 공사비 증액 없이 가던지, 공사비 증액을 합의하고 시공하기도 한다.

## 2 설계 변경의 종류

공공 공사에서는 '설계서'를 '공사계약일반조건'으로 규정해 "'설계도면, 공사시방서, 현장설명서, 물량내역서(공사내역서)'"임을 명시하고 있고, 이러한 설계서가 변경되는 경우에 '설계변경'으로 규정하고 있다. 설계변경에 해당하는 조건은 아래와 같다.

### 1) 경미한 설계변경(FCN: Field Change Notice)

설계서 내용의 불투명, 누락, 현장 상황이 설계서와 다를 경우 시공자로부터 설계변경 내역을 제출받아 검토 확인하고 우선 변경 시공토록 할 수 있다. 경미한 설계변경 범위는 발주자가 미리 정해서 공사시방서에 포함시켜 놓을 수 있다.

### 2) 시공자 제안에 의한 설계변경(FCR: Field Change Request)

새로운 기술, 공법의 적용으로 공사비 절감, 공사기간 단축이 예상되는 경우, 시공자가 설계변경 내역을 제출하면 감리원이 기술검토 의견서를 첨부하여 발주처로 실정 보고하고, 발주자의 방침을 받아 변경 시공 여부를 결정한다.

### 3) 발주자 제안에 의한 설계변경(DCN: Design Change Notice)

발주기관이 사업계획 변경 등 여러 가지 이유로 설계서를 변경할 필요가 있다고 판단하는 경우, 설계 변경 개요를 감리원에게 서면으로 지시하면, 감리원은 시공사로 설계 변경을 지시한다. 그 후 시공자로부터 받은 설계변경 내역을 검토한 후, 발주자에게 보고한다.

이때 단순한 사항은 7일 이내, 그 외 사항은 14일 이내 검토 처리해야 한다. 단, 방침 확정이 시급히 요청되는 사항은 시공자가 책임감리원에게 "긴급 현황 실정 보고"를 하고, 책임감리원은 발주자에게 지체없이 보고해야 한다. 민간건축물의 정보통신 감리분야에선 이런 설계변경 관련으로 "긴급 현황 실정 보고"해야 할 상황은 거의 없다.

이때 감리용역회사 소속의 기술지원감리원은 현장에 상주하는 책임감리원에게 기술검토서를 제출하여 설계 변경업무를 지원할 수 있다.

### 4) 자재 지급 방법의 변경에 의한 설계변경

관급(지급)자재를 사급(지입)자재로 변경하거나 또는 역으로 변경하는 경우, 설계변경이 발생한다. 예를 들어 발주자가 시공자에게 제공하던 관급 자재를 시공자가 구매해서 사용하는 사급 자재로 변경되면, 공사비가 증가되어야 하므로 설계변경이 이루어져야 한다.

## 3 설계 변경 절차

설계변경 절차는 크게 "사소한" 설계변경과 "중대한" 설계변경으로 구분할 수 있는데, 전자는 발주처 승인 없이 선시공하고 후 보고하면 되는데 비해, 후자는 시공을 중단하고 발주처 승인을 먼저 받은 후 시공해야 한다. 다음 [그림 5-27]은 설계변경 업무 처리절차를 보여준다.

**그림 5-27 설계변경 업무 처리절차**

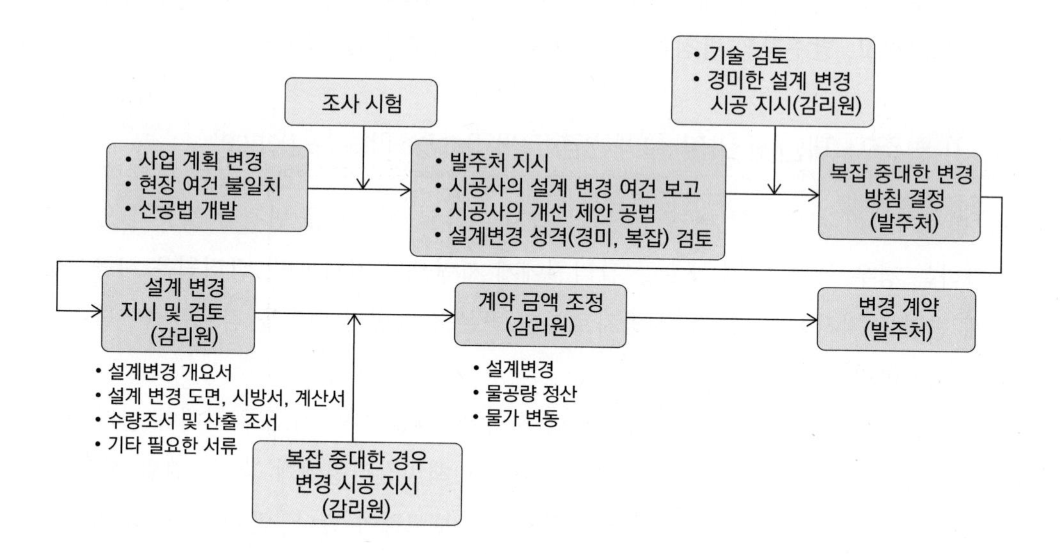


다음 [그림 5-28]은 설계변경 내역이 중대한 것인지, 사소한 것인지를 판단한 후 처리하는 절차를 보여준다.

**그림 5-28 설계변경 내역이 중대한 것인지, 사소한 것인지 판단**

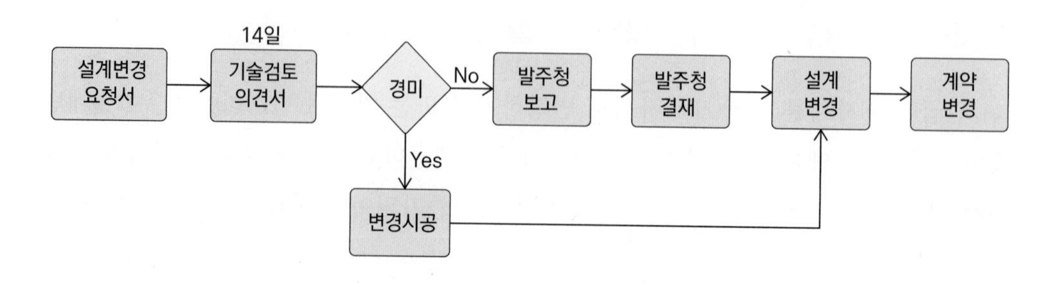

그렇다면, 사소한 설계변경과 중대한 설계변경의 정의는 무엇일까? 혼란을 방지하기 위해 공사시방서에 그 정의를 해놓을 수 있다. 또한 사소한(경미한)설계변경과 중대한 설계변경의 범위는 발주처가 정할 수 있다. [공사계약일반조건 제19조(설계변경 등) 참조]

감리원은 승인받은 설계변경 사항에 관해 해당 공사 계약 체결 전이라도 기성고를 사정하여 기성금을 지급 받을 수 있게 하고, 시공에 필요한 지급 자재도 시공자가 요청하면 발주자에게 지급 요청하여 공사 추진에 지장이 없도록 해야 한다.

건축분야에서는 기둥과 보 등 건축물의 근간이 되는 구조가 바뀌면 중대한 설계변경이고, 그 외는 사소한 설계변경으로 분류한다는 이야기를 들은 적이 있다.

## 4 설계 변경에 따른 계약금액 조정 절차

설계변경으로 계약금액 변동이 수반되는 경우에는 계약금약 조정절차를 수행해야 한다. 현장 상주 감리원은 설계변경으로 인한 계약금액 조정을 위해 시공자로부터 관련 자료를 받아 검토확인한 후, 소속 용역사에 보고하면, 용역사는 소속 기술지원 감리원에게 검토 확인하게 한 후, 용역사 대표자 명의로 발주자에게 제출한다.

이때 변경설계도서의 설계자란에는 현장 상주 책임감리원, 심사자란에는 용역사 소속의 기술지원 감리원이 서명한다. 단, 다수의 감리원으로 구성되는 정보통신감리단인 경우, 설계자는 실제 설계담당 감리원과 책임감리원이 연명으로 서명한다.

현재 정보통신감리단의 감리원은 혼자인 경우가 대부분이다. 실제 감리현장에서 위의 언급된 내용과 약간 다르게 진행되는 경우가 많다. 설계변경 업무 수행시 감리원이 가장 신경이 쓰이는 부분이 공사비 증액 내역이다. 그걸 검증하는 업무가 신경이 쓰이고, 복잡하다. 다음 [그림 5-29]는 설계 변경에 따른 계약금액 조정업무 처리 절차를 보여준다.

그림 5-29 **설계 변경에 따른 계약금액 조정업무 처리 절차**

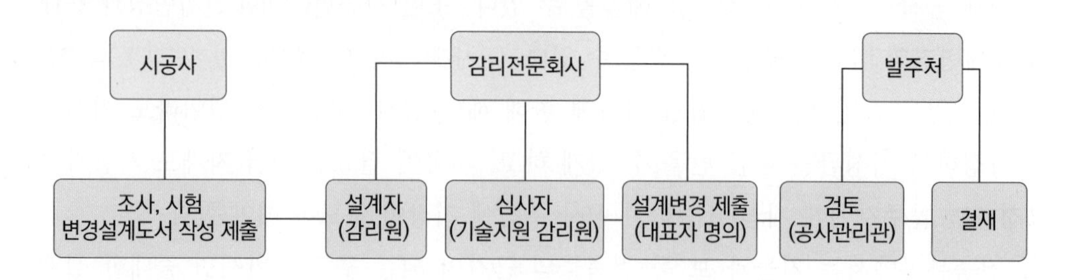


다음 [그림 5-30]은 설계변경 시 수반되는 공사비 원가 계산 절차를 보여준다.

그림 5-30 **원가 계산 작성 절차**

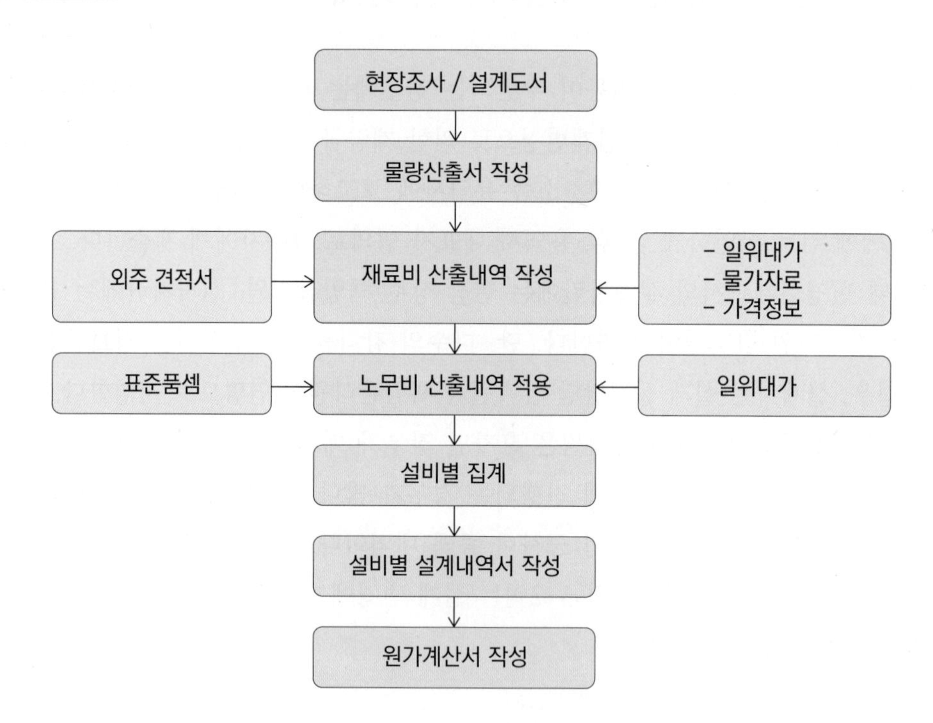


그리고 공사비 계약금액이 변동되는 경우는 다음 [그림 5-31]과 같다.

- ◆ 설계변경으로 인한 계약 금액 변동
- ◆ 물가변동으로 인한 계약금액 변동(ESC: Escalation)
- ◆ 공기연장 등 공사 계약 변경으로 인한 계약 금액 변경

그림 5-31 공사비 계약 금액 변경 사유

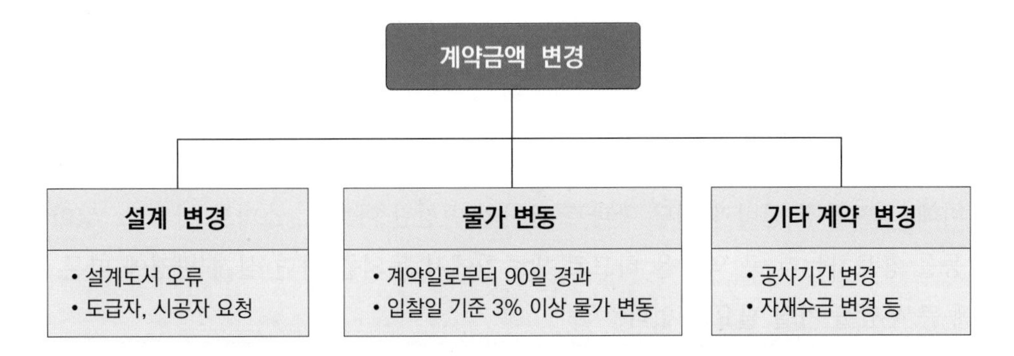


"국가 계약법 시행령"제59조("물가변동으로 인한 계약금액 조정")에 의하면, ESC 항목을 설계변경으로 간주해서 계약 금액 변경 업무를 처리하게 되어 있다.

설계변경에 의해 전체 공사비가 증액되면, "정보통신공사업법 시행령" 제8조3(감리원의 배치기준 등)에 의해 전체 공사비 규모에 적당한 등급의 감리원을 교체해서 배치해야 한다. 그러나 증액 공사비가 최초 총공사비의 10/100 미만인 경우에는 기존감리원이 계속 감리업무를 수행할 수 있다.

## 5 설계도서 우선순위

설계도서는 실시설계도면, 공사시방서, 공사비 내역서, 계산서 등이 있는데, 가끔 이들 설계도서간에 설비 수량 등이 일치하지 않는 경우가 발생한다. 그런 경우를 대비해서 "정보통신공사감리업무 수행기준" 제20조(설계도서 해석의 우선 순위)에 공사계약문서에 우선순위가 규정되어 있지 않은 경우의 적용상 우선순위를 다음과 같이 규정한다.

- ◆ 1순위: 계약서
- ◆ 2순위: 계약 특수조건 및 계약 일반조건
- ◆ 3순위: 시방서
- ◆ 4순위: 설계도면
- ◆ 5순위: 공사비내역서
- ◆ 6순위: 관계법령의 유권 해석
- ◆ 7순위: 감리원의 지시사항

## 6 아파트 현장에서 자주 발생하는 설계변경 사례

정보통신분야에서 발생하는 설계변경 사례는 주로 아파트를 고급화해서 가격을 올리기 위해 발생한다.

아파트의 경우, 전체 공사비에서 정보통신공사비가 차지하는 비율을 5% 정도인데 비해, 정보통신 설비가 해당 아파트 단지의 최첨단 아파트, 스마트 아파트, AI아파트 등을 홍보하는데 큰 역할을 하므로 발주처에서 동의를 하면 설계 변경에 따른 비용에 큰 부담을 가질 필요가 없다.

### 1) 초고속정보통신건물 인증 등급을 1등급에서 특등급으로 변경

아래 링크를 참조하여 지속적으로 개정된 사항을 체크해야 한다.

**참고** https://www.bica.or.kr/main.do

아래 내용은 초고속정보통신건물인증 업무처리 지침(2021.11.22. 기준) 개정 이전을 기준으로 설명하고 있다. 2021년 11월 22일 개정으로 특등급과 1등급의 차이가 실질적으로 거의 사라졌다.

개정 이전 1등급과 특등급의 차이는 [그림 5-32]에서 보는 바와 같이 TPS실까지는 동일하고, TPS실에서 세대단자함까지 다른데, 특등급은 광케이블 4코어가 인입되는데 비해, 1등급은 UTP Cat5e 케이블이 인입되는 점이 다르다.

1등급은 초고속인터넷용으로 세대단자함까지 UTP Cat5e케이블이 인입되는데 비해, 특등급은 세대단자함까지 광케이블 4코어(SMF 2코어 이상)가 인입된다. 그리고 특등급은 거실 인출구 1곳에 광케이블이 인입되는데, 미래 수요를 위한 예비용이다.

그리고 세대단자함-각방까지는 전화/인터넷/TV인출구가 1등급은 실 별 2구 이상(거실은 4구이상 - 2구씩 2개소로 분리), 특등급은 실별 4구 이상(2구씩 2개소로 분리), 거실은 광인출구 1구이상이 추가 설치 되어야 한다. 1등급을 특등급으로 업그레이드 하는 설계변경에 추가되는 공사비는 세대부, 공용부 포함해서 세대당 50만원~100만원 정도 증액된다고 생각하면 된다.

3000세대 아파트의 경우, 1등급으로 설계된 것을 특등급으로 설계 변경해서 시공하면 공사비가 15억원 정도 증액된다고 예상할 수 있다. 이 설계 변경은 향후 초고속인터넷 속도 업그레이드를 고려할 때 바람직하다.

**그림 5-32 특등급 아파트와 1등급 아파트 비교((초고속인터넷, 2021년 11월 22일 이전))**

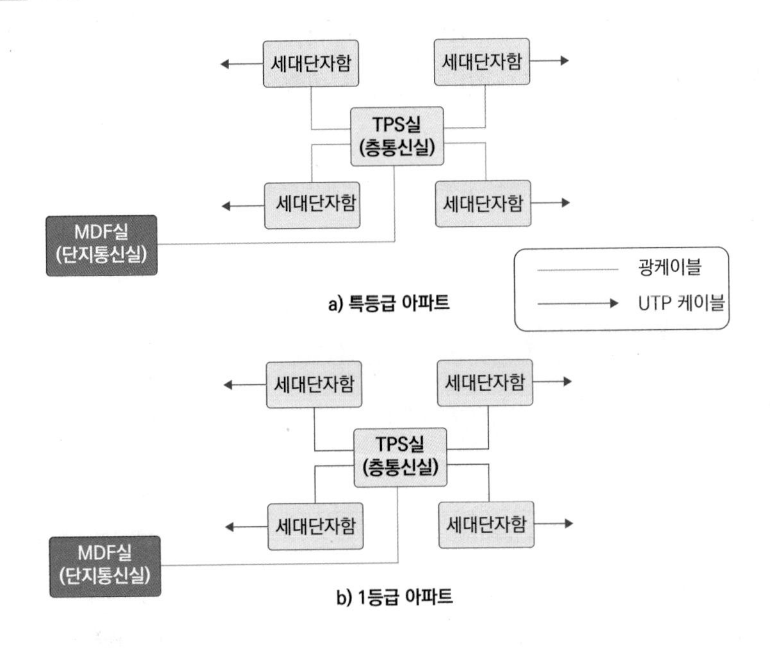


## 2) 주차유도설비 추가

지하층 주차공간의 주차 여부를 초음파나 영상정보처리기기(CCTV)로 센싱하여 비어있으면 초록색 램프 또는 주차되어 있으면 붉은색 램프로 표시해주는 설비인데, 사실 이 설비는 불특정 다수가 사용하는 주차장에 적용하면 빈 주차 공간을 찾는데 소요되는 배회 시간이 줄어들어 주차공간을 증설하는 것과 동일한 효과가 있다.

아파트 주차장엔 적절치 않는데, 강남 재건축아파트 단지 고급화 경쟁으로 도입되고 있다. 몰드바로 시공하므로 준공단계로 들어서도 추가 시공할 수 있다. 소요 예산은 3000세대의 경우, 수십억 규모로 추정된다.

## 3) 어린이 놀이터 부근 Pole에 WiFi AP 설치

어린이 놀이터 근처 전주(Pole)에 와이파이 AP를 설치하면 어린이를 캐어하기 위해 따라 나온 주부들이 유튜브 등을 무료로 시청할 수 있으므로 편리하다.

이 설계변경을 위한 시공을 고려해보면, 어린이 놀이터와 가까운 동 지하로 부터 ELP 또는 Hi PVC 배관속으로 UTP Cat5e 또는 광케이블, 전기케이블과 접지선 등을 끌고 와서 이미 시공되어 있는 보안등 전주에 WiFi AP를 부착한 후 연결한다.

광케이블로 연결하면 전기케이블로 와이파이AP용 동작전원을 공급해야 하는데 비해, UTP Cat5e로 연결하면 PoE방식으로 전기를 피딩할 수 있으므로 전기 케이블이 불필요하다. 와이파이 AP는 전주상에 노출되어 시공되므로 방진방수 규격이 IP66 이상은 되어야 한다. 와이파이 AP 1개소당 2000만원 정도의 공사비가 추가된다[(그림 5-33) 참조].

그림 5-33 IP66 방진방수 등급

| 등급 | 방진 분류 기준 | 방수 분류 기준 |
| --- | --- | --- |
| 0 | 없음 | 없음 |
| 1 | 50mm 이상의 고체로부터 보호(ex. 손) | 수직의 떨어지는 물로부터 보호 |
| 2 | 12mm 이상의 고체로부터 보호(ex. 손가락) | 15° 범위에서 떨어지는 물로부터 보호 |
| 3 | 2.4mm 이상의 고체로부터 보호(ex. 전선) | 60° 범위로 분무되는 물로부터 보호 |
| 4 | 1mm 이상의 고체로부터 보호(ex. 전선) | 모든 방향으로 분무되는 물로부터 보호 |
| 5 | 먼지로부터 보호됨 | 모든 방향의 낮은 압력으로 분사되는 물로부터 보호 |
| 6 | 먼지로부터 완벽하게 보호 | 모든 방향의 높은 압력으로 분사되는 물로부터 보호 |
| 7 | - | 15cm~1m까지 침수되어도 보호 |
| 8 | - | 장시간 침수되어 수압을 받아도 보호 |

### 4) 무인택배 설비 추가

요즘 아파트 단지의 무인택배는 필수설비이다. 간혹 무인택배설비가 실시설계도서에 반영되어 있지 않은 경우, 설계변경이 이루어져야 하는데, 재건축 아파트의 경우, 시공사와 주택조합간 공사계약서에 무인택배 설비가 포함되어 있지 않더라도 입주 후 주부들의 집단 민원을 우려하여 시공사가 무료로 추가 시공해주기도 한다. 무인택배설비의 추가 시공 예산은 수억원 규모이다.

참고 [감리현장실무: 시공단계의 감리업무 중 3편 #설계변경 업무 수행 노하우] 2020년 11월 17일

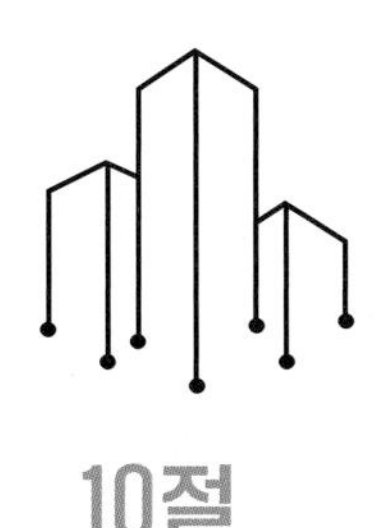

# 10절

# 전파조사

아파트 등 건축현장의 전파조사 관련으로 "방송공동수신설비 설치기준에 관한 고시" 제8조(설계 전 전파조사)에 따르면, 방송공동수신안테나 시설의 설계자는 시설에 대한 설계를 하기 전에 수신전계강도 등 필요한 전파조사를 해야 하는 것으로 규정되어 있다.

그리고 본 고시 제9조(설계)에 따르면 제8조의 전파조사 결과와 건축물의 규모와 형태 등을 고려하여 설계해야 한다고 규정되어 있다.

정보통신 감리자가 배치되면, 시공자에게 전파조사 보고서를 제출토록 하고, 아직 전파 조사가 되어 있지 않으면, 전파조사를 시행토록 지시하고, 보고서를 제출토록 해서 방송공동 수신안테나 시설 설계가 제대로 되었는지 검토하고, 그 결과에 따라 조치토록 해야 한다.

이 고시에 따르면, 전파조사는 옥상 공청 안테나 시설 시공을 위한 목적으로 전파측정을 하게 되어있고, 전파 방송 관련 산업기사 이상의 자격자를 보유한 정보통신 공사업자가 전파조사를 한 결과가 있으면 전파조사를 아니할 수 있는 것으로 되어 있다[(그림 5-34) 참조].

**그림 5-34 방송공동수신설비 업무절차**

|  |  |
| --- | --- |
| 전파조사 | 방송공동수신설비의 설치기준에 관한 고시 제8조, 설계 전에 전파조사를 해야 함 |
| 설 계 | 전파조사결과를 기준 가장 먼 경로의 직렬단자기준 |
| 시 공 | 방송공동수신설비의 설치기준에 관한 고시, 방송통신설비의 기술기준에 관한 규정 / 접지설비 · 구내통신설비 · 선로설비 및 통신공동구 등에 대한 기술기준 |
| 검 측 | 방송공동수신설비의 설치기준에 관한 고시, 방송통신설비의 기술기준에 관한 규정 / 접지설비 · 구내통신설비 · 선로설비 및 통신공동구 등에 대한 기술기준 |
| 사용전검사 | 사용전검사 (6층/5000㎡이상은 감리결과보고) |

## 1 전파 조사 절차

아파트 건축현장의 전파조사는 방송공동수신설비를 시공하는 하도 업체에서 주로 수행하는데, 전파 조사하려고 오는 실무자들이 건성으로 하는 경우가 많다. 전파조사를 하기 위해 이동식 Yagi 또는 LPDA 안테나, 전파측정기, 이동식 소형TV수상기를 들고 온다. 다음 [그림 5-35]는 전파조사에 사용되는 안테나와 측정기이다.

그림 5-35 전파조사용 안테나 및 측정기

| 지상파안테나 | FM안테나 | DMB안테나 | 측정기 |
|---|---|---|---|
| | | | |
| UHF 14~69 | 88~108MHz | 174~218MHz | ATSC |

전파조사가 끝나고 나면, 반드시 조사 결과를 감리단으로 서면으로 보고서를 제출하라고 지시해야 한다. 전파조사는 지장물이 완전하게 철거된 후 땅 바닥에서 한번 실시하고, 건축 골조가 다 올라간후, 그리고 타워 크레인이 철거된 후, 한번 더 실시하는게 관례이다.

전파조사의 주목적은 건축 준공 후 입주민들의 SMATV 전파 수신 상태가 양호한지를 확인하는 게 주목적이다. 그러므로 방송공동 수신안테나가 설치되는 장소에서 수신되는 KBS 1/2, MBC, SBS EBS 1,2, OBS, T-DMB, FM라디오, 그리고 위성 KS-5의 KBS1, KS-6의 스카이라이프 등의 수신전계를 측정한다.

전파 수신신호 측정단위는 dBμV이다. 디지털 지상파 TV방송 UHF 전계강도 기준은 41dBμV이다. 위성방송은 적도 상공 36,000km 고도의 정지위성을 앙각(Elevation Angle) 45도로 위로 바라보기 때문에 건축 구조물에 영향을 거의 받지 않지만, 참고로 측정하게 한다.

## 2 전파 조사 분석

### 1)지상파 방송전파 분석

지상파는 주파수 대역이 VHF(FM라디오, 지상파 DMB)와 UHF(디지털 TV)이므로 전파의 경로가 직접파와 대지반사파가 주류를 형성하므로 LoS(Line of Sight) 관점에서 분석해보면 난시청지역을 예측할 수 있다.

서울지역의 경우, 남산 송신소, 관악산 송신소에서 송출되는 신호를 측정해서 어느 쪽이 유리한지 확인해야 한다. 남산과 관안산 송신소에서 송출하는 전파는 같은 방송국이라도 채널번호가 다른 MFN(Muliti frequency Network)방식이다. 참고로 OBS송신소와 지상파 DMB송신소는 다르다.

남산 송신소와 관악산 송신소에서 해당 건축단지로 전파 도래 방향을 표시하는 직선을 수평면에 그려본다. 아파트 주변지역 중 두 송신소에서 발사하는 전파가 아파트 구조물에 차단되어 도달하지 못하는 지역이 지상파 난시청 지역이 될 가능성이 높다.

다음 [그림 5-36]과 [그림 5-37]은 신축 아파트 단지에서 남산과 관악산, 계양산, 백련산 등 송신소 및 중계소에서 도래하는 전파 경로를 LoS(Line of Sight)로 그려서 지상파 TV 난시청 지역을 예측해본 것이다.

**그림 5-36 남산과 관악산 송신소에서 도래하는 전파 경로 분석**

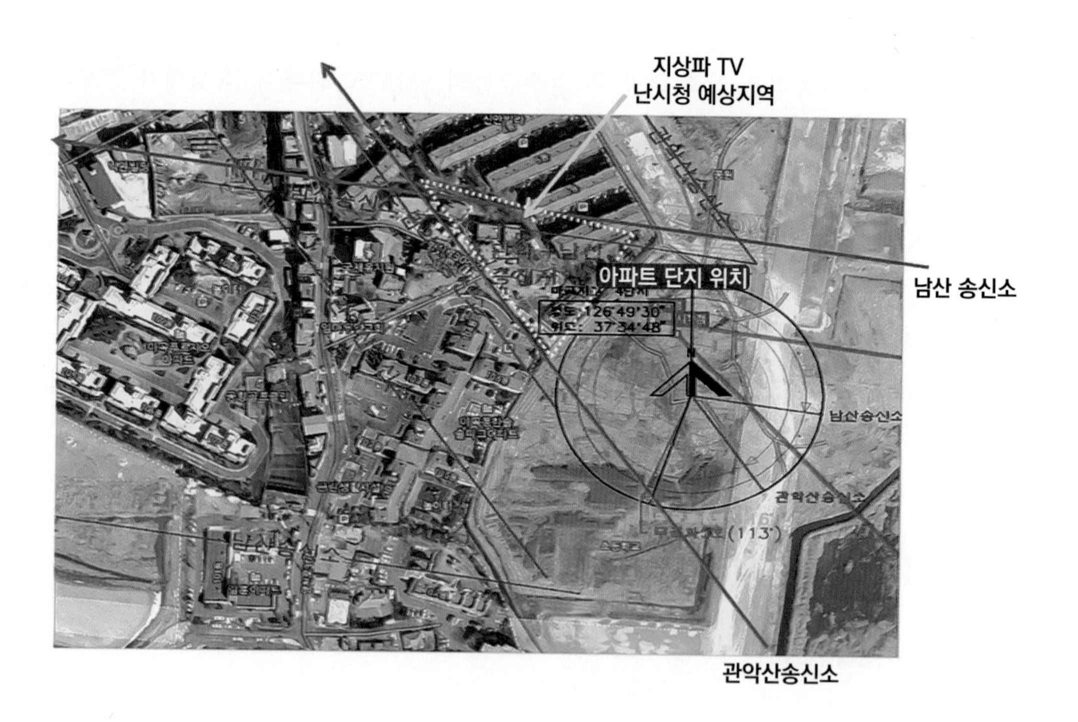


아파트 건축 지역의 TV방송 등의 전파 환경을 조사하기 위해서는 KBS에서 운영하는 "KBS수신안내지도"(www.map.kbs.co.kr)에서 확인해볼 수 있다. 홈페이지(www.map.kbs.co.kr)에 들어가서 대상 지역을 수신점으로 찍고 TV, FM, DMB, UHD TV, UHD Mobile 등 중 하나를 선택하면, 수신 가능한 송신소의 매체별 채널 정보, 주파

수, 송수신점간 거리, 전파 경로 장애물 분석, 수신 상태 등을 확인해볼 수 있다.

**그림 5-37** **https://map.kbs.co.kr/map.jsp를 이용한 전파경로 분석**

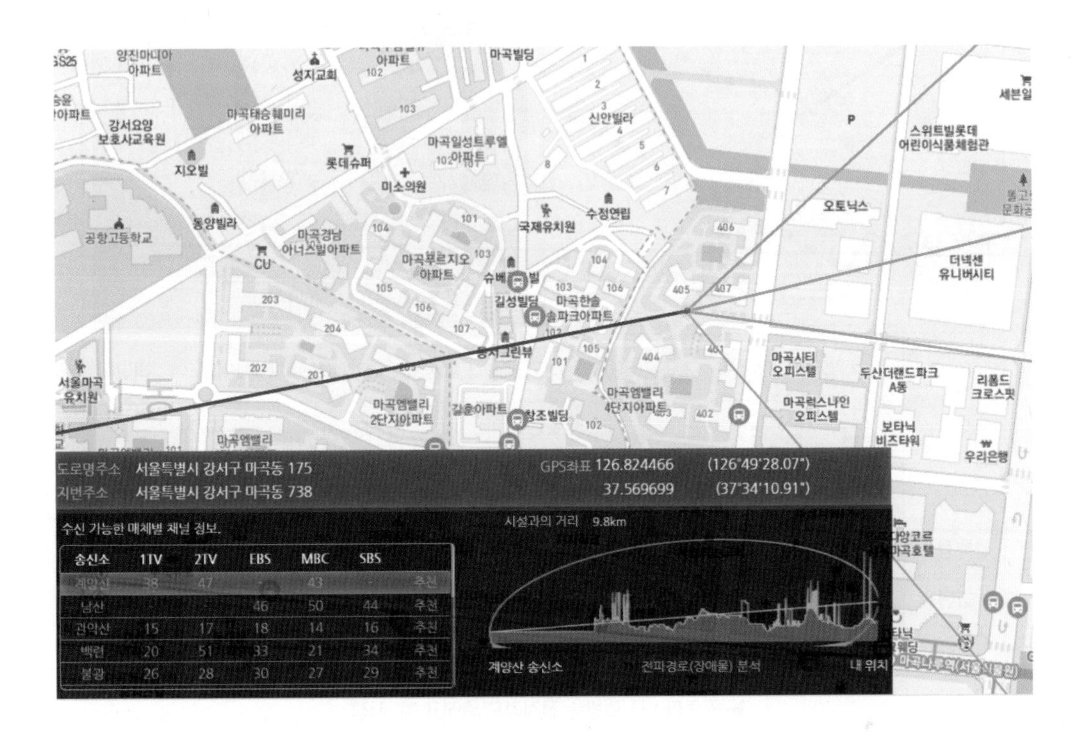


| 송신소 | 1TV | 2TV | EBS | MBC | SBS | |
|---|---|---|---|---|---|---|
| 계양산 | 38 | 47 | - | 43 | - | 추천 |
| 남산 | - | - | 46 | 50 | 44 | 추천 |
| 관악산 | 15 | 17 | 18 | 14 | 16 | 추천 |
| 백련 | 20 | 51 | 33 | 21 | 34 | 추천 |
| 불광 | 26 | 28 | 30 | 27 | 29 | 추천 |

남산 송신소는 해발 340m, 관악산 송신소는 732m인데, 해당지역 건물 구조물의 높이와 수직적 프로파일을 그려보면 수직적으로 지상파TV 난시청 지역을 예측해볼 수 있다. [그림 5-38]은 전파도래 예상, 음영예상지역, 전계강도측정표의 예시이다.

**그림 5-38 신축 아파트 단지의 전파조사 결과**

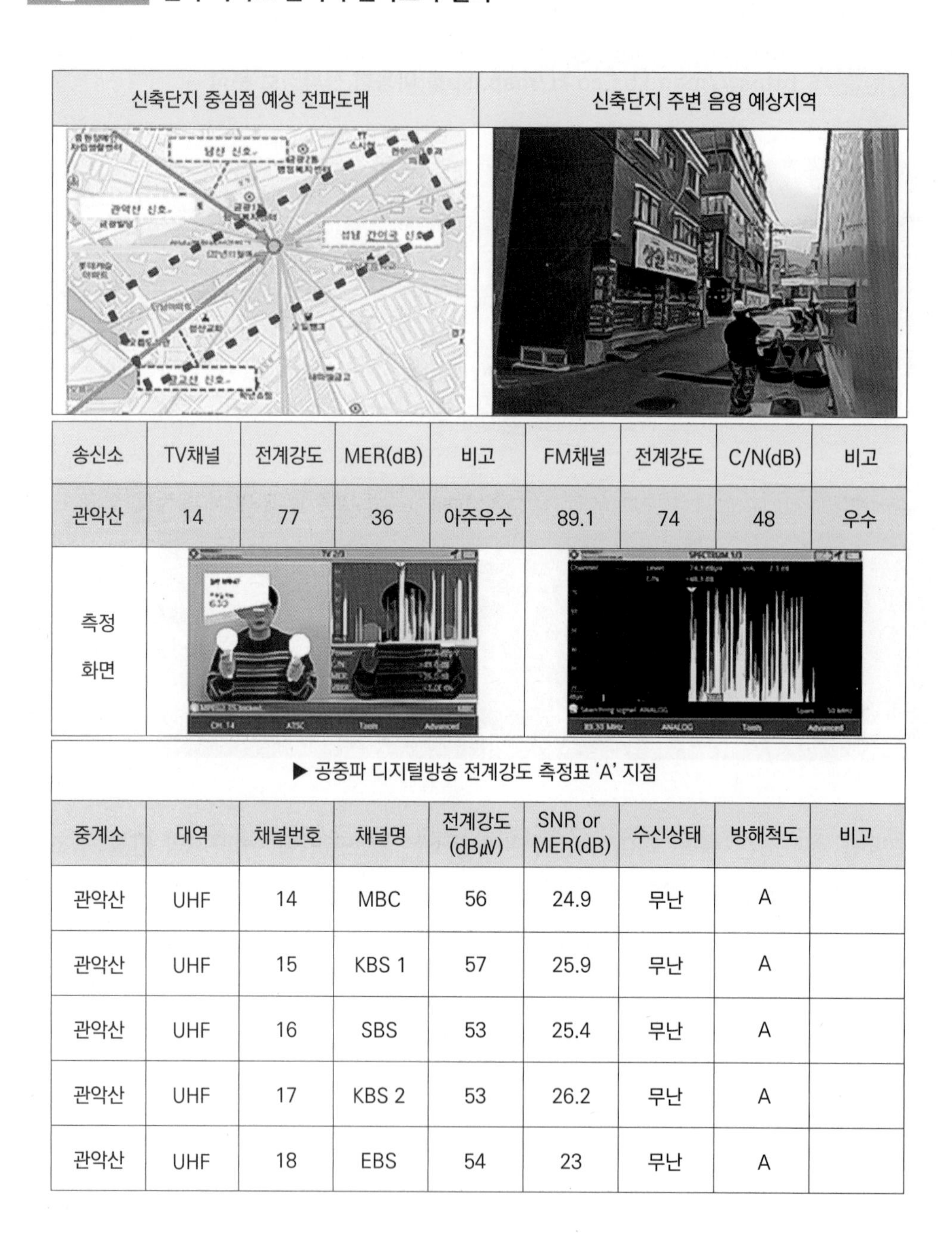

| 신축단지 중심점 예상 전파도래 | 신축단지 주변 음영 예상지역 |
|---|---|

| 송신소 | TV채널 | 전계강도 | MER(dB) | 비고 | FM채널 | 전계강도 | C/N(dB) | 비고 |
|---|---|---|---|---|---|---|---|---|
| 관악산 | 14 | 77 | 36 | 아주우수 | 89.1 | 74 | 48 | 우수 |
| 측정 화면 | | | | | | | | |

▶ 공중파 디지털방송 전계강도 측정표 'A' 지점

| 중계소 | 대역 | 채널번호 | 채널명 | 전계강도 (dBμV) | SNR or MER(dB) | 수신상태 | 방해척도 | 비고 |
|---|---|---|---|---|---|---|---|---|
| 관악산 | UHF | 14 | MBC | 56 | 24.9 | 무난 | A | |
| 관악산 | UHF | 15 | KBS 1 | 57 | 25.9 | 무난 | A | |
| 관악산 | UHF | 16 | SBS | 53 | 25.4 | 무난 | A | |
| 관악산 | UHF | 17 | KBS 2 | 53 | 26.2 | 무난 | A | |
| 관악산 | UHF | 18 | EBS | 54 | 23 | 무난 | A | |

### 2) 위성방송 전파 분석

지상파 방송 전파 분석은 평면적으로 이루어지는데 비해, 위성방송 전파 분석은 수직적인 공간에서 이루어진다.

위성방송 전파는 적도 상공 36000Km 정지궤도(Geostationary Orbit) 고도에서 전파가 방사되므로 우리나라 위도에선 파라볼라 위성안테나가 위성을 바라보는 Elevation Angle(앙각)이 45도이다. 수신점에서 앙각 45도로 직선을 그려볼 경우, 그 직선상에 지형지물 또는 인공구조물이 장애물로 작용하면, 위성 전파 수신에 문제가 된다.

아래 [그림 5-39]에서 보는 것처럼, 남쪽 방향으로 장애물이 있는 경우, 위성전파 수신 장애가 발생할 수 있는데, 남쪽 방향으로 서있는 건물의 높이와 거리에 따라 전파 수신 장애가 발생한다.

예를 들어 좌측 아파트 높이가 100m이고, 남쪽에 있는 우측 아파트의 높이가 200m인 경우, 이 두 건물의 이격거리가 100m이내이면, 좌측 건물 옥상의 파라볼라 안테나는 KS-5, KS-6의 위성 전파를 수신하기가 어려워져 위성방송 난시청이 발생한다. 이와 같은 원리로 인접해 있는 고층건물간 이격거리가 충분하면 위성 전파의 수신을 방해할 가능성은 없다고 분석할 수 있다.

**그림 5-39 KS-5호 전파분석[E113도(남남서)], 앙각45도**

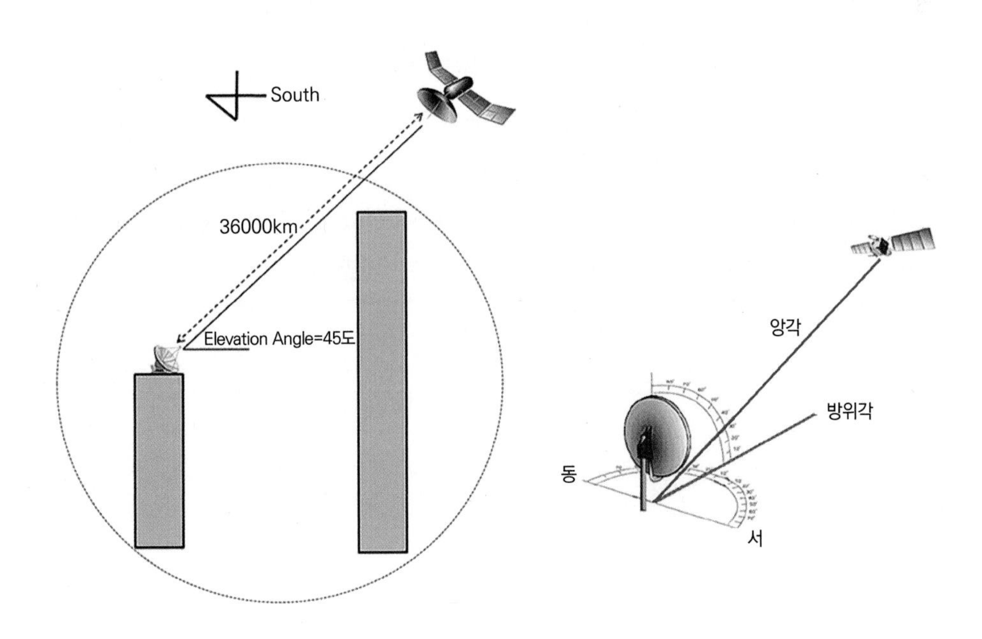

## 3 전파 민원

"전파라치"(저자가 지어낸 신조어)에 대비해서 아파트 주변에 단독 주택이나 낮은 빌라가 있어서 난시청 민원 우려가 있으면 참고로 수신 전계를 측정해 볼 수도 있는데, 괜히 긁어서 부스럼 만들 수도 있으니 신중해야 한다.

고층 아파트가 들어서면 인근 저층 아파트나 빌라 등에서 의도적으로 난시청 민원을 허가 관청으로 제기해서 보상금을 노리는 경우가 있다. 사실 국내에서는 지상파 TV방송을 케이블이나 IPTV로 시청하는 가구 비율이 95%를 넘는다.

그러므로 공동주택의 경우, 지상파를 공청 안테나를 통해 지상파로 시청하는 경우가 거의 없다. 그런데도 고층 아파트가 들어서면 당연하게 보상금 받으려고 민원을 제기한다. 이런 걸 부추기는 변호사 사무실 사무장들이 돌아다니면서 소송을 부추긴다는 소문이 있다. 허가 관청에선 억지성 난시청 민원이라도 해소되어야 준공 허가를 내어줌으로 피해 가구당 수십만원씩 보상금을 주고 합의해야 한다.

민원을 낸 빌라 세대가 500세대이면, 보상금이 500세대 x 50만원= 2.5억원이다. 50만원의 산출근거는 세대당 3년치 케이블 방송 시청료이다. 송사를 부추킨 변호사는 성공보수 1억원 정도를 챙기니 "전파라치"가 성행하는 것이다.

## 4 전파 수신 레벨이 기준치에 미달하는 경우 조치

전파품질 측정시 전계강도(dBμV) 와 SNR[dB] 또는 MER[dB] 값으로 측정하여 품질을 평가한다. 전파조사 시 측정된 전파수신 레벨이 규격에 미달하는 경우 조치는 다음과 같이 수행해본다.

아래 〈표 5-1〉은 "방송구역전계강도의 기준 · 작성요령 및 표시방법"(과기정통부 고시 2020.12.31.)"에서 규정하는 방송신호의 전계강도 기준이다.

**표 5-1 방송구역전계강도의 기준·작성요령 및 표시방법**

<table>
<tr><th colspan="2" rowspan="2">방송국</th><th colspan="3">방송구역전계강도(dBµV/m)</th><th rowspan="2">비고</th></tr>
<tr><th>고잡음지역</th><th>중잡음지역</th><th>저잡음지역</th></tr>
<tr><td colspan="2">표준방송을 하는 방송국</td><td>77</td><td>74</td><td>71</td><td rowspan="2">초단파 방송을 하는 방송국의 전계강도 측정은 지상 4m 높이를 기준으로 한다.</td></tr>
<tr><td colspan="2">초단파방송을 하는 방송국</td><td>70</td><td>60</td><td>48</td></tr>
<tr><td rowspan="3">지상파 디지털 텔레비전방송을 하는 방송국</td><td>Low VHF</td><td colspan="3">28</td><td rowspan="3">안테나 높이는 지상 9m 높이를 기준으로 한다.</td></tr>
<tr><td>High VHF</td><td colspan="3">36</td></tr>
<tr><td>UHF</td><td colspan="3">41</td></tr>
<tr><td rowspan="3">지상파 초고화질 텔레비전방송을 하는 방송국</td><td>Low VHF</td><td colspan="3">38</td><td rowspan="3">안테나 높이는 지상 9m 높이를 기준으로 한다.</td></tr>
<tr><td>High VHF</td><td colspan="3">40</td></tr>
<tr><td>UHF</td><td colspan="3">45</td></tr>
<tr><td colspan="2">지상파 이동 멀티미디어 방송을 하는 방송국</td><td colspan="3">45</td><td>안테나 높이가 지상 2m 높이를 기준으로 한다.</td></tr>
</table>

### 1) 기준에 미달하는 값이 적은 경우

측정 수신 레벨이 규격치 보다 수dB이 낮을 경우에는 안테나 설치 위치를 변경하거나, 안테나 돌려가면서 송신소와 방향을 최대한 맞추는 시도를 해본다. 그리고 수신 안테나의 설치 Pole을 높이거나, 안테나 이득을 높이는 조치를 취해본다.

### 2) 기준에 미달하는 값이 큰 경우

측정 수신레벨이 규격치 보다 10dB 이상 낮은 경우, 전파 음영지역으로 판단되므로 대안을 강구한다. 전파 수신장애가 발생하면, "KBS 수신안내지도 https://map.kbs.co.kr/map.jsp" 홈페이지에 들어가서 주변 방송 송신소와 중계소를 확인하여 어느 송신소/중계소에서 방송신호가 제일 잘 수신되는지를 찾아서 안테나 방향을 맞추어 본다.

일반적으로 수신 지점과 송신소 간의 거리가 더 멀더라도 두 지점간 LoS구간에 인공 구조물이나 자연 지형지물 등에 의한 장애물이 없는 것이 양호한 수신에 더 유리하다.

수신장애와 관계없이 일단 공동주택 또는 5000㎡이상의 업무용 건축물에는 방송공동수신설비를 설치해야 하며, 추후 입주민 대표가 지자체에 민원을 제기하면, 그때

전파관리소나 전문기관에서 전파 조사를 실시해서 불능이면, 민원 해결 절차를 밟는다. 중앙전파관리소의 난시청 대책을 담당하는 대민 민원 부서로 신고해서 해당 지역이 난시청 지역임을 확인받고, 난시청 해소를 위한 대책을 요청한다.

**참고** https://www.crms.go.kr/lay1/S1T76C79/contents.do

난시청 지역 해소가 단기간 내에 해소되기 어려울 경우에는 정보통신감리자가 이용 가능한 대안을 발주처로 제안한다. 아래 대안들은 유료 방송이므로 발주처의 시청료 지불에 대한 의사를 확인해야 한다.

- ◆ 케이블 방송 시청
- ◆ IPTV 시청
- ◆ 위성방송 Sky life 시청

**참고** [감리현장실무: 시공단계의 감리업무 중 11편 #전파조사 업무 수행 노하우] 2020년 12월 4일

**참고** [감리현장실무: #방송공동수신설비설치기준에 관한 고시 Q&A] 2021년 10월 20일

**참고** [감리현장실무: "방송공동수신설비 설치기준에 관한 고시"에 의거한 전파조사에 기초한 난시청 분석 사례] 2022년 4월 8일

**참고** [감리현장실무: 전파조사시 난시청 지역일 경우 조치방법] 2022년 7월 7일

**권고 사항!**

아파트 건축현장이 준공단계가 되면, 전파 민원이 발생한다. 그 민원을 합리적으로 분석해서 발주처에 조언하기 바란다.

특히 방송 송신소 또는 중계소와 현장 사이에 고층건물 등 인공구조물이 인접해 위치하거나 산, 구릉 등 지형지물이 위치하는 경우, 전파조사를 필히 분석해 보는 것이 좋다. 그리고 현장과 인접해서 고층 건물이 밀집되어 있는 환경에서는 위성 방송 수신이 어려울 수도 있다. 준공 단계에서 옥상 안테나 시공시에 문제가 발생하는 경우, 대안을 강구할 시간적인 여유를 확보하기가 어렵기 때문에 미리 전파조사 보고서를 챙겨보기 바란다.

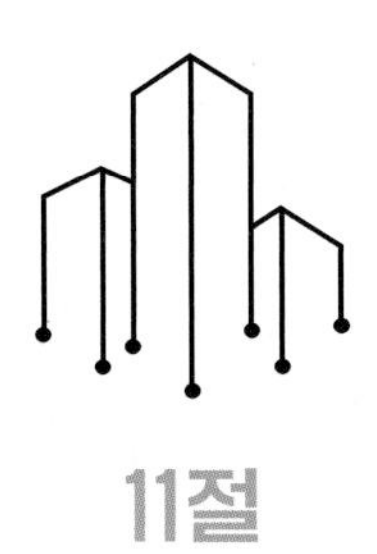

11절

# 기성관리

"정보통신공사 감리업무 수행 기준"(2019.12)의 제5장 "기성 및 준공검사 관련 감리업무"에 관련 내용이 잘 정리되어 있다.

## 1 기성이란?

기성은 공사가 수년 동안 진행되는 경우, 일정 주기로 진척된 공정율 만큼 공사비를 중간에 주기적으로 지불해주어 시공회사의 현금 흐름이 원활하게 해주기 위해 시행되는 제도이다. 기성주기는 3개월인 경우가 대부분인데, 공사 계약에 따라 결정된다.

기성 검사는 준공검사와 업무 처리 절차가 동일하다. 기성검사는 해당기간(통상적으로 3개월)간 시공된 부분을 검사대상으로 하는데 비해, 준공검사는 전체 공기 동안 시공된 전체를 검사 대상으로 한다. 그래서 "기성검사/준공검사"로 부쳐서 한 단어처럼 사용한다.

## 2 기성 처리 업무 절차

기성 처리 업무 절차는 아래 [그림 5-40]과 같다.

**그림 5-40 기성 업무 처리절차**

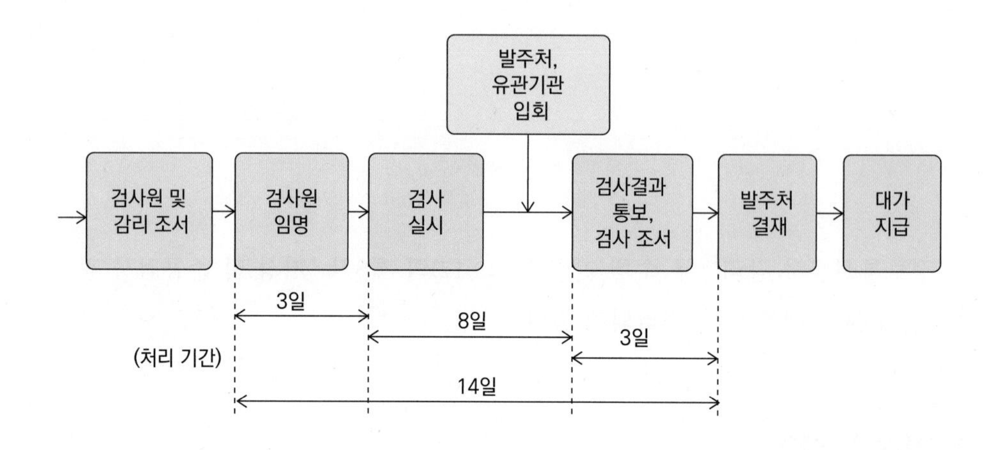


공사 계약에 따라 기성할 시기가 되면, 시공사에서 기성 검사 신청서에 해당되는 "기성부분 검사원"을 제출하면, 감리단에서 첨부 서류를 검토해서 그 결과를 "기성부분 감리조서"로 작성하여 상주 감리원의 소속 용역사에 보고한다. 다음 [그림 5-41]]은 시공사가 제출하는 "기성부분 검사원" 양식이다["정보통신공사 감리업무 수행기준" 내용 중(양식-42)].

**그림 5-41** **기성부분 검사원**

**기성부분검사원**

감리원 경유 (인)

1. 공 사 명:
2. 위 치:
3. 계약금액:
4. 계 약 일:
5. 착 공 일:
6. 준공기한:
7. 현재공정: 년 월 일. 현재 %
8. 첨부서류: 기성공정내역서, 기성부분 사진

위 공사의 도급시행에 있어서 공사전반에 걸쳐 공사설계도서, 품질관리기준 및 그 밖의 약정대로 어김없이 기성되었음을 확인하며, 만약 공사의 시공, 감리 및 검사에 관하여 하자가 발견될 시는 즉시 변상 또는 재시공할 것을 서약하고 이에 기성부분검사원을 제출하오니 검사하여 주시기 바랍니다.

년 월 일

주 소:

상 호:

성 명: (서명)

귀 하

기성부분 검사원 제출시 시공사는 공사 진도를 파악할 수 있는 자료를 첨부하여 기성을 신청하는데, 기성을 받기 위해 시공사가 제출하는 서류는 다음과 같다.

- 기성 내역서 및 원가 계산서
- 총괄 집계표 및 내역서, 시공사진
- 산재보험, 고용보험, 건강장기요양보험 등 보험성 경비 납부 상황
- 산업안전보건 관리비 집행 실적

기성검사시 제출하는 첨부 서류는 발주처가 관청, 공공기관, 민간인지에 따라 약간씩 상이할 수 있다. 다음 [그림 5-42]은 현장 상주 감리원이 작성하는 "기성부분 감리조서" 양식이다["정보통신공사 감리업무 수행기준" 내용 중(양식-45)를 사용].

**그림 5-42 기성부분 감리조서**

| 기성부분 감리조서 |
|---|
| 공사명 :<br><br>년 월 일<br><br>위 공사의 감리원으로 임명받아 년 월 일부터 년 월 일까지 현장 감리한 결과(제 회 기성부분검사까지의) 공사 전반에 걸쳐 공사 설계도서 · 품질관리기준 및 그 밖의 약정대로 어김없이 전 공사의(          %)가 기성되었음을 인정합니다.<br><br>년 월 일<br><br>책임감리원 (서명)<br><br>귀 하 |

감리원은 공사업자로부터 기성부분검사원 또는 준공검사원을 접수하였을 때에는 신속히 검토·확인하고, 기성부분 감리조서와 다음 각 호의 서류를 첨부하여 지체 없이 용역업자에게 제출하여야 한다.

- ◆ 주요기자재 검수 및 수불부
- ◆ 감리원의 검사(검측) 기록 서류 및 시공 당시 사진
- ◆ 품질 시험 및 검사성과 총괄표
- ◆ 발생품(잉여 및 회수 자재) 정리부

- 기타 감리원이 필요하다고 인정하는 서류와 준공검사원에는 지급기자재 잉여분 조치현황과 공사의 사전검사 확인서류, 안전관리점검 총괄표를 추가 첨부한다.

그러면 현장 상주 감리원이 소속된 용역사는 기술지원 감리원을 기성 검사자로 임명하고 발주처로 통보한다. 이와 같이 기성 검사자는 현장상주 감리원이 소속된 용역사에서 파견해주는 기술지원 감리원이 담당한다.

현장 상주 감리원은 접수된 기성검사 신청서와 첨부 서류를 본사의 검사자(기술지원 감리원)에게 보내어 기성 내역을 검토하게 한다. 현장 상주 감리원은 시공사와 협의하여 기성 대상 설비를 실사하는 기성 검사일을 결정한다. 그러면 기성 검사일에 본사 소속 검사자가 현장으로 와서 오전엔 회의장에서 시공사가 발표하는 분야별 기성 내역 프레젠테이션을 들은후 Q&A로 확인하고, 오후에 시공사의 인도에 따라 현장 상주 감리원과 함께 기성 대상기간 동안 시공된 설비들을 대상으로 기성검사를 실시한다.

기성 검사일에는 건축감리, 기계감리, 토목감리, 전기감리, 소방감리, 정보통신감리가 모두 참가하여 동시에 진행되는데, 기성검사 대상 기간 중 시공된 실적이 있는 분야의 감리단만 참여한다. 기성검사자는 공사계약서, 시방서, 설계도면, 그밖의 관계서류에 따라 다음 사항을 검사해야 한다.

- 기성부분 내역이 설계도서대로 시공되었는지 여부
- 사용된 기자재의 규격 및 품질에 대한 실험의 실시 여부
- 시험기구의 비취와 그 활용도의 판단
- 발주처에서 지급하는 지급기자재의 수불 실태
- 주요 시공 과정이 매몰되기 전 촬영한 사진의 확인
- 상주 감리원의 기성부분 검사원에 대한 사전 검토의견서
- 품질 시험 검사 성과 총괄표 내용
- 기타 검사자가 필요하다고 인정하는 사항

검사자는 "기성검사 조서"에 검사 사진을 첨부해야 하므로 현장 검사과정을 사진으로 기록을 충분하게 남겨야 한다. 기성 검사 현장 실사가 종료되면, 회의실로 돌아와서 Wrap up 미팅을 통해 최종 기성 금액을 확정한다.

검사자는 검사에 합격하지 않은 부분이 있을 경우 보고하고, 현장상주 감리원에게 통보하여 보완시공 또는 재시공이 이루어지게 하고, 보완 공사가 완료되면 다시 검사자에게 재검사를 받도록 해야 한다.

기성검사자 발령부터 기성검사 결과보고서인 "기성부분 검사 조서"를 발주처로 제출까지는 14일 이내에 처리되어야 한다.

다음 [그림 5-43]는 검사자(기술지원감리원)가 작성하는 "기성부분 검사조서" 양식이다. "정보통신공사 감리업무 수행기준" 내용 중(양식-46)이다.

**그림 5-43 기성부분 검사조서(기술지원감리원)**

기성부분 검사조서

공사명 :

년 월 일 준공

년 월 일 와 계약분

위 공사 제 회 기성부분검사의 명을 받아 년 월 일 검사한 결과, 별지 내역서와 같이 전 공사에 대하여 그 기성공정을 %로 조정합니다.

다만, 수중·지하 및 구조물 내부 또는 저부 등 시공 후 매몰된 부분의 검사는 별지 감리조서에 따릅니다.

년 월 일

기성부분 검사자 (서명)

입 회 자 (서명)

귀 하

기성검사 과정에서 불합격 공사에 대한 보완, 재시공 완료 후 재검사 요청에 대한 검사기간은 동일하게 부여한다."기성부분 검사조서"를 접수한 발주처는 내부적으로 확인한 후, 확정된 기성금액을 시공사 계좌로 이체해준다.

"국가를 당사자로 하는 계약에 관한 법률 시행령" 제55조(검사) 7항에 따른 "약식 기성검사"시에는 현장 상주 책임감리원을 검사자로 임명해서 검사한다. 현장이 벽지에 위치하고, 책임감리원으로도 기성검사가 가능하다고 인정되는 경우에는 발주자와 협의하여 책임감리원을 검사자로 임명할 수 있다.

## 3 아파트 재건축 등 민간 건축 현장의 기성검사 방법

아파트 재건축 등 민간 건축 현장에서는 시공사에서 공사비 내역서를 공개하지 않는 경우가 많기 때문에 기성을 간략하게 처리하는데, 시공사가 작성한 공정율이 적힌 서류에 건축 등 분야별 책임감리자가 날인 서명하는 것으로 정리된다.

재건축 현장의 경우, 기성은 조합과 건설사간에 합의로 무난하게 이루어지지만, 조합/건설사 공동 계정을 관리하고 있는 은행에서 분기 단위로 공사비를 기성으로 받아가려는 건설사에 대한 견제의 수단으로 감리원의 기성고에 대한 확인을 요구하기 때문에 분야별 책임감리자의 서명을 받아가기도 한다.

## 4 기성검사시 유의 사항

### 1) 기성고를 잘 관리해야 한다.

기성관리는 감리자의 주요 업무 중 하나인데, 기성고는 발주처와 시공사간 충돌되는 이슈이므로 잘 절충해야 한다. 발주처는 기성고를 실제 공정율 보다 적게 집행하려고 하는데 비해, 시공사는 공정율 보다 기성고를 더 많이 받으려고 한다.

감리자가 시공사 입장을 고려하여 실제 공정율 보다 여유있게 기성고를 산정하면 과기성이라고 발주처로부터 지적을 받고, 반대로 공사진도 만큼 기성으로 반영해주지 않으면, 자금력이 약한 시공사와 하도사들의 민원을 발생시키게 되므로 잘 절충해 나가야 한다.

기성고는 공정율에 맞추어 집행하면 간단한다. 그러나 현장 상황은 그렇게 단순하지 않다.

발주처가 시공사로 기성금을 지불하면, 시공사는 순차적으로 하도업체들에게 시공한 부분 만큼 기성금을 지불한다. 만약 시공사가 부도가 나는 경우에 대비하여, 시공사는 이제까지 투입된 자금을 회수하는 방향으로 기성고를 산정하고, 발주처는 본 공사가 완료되기까지 추가로 투입될 자금을 전체 공사비에서 뺀 액수로 기성고를 산정하는 리스크 관리로 인해 시공사와 발주처가 산출하는 기성고 간격이 발생한다.

시공사가 고가의 설비를 현장으로 반입하면 빨리 시공을 완료하여 차기 기성으로 자금을 회수하고 싶어한다. 그러나 기성 기준일에 시공이 완료되지 않으면 기성에 포함할 수가 없지만, 무리하게 기성에 포함시키는 과기성이 발생하는 경우도 있으므로 감리원이 기성을 잘 관리해야 한다.

### 2) 기성검사시 시공 품질도 체크해야 한다.

기성 검사는 시공 여부만을 점검 하는게 아니라, 시공품질까지 점검해야 한다. 준공검사시 공사기간 동안 시공된 모든 결과물을 한꺼번에 시공품질까지 검사하는 것이 현실적으로 불가능하므로 기성검사를 준공검사의 일부분으로 생각하고 품질 검사를 시행해야 한다.

기성검사시 감리단 본사에서 기술지원감리원이 기성검사자로 현장으로 나오는데, 객관적이고 냉철한 눈으로 시공품질을 점검해서 동일한 시공의 반복으로 매너리즘에 빠진 시공자들의 긴장감이 흐트러지지 않게 해야 한다.

### 3) 평소 감리업무 수행 결과를 참고한다.

감리원은 평소 수행했던 주요자재 승인, 주요 자재 검수, 검사(검측) 수행 결과를 기성 검사시에 활용해야 한다. 예를 들어 주요자재 승인이나 검수를 하지 않았는데, 그 자재로 시공했다고 기성검사 대상에 포함되어 있다면 정상적이지 않은 것이다. 그리고 검사(검측)한 내역이 없는데, 기성검사 내역에 포함되어 있다면 이것도 비정상이다.

#### 4) 정보통신 분야 기성을 정확하게 챙겨야 한다.

건축분야에서 정보통신의 기성고는 건축의 공정율과 비례하지 않는다. 건축은 공기에 비례하여 공정율이 증가하지만, 정보통신은 초기 시공단계에서는 배관, 배선 위주의 공사가 진행되므로 기성고가 서서히 증가하여 초기단계의 기성고는 미미하다.

그 결과 시공사에서는 기성의 편의를 위해 정보통신 배관배선 공사비를 전기분야 기성에 포함해서 집행하는 경우가 있는데, 정보통신공사의 공사비 기성은 정보통신 분야 기성으로 처리되도록 관리해야 한다. [(그림5-44) 정보통신 기성율 증가 추세 참조]

**그림 5-44 정보통신 기성율 증가 추세**

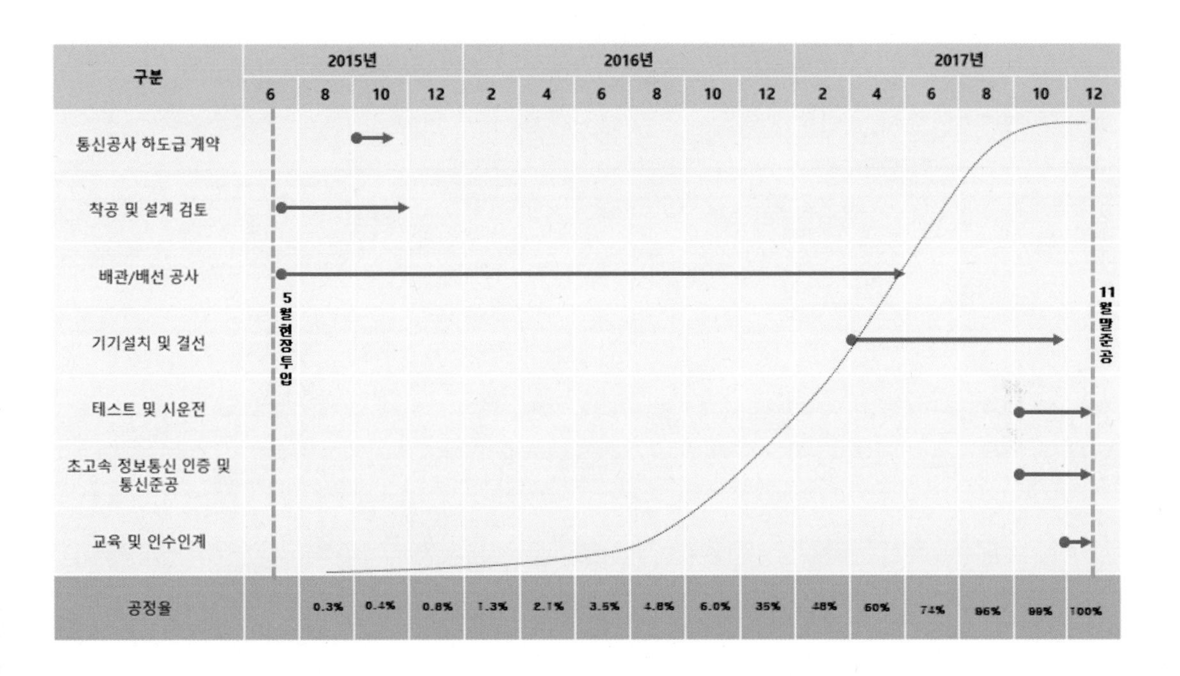

**권고 사항!**

기성검사는 준공 검사를 앞당겨 일정 간격으로 나누어 시행하는 것으로 인식하고 꼼꼼히 검사에 임해야 한다.

기성 검사를 대비해서 자재검수, 시공 검측(검사)시에 자재별 누적 반입량, 검측 대상부분 소요 자재량 누계 등을 챙겨서 관리하면 기성검사를 효율적으로 수행할 수 있다.

시공사의 기성업무와 공정 업무 담당자가 달라서 혼선이 발생할 수 있으므로 기성검사시 기성고와 공정율이 차이가 발생하지 않도록 유의해야 한다.

참고 [감리현장실무: 시공단계의 감리업무 중 5편 #기성관리 업무 수행 노하우] 2020년 11월 21일

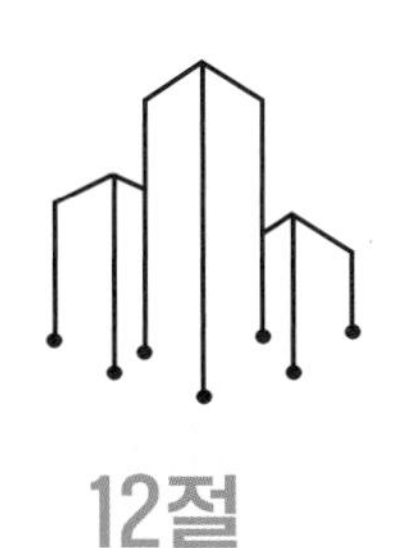

12절

# 감리원의 재시공 및 공사 중단 명령

감리자는 시공자가 설계도서 및 관련 규정의 내용과 달리 부적합하게 시공하는 경우, 발주자의 동의를 얻어 재시공 명령 또는 공사 중지명령이나 그 밖의 필요한 조치를 할 수 있다. 감리자로 부터 재시공 또는 공사 중지 지시를 받은 시공자는 특별한 사유가 없는 한 이에 따라야 한다.

건축 감리현장에서 근무하는 정보통신 감리원은 공사 중지 명령 권한을 "칼집에 든 칼"로 생각해야 한다. 가능하면 칼집에서 칼을 꺼내지 않는 게 현명하고 지혜로운 처신이다. 칼은 칼집에 들어 있을 때가 가장 무서운 법이기 때문이다. 감리원의 공사 중지명령은 "정보통신공사 감리업무 수행기준" 제32조(감리원의공사 중지 명령 등)에 잘 정리되어 있다.

## 1 재시공

시공 품질이 미흡하거나 위해(危害)를 발생시킬 우려가 있을시, 또는 감리원의 확인 검사(검측) 승인을 받지 않고 후속 공사를 진행시 재시공을 명령할 수 있다. 재시공은 현장에서 "데나오시"라는 용어로 표현한다.

## 2 공사 중지

공사 중지에는 부분 중지와 전면 중지가 있다.

### 1) 부분 공사 중지

- ◆ 재시공 지시가 이행되지 않은 상태에서 다음 공정 진행시
- ◆ 안전시공상 중대한 위험이 예상되어 물적, 인적 중대한 피해 예상시
- ◆ 동일 공정에 3회 이상 시정 지시가 이행되지 않을 때
- ◆ 동일 공정에 2회 이상 경고가 있었음에도 이행되지 않을 때

### 2) 전면 공사 중지

- ◆ 시공자가 고의로 공사 지연, 부실 발생 우려가 높은 상황에서 적절한 조치없이 공사 진행하는 경우
- ◆ 부분 공사 중지가 이행되지 않고 전체 공정에 영향을 미칠 경우
- ◆ 천재 지변 등 불가항력적인 사태 발생으로 시공을 계속할 수 없다고 판단되는 경우

다음 [그림 5-45]은 재시공 명령과 공사 중지 명령 조건을 정리한 것이다.

**그림 5-45 재시공 명령과 공사 중지 명령 조건**

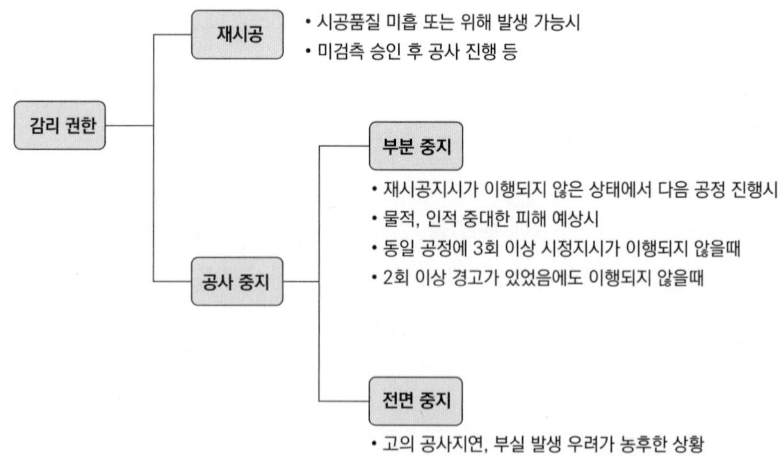

## 3 재시공, 공사 중지 명령 절차

감리자가 시공자에게 재시공 지시를 내리면, 정보통신분야의 경우, 수정 보완하는 과정이 복잡하지 않다.

아파트 건축 현장의 경우, 전체 공기의 1/2 정도는 배관 시공이다. 실제 건축 현장에서 철근 작업이 끝나면, 전기, 소방, 정보통신 배관 작업이 이루어지는데, 건축분야에서 콘크리트 타설 시간이 잡혀있는 경우, 전기, 소방, 정보통신 배관 작업이 시간에 쫓기게 된다.

심할 경우, 전기, 소방, 정보통신감리원들이 배관 시공 상태를 확인 검사(검측)할 시간이 부족하게 되고, 감리원을 기다리다가 레미콘 차량이 도착할 시간이 다가오면, 벽체와 기둥의 경우, 유로폼이나 알폼 같은 거푸집을 덮어씌워서 조립하게 된다. 그렇게 진행되면 기둥내부 배관이 보이질 않으니 확인검사가 불가능하다.

다음 [그림 5-46]는 지하층 기둥에 철근과 배관 작업 끝난 후 유로폼/알폼 등 거푸집을 씌워놓은 상태이다.

**그림 5-46 지하층 기둥에 철근과 배관 작업 끝난후 유로폼/알폼 상태**

그러면 전기, 소방, 정보통신감리원은 검사(검측)를 위해 거푸집을 해체하라고 할 것이고, 거푸집 소관은 건축분야이고, 곧 레미콘 차량의 도착이 예정되어 있는 상황이라면, 해체가 불가능하다. 이런 일로 시공자와 감리원이 갈등하게 된다. 지혜로운 시공자라면, 배관이 들어있는 기둥을 건축 시공자들이 거푸집을 씌우기 전에 정보통신감리자를 위해 사진이라도 촬영해 놓으면 차선의 대책은 될 수 있다. 요즘 아파트 지하층의 경우, 몰드바 시공으로 바닥이나 벽체에 들어가는 정보통신 배관이 거의 없다.

다음 [그림 5-47]은 아파트 지하층 천장 몰드바에 시공된 영상정보처리기기(CCTV)카메라와 스피커 모습이다. 이렇게 시공하면 바닥 배관 시공이 불필요하다.

**그림 5-47 천장 몰드바 시공 스피커와 영상정보처리기기(CCTV)카메라**

정보통신분야에 비해 건축 분야는 재시공 지시를 내리면, 영향이 크다. 건축분야는 건축 골조와 관련이 되기 때문이다. 감리자가 공사 중단 지시를 내리려면, 합당한 이유가 있어야 하고, 발주처의 승인을 받아야 한다.

공사 중지 사유가 해소되거나 발주자가 공사 중지 사유가 해소되었다고 판단하고 공사 재개를 지시하면 특별한 사유가 없으면 이에 응해야 한다. 그리고 감리자가 공사 중지시킨 것을 빌미로 해서 발주자가 감리자에게 감리원 교체, 현장 상주 거부, 감리대가의 지급 거부 등의 불이익 처분을 주지 못하게 되어 있다.

## 4 정보통신감리원의 행동 가이드

건축 현장에서 정보통신은 건축을 뒤따라 가는 후속 공종이어서 항상 시간이 부족하다. 그러므로 시공과정에서 현저한 품질 저하 등의 문제가 발생하면, 공사 중단보다는 재시공을 지시해서 시공 품질을 올려야 한다.

건축 현장에서 초기엔 골조공사가 이루어지는데, 먼저 건축분야에서 슬라브 나무판, 그리고 벽체에 철근 시공을 한다. 그 다음 전기, 소방, 정보통신분야에서 상부 철근과 하부 철근 사이에 배관을 시공한다.

이 상태에서 건축감리, 전기감리, 소방감리, 정보통신감리가 시공상태를 조사(검측)한다. 모든 조사(검측)결과가 합격이면, 바닥과 벽체에 콘크리트를 타설한다. 벽체는 유로폼이나 알폼 같은 거푸집으로 조립해서 콘크리트가 벽과 기둥을 형성하도록 해준다. 이런 시공 과정을 고려하면, 정보통신분야에서 공사 중단이란 카드를 사용하게 되면, 다른 분야에 영향을 미칠 수 있다는 걸 이해할 수 있다.

감리단 구성 초기에 건축감리단에서 시공사를 길들이기 위해 재시공이나 공사 중단 카드를 의도적으로 쓰는 경우가 있다. 건축분야의 재시공은 치명적일 수가 있다. 예를 들어 골조 공사시에 콘크리트는 타설되는 위치에 따라 설계 하중이 다르기 때문에 사용되는 콘크리트 강도가 다르다. 그런데 시공자의 실수로 설계 강도 보다 낮은 콘크리트를 타설한 경우, 그걸 제거하고 다시 시공하도록 지시하면, 엄청난 타격을 받는다. 더욱이 콘크리트가 굳어버리면 그걸 깨어 제거하는걸 상상만 해도 끔찍한 일이다.

그리고 콘크리트 타설시 사용되는 레미콘은 공장에서 출하되어 현장 도착시 1.5시간 이상 경과하면, 콘크리트를 폐기 지시한다. 레미콘 회사들이 도시 근교에 위치하는 이유는 이와 같은 콘크리트의 굳는 특성 때문이다. 출하된지 90분 지나면 굳기 시작한다. 레미콘 이동시에는 천천히 굳는게 유리하고, 타설된 이후에는 빨리 굳는게 유리하다.

도시 개발로 도시 근교에 위치하던 레미콘 회사들이 도심에서 더 떨어진 외곽으로 밀려나가고 있는데, 앞으로 서울 도심지 아파트의 대규모 재건축이 시작되면, 양질의 레미콘을 공급하는 것이 문제가 될 것이다.

레미콘이 굳는 것을 지연시키거나 가속시키는 화학 제품이 있으므로 시간을 완화할 수 있다. 레미콘 차량은 교통량이 적은 시간대를 선택하여 이동하지만, 집회, 행사, 시위 등 예상 밖의 시내 교통 체증으로 1.5시간을 약간 초과하여 현장에 도착할 때, 감리원이 엄격한 잣대를 들이대면, 그 레미콘은 폐기해야 한다.

그리고 공사시방서에서 규정하는 공사 중단 사유가 있는데, 주로 시공 품질과 관련이 있다. 이 부분은 건축 감리 소관으로서 아래와 같다.

기온이 아주 높거나 영하 이하로 기준치 이하

◆ 강우 또는 강설이 기준치 이상

◆ 풍속이 기준치 이상시, 타워크레인 운영 또는 상승 작업이 중지된다.

◆ 공기에 쫒기면, 기온이 영하 10도로 떨어지더라도 시공사에서 비닐 천막을 치고, 온풍기의 뜨거운 바람을 불어넣어 콘크리트 타설을 진행하는데, 이 경우 콘크리트 양생 과정이 좋질 않아 콘크리트 시공 품질이 떨어질 우려가 있으므로 건축 감리원이 잘 판단해야 한다.

## 5 감리원 준수사항

정보통신감리원은 시공자에 대한 강력한 권한을 갖는 반면에 스스로 감리현장에서 준수해야 할 의무 조항들이 있다.

정보통신 감리업무 수행 기준(2019.12)에서 중요한 항목만 발췌하면 다음과 같다.

◆ 감리원은 "정보통신공사업법" 제8조(감리 등) 및 "정보통신공사업법 시행령" 제8조의 2(감리원의 업무범위)에 따른 감리업무를 성실히 수행하여야 하며, 발주자에게 예속되지 아니하고 독립적으로 그 업무를 성실히 수행하여 공사의 품질 및 기술의 향상에 노력하여야 한다.

◆ 감리원은 담당업무와 관련하여 제3자로부터 일체의 금품, 이권 또는 향응을 받아서는 안 된다.

◆ 상주감리원은 공사현장(공사와 관련한 외부 현장점검, 확인 등 포함)에서 배치기준에 따라 배치된 일수를 상주하여야 하며, 다른 업무 또는 부득이한 사유로 1일 이상 현장을 이탈하는 경우에는 반드시 감리업무일지에 기록하고, 서면으로 발주자(지원업무담당자)의 승인(긴급 시 유선 승인)을 받아야 하며, 현장을 이탈하는 감리원 외 다른 감리원이 배치되지 않은 경우에는 동 감리업무에 지장이 없도록 용역업자는 직무대행자를 지정하는 등의 필요한 조치를 하여야 한다.

**참고** [감리현장실무: 감리자의 가장 강력한 무기 “재시공” & “#공사중지” 명령)]
2020년 12월 2일

**권고 사항!**

건축현장에서 정보통신감리원은 재시공 지시는 할 수 있지만, 공사 중지 권한은 "칼집에 든 칼"이라고 생각하는 게 지혜로운 처신이 된다.

“정보통신공사업법” 제9조(감리원의 공사중지 명령 등)에 따라 감리원은 공사중지 명령을 내릴 권한이 있다. 건축현장에서 정보통신공사는 후속공종이여서 항상 시간에 쫒기므로 공사중지 권한을 칼집속의 칼로 생각하고 신중하게 관리해야 한다.

# Chapter 06

# 시공단계 감리업무 중 집중 심화분야

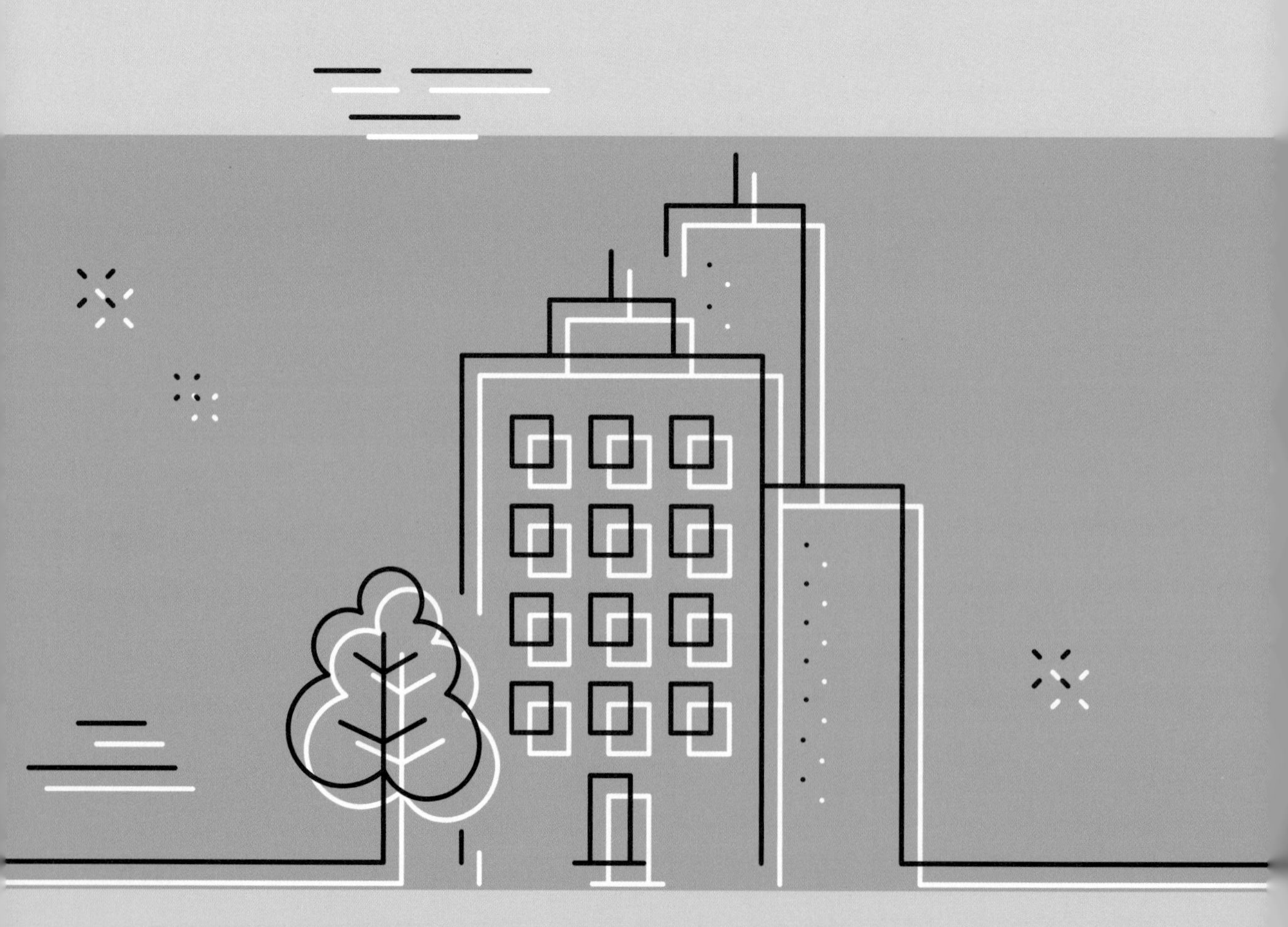

1절 감리원의 현장 일일 실무 수행

2절 안전관리 실무 노하우

3절 주요 자재 승인 실무 노하우

4절 지하층 몰드바 시공으로 배관 시공 축소

5절 시공상세도 승인 사례

6절 Link Budget 실전 분석 사례 (FTTH-PON, 공청안테나-헤드엔드)

7절 EMI 실전 엔지니어링

8절 광케이블, UTP케이블, 동축케이블 전송 구간 분석

9절 스마트 감리를 위한 시공단계에서 핵심 길목 붙잡기

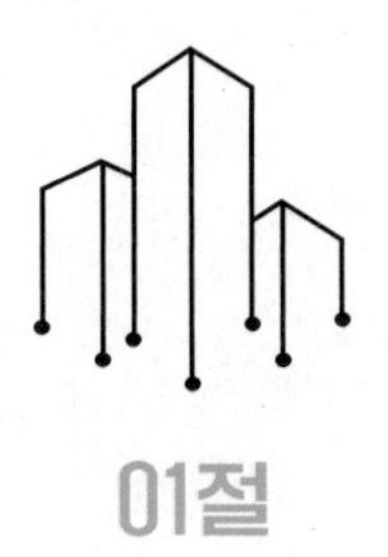

# 01절
# 감리원의 현장 일일 실무 수행

정보통신감리원이 건축현장에서 수행하는 업무는 대부분 반복적인 일이다. 정보통신 감리원이 매일 반복적으로 수행하는 업무 중 중요한 업무, 예를 들어 시공 검사(검측), 주요 자재 승인, 자재 검수, 시공상세도 승인, 설계변경 승인 등은 자세하게 설명하였지만, 그렇지 않는 업무까지 포함하여 정보통신감리원의 현장에서의 감리업무 수행 내용을 설명한다.

## 1 공사일보, 안전일보 접수 및 검토

시공사에서 매일 아침 일과 시작하기 전에 감리단으로 공사일보를 제출하는데, 다음과 같은 내용을 포함한다.

- ◆ 금일/명일 작업 내용
- ◆ 인력/장비 동원
- ◆ 자재 투입
- ◆ 특기 및 요청 사항
- ◆ 시험, 검측, 자재 검수 계획

공사일보에는 당일과 명일 검사(검측)계획이나 자재 검수 계획을 구체적인 시간까지 기록하도록 해야 정보통신 감리원이 시간을 효율적으로 사용할 수 있다. 시공사에서 공사일보를 종이문서로도 제출하지만, 이메일로도 받으면 감리원들이 하루일정을 계획하고 감리업무일지를 작성하는데 편리하게 활용할 수 있다.

건축 현장에서는 안전 관리를 건축 감리단에서 수행하므로, 안전 일보는 참고로 제출토록 할 수도 있다.

## 2 감리/시공회의 주관 및 참석

정보통심감리원은 감리단 아침 회의를 통해 그날의 주요 업무 실적 및 계획을 확인하고 공유한다.

발주처-감리단 주간회의 또는 월간회의가 잡혀있으면 발주처 회의에 참석하고, 감리단-시공사 주간회의 또는 월간회의가 잡혀있으면, 회의에 참석한다. 두 회의 모두 작업 공정 진도율을 확인하는 것이 주목적이다.

## 3 수시로 발생하는 업무

### 1) 검사(검측)

검사(검측)은 시공 품질을 감리자가 현장에서 나가 확인하는 절차이다. 작업일보에 기록된 검사(검측)대상을 검사(검측)요청서와 관련 도면을 활용하여 검토한 후 검사(검측)에 대비한다.

시공실무 책임자가 감리단 사무실로 와서 검사(검측)을 요청하면, 같이 시공현장에서 가서 검사(검측)을 하는데, 슬라브는 레미콘 타설(Pouring) 전, 기둥은 거푸집을 씌우기 전, 배관 시공 상태를 확인한다. 검사(검측)시에는 설계수량과 도면을 사전에 꼼꼼히 챙겨본 후 검사(검측)해야 한다.

### 2) 주요 자재 승인 및 자재 검수

감리원은 시공자에게 공정계획에 따라 사전에 주요 기자재에 대하여 2개 이상의 공급원에 대한 공급원승인신청서를 제출토록 해서 승인해야 한다. 자재 검수는 승인된 업체의 승인된 자재가 신청된 수량 만큼 현장으로 들어왔는지 확인하는 절차이다.

### 3) 시공 상세도 승인

현장에서 시공 상태에서 설계 도면이 분명하지 않거나 실제 현장상황이 설계 도면대로 시공하기 어려운 경우, 현장 Drawing Shop(현장에서는 그냥 "샵"으로 통용)에서 시공상세도를 작성해서 감리단으로 제출하는데, 시공이 지연되지 않도록 신속하게 승인 처리해야 한다. 이 업무를 감리 용역회사 본사의 기술지원 감리원의 지원을 받을 수 있다.

### 4) 설계 변경 승인

건설현장에서 설계도서를 변경해서 다르게 시공해야 하는 사례가 다음과 같은 여러 가지 이유로 발생한다.

- ◆ 경미한 변경
- ◆ 시공자 제안에 의한 변경
- ◆ 발주자 제안에 의한 변경
- ◆ 자재 지급 방법의 변경(지급자재, 지입자재 등 변경)

설계 변경에는 공사비 증감 변경, 주로 증가가 발생하므로 감리단에서 신중하게 검토해서 승인해야 한다. 발주처에서는 증가하는 공사비에 관심이 크기 때문에 증액 공사비 내역을 정확하게 검증해서 발주처의 설명 요청에 명쾌하게 설명할 수 있도록 해야 한다. 설계 변경 내역 검토시 감리용역사 본사 기술지원감리원의 지원을 요청할 수 있다. 가끔 발주처가 공공기관이나 국가인 경우 공사비 총액은 증가시키지 말고, 총액을 고정한 상태에서 내역 조정을 요구하는 경우도 있다.

## 4 업무 지시서, 실정 보고

건축현장에서 발주처, 시공사, 감리단간에 문서를 통해 업무지시를 하고, 현장 상황과 업무 진행 상황을 보고한다.

감리단에서 시공사로 업무를 지시하는 경우, 감리업무지시서를 사용한다. 그리고 현장에서 중요한 사고, 예기치 않았던 사항이 발생하면 시공사에서 감리단으로 또는 감리단에서 발주처로 실정보고를 한다.

## 5 감리업무 일지 작성

정보통신감리원은 매일 근무가 종료되기 전에 감리업무 일지를 작성한다. 감리업무 일지는 매일 당일에 작성해야 하며, 감리단장의 결재를 받아야 한다.

감리업무일지는 감리단에서 발주처로 월간 또는 분기로 보고하는 월간 또는 분기 감리업무 보고서 작성에 기초 자료가 되므로 세밀하고 정확하게 기록해야 한다. 감리업무 양식은 용역사, 발주처 등에 따라 다양한데, 책임감리원과 보조 감리원이 사용하는 양식이 다르다.

### 1) 감리업무일지 작성 요령

감리원은 감리현장에 배치되는 날 부터 매일 감리 업무일지를 작성해야 한다. 감리업무일지를 매일 쓰다 보면 감리 업무의 특성상 같은 업무가 반복되는 등 싫증을 느끼게 되고 소홀하게 되기도 한다.

그러나 감리 업무일지는 감리원의 업무 수행 결과를 기록하는 것이므로 정성을 드려서 가능하면 상세하게 기록해야 한다. 그런 일은 드물지만 현장에서 안전사고나 산업재해가 발생해서 감독기관에서 점검을 나오는 경우, 제일 먼저 보는 게 감리업무 일지이다.

감리 업무일지 양식은 용역사, 발주처, 시공사 등 현장에 따라 약간씩 다르지만 기록하는 내역은 유사하다. 감리단에서 자율적으로 결정해서 기록하면 된다.

소방감리들은 개인별로 감리업무일지를 작성하는 동시에 감리단 전체 업무내역을 관할 소방서로 제출한다. 이에 비해 정보통신 감리단은 개인별로 작성한다. 월간/분기 감리실적 보고서 작성할 때 참고할 수 있다. 발주처에 따라서 감리원들의 감리업무일지를 분기 감리실적 보고서에 포함시키는 경우도 있다. 감리단에 단장이 있고 다수의 보조 감리원으로 구성되는 경우, 보조 감리원의 감리 업무일지는 단장의 결재를 받아서 보관해야 한다.

### 2) 감리 업무일지 작성 요령

감리 업무일지를 작성하는 요령을 언급한다. 이게 정석이나 규정이 아니므로 요령이라고 표현했다.

수행한 업무 범위를 단계적으로 심화시켜 나가야 중복이 되질 않는다. 예를 들어 "설계도서 검토" 업무를 자주 기록하게 되는데, 착공 초기에는 "실시설계도서 검토", "실시설계도서 정보통신 설계부분 검토", "정보통신 설계도서의 초고속 인터넷을 위한 광케이블 설계 내역 검토", "정보통신 설계도서 광케이블 MDF-동 구간 검토", "정보통신 설계도서 유선 전화용 UTP케이블 설계내역 검토" 등 처럼 시간의 경과에 따라 점차 세부적으로 기록해야 한다.

시공단계에서 가장 많이 수행하는 검측업무의 경우, "103동 12층 세대부 검측 결과 양호", "112동 11층 공용부 검측 결과 양호" 이런식으로 천편일율적으로 업무일지에 기록된다.

어떤 건축 현장에 국토교통부에서 조사를 나와서 검측 요청서/검측 결과 통보서를 조사한 결과, 검측 결과 부적합/불합격으로 통보된 게 거의 없었다는 걸 놓고 감리 무용론이 나왔다고 한다.

실제로는 시정 보완 지시를 하지만 기록으로 남기지 않으니 그런 상황이 생기는 것이다. 검측하면서 시공자에게 지시한 사항들을 가능하면 기록을 검측결과 통보서와 감리업무일지에 남기는 게 바람직하다.

검측 결과를 불량으로 판정하고 재 검측으로 가져가면, 다시 시공사에서 검측요청서를 제출해야 하는 등 번거로워지므로 가볍게 시정 지시한 걸 검측 결과 통보서에 기록하고 양호로 판정 처리 하는 게 일반적이다.

예를 들어 "세대단자함 인입부 밀집된 배관 틈 벌이도록 시정 지시", "작업자 지정되지 않은 곳에서 흡연 시정 지시", "작업 종료 후 주변 정리 정돈 철저 지시", "A형 사다리 1인 작업 시정 지시", "고소 작업시 안전고리를 Life Line에 걸지 않고 작업 시정 지시" 등의 비정상적인 상황을 보면 시정 지시하고 실제로 업무일지에 기록을 남기는 게 좋다.

하절기, 동절기가 시작되는 시점에는 업무일지에 "하절기 장마 대비 안전 점검 지시", "동절기 동파 방지 지시" 등을 실제로 업무 지시서로 통보하고 업무일지에 기록을 남기는 게 바람직하다. 현장 인명사고 발생시 관청에서 현장 실태 조사시 안전 교육실시 근거가 되기 때문이다.

시공사로 보낸 업무지시서, 발주처로 보낸 각종 보고 문서 등 오고간 문서들을 감리업무 일지에 기록해야 한다. 업무일지에 날씨와 온도를 기록하기도 하는데, 온도와 날씨가 작업 상황과 관련되기 때문이다.

비가 오면 야외 작업이나 콘크리트 타설이 불가능하다. 동계에 온도가 많이 내려가도 콘크리트 타설을 하지 못한다. 공사를 금지하는 날씨(강우, 강설, 온도, 풍속, 미세먼지 등) 조건은 공사 시방서에서 미리 규정한다. 시공사와 주간, 월간 공정회의 내역, 발주처와 주간/월간회의 내역을 정리한다.

특별한 행사, 예를 들어 전파 측정, 시공사로 업무 지시, 기성 확인 등을 기록한다. 외부 기관 방문, 발주처 방문내역도 기록한다.

그리고 현장에서 산재사고가 발생하면 감리단이 역할과 책임을 제대로 수행했는지를 수사기관에서 조사하는 경우, 조사 대상이 되는 문서가 감리일지가 되므로 안전관리업무 수행 실적을 수시로 기록해야 한다.

[그림 6-1] "정보통신공사 감리업무 수행기준" 서식 13(검사요청서 및 결과통보서)을 참조한다. 양식 내용 중 "지시 사항"란에 감리원이 검측시 지시한 내용을 기록할 수 있다.

그림 6-1 "정보통신공사 감리업무 수행기준" 서식 13(검사요청서 및 결과통보서)

## 검 사 요 청 서

번호: 20 . . .

받음 : ○○공사 책임감리원 ○○○

다음과 같은 세부공종에 대하여 검사요청 하오니 검사 후 승인하여 주시기 바랍니다.

| 위 치 및 공 종 | |
|---|---|
| 검 사 부 위 | |
| 검사 요구일시 | |
| 검 사 사 항 | |

붙임 : 검사 체크리스트, 시험성과, 도면, 공사 참여자 실명부

공사업자 점검직원 ㉃

현장대리인 ㉃

---

## 검 사 결 과 통 보 서

번 호: 20 . . .

받 음 : ○○공사 정보통신기술자 ○○○

번호 ○○로 검사요청 한 건에 대하여 20 . . . 검사한 결과를 다음과 같이 통보합니다.

1. 검사결과
2. 지시사항

붙임 : 감리원의 검사 체크리스트

감리원 ㉃

책임감리원 ㉃

※ 작성요령

① 재검사시에는 붉은 글씨로 "(재)"를 우측 상단에 작성합니다.

② 공사업자가 재검사 요청을 할 때에는 잘못 시공한 공사 참여자의 서명을 받아 그 명단을 첨부하여야 합니다.

③ 2부를 작성하여 공사업자, 감리원 각 1부 씩 보관합니다.

# 02절
# 안전관리 실무 노하우

국내 산업현장에서 하루 2명의 현장 근로자가 산재로 사망하고 있는데, 독일의 5배이다. 주요 OECD회원 국가에 비해 2.4~9배로 높다. 국내 교통사고 사망자 수가 하루 10명이나 된다.

정보통신 감리원의 임무는 '정보통신공사업법 시행령' 제8조 2(감리원의 업무 범위)에 규정되어 있는데, 그중에서 안전 관련으로는 "재해 예방 대책 및 안전 관리 확인"으로 정의되어 있다. 이처럼 감리원의 임무 중에서 안전관리가 중요한 업무인데도 간과되고 있다. 기업에서도 안전 관리에 소요되는 비용을 쓸데없는 지출로 생각하는 경향이 있으며, 현장 작업자들도 안전을 귀찮은 것으로 소홀히 하는 경향이 있다.

그래서 산업안전보건관리비(안전관리비)를 '산업안전보건법', '정보통신공사업법과 시행령'에서 의무화해서 전체 공사비의 일정 비율을 안전 관리업무에 의무적으로 사용토록 하고 있다. 노동계 일부에선 불법 하도급이 안전 관리비 사용 여력을 없게 만들기 때문에 산업 재해 발생의 주요 원인이라고 주장한다.

작업 현장의 안전 관리의 기준이 되는 법이 2019년에 28년만에 개정되어 2020년초 시행에 들어갔다. 그 법이 일명 '김용균법'으로 불리는 '산업안전 보건법'이다. '김용균법'은 2018년 12월 태안발전소에서 일하다가 산재사고로 숨진 24살 청년의 이름에서 따온 법이다.

그러나 노동계에서는 '산업안전보건법', 시행령과 시행규칙을 입법하는 과정에서 많이 완화되어 유명무실하게 되었다고 비판한다. 하여튼 법 개정으로 보호받아야 할 노동자의 범위가 확대되고 사업주들의 안전 보건조치 의무가 강화되었다.

여기서 안전관리란 시공 현장의 모든 작업근로자의 안전을 관리하는 것이다. 그런데 우리 정보통신감리원들의 안전을 지키는 것도 중요하다고 생각한다. 특히 정보통신감리원들은 시공 경험이 없는 경우가 많아서 건축 현장 작업 환경에 익숙하지 않다. 특히 처음 감리 현장에 투입되는 정보통신감리원들에게 안전관리에 대해 체계적인 교육을 시켜주는 회사가 거의 없다.

그러므로 현장에서 시행 착오를 하면서 안전 관리를 배우게 된다. 작업 현장과 작업자들의 안전을 관리해야 할 감리원이 안전 관리를 모르는 상태로 투입되는 건 바람직하지 못한 일이다.

## 1 정보통신 감리원 개인 안전 관리

감리단장으로서 신입 감리원에게 당부하는 안전에 관한 교안을 인용한다. 먼저 강조하는 게 우리 정보통신감리원들은 대부분 2nd Life를 의미 있고 가치 있게 보내기 위해 현장으로 온 사람들이다. 그러니 우선 다치지 않고 안전하게 일할 수 있어야 한다.

여러분들의 발밑을 조심하고, 눈앞을 조심하고, 머리위도 조심하라고 당부한다. 발밑에는 작업 현장에서 쓰다 남은 쇠 파이프나 날카로운 못 같은 것들이 방치되어 있는데, 그걸 밟으면, 어떻게 될까. 주변에 날카로운 철근들이 얽기섥기 묶여서 콘크리트 타설을 기다리고 있는데. 날카로운 철근에 찔려 부상을 입을 수 있다. 그리고 앞에서 어깨에 긴 쇠파이프를 메고 가는 작업자 뒤를 아무 생각없이 따라 가는데, 갑자기 좌우로 회전을 하면 어떻게 될까.

그리고 하늘에서 날카로운 철근 다발이 미사일처럼 낙하할 수 있다. 타워 크레인으로 철근을 옮기는 과정에서 포박이 부실하여 공중에서 낙하하면 어떻게 될까. 작업 현장에서 이동시 가동중인 타워 크레인 밑을 피해야 하고 안전통로를 이용해야 하는 이유이다.

그리고 작업 현장은 도처에 위험이 산재한다. 그래서 작업자들 이동을 위해 최소한의 안전이 보장되는 안전 통로를 확보하고 있는데, 검측시에는 반드시 안전 통로를 이용해야 한다.

감리원이 검측을 위해 작업현장으로 이동하는 경우, 현장 사정을 잘 아는 시공사 작업자의 인도에 의지해 뒤따라 가는 게 좋다. 그리고 배관시공 검측을 위해서 울렁거리는 철근 위를 안전하게 걷는 요령을 익혀야 한다.

우천시 물이 고인 장소에서 누전에 의한 감전 사고를 주의해야 한다. 그리고 작업 현장에서는 반드시 개인 안전 보호용구를 착용해야 한다. 안전 고리는 고소작업을 하는 작업자들이 사용하는데, 안전고리를 걸 생명줄(라이프 라인)이 주변에 구비되어 있어야 한다. 시공사는 안전고리를 걸기 위한 생명줄을 설치해주어야 한다. 작업장이 계속 바뀌기 때문에 생명줄을 설치하는 가설비가 부담이 된다.

정보통신시공자들이 생명줄을 사용하는 비율은 높지 않다. 골조 공사시 벽체 배관 시공시 A형 사다리를 이용해서 배관 시공을 하는 경우, 생명줄을 철근 골조에 걸고 시공 작업을 하는데, 생명줄을 걸면 행동에 제약을 받기 때문에 잘 걸리지 않으려는 경향이 있으므로 감리원들이 검측 등을 위해 현장에 나갈 때 감독 기능을 수행해야 한다. [(그림6-2) 안전고리 예시]

**그림 6-2 안전 고리**

## 2 현장에서 작업자 안전 관리

건축 현장에서 안전관리 업무는 건축 감리단에서 주도해서 시공사와 협력해서 관리해 나간다. 건축 감리단에서 안전관리 책임자를 임명해서 관리한다. 그러므로 정보통신 감리자는 그 흐름에 따라가면 된다.

건축현장에 여기저기에 부착해놓은 안전 구호를 보면, 현장에서의 안전 착안 사항을 이해할 수 있다.

- ◆ 안전에는 날개가 없다.
- ◆ 안전에는 베테랑이 없다.
- ◆ 지정된 안전 통로 이용은 안전의 시작
- ◆ 보호구는 내 생명 같이 소중하게
- ◆ 한번 확인 나의 안전 두번 확인 가족 행복

건설현장에서 중대 재해 5대 사고는 다음과 같다.

- ◆ 추락
- ◆ 협착, 끼임
- ◆ 전도, 뒤집힘
- ◆ 낙하, 비래 물체에 맞음
- ◆ 붕괴, 도괴, 무너짐

산재 사망사고 중 1위가 추락 사고인데, 그중 40% 정도가 5m 이내의 추락 사고이고, 고급 숙련 노동자가 50% 이상인 것을 보면 산재 사망사고의 주요 원인은 부주의임을 알 수 있다.

그리고 건축 현장에서 산재 사고 발생 가능성 높은 작업은 다음과 같은데, 정보통신 시공과는 관련이 거의 없다.

- ◆ 밀폐공간 작업
- ◆ 양중(揚重) 작업
- ◆ 거푸집 작업
- ◆ 비계(飛階) 작업
- ◆ 건설기계작업
- ◆ 흙막이 작업

그리고 작업 현장에서 준공을 앞두고 발생하는 화재 재해사고는 대규모 인명 피해와 엄청난 재산상의 손실을 가져온다.

그러므로 감리자는 준공단계에 들어서면, 작업 공간에 내장 공사를 위한 인화성 자재에 대한 관리를 철저하게 해야 한다. 그리고 준공 기일에 쫓겨 다양한 작업이 동시에 진행되더라도 발화 가능성이 있는 작업, 예를 들어 우레탄폼 발포 단열작업과 용접 작업이 근접해서 이루어지는 경우, 안전 관리를 철저하게 해야 한다.

'정보통신공사업법'에선 일반적인 안전 관리에 대해 구체적으로 규정하고 있지 않지만, '정보통신공사업법 시행령'에서 공사의 안전관리를 위한 안전관리비 계상에 관한 사항을 규정하고 있다. 정보통신공사는 타 분야와 함께 이루어지므로 '산업안전보건법', '건설기술진흥법'등 안전 관리에 대한 건설 분야의 관련법을 준용하고 있다.

현장 작업자들에 대한 주기적인 안전 교육을 건축 감리단장이 주관해서 실시하고 사진을 찍어서 근거로 관리한다. 현장 일용직들이 부주의로 안전사고가 나서 다치게 되면, 보상을 유리하게 받기 위해 '안전교육을 받지 못했다', '안전모를 지급받지 않았다'라는 식으로 안전사고의 책임을 사업주에게 돌리기 때문에 기록과 근거를 남겨 관리해야 한다.

시공사는 건축감리단으로 안전일보를 제출하고 월간, 분기로 안전보고서를 제출하는데. 안전에 관심이 있으면 그 보고서를 받아볼 수도 있다. 시공사에서는 착공단계에서 안전관리 계획서를 전체 공종 또는 공종별로 작성해서 감리단으로 제출한다. 감리단에서는 안전관리 계획의 이행 상태를 관리한다. 감리원은 시공자 중 안전보건관리책임자(현장대리인)와 안전관리자(법정 자격자)를 지정하여 현장의 안전과 보건 문제를 책임지고 관리토록 해야 한다.

건설 현장은 안전을 확보하기 위해 여러가지 조치를 한다. 다음 [그림 6-3]은 고소 작업 시 추락사고를 방지해주는 추락 방호망이다. 5층 단위로 설치한다.

그림 6-3 **추락 방호망**

다음 [그림 6-4]는 개구부의 추락을 방지하기 위해 안전 난간대를 설치한 것이다.

그림 6-4 **안전 난간대**

운전자의 시야가 확보되지 않는 건설 중장비 운영현장에는 차량유도자나 신호수를 배치해야 한다. 건설 중장비당 신호수를 각각 배치해야 하므로 부담이 있다[(그림 6-5) 건설중장비당 신호수 배치 예시].

그림 6-5 **건설중장비당 신호수 배치 예시**

시공사에서는 안전 관리 관련으로 다양한 일을 수행한다.

- ◆ 작업자들이 현장에 투입되기 전에 몸을 이완시켜 안전사고를 방지하기 위해 집단으로 아침 체조를 실시한다.
- ◆ 신규 투입 작업자들에 대한 건강상태 체크, 그리고 신규자 안전교육을 실시한 후 현장에 투입한다.
- ◆ 외부에서 점심 식사 하고 들어오는 작업자들에 대해 불시로 음주 상태를 측정한다.
- ◆ 작업자들이 아침 체조 후 공구를 챙겨들고 작업 현장에 투입되기 전에 팀장을 중심으로 해서 간단하게 안전 점검을 실시하고 안전의식을 상기하게 하는 TBM(Tool Box Meeting)을 실시하도록 관리한다[(그림6-6) TBM 사진 예시].

그림 6-6 TBM 사진

시공사의 안전 보고서에는 안전예산 지출, 안전교육, 안전 관련 지적 및 시정 조치 내용 등이 포함되어 있다. 그리고 정보통신 감리원이 현장을 둘러보거나 검측하러 나갈 때 정보통신 설비 시공자들의 안전에 관한 지도와 지적을 하고 감리업무 일지에 기록을 남기는 게 좋다.

작업현장에서 정보통신 작업자들이 큰 위험에 노출될 가능성은 적다. 정보통신 작업 현장에서 가장 흔하게 발생 하는 것이 A형 사다리 사고이다. A형 사다리 사고가 많으므로 작업지침을 지키도록 해야 한다.

다음 [그림 6-7]는 사다리가 미끄럼으로 전도되는 것을 방지하기 위해 트리거를 부착한 것이다.

그림 6-7 **사다리 트리거 부착**

노동고용부는 2019년 1월부터 사다리를 이동용으로만 사용하고 사다리 위에서의 작업을 금지했다. 적발되면 5년 이하 징역, 5000만원 이하 벌금형에 처할 수 있게 법을 만들었다. 그러나 업계의 반발로 2019년 3월에 법을 개정해서 협소한 장소나 가벼운 작업에 한해 2인 1조로 작업하면, 3.5m 이하에서는 사다리를 작업 발판으로 사용을 허용했다.

다음 [그림 6-8]은 사다리를 발판으로 작업을 하고 있는 모습인데, 3가지 안전 지침을 잘 지키고 있다.

그림 6-8 **3가지 안전 지침을 잘 지킨 사례**

◆ 사다리 2인 1조 작업 및 안전고리를 생명줄에 걸음
◆ 사다리 전도방지용 트리거 설치

A형 사다리 대신에 리프트카나 이동식 비계 사용이 바람직 하지만 작업 공간 확보가 어려워서 별로 사용하지 않는다. 다음 [그림 6-9]은 이동식 리프트카(렌탈)와 말비계이다.

그림 6-9 **이동식 리프트카와 말비계**

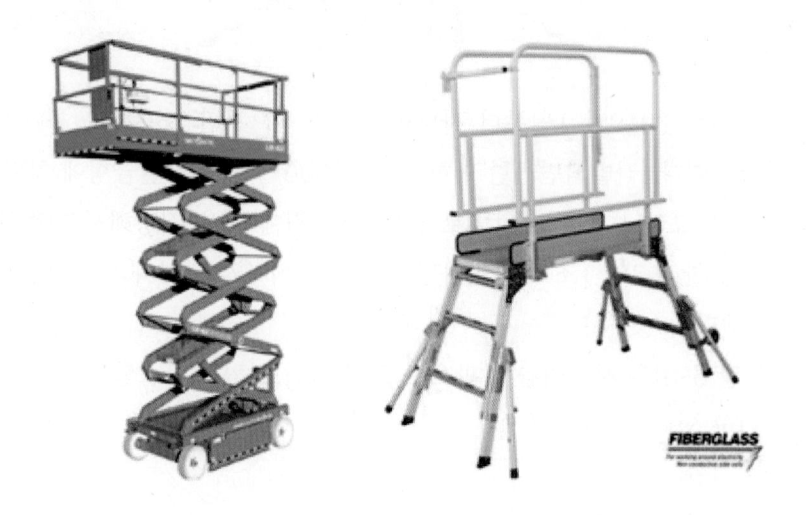


참고 [감리현장실무: #안전관리] 2020년 1월 27일

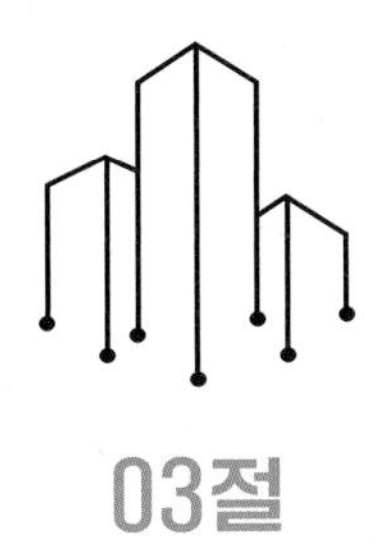

# 03절

# 주요 자재 승인 실무 노하우

## 1 주차관제설비 LPR 주요 자재 승인

감리원의 업무 중 하나가 시공에 사용되는 주요 자재가 여러 관점에서 적절한지를 분석한 후 승인해주는 주요자재 승인 업무이다.

주요 자재 중 주차관제 설비로 차량번호판을 인식하는 LPR(Liscenced Plate Recognition)이 많이 시공되고 있다. 이전에는 RFID방식이 많이 사용되었는데, RFID는 900MHz대에서 동작하는 능동형(태그에 배터리가 필요함)을 사용한다. 이에 비해 입주자 출입용 RFID 태그는 13.56MHz대에서 동작하는 수동형 태그 방식이다.

특히 주차관제설비는 아파트 입주민, 건물 이용자들이 매일 이용하는 설비이므로 주요 자재 승인 과정에서 성능 규격뿐 아니라, 모델이나 색상 등의 선택이 가능하면, 발주처의 의견이나 선호하는 걸 반영시켜 주는 게 바람직하다.

관청이나 공공기관의 경우, 시방서로 주차관제설비의 구성과 성능 규격을 정의한다.

### 1) 주차 관제설비의 구성

주차 관제설비를 비롯한 관련 설비들은 다음 [그림 6-10]과 같다. 사전 무인 요금정산기는 VAN사를 통해 금융사의 신용카드서버와 VPN으로 연동한다. VPN은 Tunneling 기법으로 Security를 확보한다. 주차관리서버는 DB서버, 영상관리서버와 연동해서 동작한다. 유료 주차장을 유인으로 운영하는 경우, 출차 Lane 요금정산소 부스에 주차요금계산 단말기가 설치된다. LPR방식인 경우에도 주차권 발행기를 보조적으로 운영할 수 있다.

그림 6-10 **주차 관제설비**

주차장 출입구에 설치되는 LPR 방식 주차관제설비는 다음 3요소로 구성된다. 주차관제 설비용 설치 패드에는 아래 3개 설비를 설치할 위치에 배관이 시공된다.

- 자동차단기
- 차번인식기(LPR)
- 주차로비폰

다음 [그림 6-11]은 주차로비폰, 차번인식기(LPR), 자동차단기이다.

그림 6-11 **주차로비폰, 차번인식기(LPR), 자동차단기**

패드 사이즈와 높이, 눈에 잘 띄이는 도색 등은 차량으로부터 주차관제설비들을 보호하기 위한 고려이다. 요즘은 차번인식기(LPR)와 자동차단기를 결합한 통합형이 출시되고 있다.

### 2) 주차 관제설비의 주요 성능 규격

발주처에서 시방서로 성능규격을 정의하는데, 발주처에 따라 가변적이다. 주차관제설비 기술의 발전에 따라 성능 규격도 업그레이드 시켜나가야 한다.

#### 가) 카메라 성능

- 120만~200만 화소
- 렌즈: f=10~40mm, 1:1.6 , CCD 사이즈=1/2
- 셔터 속도는 1/60~1/10000
- 촬영 이미지에는 촬영 일시, 주차장 고유 코드 등을 포함시켜 저장해야 한다.

#### 나) LED 조명

- 적외선 LED조명 300소자, 400소자

- 적외선 LED조명을 차량번호판에 비춘 상태에서 카메라가 촬영하므로 역광, 야간 등의 상황에서도 식별이 가능하다.
- 조명 각도는 20도
- LED 적외선 조명은 400소자 이상이 적당하다.
- 그리고 일출, 일몰, 주야간 조도 차이를 없애기 위해서 특정 파장만을 통과시키는 필터를 사용할 수 있다.
- 스팟 스트로브 방식도 채택한다.

#### 다) 번호 인식율: 95~99%

- 루프코일 검지트리거식 3프레임 이상 Multi Shot 촬영으로 인식율 개선한다.
- 인식 속도: 0.5~ 1초, 영상제어 보드를 탑재하면 인식 속도가 빨라진다.
- 차량 통과 속도: 30km~80km

### 3) 고려사항

#### 가) 카메라 화소수(Pixel)

카메라 화소수를 증가시키면, 화각을 증가시킬 수 있으므로 입차 Lane에서 조금 벗어나는 경우에도 인식이 가능하므로 화소수가 200만 이상으로 높은 게 바람직하다. 다음 [그림 6-12]은 주차관제 설비 카메라 화소에 따른 화각을 보여준다. 물론 화소가 높으면, 화상이 선명하다.

그림 6-12 주차관제 설비 카메라 화소에 따른 화각

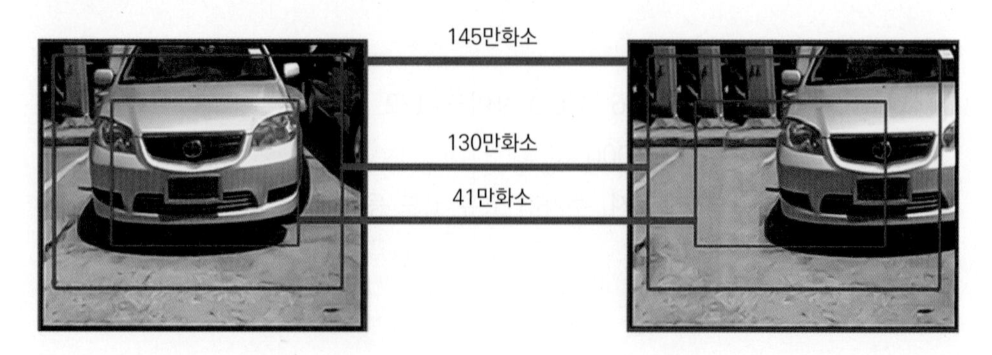

다음 [그림 6-13]는 화소 증가에 따라 화각이 넓어지는걸 보여준다.

**그림 6-13 화소 증가에 따른 화각의 변화**

### 나) LED 조명

◆ 일출, 일몰, 강우, 강설, 주야간 조명 차이, 역광(Smear), 차량 헤드라이트로 인한 영향 등을 극복할 수 있어야 한다.

◆ 번호판 오염, 훼손으로 미인식시 대처: 강우, 강설시 차량번호판이 오염되어 인식이 불가할 경우, 대책이 필요하다.

◆ 이에 대한 대책이 마련되지 않으면, 입차시 정체가 발생할 수 있다.

◆ 대부분의 경우, 주차 로비폰을 설치해서 인접 경비실로 연락되게 하여 경비실 수동 스위치로 차단기를 개방할 수 있게 한다. 보조적으로 주차 발권기를 운영할 수도 있다.

### 다) 주차 요금 사전정산기 설치

◆ LPR을 설치하면 입차시에는 신속하다.

◆ 그러나 주차 요금을 받는 경우는 출차시 정체가 발생하므로 주차장으로 접근하는 동선을 고려하여 주차요금 사전 정산기를 설치하면, 출차 정체를 줄일 수 있다.

◆ 사전 정산율을 높힐 수 있는 방안을 강구해야 한다.

◆ 주차 요금 사전 정산기는 주차 요금 단말기와 연동해야 한다.

다음 [그림 6-14]은 주차요금 사전 정산기이다.

그림 6-14 주차요금 사전 정산기

#### 라) LPR-경비실 -방재실 주차관제 서버와 연결

- 주차관제설비 LPR은 가장 가까운 경비실에 연결되고, 경비실에서 방재실까지 거리를 고려해서 광케이블 SMF로 연결한다.

#### 마) 주차로비폰-경비실- 홈네트워크(L2 WG스위치)-방재실 SIP(VoIP) 서버 연결

- VoIP로 동작되므로 UTP케이블 대신에, 외부에서는 STP(SF-UTP)케이블로 L2 WG스위치에 연결하는 것이 바람직하다.

#### 바) 추가 고려 사항

- 상가 식당 등에서 주차 요금 할인권을 발부하는 경우에 어떻게 주차요금 계산에 반영할 것인지?
- 주차요금 사전 정산기에 할인권을 처리하는 기능을 추가해야 할지?
- 악의적인 이용자가 고의적으로 번호판을 가리거나 훼손한 경우의 대처는?

◆ 근무자에게 통보 기능은?

◆ 장기적으로 불법 주차하는 차량을 검출 처리하는 기능은?

◆ 외국 차량 번호판은 어떻게 처리 할 것인지? 한글, 숫자는 인식되는데, 영어는 수용할 것인지?

◆ 향후 차량번호판 체계가 변경될 경우 대처: 최근 번호판 자리수가 7개에서 8개로의 증가로 기존 LPR의 변경이 이루어졌다.

◆ 주차관제 설비제조사에서 원격에서 프로그램 변경으로 가능하지만, 내부 LAN망의 VPN과 같은 Security 조치로 인해 접근이 어려운 경우도 있다. 그럴 경우엔 제조사 AS 요원이 현장으로 나와 처리해야 한다.

◆ 주차관제설비는 외부에 설치되므로 동작 가능 온도, 특히 저온 동작 가능 온도 한계는?

◆ 주차관제 설비의 방진/방수 대책: IP(Ingress Protection) 등급을 정의할 필요가 있지 않을지?

• IP 67: 완전한 방진, 일시적 침수에 보호

• IP 68: 완전한 방진, 연속 침수에 보호

## 2 무인택배설비 주요자재 승인

핵가족화의 진전, 맞벌이 부부의 증가 등으로 무인택배설비가 아파트 단지의 보편적인 설비가 되고 있다.

10년 전만 하더라도 무인택배설비가 선택이였는데, 이젠 필수 설비가 되었다. 감리단 배치 초기 아파트 실시설계도면 검토시 무인택배설비가 누락되어 있으면, 추가할 것을 제안하고 "실시설계도서 검토의견서"에 그 내용을 포함시켜 놓는 것이 좋다.

### 1) 무인택배 설비 개요

무인택배설비는 제어 판넬상 에서 조작하는데, 메뉴는 크게 3가지이다.

◆ 택배원 메뉴

◆ 입주자(거주자) 메뉴

◆ 시스템 관리자 메뉴

다음 [그림 6-15]은 무인택배 외관이다.

그림 6-15 **무인택배 외관과 디스플레이**

아래 [그림 6-16]은 입주자(거주자) 사용 메뉴이다.

그림 6-16 **입주자(거주자) 사용 메뉴**

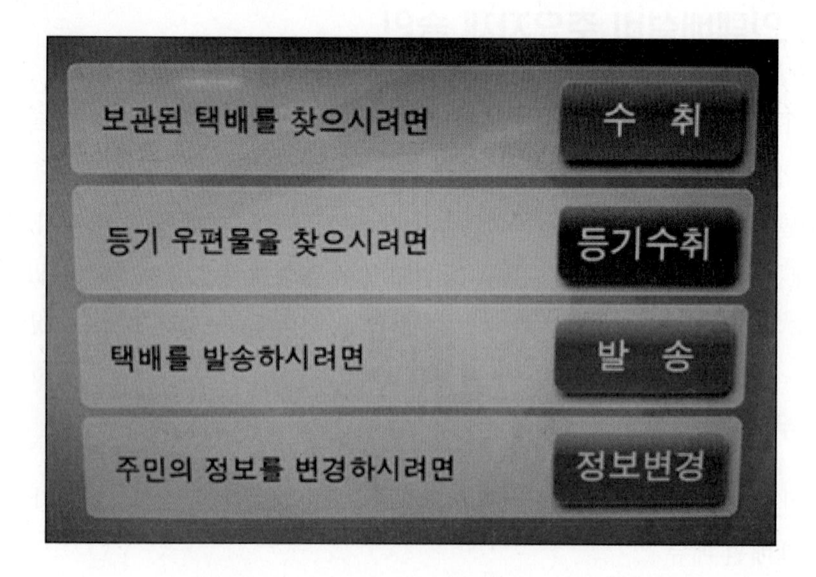


택배원이 택배 물품을 빈 박스에 입고하기 위해서 제어 판넬에서 택배원 메뉴로

들어가서 전달할 세대호수와 물품 사이즈 등을 입력하면, 적절한 빈 택배함을 찾아서 물품을 넣게 한다. 물품을 넣으면 해당 세대주가 미리 등록해놓은 휴대폰의 SMS로 또는 해당 세대의 월패드(세대단말기)로 통보해 준다.

이 SMS 송출기능은 외부 제조사 콜센터를 통해 이루어진다. 입주자가 귀가시 제어 판넬에서 입주자(거주자) 메뉴로 관련 정보를 입력하면, 택배함을 열고 물품을 꺼낼 수 있다. 입주자 인증은 등록해놓은 패스워드나 출입용 원패스/RFID태그 등으로 할 수 있다. 택배 비용이 후불인 경우엔 카드 결재 기능이 내장되어 있고, 지불된 다음에 택배함이 열린다.

카드 결제 기능은 VAN사와 연동되어야 하는 등 복잡하므로 제조사 콜센터를 통해 이루어진다. 그리고 택배 전달이 잘못된 경우에는 택배함 제조사의 콜센터와 연동해서 원격 지원으로 해결한다.

그리고 입주 후 처음 무인택배함을 이용하려면, 제어 판넬에서 관리자 메뉴를 통해 입주자의 동호수와 비밀번호, SMS를 받을 휴대폰 번호 등을 등록해야 한다. 최초 등록 이후부터 이용 가능하다. 이런 기능들을 지원하기 위해 다음과 같은 설비들을 포함한다.

◆ 카드결제 리더기
◆ 입주민 카드 리더기
◆ 바코드 리더기
◆ 프린터
◆ 터치 스크린
◆ 스피커

무인택배의 보관함 개수는 과기정통부의 "홈네트워크건물 인증심사기준" 중 심사항목(2)항 및 지능형홈네트워크 설비 설치 및 기술기준에 정의하고 있으며, 소형 주택(60㎡미만)은 전체 세대의 10% ~ 15%에 해당되는 보관함을, 중형 주택(60㎡ 이상)은 전체 세대의 15% ~ 20%에 해당되는 보관함을 설치하는 것을 권장하고 있다.

무인 택배가 설치될 위치에 CD배관 2개를 시공해 놓아야 한다. 배관을 이용해서 다음과 같은 케이블을 입선해야 한다.

◆ 전원선, 접지선: HFIX 2.5mm$^2$x2,E-2.5mm$^2$
◆ 전화선: 국선 UTP Cat5e x 1 line

- ◆ 데이터선: UTPCat5e x 2 line(홈네트워크 연동, 예비)
- ◆ 비디오선: UTPCat5e x 1 line[영상정보처리기기(CCTV)카메라]

전원선과 접지선은 인근 전기패널(PM)으로부터 연결되고, 데이터선은 저층 층 TPS실 홈네트워크 L2 WG스위치로부터 연결된다. 요즘 도면에는 전화선과 비디오선이 반영되지 않는다.

전기 분전함은 L, LM, LEM, P, PM, PEM 등으로 표기되며 동 및 라인에 따라 -1, -2. 등으로 표기된다. L 은 세대전기, 공용의 전등, 전열(콘센트)라인을 컨트롤 할 수 있는 전기차단기(배선용차단기, 누전차단기 등)가 설치되어 있는 것을 의미하고, P 는 공용시설 중 동력을 필요로 하는 전기시설(예 승강기, 집수정 펌프 등)을 컨트롤할 수 있는 차단기가 설치되어 있는 것을 의미한다. 조명등과 전열 콘센트에 전기를 공급하는 LM(Light Module)은 한전 상전이 중단되면 전기 공급이 중단되는데 비해, 공조설비, 양수 펌프 등 공용부 설비에 전기를 공급하는 PM(Power Module)은 상전이 중단되면 전기실의 디젤 발전기의 비상 전원으로 절체된다. 아래 [그림 6-17]은 전기패널(분전반) 예시이다.

**그림 6-17 전기분전반 판넬 예시**

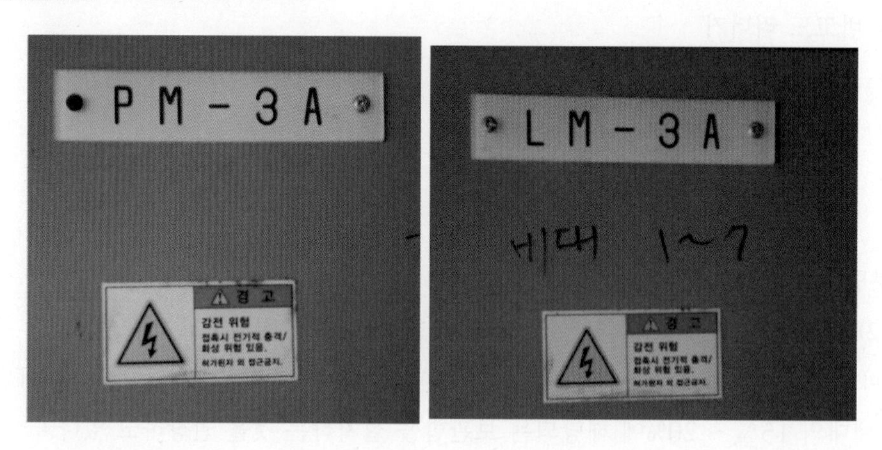


아파트 현장 감리를 위해서는 기본적인 건축전기, 소방, 기계분야의 용어 정도는 숙지하는 것이 좋다.

무인택배를 감시하는 영상정보처리기기(CCTV)카메라를 위한 비디오선은 다른 도면에 반영된다. 무인택배 제조사에 따라, 그리고 시공 시기에 따라 배관 배선이 다르다. 요즘 시공되는 무인택배 설비를 위한 배관 배선은 다음과 같다.

- ◆ 전력선, 접지선: HFIX 2.5mm$^2$ x2,E-2.5mm$^2$(CD 22C)
- ◆ 데이터선: 홈네트워크 연결용 UTP Cat5e x 1 line(CD 22C)

홈네트워크를 통해 방재실의 무인택배 로컬 서버, 그리고 단지서버 등과 연동된다. 방재실의 무인택배설비 로컬 서버는 외부 인터넷을 통해 무인택배설비 제조사 콜센터에 위치하는 무인택배 콜센터 서버와 연동해서 결제, SMS 송출 등의 기능을 수행한다.

### 2) 무인택배 설비 주요자재 승인시 체크리스트

무인택배설비 주요자재 승인시 확인하거나 결정해야 할 사항은 다음과 같다.

- ◆ 무인택배 설비는 외부 인터넷과 연동이 되어야 하는데, 홈네트워크 설비용으로 사용되는 인터넷 회선을 공유기로 같이 사용하지 않고, 제조사 콜센터와 별도의 인터넷회선으로 구축한다.
- ◆ 무인택배설비의 재질을 확인해야 한다. 무인택배 설비 본체는 전기 아연도금 강판 1.2T, 도어와 선반은 스테인레스 STS(SUS) 304, 1.2T, 보강재는 탄소강 SS400, 1.6T 등으로 제조하는데, 제조사에 따라 상이하다.
- ◆ 재질의 인장 강도는 300~400N/mm$^2$
- ◆ 필요시 박스 여러 개를 통합해서 대형 박스로 Rearrange기능이 있는지?
- ◆ 공동 현관기와 SI 연동시켜 입주자가 귀가 시 픽업할 택배 물품이 있을 경우, 음성과 메시지로 알려주는 기능은 어떻게 할 것인지?
- ◆ 감리현장에서 설치되는 무인택배설비의 박스 수량이 전체 세대수의 10~20%가 넘는지 확인하기 바란다. 앞으로 무인택배 수요가 점점 더 증가할 전망이다.

### 3) 무인택배 설비 시공상태 검측 체크리스트

무인택배설비는 아파트 지하층에 벽체 매립형, 또는 벽면 밀착 노출형으로 시공된다. 바닥에 앵커를 박아 고정하므로 바닥이 단단하거나 패드가 설치되어야 하고 평탄해야 한다.

무인택배설비 시공상태 검측시 유의해야 할 사항은 다음과 같다. 무인택배설비는 거주자들이 입주한 후 데이터 입력 등이 이루어지므로 정보통신감리자들이 정상적으로 작동하는지 확인하지 못하고 감리 현장을 떠나는 게 대부분인 게 아쉬운 대목이다.

◆ 무인택배설비 바닥 고정 상태를 확인해야 한다.

◆ 무인택배 설치 위치는 입주자들의 출입 동선을 고려해야 하고, 입주자의 보행과 차량 주행에 방해가 되지 않아야 한다.

**권고 사항!**

택배 차량의 동선을 확인해 보기 바란다. 요즘 아파트는 지상으로 차량이 주행하지 않는 공원형 아파트를 지향하므로 무인택배함을 지하층에 설치한다. 이럴 경우 택배 차량이 지하주차장으로 내려가야 하는데, 택배 차량이 탑차 구조로 되어 있어 지하주차장 층고가 높지 않으면 진입할 수 없는 문제가 생긴다. "주차장법"에 의하면 지하주차장 층고가 2.3m로 되어 있는데, 택배용 탑차는 화물 탑재공간에서 택배원들의 효율적인 작업 공간을 확보하기 위해 차량 높이가 2.5m이다. 다음 [그림 6-18]은 택배용 탑차 외관이다.

국토교통부는 2019년 1월(사업승인일)부터 지상공원형 아파트에 대해 지하주차장 높이를 2.7m 이상으로 높일 것을 의무화하는 '주택건설 기준 등에 관한 규칙' 제6조의 2(주차장의 구조 및 설비)을 다음과 같이 개정했다.

2. 「주차장법 시행규칙」 제6조 제1항 제1호부터 제9호까지 및 제11호를 준용할 것. 다만, 공동주택의 각 동으로 차량 접근이 가능한 지상주차장의 차로 또는 영 제26조에 따른 주택단지 안의 도로가 설치되지 않은 경우에는 다음 각 목의 어느 하나에 해당하는 경우를 제외하고 「주차장법 시행규칙」 제6조 제1항 제5호 가목에도 불구하고 주차장 차로(주차장이 2개층 이상인 경우로서 지상에서 바로 진입하는 층에서 각 동의 출입구로 접근이 가능한 경우 해당 층의 차로로 한정한다)의 높이를 주차 바닥면으로부터 2.7미터 이상으로 해야 한다.

이 사안은 건축감리 소관이지만, 무인택배설비와 관련되는 문제이므로 정보통신감리원이 알고 있어야 한다. 다만, "주차장법 시행규칙", "주택건설 기준 등에 관한 규칙"을 꼼꼼히 읽어보고 판단하길 바란다.

그림 6-18 **택배용 탑차 외관**

참고 [감리현장실무: #무인택배설비 주요자재 승인 및 시공검측 체크 포인트] 2020년 4월 17일

참고 [감리현장실무: #주차관제설비LPR 주요 자재 승인 관련] 2020년 2월 21일

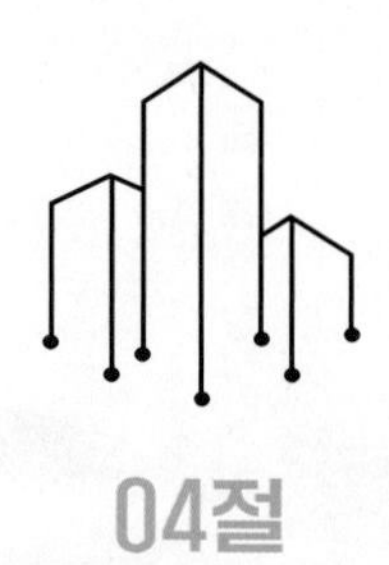

04절

# 지하층 몰드바 시공으로 배관 시공 축소

지하층 천장, 기둥, 벽체 공사 시 같이 이루어지는 정보통신설비용 배관 검측 업무가 점차 줄어드는 추세이다. 이로 인해 정보통신감리원 투입을 늦추려는 발주처가 이를 악용할 소지가 있다.

아직 감리업무의 시작을 검측업무의 시작으로 이해하는 잘못된 관행이 남아있기 때문이다. 정보통신감리원의 업무 범위를 고려해보면, 검측은 감리원 업무의 극히 작은 부분임을 이해할 수 있다.

"정보통신공사업법 시행령" 제8조 2(감리원의 업무 범위)는 다음과 같이 규정한다.

- ◆ 공사계획 및 공정표 검토
- ◆ 공사업자가 작성한 시공 상세도면의 검토 확인
- ◆ 설계도서와 시공도면의 내용이 현장조건에 적합한지 여부와 시공 가능성 등에 관한 검토
- ◆ 공사가 설계도서 및 관련 규정에 적합하게 행해지고 있는지에 대한 확인
- ◆ 공사 진척 부분에 대한 조사 및 검사
- ◆ 사용자재의 규격 및 적합성에 대한 검토 확인
- ◆ 재해 예방 대책 및 안전관리의 확인
- ◆ 설계변경에 대한 사항의 검토 확인
- ◆ 하도급에 대한 타당성 검토
- ◆ 준공도서의 검토 및 준공 확인

### 1) 지하층 정보통신설비 시공 방법 변경

이전엔 지하층에 설치되는 다양한 정보통신 설비들이 기둥이나 천장, 벽체 등에 시공되었다. 그런데 지하층 정보통신 설비 시공방법이 변경되고 있다.

다음 [그림 6-19]은 천장에 설치된 영상정보처리기기(CCTV)카메라와 몰드바에 시공된 영상정보처리기기(CCTV)카메라 모습이다. 몰드바 시공이 천장 브라켓 시공에 비해 비용, 외관, 시공 용이성, 유지보수 용이성 등 여러 관점에서 장점이 있다.

**그림 6-19 천장 브라켓 시공(상단)과 몰드바에 시공(하단)된 영상정보처리기기(CCTV) 비교**

지하층에 설치되는 정보통신 설비로는 다음과 같다.

- 지하층 자동문
- 지하층 자동문 전실 천장의 영상정보처리기기(CCTV)
- 비상벨

- ◆ 스피커
- ◆ 영상정보처리기기(CCTV)
- ◆ FM방송 및 T-DMB방송 중계기
- ◆ 원패스 AP(Access Point)
- ◆ 주차 유도 설비(주차관제설비)
- ◆ 이동통신선로설비(중계기 설치 공간 확보)

그러나 최근엔 지하층 정보통신설비들의 시공 방법이 바뀌어 레이스웨이(몰드바)를 이용하는 비율이 높아지고 있다.

## 2) 몰드바 시공의 장점

지하 주차장 영상정보처리기기(CCTV)를 종전의 방식인 천장형 브라켓 시공방식에 비해 몰드바 브라켓 시공방식의 장점을 리스트업 한다.

### 가) 몰드바 시공의 장점

- ◆ 천장형 브라켓 시공방식은 건축 골조시 카메라 설치 포인트에 매입 배관을 설치해야 하지만, 몰드바 시공방식은 TPS실이나 층통신실 연결 구간만 매입 배관이 필요하다.
- ◆ 천장형 브라켓 시공방식은 카메라 위치 조정시 주차장 통로에 맞추어 연장 배관이 필요하지만, 몰드바 시공방식은 이동이 용이하다.
- ◆ 천장 브라켓 시공방식은 영상정보처리기기(CCTV)카메라 수리시 분해 조립이 번거롭지만 몰드바 시공방식은 카메라, 렌즈, 하우징 등이 일체형이여서 장비 수리, 철거, 재설치가 간편하다.
- ◆ 천장형 브라켓 시공방식은 주차장 천장부에서 브라켓이 내려와 미관을 해치지만 몰드바 시공 방식은 주차장 천장부가 깔끔하고 지하층 환경과 조화가 잘된다.

### 나) 몰드바 브라켓 시공사례

[그림 6-20], [그림 6-21], [그림 6-22] 몰드바 시공사례를 참조한다.

그림 6-20 몰드바에 설치된 영상정보처리기기(CCTV)와 스피커

그림 6-21 몰드바에 설치된 FM라디오/T-DMB중계 설비와 주차유도설비

요즘 지하층은 PC공법으로 시공하는 경우가 많은데, 다음 [그림 6-22]는 PC기둥 여러면에 소화전, 비상벨, 스피커, T-DMB안테나가 설치된 모습이다.

그림 6-22 **PC기둥에 소화전, 비상벨, 스피커, T-DMB 안테나가 설치된 모습**

PC기둥에 정보통신설비를 시공하는 경우에는 PC기둥 제조시 배관과 박스를 포함시켜야 하는데, 번거로움 때문에 PC기둥에 정보통신설비를 부착하지 않는 경우가 많다. 한편, 이통사들이 지하층에 설치하는 이동통신 중계기는 [그림 6-23]과 같이 노출로 시공한다.

그림 6-23 **지하층에 설치하는 이동통신 중계기**

참고 [감리현장실무: 지하층 #몰드바 시공으로 정보통신용 배관 검측 업무 감소] 2020년 9월 2일

# 05절

# 시공상세도 승인 사례

아파트의 각동 지하1층 동통신실에는 TV증폭기함, 영상정보처리기기(CCTV)함, RX단자함, 원격검침함 등이 설치되어 있다. 동통신실은 방재실/단지통신실과 해당 동을 연결하는 관문이기 때문에 다양한 장비 함체를 설치한다. 장비 함체를 시공하기 전에 함체를 제작해야 하는데, 규격, 치수 등이 불명확하여 시공에 어려움이 예상되는 부위의 각종 상세도면을 시공상세도로 작성해서 진행토록 하는 것이 좋다.

사실상 건축현장은 완전하지 않은 실시 설계도면을 기초로 해서 실제 시공단계에서 부족하거나 분명하지 않은 부분을 시공상세도 작업을 통해 보완해 가면서 건축이 이루어진다고 생각할 수 있다. 어떤 현장의 경우, 사소한 설계변경 사안을 시공상세도 절차로 간단하게 진행하기도 한다. 설계 변경은 절차가 복잡하고 부담스럽게 느껴지기 때문이다.

## 1 동통신실 장비함체 종류

TV증폭기함은 방재실의 SMATV신호와 케이블TV신호를 수신후 증폭하여 분기기, 분배기를 사용해서 해당 동 모든 층 모든 세대로 공급하는 역할을 수행한다. 영상정보처리기기(CCTV)함은 지하층 영상정보처리기기(CCTV)카메라를 동단위로 분할하여 해당 동에 가까운 영상정보처리기기(CCTV)카메라 영상을 방재실 NVR로 전달하는 역할을 수행한다. 그리고 지하 출입구의 엘리베이터 내 영상정보처리기기(CCTV)카메라까지 수용한다.

RX단자함은 방재실의 앰프 출력을 화재수신반의 화재 발생 신호에 따라 해당동의 제한된 층의 세대 거실 스피커로 화재경보 메시지를 선별적으로 전달하는 기능을 수행한다.

원격검침함은 해당 동 모든 세대의 원격검침용 모뎀TCU를 127개 집선하여 해당 동 모뎀DCU를 통해 방재실 원격검침서버로 연결하는 기능을 수행한다. 모뎀 DCU와 방재실 원격검침 서버간의 프로토콜은 RS-485나 TCP/IP가 적용된다.

## 2 함체 제작 절차

이런 함체 제작은 시공상세도 작업을 통해 진행되어야 하는데, 그 이유는 함체 사이즈가 현장 상황에 맞게 적절하게 제작되어야 하기 때문이다. 다음 [그림 6-24]은 동통신실의 다양한 함체 외양이다.

그림 6-24 동통신실의 다양한 함체 외양

우측은 영상정보처리기기(CCTV)함체 내부인데, 공간이 협소해 보인다. 그리고 FDF, EoC, 전기콘센트 등이 고정되어 있지 않는 등 작업이 덜 끝난 느낌이다.

다음 [그림 6-25]은 원격검침함인데, 전력량계 중심으로 시공되어 있다. 모서리 부분의 직사각형 모양의 세대 모뎀 TCU가 제대로 자릴 잡지 못하고 있다.

그림 6-25 **원격검침함**

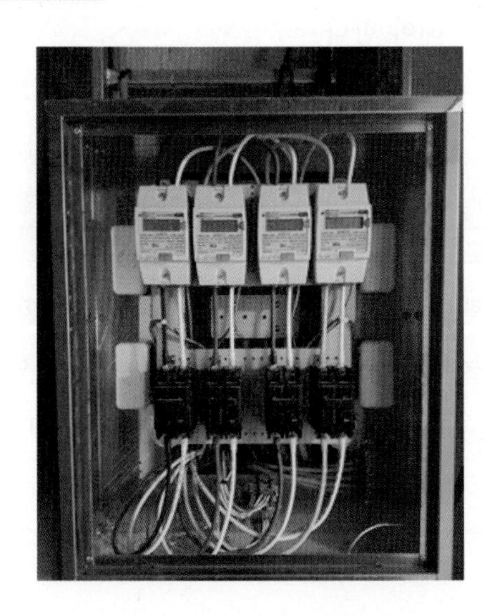

다음 [그림 6-26]은 TV증폭기함인데, 함체 사이즈와 내부 공간이 적절하고 구성 장비들도 잘 고정되어 있다.

그림 6-26 **TV증폭기함**

이 TV증폭기함은 시공상세도 작업으로 잘 진행된 것 같다. 이와 같은 함체 제작을 위해 시공상세도 작업을 진행할 경우, 함체내에 설치될 장비들의 실제 사이즈대로 내부 Layout를 그려서 함체가 적절한 사이즈로 제작되게 감리해야 한다.

동통신실 뿐 아니라, 층통신실(TPS실) 벽부 장비함체 제작 작업도 시공상세도를 작성해서 감리단의 승인을 받고 이루어지도록 해야 한다.

초고속정보통신건물인증 특등급 아파트의 경우, 정보통신설비 광케이블 SMF x 8코어가 성단된 FDF가 위치하는 TPS실에 KT, SK BB, LGU+, 지역케이블사업자 등이 FTTH PON 방식의 초고속인터넷을 구축하기 위해 Optical Splitter를 설치하는데, [그림 6-27]과 같이 ISP들 개별적으로 벽부형 랙으로 시공할 수도 있고, 건설사가 [그림 6-28]과 같이 건설사가 자립형 랙을 설치해서 ISP들에게 Shelf를 할당해서 TPS실 상면을 절약할 수도 있다. 실제로는 ISP들이 공동으로 시공해서 사용한다.

#### 가) ISP별로 독자적으로 시공

그림 6-27 ISP별로 독자적으로 시공

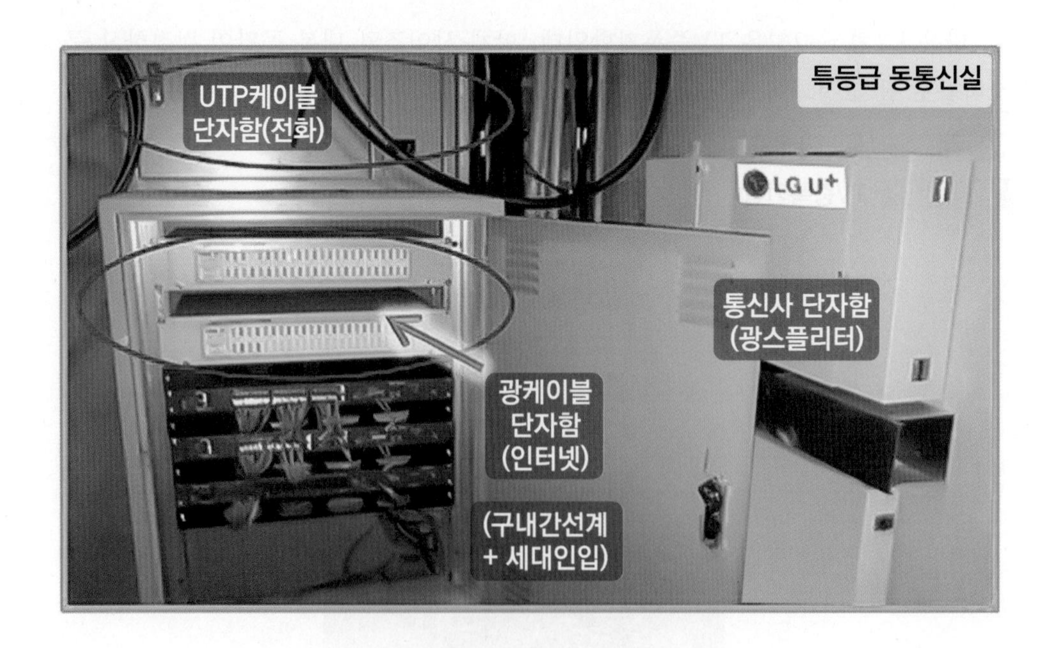

### 나) ISP들이 협력하여 공동으로 시공

그림 6-28 ISP들이 협력하여 공동으로 시공

**권고 사항!**

특히 함체에 설비 제작사와 시공사가 다른 설비들이 같이 들어갈 경우에는 실제 설비 사이즈를 파악하여 함체 내부 Layout을 그려서 내부 공간이 부족하지 않게 관리해야 한다.

반복적인 배관 검측은 열심히 하다가 정작 중요한 장비함체 제작을 위한 시공상세도 작업 절차의 중요성을 간과하는 경우가 많은데, 공사 진도를 고려해서 적절한 타이밍으로 동통신실과 TPS실(층통신실)의 장비함체 제작을 위한 시공상세도 승인요청서 제출을 지시하기 바란다.

참고 [감리현장실무: 동통신실/층통신실 장비함체 제작/시공을 위한 #시공상세도] 2020년 6월 1일

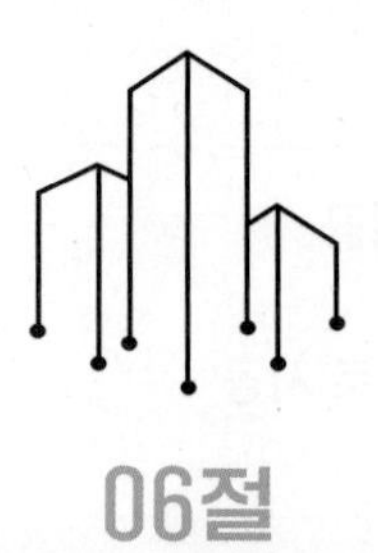

06절

# Link Budget 실전 분석 사례 (FTTH-PON, 공청안테나-헤드엔드)

## 1 FTTH-PON초고속인터넷 회선

FTTH-PON(Fiber to the Home - Passive Optical Network) 초고속인터넷 회선의 전화국 OLT와 가입자 댁내 ONU(ONT) 구간의 링크 버짓 분석 사례를 살펴본다.

특등급 아파트의 초고속인터넷 구축방식이 PON방식인데, 그 종류로는 E-PON, G-PON, WDM-PON 등이 있다. KT는 E-PON을, SK BB는 G-PON을 제공한다. 다음 [그림 6-29]에서 처럼 E-PON은 IEEE표준이고, G-PON은 ITU-T 표준이다.

그림 6-29 E-PON은 IEEE표준이고, G-PON은 ITU-T 표준

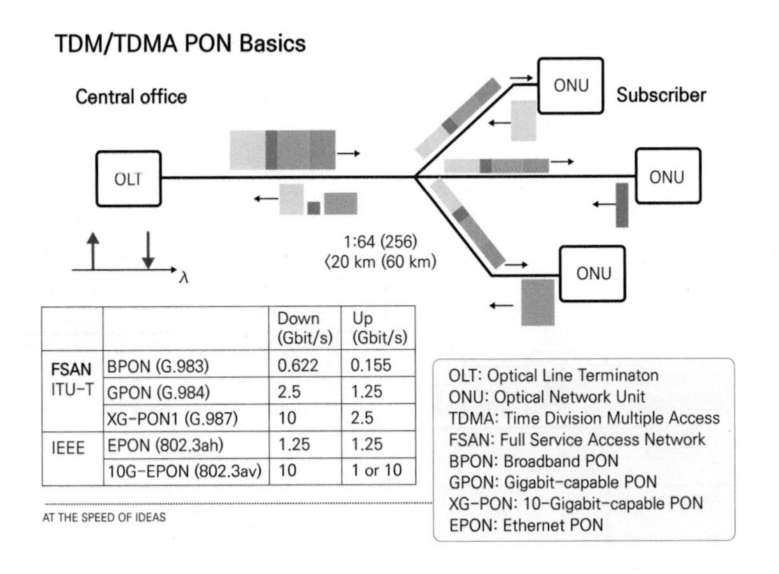


| | | Down (Gbit/s) | Up (Gbit/s) |
|---|---|---|---|
| FSAN ITU-T | BPON (G.983) | 0.622 | 0.155 |
| | GPON (G.984) | 2.5 | 1.25 |
| | XG-PON1 (G.987) | 10 | 2.5 |
| IEEE | EPON (802.3ah) | 1.25 | 1.25 |
| | 10G-EPON (802.3av) | 10 | 1 or 10 |

광케이블 링크 설계시 고려해야 하는 전송 Impairment로는 광손실(Optical Loss)과 광분산(Optical Dispersion)이 있는데, 광케이블 전송 링크 설계시에는 주로 광손실만 고려한다.

전통적인 Incoherent 광케이블 전송에서 광손실 특성은 전송거리를 제한했고, 광분산 특성은 전송속도를 제한했다. Incoherent 광통신에서는 SMF광케이블 사용시 기본 속도 Tributary Signal이 40Gbps를 초과하면, 분산 특성 PMD를 고려했다.

그러나 광소자, 광소재 기술의 발전으로 광파의 주파수와 위상을 적극적으로 이용하는 Coherent 광통신으로 발전하여 나감으로써 광분산 특성으로 인한 전송속도 한계는 해소되었다.

아파트 단지의 경우, 구내 광케이블 전송 구간 설계시에는 광손실이 없다고 간주해도 무리가 없다. 광케이블 전송 손실은 0.1~0.3dB/km인데 비해, 아무리 고층이거나 대단지여도 최대 전송 구간이 1km를 넘지 않기 때문이다.

국내 최고층 건물인 123층 뉴롯데 타워의 높이가 555m이고, 국내 최대 아파트 단지인 9520세대 규모의 헬리오시티 단지의 횡단구간도 1km를 넘지 않는다. 그리고 건물내에서는 광케이블 링크 손실 버짓을 분석할 필요가 없다.

그러나 스마트 시티, 스마트 도로 등의 프로젝트를 감리할때는 점검할 필요가 있으니 준비해 두는 게 좋다.

전화국과 일반 주택이나 공동 주택의 가입자간에 초고속 인터넷 회선 구간은 아래 [그림 6-30]와 같다.

**그림 6-30 일반 주택 및 공동 주택의 초고속 인터넷 회선 구성**

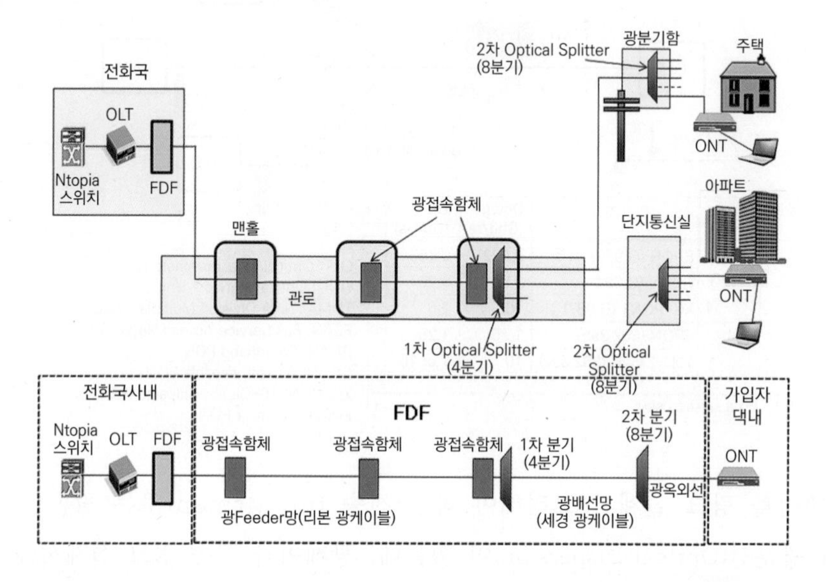


다음 [그림 6-31]은 전화국 FTTH PON의 OLT에서 가입자 세대단자함 PON의 ONT구간의 광손실 링크 버짓 사례이다.

**그림 6-31 FTTH PON의 OLT에서 PON의 ONT구간의 광손실 링크 버짓**

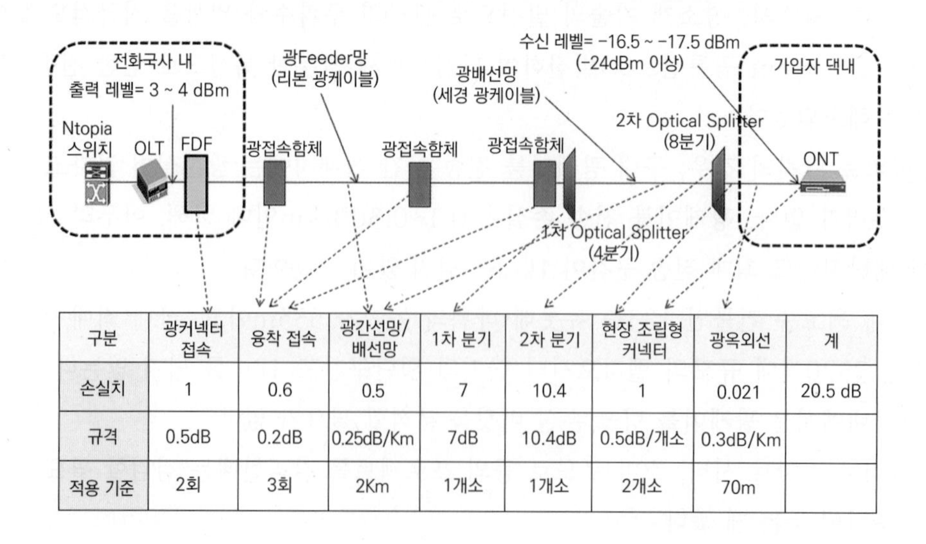


| 구분 | 광커넥터 접속 | 융착 접속 | 광간선망/배선망 | 1차 분기 | 2차 분기 | 현장 조립형 커넥터 | 광옥외선 | 계 |
|---|---|---|---|---|---|---|---|---|
| 손실치 | 1 | 0.6 | 0.5 | 7 | 10.4 | 1 | 0.021 | 20.5 dB |
| 규격 | 0.5dB | 0.2dB | 0.25dB/Km | 7dB | 10.4dB | 0.5dB/개소 | 0.3dB/Km | |
| 적용 기준 | 2회 | 3회 | 2Km | 1개소 | 1개소 | 2개소 | 70m | |

전송구간에서 링크 버짓은 아래 [그림 6-32]와 같이 송신기 출력레벨, 수신기의 수신 임계감도, 전송 경로상에서 발생하는 손실, 그리고 여유도(Margin) 등과의 관계에서 결정된다.

**그림 6-32 전송 구간의 링크 버짓 계산**

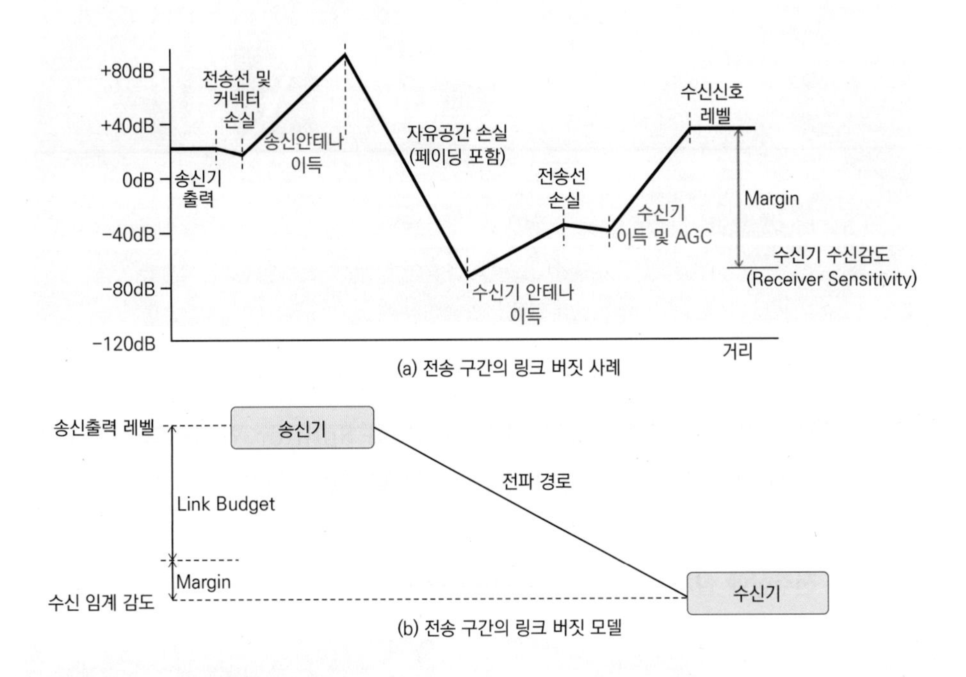


(a) 전송 구간의 링크 버짓 사례

(b) 전송 구간의 링크 버짓 모델

위 [그림 6-32]에서 전화국 OLT에서 출력 레벨이 3~4dBm인 광신호가 출력되어 FDF를 거쳐 전화국 밖으로 나간다.

다음 [그림 6-33]은 전화국의 FTTH PON의 OLT 모습이다. 지하 관로를 거치고, 중간 광접속함체를 거쳐 1차 4 Optical Splitter로 입력되어 4분배되어 출력된다.

그림 6-33 **전화국의 FTTH PON의 OLT 모습**

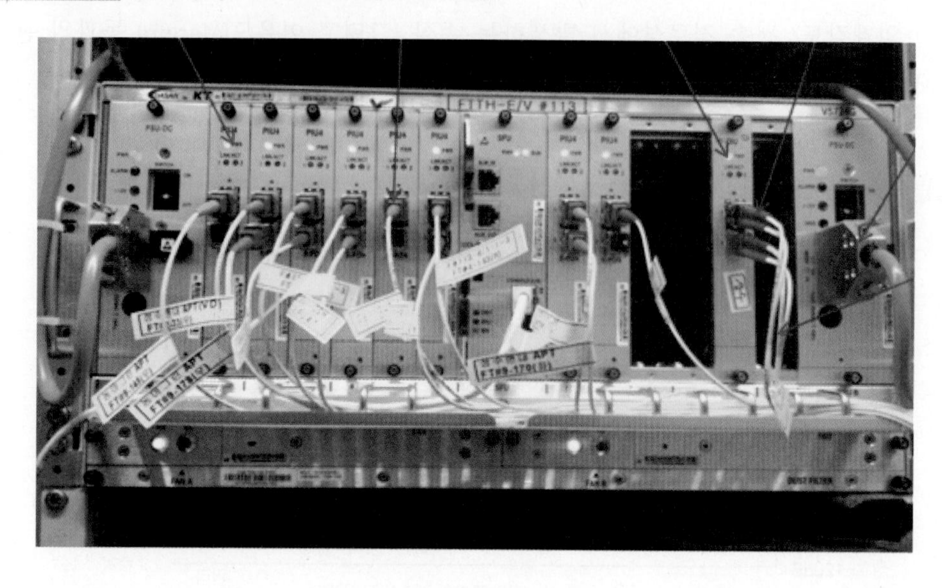

다음 [그림 6-34]는 전주상에 설치된 Optical Splitter 함체이다. 다시 2차 8 Optic Splitter에 입력되고 8분배되어 가입자 세대단자함내에 있는 ONT로 접속된다.

그림 6-34 **전주상에 설치된 Optical Splitter 함체**

다음 [그림 6-35]은 세대내 FTTH PON의 ONT인데, 공유기가 내장되어 있어서 RJ-45 포트가 4개이다. 가장 좌측은 광케이블이 인입되는 구멍이다.

그림 6-35 세대내 FTTH PON의 ONT

이와 같은 과정에서 발생하는 광전송링크의 광손실을 반영하면 출력은 다음과 같다.

(3~4 dBm) - 0.2dB(광접속 함체) x 3 - 7dB(1차 4 Optical Splitter) - 10.4dB(2차 8 Optical Splitter) - 1dB(현장 조립형 커넥터) - 0.5dB(광 피더망, 광배선망: 0.25dB/km x 2km) - 0.021dB(광 옥외선: 0.3dB/km x 70m) = -16.5~-17.5dBm

4 Optical Splitter의 손실은 3+3+1(삽입 손실) =7dB이고, 8 Optical Splitter의 손실은 3+3+3+1.4(삽입 손실) =10.4dB이다.

Optical Splitter는 2 Optical Splitter를 여러단 조합해서 4, 8, 16 Optical Splitter를 만들기 때문에 분배 단자 수에 따라 삽입 손실이 다르다. ONT의 적정 수신 레벨이 -24dBm인데, 수신 신호 레벨이 -16.5~-17.5dBm이 되어 적정 수신레벨에 충족된다.

광출력 레벨이 너무 높으면 광수신기의 수광소자가 타버리는 문제가 있고, 너무 낮아 광수신기의 수신 감도(Receiver Sensitivity) 보다 낮아지면 수신이 어렵다.

위 [그림 6-35]처럼 4 Optical Splitter와 8 Opltical Splitter 등 2단계 분배하기로 설계된 경우, 4 Optical Splitter단에 바로 ONT를 연결하면 수신광신호의 레벨이 너무 높아 ONT의 수광소자가 손상을 입기 때문에 광감쇄기를 삽입하여 적정 레벨로 떨어뜨려야 한다.

전화국 OLT와 세대 ONT 구간에서 광신호를 증폭하는 EDFA 증폭기는 포함되지 않고, 대신에 동작 전원이 불필요한 Passive Device인 Optical Splitter가 포함되므로 이런 초고속인터넷 설비를 Passive Optical Network(PON)이라고 한다.

광전송 링크 중간에 광중계기를 포함하지 않는 것이 PON의 가장 큰 장점이다. 그러나 End User단이 아닌 백본 광전송망에서는 일정 거리마다 증폭기를 설치해야 한다. 현재 무중계 광전송거리는 100km 미만 정도이다. 물론 특수한 기술을 적용하면 확장이 가능하겠지만 보편성과 경제성이 관건이다.

PON방식이 광케이블의 저손실 특성을 이용해서 Optical Splitter로 경제성있는 Fiber to the Home을 실현하는데 기여하였다.

인터넷 End User 환경이 Fast Ethernet(100Mbps)에서 1Gbps로 업그레이드되고, 10Gbps로 고속화되어 나가고 있다.

**권고 사항!**

실제 FTTH 초고속인터넷 구축 및 개통 업무를 실무적으로 수행해 본 현장 엔지니어들부터 실제 링크 버짓 사례를 공유하여 확인해보기 바란다.

**참고** [감리현장실무: FTTH-PON 초고속인터넷 광케이블 #전송링크버짓분석 사례] 2020년 1월 20일

## 2 공청안테나 - 방재실 헤드엔드 구간

옥상 공청안테나~방재실 헤드엔드 구간의 링크버짓을 분석해본다. 아파트 관리사무소/단지통신실/방재실이 아파트 단지 중앙에 위치하고 단지 높이가 평탄한 경우, 이 구간의 길이는 35층으로 건축하면 35층 x 3.3m= 120m 내외이다.

그러나 요즘 아파트 단지는 높낮이가 심하고 대지 모양도 사각형이 아닌 경우가 많아서 공청안테나와 방재실의 거리가 비정상적으로 멀어질 수 있다. 이 구간의 길이에 따라 적용 기술이 달라진다.

다음 [그림 6-36]은 SMATV와 CATV 중 SMATV 계통도를 보여준다.

그림 6-36 SMATV와 CATV 중 SMATV 계통도

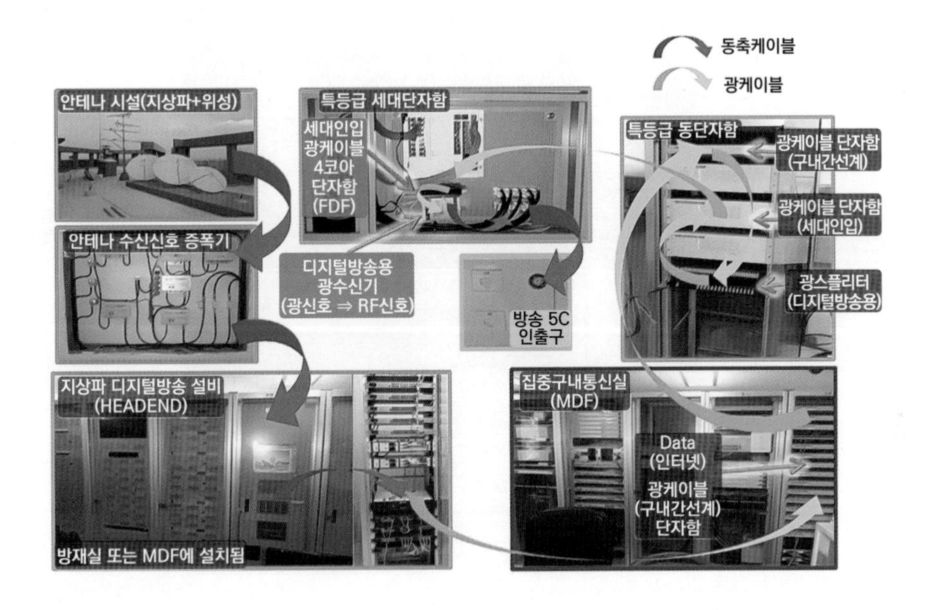


### 1) 옥상 방송공동수신 안테나~헤드엔드 구간

옥상 방송공동 수신 안테나에서 수신된 신호는 바로 아래층의 TV-M증폭기에서 증폭된 후 1층 방재실 헤드엔드로 전송된다.

다음 [그림 6-37]는 옥상에 설치된 안테나인데, 앞쪽 Pole 가장 상단에 지상파 TV안테나, 그 아래 T-DMB안테나, 그 아래 FM 라디오 안테나가 있고, 그 뒤쪽에 패드위에 AS, BS, KS-5, KS-6호 파라볼라 안테나가 보인다.

**그림 6-37 옥상에 설치된 안테나**

옥상 안테나에서 바로 아래층 TV-M증폭기 구간에는 HFBT-10C나 HFBT-7C 동축 케이블을 사용한다. HFBT-10C, HFBT-7C, HFBT-5C 동축 케이블 특성을 비교하면 〈표 6-1〉과 같다.

**표 6-1 HFBT-10C, HFBT-7C, HFBT-5C 동축 케이블비교**

a) HFBT-5C, HFBT-7C, HFBT-10C의 특성

| 제품명칭 | 내부도체 | | 절연체 | | | 외부도체 | | | 특성 임피던스 (Ω) | 커패시턴 (pF/m) |
|---|---|---|---|---|---|---|---|---|---|---|
| | 형태 | 바깥 지름 (mm) | 재질 | 두께 (mm) | 바깥 지름 (mm) | 구성 | 두께 (mm) | 바깥 지름 (mm) | | |
| HFBT-5C | 단선 | 1.2 | 발포PE | 1.90 | 5.0 | AL/ Mylar+ Braid+ AL/ Mylar+ | 0.85 | 7.5 | 75±3 | 55 |
| HFBT-7C | 단선 | 1.8 | 발포PE | 2.75 | 7.3 | | 1.07 | 10.2 | 75±3 | 55 |
| HFBT-10C | 단선 | 2.4 | 발포PE | 3.50 | 9.4 | | 1.11 | 12.6 | 75±3 | 55 |

b) HFBT-5C, HFBT-7C, HFBT-10C의 감쇠량

| 제품명칭 | 감쇠량(dB/km) | | | | | | | |
|---|---|---|---|---|---|---|---|---|
| | 10MHz | 50MHz | 150MHz | 250MHz | 350MHz | 450MHz | 750MHz | 864MHz |
| HFBT-5C | 23.8이하 | 47.2이하 | 77.2이하 | 98.9이하 | 117.1이하 | 137.0이하 | 178.0이하 | 195.0이하 |
| HFBT-7C | 15.7이하 | 30.7이하 | 55.1이하 | 71.0이하 | 86.2이하 | 95.9이하 | 124.3이하 | 133.7이하 |
| HFBT-10C | 12.0이하 | 25.4이하 | 42.2이하 | 54.0이하 | 65.7이하 | 73.4이하 | 96.2이하 | 106.2이하 |

### 2) 헤드엔드로 전송전에 TV-M에서 먼저 증폭하는 이유

옥상 공동 수신 안테나에서 수신한 방송신호를 1층 방재실 헤더엔드로 전송하는데는, 우선적으로 방송신호 레벨이 일정 기준 이하로 떨어지지 않도록 고려해야 한다. 그 이유는 방송신호가 일정 레벨 이하로 떨어져 버리면, 열잡음(Thermal Noise)에 기인하는 배경 잡음에 의해 증폭하더라도 한번 떨어져버린 신호대잡음비(SNR)가 개선되지 않기 때문이다. 열잡음 레벨은 온도와 대역폭에 비례해서 발생하는 피할 수 없는 불가피한 레벨이 일정한 잡음이다.

옥상 공동 수신안테나에서 수신된 신호는 헤드엔드로 보내기 전에 옥상 바로 밑 옥탑층 TV-M실 증폭기에서 먼저 증폭이 되는 이유이다.

다음 [그림 6-38]은 상단에 파라볼라 안테나용 라인증폭기 4대, 가장 아래 지상파용 안테나 증폭기 3대가 보인다. 그 중간에는 SPD가 7개 보이는데, 안테나와 증폭기 사이에 설치된다.

그림 6-38 옥탑층 TV-M실의 증폭기와 SPD(서지보호기)

### 3) 방송공동 수신안테나-헤드엔드 구간

TV-M실에서 증폭된 신호를 1층 방재실 헤더엔드로 전송하는데, 거리가 100m 미만(층고가 3.3m인 경우 30층)이면 HFBT-10C로 설계하고, 120m 이상으로 고층이면 HFBT-12C로 설계하기도 한다.

실제로 방송신호 레벨이 적절한지 검증해 보려면, TV-M증폭기의 출력신호가 헤드엔드까지 전송되는 과정에서 발생하는 손실을 고려해서 헤드엔드에서 수신 가능한 최소 신호 레벨(Receiver Sensitivity, 수신 임계 레벨) 보다 더 큰 신호가 입력되는지 확인해야 한다.

헤드엔드로 입력되는 방송 신호레벨이 최소 신호 레벨 보다 낮으면 동축케이블을 더 굵은 걸로 교체하거나 중간에 증폭기를 추가하거나 광케이블 솔루션을 적용해야 한다.

### 4) Link Budget 분석 사례

옥상방송 공동 수신 인테나~헤드엔드 구간을 자세히 분석하려면, 현장 SMATV/CATV 설비 제조사/시공사에게 옥상 방송수신 안테나~TV-M증폭기~1층 방재실 헤드엔드~동~세대 단자함~세대 각방 TV인출구 구간에 모든 링크 지점에서 TV방송 신호 레벨을 계산한 Link Budget 계산서를 제출케 해서 확인하면 된다.

"Link Budget 계산 = TV-M 증폭기 출력 - 헤드엔드 최소 수신 레벨 - Margin"

링크버짓 결과 헤드엔드 입력단에서 수신되는 신호가 수신 임계 레벨보다 낮으면, 증폭기의 증폭도를 높히거나 중간에 중폭단을 추가해서 이득을 올리거나 또는 동축케이블 대신에 광케이블 솔루션을 적용한다.

다음 [그림 6-39]에서 옥상 방송공동 수신 안테나와 방재실 헤드엔드 구간을 동축케이블이나 광케이블로 연결할 수 있다.

**그림 6-39 옥상 방송공동 수신 인테나와 방재실 헤드엔드 구간**

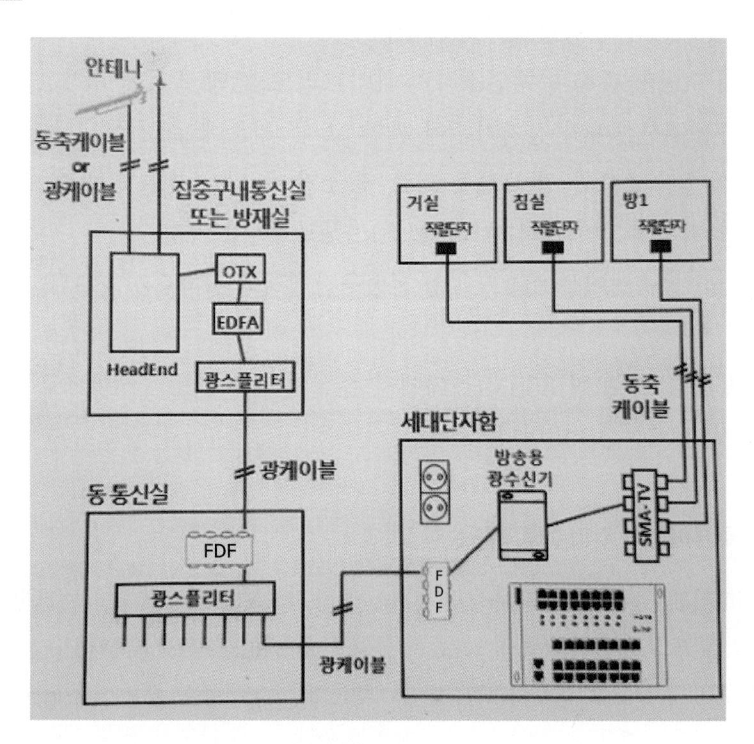


*범례: OTX(방송용 광송신기), EDFA(광 증폭기)

광케이블로 연결하는 방식은 가격이 비싸므로 동축케이블에 증폭기를 추가해도 쉽지 않을 경우, 최종 수단으로 적용한다.

SMATV/CATV설비 제조사인 "OO社"의 설계 지침에 따르면, 일반적으로 300m

이상일 경우, 광전송을 고려한다고 한다. 그렇다고 반드시 광전송방식으로 시공한다는 의미는 아니며, 공동 주택처럼 실내에 TPS 공간의 확보가 가능할 경우, 중간 증폭기함을 설치하여 동축케이블 전송방식을 적용할 수 있다. 그리고 비용과 무관하게 보다 확실한 TV 신호의 전송이 필요하면, 스포츠 경기장과 같이 옥외에 안테나를 설치하고, 트레이가 아닌 맨홀과 옥외 관로를 구성할 경우, 중간 증폭기함 설치 공간 확보가 어려울 수 있으므로 광전송방식을 적용한다고 한다.

"00社" 방송공동수신설비 규격을 이용하여 옥상 방송공동수신안테나와 방재실 헤드엔드 구간의 거리가 300m인 경우 링크 버짓을 분석해 보면, 헤드엔드의 최소수신 가능레벨은 다음과 같다.

- ◆ HD 지상파방송: 35~85 dBμV
- ◆ UHD 지상파방송: 37~87 dBμV
- ◆ Main TV MAP의 증폭도(Gain) (예시)
  - 최대 30dB: 증폭기 메인소자인 하이브리드 IC의 특성에 의해 결정되며, "방송공동수신설비의 설치기준에 관한 고시" 기준에 준하여 생산되고 있다. 더 큰 이득이 필요할 경우 제품 회로 및 소자 등 많은 부분의 변경이 필요하다.
  - 해당 지역의 TV수신신호 레벨: 70dBμV이라고 가정
  - 300m 동축케이블(HFBT-10C) 전송구간에서의 감쇄손실: 30dB

다음 〈표 6-2〉를 보면 805MHz대에서 손실이 101.2dB/km이므로 300m 구간에서 발생하는 감쇄는 30dB이다.

**표 6-2 동축케이블이 주파수대역별 손실값**

| 동축 케이블 직경 | 50MHz | 450MHz | 806MHz |
|---|---|---|---|
| HFBT-10C | 25.4 dB/Km | 73.4 dB/Km | 101.2 dB/Km |
| HFBT-7C | 30.7 dB/Km | 95.9 dB/Km | 129.7 dB/Km |
| HFBT-5C | 47.4 dB/Km | 137 dB/Km | 188.9 dB/Km |

70dBμV(방송 공동 수신 안테나 수신 신호 레벨) + 30dB(TV-M 증폭 이득) - 30dB(수신안테나-헤드엔드구간의 감쇄손실) = 70dBμV레벨의 방송신호가 헤드엔드 입력단에 공급되므로 최소 수신가능 신호 레벨 35dBμV에 비해 35dB 더 여유가 있으므로 수신에

문제가 없다.

위의 링크버짓 계산에서 방송공동 수신안테나 이득은 수신신호 레벨에 포함되었다고 볼 수 있다. 이런 조건이라면 TV수신 신호 레벨 변동을 고려한 Margin을 5dB 적용한다고 하더라도 600m 전송 구간까지 지원이 가능할 것 같다. 물론 해당 단지의 TV방송 신호 수신전계 레벨에 따라 가변적이다.

이런 분석 과정을 거쳐 옥상 안테나로 부터 SMATV신호가, 그리고 지역 케이블 방송사의 인입 CATV 방송신호가 모든 세대의 각방 TV인출구에서 적절한 신호 레벨로 제공된다.

### 5) 구내 TV방송신호의 적정 레벨을 유지해야 하는 이유

이제까지 주로 방송 신호 레벨이 떨어지는 관점에서만 언급했는데, 그렇다고 방송신호 레벨이 너무 높아도 바람직하지 않다.

방송신호 레벨이 규격치 보다 높으면 증폭기가 비선형 영역에서 동작되어 고조파가 발생하고, 결과적으로 방송채널 내에서 또는 방송채널간에 Inter-modulation이나 Cross-modulation이 발생하여 영상 품질을 떨어뜨리기 때문이다. 링크 버짓의 정의는 다음과 같다.

"Link Budget = 송신기 출력레벨 - 수신기 임계 레벨(Receiver Sensitivity) - Margin"

위에서 마진이 필요한 이유는 신호 레벨의 변동, 예를 들어 무선 구간의 페이딩 등으로 인한 신호 레벨 변동을 고려하기 위함이다.

아파트 단지내에서 어떤 정보통신 설비가 잘 동작되지 않을 경우, 송신기와 수신기간 링크상에서 경로 손실이 링크 버지트을 초과하지 않게 잘 설계했는지 확인해볼 필요가 있다.

**참고** [감리현장실무: #SMATV공청안테나 ~ 헤드엔드구간 Link Budget분석사례] 2021년 10월 10일

**권고 사항!**

옥상 공동수신안테나~방재실 헤드엔드 구간이 150m를 초과하는 경우, 링크버짓 관점에서 어떤 전송매체와 전송방식으로 충족하는지 확인해보기 바란다.

07절

# EMI 실전 엔지니어링

Copper 통신케이블은 전통적으로 전력선 등 외부의 간섭원으로부터 전자기적 간섭인 EMI 피해를 받아왔다.

Outside 분야에서는 Copper케이블이 광케이블로 대체됨으로써 EMI문제가 거의 사라졌으나, 건물 구내에서는 여전히 End User까지 연결하는데 비차폐 Copper 케이블인 UTP케이블을 사용함으로써 여전히 EMI 문제가 남아 있다.

건물 구내에서 발생하는 구내케이블 EMI 발생 상황과 방지대책에 관해서 알아본다.

## 1 전자기적 간섭(EMI) 종류 및 특성

### 1) 전자기적 간섭(EMI)

전자기적 간섭은 아래 3개 용어로 요약할 수 있다.

EMI(Electro Magnetic Interference), EMS(Electro Magnetic Susceptibility), EMC(Electro Magnetic Compatibility) 등은 전자파 장해와 관련되는 키워드이다.

- ◆ EMI: 전자파 장해의 가해자(전기)가 방출하는 전자파 레벨을 규제한다.
- ◆ EMS: 전자파 장해의 피해자가 견딜 수 있는 전자파 레벨을 규제한다.
- ◆ EMC: 가해자(전기)와 피해자(무선, Copper 통신)가 협력해서 전자파 장해를 극복하기 위한 규제 절차이다.

전자파 장해를 코로나(COVID 19)에 비유해 본다.

EMI 규제는 가해자가 될 수 있는 감염자가 마스크를 착용하는 것에 비유한다. EMS 규제는 피해자가 될 수 있는 감염되지 않은 사람이 마스크 착용하는 것에 비유한다.

예를 들어 전자파 장해의 피해자가 될 수 있는 통신케이블 중, UTP(Unshielded Twisted Pair) 케이블은 마스크를 쓰지 않은 상태이고, STP(Shielded Twisted Pair) 케이블과 광케이블, 동축케이블은 마스크를 쓴 상태이다.

STP케이블(SF-UTP)의 마스크가 KF 80이라면, 동축케이블과 광케이블 마스크는 KF 100이다. EMC 규제는 감염자(감염이 의심되는 자)와 건강한 사람 모두가 마스크를 착용하는 것에 비유할 수 있다.

## 2) 구내 케이블 종류별 간섭 특성

옥내 통신케이블은 Outside에서 사용되는 일반 통신케이블에 비해 Sheath가 물리적으로 약하고 전자기적인 간섭, 즉 EMI에도 취약하다. 그래서 EMI를 방지하기 위해 전기케이블과 거리를 두도록 한다.

### 가) UTP / FTP(F-UTP) / STP(SF-UTP)

UTP케이블은 비차폐 케이블이고, STP케이블(SF-UTP)은 차폐 케이블이다. 물론 STP케이블(SF-UTP)이 더 비싸고 110블록이나 인출구 RJ-45 커넥터 성단시 손이 많이 간다.

건축 현장에서 시공자와 감리자가 전기적 간섭 우려가 있는 구간에 UTP 또는 STP케이블(SF-UTP)을 적용할 것인지를 놓고, 의견 충돌이 발생할 수 있다.

현재 아파트 등 건물 내부 End User단의 인터넷 속도가 100 Mbps(Fast Ethernet)에서 1Gbps(Gigabit Ethernet)로 업그레이드 되고 있고, 벌써 일부는 10Gbps로 업그레이드 되고 있으므로 UTP케이블이 STP케이블(SF-UTP)로 전환되어 나가야 할 것이다.

실제로 현장에서 FTP, STP 등 차폐 케이블들이 활발하게 출시되고 있고, 제조사에 따라 명칭도 혼란스러울 정도로 다양하게 출시되고 있다. UTP(Unshielded Twisted Pair)는 비차폐 케이블이다. 오로지 Twisted Pair로만 전기적 간섭을 방지한다.

다음 [그림 6-40]은 UTP케이블 구조를 보여준다.

**그림 6-40 UTP케이블 구조**

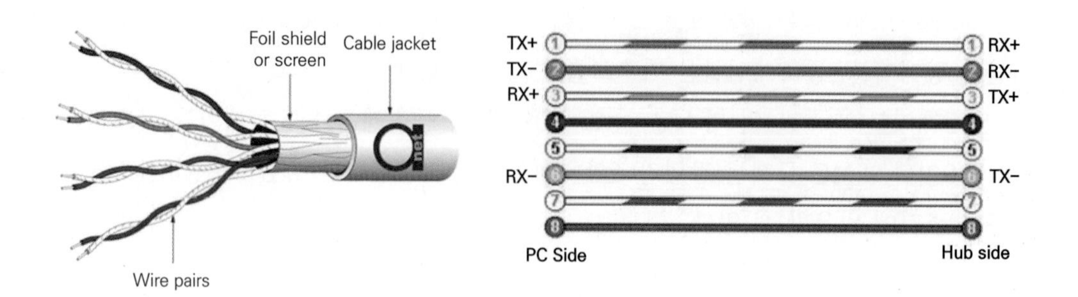


4pair 단위 UTP케이블의 심선 구조는 1, 2번 심선 pair와 3, 6번 심선 pair를 송신과 수신용으로 사용한다. 송신과 수신이 4wire 기반의 Full Duplex 방식이다.

이에 비해 STP(Shielded Twisted Pair)는 차폐 케이블인데, Twisted pair와 외장(Sheath)이 은박으로 2중 차폐된 케이블이다.

FTP(Foiled Twisted Pair) 케이블은 외장만 은박으로 1중 차폐되어 있고 접지선이 포함되어 있는데, 공장 같은 환경에서 사용한다.

STP 케이블이 차폐재로 인해 가격이 올라가고, 외장이 굵어지고, 케이블의 유연성도 줄어들고, RJ-45 커넥터 접속시에도 손이 많이 가므로 시공자들은 STP케이블(SF-UTP) 사용을 선호하지 않는 경향이 있다.

다음 [그림 6-41]은 UTP, FTP, STP케이블(SF-UTP) 구조를 보여준다.

그림 6-41 UTP, FTP, STP(S-STP)케이블 구조

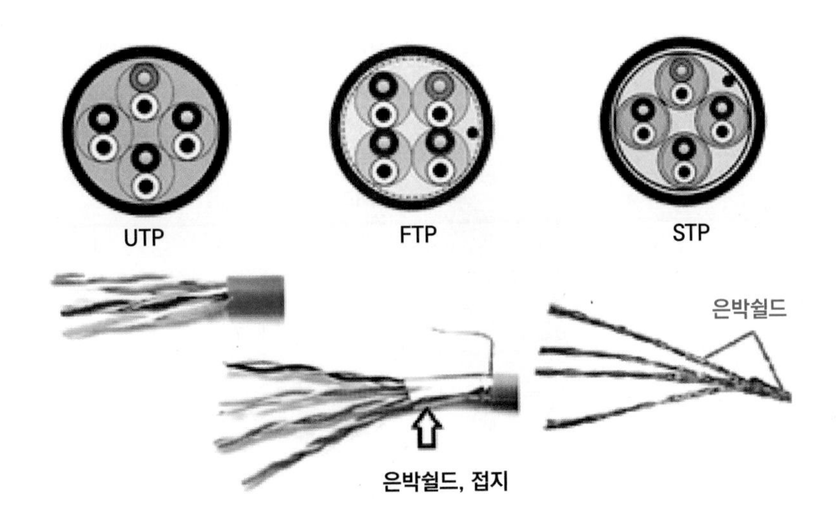


**나) 동축케이블**

아파트 등 건물 구내에는 아직 동축케이블이 사용되고 있다. 유무선 통신사업자들은 오래전에 동축케이블을 퇴출시켰다.

그간 동축케이블은 장거리 대용량 전송매체로서의 주역의 위치를 수십년간 지켜오다가 광케이블에 밀려서 퇴장당했다.

동축케이블 종류는 다음과 같다.

a) HFBT 동축케이블

TV신호 전송용으로는 3중 차폐 동축케이블인 HFBT가 사용되고, 특성 임피던스가 75$\Omega$이다. HFBT 동축 케이블의 사진을 보면, Al 테이프, 편조(석도금선), Al테이프 등 3중 차폐 구조로 되어있다.

다음 [그림 6-42]은 HFBT 동축케이블 구조를 보여준다.

**그림 6-42 HFBT 동축케이블 구조**

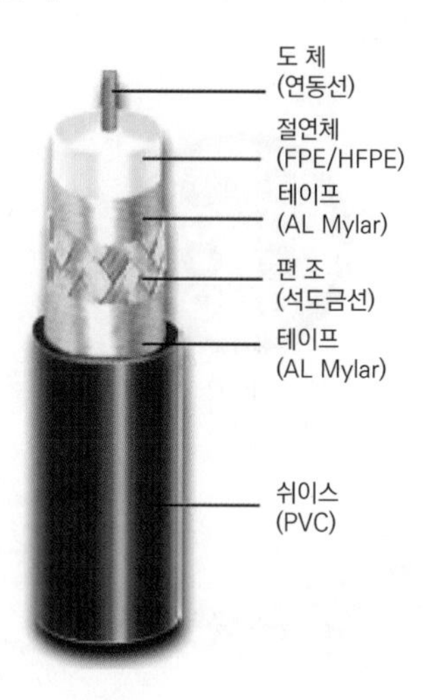


b) ECX, SWT

무선통신보조설비와 이동통신중계기 분야에는 1중 차폐 동축케이블인 ECX 또는 SWT(Smoothing Wall Type) 등이 사용되는데, 특성 임피던스는 50$\Omega$이다.

다음 [그림 6-43]은 ECX동축 케이블 구조를 보여준다.

**그림 6-43 ECX동축 케이블 구조**

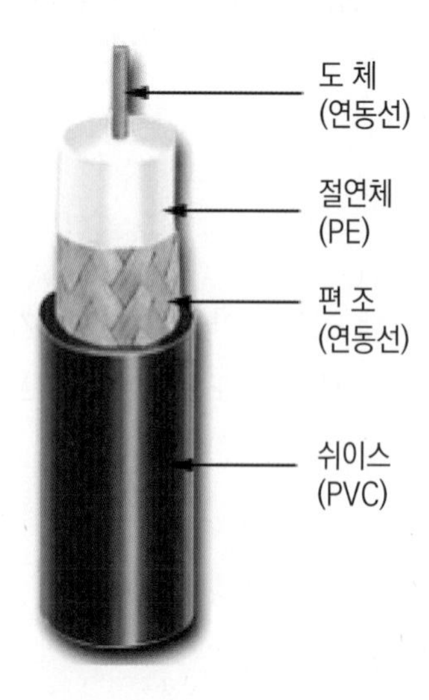

특히 SWT동축케이블은 외부 도체가 Al(알루미늄)이여서 가볍고 유연성이 좋아 지하 천장에 노출로 시공하기가 용이하다.

다음 [그림 6-44]은 SWT 동축케이블 구조를 보여준다.

**그림 6-44 SWT 동축케이블 구조**

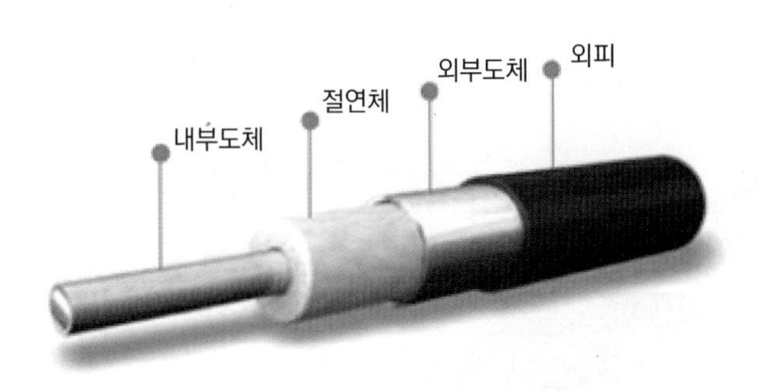


내부 도체를 보면, 외피쪽과 안쪽 재료가 다른 것 같은데, 신호의 주파수가 높을수록 Skin Effect에 의해 신호의 전류가 외피쪽으로 몰려서 흐르기 때문에 외피쪽만 Copper이다.

c) 누설동축 케이블(LCX)

다음 [그림 6-45]는 누설 동축케이블(Leakage Coaxial Cable)이다.

지하층 소방용 무선통신보조설비 구축에 사용되었는데, 외부 도체의 Slot이 안테나 역할을 한다.

**그림 6-45 누설 동축케이블(Leakage Coaxial Cable)**

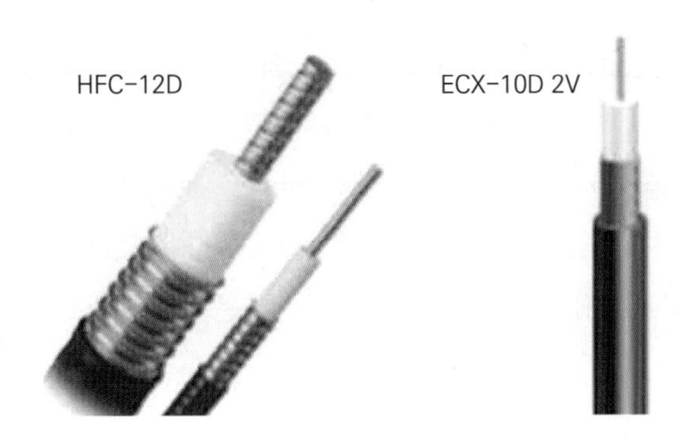

요즘은 지하 공간의 확장으로 안테나방식으로 변경됨으로써 점차 사라지고 있다.

d) RG 동축 케이블

다음 [그림 6-46]은 엘리베이터 내부 영상정보처리기기(CCTV) 돔 카메라를 연결하는데 사용되는 RG(Radio Guide)-58 동축케이블이다.

**그림 6-46 RG(Radio Guide)-58 동축케이블**

RG-58 동축케이블은 내부 도체가 단심(Solid)이 아니고, 여러 가닥으로 구성되는 연심(Strand)이므로, 전송특성은 단심에 비해 20~30% 떨어지지만, 구부림에 강하므로 엘리베이터처럼 움직이는데 사용하면 효과적이다. 외부 차폐 도체도 Al Foil(Wrap) Shielding이 아닌 Al Braided Shielding을 사용하여 구부림에 강하다.

### 다) 광케이블

광케이블의 종류는 MMF(Multi Mode Fiber)와 SMF(Single Mode Fiber)가 있다. 중간에 위치하는 Graded index Fiber도 있었다. 광케이블은 중심부에 위치하는 Core의 굴절율을, Core를 둘러싸고 있는 Clad의 굴절율 보다 더 크게 만들어서 Core 내부의 광신호가 전반사를 일으키면서 전파되게 한다. 다음 [그림 6-47]은 Step index MMF, Graded index MMF, SMF의 광이 전파하는 모양을 보여준다.

**그림 6-47** Step index MMF, Graded index MMF, SMF의 광 전파하는 모양

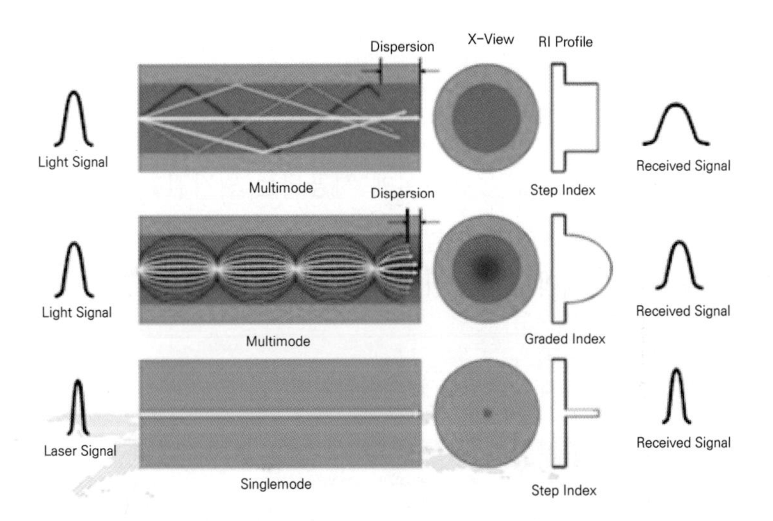


## 3) 실제 구내 운용 환경에서 EMI 고려 사항

### 가) 전관방송 스피커 케이블, 영상정보처리기기(CCTV) UTP케이블

전관방송/비상방송 스피커를 연결하는 HFIX 전기케이블에는 100V정도의 높은 Audio신호가 흐르기 때문에 영상정보처리기기(CCTV)카메라를 연결하는 UTP케이블이 지하층 트레이상에서 인접해서 배선되면 스피커 케이블이 EMI 가해자가 되어 UTP케이블에 피해를 준다.

### 나) RS-485통신 케이블

홈네트워크에서 세대 내부 월패드(세대단말기) 중심의 내부망과 원격검침망은 RS-485통신으로 동작하는데, RS-485통신신호 레벨이 5V정도여서 EMI 가해자가 될 가능성이 있다.

### 다) 기가급 인터넷용 UTP케이블

초고속인터넷 속도가 100Mbps에서 1GbE와 10GbE으로 업그레이드되면, 세대 내부 UTP케이블의 EMI피해 가능성에 신경을 써야 한다.

미국에서는 인터넷 속도가 고속화됨에 따라 UTP케이블을 인출구에 연결하기 위해 외장을 제거하고 Pair 꼬임을 푸는 여장 길이를 제한한다.

#### 라) 원격검침 설비

다음 [그림 6-48]은 지하층 동통신실에 시공되는 원격검침설비인데, 위 부분의 전기계량기와 RS-485통신을 하는 DCU 모뎀이 구석 모서리에 보인다. 전기계량기와 DCU모뎀간에 철제 차폐막을 설치하는 게 바람직하다.

그림 6-48 지하층 동통신실에 시공되는 원격검침설비

#### 마) 노출되는 UTP케이블

건물 구내에서 사용되는 UTP케이블은 대부분 트레이에 배선이 되거나 콘크리트 구조물 속으로 매입된다.

그러나 일부는 노출되어 사용되기도 하는데, 그럴 경우에는 STP케이블(SF-UTP)로 시공하는 것이 바람직하다. 그 사례로 주차관제설비와 경비실을 연결하는데 광케이블이나 STP케이블(SF-UTP)을 사용하는 것을 들 수 있다.

## 2 전자기파 간섭(EMI) 방지 대책

### 1) 구내 케이블 EMI방지 대책

구내에서 EMS 피해 대상에게 적용할 수 있는 EMI방지대책을 리스트업 한다.

#### 가) 이격 거리

가장 기본적인 EMI방지대책은 EMI발생원으로부터 EMS 피해대상의 물리적인 거리를 떨어뜨려 도달하는 EMI세기를 약화시키는 것이다.

"접지설비·구내통신설비·선로설비 및 통신공동구 등에 대한 기술기준" 제23조(옥내통신선 이격 거리)에 따르면 구내통신케이블과 전력선간에 전압이 300V 미만이면 이격거리를 6cm 이상, 300V를 초과하면 15cm 이상 떨어뜨리게 규정하고 있다.

#### 나) 차폐 케이블

Copper 케이블 Sheath와 심선 pair를 차폐 물질로 감아서 제조하는 방법으로 EMI를 차단한다.

Al Foil이나 Al Braid(편조)형태의 재료를 차폐물질로 사용한다.

다음 〈표 6-3〉는 UTP케이블의 EMI방지대책으로 Sheath와 Pair에 적용한 차폐물질을 보여준다.

표 6-3 **UTP케이블 Sheath와 Pair에 적용한 차폐 물질**

| 명칭 | ISO/IEC 11801 표준 | 전체(Cable) | 페어(Pair) |
|---|---|---|---|
| UTP, TP | U/UTP | 없음 | 없음 |
| STP, ScTP, PiMF | U/FTP | 없음 | 알루미늄(Foil) |
| FTP, STP, ScTP | F/UTP | 알루미늄(Foil) | 없음 |
| STP, ScTP | S/UTP | 편조(Braiding) | 없음 |
| SFTP, S-FTP, STP | SF/UTP | 편조+알루미늄 | 없음 |
| FFTP, STP | F/FTP | 알루미늄(Foil) | 알루미늄(Foil) |
| SSTP, SFTP, STP, STP PiMF | S/FTP | 편조(Braiding) | 알루미늄(Foil) |
| SSTP, SFTP, STP | SF/FTP | 편조+알루미늄 | 알루미늄(Foil) |

다음 [그림 6-49]은 UTP케이블의 Category 업그레이드에 따른 RJ-45 프러그의 외양을 보여준다.

그림 6-49 **RJ-45 프러그와 도금한 프러그**

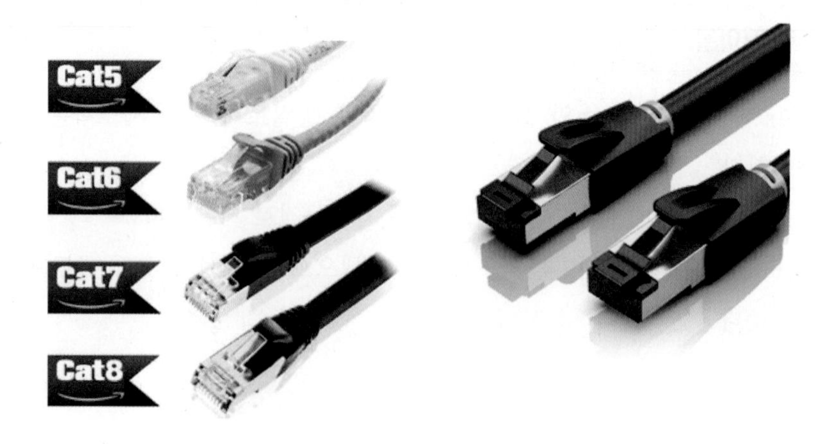

#### 다) 광케이블로 교체

UTP 케이블로 인해 EMI 피해가 염려가 되면, EMI로 부터 자유로운 광케이블로 대체할 수 있다.

#### 라) 차폐층, 차폐판

EMI 발생원으로부터 이격거리를 두는 게 여러가지 이유로 실행하기 어려우면, EMI 발생원과 EMS 피해 대상 사이에 차폐층이나 차폐막을 설치하는 방법으로 EMI 피해를 방지한다.

다음 [그림 6-50]는 지하주차장 천장에 설치하여 UTP 구내통신케이블 과 HFIX 구내 전기케이블을 같이 배선하는데, EMI 방지를 위해 격벽 구조로 되어 있다.

그림 6-50 EMI 방지를 위해 격벽 구조의 몰드바

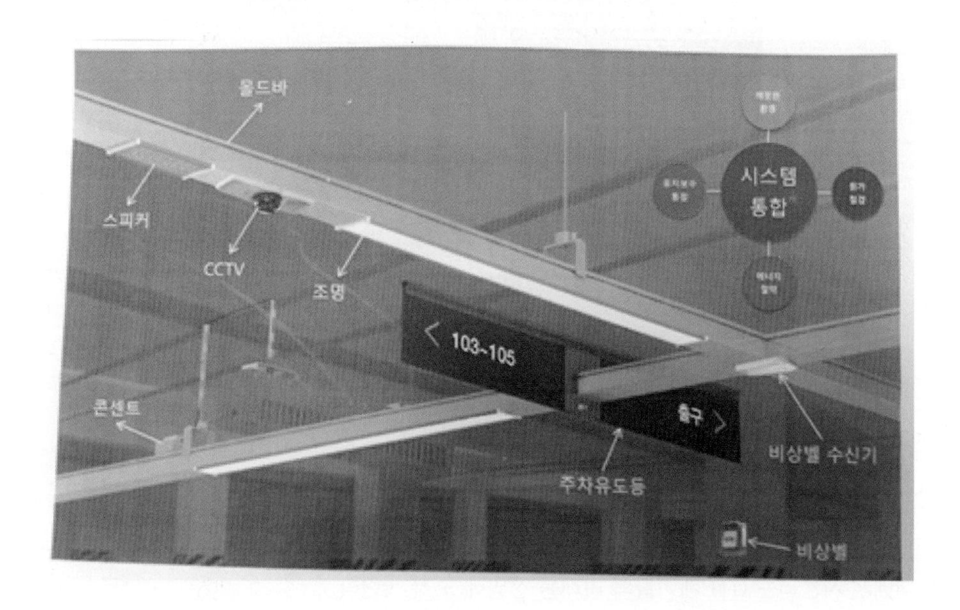

다음 [그림 6-51]은 몰드바의 EMI 방지를 위한 격벽 구조를 보여준다.

그림 6-51 **몰드바의 EMI 방지를 위한 격벽 구조**

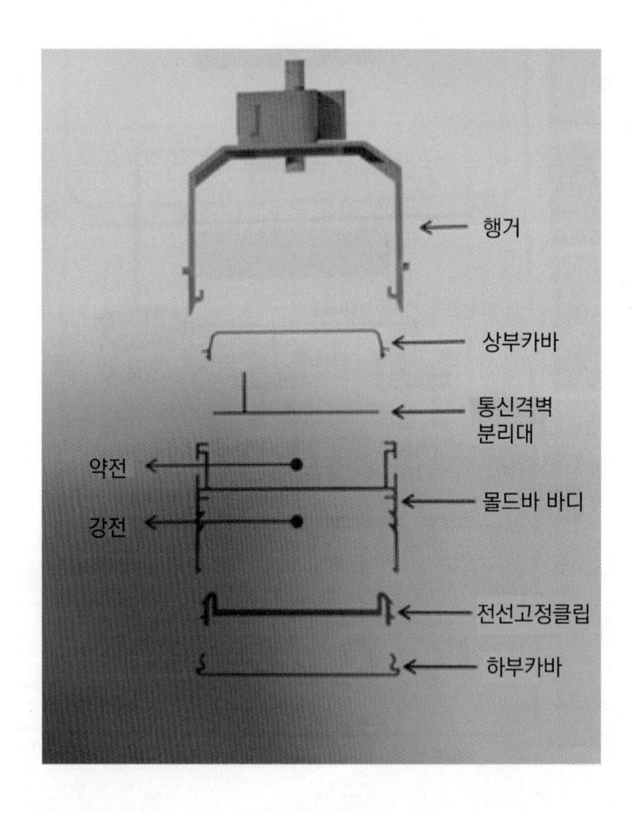


격벽 상부에는 정보통신용 UTP케이블을, 하부에는 전력용 HFIX케이블을 배선한다.

**권고 사항!**

구내에서 사용되는 UTP케이블의 미래를 전망해 보기 바란다.

초고속인터넷 속도가 올라갈수록 UTP케이블의 EMI에 대한 취약함이 노출될 것이다.

참고 [감리현장실무: 구내케이블의 #EMI방지대책] 2021년 6월 30일

# 08절

# 광케이블, UTP케이블, 동축케이블 전송구간 분석

## 1 개요

아파트 설계 도면 검토시, 특히 어린이집, 상가 등 부대 건물의 배관 배선 상태를 점검할 때 UTP케이블과 동축케이블의 포설 거리에 신경을 써야 한다. 특히 단지 규모가 클 경우엔 더욱 신경을 써야 한다.

정보통신 도면에서 사용되는 케이블의 종류는 다음과 같이 3종류이다.

- ◆ UTP케이블
- ◆ 동축케이블
- ◆ 광케이블

UTP케이블은 음성, 저속 데이터 전송용으로, 동축케이블(HFBT)은 TV방송 신호 전송용으로, 광케이블(SMF)은 고속 데이터 전송용으로 사용된다.

## 2 UTP 케이블 전송 구간

아파트 단지내에서 UTP케이블은 유선전화용과 초고속인터넷 데이터용으로 사용된다.

### 가) 유선전화용 UTP케이블 전송구간

유선전화용 UTP케이블은 DC적인 관점에서의 루프 저항과 AC적인 관점에서의 VFB(Voice Frequency Band)에서의 감쇄 저항을 설계기준으로 삼는데, DC루프 저항은 Hook on/off와 같은 DC Signaling에 영향을 미치는데 비해, AC감쇄 저항은 통화 음량에 영향을 미친다.

전통적인 아날로그 전화망의 가입자망 설계시 DC루프 저항은 2000Ω, AC감쇄 저항은 7~8dB을 기준으로 삼았는데, DC루프 저항에 의해 전송거리가 제한을 받았다. 그런데 DC 루프 저항이 2000Ω이 되려면, 케이블 굵기 등에 따라 다르지만, 수 km 거리를 수용할 수 있으므로 아파트 단지의 경우 전송거리에 제한을 받지 않는다.

### 나) 인터넷 데이터 전송용 UTP케이블 구간

데이터 전송용으로 사용되는 UTP케이블은 LAN으로 구성되어 사용되는데, 인터넷 전화(VoIP)의 경우에도 인터넷 데이터로 간주한다.

대부분 경우 End Point의 속도가 FE(Fast Ethernet), 즉 100Mbps속도의 신호를 전송한다. 요즘은 1Gbps속도로 업그레이드되고 있고, 일부 가입자는 10Gbps까지 사용한다. 그런데 UTP케이블 구간에서 FE(100Mbps)신호를 전송하는 경우, 최대 전송거리를 100m(330feet)로 잡는다.

### 다) FE(100Mbps)의 매체별 전송거리

- UTP Cat5e케이블은 최대 전송거리는 100m(여장 고려 96m)
- 광케이블 MMF: 최대 전송거리는 2Km

### 라) 1G$_b$E(1Gbps)의 매체별 전송거리

- UTP Cat5e케이블의 최대 전송거리는 25m
- UTP Cat6케이블의 최대 전송거리는 100m
- 광케이블 MMF(2코어)는 최대 전송거리는 550m
- 광케이블 SMF(2코어)은 최대 전송거리는 2Km

#### 마) 10$G_b$E(10Gbps)의 매체별 전송거리

◆ UTP Cat 6a, S-STP Cat 7의 최대전송거리는 100m

◆ 광케이블 MMF 최대전송거리는 100m

◆ 광케이블 SMF 최대전송거리는 10Km

위의 매체별 최대전송구간은 자료마다 약간씩 상이한 것 같다.

FE(100Mbps) 신호를 UTP케이블로 전송하는 경우, 설계 도면상에서는 케이블 여장 등을 고려하여 90m(정확하게는 양측 여장 2m 고려하면 96m)로 제한한다. 설계 도면상에 이 거리를 초과하는 구간에 UTP Cat5e 케이블로 설계되어 있다면, 도면 검토 단계에서 변경시켜야 한다. 그러면 어떻게 변경시켜야 할까?

◆ 가장 간단한 방법은 UTP케이블을 광케이블로 교체하는 것이다. 광케이블(SMF)은 100Mbps신호를 2Km까지 전송할 수 있다.

◆ UTP케이블 구간을 나누어 중간에 허브(L2 스위치)를 사용한다. 참고로 스위칭 허브는 L2스위치이고, 더미 허브는 L1 디바이스이다. 원래는 LAN 구성 요소 중 전송구간을 확장하는 용도의 중계기(Repeater)가 있었는데, 허브로 인해 용도가 없어서 사라졌다.

◆ UTP케이블 대신에 STP케이블(SF-UTP)을 사용한다.
현장에서 UTP케이블은 100Mbps 신호를 100m까지, STP케이블(SF-UTP)은 150m까지 전송할 수 있다고 본다. 그러나 STP케이블(SF-UTP)로 변경하는 것은 잘 사용하지 않는 방식이다.

## 3 동축 케이블과 광케이블 전송구간 비교

그렇다면 광케이블과 동축케이블의 전송구간을 어떨까?

광케이블은 광손실이 0.3dB/Km인데, 물론 파장대와 SMF/MMF에 따라 다르다.

동축케이블은 손실이 0.3dB/m이다. 물론 주파수대와 굵기에 따라 다르다. 손실거리 단위가 광케이블은 Km이고, 동축케이블은 m인 것에 유의하길 바란다. 그러므로 광케이블은 아무리 큰 아파트 단지라도 전송거리에 제한을 받지 않는다.

이에 비해 동축케이블은 감쇄가 심해서 증폭기 사용을 전제로 한다. 실제 전송거리를 meter 단위로 따져서 정교하게 설계해야 한다.

TPS실에 설치되는 유선전화용 IDF, 초고속인터넷용 FDF, TV증폭기함, 홈네트워크용 L2스위치 등의 층수 커버리지 관점에서 살펴보면, 동축케이블을 사용하는 TV증폭기함이 커버하는 층수가 제일 제한적이다.

예를 들어 IDF와 FDF가 커버하는 층수가 6개층, 9개층으로 확장해도 별 문제가 없으나 TV증폭기함은 3개층을 넘어서기가 어렵다.

방송공동수신설비의 안테나에서 방재실 헤드엔드까지 TV 방송신호를 전송할 때, 바로 밑 옥탑방에서 증폭해서 동축케이블로 전송하는데, 그 전송거리가 100m쯤 되면 동축케이블 HFBT-10C를, 150m쯤 되면 HFBT-12C로 시공한다.

증폭기 이득을 높이면 될 텐데, 동축케이블 직경을 더 굵게 하여 감쇄를 줄이는 이유는 증폭기 이득을 계속 증가시키는 것이 단순하지 않기 때문이다.

## 4 아파트 단지가 넓거나 전송속도 증가 시 고려사항

아파트 단지내 TV분배망은 단지가 작으면 동축케이블로 구축해도 무리가 없지만, 단지 규모가 커지면 증폭기가 여러단으로 사용되어야 하므로 광케이블로 포설하는 것이 효율적일 수 있다.

### 가) 초고속인터넷 전송속도 증가에 따른 UTP케이블 전송거리 축소

단지내에서 동축케이블과는 다르게 UTP케이블과 광케이블은 중계기나 증폭기 사용을 전제로 하질 않는다. 광케이블은 워낙 저손실 특성을 가지므로 전송거리에 신경을 쓰지않아도 되지만, UTP는 전송거리에 신경을 써야 한다.

특히 초고속인터넷이 100Mbps, 1Gbps로 다시 10Gbps로 업그레이드되면 End User단에서 사용되는 UTP케이블은 전송거리에 제한을 받게 된다. 예를 들어 세대 거실 천장에 설치되는 WiFi AP를 유선 초고속인터넷 회선으로 연결하는 백홀용 UTP케이블이 WiFi AP가 1Gbps 속도를 지원하는 IEEE802.11ac(WiFi 5)로부터 10Gbps 속도를 지원하는 IEEE 802.11ax(WiFi 6)로 바뀌면 UTP Cat5e케이블 대신에 UTP Cat6a케이블로 시공해야 최대 속도를 지원할 수 있다.

WiFi AP 백홀을 UTP케이블 대신에 광케이블로 전환시켜 버리면 간단하지만 아직까지 End User단에서 다음과 같은 이유로 UTP케이블이 경쟁력이 있다.

- End User단에서 UTP케이블은 신호전송과 전력 공급을 동시에 할 수 있는 PoE를 적용할 수 있다.
- UTP 케이블은 광케이블에 비해 배선 시공시 접속이 간단하고 저렴하며, 구부림 등에 여유가 있어서 시공이 용이하다.

### 나) TV신호 분배망에 광케이블 적용

광케이블의 경우에도 방재실 헤드엔드에서 각동 구간에서 TV신호 분배망을 동축케이블 대신에 광케이블로 구축하면, 광증폭기(EDFA)를 사용해야 한다. 고가의 1개의 광송신기(OTX)를 공용하기 위해 분기기(Optical Splitter)를 사용하여 여러 동으로 전달하므로 손실이 발생하기 때문이다.

### 다) 데이터 속도 증가에 따른 UTP케이블 업그레이드

구내 LAN의 End Point에서 전송속도가 1 Giga bit Ethernet 환경으로 업그레이드 되면 UTP/STP케이블(SF-UTP) 전송구간은 UTP Cat 5e의 경우 25m로 줄어든다. 이렇게 되면 UTP케이블 사용 비율은 줄어들 것으로 예상했지만, UTP제조사에서 차폐 기능을 보강한 Cat 6, Cat 6a, Cat 7 등을 개발하여 생존해 나가고 있다.

다음 〈표 6-4〉는 UTP, FTP, STP 케이블의 Category 발전단계를 보여준다.

**표 6-4 UTP, FTP, STP 케이블의 Category 발전단계**

| CATEGORY | TYPE | FREQUENCY BANDWIDTH | APPLICATIONS |
| --- | --- | --- | --- |
| CAT1 | | 0.4MHz | |
| CAT2 | | 4MHz | |
| CAT3 | UTP | 16MHz | 10BASE-T, 100BASE-T4 |
| CAT4 | UTP | 20MHz | Token Ring |
| CAT5 | UTP | 100MHz | 100BASE-TX, 1000BASE-T |
| CAT5e | UTP | 100MHz | 100BASE-TX, 1000BASE-T |
| CAT6 | UTP | 250MHz | 1000BASE-T |
| CAT6e | | 250MHz | |

| CAT6a | | 500MHz | 10GBASE-T |
|---|---|---|---|
| CAT7 | S/STP | 600MHz | 10GBASE-T |
| CAT7a | | 1000MHz | 10GBASE-T |
| CAT8 | | 1200MHz | |

**권고 사항!**

아파트 구내 TV분배망에 사용되는 광케이블 전송방식은 "아날로그" 전송이라는데 주목해야 한다. 전통적인 통신 엔지니어들은 이 아날로그 광전송방식이 거의 사용되지 않으니까 생소하다. 일반적인 Outdoor 장거리 구간 광전송은 디지털 전송 방식이다. 아날로그 광전송방식은 단거리 구간에선 그런대로 쓸만한 전송품질을 저렴하게 제공한다. 광전 변환소자인 광수신기(ONU)가 수만원 정도로 저렴하다.

디지털 광전송방식과 아날로그 광전송방식을 비교해보길 바란다.

참고 [감리현장실무: #건축정보통신용_광케이블 UTP케이블 동축케이블 전송구간 점검] 2021년 10월 13일

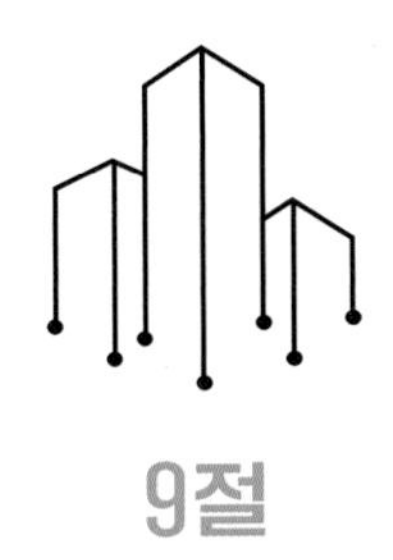

# 9절

# 스마트 감리를 위한 시공단계에서 핵심 길목 붙잡기

건축 분야에서 정보통신 감리의 위상에 걸맞는 역할을 확보하기 위해서는 시공사에 수동적으로 끌려가는 감리업무 수행 방식으로부터 벗어나야 한다.

## 1 기존 정보통신 감리업무 수행 방식

건축 현장에서 정보통신 감리업무를 수행하는 과정을 리뷰해보면, 대부분 시공사 주도로 진행된다. 시공단계에서 감리업무를 수행하는 과정을 리뷰해보면, 대부분 시공사 주도로 끌려가는 것이 일반적이다.

시공단계에서 감리업무의 시작이 시공사로부터 다음과 같은 서류로 트리거 되는 것을 보면 이해가 될 것이다.

- ◆ 주요 자재 승인 요청서
- ◆ 주요 자재 검수 요청서
- ◆ 검측요청서
- ◆ 시공상세도 승인 요청서
- ◆ 설계변경 승인 요청서
- ◆ 기성검사 요청서

감리업무의 시작을 시공사가 트리거하기 때문에 감리단의 업무수행 형태가 수동적이 된다. 그렇다면 감리단이 능동적으로 시공사를 모니터링하고 시공 과정에서 감리업무를 주도적으로 추진해 나가려면 어떻게 해야 할까?

시공 과정을 나무를 보는 것처럼 공종, 시공단계별로 분리해서 개별적으로 바라보는 것도 필요하지만, 숲을 보는 것처럼 전체 공종을 전체 공기 사이클에서 보면서 중요하고 의미 있는 포인트를 찾아야 한다.

아파트 건설현장에서 정보통신감리자가 시공과정을 감리하는 과정에서 핵심적인 요점, 즉 길목을 파악해서, 그 포인트에서 선도적으로 능동적으로 감리업무를 주도해야 한다.

시공사에서 알아서 제출하는 서류에 그냥 따라가는 감리업무 수행방식은 수동적이 될 수 밖에 없는데 비해 감리단에서 앞서서 챙기면 능동적이고 창의적인 감리업무 수행방식으로 전환된다.

4차 산업혁명으로 인해 건축물이 지능을 갖고서 상황을 인지하여 거주자들이나 근무자들에게 쾌적한 거주 또는 근무공간을 만들어주는 스마트홈, 스마트빌딩으로 발전시켜 나가는 주역이 정보통신기술이므로 정보통신감리원들의 감리업무 수행방식을 스마트 감리로 혁신시켜 나가야 한다.

## 2 스마트 정보통신감리업무

건축현장에서 정보통신 공사비는 전체 공사비 중 5% 정도 차지하지만, 중요도는 훨씬 더 비중이 크다. 그 이유는 4차 산업혁명기술이 건축 분야에 접목되므로써 스마트 건물, IoT건물로 발전해 나가기 때문이다.

아파트의 경우, 아파트 가격을 올리기 위한 방안으로 내외장재 고급화, 조경 공사비 증액 등을 주로 사용하고 있는데, 아파트 부가가치를 올리기 위해서는 콘크리트 골조 덩어리에 4차 산업혁명 핵심기술인 AI, IoT, Cloud, Big data, Mobile, Security 등을 적용하여 Brain이 작동하는 스마트 건물, IoT건물로 변신시켜 나가는게 효율적이다.

건축 감리 현장에서 정보통신 감리원이 이제까지 수동적인 감리에서 벗어나 스마트 정보통신 감리업무를 수행할 수 있도록 감리업무를 혁신시켜 나가야 한다.

정보통신 감리업무가 스마트하게 변화되어 나가야 건축현장에서 정보통신감리원의 존재감이 강화되고, 스마트 건축 현장에서 위상에 걸맞는 주역의 위치를 차지할 수 있다.

## 3 시공단계에서 스마트 감리를 위한 핵심 길목 붙잡기 착안 사항

스마트 정보통신 감리업무를 수행하기 위한 핵심 길목 붙잡기를 위해서는 다음과 같은 착안사항을 파악하여 업무를 수행해야 한다.

감리단에서 능동적인 감리업무 포인터를 파악하기 위해서는 시공사에서 매일 아침에 감리단으로 제출하는 작업일보, 주간 공정표, 월간공정표 등을 분석하여 파악할 수 있다. 정보통신감리단에서 시공 감리업무를 주도적으로 앞서서 리더하기 위한 주요 공정 포인트로는 다음과 같은 것을 들 수 있다.

### 1) 지하층 트레이 시공상세도 검토 및 승인

건축현장에서 골조가 최종 층수의 반 정도 올라가면, 정보통신 시공업체들은 지하층 정보통신용 트레이 공사를 시작하게 되는데, 이때 검측요청서 제출을 지시하고, 시공상태를 철저하게 점검해야 한다.

최초 트레이 시공 구간의 공사가 마무리되면, 검측하고, 다수의 공구로 이루어져 다수의 공사하도업체 소장이 분할 시공하는 경우에는 최초 검측 시 같이 참여시켜 시공상 차이가 생기지 않도록 시공방법을 통일시켜야 한다.

지하층 트레이는 시간이 경과할수록 지하층 천장에 시공되는 스프링쿨러 소방 설비, 건축 공조설비, 각종 난방 수도 가스 파이프 설비 등과 공간적으로 충돌이 발생하므로 정보통신용 트레이 설비가 비정상적으로 왜곡이 발생하지 않게 관리해야 한다.

### 2) Mock up 세대 사전 검측

건축 현장에서 골조 공사가 전체 층수의 반 이상 올라가면, 아파트 세대내부 공사를 위해 평형별, 타입별로 Mock up세대를 시공하는데, 이때 정보통신감리자들은 관심을 갖고 철저하게 검측해야 한다.

공구가 여러곳으로 분할되어 다수의 시공하도업체가 나누어서 시공하는 경우에는 시공하도업체 현장 소장들을 샘플 시공에 참여시켜 시공이 동일하게 이루어지게 관리해야 한다.

만약 세대 내부 공사에서 시행착오가 발생하면, 수정 개소가 엄청나게 발생하므로 유의해야 하며, 입주 예정자들에게 공개된 모델하우스 세대 내부와 차이가 없는지, 만약 차이가 있다면 원인이 무엇일지 밝혀내어, 준공단계에서 민원이 생겨 준공처리에 지장이 없도록 유의해야 한다.

### 3) 세대단자함 시공상세도 검토 및 승인

세대단자함은 정보통신과 방송케이블이 세대 내부로 인입되는 관문이다. 그러므로 세대 내부 시공이 들어가기 전, 시간적 여유를 갖고서 시공사로 하여금 세대단자함 시공상세도와 세대단자함 샘플 제출을 지시해야 한다.

세대단자함 사이즈, 내부 구성품, 전기콘센트 인출구수, 초고속인터넷 ONU 설치 여유 공간 등을 확인하고, 인입 배관들이 들어오는 인입부분이 혼잡스럽지 않는지를 점검해야 한다.

### 4) 동통신실과 층통신실 샘플 시공 및 검측

동 통신실과 층 통신실의 IDF, FDF를 본격적으로 시공하기 전에, 먼저 한곳을 정하여 샘플 시공을 지시한다. 샘플 시공이 완료되면, 현장의 관련자들을 불러놓고 시공 설명회를 진행함으로서 같은 현장에서 통일된 시공이 이루어지게 할 수 있다.

### 5) 다양한 통신단자함 시공상세도 검토 및 승인

동 통신실과 층 통신실의 물리적 규격, 상면 모양 등이 다르기 때문에 통신단자함도 다양하게 제조되어야 한다.

그러므로 동 통신실과 층 통신실에 설치되는 IDF, FDF, L2 스위치, L2 WG스위치, TV증폭기함 등을 대상으로 함체 사이즈, 배치 Layout 등을 포함하는 시공상세도를 본격적인 시공전에 제출토록 해야 한다.

동통신실과 층 통신실의 장비 함체 규격과 배치 Layout 등을 포함하는 시공상세도 승인 절차 없이 주먹구구식으로 시공하면 혼란스러운 시공이 이루어져 시행착오가 발생될 우려가 있다.

### 6) 단지통신실과 방재실 시공상세도 검토 및 승인

건축 공사현장에서 정보통신설비 공사의 최종 마무리는 단지통신실과 방재실에서 이루어진다. 그러므로 준공 단계로 가까워질수록, 현장 상황을 봐가면서 시공사에게 단지통신실의 MDF와 FDF, 그리고 유선통신사업자와 케이블사업자의 FDF, 각종 장비를 포함하는 Layout 시공상세도를 제출토록 독려해야 한다.

그리고 방재실에 설치되는 단지서버 등 각종 서버, 영상정보처리기기(CCTV) 카메라 모니터, 구내방송설비, 방송공동수신설비, 소방분야의 화재수신반, 엘리베이터 서버, LS서버, SIP서버 등 다양한 서버들을 포함하는 상면 Layout 시공상세도를 제출토록 해서, 건축감리, 기계감리, 전기감리, 소방감리 등을 참여시켜 최종 점검을 실시하는 것이 바람직하다.

위의 사항들은 감리단에서 먼저 지시하지 않으면, 시간 여유를 두고 제출하지 않는 것이 일반적이다. 그러므로 감리단에서 주도적으로, 능동적으로 시공감리업무를 주도해 나가기 위해서는 적절한 타이밍으로 시공사로 관련 서류 제출이나 준비를 하도록 선제적으로 지시해야 한다.

**권고 사항!**

국내 건축 현장은 건설사는 관리만 하고, 실제 공사는 하도급 협력사들이 주로 시공한다. 그러므로 건축현장에서 건설사와 하도급 협력사들은 공정이 지연되지 않게 앞만 보고 나가는 게 일반적이다.

건설사와 하도급 협력사들은 대 감리단 업무를 최소화하려는 경향이 강하다. 그러므로 감리단이 건설사에 이끌려 가는데서 탈피하지 않으면 스마트한 감리업무를 수행하기 어렵게 된다. 감리단에서 주요 공정 포인트에서 앞서서 체크할 사항들을 건설사와 하도급 협력사로 선제적으로, 능동적으로 지시하는게 바람직하다.

**참고** [감리현장실무: #스마트 감리를 위한 핵심 길목 붙잡기(3): 시공단계-2]
2022년 6월 25일

# Chapter 07

# 주요 설비 실전 검사 (검측)

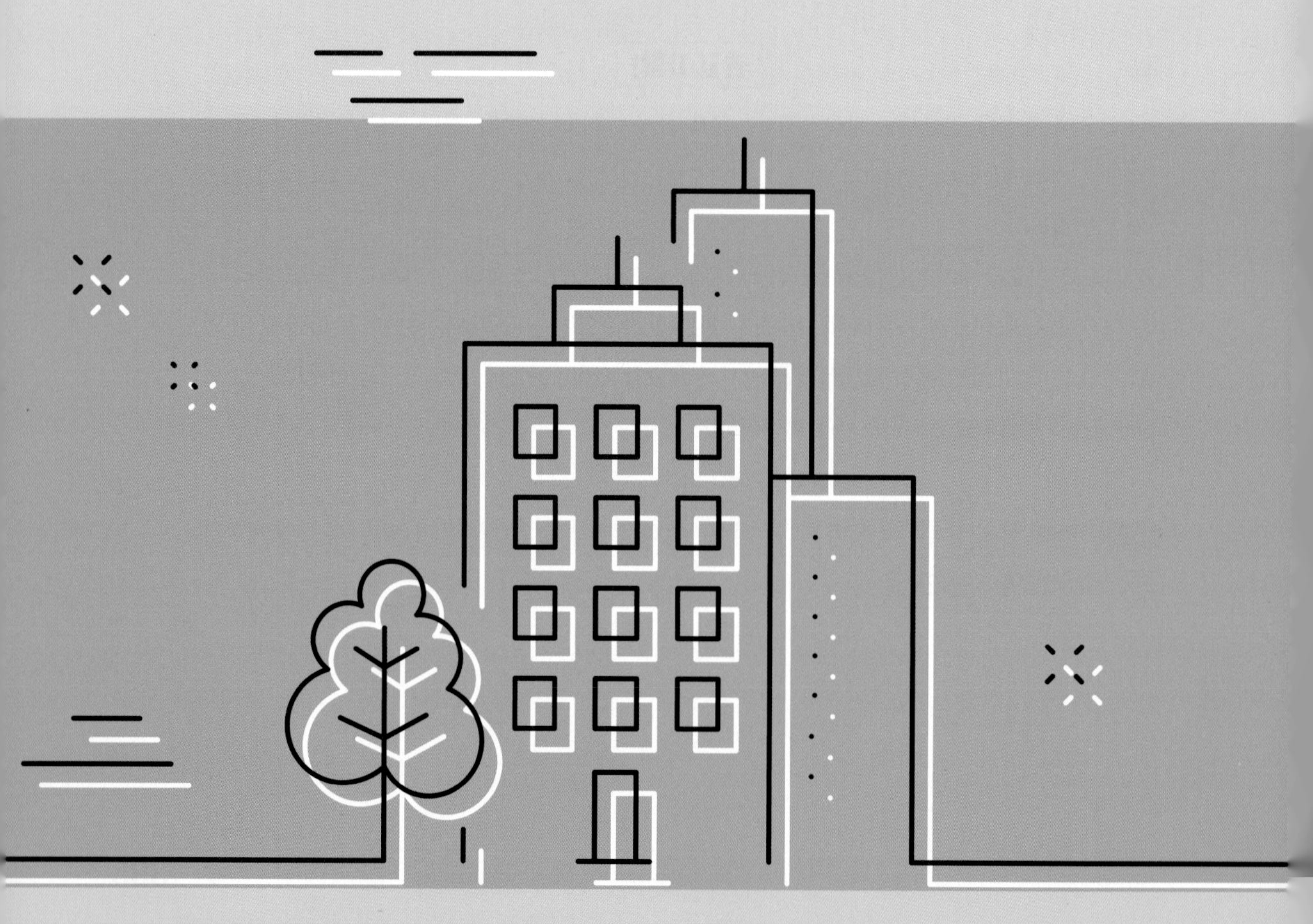

# 01절
# 실전 검사(검측) 노하우

## 1 검사(검측) 업무 개요

건축 현장에서 감리원이 가장 많은 시간을 소비하는 업무가 검측이다. 앞으로 실전 검측 사례를 설명한다. 준공된 후 감리서류를 정리해보면 검측 서류가 가장 분량이 많다. 그런데 검측을 습관적으로, 반복적으로 하다보면, 매너리즘에 빠져 건성으로 하는 경우가 많다. 그렇게 되면 시공자와 감리자 모두에게 의미없는 소모적인 작업이 되고, 감리자의 존재감이 없어진다.

건축, 토목, 전기, 소방 등 분야는 시공경험을 가진 감리자들이 많은데, 이에 비해 정보통신감리자들은 시공 경험이 거의 없기 때문에 현장 시공자 장악력과 존재감이 약하다. 검측 과정을 통해 현장감을 보강해나가야 하는 이유이다.

정보통신감리원의 업무 범위를 고려해보면, 검측은 감리원 업무의 극히 작은 부분임을 이해할 수 있다."정보통신공사업법 시행령" 제8조 2(감리원의 업무 범위)는 다음과 같이 규정한다.

- ◆ 공사계획 및 공정표 검토
- ◆ 공사업자가 작성한 시공상세도면의 검토 확인
- ◆ 설계도서와 시공도면의 내용이 현장조건에 적합한지 여부와 시공 가능성 등에 관한 검토
- ◆ 공사가 설계도서 및 관련 규정에 적합하게 행해지고 있는지에 대한 확인
- ◆ 공사 진척 부분에 대한 조사 및 검사

스페이서를 수직 철근에 끼우고, 알폼(Alform)으로 거프집을 조립해서 그 사이에 콘크리트를 타설하면 철근에서 기둥 외벽까지 두께가 정해진다.

인체의 혈관과 신경에 해당되는 배관은 철근 하부 철근(시다낑)과 상부 철근(우와낑) 사이에 위치시킨다. 배관공들은 철근공들이 사용하는 결속선 핸들러(갈고리)를 이용해서 배관을 철근에 고정시킨다. 콘크리트 타설시 배관 연결 부분이 빠지거나 깨지거나 하지 않도록 커넥터와 커플링 부분을 결속선으로 철근에 묶어 고정시킨다.

콘크리트를 펌프하는 펌프카의 노즐 압력과 바이브레이터의 진동은 생각보다 엄청 강하다. 배관을 단단하게 고정하지 않으면, 콘크리트 타설시 펌프카의 노즐 압력과 바이브레이터의 진동에 의해 커넥터와 카플러 분리, 배관이 이동하거나 찌그러지거나 손상되며, 배관이 노출되어 미관상 좋지않고 콘크리트에서 클랙이 발생할 가능성이 커진다. 특히 박스는 바닥에 단단히 고정시켜 이동하지 않게 해야 한다.

다음 [그림 7-16]은 레미콘 차량과 콘크리트 타설하는 펌프카를 보여주고, [그림 7-17]은 아파트 지하층 바닥 CD배관이 시공된 모습과 지하층 벽체와 기둥에 CD배관이 시공된 모습이다.

**그림 7-16 지하층 바닥 CD배관, 벽체 CD배관**

그림 7-17 **지하층 바닥 CD배관, 벽체 CD배관**

지하층 백체와 기둥은 배관 시공 후 유로폼이나 알폼 등 거푸집으로 덮어 씌운 후, 콘크리트 타설이 이루어진다. 콘크리트 양생 중 콘크리트 무게를 지탱할 수 있도록 다음 [그림 7-18]과 같이 서포터 (동바리)로 받쳐준다.

그림 7-18 **슬라브 타설 후 지지하기 위한 서포터(Supporter)**

아파트 골조공사시 아래 3개층까지 서포터(동바리)를 설치해서 유지해야 하는데, 이것을 일찍 철거해서 붕괴 사고가 발생하기도 한다.

## 4 배관 시공 검측 요령

아파트의 경우 세대부와 공용부, 그리고 지하층과 옥상층으로 구분되는데, 배관은 바닥과 벽체에서 이루어진다. 이중에서 세대 바닥 배관이 제일 복잡하고 검사(검측) 업무 비율도 제일 높다.

세대 바닥 배관을 효율적으로 검측하기 위해서는 기준점으로 세대단자함과 월패드(세대단말기)를 설정하는 게 효율적이다. 세대내 정보통신과 방송용 배관은 세대단자함으로 집중되고, 홈네트워크 배관은 월패드(세대단말기)로 집중되기 때문이다. 세대 벽체 배관도 세대단자함과 월패드(세대단말기)를 중심으로 파악하면 효율적이다.

검측업무 중 제일 많은 것이 세대내 바닥 배관인데, 해당 단지의 모든 평형별, 타입별로 세대 도면을 칼라풀하게 인쇄한 후, 비닐 코팅해서 바인드에 끼워넣어 정리하면, 현장으로 세대 바닥 검측하러 나갈 때, 해당 평형과 타입의 세대도면을 참고로 하면 대단히 편리하다.

그리고 지하층의 경우, 세대내부와 달리 기준점을 잡기 어렵다. 지하층 배관이 어디서 집중되는지를 파악해보면, 엘리베이터와 비상계단, 지하층 출입구 등이 포함되는 아파트 동의 코어 부분에 위치하는 동통신실이다. 그러므로 허허벌판인 지하층 배관 검측할때는 엘리베이터와 비상계단과 지하층 출입구를 기준점으로 잡으면 편리하다.

콘크리트 매입 배관의 시공 상태를 점검하기 위한 체크리스트는 다음과 같다. 시공사가 감리단으로 제출하는 검측 요청서 문서에 체크리스트가 첨부로 붙어있다.

공종별로 체크리스트가 다르다. 검측 체크리스트를 시공사에서 제출하면 감리단에서 확인한 후 시행하는데, 꼼꼼히 검토해서 누락된 항목을 추가할 수 있도록 해야 한다. 절대적인 원칙이 있는 것은 아니고 시공사 마다 약간씩 다르다.

매입배관 검측(검사) 체크리스트 예시는 다음과 같다.

◆ 배관은 직선 배관을 원칙으로 하는가.

◆ 전기, 소방 등 다른 공종과 배관 색상을 구분하여 통일되게 배관하여 입선시 하자 점검을 용이하게 할 수 있게 하는가.

◆ 누수나 결로 방지를 위해 외벽 배관은 지양했는가. 불가피하게 외벽 등 온도차이에 노출되는 배관은 관통부를 배관 충진하거나 배관을 난연고무발포 보온재로 감싸는 조치를 취했는지.

◆ 배관의 굴곡 반경, 굴곡 각도, 각도의 합계는 규정을 만족하는지.

◆ 배관이 집중된 곳에서는 배관 간격을 10~30mm 이상 유지하는가[세대단자함이나 월패드(세대단말기) 처럼 배관이 집중되는 부분에 배관 간격을 띄우는데 신경을 쓰지 않으면, 콘크리트 타설 후 콘크리트 구조물에서 클랙이 발생 가능성이 커진다].

◆ 배관 설치 후 배관속으로 이물질 유입 방지 조치를 취했는가.

◆ 외부에 설치된 배관은 Weather Cover 조치를 했는가.

◆ 배관 크기와 깊이는 적당한가(배관 사이즈가 CD16인 경우, 시공 현장에서 케이블 입선의 용이성과 시공 소요시간 단축을 위해 CD22로 시공하는 경우가 있다).

◆ 콘크리트 타설시 파손, 흔들림의 방지를 감안하여 시공했는가(배관 커플링, 커넥터, 박스 등을 주변 철근에 가는 철사 결속선으로 철저하게 고정시키지 않으면, 콘크리트 타설 압력에 의해 분리, 탈착, 이탈, 위치 변경 등이 발생한다).

◆ 배관을 수평으로 배열하는 경우, 30mm 이상 이격거리를 두고 배관하는가.

◆ 배관을 수직으로 배열하는 경우, 배관꼬임 현상이 발생하지 않게 배관하는가.

◆ 수직 배관 말단에 콘크리트 수분이 침투하지 않게 입구 커버 및 태핑 처리를 견고하게 마감하는가.

◆ 박스는 높이 배열 등 마감을 고려한 적정한 위치에 설치했는가.

◆ 중간 풀 박스 없이 30m 이상 길이의 배관은 없는지(배관 길이가 길면 케이블 입선 작업이 어렵고, 무리한 힘이 가해져 케이블 심선이 손상될 우려가 있다).

◆ 최상층 천장 배관시나 외벽 배관시 보온재로 감싸서 시공했는지(이와 같은 번거로움 때문에 최상층의 경우 천장 배관을 하지 않는 경우도 있다).

◆ 월패드(세대단말기), 세대단자함, 통합 인출구의 설치 높이가 적절한지.

◆ CD34 이상의 굵은 배관을 사용하지 않았는지(지나치게 큰 사이즈 배관을 매입하면, 콘크리트 구조물에서 크랙이 발생할 가능성이 크다).

◆ 실시설계도면상에서 세대 바닥 배관으로 설계되어 있는 것을 천장배관으로 무단으로 시공하지 않았는지 확인한다(현장 배관 시공자들이 천장 배관을 선호하는 이유는 바닥 마감 공사시 배관 훼손이 방지되고, 콘크리트 타설시 박스와 배관이 압력에 조금 밀리더라도 이중 천장속에서 수정할 수 있는 융통성이 있기 때문이다).

검측시 이런 체크리스트를 이해하고 있는 것과, 실행하는 것과는 다르다. 마치 자전거 타기와 수영하기 이론은 알고 있지만 몸으로 반복해서 익히지 않으면 할 수 없는 것과 유사하다.

배관 시공 검측을 나가서 다음과 같은 기본적인 것을 보고도 그냥 지나치는 경우가 많으면, 시공자로부터 초보 감리원으로 대접 받는다. 자전거 타기와 수영하기를 이론으로만 알고 있어서는 자전거를 타지 못하고, 수영을 제대로 하지 못하는 것과 유사하다.

◆ 배관이 급하게 굽혀져 있는 것을 보고도 간과하는 경우
◆ 세대단자함 주변의 배관들이 촘촘히 붙어있는 것을 보고도 그냥 넘어가는 경우
◆ CD 34C 이상 큰 배관을 사용하는 경우가 있어도 그냥 넘어가는 경우(시공사에 따라 상이)
◆ 배관 커플링과 커넥터 부분을 철근에 단단하게 결속선으로 묶지 않는 것을 보고도 그냥 지나치는 경우
◆ 지하층에서 배관이 30m 이상 길게 배관해놓은 것을 보고도 풀박스(Pull Box) 추가를 지시하지 않은 경우 등

검사 체크리스트는 정보통신공사 감리업무 수행기준 (서식 21) 양식 [그림 7-19]를 참조하기 바란다.

그림 7-19 **정보통신공사 감리업무 수행기준**(서식 21)

| 검사 체크리스트(ITC) | | | | |
|---|---|---|---|---|
| 년 월 일( 요일) | | | | |
| 공 사 명 | | | | |
| 공 종 | | | | |
| 위 치 | | | | |

| 검사항목 | 검사 기준 (시방서 또는 도면 등) | 검사 결과 | | 조치사항 |
|---|---|---|---|---|
| | | 공사업자 | 감리원 | |
| | | | | |
| | | | | |
| | | | | |
| | | | | |
| | | | | |
| | | | | |
| | | | | |
| | | | | |
| | | | | |

| 공사업자: (서명) | 검사감리원: (서명) | 책임감리원: (서명) |
|---|---|---|

■ ITC(Inspection & Test Checklist)

※ 적용: 감리대상 공사의 규모, 특성관계로 ITP를 작성하지 않는 정보통신설비 공사감리에 적용합니다.

■ 작성요령

1. '검사결과' 상단은 공사업자 점검직원이, 하단은 감리원이 검사한 결과를 수치(실측치)로 기록하고, '검사기준'도 '검사결과'와 비교될 수 있도록 시방서 또는 도면 등에 있는 수치를 작성합니다.
2. 수치가 없는 검사항목은 시방서 또는 설계도서에 있는 내용과 검사한 내용으로 기재합니다.
3. 매몰부분은 사진을 첨부합니다.
4. '검사항목' 및 '검사기준'은 각 공종별로 감리원과 협의하여 기재합니다.

참고 [감리현장실무: #배관시공검측 요령] 2020년 1월 21일

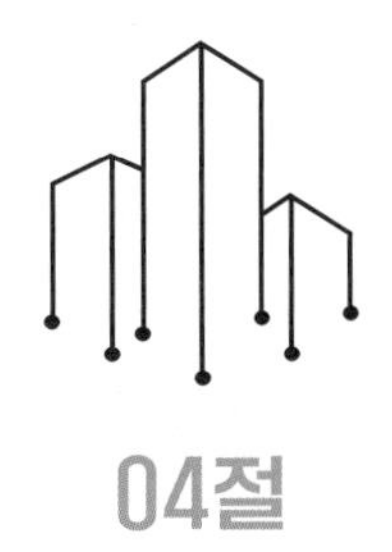

04절

# 케이블 입선 실전 검사(검측)

정보통신 감리 업무 중 검측이 중요한 부분을 차지하고 있지만, 검측의 범위, 구체적인 방법과 절차 등이 체계화되어 있지 않고, 많은 부분이 간과되고 있는 실정이다.

## 1 정보통신 감리 검측 업무의 문제점

정보통신감리 현장에서 검측하기 용이한 부분 위주로 습관적으로 반복적으로 검측하고 있으나(현장에 따라 차이가 있겠지만) 중요한 시공 부분을 검측하지 않고 넘어가는 부분도 많은 것이 현실이다.

예를 들어 아파트 건축현장의 경우, 세대부는 지상 1층부터 최상층까지 반복적으로 시공된 배관을 검측한다. 배관공들도 몇개층 이상으로 올라가면 숙달되어서 거의 완벽하게 시공하게 된다. 그러므로 감리자들도 습관적으로 검측하게 되는 매너리즘에 빠질 수 있다.

그리고 전기, 소방 등 분야의 감리자들은 시공실무 경험을 가진 비율이 높다. 이에 비해 정보통신 감리분야는 시공 실무 경험을 가진 감리원들을 찾아보기 어렵다. 그 결과 정보통신 감리자들은 시공 현장과 실무를 잘 모르기 때문에 검측 대상을 시공자가 검측요청서를 제출하는 것만 수용하고 따라가게 된다.

이런 취약함을 보완하기 위해서는 시공사에서 감리단으로 매일 제출하는 '작업일보'를 주위깊게 살펴보고, 진행 중인 시공작업이 무엇인지를 파악하고, 필요하면 시공 현장에도 자주 나가서 시공상황을 파악하여, 감리자 스스로가 주도적으로 검측 대상을 판단해서 시공자에게 '검측요청서'를 제출하라고 지시해야 한다.

이런 식으로 고려해 나가면 검측해야할 부분이 많다. 콘크리트 속으로 매입되는 배관 검측을 열심히 했는데, 그 이후 이어지는 케이블 입선, 통합 인출구 시공 등까지 검측을 해야 한다.

어떤 초보 감리자가 교육 과정 중 질문하길 "교수님! 케이블은 배관 속에 미리 넣어서 시공합니까?"라는 황당한 질문을 받은 적이 있다. 이 질문을 받는 순간은 이해되지 않았지만, 찬찬히 생각해보니 '시공 현장을 본 적이 없으니 그런 질문 나올 수도 있겠구나'라는 생각이 들었다.

## 2 배관 속 케이블 인입 시공 절차

배관 속으로 UTP케이블, 광케이블, 동축케이블 등을 인입하는데는 다음 [그림 7-20]과 같은 요비선을 사용한다.

그림 7-20 요비선

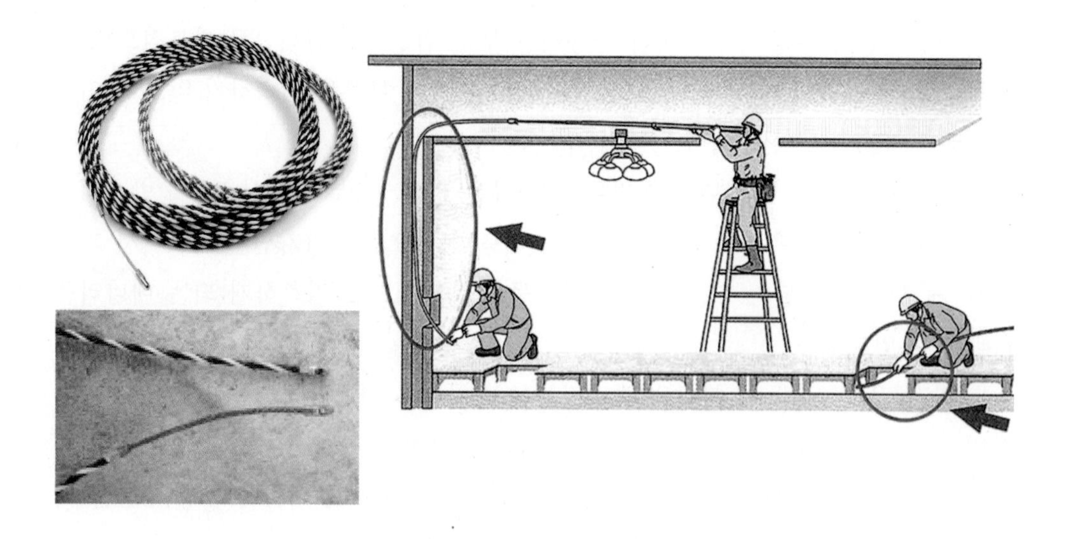

요비선은 배관속으로 케이블을 인입하는데 사용되는 강철선으로 만들어진 연장이다. 어원은 일본어에서 유래했는데, '부르다'라는 의미의 '요부' 명사형인 '요비'에서 근원을 둔다. 영어로는 고기를 낚시로 잡듯이 케이블을 이끌어낸다고 해서 'Fish

Tape'라고 한다.

요비선은 시중에서 30m, 40m, 50m, 100m 길이와 6mm, 7mm 직경의 제품들이 판매된다. 40m, 7mm 요비선 가격이 2만원쯤 한다. 요비선은 황색과 검은색이 섞여있어 어두운 작업 환경에서도 쉽게 식별이 된다.

아파트 세대 내에서 세대단자함과 각방 통합 인출구 사이에서 케이블 인입 작업을 하는 경우, 세대단자함 측의 작업자가 옆에 쌓아놓은 UTP케이블 박스와 동축케이블 박스에서 UTP Cat5e x 2 line(전화용 회색 외장 1line, 데이터용 청색 외장 1line) , TV용 동축 케이블 HFBT 5C x 1core 등 3개 케이블을 요비선 리더파트에 고정시키고, 방 통합 인출구 앞에 대기하는 동료 작업자에게 사인을 주면, 작업자가 서서히 잡아 당기면 케이블이 입선된다.

이런 입선 과정을 알고나면, 다음과 같은 규정을 이해할 수 있다.

- ◆ CD배관 길이 제한(구간 길이가 30m를 넘을 경우 풀박스 추가)
- ◆ CD배관의 굽힘 제한(굽힘 반경이 내경의 6배 이상)
- ◆ 굽힘 개소수 제한(3개, 전체 180도 이내)
- ◆ CD배관 케이블 수용율 제한(32%)

이 기준을 지키지 않으면 케이블 입선 작업시 무리한 힘이 가해져 케이블 절연 파괴 등 손상이 발생할 가능성이 커진다. 그리고 다음 구간에 예비 배관을 고려하는 것이 이해된다.

- ◆ 외부 ~ 단지 통신실(MDF실)
- ◆ 층통신실(TPS실) ~ 세대단자함(선택가능)
- ◆ 세대단자함 ~ 월패드(세대단말기) (홈게이트웨이 통합형 월패드의 경우 불필요)

기존 배관의 수용율이 32%가 되지 않더라도 케이블을 추가 입선하려면, 기존 케이블을 빼내어 다시 입선해야 하므로 추가 입선은 실제적으로 불가능하다.

어떤 현장은 정보통신 배관 공사를 전기 시공 하도업체가 일괄해서 시공하고, 정보통신 시공업체가 입선 작업부터 하는 경우가 많다. 이런 상황에서 입선 작업시 배관이 막혀 입선 작업이 순조롭지 않을 경우, 책임 한계를 놓고 하도업체간 논쟁이 발생하기도 한다. 그 이유는 배관 시공시기와 입선 시공 시기가 시차가 있으므로 그동안 배관속 빗물 유입, 결로 동결, 이물질 투입 등으로 인한 배관 막힘이 생기기 때문이다.

배관 시공 검측 체크리스트에 배관 후 오물인입 방지조치를 확인하는 이유이다.

[그림 7-21]은 배관에 케이블을 입선하는 절차를 보여준다. 배관 속으로 요비선의 입선용 와이어를 삽입하여 밀어서 상대측에 도달하면, 케이블을 요비선 리더파트에 결속하고 사인을 주면, 상대측에서 와이어를 당기면 케이블이 배관 속으로 입선이 이루어진다.

박스내에서 케이블을 타이 케이블로 정리하고 케이블 끝부분으로 수분이 침투하지 않도록 밀폐한 후 케이블을 보양한다.

그림 7-21 **케이블 배관 입선**

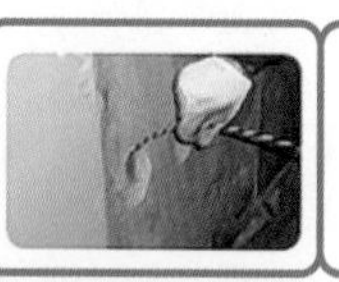

**1. 연락선 입선**
- 각 배관에 입선용 와이어를 삽입한다.
- UTP 케이블 절단면에 이물질이 묻지 않도록 조치한다.

**2. 박스 입선**
- 케이블은 쉽게 당길 수 있는 적당한 여장을 확보하여 입선한다.
- 최대 인장력은 110N(11kgf, 25파운드)를 초과하지 않도록 한다.

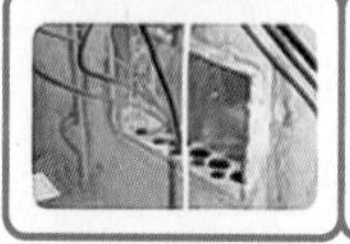

**3. 단자함 입선**
- 케이블은 Voice, 인터넷, 홈네트워크 등을 구분 후 케이블 타이를 이용하여 정리

**4. 정리**
- 케이블 끝단을 테이프 등으로 막아 습기로부터 케이블을 보호한다.
- 정리 후 보양하여 마무리한다.

경량벽체 시공시 통합형 박스 보강대를 스터드에 설치하고, 박스를 제작하여 고정시킨다. 경량벽체 시공 후 박스 개구부가 노출되도록 석고보드를 타공하고 케이블이 오염되지 않도록 보양한다[(그림 7-22) 경량벽체 배관 및 박스 설치 참조].

**그림 7-22 경량벽체 배관 및 박스 설치**

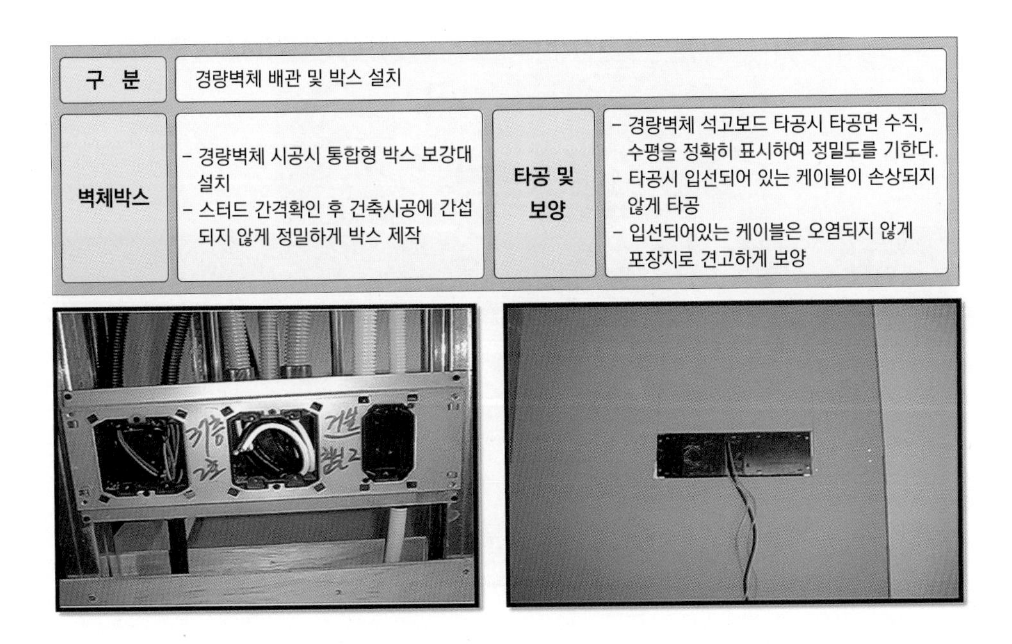

| 구 분 | 경량벽체 배관 및 박스 설치 | | |
|---|---|---|---|
| 벽체박스 | - 경량벽체 시공시 통합형 박스 보강대 설치<br>- 스터드 간격확인 후 건축시공에 간섭되지 않게 정밀하게 박스 제작 | 타공 및 보양 | - 경량벽체 석고보드 타공시 타공면 수직, 수평을 정확히 표시하여 정밀도를 기한다.<br>- 타공시 입선되어 있는 케이블이 손상되지 않게 타공<br>- 입선되어있는 케이블은 오염되지 않게 포장지로 견고하게 보양 |

그 이후 통합 인출구에 RJ-11, RJ-45, TV 수신기구를 부착하고 케이블을 연결하면, 통합 인출구가 완성이 된다. 다음 [그림 7-23]에서 처럼 세대단자함과 각방 통합 인출구간 케이블이 연결된다.

그림 7-23 세대단자함~각방 통합 인출구간 케이블 연결

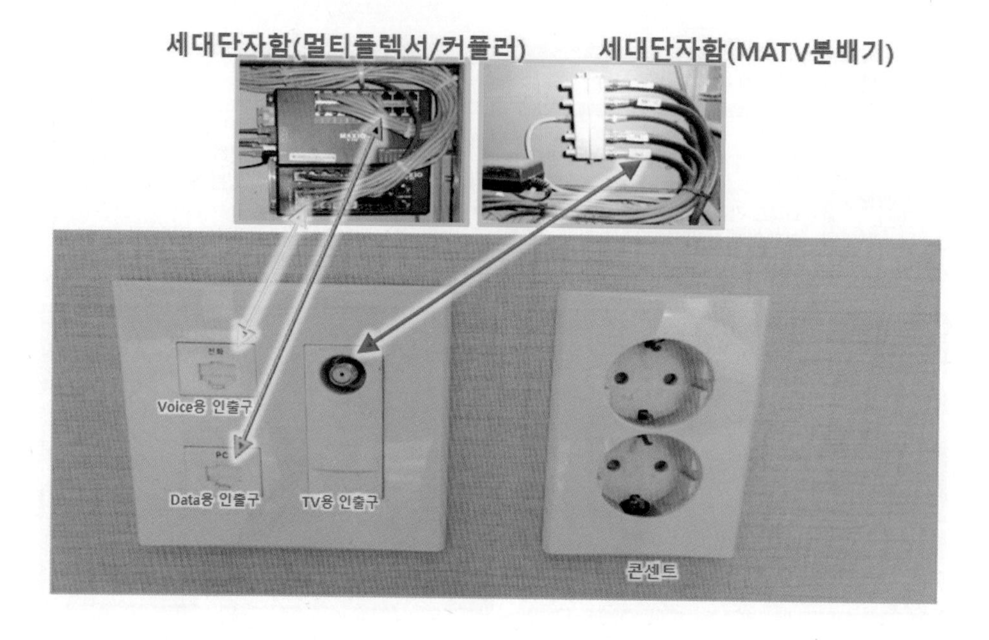


## 3 배관 속 케이블 인입 시공 검측 요령

배관 속 케이블 인입 시공을 검측하는 데는 한계가 있다. 입선 작업이 끝난 상태에서는 배관 속으로 들어간 케이블 상태를 확인할 수 없기 때문이다.

그러므로 입선 작업이 시작되면, 초반 시공 과정에 참여해서 작업 전반을 기준과 지침을 지키면서 시공하는지 확인하는 게 바람직하다. 단, 작업자에게 감독 감시한다는 느낌이 들지 않게 잘 이해시키는 게 좋다.

현장 작업자들은 감리자가 지켜보는걸 아주 부담스러워하기 때문이다. 잘해야 본전이고, 해코지 당한다는 피해의식을 갖고 있다. 그냥 감리자로서 첫 시공단계에서 '시공 지도' 한다고 이해시키면 무난할 것이다.

CD 배관 케이블입선 시공 검측 기본 체크리스트는 다음과 같다. 배관 시공 검측 단계에서 해야 할 항목도 일부 포함되어 있다.

- 박스 및 배관 내 이물질 제거 등 청소 상태는 양호한가.

◆ 박스의 위치, 높이가 도면과 일치하는가.
◆ 케이블의 접속이 배관내에서 이루어진 것은 없는지.
◆ 박스내 케이블은 적당한 여장을 갖는지.
◆ 박스의 쓰이지 않는 구멍은 적정 부품으로 막았는지.
◆ 입선 작업 완료 후 케이블 외장과 심선이 손상되지 않게 적절한 보양 조치를 취하는지.
◆ 입선된 케이블의 끝단을 테이프 등으로 막아 습기로부터 보호 조치를 취하는지.
◆ 배관 단면적의 32% 이내로 케이블을 입선했는지.
◆ 입선 완료 후 케이블 선로 상태를 점검, 측정 기록 유지하는지.
◆ 케이블 입선 시 무리하게 당기지는 않았는지.

참고 [감리현장실무: #배관케이블입선검측 요령 가이드] 2020년 1월 22일

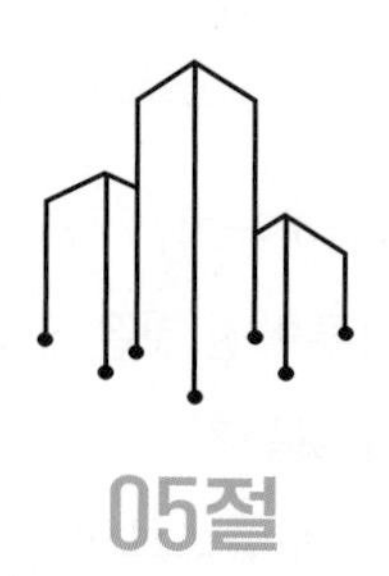

05절

# 트레이 실전 검사(검측)

아파트 단지, 큰 규모의 건물 지하층 천장에는 선반 모양의 철제 구조물인 트레이가 달려있는데, 케이블을 이동시켜주는 하이웨이 역할을 한다.

트레이는 전기용과 정보통신용이 있다. 전기 트레이와 정보통신 트레이는 EMI로 인해 별도로 설치하는데, 지하 층수가 많으면 층을 달리해서 설치할 수도 있고, 같은 층(중간 층)에 수평으로 간격을 두거나, 수직으로 간격을 두어서 이격시켜 설치하기도 한다.

다음 [그림 7-24]는 정보통신용 하이테크 트레이와 전기용 래더 타입 트레이를 보여준다.

그림 7-24 정보통신용 하이테크 트레이와 전기용 래더 타입 트레이

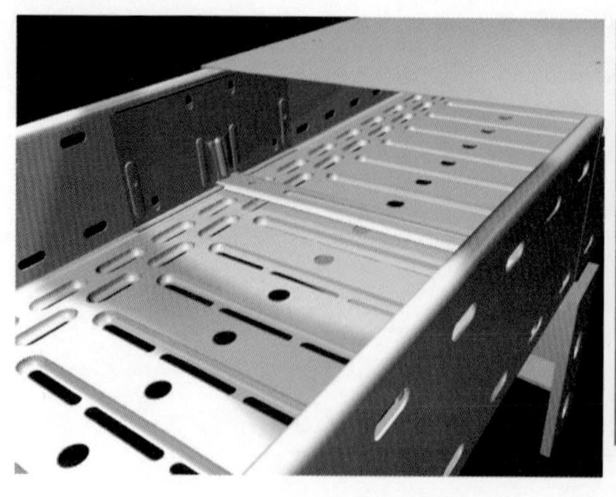

정보통신용 트레이와 전기용 트레이를 동일루트에 설치할 경우 이격 거리는 가해자인 전기가 300V 이하이면 6cm, 300V 이상이면 15cm 이상 떨어지게 해야 한다[(접지설비 · 구내통신설비 · 선로설비 및 통신공동구 등에 대한 기술기준 제23조(옥내통신선 이격거리)].

전기 트레이는 Ladder 타입을, 정보통신용은 Punched 타입을 주로 이용한다. 근래에는 정보통신용 트레이로 경량인 하이테크 트레이를 사용하기도 한다. 트레이는 골조가 어느 정도 올라가면 지하층 천장에 수평 트레이를 시공하고, 골조가 다 올라가면 수직 트레이를 시공한다.

건축 현장의 건설사가 작성해놓은 전체 공정 계획서를 참고하면, 시공 시기를 확인할 수 있다. 지하층 천장에 트레이를 부착할 수 있도록 바로 윗층 바닥에 앵커를 박아 콘크리트를 타설한다. 지하층 수평 트레이는 단지통신실(MDF실)로 모이고, 수직 트레이는 건물 코어 부분, 매층 층통신실(TPS실)을 통과하도록 시공된다.

요즘 아파트 가격이 높은 지역의 재건축 아파트에서 층통신실(TPS실) 공간을 좁게 설계해 IDF, FDF함체를 수직 트레이에 부착 시공하는 경우도 있는데 바람직하지 않다.

그 후 케이블 배관 입선 공사와 더불어 트레이에 케이블을 포설하는 케이블 Pulling을 한다. 특히 수직 트레이상에서 무거운 케이블 풀링은 쉬운 작업이 아니다. 트레이에 포설되는 케이블은 배관을 사용하지 않고 '알'(Bare) 케이블 상태로 포설된다.

그러면 단지통신실(랙형MDF, 랙형 FDF)에서 케이블 성단, TPS실(벽부형IDF, 벽부형 FDF)에서 케이블 성단이 이루어진다. 감리자는 트레이에 포설된 케이블들이 가지런히 정리되었는지, 그리고 MDF, IDF, FDF에서 케이블들이 잘 성단 되었는지 검측을 해야 한다.

## 1 트레이 시공 착안 사항

### 1) 트레이 본딩 점퍼 시공

트레이는 3m 길이 단위로 생산되므로 연결해서 시공한다. 이음매 부분을 다음 [그림 7-25]와 같이 본딩 점퍼로 연결해주어야 접지가 이어진다. 좌우 양쪽 다 본딩 점퍼 처리해야 한다. 한쪽만 하는 경우도 있다. 양쪽인지 한쪽인지에 대한 명확한 기술기준을 찾아보기는 어렵다. 트레이 본딩의 목적은 등전위를 목적으로 하기 때문에 한쪽만 해도 무방할 것으로 보인다.

다만, 설계내역서상에 본딩점퍼의 수량이 적용되어 있다면 참조하면 될 것이다[전기설비 기술기준의 판단기준 제194조(케이블트레이 공사) 제2항 8호(그림 7-25) 트레이본딩 점퍼 참조].

그림 7-25 **트레이 본딩 점퍼**

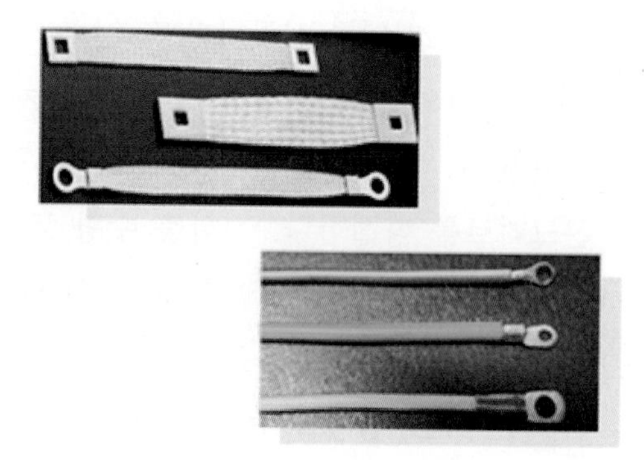

## 2) 내화 충전제(방화폼) 시공

건물 층간에는 건물 코어 부분에 설치된 수직 트레이를 이용해서 케이블을 지하층 수평 트레이로부터 윗층으로 올린다.

수직 트레이는 층간에 빈틈이 있으면 화재 발생시 불이 윗층으로 번지는 통로가 되므로 내화 충전재(방화폼)으로 틈새를 막아야 한다.

다음 [그림 7-26]은 소방 설비 공사 하도업체에서 수직 트레이의 층간 틈새를 내화 충전재로 막아놓은 모습이다.

그림 7-26 **수직 트레이의 층간 틈새 내화 충전재**

통신사와 지역 케이블 방송사들이 늦게 들어와 진입 케이블 공사를 하게 되면, 수직 트레이에서 내화 충전재를 뚫고 케이블을 풀링해야 하고, 다시 원상 회복시켜야 하므로 유선전화, 초고속인터넷, 케이블 방송 서비스를 위한 공사를 적기에 하도록 일정을 관리해야 한다.

### 3) 내진 트레이

소방 분야는 이미 지진 관련의 내진 설계가 도입되어 있는데 비해, 정보통신 분야는 아직 법제화가 되지 않은 상황이다. 다음 [그림 7-27]은 내진 설계가 적용된 트레이 시공 방법인데, 트레이가 상하/좌우 진동에도 트레이가 움직일 수 있도록 고정앵커를 쓰지 않고 내진 행거장치를 사용하고 있다.

그림 7-27 트레이 설비의 내진을 위한 내진행거 장치

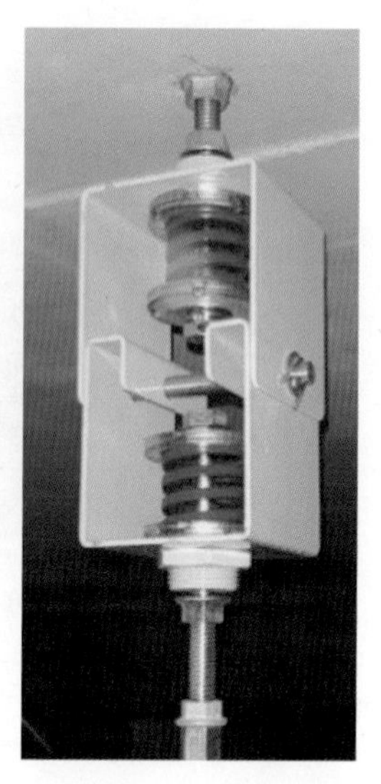

## 4) 트레이 화재 확산 금지 부품

지하층 수평 트레이는 광범위한 지역에 대규모 설치되므로 화재에 취약하다. 트레이상 케이블이 불길의 통로가 되는 것을 차단하기 위한 트레이용 부품이 출시되었지만 아직 보편적으로 사용되지 않는다. 다음 [그림 7-28]은 트레이 상부 화재를 차단하는 부품이다.

그림 7-28 트레이 상부 화재 차단용 부품

### 5) 커버 있는 트레이

다음 [그림 7-29]에서 보는 것처럼 쥐 등 설치류 등으로부터 케이블을 보호 또는 케이블 보안(절단방지)를 위해 커버가 있는 트레이를 사용하기도 한다. 다만, 유지보수, 추가포설 등 매우 불편한 점은 감안해야 한다.

**그림 7-29 커버가 있는 트레이**

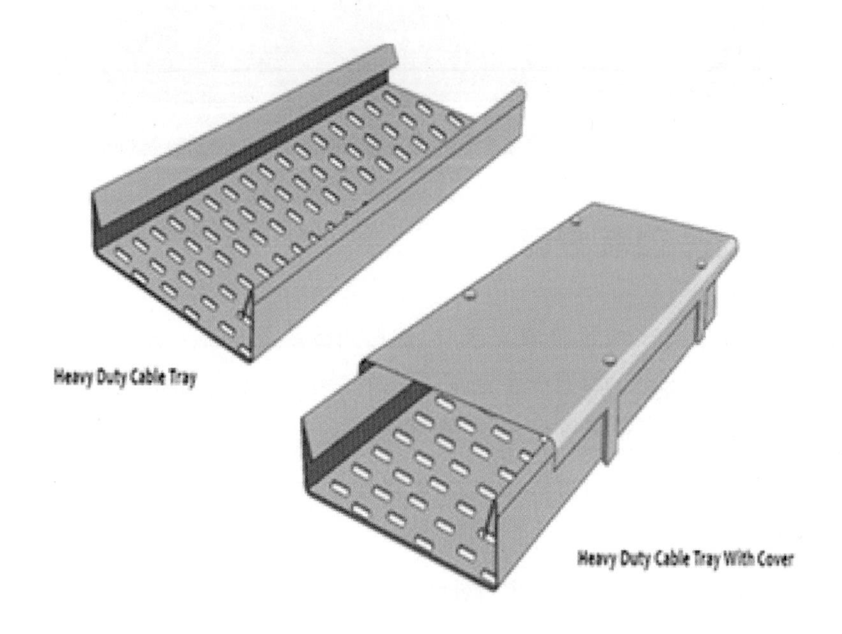


### 6) 메쉬 트레이와 광 덕트

메쉬 트레이는 케이블 풀링 및 유지보수 등 장점이 매우 많다. 다만, 가격이 하이테크 또는 레더 타입보다 비싸다[(그림7-30) 참조].

주로 정보통신실(집중구내통신실) 정보통신랙 상부에 주로 사용한다(광 패치케이블은 덕트트레이를 사용한다).

그림 7-30 메쉬 트레이와 광덕트 트레이

## 2 트레이 시공 검측 요령

지하층 트레이 공사는 작업 조건이 좋지 않다. 지하층 천장에는 공조설비, 냉온수 배관, 소방 배관 등이 노출로 시공되므로 트레이 설치 공간을 놓고 충돌이 발생할 수 있다.

법적 규제가 있는 소방 스프링 쿨러 등에 공간을 양보하다 보면 트레이를 질서정연하게 가지런히 시공하기 어려운 경우도 발생한다. 트레이 시공 검측 체크리스트는 다음과 같다.

- ◆ 케이블 트레이의 지지 간격 및 적합한 지지물 사용했는지.
- ◆ 케이블에 손상 입힐 예리한 부분을 제거했는지.
- ◆ 케이블 트레이 연결부 본딩 점퍼를 시공했는지.
- ◆ 도금 파손부 등에 녹방지 처리했는지.
- ◆ 케이블 트레이 용적의 50% 이내 케이블을 적재했는지.
- ◆ 트레이 변형부에 규정된 부속자재(Reduced, Elbow, Tee 등)를 사용했는지.
- ◆ 케이블 손상 우려가 있는 부분에 보호 커버를 사용했는지.
- ◆ 케이블 하중 고려한 Lung 간격을 적용했는지.
- ◆ 트레이 시공 상태가 수평, 수직으로 질서가 정연한지.
- ◆ 트레이 외부 표면이 미려하게 도장(도금, 분체 도장)되었는지.
- ◆ 트레이 설치구간에 곡선부가 90도 이상 되는 곳이 있는지.

참고 [감리현장실무: #트레이시공검측 요령] 2020년 1월 26일

06절

# 방송공동수신설비 실전 검사(검측)

## 1 검측 실전 훈련 사례

다음 [그림 7-31]은 방송공동수신설비 중 옥상 층의 안테나 설비들이다.

그림 7-31 방송공동수신설비 중 옥상 층의 안테나 설비

[그림 7-31]의 파라볼라 안테나는 콘크리트 타설 (Concrete Pouring)할 때 만들어진 패드위에 시공했고, 지상파 안테나는 바닥위에 무거운 블록에 SUS Pole을 세워서 시공했다. 어떤 현장은 패드를 길게 쳐서 모든 안테나를 패드위에 설치하는 경우도 있다.

지상파 안테나 4기, 위성 파라볼라 안테나 2기이다. 지상파 안테나 시공용 SUS Pole은 2기 인데, 먼쪽 SUS Pole의 가장 높은데는 지상파 TV(Full HD)용 LPDA가 수평편파 방식으로, 바로 아래에는 지상파 DMB용 Yagi안테나가 수직편파 방식으로, 가장 아래에는 FM 라디오용 Yagi 안테나가 수평 편파 방식으로 시공되어 있다.

또 다른 SUS Pole에는 LPDA안테나가 1기만 설치되어 있다. 4K UHD TV용인데, 4K UHD TV송신소 위치가 지상파 TV(Full HD) 송신소와 다를 경우에 사용한다.

**(체크 포인트 1)**

SUS Pole에 단지 1기 LDPA의 용도는 무엇일까? UHD TV용 수신안테나가 필요할까?

**(Ans)**

설계사에서 UHD TV용으로 잘못 설계한 것 같다. LPDA는 광대역특성을 가지므로 별도 안테나는 불필요하고, UHD TV Remodulator만 헤드엔드에 추가되면 된다. 그러나 수도권은 해당되지 않지만 지방의 경우 4K UHD TV송신소 위치가 지상파 TV(Full HD) 송신소가 다를 경우에 필요하다.

**(체크 포인트 2)**

패드위에는 파라볼라 위성 안테나 2기가 시공되어 있다. 어떤 단지에는 4기가 설치되어 있는 곳도 많다. 파라볼라 위성안테나 2기만 설치되어도 문제가 없을까?

**(Ans)**

“방송공동수신설비 설치기준에 관한 고시”에 따르면, 위성방송을 수신할 수 있어야 한다고 규정하고 있으므로 스카이라이프 상업위성방송을 송출하는 KS-6호만 시공되어도 법적으로 문제가 없지만, KS-5호 위성에서 EBS방송을 송출하므로 대입수험생이 있는 세대로부터 민원은 생길 수는 있다.

(체크 포인트 3)

FM라디오용 Yagi 안테나와 지상파 TV용 Yagi 안테나가 지향하는 방향이 다른 것이 비정상적이지 않냐? 이유가 있는 걸까?

(Ans)

일반적으로 FM라디오용 안테나와 지상파TV용 안테나 등 두 안테나 방향이 일치된다. 이 현장의 경우는 관악산과 남산 송신소로 부터 송출되는 수신 출력이 비슷한 것 같다. [그림 7-32]에 다른 두 현장 사례를 보여준다. 지상파 TV안테나와 FM라디오 안테나 방향이 일치하는 게 일반적이다.

그림 7-32 **FM라디오용, 지상파TV용, T-DMB안테나 방향**

(체크 포인트 4)

안테나의 방향을 최적의 지향성을 갖도록 하기 위해 어떤 방법으로 Align해야 할까?

(Ans)

안테나 피더선에 수신기를 연결하고, 안테나를 돌려가면서 가장 높게 수신되는 방향으로 셋팅한다. 파라볼라 안테나는 적도 상공 36000Km 고도의 정지궤도(Geoststionary Orbit)를 바라보고 있다. 우리나라 위도상 파라볼라 안테나의 앙각(Elevation Angle)은 45도이다.

다음 [그림 7-33]은 옥상 패드에 시공된 파라볼라 안테나 KS-5, KS-6호이다. 방재실의 헤드엔드로 연결되는 동축케이블 HFBT가 패드 위로 올라오는 모습이 보인다. 노출 배관 끝부분 기구가 Water Cover 가능이 있다. 국내에서는 지름이 120cm가 되는 파라볼라를 사용한다(AS 또는 NHK 위성안테나는 지름이 180cm 사용).

그림 7-33 옥상 패드에 시공된 파라볼라 안테나 KS-5, KS-6호

다음 [그림 7-34]는 패드 위에 올라온 빈 배관 모습이다. 이 배관 용도는 옥상 이동통신 중계기와 안테나 설치용이다.

그림 7-34 패드 위에 올라온 빈 배관

우천시 빈 배관으로 빗물이 들어가지 않도록 청테이프로 입구를 부분적으로 막아 놓은게 보인다. 특히 외부에 노출되는 빈배관은 Water Cover, Weather Cover로 개구부를 막아놓을 필요가 있다.

다음 [그림 7-35]는 파라볼라 안테나의 접시 반사판 중심부에 위치하는 LNB블록이다.

**그림 7-35 파라볼라 안테나의 반사판 중심부에 위치하는 LNB블록(KS-5)**

LNB는 위성 전파의 높은 주파수를 낮은 IF대로 Shiting down해서 각 세대까지 신호의 분배가 원활토록 한다. 동축케이블 시공시 곡율허용반경을 지켜 급격한 구부림을 발생하지 않게 유의해야 한다.

**(체크 포인트 5)**

LNB에 연결된 동축케이블 시공 모습이 곡률 허용반경을 만족하고 있나?

**(Ans)**

잘 충족하고 있다. 시공시 곡율허용 반경은 동축케이블 직경의 6.5배 이상을 유지해야 한다. 다음 [그림 7-36]은 곡율허용반경을 위반 소지가 있는 동축케이블 시공 모습이다.

**그림 7-36 곡율허용반경을 위반 소지가 있는 동축케이블 시공 모습**

**(체크 포인트 6)**

지상파 안테나 연결용 동축케이블을 SUS Pole 외부로 배선하는게 정상적인가?. 시공 경험이 없으니 이런 질문이 나온다.

**(Ans)**

SUS Pole 외부로 배선을 하는 경우가 있는데, 다음 [그림 7-37]은 외부로 배선한 모습이다. SUS Pole 파이프 내부로 케이블을 넣어 시공하는 게 어려울까? 케이블 보호를 위해서는 파이프 내부로 배선하는 것이 좋다.

그림 7-37 **다른 현장의 SUS Pole 파이프**

**(체크 포인트 7)**

건축용 피뢰침의 보호각 속에 안테나들, 특히 SUS Pole에 시공되어 있는 지상파 안테나들이 들어가는지?

**(Ans)**

"방송공동수신설비 설치기준에 관한 고시"에 안테나 보호용 피뢰침을 1m 이상 이격시켜 시공토록 해야 한다고 규정되어 있으므로 별도로 설치하는 게 맞다.

**(체크 포인트 8)**

건축 보호용 피뢰침을 안테나 보호용으로 사용하는 게 무리가 없을까? "방송공동수신설비 설치기준에 관한 고시"를 위반 하는 건 아닐까?

**(Ans)**

다음 [그림 7-38]은 패드 위에 안테나 보호용 피뢰침을 별도로 설치한 것이 보인다. 이처럼 안테나 보호용 피뢰침을 별도로 설치하는 것이 맞다.

그림 7-38 **패드 위에 안테나 보호용 피뢰침을 별도로 설치**

다음 [그림 7-39]와 같이 돌침 안테나의 보호각은 Critical하게는 45도, 여유있게 잡으면 60도를 적용한다. "방송공동수신설비 설치기준에 관한 고시"에 따르면, 지상파 안테나를 보호하기 위한 전용 피뢰침이 이격거리 1m 이상 유지하도록 하고 있다. Safety Zone 60도 안에 들어오게 시공하게 해야 한다(KS C 9609-피뢰침).

그림 7-39 **돌침 안테나의 보호각**

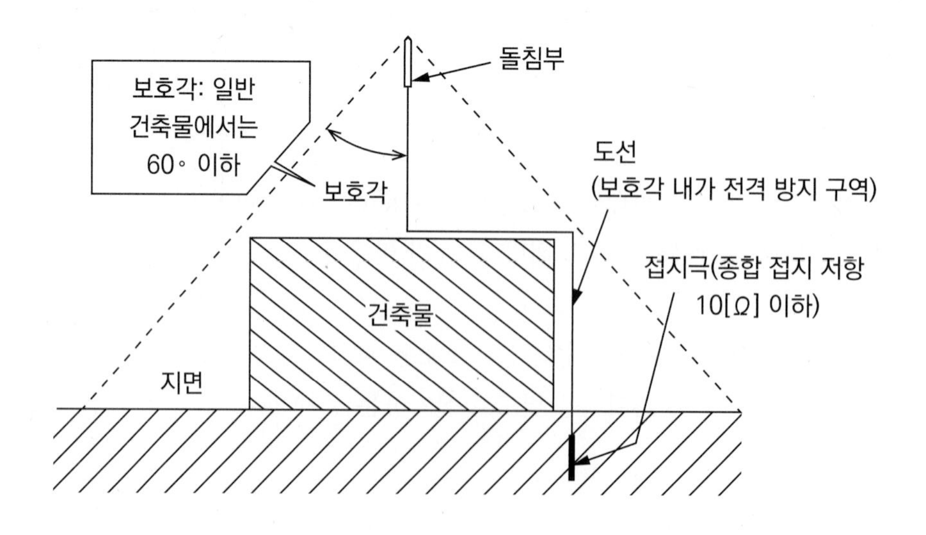

다음 [그림 7-40]은 옥상 안테나 바로 아래층에 위치하는 TV-M증폭기 설비이다. 가장 상단의 5개 원통 구조는 SPD(Surge Protector Device)이다. 초록 외장 케이블은 접지용이다.

"방송공동수신설비 설치기준에 관한 고시"에 따르면 안테나와 TV-M 증폭기 사이에 SPD를 설치하게 되어 있다. 중간 좌측 사각형은 지상파 TV, 지상파 DMB, FM 라디오용 필터이다. 이 필터는 시공사에 따라 설치하지 않는 경우도 있다. 중간 우측 2개의 모서리가 동그란 것은 파라볼라 안테나용라인 증폭기이다.

**그림 7-40 옥상 안테나 바로 아래층에 위치하는 TV-M증폭기 설비**

**(체크 포인트 9)**

위 [그림 7-40]에서 좌측 상단을 보면 전기 콘센트가 4구이다. 그런데 증폭기는 지상파용 3개, 위성용 2개가 있는데, 전기 콘센트 1구가 부족한 걸까? 이유가 무엇일까?

(Ans)

UHDTV용으로 시공해놓은 LPDA안테나는 예비용으로 연결되어 있지 않다. 그리고 위성용 라인 앰프는 헤드엔드로부터 피더 동축케이블을 통해 DC전원을 공급받는다. 현장의 상황마다 조금씩 다를수 있으니 확인과정이 꼭 필요하다.

참고 [감리현장실무: 실전 검측사례 1회 / #방송공동수신설비실전검측]
2020년 5월 22일

07절

# 세대단자함 실전 검사(검측)

## 1 검측 실전 훈련 사례

### 1) 세대단자함 내부

다음 [그림 7-41]은 세대단자함 내부 구조이다.

그림 7-41 세대단자함 내부 구조

세대단자함 규격 사이즈는 400 x 500 x 70mm이다. 세워서 시공할 수도 있고, 눕혀서 시공할 수도 있다. 상단 좌측은 접지형 콘센트 4구이다. 상단 중앙은 광전변환소자(광송수신기) ONU이다. 상단 우측은 FDF이다. 중단 좌측은 Multiplexer 또는 Coupler이다. Multiplexer는 L2스위치(스위칭 허브)를 포함한다. 청색 UTP케이블은 인터넷 데이터용이고, 흰색 UTP케이블은 음성전화용이다. 청색 외장 UTP케이블은 거실과 각 침실 데이터 인출구까지 연장된다. 흰색 UTP케이블도 거실과 각 침실의 전화 인출구까지 연장된다.

**(체크 포인트 1)**

전기 콘센트에 3개 플러그가 꽂혀있는데, 어떤 용도일까?

**(Ans)**

- ◆ 거실 천장 WiFi AP의 PoE로 Power Injector
- ◆ 월패드(세대단말기)의 Gateway
- ◆ SMATV용 광전변환장치 ONU

**(체크 포인트 2)**

ONU가 있다는 건 무엇을 의미하는 걸까?

**(Ans)**

방재실 헤드엔드의 SMATV신호를 정보통신설비용 광케이블, 헤드엔드~층통신실(TPS실) 8코어 중 1코어, TPS실~세대단자함 4코어(특등급) 중 1코어를 이용한다.

다음 [그림 7-42]는 동통신실의 TV증폭기함이다. 증폭기가 보이는데, CATV용만 설치되어있다. SMATV신호는 광케이블로 전송하므로 증폭기가 불필요하고, 그 대신에 광분배기(Optical Splitter)가 필요하다.

그림 7-42 **동통신실의 TV증폭기함**

다음 [그림 7-43]은 SMATV/CATV신호 분배에 광케이블을 사용하지 않는 현장 동통신실의 TV증폭기함이다. 상단의 3개는 SMATV용 증폭기이고, 하단의 3개는 CATV용 증폭기이다. 하단에 검은색 동축케이블이 연결된 분기기와 분배기는 SMATV용이고, 흰색 동축케이블이 연결된 분기기와 분배기는 CATV용이다. 이 현장은 SMATV신호에 한해 방재실 헤드엔드에서 동통신실 구간에서만 광케이블을 사용했다.

하단 중앙에 광전변환소자인 ONU가 보이는데, 상단으로 노란 외장의 광케이블이 연결되고, 하단으로 검은 외장의 동축케이블이 연결된다.

그림 7-43 광케이블을 사용하지 않는 현장 동통신실의 TV증폭기함

**(체크 포인트 3)**

월패드(세대단말기) 연결기기 배선을 세대단자함내에 포함시키면 어떤 문제점이 있을까?

**(Ans)**

월패드(세대단말기) 게이트웨이 내장형과 월패드(세대단말기) 게이트웨이 분리형이 있는데, 홈게이트웨이 내장형이 일반적이다. 이 현장은 게이트웨이 분리형이다. 게이트웨이 분리형인 경우, 세대단자함으로 들어오는 배관이 증가하므로써 세대단자함에서 배관 혼잡(Congestion)이 발생하는 단점이 있다.

**(체크 포인트 4)**

거실 TV인출구에 케이블 신호가 공급되게 하려면 어떻게 해야 할까?

(Ans)

SMATV/CATV는 세대단자함까지는 완전하게 분리 이원화되어 있다. 그러나 세대단자함에서 거실과 모든 침실까지는 동축케이블 HFBT 5C x 1코어만 배선되어 있다. 그러므로 세대단자함내에서 선택하는 연결 작업이 이루어져야 하는데, 거실과 침실로 인출구로 연결되는 HFBT 5C x 1c동축케이블이 세대단자함내 SMATV분배기와 CATV분배기 중 어느 단자에 연결되는지에 따라 결정된다.

**그림 7-44 세대단자함 내부 거실 천장 와이파이용 PoE**

(체크 포인트 5)

거실 천장에 WiFi AP에 설치되어 있는데, PoE방식으로 어떻게 전원을 어떻게 피딩할까?

(Ans)

위 [그림 7-44]에 PoE가 보이는데, 여기에 Power Injector가 포함되어 있다. UTP Cat5e x 4 pair 중 사용되지 않는 여분의 Pair에 AC Adaptor의 DC전원을 피딩하면, 천장 WiFi AP내부 Power Splitter에 의해 분리되어 동작 전원으로 사용된다.

다음 [그림 7-45]는 거실 천장 WiFi AP와 스피커이다. 왼쪽 스피커 모양이 독특하다. 처음엔 거실 스피커를 찾는데 애를 먹었다.

그림 7-45 **거실 천장 WiFi AP와 스피커(1W)**

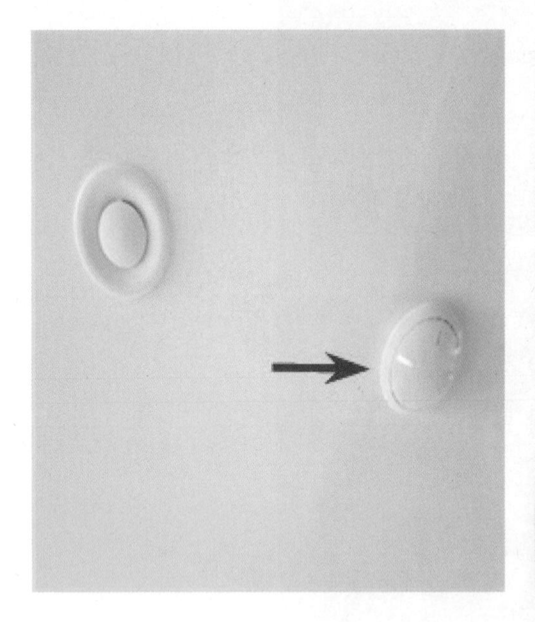

WiFi 규격은 IEEE802.11 ac(WiFi 5) 이상이다. 요즘은 WiFi 6(IEEE 802.11 ax)를 시공하기도 한다.

다음 [그림 7-46]은 거실 창측쪽 천장에 설치된 동체 감지기이다. 동체 감지기는 최상층, 지상 1, 2 층세대만 선별적으로 설치된다.

그림 7-46 **창측쪽 천장에 설치된 동체감지기 및 벽부 동체감지기(옥상층 등)**

다음 [그림 7-47]은 거실 천장에 설치된 차동식/연기식 겸용 화재 감지기이다. 차동식은 단위 시간당 온도 상승율이 기준 이상이면 발령하고, 연기식은 연기 농도가 기준 이상이면 발령한다.

다음 [그림 7-47]의 감지기의 붉은 커버는 어떤 용도일까? 공사 중 발생하는 먼지 등으로 감지기의 예민한 열, 연기 센서가 훼손되어 성능이 떨어지는걸 방지한다. 공사가 완료되면 제거해야 한다. 이처럼 공사현장에서 먼지에 예민한 광커넥터와 같은 소자들은 Dust Cap을 씌우는 것이 좋다.

그림 7-47 **거실 천장 차동식/연기식 겸용 화재 감지기**

다음 [그림 7-48]은 주방TV수상기를 펼친 모습이다. 주방TV수상기 제어는 월패드(세대단말기)에 수용되어 있지만, TV신호는 동축케이블 HFBT 5C x 1코어로 연결한다. 물론 AC 220V 동작전원도 HFIX 2.5㎟ x 2로 공급된다.

그림 7-48 **주방TV수상기**

### 2) FDF 내부

다음 [그림 7-49]는 세대단자함 내부 우측 상단 FDF를 개방한 모습이다. 현재 광케이블 1코어는 SMATV신호 중계용으로 사용된다. 이 광케이블 신호가 ONU에서 전기신호로 바뀌어서 동축케이블 HFBT로 SMATV분배기에 연결된다.

그림 7-49 세대단자함 내부 우측 상단 FDF를 개방 및 확대한 모습

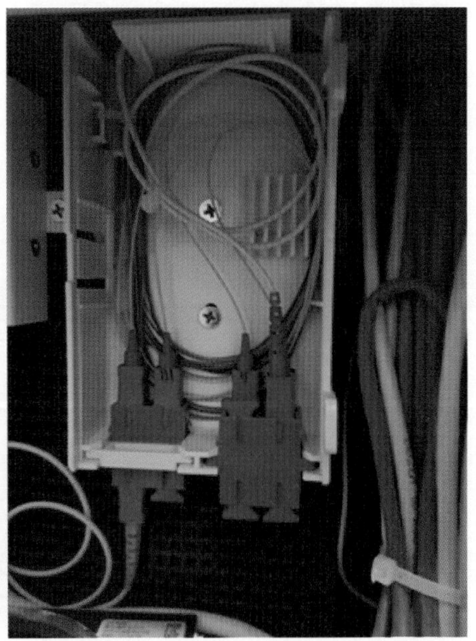

위 [그림 7-49]에서 우측 그림은 FDF를 확대한 모습이다. FDF내부 광케이블 여장이 깔끔하게 정리되어 있지 않은 것 같다. 박스 중단 우측의 트레이는 광케이블 4코어 여장을 끼워서 정리하는 기구인데 아직 비어있는데, 아마 작업이 완전하게 덜 끝난 것 같다. 광케이블 여장은 시간의 경과에 따라 처져서 곡율허용반경이 허물어지지 않도록 고정시켜야 한다.

FDF 내부에 광커넥터를 꼽는 광 어댑터가 2 + 3 = 5개가 보인다.

**(체크 포인트 6)**

특등급 아파트는 광케이블이 4코어 인입되는데, 왜 5코어일까? 광케이블 5코어는 어떻게 사용될까?

**(Ans)**

SMATV 용으로 1코어가 사용되고, 세대단자함에서 거실 구간에 1코어가 사용되고, 통신사업자 ISP가 FTTH 초고속 인터넷을 구축하는데 1코어를 사용한다. 그러므로 2코어는 예비로 남는다.

만약 "초고속정보통신건물인증제도"에서 정보통신설비용 광케이블을 방송용으로 사용을 허용하지 않았다면, 3코어가 예비로 남았을 것이다.

[그림 7-49]에서 통신사업자들이 FTTH 초고속인터넷 가입자 모뎀ONU를 Multiplexer 내장 L2스위치에 연결해서 각 방으로 확장하는 것으로 되어있는데, 실제로는 통신사업자가 내장 L2스위치 성능 미흡으로 사용하지 않고 ONU와 유무선공유기를 같이 공급한다. 그리고 초고속인터넷과 함께 IPTV 가입 등 상황에 따라 다양한 조합이 가능할 것이다.

### 3) 월패드(세대단말기) 수용 연결기기들의 배선

다음 [그림 7-50]은 세대단자함 내부 중단 우측의 월패드(세대단말기) 연결기기들의 배선 모습이다.

**그림 7-50 세대단자함 내부 월패드(세대단말기) 연결기기들의 배선 모습**

대부분의 경우, 월패드(세대단말기)에 연결되는 기기들의 배선은 거실 월패드(세대단말기)를 중심으로 이루어지는데, 이 현장은 월패드(세대단말기)로부터 홈게이트웨이가 분리된 형식이다.

다음 [그림 7-51]은 홈게이트웨이 내장형 월패드(세대단말기)를 채용한 다른 현장의 세대단자함 내부 모습이다. 월패드(세대단말기)의 홈게이트웨이가 빠져나가니 세대단자함 내부 배선이 단순해진다. FTTH단자함은 상단에 가려서 보이지 않는다. 상단 중단 검은 사각형은 천장 WiFi용 AC Adaptor이고, 그 바로 아래는 접지형 콘센트 4구이고, 중단에 청색 외장 UTP케이블은 데이터용, 그 아래 회색 외장 UTP케이블은 전화용이고, 중단 우측 긴 원통은 Multiplexer의 L2스위치용 AC Adaptor이고, 하단에 초록색 광커넥터와 검은 외장 동축케이블이 꽂힌 소자는 ONU이고, 하단 중앙에 검은 사각형은 ONU용 AC Adaptor이고, 그것 좌측에 있는 소자는 CATV용 분배기이고, 우측에 있는 소자는 SMATV용 분배기이다.

**그림 7-51 게이트웨이 내장형월패드(세대단말기)를 채용한 세대단자함**

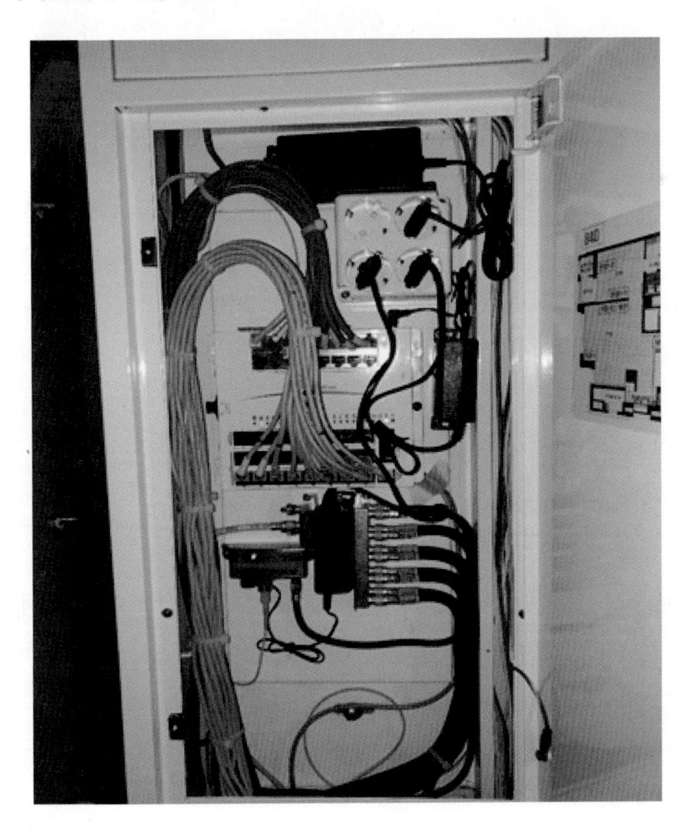

다음 [그림 7-52]는 거실 벽의 월패드(세대단말기)의 모습이다.

**그림 7-52 거실 벽의 월패드(세대단말기)의 모습**

경우에 따라, 월패드(세대단말기)에 버튼이 하단 등 여백에 설치된 경우가 있는데, 이 현장은 터치 방식으로만 되어 있다. 하단에 버튼을 갖는 월패드(세대단말기) 등 모델은 다양하다.

다음 [그림 7-53]은 거실 전면 벽의 인출구 모습이다.

- ◆ 접지형 전기 콘센트 4구
- ◆ TV인출구 2구
- ◆ 데이터 인출구 2구
- ◆ 광인출구: Dust Cap 장착

"초고속정보통신건물 인증제도" 1등급 아파트는 거실만 인출구 개소가 2개인데 비해, 특등급은 모든 방의 인출구가 2개소이다. 그리고 거실 천장에 WiFi AP를 시공하면 모든 방에 인출구 1개소를 설치한 것으로 간주한다.

그림 7-53 **거실 전면 벽의 인출구**

**(체크 포인트 7)**

요즘 아파트의 거실 인출구는 데이터 인출구 위주로 되어 있다. 그 이유는 무엇일까?

**(Ans)**

초고속인터넷의 IP가 "Voice over IP"뿐 아니라, 영상, 데이터, 전화, TV 등 모든 것을 통합하는 "Everything over IP"로 향하므로 전화인출구, TV인출구의 용도가 축소된다. 그리고 거실에 광케이블 인출구 1구 등이 추가로 시공된다.

참고 [감리현장실무: 실전 검측사례 2회 / #세대단자함실전검측] 2020년 5월 25일

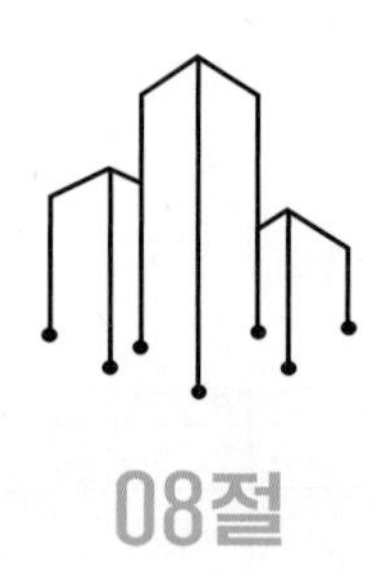

# 08절

# 영상정보처리기기(CCTV)설비 실전 검사(검측)

## 1 검측 실전 훈련 사례

지하주차장 천장에 몰드바를 설치해서 어안 영상정보처리기기(CCTV)카메라를 시공하는데, 파노라마 영상정보처리기기(CCTV) 라고도 한다. 어안 카메라는 사각이 360도를 커버한다. 영상을 4분할해서 보정하면 사방의 영상을 독립적으로 볼 수 있다.

다음 [그림 7-54]는 지하 주차장 천장 몰드바에 시공된 어안(Fish Eye) 영상정보처리기기(CCTV)카메라 모습이다. 화소는 1200만 픽셀이다. LH공사도 시방서를 개정하여 아파트 지하 주차장에 1200만 화소 어안 영상정보처리기기(CCTV)카메라를 전면적으로 도입키로 했다.

그림 7-54 **지하 주차장에 시공된 어안(Fish Eye) 영상정보처리기기(CCTV)**

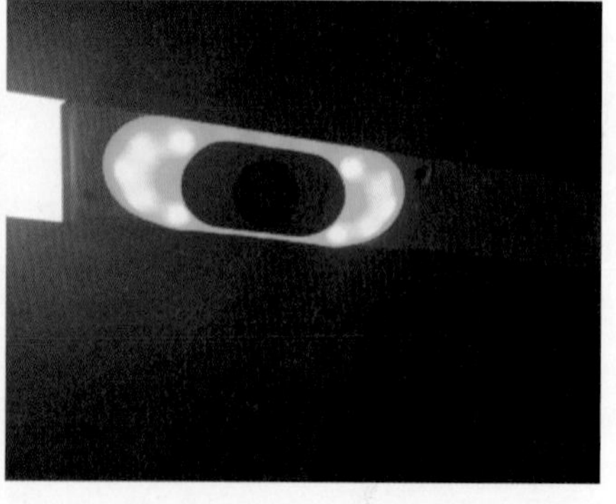

**(체크 포인트 1)**

지하주차장 영상정보처리기기(CCTV)카메라로 어안 카메라를 전면적으로 사용하는 게 바람직할까?

**(Ans)**

아직 어안 카메라의 영상기술 완성도에 문제가 있어서인지 지하주차장 램프 구간 등에 제한적으로 적용되는 추세이므로, 지하주차장에 전면적으로 적용하려면, 영상을 4면으로 분할시 왜곡 등 문제가 없는지 검증이 필요할 것 같다.

[그림 7-55]에 지하1층 동통신실 영상정보처리기기(CCTV)함을 나타내었다.

**그림 7-55 지하1층 동통신실 영상정보처리기기(CCTV)함 개방**

영상정보처리기기(CCTV)카메라를 수용하는 PoE L2스위치가 2대가 상부와 하부에 설치되어 있다. PoE L2스위치는 24대 영상정보처리기기(CCTV)카메라를 수용한다. UTP Cat5e x 1line으로 카메라 영상전송과 동작 전원을 동시에 공급한다. 상단 좌측 흰색 박스는 FDF이다. 방재실과 PoE L2 스위치를 연결하는 광케이블을 성단한다.

PoE 스위치는 FDF의 광케이블을 통해 방재실의 NVR로 연결된다. PoE L2 스위치당 광케이블 2코어를 사용해서 연결한다. 하단 좌측 검은색 박스(Video Server)는 광케이블 SMF를 RG-58 동축케이블로 전환하는 EoC(Ethernet over Coaxial) 장치이다. 엘리베이터 내부 영상정보처리기기(CCTV)카메라는 RG-58 동축케이블로 연결되므로 중간에 EoC 변환장치를 사용한다.

위 [그림 7-55]의 영상정보처리기기(CCTV) 함체 내부가 잘 정리되어 있지 않다. 전기콘센트, FDF, EoC 등이 제자릴 잡지 못하고 있다. 함체 공간이 여유가 없는 것도 문제이다.

상단 좌측 전기콘센트는 정사각형 4구이고, 하단 우측의 전기콘센트는 직사각형 일렬 4구이다. 함체 공간이 없으니 이렇게 콘센트를 비집어 넣은 것 같다. 4구 콘센트에 두 개 이상의 플러그가 꽂혀있는걸 봐서 PoE L2 스위치가 2개씩 겹쳐서 시공한 것 같다.

FDF의 광코어 수가 궁금한데, PoE L2 스위치가 4대이면, 2코어 x 4= 8코어 + 2(예비) =10 코어가 바람직하지만, FDF사이즈로 봐서 그렇게 되지 않을 것 같다.

**(체크 포인트 2)**

그러면 어떻게 네트워킹 했을까?

**(Ans)**

방재실 NVR-PoE L2스위치-PoE L2스위치 방식으로 네트워킹 하는 것은 바람직하지 않다. PoE L2스위치 2대를 Stackable Configuration방식으로 세팅해서 1대 스위치처럼 네트워킹하는 것이 바람직하다.

**(체크 포인트 3)**

영상정보처리기기(CCTV) 함체 등을 어떤 절차로 제작해야 적절한 사이즈, 전기콘센트 인출구 수를 만족시킬 수 있을까?

**(Ans)**

동통신실 함체를 시공하기 전에 시공사로 하여금 시공상세도 승인 문서를 제출하도록 지시해서 시행착오가 발생하지 않게 관리해야 한다.

다음 [그림 7-56]은 방재실의 NVR과 영상 모니터이다. NVR은 영상정보처리기기(CCTV)카메라 영상 스토리지이다.

우측 사진은 NVR을 확대한 모습이다. 보통 NVR은 영상정보처리기기(CCTV)모니터 하단에 설치하는데, 이 현장에선 랙 전체를 사용해서 시공했다.

그림 7-56 **방재실의 NVR과 영상 모니터**

아파트 지하주차장의 영상정보처리기기(CCTV)카메라 영상을 1개월(30일) 이상 저장할 수 있어야 하는데, 관련법에 따른 영상정보 저장기간은 〈표 7-2〉와 같다.

표 7-2 **영상정보처리기기(CCTV)의 영상 정보 저장기간**

| 관련법 | 조항 | 저장기간 |
|---|---|---|
| 표준개인정보보호지침 | 제41조(보완 및 파기) | 30일 이내 |
| 영유아보육법 시행규칙 | 제9조의3(영상정보의 보관기준 ~) | 60일 이상 |
| 주차장법 시행규칙 | 제6조(노외주차장의 구조·설치기준) | 1개월 이상 |

※ 저장기간이 명기되어 있지 않으면, 표준개인정보보호지침을 따른다.

다음 [그림 7-57]은 영상정보처리기기(CCTV) 영상 모니터이다. 16, 32, 64 분할로 운영할 수 있다. 주기적으로 다른 화면을 로테이션할 수도 있다.

그림 7-57 **영상정보처리기기(CCTV) 영상 모니터**

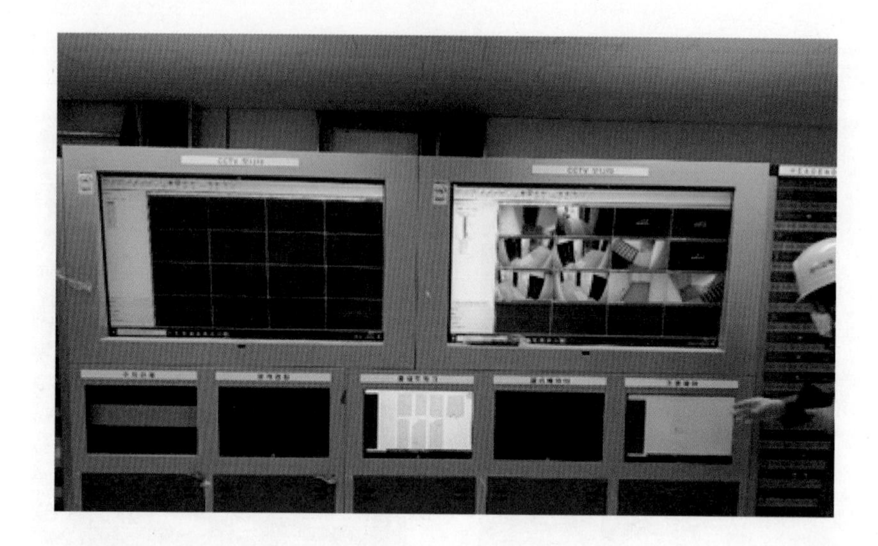

**권고 사항!**

감리현장에서 검측시 사전에 해당 설비에 대해 충분히 파악하고, 시공사가 제출한 검측요청서에 첨부된 체크 포인트를 충분하게 숙지하며, 나름대로의 점검 사항을 도출하여 시공자를 긴장시킬 수 있는 검측이 되도록 해야 하고, "시공 품질이 개선 될 수 있다" 라는 마음 가짐으로 검측에 임해야 한다.

참고 [감리현장실무: 실전 검측사례 3회 / #영상정보처리기기(CCTV)설비실전검측] 2020년 5월 27일

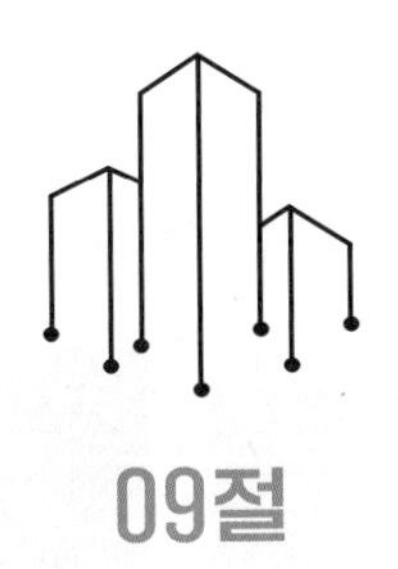

# 09절

# MDF실전 검사(검측)

## 1 검측 실전 훈련

### 1) MDF실(단지통신실)

단지통신실(MDF실)은 아파트 단지의 전화국이다. 단지통신실에는 MDF, 통신사업자 KT, SK BB, LGU+, 지역케이블사업자의 FDF, 교환장비, 초고속인터넷 설비들이 준공 단계에 시공된다. 그리고 통신3사와 지역 케이블사업자용 전력량계를 설치해야 한다.

다음 [그림 7-58]은 단지통신실의 전력량계인데, 4개가 보인다. 용도는 KT, SK BB, LGU+, 지역케이블방송사가 단지통신실에서 사용하는 전력량을 계측하는 용도이다.

그림 7-58 **단지통신실의 전력량계와 이중마루 밑**

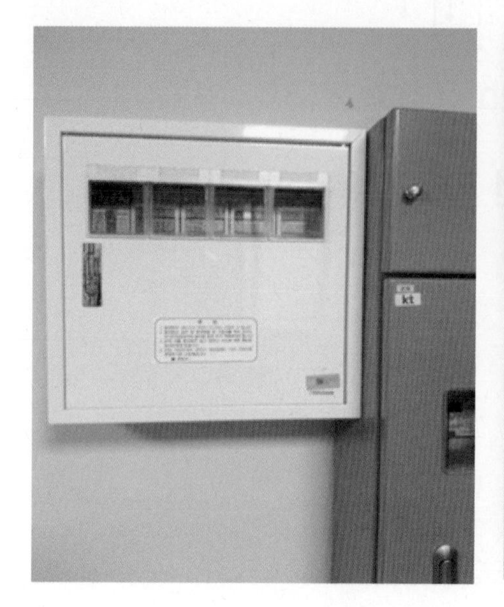

다음 [그림 7-59]는 건설사가 시공하는 MDF이다. 110블록으로 구성되어 있다. 상단 좌측이 달라보이는데, 피뢰 탄기반이다. 피뢰탄기반은 외부로부터 유입되는 낙뢰 서지, 잠입전류로부터 구내설비들을 보호한다. 요즘은 외부에서 인입되는 케이블이 광케이블이여서 용도가 없는데도 관련 기준이 살아있기 때문에 일부나마 설치하고 있다. 어떤 현장에선 아예 설치하지 않는 경우도 있다. 설치를 해도 외부 인입회선이 없기 때문에 결선을 할 수 없다. 이 기준을 정리해야 하는데, 소관부처에서 관심이 없다.

그림 7-59 건설사가 시공하는 MDF 및 피뢰탄기반

다음 [그림 7-60]은 110블록이다. 블록 단위가 25 pair이다. "녹-등-청-갈" 패턴으로 4 pair씩 반복된다. 마지막 25th pair는 남는다. 유선전화는 1pair를 사용한다.

그림 7-60 110블록의 단자를 칼라로 표시

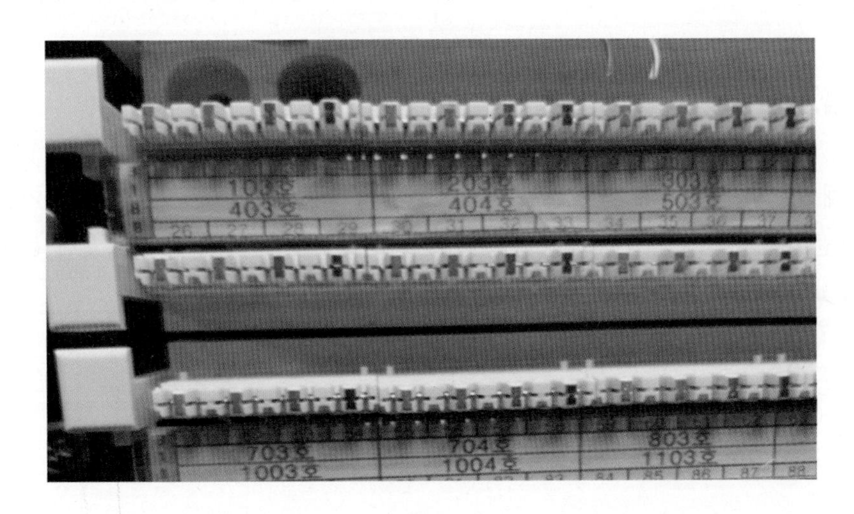

다음 [그림 7-61]은 MDF를 벽에 고정시킨 것이다. 내진 시공이라 볼 수 있다.

**그림 7-61 MDF를 벽에 고정시킨 상태와 수직트레이**

위 [그림 7-61]은 단지통신실 수직트레이이다. 3m 단위의 트레이를 접속한 부위에 접지 연장을 위해 본딩 점퍼 시공한 것이 보인다.

## 2 접지단자반

방재실과 단지통신실 벽에는 접지단자함을 설치해야 한다. 오른쪽 단자가 Main 단자이고, 왼쪽 두개 단자는 측정시 보조단자이다. 다음 [그림 7-62]처럼 라벨링을 해놓아 편리하다.

그림 7-62 접지단자함

## 3 단지 인입 맨홀/핸드홀

다음 [그림 7-63]은 아파트 단지 경계 부근의 맨홀이다.

그림 7-63 아파트 단지 경계 부근의 맨홀과 내부

통신사 KT, SK BB, LGU+ 그리고 지역케이블사업자의 광케이블이 인입되는 경로이다.

우측 그림은 맨홀 내부인데, Hi PVC 104C x 4개와 Hi PVC 54C 등이 보인다. KT, SK BB, LGU+가 Hi PVC 104C 1개씩, 지역케이블사업자가 Hi PVC 54C 1개를 사용하고, 나머지는 예비이다. 아파트 단지가 크거나 통신사의 접속 맨홀 상황에 따라 인입 맨홀을 복수개를 설치할 수도 있다.

아파트 단지 외부 케이블이 구리케이블에서 광케이블로 바뀌면서 맨홀 등 지하 정보통신설비들의 양적인 규모가 엄청나게 축소되었다. 구리 케이블 시절엔 3000세대 아파트 단지의 경우, 인근 전화국에서 3000 pair 이상의 구리 케이블이 인입되었다. 그러나 요즘은 144 코어 광케이블 2개 정도이면 초고속인터넷, 유선전화, 이동통신 중계기를 수용할 수 있다.

그 대신에 통신사업자의 FDF, 초고속인터넷 관련 설비, 소형 전화교환설비가 단지통신실로 전진 배치되어 시공된다. 그 결과 인입 맨홀 사이즈가 축소되었다. 일반적으로 많이 사용되는 형태가 수공(Handhole) 3호이다. 수공이라고 해서 손만 들어갈 수 있는 사이즈는 아니고, 비좁지만 작업자가 들어갈 수 있다.

**참고** [감리현장실무: 실전 검측사례 4회 / #MDF실전검측] 2020년 5월 29일

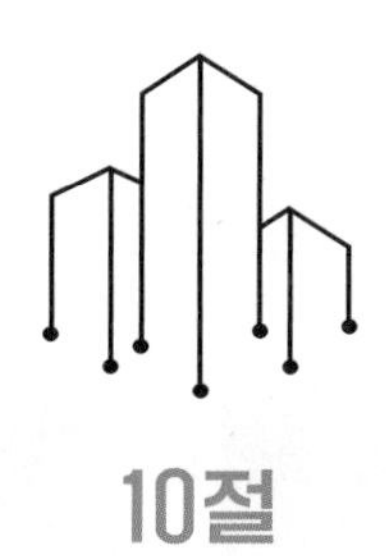

# 10절

# 원격검침 실전 검사(검측)

## 1 여러 감리단 소관설비

감리현장에서 "Tragedy of the Commons"(공유지의 비극)에 해당되는 설비로는 전관방송/비상방송설비(정보통신감리, 소방감리 소관)와 원격검침설비(전기감리, 기계감리, 정보통신 감리 소관)가 있다.

"공유지의 비극"은 미국 생물학 교수 개럿 하딘이 1968년에 사이언티스트지에 발표한 논문인데, 목초지를 공유하는 축산업자들이 자기 소유의 소를 빨리 키우려는 이기심으로 목초지를 돌보지 않은 결과, 목초지가 황폐해져 모든 목축업자들이 피해를 본다는 이론이다. 국내에서 정치적으로 논란이 되는 포플리즘과도 맥을 통한다.

## 2 실전 검측 요령

원격검침 설비에 대한 검측 요령을 알아본다. 먼저 전기, 가스, 수도, 온수, 열량(난방) 5종 원격검침설비가 어디에 위치하는지 파악해야 한다. 전기 메터는 EPS실에 위치한다. 그리고 가스 메터는 세대내 베란다 가스배관에 부착되어 시공된다. 그리고 수도, 온수(급탕), 난방(열량) 메터는 세대밖에 공유부PS(Pipe Shaft) 근처 별도 격리된 공간에 위치한다.

다음 [그림 7-64]는 수도, 온수(급탕), 난방(열량) 메터들이 시공되는 함체 내부이다.

그림 7-64 수도, 온수(급탕), 난방(열량) 메터들이 시공되는 함체

다음 [그림 7-65]에서 상단부는 세대용 전기미터이다. 그 아래는 브레이커가 위치한다. 모서리의 직사각형 흰박스가 세대 원격검침용 TCU모뎀이다. 통신방식은 RS-485 Serial Communication이다. TCU모뎀 위치를 고려한 것이 아니고 그냥 빈틈에 박아놓은 느낌이 드는데, 실제 현장에선 더 심한 경우도 있다.

그림 7-65 5종 검침설비

**(체크 포인트 1)**

전기 미터가 들어가는 함체 공간이 여유가 있는지, 원격검침용 세대 모뎀 TCU가 전기미터 함체 내에 안정적으로 고정되어 있는지 확인해야 한다. 어떤 현장에서는 TCU가 들어갈 공간이 없거나 그냥 불안정하게 달려 있다. 전기 감리자들은 TCU를 잘 모르거나 알더라도 의붓자식처럼 취급한다.

**(체크 포인트 2)**

전기선과 세대 모뎀 TCU와 간섭을 방지할 정도로 6cm 이상 이격되어 있는지 확인해야 한다. TCU에 적용되는 RS-485 통신의 신호 레벨(+5~-5V)이 커서 간섭에 Rubust한 특성이 있긴 하다.

수도, 온수, 난방 등 3개 메터는 PS(Pipe Shaft)공간에 위치한다. PS는 건물 코어 부분에 다양한 용도의 파이프들이 올라오는 공간인데, 도면에 PS로 표기되어 있다.

수도, 온수, 열량(난방) 등 메터는 세대 모뎀 TCU와 연동하는데, 사용량을 펄스로 전달하는 아날로그 방식과 DC PLC로 전달하는 디지털 방식이 있다.

특히 열량(난방) 계측이 문제가 된다. 열량계기를 의도적으로 조작하거나 또는 고장으로 요금이 전혀 나오지 않는 세대가 다수 있었던 것이다. 그런데 장기 출타나 외유 등 세대 사유로 열량계기를 잠궈 놓는 경우도 있으니 규명이 어려웠다.

방재실에 위치하는 원격검침 서버 CCMS는 1시간 주기로 각세대의 5개 메터기의 계수를 읽어드려 기록한다. 그리고 월 1회 주기로 아파트 관리비에 반영하여 모든 세대로 고지한다.

방재실의 원격검침서버 CCMS는 동 지하층에 동 데이터 모뎀 DCU를 통해 동 전체 세대의 TCU와 인터워킹한다. 1대의 DCU는 최대 128대의 세대 모뎀 TCU(DIP 스위치 7단자로 128개 주소 표현)를 수용한다.

**(체크 포인트 3)**

3개 미터가 TPS실의 세대 모뎀 TCU와 UTP Cat 5e 케이블로 연결되어 있는지 확인해야 한다. 폭발위험성을 고려해야 하는 가스 배관은 주방 가까운 베란다에 위치한다.

건축 시 가스 배관은 위험성 때문에 특별한 고려가 필요하다. 연립 건물을 보면 가스 파이프가 외벽에 노출로 시공되어 있는 것이 안전 규정과 관련이 있다. 건축시 가스 배관은 위험성 때문에 특별한 고려가 필요하다.

**(체크 포인트 4)**

가스 미터와 EPS실의 세대 모뎀 TCU와 잘 결선되어 있는지 확인해야 한다. 다음 [그림 7-66]은 홈네트워크를 통해 가스 밸브를 제어하는 기구를 보여준다. 가스감지기와 가스밸브 차단기가 연결되고, 자동확산 소화기가 내장되어 있다. 이 부분 설비공사는 기계설비업체가 담당한다.

가스 감지기의 위치는 공기보다 가벼운 LNG는 상단 천장부분에, 공기보다 무거운 LPG는 하단 바닥부분에 설치한다.

그림 7-66 **가스 메터 및 가스벨브 제어기구**

참고 [감리현장실무: 5종 원격검침설비 검측] 2019년 12월 21일

Chapter 08

# 준공단계 감리업무 수행

1절 준공단계 감리업무 개요

2절 준공단계 감리업무 수행 내용

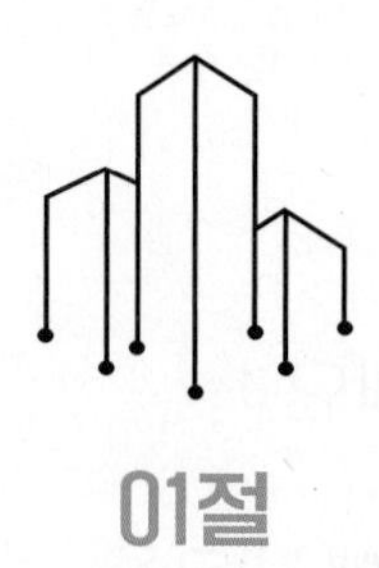

# 01절
# 준공단계 감리업무 개요

건축 현장의 감리업무를 시기적으로 구분하면 착공(착수) 단계의 감리 업무, 시공(시행) 단계의 감리업무, 준공(완료) 단계의 감리업무로 구분한다.

이 장에서는 준공단계의 감리업무에 관하여 그동안 감리 현장에서 감리 실무를 수행하면서 느끼고 축적된 노하우를 공유한다.

준공단계 관련 업무는 "정보통신공사 감리업무 수행기준"(2019년 12월) 제62조(기성 및 준공검사) 제1조 2항에서 정의하고 있으며 다음과 같다.

- ◆ 완공된 시설물이 설계도서대로 시공되었는지의 여부
- ◆ 시공시 현장 상주 감리원이 작성 비치한 제 기록에 대한 검토
- ◆ 폐품 또는 발생물의 유무 및 처리의 적정여부
- ◆ 지급기자재의 사용적부와 잉여자재의 유무 및 그 처리의 적정여부
- ◆ 제반 가설시설물의 제거와 원상복구 정리 상황
- ◆ 감리원의 준공검사원에 대한 검토의견서
- ◆ 기타 검사자가 필요하다고 인정하는 사항

준공단계에서 이루어지는 감리업무를 요약하면 [그림 8-1]과 같다.

그림 8-1 준공단계에서 이루어지는 감리업무 요약

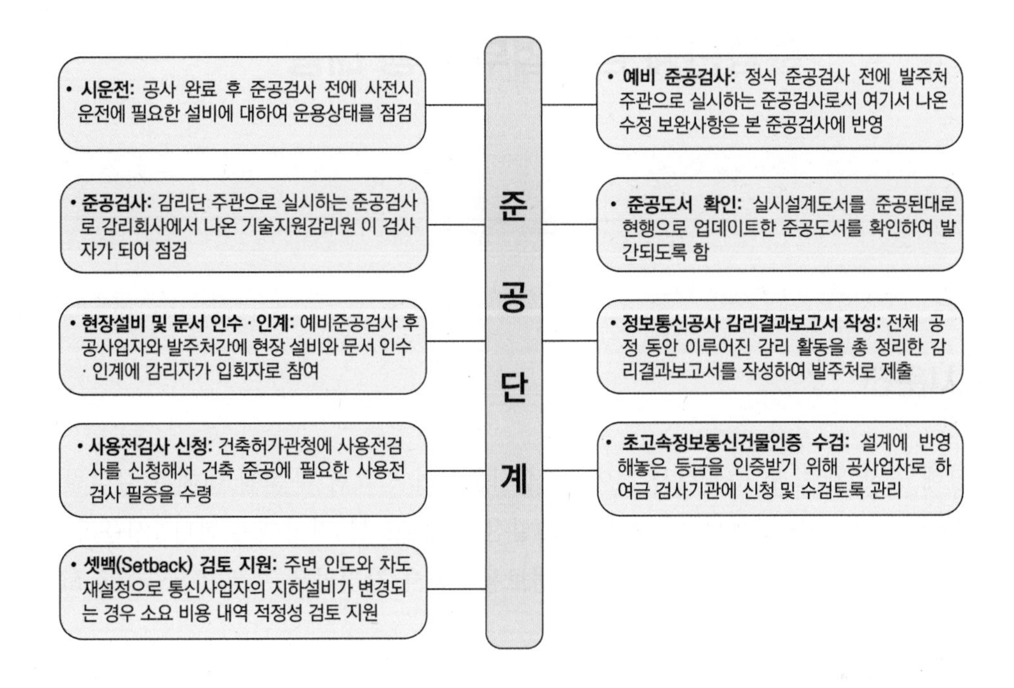

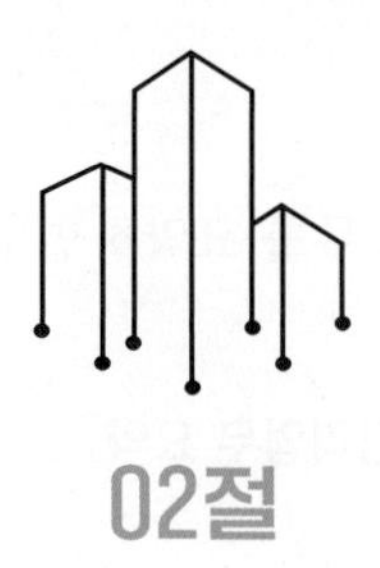

02절

# 준공단계 감리업무 수행 내용

## 1 시운전

당해 공사 완료 후 준공검사 전에 사전 시운전이 필요한 부분에 대해서 감리원은 시공자에게 "시운전 계획서"를 시운전 30일전에 제출토록 지시해야 한다. 시운전 계획에는 다음 사항이 포함되어야 한다. "정보통신공사 감리업무 수행기준" 제64조(준공검사등의 절차)를 참조한다.

- ◆ 시운전 일정
- ◆ 시운전 항목 및 종류
- ◆ 시운전 절차
- ◆ 시험 장비 확보 및 보정
- ◆ 기계 기구 사용 계획
- ◆ 운전 요원 및 검사요원 선임계획

감리원은 시운전계획서를 검토, 확정하여 시운전 20일 이내에 발주자와 시공자에게 통보해야 하며, 감리원은 시공자에게 다음과 같은 시운전 절차를 준비토록 하고 시운전에 입회한다.

- ◆ 기기 점검
- ◆ 예비 운전
- ◆ 시운전

◆ 성능 보장 운전

◆ 검수

◆ 운전 인도

감리원은 시운전 완료 후 다음과 같은 성과품을 시공자로부터 제출받아 검토 후 발주자에게 인계해야 한다.

◆ 운전 개시, 가동 절차 및 방법

◆ 점검 항목 점검표

◆ 운전 지침

◆ 기기류 단독 시운전 방법 검토 및 계획서

◆ 성능시험 성적서(성능시험 보고서)

그러나 현실적으로 정보통신설비의 시운전은 매우 어려운 점이 많다. 이에 비해 법적기준(화재안전기준, 전기안전기준 등)을 만족해야 하는 소방설비나 전기설비는 시운전이 무난하게 잘 이루어지는 것 같다. 준공단계에서 정보통신 설비의 시운전이 어려운 이유로는 다음과 같다.

◆ 정보통신공사가 후속 공정이여서 시간적으로 쫓긴다. 정보통신 공사는 건축 공정을 뒤따라 가는 공정이므로 준공일시가 촉박해서 시운전할 시간이 확보되지 않는 것이 보편적이다.

◆ 정보통신설비 네트워킹이 준공단계에서도 완성되지 않는다.

◆ 아파트 등 단지에서 정보통신 설비들은 홈네트워크(회사의 경우 LAN에 해당)를 통해 방재실 관련 서버와 연동하는데, 홈네트워크 설비가 준공단계에서도 완전하게 구축되지 않는 경우가 많다.

◆ 영상정보처리기기(CCTV)설비와 원격검침설비는 독자적인 네트워크이 구축되지만, 이 설비들 역시 준공단계에서 시운전이 어렵다. 향후 개선이 필요한 부분인데, 선행 공정인 건축 분야에서 협조가 필수적이다.

## 2 예비 준공검사

예비 준공검사는 발주자 관점에서 미리 하는 준공검사인데, 검사자는 발주처 소속 직원이 담당한다. 발주자는 감리원으로부터 예비준공검사 요청이 있을 경우, 소속 직원을 검사자로 임명하여 검사토록 하며, 필요시 시설물 유지관리기관의 직원 또는 기술지원 감리원이 입회토록 한다.

감리원은 준공 예정일 2개월 전에 예비준공원을 제출토록 하고 이를 검토한 후 발주자에게 제출한다. 단순 소규모 공사인 경우에는 발주자와 협의하여 예비준공검사를 생략할 수 있다. 감리원은 확인한 정산설계도서 등에 따라 예비준공검사를 실시하여야 하며, 준공검사에 준하여 철저히 시행해야 한다. 감리원은 시공자가 제출한 품질시험 검사 총괄표의 내용을 검토한 후 검토서를 첨부하여 발주자에게 제출해야 한다.

예비 준공시험 검사자는 검사 후 보완사항을 시공자에게 전달하여 보완케 하고, 준공검사시 확인할 수 있도록 감리용역업자에게 검사결과를 통보하며, 시공자는 지적 사항을 보완하고 책임감리원의 확인을 받은 후, 준공검사원을 제출한다.

발주자가 LH공사나 SH공사처럼 건설분야별 전문가가 있는 경우는 예비 준공검사를 효과적으로 진행할 수 있지만, 대부분의 발주처는 분야별 전문가가 부족하므로 내부 직원만으로 수행하기 어렵다. 예비 준공검사는 발주자의 의사에 따라 생략할 수도 있는데, 실제 현장에서도 시행하지 않는 경우가 대부분이다.

## 3 준공 검사

준공검사는 전체 공기동안 시공된 내역을 검사 대상으로 한다.

준공검사자는 상주감리원이 속해있는 감리회사 소속의 기술지원 감리원이 임명된다. 준공 검사 처리절차는 [그림 8-2]와 같다.

그림 8-2 **준공 검사 처리절차**

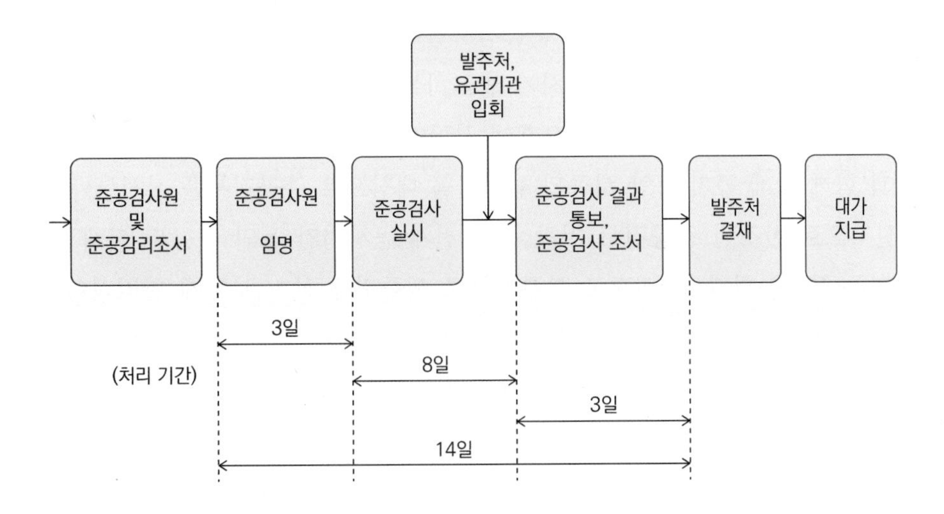


준공할 시기가 되면, 시공사에서 준공검사신청서에 해당되는 "준공 검사원"을 제출하면, 감리단에서 첨부서류를 검토해서 그 결과를 "준공 감리조서"로 작성하여 상주 감리원의 소속 감리회사에 보고한다.

준공검사원 양식은 "정보통신감리업무 수행기준"의 (서식 47)을 사용한다.

준공감리조서는 "정보통신감리업무 수행기준"의 (서식 48)을 사용한다. 현장 감리원이 준공검사를 위해 소속회사로 제출하는 서류는 다음과 같다. "정보 통신공사 감리업무 수행기준" 제60조(기성 및 준공검사자의 임명)를 참조한다.

- 주요기자재 검수 및 수불부
- 감리원의 검사(검측) 기록 서류 및 시공 당시 사진
- 품질 시험 및 검사성과 총괄표
- 발생품(잉여 및 회수 자재) 정리부
- 기타 감리원이 필요하다고 인정하는 서류

그러면 현장 상주감리원이 소속된 감리회사는 기술지원 감리원을 준공검사자로 임명하고 발주처로 통보한다. 이와 같이 준공검사자는 현장상주 감리원이 소속된 감리회사에서 파견하는 기술지원 감리원이 담당한다.

현장 상주 감리원은 접수된 준공검사신청서와 첨부서류를 본사의 검사자(기술지원 감리원)에게 보내어 준공 내역을 검토하게 한다. 현장 상주 감리원은 시공사와 협의하여 준공 검사일을 결정한다. 그러면 준공검사일에 감리회사 본사 소속 검사자가 현장으로 와서 오전엔 회의장에서 시공사가 발표하는 분야별 준공내역에 관한 프레젠테이션을 들은 후 Q&A로 확인하고, 오후에 시공자의 인도에 따라 분야별로 현장 상주 감리원과 함께 전체 공기 동안 시공된 설비들을 대상으로 준공검사를 실시한다.

현실적으로 한정된 준공검사 기간 중에 전체 공사기간 동안 시공된 전체 시설을 검사하기는 불가능하다. 그러므로 부분적으로 샘플링해 살펴 보는게 합리적이다. 준공검사 대상이 아파트인 경우, 관리사무소, 방재실, 단지 통신실을 포함하는 아파트 동을 옥상부터 지하층까지 살펴보는 방법을 추천한다.

준공검사 일에는 건축감리, 기계감리, 토목감리, 조경감리, 전기감리, 소방감리, 정보 통신감리 등이 모두 참가하여 동시에 진행되는데, 준공검사자는 공사계약서, 시방서, 설계도면, 그 밖의 관계 서류에 따라 다음 사항을 검사해야 한다.

- ◆ 준공 내역이 설계도서대로 시공되었는지 여부
- ◆ 사용된 기자재의 규격 및 품질에 대한 실험의 실시 여부
- ◆ 시험기구의 비취와 그 활용도의 판단
- ◆ 발주처에서 지급하는 지급기자재의 수불 실태
- ◆ 주요 시공 과정이 매몰되기 전 촬영한 사진의 확인
- ◆ 상주 감리원의 준공검사원에 대한 사전 검토의견서
- ◆ 품질 시험 검사 성과 총괄표 내용
- ◆ 기타 검사자가 필요하다고 인정하는 사항

검사자는 시공된 부분이 수중 지하 구조물의 내부 또는 저부 등 시공 후 매몰되어 사후 검사가 곤란한 부분과 주요 구조물에 중대한 피해를 주거나 대량의 파손 및 재시공 행위를 요하는 검사는 감리조서와 사전검사 등을 근거로 하여 검사를 행할 수 있다.

검사자는 "준공검사 조서"에 검사 사진을 첨부해야 하므로 검사 과정을 충분하게 사진으로 기록을 남겨야 한다. 준공 검사 현장 실사가 종료되면, 회의실로 돌아와서 Wrap-up 미팅을 통해 확정한다.

검사자는 검사에 합격하지 않은 부분이 있을 경우, 보고하고 현장 상주 감리원에

게 통보하여 보완시공 또는 재시공이 이루어지게 하고, 보완 공사가 완료되면 다시 검사자에게 재검사를 하게 해야 한다. 그러나 실제로는 현장 상주감리원이 재시공 상태를 확인하고, 검사자에게 재시공 전후 사진 등을 전달하여 재검사 결과를 마무리 하는게 일반적이다.

준공검사자 발령부터 준공검사 결과보고서인 "준공검사조서"를 발주처로 제출까지는 14일 이내에 처리되어야 한다. [그림 8-3]은 검사자가 작성하는 "준공 검사조서" 양식이다.

**그림 8-3 검사자가 작성하는 "준공 검사조서" 양식**

**준공 검사조서**

공사명 :

년　　월　　일 준공

년　　월　　일　와 계약분

위 공사의 준공검사의 명을 받아　년　월　일부터　년　월　일까지 검사한 결과 공사 설계도서 및 그 밖의 약정대로 준공하였음을 인정합니다.

다만, 수중·지하 및 구조물 내부 등 시공 후 매몰된 부분의 검사는 별지 감리조서에 따릅니다.

년　　월　　일

준 공 검 사 자　　(서명)

입　회　자　　(서명)

귀 하

준공검사 과정에서 불합격 공사에 대한 보완, 재시공 완료 후 재검사 요청에 대한 검사기간은 동일하게 부여한다. "준공검사조서"를 접수한 발주처는 내부적으로 확인한 후, 남은 공사비를 시공사로 지불하여 정산한다. 준공검사는 공공, 관청 발주처 현장에선 이루어지지만, 민간 현장에서는 그냥 넘어가는 경우가 많다.

## 4 준공도서 확인

최초의 실시설계도서는 시공 중에 시공상세도에 의한 구체화, 설계변경 등으로 인해 바뀌게 되는데, 준공 2개월 전에 시공된 대로 현행화해야 한다. 시공사에서 시공된 대로 실시설계도서를 정리해서 감리단으로 제출하면 감리단에서 검토 확인 후 이상이 없으면 모든 준공도면에 서명해서 발간되게 해야 한다.

그러나 준공 일시에 밀려 시간에 쫒기는 경우, 감리단 확인 서명 없이 발간되는 경우도 가끔 있다. 발주자는 최종 준공 설계도서를 실시설계도서와 함께 건물이 철거될 때 까지 유지보수를 위해 잘 보관해야 한다. 〈표 8-1〉은 정보통신공사 현장의 준공도서에 필요한 항목 예시이다.

**표 8-1 준공도서 항목 예시**

| 번호 | 목록명 | 수 록 내 용 |
| --- | --- | --- |
| 1 | 준공도면 | 1. 현장부문 평면도(계약물량 구분 표시)<br>2. 통신망구성도(케이블 포설평면도, 접속점 등) |
| 2 | 준공사진첩 | 1. 특별제안 품목 설치 사진<br>2. 계약물량 공사 완성 사진 |
| 3 | 준공내역서 | 1. 준공내역서 |
| 4 | 공량조사서 | 1. 시공물량표(계약품목 시공물량표)<br>2. 특별제안 납품, 설치 현황(사진대지 포함)<br>3. 예비품 리스트 및 납품확인서(사진대지, 발주처 확인) |
| 5 | 안전관리비 정산서 | 1. 안전관리비 정산서(월별 안전관리비 집행실적 포함)<br>2. 안전관리용품 반입검수서<br>3. 안전장구 지급대장(수령자 서명 날인/원본)<br>4. 공사실명부(안전장구 수령자의 공사참여확인)(사본) |

| 6 | 자재관리대장 | 1. 기자재공급원 승인신청 현황/승인서(사본)<br>2. 자재반입검수서(사본) 및 재수불부(공사자재에 한함) |
|---|---|---|
| 7 | 품질검사·시험대장 | 1. 품질검사·측정 실적표(ITP/ITC) (사본)<br>2. 품질시험 실적표(공장검사결과서, 시험의뢰실적 등) |
| 8 | 공사일보 | 1. 일일작업일보 |
| 9 | 계산서 | 1. 구조물 구조계산서 등<br>2. 영상저장장치 용량계산서 등 |
| 10 | 접지대장 | 1. 접지측정 대장(사진대지 포함)<br>2. 접지이력카드 |
| 11 | 시험운영 대장 | 1. 단위시험결과서 및 통합시험결과서<br>2. 시험운영결과서 |
| 12 | 대관업무 처리대장 | 1. 수전 및 전기안전검사, 임대통신망 신청현황<br>2. 대외기관 협의록(관련문서 포함) |
| 13 | 기타 | 1. 교육훈련계획서 및 인수·인계계획서, 유지보수계획서<br>2. 발주기관, 사업관리단 및 감리단 별도 요구사항 |

## 5 현장 설비 및 문서 인계인수

감리원은 시공자에게 예비준공검사 완료 후 14일 이내에 다음 사항이 포함된 시설물의 인계인수를 위한 계획을 수립하도록 하고 이를 검토해야 한다. "정보통신공사 감리업무 수행기준" 제69조(시설물 인계·인수)를 참조한다.

- ◆ 일반사항(공사개요 등)
- ◆ 운용 및 유지보수 지침서(필요한 경우)
- ◆ 시운전 결과 보고서(시운전 실적이 있는 경우)
- ◆ 예비 준공검사 결과
- ◆ 특기사항

감리원은 시공자의 시설물 인계인수계획서를 7일 이내에 검토 확정하고, 발주자와 시공자간 시설물 인계인수의 입회자가 되어야 한다. 인계인수서는 준공검사 결과를 포함해야 한다. 시공자는 건축 현장에서 생산된 문서, 시공된 각종 설비의 운용을 위한 메뉴월 등 현장 문서를 발주자에게 인계해줘야 한다.

감리원은 다음 서류를 포함하여 발주자에게 인계할 문서의 목록을 발주자와 협의하여 작성한다.

- ◆ 준공 사진첩
- ◆ 준공 도면
- ◆ 품질 시험 및 검사성과 총괄표
- ◆ 기자재 구매서류
- ◆ 시설물 인계인수서
- ◆ 기타 발주자가 필요하다고 인정하는 서류

현장 서류 인계 · 인수시 시공자는 인계자이고, 발주자는 인수자이다. 이 인계 · 인수 과정이 원활하게 진행될 수 있도록 감리원은 입회자 역할을 해야 한다. 감리용역회사는 현장 문서를 감리용역 준공 전 14일 이내에 CD-ROM이나 영구 저장매체로 작성하여 발주자에게 인계하고, 용역회사도 같이 보관해야 한다.

발주자는 현장서류를 시설물이 존속하는 기간까지 보관해야 한다. 감리원은 발주자 또는 시공자가 제출한 시설물의 유지관리 지침 자료를 검토하여 다음 내용이 포함된 유지관리지침서를 작성하여 준공 후 14일 이내에 발주자에게 제출해야 한다.

- ◆ 시설물의 규격 및 기능 설명서
- ◆ 시설물 유지관리 기구에 대한 의견서
- ◆ 시설물 유지관리 지침
- ◆ 특기 사항

공사 준공 후 발주자와 시공자간에 시설물의 하자보수 처리를 놓고 분쟁이 있는 경우, 감리원으로서 검토 의견을 제시해서 해결이 되도록 지원한다. 그리고 공사 준공 후 발주자가 하자대책 수립을 요청할 경우, 이에 협조해야 한다. 위에서 언급된 내용은 실제 감리 현장에서 감리원이 충실하게 수행하지 못하고 있는 실정이다. 발주처와 시공사간 인계 · 인수도 감리원 입회없이 상방 실무자간에 운용 교육을 겸해서 이루어지는 경우가 많다.

## 6 정보통신공사 감리결과보고서 작성 및 제출

용역업자는 "정보통신공사업법" 제11조(감리결과의 통보) 및 시행령 제14조(감리결과의 통보), 제35조(착공전 설계도 확인 및 사용전검사 대상공사) 및 "정보통신공사업법시행에 관한 규정" 제3조(감리결과 통보서식 등)에 따라, "정보통신공사 감리 결과보고서"를 작성하여 공사완료 7일 이내에 발주처로 제출하여 감리용역을 최종 정리한다.

일반적으로 건축물(업무용 건축물, 공동주택 등)은 감리결과보고서를 제출(발주처 또는 지자체)하는 것으로 감리용역이 종료된다.

"정보통신공사업법 시행령" 제14조(감리결과의 통보), "정보통신공사 감리업무 수행기준" 제66조 (공사감리 결과보고서의 제출)를 참조한다.

- ◆ 감리결과보고서
- ◆ 시공상태의 평가결과서
- ◆ 사용 자재의 규격 및 적합성 평가 결과서
- ◆ 정보통신기술자 배치의 적정성 평가 결과서

정보통신공사 책임감리현장(철도, ITS, 스마트시티, 공공기관 정보통신공사 등)에서는 최종 감리보고서를 CD-ROM 또는 영구 저장매체에 작성하여 감리기간 종료 후 14일 이내에 용역업자 명의로 발주자에게 제출하여야 한다. 이 경우 CD-ROM 또는 영구 저장매체의 제출 수량은 2개이다.

최종감리보고서는 "정보통신공사 감리업무 수행기준" 제21조(시공 관련 행정업무)를 참조하기 바란다. 정보통신공사 책임감리현장은 정보통신공사 계약 기간보다 15일(통상 30일) 이상 감리계약이 연장되는 이유이기도 하다.

## 7 사용전검사 신청

"정보통신공사업법" 제36조(공사의 사용전검사 등), "정보통신공사업법 시행령" 제35조(착공전 설계도 확인 및 사용전검사의 대상공사), 제35조의 2(착공전 설계도 확인)와 제36조(사용전검사 등)에 따르면, 공사를 발주한 자는 해당 공사를 시작하기 전에 설계도를 지자체장에게 제출하여 기술기준에 적합한지를 확인받아야 하며, 그 공사를 끝냈을 때에는 지자체장의 사용전검사를 받고 정보통신설비를 사용하여야 한다.

설계도의 확인을 받으려는 자는 "정보통신공사 착공 전 설계도 확인 신청서"에 공사의 설계도 사본을 첨부하여 해당 정보통신공사를 시작하기 전에 지자체장에게 제출하여야 한다. 설계도의 확인요청을 받은 지자체장은 설계도의 내용이 기술기준에 적합한지 여부를 확인하여야 한다. 지자체장은 "정보통신공사 설계도의 확인 결과"를 신청인에게 알리려는 경우에는 "정보통신공사 착공 전 설계도 확인결과 통보서"에 적어 알려야 하며, 해당 공사의 설계가 기술기준에 미달하는 등 시공에 부적합하다고 인정하는 경우에는 통보서에 확인의견 및 보완사항 등의 내용을 적어 알려야 한다.

준공단계에서 사용전검사를 받으려는 자(건축주)는 "정보통신공사 사용전검사신청서"에 공사의 관련서류를 첨부하여 지자체장에게 제출한다. 사용전검사 신청을 받은 지자체장은 해당 공사가 기술기준에 적합한지의 여부 및 시공 상태의 적정성 여부를 검사한다. 지자체장은 사용전검사를 한 결과 그 시설이 사용에 적합하다고 인정한 때에는 정보통신공사 사용전검사 필증을 발급한다. 다만, 정보통신감리원이 배치된 현장은 사용전검사 면제대상이므로, "감리결과보고서"[정보통신공사 시행에 관한 규정별지서식(7, 8, 9, 10호)]을 해당 지자체에 접수하면 "회신공문"으로 사용전검사 필증을 대신한다.

#### 1) 사용전검사 절차(정보통신감리원 배치현장은 면제)

공사현장이 준공단계로 들어서면 발주자 명의로 허가 관청인 시청이나 도청, 구청(자치구)으로 사용전검사 신청서를 제출한다. 사용전검사 신청서를 제출한지 14일 이내에 사용전검사 필증이 발급된다. 사용전검사 신청은 건축주가 해야 하나 해당시공사나 하도급업체가 대행하여 수행하는 경우가 대부분이다. 시공사나 하도급업체가 대행하더라도 신청서에 발주처(건축주)의 날인이 필요하다.

사용전검사 대상설비는 "정보통신공사업법 시행령" 제35조(착공전 설계도 확인 및 사용전검사의 대상공사)에서 정하는 공사가 해당된다. 유선전화와 초고속인터넷회선 구성에 사용되는 "구내통신선로설비", 지상파와 위성방송 그리고 종합유선방송 회선 구성에 사용되는 "방송공동수신설비", 단지 내 이동통신 음영지역을 제거하기 위한 구내이동통신중계설비구축에 사용되는 "이동통신구내선로설비"만 해당된다.

### 2) 정보통신공사 감리대상 현장에서 사용전검사에 대한 감리원의 대응

정보통신 감리원이 상주하면서 감리한 현장(정보통신공사 감리대상)은 사용전검사(시청이나 구청 담당 공무원의 실제 현장 방문 검사)가 면제된다. 정보통신공사 감리대상건축물은 감리원이 작성 날인한 "감리결과보고서"[정보통신공사 시행에 관한 규정별지 서식(7, 8, 9, 10호)]를 건축물 준공 시점에 허가기관(각 지자체장)에 제출해야 한다.

또한, 현장에서는 준공단계로 가까워질수록 시공사와 하도사에 대한 감리단의 통제력이 약화되는데, 그나마 활용할 수 있는 통제수단이 바로 "사용전검사"이므로 건축감리단의 준공허가 신청 일정을 고려하여 최대한 늦게 신청하는 게 현장을 관리하는데 유리하다. 그러한 이유로, 정보통신감리원은 "감리결과보고서 및 기타 서류"[정보통신공사 시행에 관한 규정 별지 서식(7, 8, 9, 10호]"를 직접 처리하는 것이 좋다.

최근에는 감리원들로부터 사용전검사 대상 설비의 확대에 대한 요구가 있는데, "홈네트워크 설비"와 "영상정보처리기기(영상정보처리기기(CCTV))설비"가 확대 대상에 속한다. 실제적으로 사용전검사 신청 시점에서 엄밀하게 보면, 사용전검사 대상설비가 완전하게 시공이 종료되지 않은 경우가 대부분인데, 준공이라는 더 물릴 수 없는 데드라인을 감안해서 융통성을 갖고 처리할 수밖에 없다. 이런 상황은 다른 분야도 유사하다.

## 8 초고속정보통신건물 인증 수검

발주처에서 결정해서 설계에 반영해놓은 초고속정보통신건물 인증 등급(특등급, 1등급, 2등급)과 홈네트워크건물인증 등급(AAA, AA, A)을 인증받기 위해 KAIT에 인증신청을 하게 된다. 초고속정보통신건물 인증 또는 홈네트워크건물 인증은 준공 처리에 필수사항이 아니고, 선택사항이다. KAIT에서 현장점검으로 실제 회선을 샘플링해서 성능을 측정한다.

초고속정보통신건물인증 수검은 시공사 하도급회사가 담당한다. 감리원은 단번에 통과할 수 있도록 관심을 갖고 시공자로 하여금 철저히 준비시키는 것이 바람직하다.

## 9 셋백(Setback) 검토 지원

아파트 단지가 들어서면 단지를 뒤로 밀어서 인도를 확장함으로써 주변 인도와 차도가 재설정되는 경우가 있는데, 이때 통신사업자의 지하 설비, 즉 맨홀, 케이블 관로들의 위치가 변경되어 조정하는 공사를 셋백이라고 한다.

이 경우 통신사업자는 셋백의 원인을 제공한 아파트측으로 공사비를 요구한다. 산출 근거는 통신사업자들이 내부공사를 발주하는 사내품셈기준을 적용한다. 가끔 아파트 조합측과 통신사업자간에 셋백 공사비로 인해 분쟁이 발생하기도 하는데, 정보통신감리는 셋백 내역이 타당한지를 검토해서 발주처와 통신사 간 타협이 되도록 잘 조정하는 게 좋다.

아파트 단지가 새로 만들어지면, 전기설비, 수도설비, 가스설비, 지역난방 설비 등이 들어와야 하는데, 아파트에서 일정 비율의 시설분담금을 한전, 수도공사, 가스공사, 지역난방회사로 지불한다. 그런데 정보통신의 경우 시설 분담금을 지불하지 않는다.

참고 [감리현장실무: #준공단계의 감리업무 수행 노하우] 2020년 12월 8일

Chapter 09

# 준공단계 감리업무 중 집중심화 분야

1절 사용전검사

2절 시운전

3절 초고속정보통신건물 인증/홈네트워크 건물 인증

4절 스마트 감리를 위한 준공단계에서 핵심 길목 붙잡기

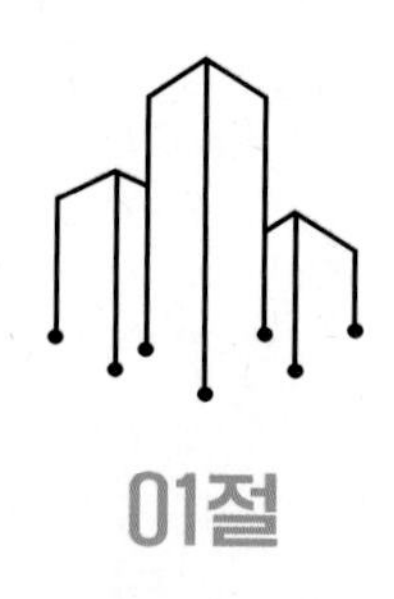

# 01절

# 사용전검사

## 1 사용전검사 개요

정보통신 감리 마지막 단계에서 이루어지는 대관 업무가 "사용전검사" 인데, "사용전검사 필증"이 나오면, 건축물의 정보통신설비를 사용할 수 있음을 의미한다. 사용전검사 대상설비는 "정보통신공사업법" 제36조(공사의 사용전검사 등), "정보통신공사업법 시행령" 제35조(착공전 설계도 확인 및 사용전검사의 대상공사), 제35조의 2(착공전 설계도 확인)와 제36조(사용전검사 등)에 따라 구내통신선로설비, 구내이동통신선로설비, 방송공동수신설비 3개 분야이다.

사용전검사 대상 건축물은 〈표 9-1〉과 같다.

**표 9-1 사용전검사 대상 건축물**

| 사용전검사 대상 건축물 | 사용전검사 면제 건축물 |
|---|---|
| • 연면적 150㎡ 초과인 건축물<br>• 건축법 제14조에 허가대상 건축물 | • 150㎡ 이하인 건축물<br>• 건축법 제14조에 신고대상 건축물<br>• 감리대상 건축물(6층 이상, 5000㎡ 이상) |

※ 연면적 150㎡란 정보통신설비가 설치되는 조건임

### 1) "사용전검사" 감리원의 대처 요령

건축 정보통신 감리현장이 준공단계로 들어서면 감리결과보고서(사용전검사 면제시 제출서류)를 준비해야 한다. 건축 정보통신 현장에서 감리원이 수행해야 하는 대관업무로는 "사용전검사"와 "초고속정보통신건물 인증"이 있는데, 전자는 법적으로 필수사항이고, 후자는 선택사항이다.

정보통신감리원이 건축현장에 배치되면 착공단계에서 실시설계도서 검토를 수행해야 하는데, 이때 사용전검사 조건에 맞는지를 세심하게 검토해서 검토의견서에 반영해야 한다. 또한 사용전검사라는 시공자를 통제할 수 있는 감리원의 "마지막 무기"를 지혜롭게 활용할 수 있는 노하우가 감리원의 경력과 일맥상통하는 것 같다.

### 2) 사용전검사 업무 처리 절차

[그림 9-1]은 사용전검사 업무절차와 감리업무 절차 과정이다.

**그림 9-1 사용전검사 업무절차와 감리 업무절차 과정**

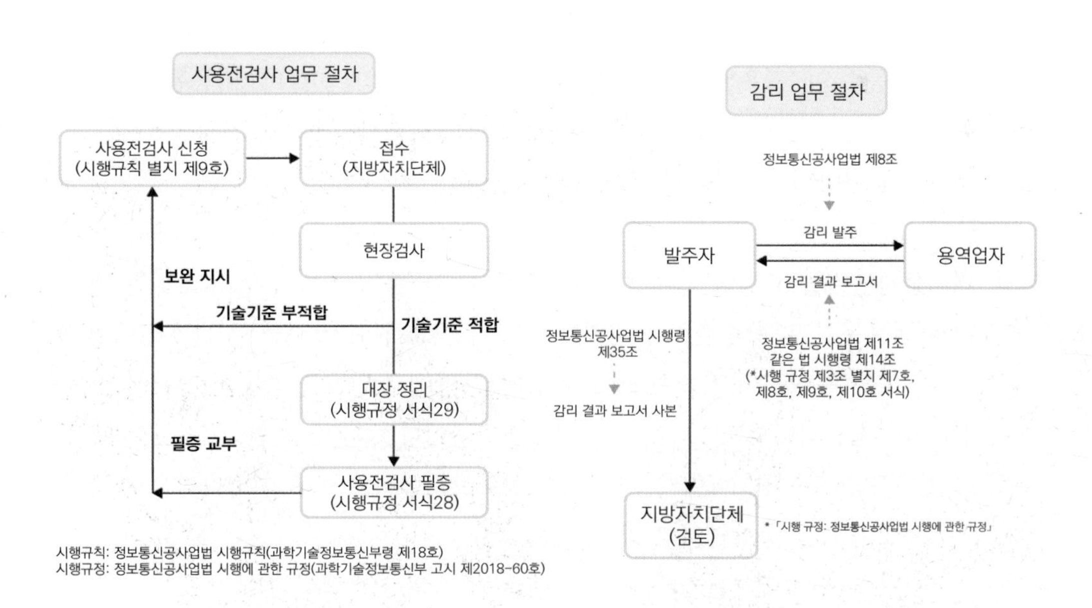

그러나 준공처리가 급한 시공사에서 서두르게 되고, 시공사 하도급 업체 공무 담당직원이 발주처의 업무대행문서를 가지고 처리하는 경우도 있다.

건축물 준공승인을 받으려면, 전기감리 대상설비의 "전기안전 검사 필증"(전기안전공사 발급), 소방감리 대상설비의 "소방준공 필증"(관할소방서 발급), 정보통신 감리대상설비의 "사용전검사필증"(관할 지자체장), 기계 감리 대상설비인 "엘리베이터 안전검사필증"(엘리베이터 안전협회 발급), 토목 감리 대상설비인 "정화조 검사필증"(관할 건축 허가관청) 등이 나와야 한다.

감리원들은 이런 검사필증을 시공사를 통제하는데 활용하기도 한다. 검사 필증이 나오면, 감리원들의 시공자에 대한 통제력이 약해지므로 이것을 감안해서 사용전검사 시기를 결정하기도 한다. 이 중에서 소방감리의 소방준공필증(관할소방서)은 매우 까다롭게 진행된다. 이에 감리단은 물론이고, 시공사와 발주처 모두 신경을 곤두 세워 발급될 때까지 초조하게 기다리는 게 관례이다. 그리고 "소방준공 필증" 발급 부서가 건축 허가 관청과 관련이 별로 없는 소방서인 게 특이하다.

### 3) 사용전검사의 목적

정보통신공사 사용전검사는 신축 · 증축 · 개축 건축물내에 설치되는 구내통신선로설비, 방송공동수신(종합유선방송, 지상파, 위성방송, FM라디오 방송)설비, 이동통신구내선로설비 등의 시공품질을 확보하기 위하여 도입된 제도로서, 건축물 준공전에 기술기준에 적합하게 시공되었는지를 확인하는 제도이다.

정보통신(전화 · 인터넷)과 방송(지상파 · 위성, FM라디오)에 필요하지만 정보통신사업자와 케이블사업자들의 영역 밖에 있어 단대단 서비스 품질의 병목이 되고 있는 건축물 구내의 정보통신 및 방송설비를 관리하는 것이 중요하다. 건축물 구내의 정보통신과 방송설비들의 품질을 확인하여 End to End 구간에서 양호한 품질의 정보통신 및 방송서비스를 제공되도록 하고, 특히 초고속인터넷이 100Mbps에서 1Gbps로 초고속화 되고, TV방송이 HDTV에서 UHD TV로 초고화질화로 발전되어 나감으로 구내 인프라의 품질이 더욱 중요해지고 있다.

아날로그 전송방식에서는 전체 End to End 구간의 전송품질이 여러 구간 전송품질의 평균으로 결정되는데 비해, 디지털 전송방식에서는 여러 구간 중 가장 낮은 구간의 전송품질이 전체 구간의 전송 품질을 결정하므로 건축물 구내 케이블 등 인프라의 중요성이 강조되고 있다.

### 4) 착공 전 설계도 검토 및 사용전검사 단계

#### 가) 착공 전 설계도검사

건축 허가관청 통신과에서 통신설계도서를 검토하여 "설계확인결과 통보서"를 건축과로 넘기면 "건축착공신고 필증" 교부시 "설계 확인결과 통보서"를 같이 발부한다. 이때 감리 대상이면 그 사실도 같이 통보한다.

#### 나) 준공단계 사용전검사(감리대상 건축물)

건축 준공단계에서 "정보통신공사 감리결과보고서"["정보통신공사 시행에 관한 규정" 별지 서식(7, 8, 9, 10호)]를 허가 관청으로 제출하면, 특별한 사유가 없는 한 "사용전검사필증"이 발부된다. 감리결과보고서가 접수되었다는 "회신 공문"으로 사용전검사를 통과했다는 것을 인정받는다.

### 5) 사용전검사 대상설비

정보통신(초고속인터넷, 유선 전화, 이동전화)서비스와 방송(지상파 방송, 위성방송, 종합유선방송) 서비스 품질에 관련되는 건물 구내 설비 인프라를 대상으로 한다.

- 구내통신선로설비 공사
- 방송공동수신설비 공사
- 이동통신구내선로설비 공사

### 6) 사용전검사에 대한 감리원 착안 사항

#### 가) 종합유선방송 수신설비(CATV)

"방송공동수신설비 설치기준에 관한 고시"에 따르면 아파트 세대까지 MATV(방송 공동수신 안테나시설)와 CATV(종합유선방송구내 전송선로 설비)를 별도로 구축하게 되어 있다.

이 설비와 별도로 케이블 사업자들은 자체 품질 기준에 맞추기 위해 종합유선방송수신을 위한 수신 인프라를 별도로 시공한다. 이걸 고려하여 아파트 시공자가 처음부터 CATV수신설비를 시공하지 않는 경우가 있는데, 법에 어긋나는 것이므로 지적해야 한다.

LH공사가 발주하는 아파트 건축의 경우, 세대단자함 내부에 MATV용 분배기만 설치하고, CATV용 분배기는 케이블사업자가 설치하도록 여유 공간을 마련해주기도 한다.

### 나) 이동통신 구내 지하층, 지상층 선로 설비

2016년 10월 관련법 개정으로 지하층은 물론이고, 지상층의 이동통신 수신 인프라가 설계 도면에 반영되어야 한다.

건축주는 관로, 전원단자, 접지시설 등을 설치하고, 이통사는 중계기, 급전선, 안테나 등을 설치하는 것으로 역할이 분담되었다. [그림 9-2]는 관련법 개정 전후를 비교한 것이다. 방송통신설비의 기술기준에 관한 규정" 제17조 3(이동통신설비의 설치 장소)을 참조한다.

**그림 9-2 관련법 개정 전후 이동통신 중계설비 의무설치장소 및 역할분담 비교**

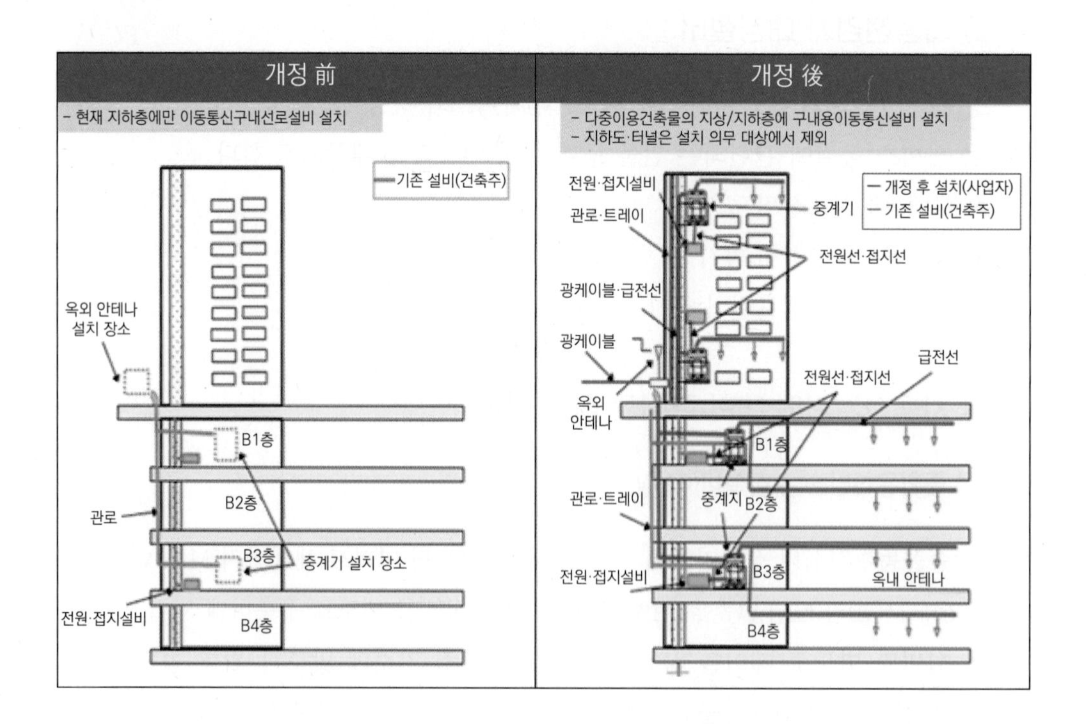

### 다) 재난방송 FM라디오, T-DMB 지하층 수신설비

2014년(미래창조과학부)에 "방송통신발전기본법"을 개정하여 FM 라디오와 함께 T-DMB를 재난방송으로 지정하였고, 2016년 8월 "방송공동수신 설비의 설치기준에 관한 고시"를 개정하여 지하층에 재난방송을 위한 FM 라디오와 T-DMB 수신을 위한 별도의 인프라를 구축하도록 하였다.

여기서 착안해야 할 사항은 "NFSC-505"(무선통신보조 설비의 화재 안전기준) 제5조(누설동축케이블 등) 제1항 1에 "소방전용주파수대에서 전파의 전송 또는 복사에 적합한 것으로서 소방전용의 것으로 할 것. 다만, 소방대 상호 간의 무선연락에 지장이 없는 경우에는 다른 용도와 겸용할 수 있다." 라고 되어 있어, 무선통신보조설비의 누설동축케이블을 FM라디오와 T-DMB용 안테나 연결용으로 공용하는 사례가 있다.

이 문제를 소방방재청 등에 질문을 하면, 지역에 따라 답변이 틀리는 등 완전하게 정리되지 않은 상황이다. 무선통신보조설비가 재난 발생시 사용하는 비상통신이라는 역할을 고려할 때, 다른 부가기능이나 서비스와 공용하는 것이 바람직하지 않은 측면이 있다.

### 라) TV 난시청 해소 대책

"방송공동수신설비 설치기준에 관한 고시"에서 언급하는 전파 조사(전파측정)은 해당 아파트단지 입주민의 TV난시청을 해소하는 관점에서 시행되었다.

아파트 주변 인근지역의 주민들 TV난시청에 대한 대책도 필요하다. 신축 아파트에 대해 TV난시청 민원을 부추켜 배상소송을 제기토록 하는 브로커들의 소송 영업활동에 의해 억지성 TV난시청 민원이 자주 발생하므로 대책이 필요하다.

국내 지상파TV를 시청하는 95% 이상의 가구가 종합유선방송이나 IPTV 등 유료방송을 통해서 시청하는 것을 고려할 때, 대도시 지역에서 TV난시청 대규모 민원은 보상금을 노린 억지성 민원일 가능성이 높다. 억지성 민원일지라도 건축 준공 허가를 원활하게 받으려면 민원을 해소시켜야 하므로 민원에 잘 대처해야 한다.

### 마) 사용전검사 대상 설비 대상 확대 필요성

사용전검사 대상설비가 정보통신감리원이 감리하는 대상설비의 극히 일부분에 해당되므로, 이 대상을 확대하는 것이 바람직하다. 확대 대상 설비로는 우선적으로 홈네트워크설비와 영상정보처리기기(CCTV)설비 등이다. 홈네트워크 설비는 2022년 7월 "지능형 홈네트워크 설비 설치 및 기술기준"의 개정에 따라 홈네트워크의 정보보안이 강화되었기 때문이다.

지자체에 따라 입주민들의 민원이 많이 발생하는 지능형 홈네트워크설비 및 영상정보처리기기(CCTV)설비에 관해서 추가 자료 제출을 요구하는 경우도 있다.

## 2 사용전검사 항목에 대한 기술기준 해설

건축물의 사용허가(준공)을 위해 지자체에서 수행하는 사용전검사 대상은 정보통신설비가 설치되는 150㎡ 이상의 건축물에 설치되는 구내통신 선로설비, 방송공동수신설비와 이동통신구내통신선로 설비 등이다. 다만, 감리대상 건축물(6층 이상, 5000㎡ 이상)은 사용전검사 대상에서 면제가 된다. 이 의미는 감리대상 건축물의 사용전검사를 정보통신감리원에게 일임한 것이다. 그러므로 정보통신감리원은 명확하게 기술기준을 숙지하고 착수단계 때부터 설계도서 등을 검토하여 문제점을 개선하도록 해야 한다.

〈표 9-2〉는 착공전설계도 검토시 사용하는 체크리스트이다. 편의상 〈표 9-2-1〉은 구내통신선로설비 공사, 〈표 9-2-2〉는 방송공동수신설비 공사, 〈표 9-2-3〉은 구내이동통신선로설비 공사용 체크리스트이다. 현장에 배치된 감리원은 설계도서 검토 및 시공관리시 활용하여 정보통신설비가 기술기준 및 법령에 미흡함이 없도록 해야 한다.

### 표 9-2-1 구내통신선로설비 공사

<table>
<tr><th colspan="2">항목</th><th>확인 내용</th><th>확인 결과</th><th>설계 근거</th></tr>
<tr><td colspan="2">방송통신 기자재 규격품</td><td>o 방송통신기자재는 전파법의 적합인증 제품(KC)과 정부인증규격품(KS)을 시공하도록 시방서에 기록이 되어있는가?<br>- 모듈러 잭, 배선반(110블럭) 등</td><td>도번<br>( )<br>결과<br>( )</td><td>o 전파법 제58조의 2</td></tr>
<tr><td colspan="2">회 선 수</td><td>o 국선 수용, 구내회선 구성 및 단말장치 등의 증설을 고려한 충분한 회선확보 설계를 하였는가?<br>- 주거용: 단위 세대당 1회선 이상, 광섬유케이블 2코어 이상<br>- 업무용: 각 업무구역당(10㎡)당 1회선 이상 또는 광섬유케이블 2코어 이상 설계를 하였는가?<br>- 기타건축물: 건축물의 용도를 감안 신축적으로 적용<br>※ 구내 1회선은 4쌍꼬임케이블 기준으로 설계를 하였는가?</td><td>도번<br>( )<br>결과<br>( )</td><td>o 방송통신설비의기술기준 규정 제20조</td></tr>
<tr><td rowspan="2">구내통신실면적</td><td>업무용 건축물</td><td>o 6층 이상이고 연면적 5천㎡ 이상인 경우<br>- 집중구내통신실: 10.2㎡ 이상 1개소를 도면에 면적 표기를 작성하였는가?<br>- 각층별 전용면적별 층구내통신실 확보 여부<br>o 상기 이외의 업무용건축물 집중구내통신실 도면 작성?<br>- 연면적 500㎡ 이상: 10.2㎡<br>- 연면적 500㎡ 미만: 5.4㎡<br>o 설계도면에 구내통신실 위치 및 부대설비 적정 여부<br>- 지상원칙, 침수 및 습기가 들어올 장소는 아닌지 여부 확인과 조명시설 및 통신장비용 전원설비 설계여부</td><td>도번<br>( )<br>결과<br>( )</td><td rowspan="2">o 전기통신사업법 제69조의 2<br>o 방송통신설비의기술준규정 제19조</td></tr>
<tr><td>공동 주택</td><td>o 단지규모별 집중구내통신실 면적을 확보하여 도면에 면적표기를 작성하였는가?(설계도 검토자는 “방송통신설비의 기술기준”에 관한 규정 제19조 별표의 단지 규모별 통신실 면적 확보 기준표에 따라 면적을 설계하였는가?<br>o 설계도면에 구내통신실 위치 및 부대설비 적정 여부<br>- 지상원칙, 침수 및 습기가 들어올 장소는 아닌지 여부 확인과 조명시설 및 통신장비용 전원설비 설계를 하였는가?</td><td>도번<br>( )<br>결과<br>( )</td></tr>
</table>

<table>
<tr><td rowspan="3">국선인입</td><td>지하<br>인입</td><td>o 지하인입관로의 표준도(상세도면) 설계를 하였는가?</td><td>도번<br>( )<br>결과<br>( )</td><td rowspan="3">o 방송통신설비의기술기준규정 제4조, 제5조, 제18조, 제24조, 제25조<br>o 구내통신·선로기술기준 제27조</td></tr>
<tr><td>가공<br>인입</td><td>o 가공인입을 하는 경우 표준도에 맞게 상세도면 설계를 하였는가?</td><td>도번<br>( )<br>결과<br>( )</td></tr>
<tr><td>설치<br>위치</td><td>o 맨홀 · 핸드홀 및 전주등 설치위치 대지분계점내에 설치도면 설계를 하였는가?<br>o 구내로 인입시 합성수지전선관 KS C 8455 사용<br>o 전주의 인입배관의 높이는 지상 20cm ~ 50cm</td><td>도번<br>( )<br>결과<br>( )</td></tr>
<tr><td rowspan="2">인입배관</td><td>확보<br>공수</td><td>o 주거 · 기타건축물: 2공 이상(예비1공 이상 포함)도면 설계를 하였는가?<br>o 업무용건축물: 3공 이상(예비2공 이상 포함)도면 작성하였는가?</td><td>도번<br>( )<br>결과<br>( )</td><td rowspan="2">o 방송통신설비의 기술기준규정 제18조, 제25조<br>o 접지·구내통신·선로기술기준제26조, 제27조</td></tr>
<tr><td>배관의<br>요건</td><td>o 배관의 내경은 선로외경(다조인 경우에는 그 전체의 외경의 2배 이상) 배관 규격을 적용하여 설계를 하였는가?<br>o 공동주택 배관 내경 계산하고 설계를 하였는가?<br>- 20세대 이상: 최소 54mm 이상<br>- 20세대 미만: 최소 36mm 이상</td><td>도번<br>( )<br>결과<br>( )</td></tr>
<tr><td rowspan="2">옥내배관</td><td>배관의<br>요건</td><td>o 내부식성 금속관 또는 KS C(한국산업규격) 8454 동등 규격 이상의 합성수지제 전선관 설계를 하였는가?<br>o 수용케이블 배관 내경 계산된 도면작성 하였는가?<br>- 배관 단면적의 32% 이하로 케이블 수용<br>o 국선단자함과 장치함 구간 28mm 배관 도면 작성하였는가?</td><td>도번<br>( )<br>결과<br>( )</td><td rowspan="2">o 방송통신설비의기술기준규정 제18조<br>o 접지·구내통신·선로기술기준 제28조, 제33조</td></tr>
<tr><td>건물간<br>선계</td><td>o 간선계와 동등한 1공 이상의 예비공 도면 작성하였는가?<br>o 트레이 · 닥트설치의 경우 적정하게 도면 작성하였는가?<br>- 여유공간 확보 및 닥트내부 조명시설 도면 작성했는가?</td><td>도번<br>( )<br>결과<br>( )</td></tr>
</table>

<table>
<tr><td></td><td>수평<br>배선계</td><td>o 성형구조 또는 성형배선으로 설계를 하였는가?</td><td>도번<br>( )<br>결과<br>( )</td><td></td></tr>
<tr><td></td><td>이격<br>거리</td><td>o 강전류 전선과의 이격거리 도면 작성하였는가?<br>- 300V 이하: 6㎝ 이상(벽내 규정 없음)<br>- 300V 초과: 15㎝ 이상(벽내 규정 없음)<br>- 전기 전선과 이격거리는 10cm 이상, 도시가스배관과는 혼촉되지 않도록 도면 작성하였는가?</td><td>도번<br>( )<br>결과<br>( )</td><td>o 방송통신설비의기술기준규정 제8조<br>o 구내통신·선로기술기준 제23조</td></tr>
<tr><td rowspan="3">통<br>신<br>단<br>자<br>함</td><td>국선<br>단자함</td><td>o 주단자함 · 주배선반 설치<br>- 300회선 미만: 주단자함 또는 주배선반 도면 작성하였는가?<br>- 300회선 이상: 주배선반<br>o 가입자보호기 설치하도록 도면 작성하였는가?<br>o 실내설치, 설치장소 · 설치높이(30㎝ 이상) 상세도면을 작성하였는가?<br>- 접지단자대 설치,전원단자 설치 상세도면 작성하였는가?<br>o 단자함 크기는 400×500×80mm 이상 도면 작성하였는가?</td><td>도번<br>( )<br>결과<br>( )</td><td rowspan="3">o 방송통신설비의기술기준규정 제5조, 제18조, 제20조<br>o 접지·구내통신·선로기술기준 제29조, 제30조, 제33조</td></tr>
<tr><td>중간<br>단자함</td><td>o 배관굴곡점, 분기위치에 설치하도록 도면 작성하였는가?<br>o 광케이블 인입시 전원단자 설치하도록 도면 작성하였는가?</td><td>도번<br>( )<br>결과<br>( )</td></tr>
<tr><td>세대<br>단자함</td><td>o 공동주택시 세대별 설치 도면 작성하였는가?<br>o 단자함 크기는 300×400×80mm 이상으로 설계를 하였는가?</td><td>도번<br>( )<br>결과<br>( )</td></tr>
<tr><td>구<br>내<br>배<br>선</td><td>케이블<br>성능</td><td>o 케이블은 100.0(㎒)을 사용하도록 시방서에 작성하였는가?<br>- 반사손실(dB) 기준값10.0 이상, 감쇠(dB)기준값 24.0 이하, 근단누화손실(dB) 30.1 이상, 근단누화전력합손실(dB) 27.1이상, 원단감쇠대누화비(dB) 17.4 이상, 원단감쇠대누화비전력합(dB) 14.4 이상</td><td>도번<br>( )<br>결과<br>( )</td><td>o 접지·구내통신·선로기술기준 제32조,제33조</td></tr>
</table>

<table>
<tr>
<td rowspan="4">구내<br>배선</td>
<td>광섬유<br>케이블<br>성 능</td>
<td>o 공사시방서에 사용하는 케이블은 다음의 성능 이상 급을 사용하도록 설계를 하였는가?<br>가. 공동주택 및 업무용건축물<br>
<table>
<tr><th>종류</th><th>파장 (nm)</th><th>채널손실</th></tr>
<tr><td rowspan="2">단일모드</td><td>1,310</td><td>7㏈ 이하</td></tr>
<tr><td>1,550</td><td>7㏈ 이하</td></tr>
<tr><td rowspan="2">다중모드</td><td>850</td><td>13㏈ 이하</td></tr>
<tr><td>1,300</td><td>9㏈ 이하</td></tr>
</table>
주) 링크성능은 집중구내통신실에서 광섬유케이블의 종단(세대단자함 또는 인출구)까지의 기준임<br>나. 공동주택 외 주거용 건축물 및 기타 건축물<br>
<table>
<tr><th>종류</th><th>파장(nm)</th><th>채널손실</th></tr>
<tr><td rowspan="2">단일모드</td><td>1,310</td><td>3.45㏈ 이하</td></tr>
<tr><td>1,550</td><td>3.45㏈ 이하</td></tr>
</table>
주) 링크성능은 국선단자함에서 광섬유케이블의 종단(세대 단자함 또는 인출구)까지의 기준임</td>
<td>도번<br>( )<br>결과<br>( )</td>
<td rowspan="2">o 접지·구내통신·선로 기술기준 제32조, 제33조</td>
</tr>
<tr>
<td>배선<br>방식</td>
<td>o 주거용건축물(공동주택)<br>- 세대단자함에서 각 실별 인출구간 성형배선 하도록 설계를 하였는가?<br>o 업무용 및 기타 건축물<br>- 층 단자함에서 각 인출구간 성형배선 하도록 설계를 하였는가?</td>
<td>도번<br>( )<br>결과<br>( )</td>
</tr>
<tr>
<td>절연<br>저항</td>
<td>o 선로 상호간 · 대지간: 10㏁ 이상</td>
<td></td>
<td>o 기술기준규정 제12조</td>
</tr>
<tr>
<td>건물<br>용도별<br>링크<br>성능</td>
<td>o 시방서에 구간별 링크성능을 작성하였는가?<br>- 주거용: 100㎒ 이상(국선단자함에서 인출구까지, 동단자함이 설치된 경우 동단자함에서 인출구까지)<br>- 업무용, 기타: 100㎒ 이상(층단자함에서 인출구까지)</td>
<td>도번<br>( )<br>결과<br>( )</td>
<td>o 구내통신·선로기술 기준 제33조</td>
</tr>
<tr>
<td>종단</td>
<td>종단<br>장치</td>
<td>o 모듈러잭(6핀, 8핀), 광인출구 설치하도록 설계를 하였는가?</td>
<td>도번<br>( )<br>결과<br>( )</td>
<td>o 구내통신선로기술 기준 제31조</td>
</tr>
</table>

| 기타 | 예비 전원 설비 | o 국선 10회선 이상인 구내교환설비 예비전원 설치하도록 설계를 하였는가?<br>- 정전시 최대 부하전류를 3시간 이상 공급할 수 있는 축전지 또는 발전기 설계를 하였는가? | 도번<br>( )<br>결과<br>( ) | o 방송통신 기술기준 규정 제10조<br>o 구내통신선로기술기준 제34조 |
|---|---|---|---|---|
| | 접지 설비 | o 다음의 경우는 100Ω 접지를 하도록 설계를 하였는가?<br>• 선조·케이블 일정 간격으로 시설하는 접지<br>• 국선 수용 회선이 100회선 이하인 주배선반<br>• 보호기를 설치하지 않는 구내통신단자함<br>• 구내통신선로설비 전송, 제어신호용 쉴드접지 접지선: 1.6㎜ 이상의 절연전선 사용<br>o 100Ω 접지 이외는 10Ω접지하도록 설계를 하였는가? | 도번<br>( )<br>결과<br>( ) | o 방송통신설비의기술기준규정 제7조<br>o 접지·구내통신·선로기술기준 제4조, 제5조 |

## 표 9-2-2 방송공동수신설비 공사

### 1) 장치함

| 항목 | | 확인 내용 | 확인 결과 | 근거 |
|---|---|---|---|---|
| 장치함 | 장치함 | o 장치함의 내부에는 절연 보조 장치, 잠금장치 및 통풍구 등이 설치되도록 설계를 하였는가?<br>o 장치함은 계단이나 복도 등 실내의 공용부분에 설치되도록 설계를 하였는가?<br>o 장치함의 크기는 증폭기, 분배기, 분기기, 보호기 및 케이블 등 필요한 설비를 수용할 수 있는 충분한 공간을 확보하기 위해 600×700×80mm 이상이 되도록 설계를 하였는가?<br>o 증폭기·분배기 등 서로 간에 신호의 간섭이 없도록 설계를 하였는가?<br>o 장치함은 각 층(지하층 포함)에 설치되는 층 장치함과 접속할 수 있도록 설계를 하였는가? | 도번<br>( )<br>결과<br>( ) | o 방송공동수신설비의 설치 기준에 관한 고시 제3조의 2 |
| | 층장치함 | o 층 장치함은 각 세대별 단자함과 접속할 수 있도록 설치하였는가? 다만, 지하층에 설치되는 층 장치함에는 에프엠(FM)라디오 및 이동멀티미디어방송을 수신할 수 있는 중계기용 무선기기를 설치하되, 옥상 등의 수신안테나와 연결하였는가? | 도번<br>( )<br>결과<br>( ) | o 방송공동수신설비의 설치 기준에 관한 고시 제3조의 2 |
| | 세대별 단자함 | o 각 세대별 단자함층 장치함으로부터 인입되는 지상파방송, 위성방송 및 종합유선방송을 각각 수신할 수 있도록 선로를 설계하였는가?<br>o 선로에는 출력단자의 임피던스가 75Ω인 분배기 및 직렬단자를 설치하여 설계를 하였는가? | 도번<br>( )<br>결과<br>( ) | o 방송공동수신설비의 설치 기준에 관한 고시 제3조의 2 |

### 2) 증폭기

| 항목 | 확인 내용 | 확인 결과 | 근거 |
|---|---|---|---|
| 증폭기 | o 수신안테나로부터 입력된 신호를 수신 주파수대역별로 분리 증폭한 후 이를 다시 혼합하여 출력하거나 전 대역을 광대역으로 증폭하도록 설계를 하였는가?<br>1. 수동으로 출력신호의 세기를 조정할 수 있을 것<br>2. 지상파방송, 위성방송의 신호를 균일하게 증폭할 수 있을 것<br>3. 케이블 또는 별도의 전력선으로부터 전원을 공급받을 수 있어야 하고, 공급되는 전원을 수동으로 연결하거나 차단할 수 있을 것<br>o 건축물의 벽이나 바닥 안에 설치하는 증폭기와 분배기 등의 장치는 외부에서 교체하기 쉬운 장치함에 설치하도록 설계를 하였는가?<br>1. 54~806㎒용 증폭기<br>2. 54~2150㎒용 증폭기<br>3. 광(光)증폭기<br>o 케이블의 특성에 의하여 자연적으로 감쇄된 상향신호 및 하향신호를 분리하여 증폭하는 기능으로 설계를 하였는가?<br>o 수동으로 증폭기능을 조정할 수 있는 제품으로 설계를 하였는가?<br>o 등화기 및 감쇄기로 입력레벨을 등화 또는 감쇄할 수 있는 제품으로 설계를 하였는가?<br>o 전원을 수동으로 연결 또는 차단할 수 있어야 하며, 접지단자가 있는 제품으로 설계를 하였는가?<br>o 건축물의 벽이나 바닥 안에 설치하는 증폭기와 분배기 등의 장치는 외부에서 교체하기 쉬운 장치함에 설치하여야 하고, 이들 장치와 접속하는 동축케이블이나 광케이블은 적당한 길이의 여장을 가져야 한다. | 도번 ( )<br>결과 ( ) | o 방송공동수신설비 기준 고시 제11조 제3항, 제16조, 제25조, 제7조 제5항 |

### 3) 안전조건

| 항목 | | 확인 내용 | 확인 결과 | 근거 |
|---|---|---|---|---|
| 안전조건 | 보호기 | o 방송 공동수신설비에는 보호기를 설치하여야 한다.<br>o 보호기의 성능 및 접지에 관하여는 "방송통신설비의 기술기준에 관한 규정" 제7조를 준용하여 설계를 하였는가? | 도번 ( )<br>결과 ( ) | o 방송공동수신설비의설치 기준에 관한 고시 제4조, 제11조 제3항 |
| | 전원설비 | o 방송공동수신설비 중 DMB설비의 전원시설은 정전 시에도 항상 방송수신을 유지할 수 있도록 비상전원 공급이 가능한 회로를 구성하여 설계를 하였는가? | 도번 ( )<br>결과 ( ) | o 방송공동수신 설비의 설치 기준에 관한 고시 제4조 제4항 |

### 4) 설계 전 조사

| 항목 | | 확인 내용 | 확인 결과 | 근거 |
|---|---|---|---|---|
| 설계 전 전파 조사 | 설계도서 | o 설계를 하기 전에 수신 전계강도 등 필요한 전파조사를 하고 설계를 하였는가?<br>o 방송 공동수신 안테나 시설을 설치할 건축물의 규모와 형태 등을 고려하여 설계를 하였는가?<br>o 설계를 할 때에 방송신호의 손실이 가장 많은 경로에 접속되는 직렬단자에서의 예상 신호의 세기를 설계 도서에 적어 넣었는가? | 도번 ( ) 결과 ( ) | o 방송공동수신 설비의 설치기준에 관한 고시 제8조, 제9조 |
| | 시공 | o 정보통신공사업자가 전파조사를 하였을 경우 예상 신호의 세기를 설계 도서에 적어 설계를 하였는가? | | |

### 5) 구내배관

| 항목 | | 확인 내용 | 확인 결과 | 근거 |
|---|---|---|---|---|
| 구내배관 | 구내관로의 배관 | o 배관은 외부의 압력 또는 충격 등으로부터 선로를 보호할 수 있고, 부식에 강한 금속관 또는 통신용 합성수지관을 사용하여 설계를 하였는가?<br>o 배관의 안지름은 배관에 들어가는 케이블 단면적의 총합계가 배관 단면적의 32% 이하가 되도록 하여 설계를 하였는가?<br>o 배관의 굴곡은 가능하면 완만하게 처리하여야 하고, 곡률반지름은 배관 안지름의 6배 이상으로 설계를 하였는가?<br>o 장치함부터 세대단자함까지 또는 장치함에서 다른 장치함까지 등 한 구간의 배관은 굴곡 부분은 3개소 이하로 설계를 하였는가?<br>o 1개소의 굴곡 각도는 직선상태의 배관이 꺾이는 각도가 90° 이하로 하며, 그 꺾인 각도의 합계는 180° 이하로 하고 배선의 교체와 증설시공이 쉽도록 설계를 하였는가? | 도번 ( ) 결과 ( ) | o 방송공동수신 설비의 설치 기준에 관한 고시 제7조 |
| | 케이블 여분 | o 장치와 접속하는 동축케이블이나 광케이블은 적당한 길이의 여분을 가지도록 설계를 하였는가? | 도번 ( ) 결과 ( ) | o 방송공동수신설비의 설치기준에 관한 고시 제7조 제5항 |

### 6) 구내배선

<table>
<tr><th>항목</th><th>확인 내용</th><th>확인<br>결과</th><th>근거</th></tr>
<tr><td>광케이블</td><td>o 광(光)케이블<br><table><tr><th>광섬유 케이블</th><th colspan="2">단일모드광섬유(SMF)</th></tr><tr><td>파장(nm)</td><td>1310</td><td>1550</td></tr><tr><td>손실(dB/㎞)</td><td>0.5 이하</td><td>0.4 이하</td></tr></table>- 광배선구간이 짧을 경우에는 광섬유의 크래딩에 가해지는 광 파워가 수신기에 과부하를 주지 아니하도록 설계를 하였는가?<br>- 공동주택(특등급)의 경우에는 전송데이터가 집중되는 구내간선계는 단일모드 광섬유케이블(SMF)을 설치할 것을 권장 설계를 하였는가?</td><td>도번<br>( )<br>결과<br>( )</td><td>o 방송공동수신설비의 설치기준에 관한고시 제7조, 제11조 제3항</td></tr>
<tr><td>구내배선</td><td>o 방송 공동수신설비의 구내배선(이하 “구내배선”이라 한다)은 동축케이블 또는 광섬유케이블을 사용하여야 하며, 성형배선으로 설계를 하였는가?<br>- 실내에서는 직렬단자를 활용하여 분배, 분기하였는가?<br>o 구내배선 설계<br>1. 방송 공동수신 안테나 시설 및 종합유선방송 구내전송선로설비의 배선은 장치함까지 각각 단독으로 설계하였는가?<br>2. 공동주택(세대 내에서 분기가 없는 기숙사 및 「주택법 시행령」 제3조 제1항 제2호의 규정에 따른 원룸형 주택의 모든 요건을 갖춘 주택은 제외한다)인 경우에는 세대단자함까지 따로 설계하고 세대내는 성형배선으로 설계 하였는가?<br>o 구내배선 상호간 또는 그 밖의 사용설비와 접속할 때에는 접속기구(커넥터)를 사용하도록 설계를 하였는가?<br>o 구내배선은 통신용 케이블이 들어오는 세대단자함을 같이 사용할 수 있으며, 통신용 배관을 이용하여 배선을 할 경우에는 통신용 케이블의 손상 등으로 인한 통신소통에 지장이 없도록 설계를 하였는가?</td><td>도번<br>( )<br>결과<br>( )</td><td>o 방송공동수신설비의 설치기준에 관한고시 제7조의 2</td></tr>
</table>

### 7) 지상파TV, 위성방송, FM라디오방송설비, DMB방송 안테나

| 항목 | 확인 내용 | 확인 결과 | 근거 |
|---|---|---|---|
| 방송통신기 자자재와 방송주파수 대역에 적합한 설계 | o 방송통신기자재는 전파법의 적합인증 제품과 정부인증규격품을 사용하도록 시방서에 기록이 되어있는가?<br>o 방송 공동수신 안테나 시설은 수신 안테나로부터 들어오는 방송의 신호를 주파수의 변환 없이 그대로 전송하도록 설계를 하였는가?<br>o 방송 주파수 대역<br>- 지상파TV방송: 54~805.75㎒, FM라디오방송 : 88~107.9㎒<br>o 위성방송 할당주파수대: 950~2150㎒<br>o 이동멀티미디어방송 할당주파수대역(174~216㎒) | 도번<br>( )<br>결과<br>( ) | o 전파법 제58조의 2<br>o 방송공동수신 설비기준고시 제10조 |
| 지상파 수신 안테나 | o 수신안테나 설치 상세 설계도면을 작성하였는가?<br>o 수신안테나는 지상파방송, 위성방송 신호를 잘 수신할 수 있도록 기계적·화학적으로 내구성이 우수한 안테나를 설계를 하였는가?<br>o 수신안테나와 동축케이블의 접속부는 방수구조이어야 하며, 동축케이블과 직접 접속할 수 있어야 한다.<br>o 수신안테나는 모든 채널의 지상파방송, 위성방송 신호를 수신할 수 있도록 안테나를 구성하여 설치하도록 설계도면을 작성하였는가?<br>o 둘 이상의 건축물이 하나의 단지를 구성하고 있는 경우에는 한조의 수신안테나를 설치하여 이를 공동으로 사용할 수 있도록 설계도면을 작성하였는가?<br>o 수신안테나는 벼락으로부터 보호될 수 있도록 설치하되, 피뢰침과 1m 이상의 거리를 두어 설치하도록 설계도면을 작성하였는가?<br>o 수신안테나를 지지하는 구조물은 풍하중을 견딜 수 있도록 견고하게 설치하도록 설계도면을 작성하였는가? | 도번<br>( )<br>결과<br>( ) | o 방송공동수신 설비 기준고시 제11조 제3항, 제12조, 제13조 |

### 8) 분배기, 직렬단자

| 항목 | | 확인 내용 | 확인 결과 | 근거 |
|---|---|---|---|---|
| 신호 분배<br><br>아울렛 | 분배기<br><br>분기기 | o 방송 신호를 임피던스의 변화 없이 분배하거나 분기할 수 있는 제품으로 설계하였는가?<br>o 유휴 분배단자와 유휴 분기단자는 75Ω으로 종단할 수 있도록 설계하였는가?<br>o 분배기와 분기기는 기술기준에 맞는 제품을 설계하였는가?<br>o 분배기와 분기기<br>가. 54~806㎒용, 나. 54~2150㎒용, 다. 광증폭기 | | |

<table>
<tr>
<td></td>
<td>직<br>렬<br>단<br>자</td>
<td>
ㅇ 방송 공동수신 안테나 시설의 질적 수준(제22조)
<table>
<tr><th colspan="2">측 정 항 목</th><th>기 준 값</th></tr>
<tr><td colspan="2">주파수대역</td><td>54~2,150MHz</td></tr>
<tr><td rowspan="4">출력레벨<br>(75Ω 연결 시)</td><td>아날로그채널(FM포함)</td><td>55~85dBμV</td></tr>
<tr><td>디지털 채널(8VSB)<br>초고화질채널<br>(OFDM, QAM)</td><td>37~67dBμV<br>39~69dBμV</td></tr>
<tr><td>이동멀티미디어방송채널</td><td>23~53dBμV</td></tr>
<tr><td>디지털위성방송채널</td><td>36~66dBμV</td></tr>
<tr><td rowspan="2">채널 간의<br>레벨 차</td><td>인접사용 채널 간</td><td>5dB 이내</td></tr>
<tr><td>비인접사용 채널 간</td><td>10dB 이내</td></tr>
<tr><td rowspan="4">신호대잡음비<br>(S/N비)</td><td>아날로그 채널</td><td>삭제</td></tr>
<tr><td>디지털 채널(8VSB)<br>초고화질채널<br>(OFDM, QAM)</td><td>22dB 이상<br>24dB 이상</td></tr>
<tr><td>이동멀티미디어방송채널</td><td>14dB 이상</td></tr>
<tr><td>디지털위성방송채널</td><td>14dB 이상</td></tr>
</table>
가. 기준 값은 댁내 직렬단자에서의 질적 수준(단, 안테나 최초 입력신호의 S/N비가 미달할 경우 정상품질의 신호원 인가 시 기준)이며, 이동멀티미디어방송 기준 값은 지하층의 층 단자함에서의 질적 수준을 말하고, 측정항목 중 출력레벨은 채널전력을 말한다.
</td>
<td>도번<br>( )<br>결과<br>( )</td>
<td>ㅇ 방송공동수신설비기준고시 제11조 제3항, 제17조 제24조, 제26조</td>
</tr>
</table>

#### 9) DMB 방송 중계기 설치

| 항목 | | 확인 내용 | 확인결과 | 근거 |
|---|---|---|---|---|
| 중계기 배관 배선 | 인입 방법 | ㅇ 옥상의 DMB 안테나에서 지하층 중계기까지 인입용 배관과 배선은 기술기준에 적합하게 설계하였는가?<br>ㅇ 관로의 길이가 40m 초과할 경우 접속함 설계하였는가? | 도번<br>( )<br>결과<br>( ) | ㅇ 접지·구내통신·선로기술기준 제35조~제39조 |
| | 배관 설치 | ㅇ 옥외 안테나와 최초 장치함이나 중계기설치 장소까지 22mm 배관 2공(주: 1공, 예비: 1공)의 배관을 설계하였는가? | | |

| 항목 | | 확인 내용 | 확인 결과 | 근거 |
|---|---|---|---|---|
| 중계기 설치 | 전원 설비 | o 중계기 설치장소의 접속함에 AC 220V 전원단자 1개 이상 설계하였는가? | 도번 ( ) 결과 ( ) | o 접지·구내통신·선로기술기준 제35조 ~제39조 |
| | 접속함 | o 중계기 접속함 위치는 유지관리가 쉬운 장소에 설계 여부<br>o 중계기 접속함의 접지저항은 100Ω 접지 설계하였는가? | | |

### 10) 종합유선방송 구내전송선로설비

| 항목 | | 확인 내용 | 확인 결과 | 근거 |
|---|---|---|---|---|
| 인입 증폭기 분배기 | 설치 범위 | o 종합유선방송 구내전송선로설비는 도로와 택지 또는 건축물의 경계점으로부터 세대단자함까지 시공하였는가? | 도번 ( ) 결과 ( ) | o 방송공동수신설비기준고시 제23조, 제25조, 제26조, 제28조, 제30조 |
| | 인입 접속점 | o 방송법 제79조 제3항의 규정에 의하여 종합유선방송사업자 또는 전송망사업자가 설치한 전송선로설비를 구내전송선로설비와 연결하기 위한 접속점은 구내전송선로설비중 보호기의 인입커넥터로 연결이 되도록 시공하였는가? | | |
| | 증폭기 | o 구내전송선로설비에 사용되는 증폭기는 다음 각 호의 기준에 적합하게 시공하였는가?<br>1. 케이블의 특성에 의하여 자연적으로 감쇄된 상향신호 및 하향신호를 분리하여 증폭하는 기능이 있을 것<br>2. 수동으로 증폭기능을 조정할 수 있을 것<br>3. 등화기 및 감쇄기로 입력레벨을 등화 또는 감쇄할 수 있을 것<br>4. 전원을 수동으로 연결 또는 차단할 수 있어야 하며 접지단자를 구비할 것 | | |
| | 분배기 분기기 | o 분배기와 분기기는 기준에 맞게 시공하였는가?<br>1. 종합유선방송 신호를 임피던스의 변화 없이 분배하거나 분기할 수 있을 것<br>2. 유휴분배단자와 유휴 분기단자는 사용회선에 영향을 미치지 아니하도록 75Ω으로 종단할 것 | | |
| | 단말 측정 출력 레벨 | o 도면의 공사시방서에 각 아울렛 측정시 출력레벨 값을 표기하였는가? | 도번 ( ) 결과 ( ) | o 방송공동수신설비기준고시 제30조 기준값은 댁내 직렬단자에서의 질적수준이고, 출력레벨은 채널전력을 말한다(2017.01.02 개정). |

| 측정항목 | | | 기준값 |
|---|---|---|---|
| 주파수범위 | | | 54~1,002㎒ |
| 출력레벨 (75Ω 연결 시) | 아날로그 채널 | | 55~85㏈㎶ |
| | 디지털 채널 | 8VSB | 37~67㏈㎶ |
| | | QPSK | 29~59㏈㎶ |
| | | 64QAM | 35~65㏈㎶ |
| | | 256QAM | 42~72㏈㎶ |
| 채널간 레벨차 | 인접사용 채널 간 | | 5㏈ 이내 |
| 신호대 잡음비 (S/N비) | 아날로그 채널 | | 40㏈ 이상 |
| | 디지털 채널 | 8VSB | 22㏈ 이상 |
| | | QPSK | 14㏈ 이상 |
| | | 64QAM | 20㏈ 이상 |
| | | 256QAM | 27㏈ 이상 |

## 표 9-2-3 구내이동통신선로설비 공사

| 항목 | | 확인 내용 | 확인 결과 | 근거 |
|---|---|---|---|---|
| 인입 설비 | 인입 방법 | o 이동통신사업자의 케이블이 지하인입이 되도록 급전선 인입표준도에 따라 설계하였는가?<br>o 관로의 길이가 40m 초과할 경우 접속함 사용 | 도번 ( )<br>결과 ( ) | o 방송통신설비의 기술기준규정 제17조, 제18조<br>o 접지·구내통신·선로기술기준 제35조~제39조,제28조, 제4항, 제1호, 제5항 |
| | 배관의 요건 | o 옥외안테나와 최초 장치함(중계장치)간 3공 설계하였는가? | | |
| | | o 배관의 내경은 32mm 또는 급전선 외경(다조인 경우에는 그 전체의 외경)의 2배 이상 설계하였는가? | | |
| | | o 배관은 외부의 압력 또는 충격 등으로부터 선로를 보호할 수 있는 기계적 강도를 가진 내부식성 금속관 또는 한국산업표준 KS C 8454 (지하에 매설되는 배관의 경우에는 KS C 8455) 동등규격 이상의 합성수지제 전선관을 사용 설계하였는가?<br>o 배관의 내경은 배관에 수용되는 케이블단면적의 총합계가 배관 단면적의 32% 이하 설계하였는가? | | |

| | | | | |
|---|---|---|---|---|
| | | o 배관의 굴곡은 완만하게 처리, 곡률반경은 배관내경의 6배 이상 설계하였는가?<br>o 배관의 1구간에 있어서 굴곡개소는 3개소 이내, 1개소의 굴곡 각도는 90° 이내, 3개소의 합계는 180° 이내<br>o 지하 건축물, 시설이 다층일 경우는 관로를 구성하고 지하 공간의 최상위층(기지국의 송수신장치 또는 중계장치 설치장소층)에서 각각의 하위층으로 관로를 구성<br>o 지하 1층을 포함한 건물 높이가 30m를 초과하는 경우 지하층에서 지상층으로 연결되는 환풍구 또는 별도의 배관설치 등을 통해 구성 가능 설계하였는가? | | |
| 중계기 설치 장소 | 전원 설비 | o 2KW이상 상용전원 AC 220V, 전원단자 3개 이상 설계하였는가? | | |
| | 접지 | o 중계장치 설치장소에 접지 설계하였는가?(100Ω 권장) | | |
| | 중계장치 장소확보 | o 기지국의 송수신장치, 중계장치 설치장소는 먼지나 유해가스로부터 격리된 장소의 급전선 인입관로와 최단거리에 가로 2m, 세로 1m, 높이 2m의 공간 확보 설계<br>o 기지국의 송수신장치 또는 중계장치 설치장소는 관로의 분계점에 가까운 곳으로 이동통신서비스 및 휴대인터넷서비스 등을 제공받기에 편리한 장소, 건축물의 지하층이 여러 층인 경우에는 매 2개 층마다 확보 설계 | | |
| | 접속함 | o 접속함의 접지저항은 100Ω 접지(권장) 설계하였는가?<br>o 접속함 위치는 유지관리가 쉬운 장소에 설계하였는가? | | |
| 안테나 설치 장소 | 옥외 안테나 | o 옥외안테나 설치장소는 2개 장소로서 각각 가로 2m, 세로 2m, 높이 5m의 장소를 확보 설계하였는가? | | |
| | 옥내 안테나 | o 송수신용 안테나의 설치장소 설계하였는가? | | |

사용전검사 관련된 관련 법령 및 고시는 아래항목을 참조하기 바란다.

- ◆ "방송통신발전 기본법"
- ◆ "방송통신설비의 기술기준에 관한 규정"(대통령령)
- ◆ "방송 공동수신설비의 설치기준에 관한 고시"(과기정통부 고시)
- ◆ "접지설비·구내통신설비·선로설비 및 통신공동구 등에 대한 기술기준"(국립전파연구원 고시)
- ◆ "단말장치기술기준"(국립전파연구원 고시)

## 3 다양한 사용전검사 사례에 관한 Q&A

건설 현장에서 실무적으로 자주 발생하는 사용전검사에 대한 애매모호하고 복잡한 상황에 관한 Q&A를 관련법을 근거로 사례를 아래와 같은 순서로 설명토록 한다. 잘 숙지하여 설계도서 검토 및 시공관리시 참조하기 바란다.

- ◆ "방송통신설비의 기술기준에 관한 규정"
- ◆ "접지설비·구내통신설비·선로설비 및 통신공동구 등에 대한 기술 기준"
- ◆ "방송공동수신설비의 설치기준에 관한 고시"

### 1) "방송통신설비의 기술기준에 관한 규정" 관련 분야

Q1) 아파트, 업무시설 등 지하 주차장에 이동통신설비를 어떻게 시공해야 하는가?

ANS)

"방송통신설비의 기술기준에 관한 규정" 제17조 2(구내용 이동통신의 설치대상)에 구내용 이동통신설비 설치대상이 규정되어 있는데, 연면적 합계가 1000㎡ 이상인 건축물로서 다중이용 건축물이나 지하층이 있는 건축물, 도시철도시설이 대상이 된다. 설치장소는 방송 통신설비의 기술기준에 관한 규정" 제17조의 3(이동통신설비의 설치 장소)에서 규정하는 [별표 1] "구내용이동통신설비의 설치장소"와 같다(2017년 4월 25일).

〈표 9-3〉은 제17조 3(이동통신설비의 설치장소)의 [별표 1] "구내용 이동통신설비의 설치장소"이다.

**표 9-3 구내용 이동통신설비의 설치 장소**

| 구분 | 설치대상 | 설치장소 |
|---|---|---|
| 1.「전기통신사업법」 제69조의2 제1항 제1호, 이 영 제17조의2 제1항 및 제2항에 따른 건축물 | 가.「건축법 시행령」 제2조 제17호에 따른 다중이용 건축물(주택단지에 건설된 건축물은 제외한다) | 각 지하층 및 각 지상층 |
| | 나. 가목에 해당하지 않는 지하층이 있는 건축물(공중이 이용하는 지하도 · 터널 · 지하상가 및 지하에 설치하는 주차장 등 지하건축물을 포함한다) | 각 지하층 |
| 2.「전기통신사업법」 제69조의2 제1항 제2호 및 이 영 제17조의2 제3항에 따른 주택 및 시설 | 가. 제24조의 2 제1항에 따라 협의하여 지상층에 이동통신구내중계설비를 설치하기로 한 주택 및 시설 | 각 지하층 및 과학기술정보통신부장관이 정하여 고시하는 기준에 적합한 지상층 |
| | 나. 가목에 해당하지 않는 지하층이 있는 주택 및 시설 | 각 지하층 |
| 3.「전기통신사업법」 제69조의2 제1항 제3호에 따른 도시철도시설 | 과학기술정보통신부장관이 정하여 고시하는 기준에 적합한 장소 | |

Q2) 필지가 분할된 대지에 동일 건축주가 2개의 건물을 각각 사업승인 예정으로 건축하는 경우, 집중구내통신실을 공동으로 구축 가능한지?

ANS)

"전기통신사업법 시행령" 제8조(구내의 범위)에서 규정하는 구내의 범위에 해당되는 경우 인입배관과 MDF설비를 공동 사용이 가능하나, 건물이 각각 승인 예정이므로 한개의 집중구내통신실로 설치하는 것은 기술기준에 부합되지 않으며, 설치 및 유지보수에도 어려움이 따를 것으로 판단되며, 향후 건물이 소유자가 변경되거나 용도가 변경되는 경우를 대비하여 각각 구축하는 것이 바람직하다.

Q3) 업무용과 주거용이 아닌 건축물의 구내통신실 면적 산출 근거는 어떻게 되는가?

ANS)

"방송통신설비의 기술기준에 관한 규정" 제19조(구내통신실의 면적 확보) [별표2] "업무용 건축물의 구내통신실 면적 확보기준"과 [별표3] "공동주택의 구내통신실 면적 확보기준"에서 업무용 건축물과 주거용 건축물 중 구내통신실 면적 확보기준을 규정하고 있으나, 업무용 건축물은 집중구내통신실과 층구내통신실을 규정하고 있는데 비해, 주거용 건축물은 집중구내통신실만 규정하고 있다.

일반적으로 공동주택의 경우, 집중구내통신실(단지통신실), 동구내통신실, 층구내통신실 등을 설치하고 있다. 정보통신설비의 설치 및 원활한 유지보수를 위하여 적절한 공간을 확보하도록 권장한다.

Q4) 층구내통신실(TPS실) 설치 조건은 어떻게 되는가?

ANS)

“방송통신설비의 기술기준 규정” 제19조(구내통신실의 면적 확보)의 (표 9-4)의 “업무용 건축물의 구내통신실 면적확보기준”에 따르면 6층 이상이고, 연면적 5000m$^2$이상인 업무용 건물은 층구내통신실을 각 층별 면적에 따라 1개소 이상 설치해야 한다.

예를 들어 각 층별 전용면적이 1000m$^2$ 이상인 경우, 각 층별로 10.2m$^2$ 이상의 층구내통신실을 1개소 이상 설치해야 하며, 2개소 이상으로 분리 설치하는 경우에는 5.4m$^2$ 이상으로 해야 한다.

**표 9-4 업무용 건축물의 구내통신실면적확보 기준-[별표2]**

| 건축물 규모 | 확보 대상 | 확보 면적 |
|---|---|---|
| 1. 6층 이상이고 연면적 5천m$^2$ 이상인 업무용 건축물 | 가. 집중구내통신실 | 10.2m$^2$ 이상으로 1개소 이상 |
| | 나. 층구내통신실 | 1) 각 층별 전용면적이 1000m$^2$ 이상인 경우에는 각 층별로 10.2m$^2$ 이상으로 1개소 이상<br>2) 각 층별 전용면적이 800m$^2$ 이상인 경우에는 각 층별로 8.4m$^2$ 이상으로 1개소 이상<br>3) 각 층별 전용면적이 500m$^2$ 이상인 경우에는 각 층별로 6.6m$^2$ 이상으로 1개소 이상<br>4) 각 층별 전용면적이 500m$^2$ 미만인 경우에는 각 층별로 5.4m$^2$ 이상으로 1개소 이상 |
| 2. 제1호 외의 업무용 건축물 | 집중구내통신실 | 건축물의 연면적이 500m$^2$ 이상인 경우 10.2m$^2$ 이상으로 1개소 이상. 다만, 500m$^2$ 미만인 경우는 5.4m$^2$ 이상으로 1개소 이상 |

Q5) 집중구내통신실(단지통신실)의 설치 조건은 어떻게 되는가?

ANS)

"방송통신설비의 기술기준 규정" 제19조(구내통신실의 면적 확보) [별표2] "업무용 건축물의 구내통신실 면적 확보기준"과 [별표3]"공동주택의 구내통신실 면적 확보기준"에서 집중구내통신실은 외부환경에 영향이 적은 지상에 확보하는 것을 원칙으로 하되, 지상 확보가 곤란한 경우, 침수 우려가 없고 습기가 차지 않는 지하층에 설치할 수 있도록 규정하고 있다.

따라서 배수펌프 및 빗물 대책을 위한 장비가 설치되어 있는 경우, 구내통신실을 지하층에 설치할 수 있다. 〈표 9-5〉를 참조한다.

**표 9-5 공동주택용 건축물의 구내통신실면적확보 기준-[별표3]**

| 구분 | 확보면적 |
|---|---|
| 1. 50세대 이상 500세대 이하 단지 | 10m$^2$ 이상으로 1개소 |
| 2. 500세대 초과 1,000세대 이하 단지 | 15m$^2$ 이상으로 1개소 |
| 3. 1,000세대 초과 1,500세대 이하 단지 | 20m$^2$ 이상으로 1개소 |
| 4. 1,500세대 초과 단지 | 25m$^2$ 이상으로 1개소 |

Q6) 집중구내통신실(단지통신실) 내부에 단지서버, 헤드엔드 등을 설치할 수 있는지?

ANS)

"방송통신설비의 기술기준 규정" 제19조(구내통신실의 면적 확보)에 따르면, 집중구내통신실은 각종 구내통신용 설비를 설치하기 위한 공간이므로 국선과 상호누화 등으로 인한 통신소통에 지장이 없는 경우에는 통신용 전산서버 및 방송공동설비를 같이 수용 가능하다. 단, 방송통신과 관련되지 않는 시설은 집중구내통신실에 설치할 수 없다.

Q7) 주상복합건물처럼 주거용과 업무용 시설이 공존하는 건축물의 구내 통신실은 어떻게 구축해야 하는가?

ANS)

"방송통신설비의 기술기준 규정" 제19조(구내통신실의 면적 확보)에서는 [별표2] 업무용 건축물과 [별표3] 공동주택의 통신회선설비와의 접속을 위한 구내통신실 면적을 확보하도록 규정하고 있다.

하나의 건축물에 공동주택과 업무시설이 공존하는 복합건축물을 각 용도별 별도의 구내통신실 면적을 확보해야 한다.

Q8) 8층 근린 생활시설 중 5층 일부를 업무용 시설로 사용하는 경우, 구내통신실을 설치해야 하는지?

ANS)

근린 생활시설의 경우, 주거용과 업무용 건축물에 해당되지 않으므로 집중구내통신실 설치 대상이 아니다.

단, "방송통신설비의 기술기준 규정" 제20조(회선수)에 따르면, 구내회선의 수는 용도를 감안하여 주거용 또는 업무용 기준을 신축적으로 적용할 수 있다. 그러나 건축물 중 업무시설이 포함된 경우, 그 층은 업무용 건축물에 적합한 구내통신선로 설비를 갖추어야 한다.

Q9) 업무용 건축물의 회선수 확보기준은 어떻게 되는가?

ANS)

"방송통신설비의 기술기준 규정" 제20조(회선수)의 관련 [별표 4] "구내통신 회선수 확보기준"에서 국선단자함에서 세대단자함 또는 인출구 구간까지 단위 세대당(업무용 건축물의 경우 업무 구역당: 10m$^2$)4쌍 꼬임케이블 1회선 이상 또는 광섬유케이블 2코어 이상의 회선수를 확보해야 한다.

〈표 9-6〉은 "방송통신설비의 기술기준에 관한 규정" 제20조(회선수)의 [별표 4]를 요약한 내용인데, End User단까지 광케이블 인입 의무화 방침이 2022년 12월 6일 개정되고 2023년 6월 7일부로 발효되었다.

〈표 9-6〉은 방송통신설비의 기술기준 규정 제20조(회선수)의 [별표 4]의 "구내통신 회선수 확보기준"이다. 이 법이 2022년 12월 6일 개정됨으로써 [별표4]의 내용 중 "또는"이란 표현이 "및"으로, "광섬유케이블"이란 표현이 "단일 모드 광섬유케이블"로 바뀌었다.

**표 9-6 구내통신 회선수 확보 기준-[별표4]**

| 대상건축물 | 회선 수 확보기준 |
|---|---|
| 1. 주거용 건축물 | 다음 각 목의 기준 중 어느 하나 이상을 충족할 것<br>가. 국선단자함에서 세대단자함 또는 인출구까지 단위세대당 1회선(4쌍 꼬임케이블 기준) 이상 또는 광섬유케이블 2코어 이상<br>나. 광다중화 기능을 갖는 국선단자함과 동단자함이 있는 경우에는 국선단자함에서 동단자함까지 광섬유케이블 8코어 이상, 동단자함에서 세대단자함이나 인출구까지 단위세대당 1회선(4쌍 꼬임케이블 기준) 이상 또는 광섬유케이블 2코어 이상 |
| 2. 업무용 건축물 | 다음 각 목의 기준 중 어느 하나 이상을 충족할 것<br>가. 국선단자함에서 세대단자함 또는 인출구까지 업무구역(10m²)당 1회선(4쌍 꼬임케이블 기준) 이상 또는 광섬유케이블 2코어 이상<br>나. 광다중화 기능을 갖는 국선단자함과 동단자함이 있는 경우에는 국선단자함에서 동단자함까지 광섬유케이블 8코어 이상, 동단자함에서 세대단자함이나 출구까지 업무구역(10m²)당 1회선(4쌍 꼬임케이블 기준) 이상 또는 광섬유케이블 2코어 이상 |

[Comment]

세대내 초고속인터넷 속도가 100Mbps에서 1Gbps, 일부분은 10Gbps로 초고속화 됨에 따른 FTTH을 현실화 하기 위해 "4쌍 꼬임 케이블 1회선 이상 또는 광섬유케이블 2코어 이상"을 "4쌍 꼬임 케이블 1회선 이상 and 광케이블 2코어 이상"으로 End User단까지 광케이블 인입을 의무화하는 방향으로 개정할 예정이었는데, "방송통신설비의 기술기준에 관한 규정" 제20조(회선수)가 2022년 12월 6일에 개정이 되고, 2023년 6월 7일부로 발효되었다.

이에 따라 "초고속정보통신건물인증지침"도 2023년 6월 7일부로 개정되어 FTTH, FTTO 원칙을 반영하였다.

"초고속정보통신건물인증지침"은 2021년 11월에 1등급 조건을 세대 단위로 광케이블 2코어 이상 인입으로 법 개정보다 먼저 개정하였다.

Q10) 종합유선방송설비 설치 기준은 어떻게 규정되어 있는가?

ANS)

"방송통신설비의 기술기준에 관한 규정" 제21조(종합유선방송구내전송선로설비 등)에 따르면, "방송법" 제79조(유선방송국설비 등에 관한 기술 기준), "건축법 시행령" 제87조(건축설비 설치 등의 원칙), "주택건설 기준 등에 관한 규정" 등에서 정하는 바에 따른다.

## 2) "접지설비·구내통신설비·선로설비 및 통신공동구 등에 대한 기술기준" 관련 분야

**Q1)** 통신 맨홀 시공시 맨홀내 접지시설과 케이블 걸이를 설치해야 하는지?

**ANS)**

"접지설비·구내통신설비·선로설비 및 통신공동구 등에 대한 기술기준" 제5조(접지저항 등) 제1항에 따르면, 교환설비, 전송설비, 통신케이블과 금속으로 된 단자함 등이 사람이나 방송통신설비에 피해를 줄 우려가 있을 때에는 반드시 접지를 해야 한다.

맨홀 내 케이블 걸이에 대하여 별도의 규정을 두고 있지 않으나 케이블을 바닥에 방치할 경우 케이블의 손상 등에 의한 시공품질 저하가 우려되므로 케이블 걸이 설치를 권장한다.

**[Comment]**

아파트 단지나 건물구내에서 통신사업자와 종합유선방송사에게 제공하는 인입배관은 공배관이므로 접지원은 사업자들이 인입하던지 케이블을 인입할 때 맨홀 주변에 접지봉을 박아서 접지 케이블을 연결해야 한다.

**Q2)** 방재실과 단지통신실(집중구내통신실)에 어떤 규격의 접지시설이 인입되어야 하는지?

**ANS)**

"접지설비·구내통신설비·선로설비 및 통신공동구 등에 대한 기술기준" 제5조(접지저항 등) 제2항에 따르면 통신관련 시설의 접지저항은 기본적으로 10$\Omega$을 만족해야 하며, 국선 수용회선이 100회선 이하인 주배선반, 보호기를 설치하지 않은 구내통신단자함 등 7가지 예외 사항에 관해서는 100$\Omega$ 이하로 하도록 규정하고 있으며, 전기접지 처럼 1종, 2종, 3종으로 분류하고 있지 않다.

**[Comment]**

아파트 단지의 방재실이나 단지통신실에는 접지저항 10$\Omega$ 이하의 접지단자함을 설치해서 방재실이나 단지통신실 내부에 설치된 통신설비를 접지시키고 있다.

**Q3)** 통신 트레이에 통신케이블과 전기케이블을 같이 수용할 수 있는지? 그리고 통신트레이와 전기트레이를 수평으로 수직으로 이격시켜서 같이 설치할 수 있는지?

ANS)

"접지설비·구내통신설비·선로설비 및 통신공동구 등에 대한 기술기준" 제23조(이격거리) 제1항에 따르면, 300V 이하 전선과 통신선은 6cm 이상 이격거리를, 300V 초과 전선과 통신선은 15cm 이상 이격거리를 준수해야 하므로 이 조건을 만족하면 통신 트레이를 전기트레이 하단이나 수평으로 이격해서 설치할 수 있다. 전기트레이는 강전이므로 화재의 위험성이 많다. 통신트레이는 화재로부터 보호하기 위해 전기트레이 아래에 위치하는 것이 좋다.

[Comment]

아파트 지하층 천장에 설치되는 통신트레이와 전기트레이를 시공 형태를 보면, 층을 분리해서 설치하기, 같은 층에 상하 수직으로 분리 설치하기, 같은 층에 수평으로 분리 설치하기 등이 있는데, 대규모 아파트 단지에서는 층을 분리해서 시공하는 사례가 일반적이다.

Q4) 통신용 트레이와 전력간선용 트레이를 동일한 지하층 천장에 설치하는 경우, 이격거리는 얼마가 되어야 하는지?

ANS)

"접지설비·구내통신설비·선로설비 및 통신공동구 등에 대한 기술기준" 제23조(옥내통신선의 이격거리) 제1항에 따르면, 300V 초과 전력선과 통신선은 15cm 이상으로 이격 거리를 준수할 수 있도록 트레이를 분리해서 설치해야 한다.

Q5) LAN케이블을 이용하여 전력을 전송하는 PoE 적용시 통신선과 전력선의 이격거리는 어떻게 적용해야 하는지?

ANS)

"접지설비 · 구내통신설비 · 선로설비 및 통신공동구 등에 대한 기술기준" 제23조(옥내통신선의 이격거리) 제2항 제3호에 따르면, 하나의 LAN케이블을 통해 DC전원(57V, 30W 이하)과 데이터 전송이 가능하므로 이격거리 예외 규정이 적용된다.

[Comment]

4-pair로 구성되는 UTP Cat5e 케이블 1라인을 통해 데이터 신호와 DC전원을 같이 공급하는 방식을 PoE라고 하는데, 옥내통신선의 이격거리 규정의 적용을 예외적으로 해주어야 PoE를 합법적으로 사용할 수 있다. PoE방식은 다음과 같이 3가지

규격이 있는데, 아직까지 IEEE802.3bt는 화재 위험으로 인해 허용하지 않는다.

- ◆ IEEE802.3af: 전력규격 15W
- ◆ IEEE802.3at: 전력규격 30W
- ◆ IEEE802.3bt: 전력규격 90W

PTZ방식 영상정보처리기기(CCTV)카메라를 PoE L2 스위치에 연결하려면, IEEE 802.3bt 규격의 PoE를 사용해야 하는데, "접지설비 · 구내통신설비 · 선로설비 및 통신공동구 등에 대한 기술기준" 제23조(옥내통신선의 이격거리)제2항 제3호에서 법적으로 허용되지 않는다.

Q6) 옥내통신선 이격거리 예외 기준에 해당되는 케이블의 종류는 무엇인가?

ANS)

"접지설비·구내통신설비·선로설비 및 통신공동구 등에 대한 기술기준" 제23조(옥내통신선 이격거리) 제2항 제1호에 따르면, 절연선 또는 케이블이거나, 광케이블(전도성 인장선이 없는 것)은 이격거리를 지키지 않아도 된다.

[Comment]

제23조(옥내통신선 이격거리)에 따르면, 케이블은 이격거리를 지키지 않아도 된다고 규정하는데, 외장에 차폐물질이 없는 UTP케이블의 경우, 이격거리를 지키지 않아도 될까?

Q7) 통신사업자 맨홀과 아파트 단지통신실 구간에 맨홀을 반드시 설치해야 하는지?

ANS)

"접지설비·구내통신설비·선로설비 및 통신공동구 등에 대한 기술기준" 제26조(국선의 인입) 제2항에 따르면, 인입선로의 길이가 246m 미만이고, 인입 선로상에서 분기되지 않는 경우, 또는 5회선 미만의 국선을 인입하는 경우는 맨홀을 설치하지 않고, 지하 인입관로의 표준도 중 제2호 "맨홀을 설치하지 않고 국선단자함에 수용하는 경우"의 표준도처럼 국선 인입이 가능하다. [그림 9-3]은 맨홀을 설치하지 않고 국선단자함에 수용하는 경우의 표준도이고, [그림 9-4]은 맨홀을 설치하여 국선단자함에 수용하는 경우의 표준도이다.

그림 9-3 **맨홀을 설치하지 않고 국선단자함에 수용하는 경우의 표준도**

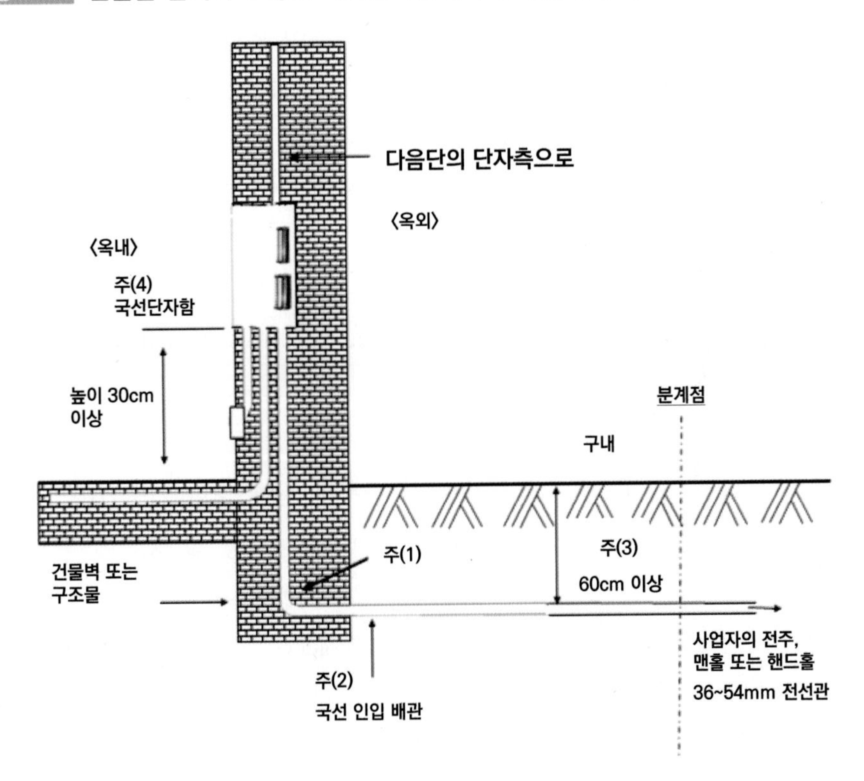


그림 9-4 **맨홀을 설치하여 국선단자함에 수용하는 경우의 표준도**

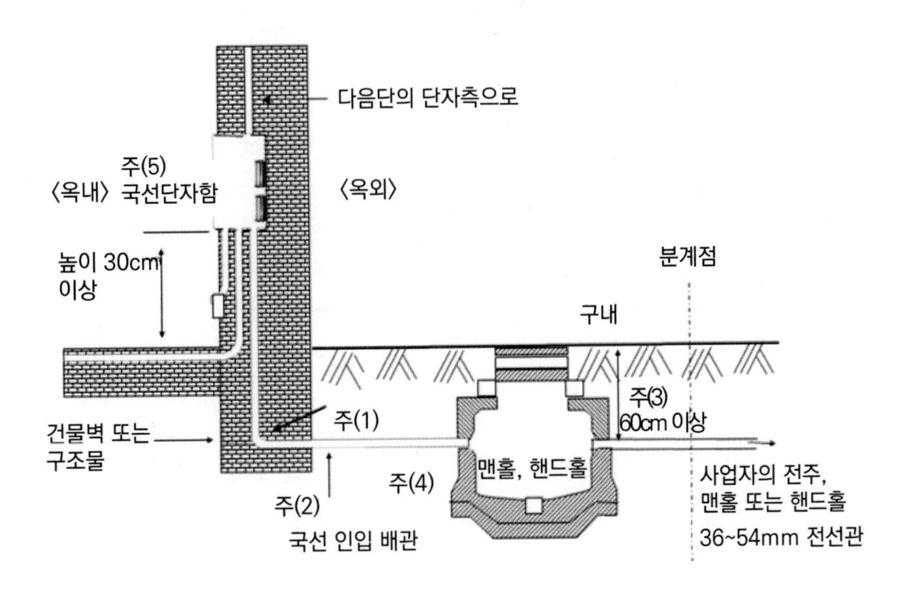

[Comment]

인입선로 길이를 246m로 제한하는 이유는 케이블이 드럼에 감긴 상태로 출하되는데, 그 길이가 250m이므로 양단 성단을 위한 여장을 각 2m를 빼면, 246m가 된다. 인입 구간이 246m 미만이면 중간에 케이블을 접속할 맨홀 공간이 없어도 문제가 되지 않는다. 맨홀을 거치지 않고 바로 아파트 벽체를 뚫고 케이블을 인입하는 방식을 건축 현장에서는 "벽치기"라고 통용된다.

Q8) 아파트 단지 구내통신실 인입 구간에 설치되는 맨홀의 사이즈와 재질에 관한 구체적인 규격이 있는지?

ANS)

"접지설비·구내통신설비·선로설비 및 통신 공동구 등에 대한 기술기준" 제25조(지하관로의 관경), 제26조(국선의 인입) 제2항에 따라 외부 하중 및 충격에 충분히 견딜 수 있는 강도와 내구성을 갖추어야 하고, 토피의 두께는 60cm 이상(차도의 경우는 100cm 이상)으로 설치하여 통신케이블의 설치 및 유지보수 등이 용이하게 필요한 공간을 확보할 수 있도록 설계되어야 한다는 일반적인 원칙을 규정하고 있으며, 맨홀의 재질, 강도 내구성 및 크기 등에 대한 세부 규격은 규정하지 않는다.

"접지설비·구내통신설비·선로설비 및 통신공동구 등에 대한 기술기준" 제46조(통신공동구의 설치기준) 제1항에 따르면, 통신공동구는 케이블의 설치 및 유지보수 등의 작업시 필요한 공간을 확보할 수 있는 구조로 설계되어야 한다" 로 규정되어 있으므로 적절한 크기와 형태를 결정하여 사용할 수 있다.

[Comment]

수공 1, 2, 3, 4호의 규격은 아래와 같다.

◆ 수공 1호: 450 x 950 x 700, 두께 150, 중량 1톤

◆ 수공 2호: 1700 × 800 x 1100, 두께 150, 중량 4.5톤

◆ 수공 3호: 2000 x 1000 x 1400, 두께 150, 중량 5.4톤

◆ 수공 4호: 2000 x 1500 x 1500, 두께 150, 중량 7.2톤

맨홀이 수공(핸드홀) 사이즈로 줄어든 이유는 통신사들이 구리케이블 대신에 광케이블로 대체했기 때문에 아파트 단지나 대형 건물로 인입되는 케이블의 볼륨이 급격하게 줄어들었기 때문이다. 아파트 단지의 경우, 수공(핸드홀) 3호를 주로 많이 사용한다.

Q9) 하나의 부지에 주상 복합 아파트와 업무+사업용 빌딩을 신축하는데, 지하 공간이 협소하여 외부 케이블 인입용 맨홀을 1개 시공하여 같이 사용할 수 있는지?

ANS)

"접지설비·구내통신설비·선로설비 및 통신공동구 등에 대한 기술기준" 제48조(맨홀 또는 핸드홀의 설치기준)에 따르면, 향후 재산권 행사시 분쟁에 대비하고, 원활한 통신설비 설치와 유지보수가 가능하도록 각 건물마다 맨홀을 설치하는 것을 권장한다.

Q10) 공동 주택과 상가의 국선 인입배관은 몇 공이여야 하며, 규격은 어떻게 되는가?

ANS)

"접지설비·구내통신설비·선로설비 및 통신공동구 등에 대한 기술기준" 제27조(국선의 인입 배관)에 따르면, 배관의 내경은 선로 외경의 2배 이상이 되어야 하며, 공동주택의 인입배관 내경은 20세대 미만이면 최소 36mm 이상, 20세대 이상이면 최소 54mm 이상 되어야 하며, 인입 배관의 공수는 주거용 및 기타 건축물은 2공 이상(1공 이상 예비공 포함), 업무용 건축물은 3공 이상(2공 이상 예비공 포함) 설치한다.

[Comment]

아파트단지의 경우, 국선 인입 배관 사이즈와 공수를 다음과 같이 시공하는 게 일반적이다.

◆ Hi PVC 104C, 3공: KT, SK BB, LGU+ 각 1공씩

◆ Hi PVC 54C, 2공: 지역케이블 사업자 1공, 예비 1공

Q11) 아파트 단지통신실이나 방재실의 이중마루(Access Floor)의 하부 트레이에서 이중마루 바닥의 시스템박스로 배선하는 경우, 배관 없이 시공하여도 문제가 없는지?

ANS)

"접지설비·구내통신설비·선로설비 및 통신공동구 등에 대한 기술기준" 제28조(구내 배관 등) 제1항에 따르면, 구내에 설치되는 건물의 옥내와 옥외에는 선로를 용이하게 설치하거나 철거할 수 있도록 한국산업표준규격의 배관 또는 덕트 또는 트레이 등의 시설을 설치하도록 규정하고 있는바, 트레이와 시스템 박스까지 배관 또는 덕트 등의 시설을 설치해야 한다.

Q12) 층통신실 IDF, FDF에서 세대단자함 구간에 예비 배관을 시공해야 하는지?

ANS)

"접지설비·구내통신설비·선로설비 및 통신공동구 등에 대한 기술기준" 제28조(구내 배관 등) 제2항에 따르면 구내 간선계는 예비 배관을 설치해야 한다. 그러나 층통신실과 세대단자함 구간은 수평배선계에 해당되므로 예비 배관을 설치할 필요가 없다.

[Comment]

요즘 아파트 단지나 대규모 건축물의 경우, 구내간선계와 건물 간선계에서는 배관 대신에 트레이를 주로 사용하므로 향후 증설을 고려하여 여유 공간을 확보해야 한다.

그리고 지하층에서는 천장에 몰드바와 레이스웨이 등을 추가로 설치하여 영상정보처리기기(CCTV)카메라, 스피커, 비상벨, 주차유도설비, 원패스설비 등을 연결하는 케이블 배선용으로 사용한다.

Q13) 층통신실 IDF에서 데이터용 UTP케이블을 패치 패널방식 대신에 110블록방식으로 성단할 수 있는지?

ANS)

UTP케이블을 중간단자반에서 성단하는 경우, 유선전화용은 110블록방식으로, 데이터용은 패치패널 방식으로 성단하는 것이 일반적이지만 "접지설비·구내통신설비·선로설비 및 통신공동구 등에 대한 기술기준" 제33조(구내배선 요건)에서 규정하고 있는 100MHz 이상의 전송 특성을 유지한다면, 데이터용 UTP케이블을 110블록방식으로 성단할 수 있다.

[Comment]

동통신실이나 층통신실에서 UTP케이블을 성단하는 경우, 유선전화용 UTP케이블은 IDF에 110블록방식으로 성단하고, 초고속인터넷이나 홈네트워크용 UTP케이블은 패치패널 방식으로 성단하는 것이 일반적이다.

Q14) UTP케이블 배선 구간 길이를 96m를 초과하지 않아야 한다는 법이나 규정이 있는지?

ANS)

"접지설비·구내통신설비·선로설비 및 통신공동구 등에 대한 기술기준" 제33조(구내배선 요건)에서는 링크성능 기준에 대하여 규정하고 있을 뿐 구내 배선과 길이에 대하여 규정하고 있지 않음으로 공사시방서에 따라 배선해야 한다.

[Comment]

UTP케이블 전송구간 96m의 한계는 UTP Cat5e 케이블을 이용하여 FE (100Mbps)신호를 전송하는 경우, 100m로 제한을 받는데, 양쪽 성단시 여장 각 2m씩 고려하면 96m가 되기 때문이다. 만약 UTP Cat5e케이블로 데이터 속도 1GbE신호를 전송하면 그 한계는 25m로 줄어든다. 그러나 UTP Cat5e 케이블을 유선전화용으로 사용하는 경우에는 2Km까지 사용할 수 있다. 그러나 유선전화가 VoIP방식이면, 데이터 신호와 동일하게 적용된다.

Q15) 이동통신을 옥내로 인입하는데 사용되는 배관 규격은 어떻게 되는지?

ANS)

"접지설비·구내통신설비·선로설비 및 통신공동구 등에 대한 기술기준" 제35조(급전선의 인입배관 등) 1호에 따르면, 옥외 안테나에서는 옥내 기지국의 송수신장치 또는 중계장치가 설치되는 장소까지는 3공 이상의 배관을 설치하도록 되어 있고, 제35조(급전선의 인입배관 등) 제2호에 따르면, 배관의 내경은 36mm 이상 또는 급전선 외경의 2배 이상이 되어야 한다고 규정되어 있고, 광케이블을 수용하는 배관의 내경은 22mm 이상이어야 하고, 예비공 1공 이상을 포함하여 2공 이상 설치하여야 한다.

[Comment]

아파트 단지나 대형 건축물을 건축할 때, 이동통신용 인입 배관은 따로 고려하지 않고, KT, SK BB + SKT, LGU+, 종합유선방송사업자 등 4개 사업자가 인입 배관으로 Hi PVC 104C를 하나씩 할당받아 유선전화+초고속인터넷+이동통신 중계 등의 용도를 위한 광케이블을 통합해서 인입하는 공사를 시행한다.

### 3) "방송공동수신설비 설치기준에 관한 고시" 관련 분야

Q1) 공장, 장례식장, 체육관 건물로 허가가 난 경우, 방송공동수신설비를 의무적으로 설치해야 하는지?

ANS)

"건축법 시행령" 제87조(건축설비의 설치 원칙) 제4항에 따르면, 바닥면적의 합계가 5000m$^2$이상으로 업무시설이나 숙박시설의 용도로 쓰는 건축물에 대하여 방송공동수신설비를 설치하도록 규정하고 있으므로 위에서 언급된 건축물은 의무 설치 대상이 아니다. 그러나 법적으로 설치의무 대상이 아닌 경우에도 사람이 상주하거나 기거하는 장소에는 재난방송 수신으로 고귀한 생명을 구하고 안전을 확보하기 위하여 방송공동수신설비 설치를 권장한다.

**Q2)** 아파트 단지의 근린생활시설, 커뮤니티, 관리사무소, 경로당, 유치원 등에 방송공동수신설비를 의무적으로 설치해야 하는지?

**ANS)**

"건축법시행령" 제87조(건축설비의 설치원칙) 제4항에 따르면, 바닥면적의 합계가 5000$m^2$이상으로 업무시설이거나 숙박시설의 용도로 쓰는 건축물에 대해서는 방송공동수신설비를 의무적으로 설치하도록 규정하고 있으나, 아파트 단지의 부속시설을 업무용 또는 숙박용으로 허가받지 않은 경우 의무 대상에서 제외되어 있으나, 건축주나 설계자가 선택적으로 설치할 수 있다.

**Q3)** FM방송과 T-DMB방송 지하층 중계기를 소방용인 무선통신보조설비 동축케이블을 이용하여 방송을 송출할 수 있는지?

**ANS)**

"방송공동수신설비 설치기준에 관한 고시" 제3조의 2(방송공동수신설비의 설치) 제4항에 따르면, 지하층에 설치되는 장치함에는 FM라디오 및 이동멀티미어방송(T-DMB)을 수신할 수 있는 중계기용 무선기기를 설치하되 옥상 등의 수신안테나와 연결하여야 한다" 로 규정한다.

"무선통신보조설비의 화재안전기준"(NFSC-505) 제5조(누설동축케이블 등)에 따르면, "다만, 소방대 상호간의 무선 연락에 지장이 없는 경우에는 다른 용도와 겸용할 수 있다" 로 규정되어 있으므로 소방대간 무선통신에 방해가 되지 않는 조건하에서 FM라디오방송 중계신호를 무선통신보조설비의 지하층에 포설된 동축케이블을 공용 가능 한 것으로 허용하고 있다.

그러나 그 이후 재난방송으로 지정된 T-DMB의 경우에는 상반된 해석이 공존하고 있는데, 공용이 가능하다고 주장하는 진영은 FM라디오의 공용 사례를 보면 허용할 수 있다고 해석하고, 공용이 불가하다고 주장하는 진영에서는 방송공동수신설비와 무선통신보조설비는 법적 근거와 설치기준이 상이하므로 분리하여 FM + T-DMB 중계를 위한 독자적인 지하층 중계설비를 구축해야 한다고 해석한다.

[Comment]

이 토픽에 관해서 건설사, 소방방재청 등으로 질의해보면, 질의 시점에 따라, 지역에 따라 대답이 일치하지 않으며, 법 조항 해석에 따라 분석하면 공용 가능하다는 대답이 나오고, 기술적인 관점을 고려하면 분리해야 한다는 대답이 나오는 실정이다.

Q4) 공동 주택 구내배선시 세대단자함에서 각방 TV인출구까지 배선을 전화와 초고속인터넷용 배관과 통합해서 사용할 수 있는지?

ANS)

"방송공동수신설비 설치기준에 관한 고시" 제7조(구내배선) 따르면, "구내배선은 통신용 케이블이 들어오는 세대단자함을 같이 사용할 수 있으며, 통신용 배관을 이용하여 배선을 할 경우에는 통신용 케이블의 손상 등으로 인한 통신소통에 지장이 없도록 하여야 한다" 라고 규정되어 있음으로 유선 전화, 초고인터넷, TV방송용 케이블을 단일 배관으로 통합 배선할 수 있다.

[Comment]

아파트 세대내 배관 배선시 세대단자함과 각방 인출구 구간에 CD 22C 배관 1개내에 유선 전화용 회색 외장의 UTP Cat5e x 1line, 초고속인터넷용 청색 외장의 UTP Cat5e x 1line, TV 방송용 동축케이블 흑색 외장의 HFBT 5C x 1코어 등 3개 케이블을 통합 배선하고 있다.

Q5) 20세대 이상 공동 주택에 헤드엔드장비를 의무적으로 설치해야 하는지?

ANS)

"방송공동수신설비 설치기준에 관한 고시" 제11조(사용설비 및 기술기준) 제1항에 따르면, "헤드엔드"는 방송공동수신설비에 의무적으로 포함되어 있지 않으며, 제11조(사용설비 및 기술기준) 제1항의 사용 설비를 제9조(설계)에 따라 설계한 설비를 설치하여야 한다.

[Comment]

헤드엔드는 지상파 안테나와 위성안테나로 수신한 방송신호를 복조 후 다시 변조하여 방송신호 품질을 개선하는 기능을 수행하므로 대규모 아파트 단지에서는 대부분 설치하는데 비해, 연립 주택 등과 같이 소규모 공동주택에서는 설치하지 않을 수도 있다.

Q6) 공동 주택의 방송공동안테나 시설 중 위성 파라볼라 안테나는 여러 종류가 있는데, 의무적으로 설치해야 하는 안테나의 종류는 어떻게 되는가?

ANS)

"방송공동수신설비 설치 및 기술기준에 관한 고시" 제11조(사용 설비 및 기술기준) 제3항 관련 [별표2] 사용 설비의 성능기준을 정하고 있으며, 그 기준은 "방송법" 제2조(정의)에 따른 위성방송에 한함으로 규정하고 있는데, 현재 국내에서 "방송법"에 의해 허가받은 위성방송은 스카이라이프 1개 사업자이고, 스카이라이프가 사용하는 위성은 무궁화 6호(KS-6)이므로 KS-6 위성 방송 안테나가 의무 설비에 해당된다.

[Comment]

민간 아파트의 경우는 파라볼라 위성안테나를 4기, 즉 KS-5, KS-6, AS(Asia Satellite), BS(Bird Satellite) 등을 설치하는데 비해, LH, SH가 건축하는 아파트의 경우는 KS-5, KS-6 등 2기만 설치하는 것이 일반적이다.

Q7) 같은 단지내 여러 동의 아파트와 오피스텔이 있는 현장에서 안테나 1개소로 단지 전체적으로 이용이 가능한지?

ANS)

"방송공동수신설비 설치기준에 관한 고시" 제13조(수신안테나의 설치방법) 제2항에 따르면, "둘 이상의 건축물이 하나의 단지로 구성하고 있는 경우에는 한조의 안테나를 설치하여 이를 공동으로 사용할 수 있다" 라고 규정하고 있다.

[Comment]

여러 동으로 구성되는 아파트 단지의 경우, 방송공동수신설비 중 안테나는 단지 중심의 가장 높은 동(관리사무소가 위치하는 동) 옥상 한곳에 다양한 안테나1조(지상파 안테나 3~4기, 위성 파라볼라 안테나 1~4기)를 설치하여 모든 동, 모든 세대로 방송신호를 공급한다.

Q8) T-DMB를 지하층에서 시청 가능토록 의무화 한 것은 언제 건축물 허가 신청한 건물부터 적용되는지?

ANS)

"방송공동수신설비 설치기준에 관한 고시" 부칙 제1조에 이 고시는 "2015년 8월 5일 부터 시행한다" 라고 규정하고 있으므로 2015년 8월 5일 이후 건축물 허가 신청한 경우부터 적용된다.

[Comment]

모바일 TV를 활성화하기 위해 위성 DMB(S-DMB)와 지상파DMB (T-DMB)가 상용화 되었으나, 기대와 달리 스마트폰에 앱을 설치하면 모바일TV 수상기 역할을 할 수 있게 됨으로서 S-DMB가 먼저 퇴출되었고, T-DMB도 출구 전략을 모색해야 할 위기상황에서 정통부에서 재난방송으로 지정해줌으로써 아파트 지하공간에서 FM라디오와 T-DMB를 수신할 수 있도록 설치가 의무화되었다.

Q9) 방송공동수신 안테나 시설 보호를 위한 규정은 어떤게 있는지?

ANS)

"방송공동수신설비 설치기준에 관한 고시" 제13조(수신안테나의 설치방법) 제3항에 따르면, 수신안테나는 낙뢰로부터 보호될 수 있도록 설치하되 피뢰침과 1m 이상의 거리를 두도록 규정하고 있다.

제4조(안전조건 등) 제1항 및 제2항에 보호기의 성능 및 접지에 관해서는 "방송통신설비의 기술기준에 관한 규정" 제7조(보호기 및 접지)를 준용한다고 규정되어 있고, 제7조(보호기 및 접지) 제3항에 보호기(SPD)의 성능 및 접지에 대한 세부기준은 과기정통부 장관이 정하여 고시한다고 규정하고 있으므로 "접지설비 구내통신선로설비 선로설비 및 통신공동구에 대한 기술기준" 제4조(보호기 성능)에 규정하고 있다.

[Comment]

피뢰침이 설치된 Pole은 안테나가 설치된 Pole로부터 거리를 1m 이상 이격시키고, 피뢰침 설치 Pole의 높이는 피뢰침에서 아래 방향으로 60도 각으로 라인을 그릴 때 안테나 설비가 그 Safety Zone내에 들어올 수 있는 높이로 설치해야 하므로 이격거리가 멀어질수록 피뢰침 Pole이 높게 올라가게 된다.

Q10) 난시청 지역에서 방송공동수신설비에 대한 사용전검사는 어떻게 수검받아야 하는지?

ANS)

지상파 방송채널의 수신이 어려운 난시청지역으로 확인이 되면, 지상파 방송채널의 수신을 위한 설비를 설치해도 수신이 되지 않기 때문에 CATV방송 수신을 위한 설비만으로도 사용전검사 소관부서인 지자체와 협의해야 한다.

[Comment]

해당 지역 방송송신소와 수신지역간에 LoS(Line of Sight) 선상에서 자연 장애물이나 인공구조물이 전파 수신을 방해하는 경우, 전파관리소에 의뢰하여 해당 지역이 난시청지역 여부를 공식적으로 판정을 받은 후, 난시청 해소를 위한 방안을 강구해도 해결책이 없을 경우에는 그 상태에서 사용전검사를 받을 수는 있다. 감리자가 독자적으로 아파트 건축 지역의 TV방송 등의 전파 환경을 조사하기 위해서 KBS에서 운영하는 "KBS수신안내지도"(www.map.co.kr)에서 확인해 볼 수 있다.

Q11) 방송공동수신설비의 구내망을 동축케이블이나 광케이블 방식 중 어느 방식으로 설치해야 하는지?

ANS)

"방송공동수신설비 설치기준에 관한 고시" 제7조의 2(구내배선) 제1항에 따르면, "방송공동수신설비의 구내 배선은 동축케이블 또는 광섬유케이블을 사용하여야 하며, 성형 배선하여야 한다"라고 규정되어 있으므로 동축케이블이나 광섬유케이블을 사용할 수 있다.

[Comment]

방송신호의 구내배선으로 광케이블을 사용하는 경우, 예외적으로 아날로그 광케이블 전송방식을 사용한다. 아날로그 광케이블전송방식은 가격이 저렴하지만 장거리 전송에는 성능 열화로 사용하기 어렵지만, 단거리 구간에서는 가성비가 양호해서 구내에선 동축케이블의 큰 감쇄를 극복하기 위해 사용할 수 있다.

Q12) "방송공동수신설비 설치기준에 관한 고시"에서 규정하고 있는 위성방송설비로 해외 위성방송, EBS 등 위성방송 수신이 가능한지?

ANS)

"방송공동수신설비 설치기준에 관한 고시" [별표2]의 위성방송 성능기준은 해외 위성방송이나 KS-5호 위성방송 수신을 위해 해당 위성에 맞추면 수신 가능하다.

[Comment]

각국에서 운영하는 위성방송은 국제적인 협약에 의해 자국을 방송 커버리지로 설정하여 전파를 송출하게 되어 있으나, 전파의 특성상 또는 자국 문화의 전파를 위해 의도적으로 커버리지를 벗어나는, 즉 Spill over하는 전파로 인해 인접 국가에서도 파라볼라 안테나의 직경을 크게 해서 수신 이득을 증가시키면 수신이 가능하다.

국내에서도 아파트 옥상에 설치되는 파라볼라 안테나의 직경이 국내방송을 수신하는 KS-5, KS-6은 120cm인데 비해 홍콩 스타TV와 일본 NHK방송을 수신하는 AS와 BS 등은 180cm 크기로 설치한다.

Q13) "초고속정보통신건물인증지침"에 따르면, 특등급이면 각방의 모든 방송 인출구가 2개소, 1등급이면 거실만 2개소이고 나머지는 1개소로 규정되어 있는데, 1등급으로 설계하면서도 방송 인출구를 2개소의 효과를 기대하기 위해 각방의 방송 인출구는 2개 설치해놓고 세대단자함으로부터의 배선은 먼저 가까운 인출구로 연결한 후, 거기서 남은 방송 인출구로 연장 배선하는 방식으로 시공하는 경우가 있는데, 관련 법에 규정하는 성형배선 원칙에 위배되는 건 아닌지?

ANS)

"방송공동수신설비설치기준에 관한 고시" 제7조(구내배관 등) 제2항에 따르면, "세대단자함부터 직렬단자까지의 배관은 성형배선이 가능한 구조로 하여야 한다고 규정되어 있고, 제2조(정의) 14항에 따르면, 성형 배선이란 세대단자함에서 각각의 직렬단자까지 직접 배선되는 방식을 말한다" 라고 규정되어 있다. 제7조의 2(구내배선) 1항에 따르면, "방송공동수신설비의 구내배선은 동축케이블 또는 광케이블을 사용하여야 하며, 성형배선을 하여야 한다. 다만, 동일 실내에서는 직렬단자를 활용하여 분배 또는 분기할 수 있다" 로 규정되어 있으므로 위법은 아닌 것으로 판단된다.

Q14) 각종 장치함내에서 케이블 성단이 이루어지는 경우, 동축케이블이나 광케이블을 장치에 연결 작업을 용이하게 하기 위해 케이블 길이가 여분을 가져야 하는데, 여장은 어떻게 규정되어 있는지?

ANS)

"방송공동수신설비설치 및 기술기준에 관한 고시" 제7조(구내 배관 등) 5항에 따르면, 건축물의 벽이나 바닥안에 설치되는 증폭기와 분배기 등의 장치는 외부에서 교체하기 쉬운 장치함에 설치하여야 하고, 이들 장치와 접속하는 동축케이블이나 광케이블은 적당한 길이의 여분을 가져야 하는 것으로 규정되지만, 구체적인 길이는 정의되지 않고 있다.

[Comment]

배관 배선 실무자들의 의견을 들어보면 세대단자함에서 필요한 여장은 설치길이 1m, 접속 및 성단 길이 1m, 견인 여장 0.6m 등을 합쳐서 2.6m가 필요하다고 하는데, 개인에 따라 의견이 다를 수가 있을 것이다.

Q15) 아파트단지의 방송공동수신설비 설치 기준을 보면, 방재실~층구내통신실~세대단자함 구간은 동축케이블 HFBT-10C/7C, 2코어로 세대단자함~각방 TV방송 인출구 구간은 동축케이블 HFBT-5C, 1코어로 시공되어 있는데, 용도는 어떻게 되는가?

ANS)

방재실~세대단자함 구간의 동축케이블 2코어는 각각 SMATV방송신호와 CATV방송신호를 독립적으로 전송하는데 사용하고, 세대단자함~각방 TV방송 인출구 구간의 동축케이블 1코어는 세대단자함내에서의 결선에 따라 CATV방송신호 또는 SMATV신호를 선택적으로 전송하는데 사용된다.

[Comment]

"건축법시행령" 제87조(건축설비의 원칙) 제5항 및 "주택건설 기준 등에 관한 규정" 제42조(방송공동 수신설비의 설치 등) 제1항에 따라 건축물에 설치하는 방송공동 수신설비의 설치기준을 고시하고 있는데, 2004년부터 SMATV와 CATV방송의 분리배선이 의무화 되었다.

**권고 사항!**

감리 현장에서 복잡한 건축 상황으로 인해 정보통신설비 관련 문제가 발생하면, 관련 법, 시행령, 규정, 기술기준 및 고시 등을 검색해서 법적인 근거를 찾아서 해결해 나가야 시행착오 없이 감리 업무를 수행해 나갈 수 있다. 법률가들이 법률 실무지식을 실무에 활용할 수 있도록 다양한 판례 중심으로 공부하는 것과 유사한 원리가 적용된다.

그리고 정보통신 및 방송 관련 법과 규정과 "초고속정보통신건물인증지침"이 일치하는지 관심을 갖고 살펴보기 바란다.

**참고** [감리현장실무: "사용전검사" 관련 토픽: (3) Q&A ~ "방송통신설비의 기술기준에 관한 규정" 관련 분야] 2022년 7월 19일

**참고** [감리현장실무: "사용전검사" 관련 토픽: (4) Q&A ~ "접지설비·구내통신설비·선로설비 및 통신공동구 등에 대한 기술기준" 관련 분야] 2022년 7월 21일

**참고** [감리현장실무: "사용전검사" 관련 토픽: (5) Q&A ~ "방송공동수신설비 설치기준에 관한 고시" 관련 분야] 2022년 7월 25일

**참고** [감리현장실무: #사용전검사 중요성과 관리 요령] 2020년 5월 30일

02절

# 시운전

현재 정보통신감리 현장에서 정보통신설비들의 시운전을 제대로 수행하질 못하고 있지만, 설비의 정상적인 동작 상태를 확인 검증해 본다는 측면에서 감리업무 중 어느 것 못지않게 중요한 업무이다.

현장에서 감리원들이 많은 시간과 노력을 투입하는 배관 관련 검측업무보다 우선순위를 더 높혀야 한다.

[그림 9-5]는 공사 진척 단계에 따른 정보통신감리업무의 분류이다.

그림 9-5 **공사 진척 단계에 따른 정보통신감리업무의 분류**

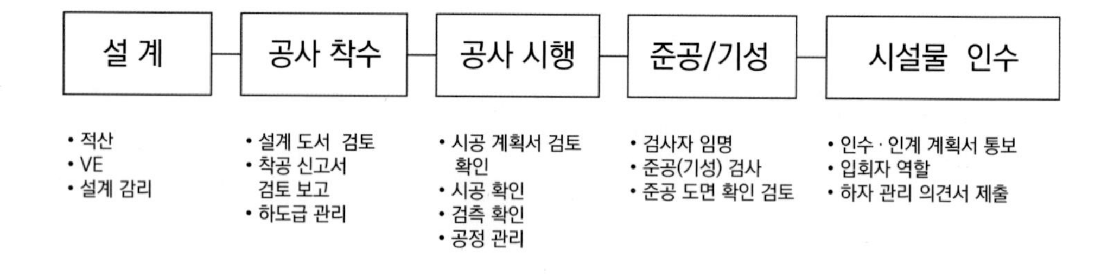


### 1) 준공 단계의 감리업무

◆ 시설물 시운전 계획

◆ 시설물 시운전

◆ 예비 준공검사

◆ 준공 검사
◆ 준공도면 등의 검토 확인
◆ 준공 표지의 설치

### 2) 정보통신 설비 시운전 절차

당해 공사 완료 후 준공검사 전에 사전 시운전이 필요한 부분에 대해서 감리원은 시공자에게 "시운전 계획서"를 시운전 30일 전에 제출토록 지시 한다. 시운전 계획에는 다음 사항이 포함되어야 한다.

◆ 시운전 일정
◆ 시운전 항목 및 종류
◆ 시운전 절차
◆ 시험 장비 확보 및 보정
◆ 기계 기구 사용 계획
◆ 운전 요원 및 검사요원 선임계획

### 3) 통신분야 준공검사 중 "시운전" 대상 설비

준공검사의 중요한 절차 중 하나는 시설물 시운전이다. "정보통신 공사 감리업무 수행기준"(과기정통부, 2019년 12월) 제64조(준공검사 등의 절차)에 규정된 시운전 절차를 참고하기 바란다. 다만, 건축분야(공동주택 등)에 적용하기에는 여러 가지 한계가 있다.

#### 가) 시운전 대상 설비

정보통신분야(건축물분야)에서 시운전 대상이 되는 설비를 리스트-업 해보면 다음과 같다.

◆ 출입통제설비
◆ 주차관제설비
◆ 전관방송설비
◆ 비상방송설비
◆ 원패스설비

- 영상정보처리기기(CCTV)설비
- 원격검침설비
- 통합SI설비
- 방송공동수신설비
- 무인택배설비
- 지능형빌딩시스템설비(IBS)
- 지능형홈네트워크설비

### 4) 정보통신 설비 시운전이 어려운 이유(건축물 분야)

준공단계에서 정보통신 설비 시운전이 어려운 이유로는 다음과 같다.

#### 가) 정보통신공사가 후속 공정이여서 시간적으로 쫓긴다.

정보통신 공사는 건축 공정 이후에 뒤따르는 공정이므로 준공일시가 촉박해서 시운전할 시간이 확보되질 않는 것이 보편적이다.

#### 나) 정보통신설비 네트워킹이 준공단계에서도 완성되지 않는다.

아파트 등 단지에서 정보통신 설비들은 지능형 홈네트워크(회사의 경우 IBS에 해당)를 통해 방재실 관련 서버와 연동하는데 지능형 홈네트워크가 준공단계로 가더라도 네트워킹이 완전하게 구축되지 않는다. 그리고 영상 정보처리기기 설비와 원격검침 설비는 독자적으로 네트워킹 되지만, 이 설비들 역시 준공단계에서 시운전이 어렵다.

### 5) 정보통신 설비 준공을 위한 시운전 방식 개선 방안

현재 대부분 정보통신감리 현장에서 준공단계에서 시간에 쫓겨서 준공 검사를 위한 시운전을 제대로 수행하질 못하는 게 현실이다. 열정이 있는 감리원의 경우에도 종합 시운전은 불가능하므로 제한적, 선별적으로, 국부적으로(Locally) 어렵게 시험하는 정도이다.

건축 현장이 준공단계로 들어서면 시공사와 감리단은 시간에 쫒기게 된다. 그리고 그 구성원들도 다음 현장의 일자리에 관심을 기울리게 되므로 준공 단계의 업무 마무리에 소홀하게 되는 분위기가 조성된다. 특히 정보통신 감리회사 중 일부 회사는 인건비를 아끼기 위하여 사용전검사 필증을 받는 즉시 감리원을 현장에서 철수시키는 경우도 있어 준공단계의 정보통신 감리업무를 완벽하게 수행하기 어려운 조건이 된다.

그러면 감리 현장에서 준공검사를 위한 시운전을 개선할 수 있는 방안으로 어떤게 있을까? 지금처럼 변칙으로 계속 시행해야 하는지, 아니면 "정보 통신공사 감리업무수행기준"을 현실에 맞게 개정을 하던지, 감리현장에서 실질적인 개선방안을 찾던지 해야 할 것 같다.

**참고** [감리현장실무: 준공단계 감리업무 #준공검사/시운전 개선 방안]
2020년 10월 6일

# 03절

# 초고속정보통신건물 인증/ 홈네트워크건물 인증

건축 현장의 정보통신 분야의 대관업무로는 "초고속정보통신건물 인증"("홈네트워크건물 인증" 포함)과 "사용전검사"가 있다. 전자는 선택이고, 후자는 건축 준공 승인에 필요한 필수이다.

특히 1999년 4월부터 시행된 초고속정보통신건물인증제도는 건축분야의 정보통신감리 업무위상을 강화하는데 크게 기여하였다. 이 인증제도 실시를 계기로 전기분야감리원들이 정보통신감리를 같이 수행할 수 있다는 무모한 자신감을 깨트리는데 큰 역할을 했다.

그런데 20년 이상 경과한 이 인증제도의 인기가 날이 갈수록 추락하고 있다. 대책이 필요한 것 같은데, 과기정통부에서 별 움직임이 없으니, 우리 감리원들이 활성하는 위한 아이디어를 만들어 제안하면 좋을 것 같다.

## 1) 초고속정보통신인증(홈네트워크 인증) 처리 절차

초고속정보통신건물인증 등급은 특등급, 1등급, 2등급이 있고, 홈네트워크건물 인증 등급은 AAA, AA, A 등급이 있다. 특히 AAA등급은 홈IoT와 홈네트워크 보안이 강화된 등급이다.

초고속정보통신건물 인증대상은 "건축법" 제2조(정의) 제2항 제2호의 공동 주택 중 20세대 이상 건축물 또는 같은 항 제14호의 업무시설 중 연면적 3300$m^2$이상 건축물을 대상으로 한다.

홈네트워크건물 인증대상은 "건축법" 제2조(정의) 제2항 제2호의 공동주택 중 20

세대 이상의 건축물 또는 “주택법 시행령” 제4조(준주택의 종류와 범위) 제4항에 따른 오피스텔(준주택)을 대상으로 한다. 또한 인증기준은 초고속정보통신건물 1등급 이상의 등급을 인증 받아야 한다.

초고속정보통신건물 인증 업무 프로세스는 [그림 9-6]과 같다.

**그림 9-6 초고속정보통신건물 인증 업무 프로세스**

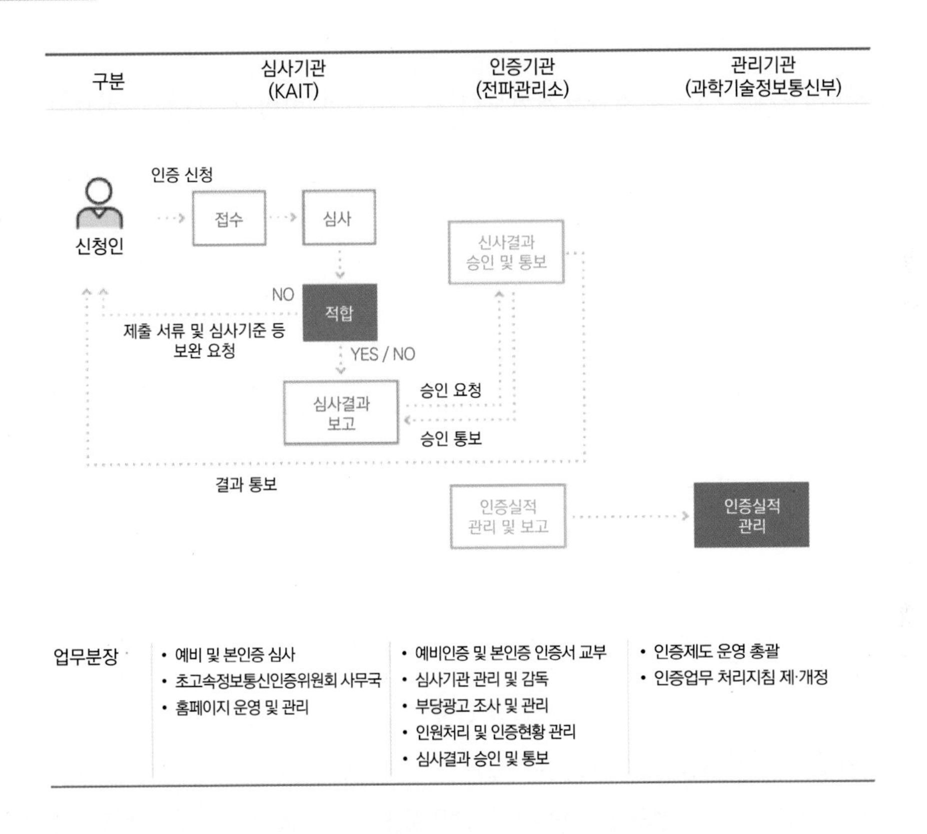


심사기관은 KAIT(한국정보통신진흥협회)이고, 인증기관은 전파관리소, 관리기관은 과기정통부이다. 인증 신청인은 건축주(발주자)이고, 수검자는 시공자이다. 실제로 인증 신청은 발주처 명의로 시공사가 신청한다.

신청 시기는 예비 인증은 건축 허가받은 후에 신청할 수 있고, 본인증은 구내통신설비 등 해당 설비 설치 후에 신청할 수 있는데, 대체로 준공 2~3개월 전쯤 된다.

실제 인증을 받을 경우, KAIT실무자들이 현장으로 나오고, 시공사에서 수검하는데, 별 문제가 없으면 그대로 통과하고, 가끔 조건부 승인을 받으면 추후 문서상으로 보완 내역을 통보하면 승인 처리된다.

## 2) 초고속정보통신건물인증 업무 현안과 이슈

### 가) 초고속정보통신건물/홈네트워크건물 인증기준이 실제적인 설계기준으로 활용

"초고속 정보통신건물인증"을 받지 않으면 적용하지 않아도 되지만, 이 인증 기준은 실제적인 설계 표준(De Facto)으로 활용되고 있다.

### 나) 초고속정보통신건물/홈네트워크 인증의 가성비가 떨어지는 분위기

2000년대초에는 초고속정보통신건물인증이 인기가 있었고, 신축 아파트 분양에도 도움이 되었다. 그 당시 예비인증을 받으면 분양 광고에 이를 활용할 수 있었으며, 준공후에는 아파트 정문 기둥에 인증등급 엠블럼을 부착할 수 있었다.

그러나 20여년이 경과한 현재는 인증 받음으로 인한 인센티브가 별로여서 인증 등급에 준해서 설계 시공은 하지만, 인증 비용을 아끼기 위해 인증을 받지않는 사례가 증가하고 있다.

### 다) 초고속정보통신건물/홈네트워크건물 인증제도의 과거 인기 회복 방안

2017년 7월 부터 홈네트워크 인증 등급을 준A, A, AA급에서 준A를 폐지하고, A, AA등급 위에 IoT아파트를 활성화 하기 위한 AAA를 추가했다. 이때 건폐율, 용적율, 녹지 의무 면적 등에서 인센티브를 주는 제도를 만들었으면, 초고속정보통신건물 인증제도의 인기를 회복하였을 텐데, 아쉬운 대목이다.

**권고 사항!**

요즘 민간 재건축 현장에서 설계 시공은 초고속정보통신건물/홈네트워크건물 인증 등급 기준에 맞추어 하고 있으나, 전체 건축비에 비해 미미한 인증 비용을 아끼기 위해 실제적인 인증을 생략하는 아파트 단지가 늘어나고 있다.

사실상 인증 비용이란 게 세대당 1만원정도의 금액인데, 감리원 입장에서 어떻게 권고하는 게 바람직할지 고민해볼 필요가 있다.

초고속정보통신건물 인증/홈네트워크건물 인증제도를 활성화할 수 있는 아이디어를 과기정통부로 제안하여 정보통신감리 업무와 정보통신감리원들의 위상을 올릴 수 있었으면 하는 바람이다.

**참고** [감리현장실무: 대관업무 중 #초고속정보통신 인증/홈네트워크 인증 업무 현안과 개선방안] 2021년 8월 25일

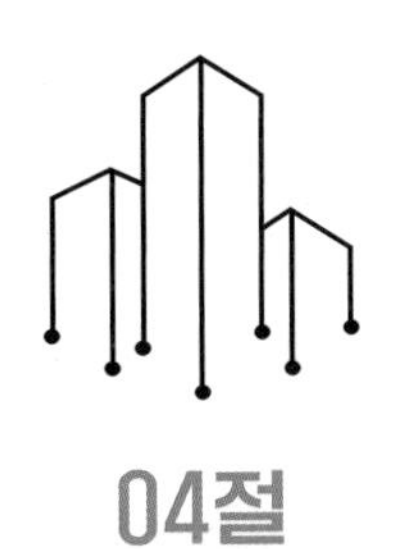

04절

# 스마트 감리를 위한 준공단계에서 핵심 길목 붙잡기

건축 분야에서 정보통신 감리의 위상에 걸맞는 역할을 확보하기 위해서는 시공사에게 수동적으로 끌려가는 감리업무 수행 방식으로부터 벗어나야 한다. 준공단계에서 스마트 감리를 수행하기 위한 핵심 길목 붙잡기에 관해 알아본다.

## 1 기존 정보통신 감리업무 수행 방식

건축 현장에서 정보통신 감리업무를 수행하는 과정을 리뷰해보면, 대부분 시공사 주도로 끌려가는 것이 일반적이다. 준공단계에서 감리업무를 수행하는 과정을 살펴보면, 준공 일시라는 뒤로 물릴 수 없는 데드라인이 설정되어 있어서 시공사 주도로 끌려가는 분위기가 더욱 강해진다.

준공단계에서 감리단이 시공사에 의해 트리거 되는 다음과 같은 업무을 보면, 그와 같은 특성이 이해가 된다.

- ◆ 시운전
- ◆ 예비준공검사
- ◆ 준공검사
- ◆ 현장 설비 및 문서 인계인수
- ◆ 준공도서 확인
- ◆ 사용전검사

감리업무의 시작을 시공사가 트리거하기 때문에 감리단의 업무수행 형태가 수동적이 된다. 그렇다면 감리단이 능동적으로 시공사를 모니터링 하고 준공 과정에서 감리업무를 주도적으로 추진해 나가려면 어떻게 해야 할까? 준공과정을 나무를 보는 것처럼 공종, 단계별로 분리해서 개별적으로 바라보는 것도 필요하지만, 숲을 보는 것처럼 전체 공종을 전체 공기 사이클에서 보면서 중요하고 의미있는 포인트를 찾아야 한다.

아파트 건설현장에서 정보통신감리자가 준공과정을 감리하는 과정에서 핵심적인 요점, 즉 길목을 파악해서, 그 포인트에서 선도적으로 능동적으로 감리업무를 주도해야 한다. 시공사에서 알아서 제출하는 서류에 그냥 따라가는 감리업무 수행방식은 수동적이 될 수 밖에 없는데 비해, 감리단에서 앞서서 챙기면 능동적이고 창의적인 감리업무 수행방식이 된다.

4차 산업혁명으로 인해 건축물이 지능을 갖고서 상황을 인지하여 거주자들이나 근무자들에게 쾌적한 거주 공간 또는 근무공간을 만들어주는 스마트홈, 스마트빌딩으로 발전시켜 나가는 주역이 정보통신기술이므로 정보통신감리원들의 감리업무 수행방식을 스마트 감리로 혁신시켜 나가야 한다.

## 2 스마트 정보통신감리업무

건축현장에서 정보통신 공사비는 전체 공사비 중 5% 정도 차지하지만, 중요도는 훨씬 더 비중이 크다. 그 이유는 4차 산업혁명기술이 건축 분야에 접목되므로써 스마트 건물, IoT건물로 발전해 나가기 때문이다.

최근 아파트의 경우, 분양가 상한제, 초과이익 환수제 등 각종 규제 환경에서 아파트 가격을 올리기 위한 방안으로 내외장재 고급화, 커뮤니티설비 과잉 투자, 조경공사비 증액 등을 주로 사용하고 있는데, 아파트 부가가치를 올리기 위해서는 콘크리트 골조 덩어리에 4차 산업혁명 핵심기술인 AI, IoT, Cloud, Big data, Mobile, Security 등을 적용하여 Brain이 작동하는 스마트 건물, IoT건물로 변신시켜 나가는게 효율적이다.

건축 감리 현장에서 정보통신감리원이 이제까지 수동적인 감리에서 벗어나 스마트 정보통신감리업무를 수행할 수 있도록 감리업무를 혁신시켜 나가야 한다. 정보통신 감리업무가 스마트하게 변화되어 나가야 건축현장에서 정보통신감리원의 존재감이 강화되고, 스마트 건축 현장에서 위상에 걸맞는 위치를 차지할 수 있다.

## 3 준공단계 감리업무 수행이 착공 및 시공 단계에 비해 어려운 이유

공정이 준공단계로 접어들어 갈수록 여러 공종들이 동시에 마무리 공사에 돌입하는 등으로 인해 준공단계에서 감리업무를 여유롭게 수행할 수 있는 시간적, 공간적 틈을 확보하는 것이 쉽지 않다. 준공단계로 진전될수록 여러 공종의 업무들이 공간적으로 분산되어 진행되다가 관리사무소 주변의 단지통신실과 방재실로 집중되어 시공이 이루어지므로 여러 공종간 작업 공간의 충돌이 발생하는 등으로 인해 준공단계에서는 감리업무 수행에 많은 제한이 발생한다. 공사현장에서 준공단계에서 공종간 충돌과 중복으로 화재 등으로 인한 산재가 많이 발생하는 이유이기도 하다. 예를 들어 우레탄폼 발포 단열작업과 용접작업이 인접해서 동시에 이루어지면 화재가 발생할 수 있다.

국내에서는 공기를 타이트하게 잡는 경향이 있는데, 특히 민간 재건축 아파트현장의 경우, 사업적으로 성공하려면 속도전을 전개해야 한다는 통설이 있을 정도이다. 실제로 민간 재건축 아파트 조합의 경우, 조합원 규모가 3000세대 정도만 되어도 조합원 이주비와 조합 사업비 대출이자가 1달에 수십억원이 지출되므로 공사기간을 타이트하게 잡게 되고, 이로 인해 준공 단계에서 감리업무를 정상적으로 수행하기 어려운 상황이 전개된다.

## 4 준공단계에서 스마트 감리를 위한 핵심 길목 붙잡기 착안 사항

준공단계에서 스마트 정보통신감리업무를 수행하기 위한 핵심 길목 붙잡기를 위해서는 다음과 같은 착안사항을 파악하여 업무를 수행해야 한다. 정보통신감리단에서 준공 감리업무를 주도적으로 앞서서 리더하기 위한 주요 공정 포인트로는 다음과 같은 것을 들 수 있다.

아래에서 언급하는 내용 중 실제 감리 현장에서 시간과 공정에 쫒겨서 제대로 시행하지 못하는 경우도 상당 부분 있다. 그러므로 근무하는 현장 상황에 맞추어 능동적으로 시행해야 한다.

### 1) 시운전

공사 완료 후 준공검사 전에 사전 시운전이 필요한 부분에 대해서 감리자는 시공자에게 "시운전 계획서"를 시운전 30일 전에 제출토록 지시한다. 감리원은 시공사가 제출한 "시운전 계획서"를 검토, 확정하여 시운전 20일 이내에 발주자와 시공자에게 통보해야 한다.

감리원은 시공자에게 시운전 절차를 준비토록 하고 시운전에 입회한다. 감리원은 시운전 완료 후 그 결과를 시공자로부터 제출받아 검토 후 발주자에게 인계해야 한다. 그러나 현실적으로 정보통신설비의 시운전을 실행하기가 어렵다. 준공단계에서 정보통신 설비의 시운전이 어려운 이유로는 다음과 같다.

- ◆ 정보통신공사가 후속 공정이여서 시간적으로 쫓긴다. 정보통신공사는 건축 공정을 뒤따라 가는 공정이므로 준공 일시가 촉박해서 시운전할 시간이 확보되지 않는 게 보편적이다.
- ◆ 정보통신설비 네트워킹이 준공단계에서도 완성되지 않는다. 아파트 등 단지에서 정보통신 설비들은 홈네트워크(회사업무용 건물의 경우 LAN에 해당)를 통해 방재실 관련 서버와 연동하는데 홈네트워크이 준공 단계로 가더라도 홈네트워크가 완전하게 구축되지 않는다. 그러므로 정보통신감리원은 시공된 정보통신설비에 대한 시운전을 가능 여부를 현실적으로 판단하여 적당한 시점에서 적절한 방법과 제한된 범위내에서 시행해야 한다.

### 2) 예비 준공검사

예비 준공검사는 발주자 관점에서 미리 하는 준공검사인데, 검사자는 발주처 소속 직원이 담당한다. 발주자는 감리원으로부터 예비준공검사 요청이 있을 경우, 소속 직원을 검사자로 임명하여 검사토록 하며, 필요시 시설물 유지관리기관의 직원 또는 기술지원 감리원이 입회토록 한다.

감리자는 준공 예정일 2개월 전에 예비 준공원을 제출토록 하고 이를 검토한 후 발주자에게 제출한다. 단순 소규모 공사인 경우에는 발주자와 협의하여 예비 준공검사를 생략할 수 있다.

예비 준공 시험 검사자는 검사후 보완사항을 시공자에게 전달하여 보완케하고, 준공검사시 확인할 수 있도록 감리용역업자에게 검사결과를 통보하며, 시공자는 지적 사항을 보완하고 책임감리원의 확인을 받은후, 준공검사원을 제출한다.

대부분의 발주처는 분야별 전문가가 부족하므로 내부 직원만으로 예비 준공검사를 수행하기 어렵다. 예비 준공검사는 발주자의 의사에 따라 생략할 수도 있는데, 감리자는 발주처의 의사와 판단을 존중하여 예비준공검사를 실시하거나 생략할 수 있다. 실제 현장에서도 시행하지 않는 경우가 대부분이다.

### 3) 준공검사

준공검사는 전체 공기 동안 시공된 내역을 검사 대상으로 한다. 준공검사 시기가 되면 현장 상주 감리원이 소속된 감리회사 사장은 기술지원 감리원을 준공검사자로 임명하고 발주처로 통보한다. 이와 같이 준공검사자는 현장 상주 감리원이 소속된 감리회사에서 파견하는 기술지원 감리원이 담당한다. 현장 상주 감리원은 접수된 준공검사 신청서와 첨부 서류를 본사의 준공검사자(기술지원 감리원)에게 보내어 준공 내역을 검토하게 한다.

현장 상주 감리원은 시공사와 협의하여 준공검사일을 결정한다. 그러면 준공검사일에 본사 소속 검사자가 현장으로 와서 오전엔 회의장에서 시공사가 발표하는 분야별 준공내역 프레젠테이션을 들은 후 Q&A로 확인하고, 오후에 시공자의 인도에 따라 분야별로 현장 상주 감리원과 함께 전체 공기 동안 시공된 설비들을 대상으로 준공검사를 실시한다.

현실적으로 한정된 준공검사 기간 중에 전체 공사기간 동안 시공된 전체 시설을 검사하기는 불가능하다. 그러므로 시공단계에서 3개월 주기로 시행된 기성검사를 부분적인 준공검사로 간주하면, 준공검사를 부분적으로 샘플링해서 실시하는 것이 설득력을 갖는다. 준공검사 대상이 아파트인 경우, 정보통신 및 방송 설비들이 집중되어 있는 방재실, 단지통신실을 포함하는 아파트 동을 옥상부터 지하층까지 검사하는 방법이 현실적이다.

준공검사자 발령부터 준공검사 결과보고서인 "준공검사조서"를 발주처로 제출까지는 14일 이내에 처리해야 하는데, 발주처 승인을 얻으면 기간을 연장할 수 있지만,

준공단계에서 대부분 공종이 마무리 단계여서 공기에 쫓긴다는 사실을 고려하면, 14일 이내에 종료하는 것이 합리적이다.

준공검사는 공공, 관청 발주처 현장에선 정식으로 이루어지지만, 민간 현장에서는 그냥 넘어가는 경우가 많은데, 발주처의 의사에 따르는 것이 합리적이다.

### 4) 준공도서 확인

최초의 실시설계도서는 시공중에 시공상세도에 의한 구체화, 설계 변경 등으로 인해 바뀌게 되는데, 준공 2개월 전에 시공된대로 현행화 해야 한다. 시공사에서 시공된대로 실시설계도서를 정리해서 감리단으로 제출하면, 감리단에서 검토 확인 후, 모든 준공 도면에 서명해서 발간되게 해야 한다.

그러나 준공 일시에 밀려 공기에 쫓기는 경우, 감리단 확인 서명없이 발간되는 경우도 가끔 있다. 그러므로 감리원은 시공사에서 준공도서를 적기에 제출할 수 있도록 독려해야 하며, 내용을 확인한 후 서명 날인해서 발간되게 해야 한다. 발주자는 이 준공설계도서를 건물이 철거될 때까지 유지보수를 위해 잘 보관해야 한다.

### 5) 현장 설비 및 문서 인계인수

감리원은 시공자에게 예비준공검사 완료 후 14일 이내에 시설물의 인계인수를 위한 계획을 수립하도록 하고 이를 검토해야 한다. 감리원은 시공자의 시설물 인계인수 계획서를 7일 이내에 검토 확정하고, 발주자와 시공자간 시설물 인계인수의 입회자가 되어야 한다. 인계인수서는 준공검사 결과를 포함해야 한다. 시공자는 건축 현장에서 생산된 문서, 시공된 각종 설비의 운용을 위한 메뉴얼 등 현장 문서를 발주자에게 인계해줘야 한다.

감리원은 발주자에게 인계할 문서의 목록을 발주자와 협의하여 작성한다. 현장 서류 인계인수시 시공자는 인계자이고, 발주자는 인수자이다. 이 인계인수 과정이 원활하게 진행될 수 있도록 감리자는 입회자 역할을 해야 한다.

감리용역회사는 현장 문서를 감리 용역 준공전 14일 이내에 CD ROM이나 영구저장 매체로 작성하여 발주자에게 인계하고, 감리용역 회사도 같이 보관해야 한다. 발주자는 현장 서류를 시설물이 존속하는 기간까지 보관해야 한다.

감리원은 발주자 또는 시공자가 제출한 시설물의 유지관리 지침 자료를 검토하여 유지관리지침서를 작성하여 준공 후 14일 이내에 발주자에게 제출해야 한다. 공사 준공 후 발주자와 시공자간에 시설물의 하자보수 처리를 놓고 분쟁이 있는 경우, 감리원으로서 검토 의견을 제시해서 해결이 되도록 지원한다. 그리고 공사 준공 후 발주자가 하자대책 수립을 요청할 경우, 이에 협조해야 한다.

정보통신감리용역회사에서는 사용전검사 신청만 되고 나면 비용절감을 위해 정보통신감리원을 조기에 철수시키려고 한다. 실제 감리 현장에서 정보통신 감리원이 조기에 감리현장에서 철수하므로써 준공단계의 감리업무를 제대로 수행하지 못하고 있는 실정이다.

발주처와 시공사간 인수·인계도 감리원 입회 없이 상방 실무자간에 운용 교육을 겸해서 이루어지는 경우가 많다. 아파트 준공현장의 경우, 준공 수개월 전에 아파트 단지를 관리할 관리사무소 직원들이 진입함으로써, 시공사와 관리사무소 직원들간에 서로의 필요에 의해 인계인수가 원활하게 이루어진다. 시공사 직원들은 빨리 현장을 떠나서 다음 현장으로 가려면 관리사무소 직원들이 신속하게 파악할 수 있게 인계해 주어야 하고, 관리사무소 직원들은 새로 배치된 아파트 단지에서 정착하기 위해서는 입주 예정자들이 대규모로 이사오기 전에 스스로 입주민 지원업무를 수행할 수 있어야 하기 때문에 감리원의 개입 없이도 인계인수가 상방간 필요에 의해 원활하게 이루어진다.

### 6) 사용전검사 신청

준공단계로 들어서면 발주자 명의로 허가 관청인 시청이나 구청으로 사용전검사 신청서를 제출한다. 사용전검사 신청서를 제출한지 14일 이내에 사용전검사필증이 발급된다. 사용전검사 필증은 건축 준공허가 신청에 필수적이므로 시공사에서 사용전검사 신청을 서두르는 것이 일반적이다. 사용전검사 신청은 시공사 또는 하도업체가 하거나 감리단에서 직접 수행할 수 있다. 현장의 정보통신감리원이 혼자인 경우, 시공사의 하도사에서 사용전검사 업무를 주관하기도 하는데, 정보통신감리단이 다수의 감리원으로 구성되면, 감리단 주관으로 처리하는 게 좋다.

시공사 하도업체가 대행하더라도 신청서에 발주처와 감리단의 날인이 필요하고, 감리결과 보고서가 첨부되어야 하므로 감리단이 사용전검사 신청에 동의해 주어야 한다. 준공단계로 가까워질수록 시공사와 하도사에 대한 감리단의 통제력이 약화되는데, 그나마 활용할 수 있는 통제 수단이 바로 사용전검사이므로 건축감리단의 준공

허가 신청 일정을 고려하여 최대한 늦게 신청하는 게 유리하다.

감리원은 건축감리단과 협의하여 건축허가 신청일시를 감안하여 사용전검사를 신청하는 것이 합리적이다. 감리원은 사용전검사 필증이 건물 준공에 필요한 구비서류로 활용되므로 준공허가 신청일에 늦지않게 시의적절하게 확보해야 한다.

정보통신 감리자가 상주하면서 감리한 현장은 시청이나 구청 담당 공무원의 실제 현장 방문 검사가 면제된다. 감리단에서 감리보고서를 지자체로 제출하면, 지자체에서 감리보고서를 접수했다는 공문으로 사용전검사가 마무리된다.

감리결과 보고서는 감리 대상 전체 설비가 아니고, 사용전검사 대상설비만 포함시켜 작성하면 된다. 그러므로 사용전검사를 위한 감리결과 보고서를 따로 작성해야 한다. 사용전검사 대상설비는 유선전화와 초고속인터넷회선 구성에 사용되는 "구내통신선로설비", 지상파와 위성방송 그리고 케이블방송 회선 구성에 사용되는 "방송공동수신설비", 단지내 이동통신 음영지역을 제거하기 위한 구내이동통 중계설비 구축에 사용되는 "이동통신 구내선로설비" 등이다. 앞으로 "홈네트워크 설비"가 대상설비에 포함될 예정이다.

실제적으로 사용전검사 신청 시점에서 엄밀하게 보면, 사용전검사 대상설비가 완전하게 시공이 종료되지 않은 경우가 대부분인데, 준공이라는 더 물릴 수 없는 데드라인을 감안해서 융통성을 갖고 처리할 수 밖에 없다. 이런 상황은 다른 분야도 유사하다.

**권고 사항!**

위의 사항들 중 사용전검사 신청 이외는 감리단에서 먼저 선제적으로 지시하지 않으면, 여유있게 제출하지 않는 것이 일반적이다. 그러므로 감리단에서 주도적으로, 능동적으로 준공감리업무를 주도해 나가기 위해서는 적절한 타이밍에 시공사로 관련 서류 제출이나 준비를 하도록 선제적으로 지시해야 한다.

국내 건축 현장은 건설사는 관리만 하고, 실제 공사는 하도급 협력사들이 주로 시공한다. 그러므로 건축현장에서 건설사와 하도급 협력사들은 공정이 지연되지 않게 앞만 보고 나가는 것이 일반적이다. 건설사와 하도급 협력사들은 대 감리단 업무를 최소화하려는 경향이 강하다. 그러므로 감리단이 건설사에 이끌려 가는 데서 탈피하지 않으면 스마트한 감리업무를 수행하기 어렵게 된다.

특히 준공단계에서는 시공 업무들이 일정에 쫓기게 되고, 작업 공간이 관리사무소 주변의 방재실과 단지통신실로 집중되므로 감리업무를 수행할 수 있는 시간적, 공각적 여유를 확보하는 것이 여의치 않으므로 사전에 미리 여유있게 준비해야 한다.
정보통신감리원이 준공 단계에서 제대로 된 감리업무를 수행하기 위해선 서류상 준공 후 2개월 정도 현장에서 상주를 의무화하는 제도가 정립되어야 한다. 이런 정보통신감리원 배치 제도 정립은 먼저 정보통신감리원들이 건축감리 현장에서 제대로 된 역할을 수행함으로써 주변으로부터 정보통신감리의 역할과 위상을 인정받을 때 이루어질 것이다.

**참고** [감리현장실무: #스마트 감리를 위한 핵심 길목 붙잡기(4): 준공단계] 2022년 6월 28일

# Chapter 10

# 스마트 감리를 위한 가이드와 발전적인 제안

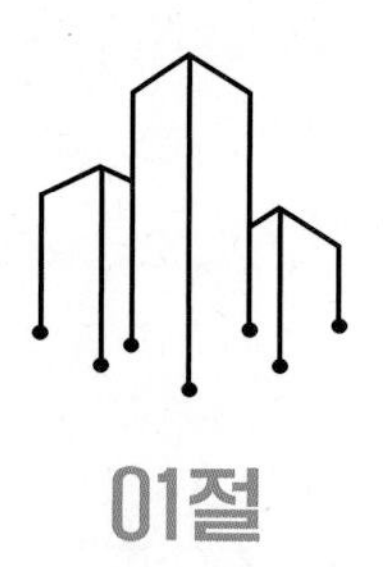

# 01절

# 특등급과 1등급 논쟁 정리

첫번째 토픽은 "초고속정보통신 건물 인증업무 처리지침"에서 규정한 특등급과 1등급에 관한 논쟁의 정리이다. 초고속인터넷의 End User 환경이 Fast Ethernet(100 Mbps)에서 1GbE으로 업그레이드되고 있으며, 조만간 10GbE로 업그레드 되는 상황에 대비해야 한다.

사실상 이 논쟁거리는 2021년 11월 22일 "초고속정보통신 건물인증업무 처리 지침" 개정으로 1등급의 경우에도 세대 내부로 광케이블이 인입되는 방식으로 바뀌었기 때문에 정리되었다고 볼 수 있지만, 참고할 만한 가치가 있어서 포함시켜 놓는다.

## 1 초고속정보통신 건물인증 1등급 vs 특등급

공동주택 정보통신 감리현장에서 감리원이 경험하는 딜레마 중 하나는 초고속정보통신건물 인증 1등급과 특등급에 관한 이슈이다. 어떤 공동주택은 공사비용 절감을 이유로 1등급으로 설계된 경우가 있는데, 이 경우 감리원은 이것을 어떻게 판단해야 할까?

[그림 10-1]은 특등급과 1등급 조건을 요약한 것이다. 특등급과 1등급은 단지통신실~층통신실 구간은 동일하고, 층통신실~세대단자함 구간은 특등급은 광케이블 위주로, 1등급은 UTP케이블 위주로 시공되는 점이 중요한 차이점이다.

**그림 10-1 특등급과 1등급 조건(2021년 11월 22일 개정 이전)**

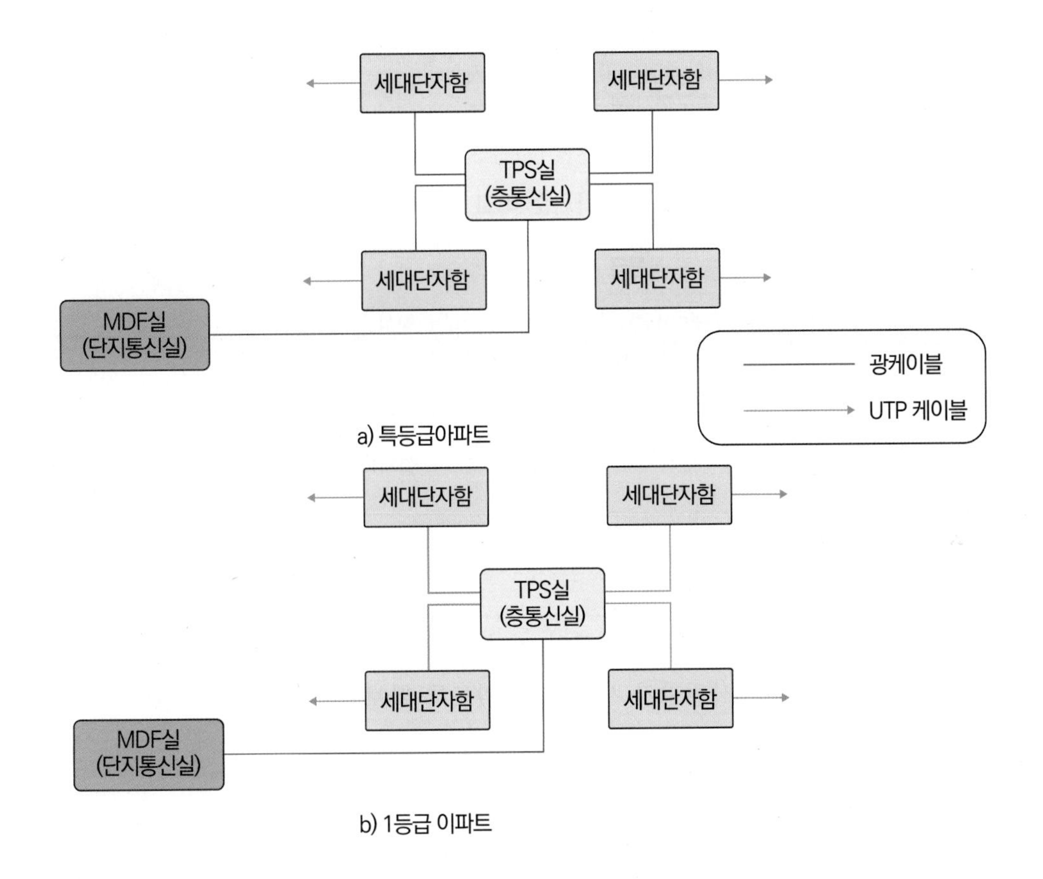


〈표 10-1〉과 〈표 10-2〉는 공동주택의 특등급과 1등급의 심사기준을 비교한 것이다.

**표 10-1 특등급과 1등급의 배선설비 심사기준 비교**

| | 특등급 | 1등급 |
|---|---|---|
| 구내 간선계 | 광케이블 8코어 이상(최소 SMF 6코어 이상) + 광케이블 8코어 이상 또는 세대당 Cat3 4페어 이상 | 광케이블 8코어 이상(최소 SMF 6코어 이상) + 광케이블 8코어 이상 또는 세대당 Cat3 4페어 이상 |
| 건물 간선계 | 세대당 광케이블 4코어 이상(최소 SMF 2코어 이상) + 세대당 Cat5e 4페어 이상 | 세대당 광케이블 SMF 2코어 이상 + 세대당 Cat5e 4페어 이상 |

| 수평 배선계 | 세대 인입 | 광케이블 4코어 이상(최소 SMF 2코어 이상) + 세대당 Cat5e 4페어 이상 | 세대당 광케이블 SMF 2코어 이상 + 세대당 Cat5e 4페어 이상 |
|---|---|---|---|
| | 댁내 배선 | 인출구당 Cat5e 4페어 이상 + 세대단자함에서 거실 인출구까지 광 1구 이상 | 인출구당 Cat5e 4페어 이상 |

**표 10-2 특등급과 1등급의 인출구 심사기준 비교**

| | | 특등급 | 1등급 |
|---|---|---|---|
| 설치대상 | | 침실, 거실, 주방(식당) | 침실, 거실, 주방(식당) |
| 설치 개수 | 침실 및 거실 | • 실별 4구 이상(2구씩 2개소로 분리 설치<br>• 거실 광인출구 1구 이상<br>(단, 무선AP 수용시 거실을 제외한 실별 2구 이상) | • 실별 2구 이상<br>(거실은 4구 이상, 2구씩 2개소로 분리 설치) |
| | 주방 | 2구 이상 | 기준 없음 |

특등급의 구내간선계 광케이블 8코어 이상(최소 SMF 6코어 이상) 중 최소 SMF 6코어 이상은 초고속 인터넷사업자가 사용할 수 있도록 확보하여야 한다. 거실 광인출구 1구는 SMF 1코어 이상 또는 MMF 2코어 이상을 포설하여야 한다.

1등급의 구내간선계 광케이블 8코어 이상(최소 SMF 6코어 이상) 중 최소 SMF 6코어 이상은 초고속인터넷사업자가 사용할 수 있도록 확보하여야 한다.

### 1) 1등급 VS 특등급의 현명한 선택은?

정보통신공사비가 대략 30평의 경우 특등급으로 설계하면 세대당 약 500만원, 1등급으로 설계하면 약 460만원이 된다. 물론 시공사에 따라 다를 수 있다. 특등급과 1등급은 층TPS실까지는 동일하다.

[그림 10-2]는 특등급 인출구 조건이고, [그림 10-3]은 1등급 인출구 조건이다.

그림 10-2 **특등급 인출구 조건**

그림 10-3 **1등급 인출구 조건**

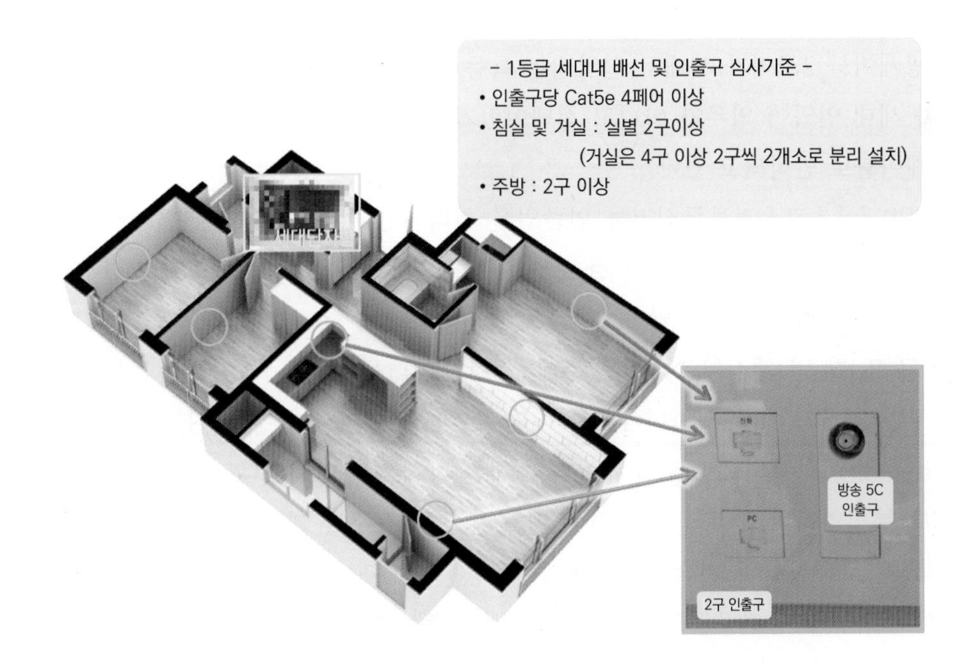

[그림 10-4]는 특등급 공동주택 세대에 초고속인터넷을 PON(Passive Optical Network)방식으로 구축하는 모습이다. 세대로 인입되는 광케이블 4코어 중 1코어를 사용한다.

**그림 10-4 특등급 공동주택 PON(Passive Optical Network)방식**

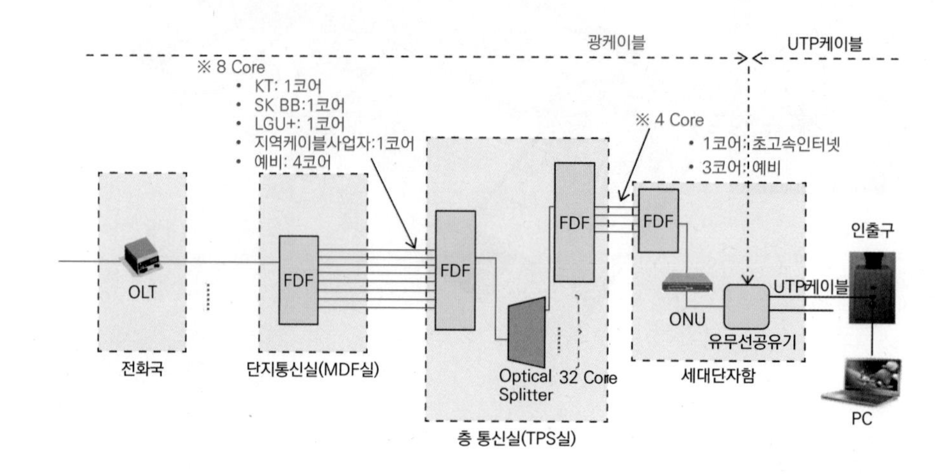


2012년 2월 6일 "초고속정보통신건물인증업무 처리 지침" 개정으로 1등급이더라도 광케이블 2코어가 세대로 인입되는 특등급과 유사한 1등급이 추가되었으나, 광케이블 세대 인입이 의무가 아니고 선택이었기 때문에 여전히 1등급은 UTP, 특등급은 광케이블로 인식되고 있다.

1999년 "초고속정보통신건물 인증업무 처리지침"이 시행된지 13년 만에 1등급에 광케이블 세대 인입을 추가한 걸 보면, FTTH(Fiber to the Home)의 진정한 의미가 뭔지를 뒤늦게 깨달은 게 아닐까?

최근 또 한 번 개정이 이루어졌는데, 2021년 11월 22일에 "초고속 정보통신 인증 업무 처리지침"을 개정하여 1등급 조건으로 UTP케이블과 광케이블 중 선택할 수 되어있는 것을 의무적으로 모두 수용해야 하는 방식으로 바뀌었다.

정보통신업계의 FTTH, FTTO 트렌드 법제화 요구를 과기정통부에서 받아들여서 "방송정보통신설비 기술기준에 관한 규정" 제20조(회선수)와 "접지설비구내통신설비선로설비 및 통신공동구 등에 관한 기술기준" 제32조(구내통신선의 배선)을 2022년 12월에 개정하여 2023년 6월 7일 발효와 동시에 "초고속정보통신건물인증업무 처리지침"까지 2023년 6월 7일에 개정하여 1등급과 2등급 공동주택의 단위세대까지 광케이블 SMF x 2 코어 이상 인입토록 FTTH와 FTTO 트렌드를 반영하였다. 초기 1등급은 각 세대로 광케이블이 직접 인입되는 것을 의미하는 FTTH(Fiber to the Home)조건을 충족시키지 못한다.

현재 초고속인터넷 End User 환경인 100 Mbps속도에선 광케이블 vs UTP 케이블의 속도 측면에서 차별화가 그리 뚜렷하지 않다. UTP Cat5e 케이블을 사용해도 100Mbps(Fast Ethernet)신호를 100m까지 전송할 수 있고, 층TPS실에서 세대단자함까지 거리가 100m가 되지 않기 때문이다. 전송거리가 100m이면, 층고가 3.3m인 공동주택에서 30층에 해당되는 거리이다. 대부분의 공동주택에서 초고속인터넷용 FDF가 6~8층 단위로 위치하므로 거리가 27m를 넘지 않는다.

궁극적으로는 진정한 FTTH으로 가는 게 맞다. 한때 KT 등 ISP들이 초고속 인터넷 가입자 통계를 내면서 FTTH 가입자 보급 비율을 높이기 위해 1등급에 해당되는 AON 가입자까지 포함해서 집계하기도 했다. 1등급으로 설계된 공동주택을 특등급으로 업그레이드 하라는 정보통신 감리원의 조언은 공사비 증가를 가져오므로 먼저 말을 꺼내는 것이 부담이 되는건 사실이다. 이와 같은 관점에서 구리케이블 기반의 기가인터넷 기술을 살펴본다.

### 2) Copper 기반 기가인터넷 서비스

국내 유선 기반 초고속인터넷 서비스는 오랜 기간 동안 FE(100 Mbps)에 묶여 있었다. 데스크탑 PC, 노트북, 공유기 등의 인터페이스가 대부분 FE(100 Mbps)이다. 반면에 와이파이는 기가 와이파이(IEEE 801.11ac)가 보급되어 스타벅스 같은 Hot Spot에서 무선으로 250~400Mbps속도를 이용할 수 있다. 이를 위해 통신사들은 와이파이 AP의 백홀망을 1Gbps로 증설했다.

"초고속정보통신건물 인증업무 처리지침"에서 특등급의 경우 거실 천장에 WiFi AP를 설치하게 되어있는데, 100Mbps를 지원하는 IEEE 802.11n에서 1Gbps를 지원하는 IEEE 802.11ac로 업그레이드 되었다.

댁내에서 기가 와이파이 서비스를 이용하려면 그것의 백홀 역할을 하는 유선 기반 초고속인터넷 회선의 속도가 기가급으로 업그레이드 되어야 한다.

참고로 세대 내부의 초고속 인터넷을 기가인터넷으로 교체했으면, 공유기 등 관련 설비들도 같이 업그레이드되어야 그 속도를 활용할 수 있다.

그리고 IPTV로 UHD TV컨텐츠를 즐기려면 100Mbps속도로는 한계가 있다. 물론 아직까지는 송출하지 않지만, 초고속 인터넷사업자(ISP)들은 세대 내부의 100Mbps 인터넷 속도를 1Gbps로 올리는 것이 시급하게 되었다.

세대까지 광케이블이 인입된 특등급 FTTH 가구에서는 쉽게 업그레이드 되지만, 오래된 공동주택은 한계에 봉착한다. 이를 해소하기 위해 KT, SK BB, LGU+ 등 ISP들은 Copper 기반의 기가인터넷 기술을 개발하여 2010년 중반부터 보급하고 있다.

#### 가) KT의 "Giga Wire 서비스"

Giga Wire는 ITU-T G.hn 표준을 기반으로 Marvell사가 개발한 칩과 국내 ubiQuoss사가 개발한 시스템 GAM(G.hn Access Multiplexer)과 GNT(G.hn Network Terminal)를 사용하는데, GAM은 전화국측 장치이고, GNT 는 가입자측 모뎀이다. 이 장치는 100m 이내 거리에서 500 Mbps 속도를 지원한다. Line Modulation은 OFDM/DMT이고, Duplexing은 TDD이다.

#### 나) SK BB, LGU+

UTP케이블이 구축된 공동주택만 대상으로 한다. 기존 UTP케이블을 이용하여 100m이내 거리에서 상하향 대칭형 500Mbps 속도 지원을 목표로 한다. SK BB는 HFR사 장비를 사용하고, LGU+는 다산, 유비쿼스장비를 사용하는데, 비표준 기술이다. 전송속도 500Mbs까지는 UTP 2 pair를, 1 Gbps까지는 UTP 4 pair를 모두 사용한다.

이처럼 FE(100Mbps) 신호는 UTP로 100m까지 지원하고, 1GbE신호는 UTP케이블로 25m까지 지원하는 기존 규격이 초고속 수요가 나옴에 따라 발전되었다. 세부적인 기술들, Line Modulation, Duplexing 등이 변화 발전되었다. 그러나 Copper 기반 기가 인터넷 서비스는 곧 한계에 도달하게 된다.

## 2 정보통신 감리원의 바람직한 대응

당장 층TPS실과 세대간에 UTP Cat5e 케이블로 1GbE급의 초고속인터넷을 구축하는데도 거리의 한계(25m)라는 제한을 받는다.

10년 이내 1Gbps 속도를 10Gbps로 업그레이드가 필요하면, UTP Cat5e 케이블로는 불가능하게 될 것이다. 그때 TPS실-세대단자함 구간의 공배관을 이용해서 광케이블을 추가로 입선시키고, 세대단자함 여유 공간에 FDF를 추가하여 업그레이드를 해야 할까? 그럴 바에야 공동주택 건축시 특등급을 선택하는 것이 지혜로운 선택이라는 생각이 든다.

공동주택은 한번 건축되면 50년 이상 사용한다는 걸 고려해야 한다. 굳이 공사비를 아끼고 싶으면 광케이블 2코어가 인입되는 1등급이라도 선택하게 해야 하지 않을까?

실제로 저자의 이런 평소 주장에 관심을 갖고 받아드린 동료가 감리현장 배치 초기에 설계 도면을 검토한 결과, 1등급으로 설계된 것을 발견하고 재건축 공동주택 조합을 설득하여 특등급으로 올려서 시공한 사례가 있었다.

**권고 사항!**

특등급 대신에 1등급으로 설계함으로써 공용부(사실 공용부는 차이가 없다) 포함해서 절약되는 공사비가 세대당 100만원도 되지 않는다.

정보통신감리원으로서 특등급과 1등급에 관해 발주자가 현명한 선택을 할 수 있도록 가이드 해줄 필요가 있다.

2021년 11월 22일 "초고속정보통신건물인증업무 지침" 개정으로 1등급의 경우에도 광케이블이 세대로 인입해야 하는 방식으로 바뀌었기 때문에 논란이 되는 특등급/1등급 선택 주제는 정리가 되었다고 볼 수 있다.

만약 2021년 11월 22일 이전에 착공되어 종전의 1등급으로 시공되고 있는 현장의 경우, 정보통신 감리원은 발주처로 이와 같은 상황을 보고하여 법제도적으로는 의무 사항은 아니지만, 광케이블이 세대 내부로 인입하는 방식으로 설계 변경을 통해 시공할 것을 제안하는 것이 바람직하다.

**참고** [#감리현장실무: 미래 지향적인 #스마트정보통신감리(2) #특등급과 1등급논쟁 정리] 2020년 3월 24일

**참고** [감리현장실무: #초고속 정보통신건물인증 1등급으로 시공 중인 공동주택 건축 현장 정보통신 감리원에게 드리는 권고] 2021년 12월 6일

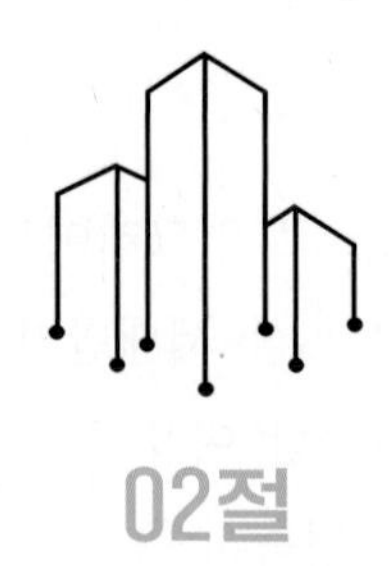

02절

# 광케이블 SMF와 MMF논쟁 가이드

이번 토픽은 "광케이블 SMF vs MMF"에 관한 논쟁 가이드이다. Outside 광케이블 세상은 Incoherent 광통신으로부터 광파의 주파수와 위상을 적극적으로 활용하는 Coherent 광통신방식으로 전환되어 나감으로써 SMF 광케이블로 통일되었다.

그동안 감리원들 간에 정보 공유의 플랫폼이 없어서인지 현장 정보통신 설계도면에서 수정되어야 할 게 너무 방치되어 있다는 느낌이 들었는데, 그중 하나가 SMF vs MMF 광케이블 논쟁에 관한 것이다.

## 1 광케이블의 전송 원리

광케이블의 종류는 MMF(Multi Mode Fiber)와 SMF(Single Mode Fiber)가 있다. 중간에 위치하는 Graded index Fiber도 있었다. 광케이블은 중심부에 위치하는 Core의 굴절율이 Core를 둘러싸고 있는 Clad의 굴절율 보다 더 크게 만들어서 Core 내부의 광신호가 전반사를 일으키면서 전파되게 한다.

[그림 10-5]는 광케이블의 광파 전파 원리를 보여준다. 광 신호가 전반사가 되는 조건의 입사각 $\theta_c = \cos^{-1}(\frac{n_1}{n_2})$ 의 조건이 만족되어야 한다(스넬의법칙).

**그림 10-5** 광케이블의 전반사 전파원리

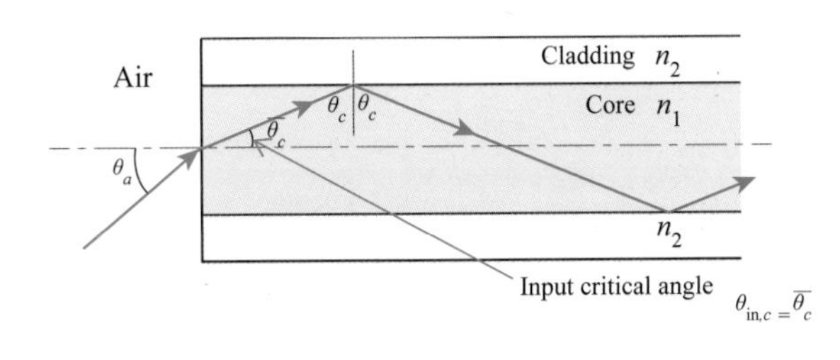


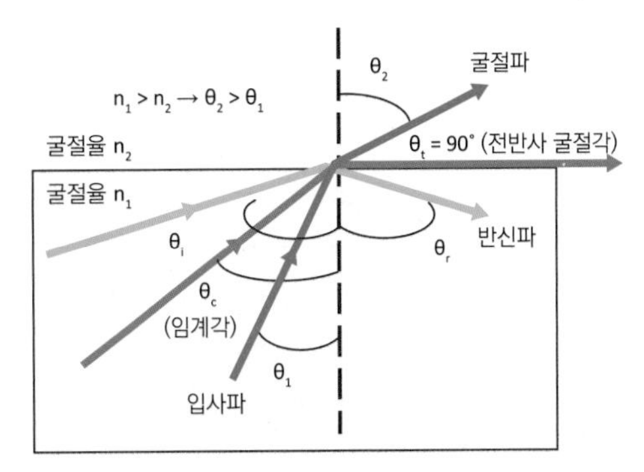


## 1) MMF와 SMF의 규격

광케이블의 Core/Clad 직경이 MMF는 50/125$\mu$m 또는 62.5/125$\mu$m이고, SMF는 9/125$\mu$m이다. [그림 10-6]은 SMF의 OS1(Inside용), OS2(Outside용) 그리고 MMF의 OM1, OM2, OM3, OM4의 규격을 보여준다.

**그림 10-6** SMF의 OS1, OS2와 MMF의 OM2, OM3, OM4

**Singlemode**
Core = 9 µm
Cladding = 125 µm
Buffer = 250 µm
Numerical Aperture = 0.13

**OS1 / OS2**

**Multi-Mode**
Core = 62.5 µm
Cladding = 125 µm
Buffer = 250 µm
Numerical Aperture = 0.28

**OM1**

**Multi-Mode**
Core = 50 µm
Cladding = 125 µm
Buffer = 250 µm
Numerical Aperture = 0.20

**OM2 / OM3 / OM4**

SMF의 코어 굵기는 9$\mu$m이고, MMF의 코어 굵기는 62.5$\mu$m로 굵다.

- OM2 , OM3, OM4의 코어 굵기는 50$\mu$m

〈표 10-3〉은 SMF 규격인데, 실내용인 OS1의 감쇄는 1dB/km이고, 야외용인 OS2의 감쇄는 0.4dB/km이다.

**표 10-3 SMF 규격 OS1, OS2의 규격**

| NAME | OS1 | OS2 |
|---|---|---|
| Standards | ITU-T G.652A/B/C/D | ITU-T G.652C/D |
| Cable Construction | Tight-buffered | Loose tube |
| Maximum Attenuation | 1.0dB/km | 0.4dB/km |
| Maximum Transmission Distance (in 10GbE) | 2km | 10km |
| Application | Indoor | Outdoor |

〈표 10-4〉는 OM1~OM5 MMF 규격을 보여준다. 데이터센터 내부에서 MMF 사용 현황을 보면, 고속화 추세에 따라 OM1, OM2는 더 이상 사용되지 않으며, OM3는 한계에 도달하고 있고, OM4가 주로 사용되고 있다.

초고속화 요구에 따라 2016년에 표준화된 OM5는 SWDM기술을 사용하여 50Gbps, 100Gbps, 200Gbps, 400Gbps 등 새로운 이더넷 표준을 지원한다.

**표 10-4 MMF의 OM1, OM2, OM3, OM4의 규격**

| Multimode Designation | Maximum Distance | | | |
|---|---|---|---|---|
| | 1 GB/s | 10 Gb/s | 40/100 Gb/s | 400 Gb/s |
| OM1 | 300m/984ft | 30m/98ft | NA | NA |
| OM2 | 600m/1968ft | 150m/492ft | NA | NA |
| OM3 | 1000m/3280ft | 300m/984ft | 100m/328ft | 100m/328ft |
| OM4 | 1100m/3608ft | 550m/1804ft | 150m/492ft | 150m/492ft |
| OM5 | 1100m/3608ft | 550m/1804ft | 150m/492ft | 150m/492ft |

| Designation | Modal Bandwidth @ 850 nm (MHz.km) |
|---|---|
| MULTIMODE OM1 (62.5) | 200 |
| MULTIMODE OM2 (ORANGE/GRAY)* | 500 |
| MULTIMODE OM3 (AQUA) | 2,000 |
| MULTIMODE OM4 (AQUA/MAGENTA) | 4,700 |
| MULTIMODE OM5 WBMMF (LIME GREEN) | |

단거리엔 MMF, 장거리엔 SMF를 사용하는 것이 경제적이라고 알려졌다. MMF는 전송거리가 짧은 대신에 가격이 싸고, SMF는 전송거리가 먼 대신에 가격이 비싼 것으로 인식되어 왔다. 그러나 광케이블 제조기술과 광커넥터 등 부품 기술의 발전으로 10Gbps까지는 MMF와 SMF의 가격 차이가 없어졌고, 데이터 전송속도가 점점 더 빨라지게 됨으로써 Outside 분야에서 MMF는 퇴출되는 신세가 되었다. 통신사업자들은 오래전부터 Outside에서는 MMF를 사용하지 않는다.

### 2) Inside에서 MMF의 활용

그러나 건물 구내에서는 전송거리에 대한 부담이 없고 시공이 용이하고 광커넥터 등 부품 가격이 상대적으로 저렴한 MMF를 사용하고 있다.

[그림 10-7]은 구내에서 장비를 연결할 때 사용하는 OJC(Optical Jumper Cord)인데, 코드 광케이블 외장 칼라가 옅은 노란색이면 SMF이고, 짙은 황색(오렌지색)이거나 청색(아쿠라색)이면 MMF OJC이다.

특히 데이터 센터 내부에서 서버간을 연결하는 용도의 MPO(Multi Fiber Push On/Mechanical Transferable Connector)와 MTP(Multi Fiber Termination Push On)의 다중 광케이블은 가격을 고려하여 MMF를 채택하고 있다.

**그림 10-7 구내에서 장비를 연결시 사용하는 OJC(Optical Jumper Cord)**

## 2 광케이블 관련 인터페이스 규격

현재 데이터의 보편적인 인터페이스 속도는 FE(Fast Ethernet) = 100 Mbps이다. 그리고 1 Gbps, 10 Gbps 속도의 인터페이스도 사용된다.

FE은 IEEE 802.3u로 1995년에, 1GbE은 IEEE 802.3z로 1998년에 표준화 되었다. 그리고 10GbE은 IEEE 802.3a로 2006년에 표준화되었고, 40GbE과 100 GbE은 IEEE 802.3ba로 2010년에 표준화가 되었다.

현재 공동주택 홈네트워크에서 L3백본 스위치~각동 L2 WG스위치 간에는 1Gbps가 적용되고, 각동 L2 WG스위치~각세대 월패드간에는 100Mbps가 적용된다. 이 속도는 월패드의 NIC카드(LAN카드, 이더넷 카드), WG 스위치와 백본스위치에 포트에 장착되어 있는 NIC카드에 의해 제공된다. NIC카드는 10Mbps, 100Mbps, 1GbE, 10GbE 속도를 지원한다.

### 가) FE(100Mbps)의 매체별 전송거리

- UTP Cat5e케이블은 최대 전송거리 100m(여장 고려시 실제는 96m)
- 광케이블 MMF: 최대 전송거리 2Km

### 나) 1GbE(1Gbps)의 매체별 전송거리

- UTP Cat5e케이블: 최대 전송거리 25m
- UTP Cat6케이블: 최대 전송거리 100m
- 광케이블 MMF(2코어): 최대 전송거리 550m
- 광케이블 SMF(2코어): 최대 전송거리 2Km

### 다) 10GbE(10Gbps)의 매체별 전송거리

- UTP Cat 6a, SSTP Cat 7: 최대 전송거리 100m
- 광케이블 MMF: 최대 전송거리 100m
- 광케이블 SMF: 최대 전송거리 10Km

## 3 홈네트워크의 미래로 본 광케이블 규격

홈네트워크는 공동주택 단지의 백본망이다. 현재는 트래픽이 많질 않다. 그러나 IoT가 모든 사물에 내장되는 Internet of Everything(IoE)로 향하고 있다. 이 IoE가 주택에, 자동차에, 빌딩에 Embedded 되어 스마트 시티로 확장되어 나갈 것이다. 공동주택의 스마트홈이 스마트시티의 구성 요소가 된다. 이런 상황이 되면, 홈네트워크의 역할은 크게 달라질 것이고 트래픽도 증가할 것이다.

스마트홈, 스마트빌딩을 대도시 스마트 시티와 연결시키는 향후 역할을 고려해서 홈네트워크을 검토해야 될 것이다. 그런 관점에서 홈네트워크 구성에 MMF 광케이블 사용은 바람직하지 않다. End User측 인터페이스 규격인 이더넷이 10Mbps(Standard Ethernet), 100Mbps(FE), 1GbE, 10GbE, 40GbE, 100GbE으로 진화하는 상황을 바라보면, 더 이상 MMF를 설치하는 건 어리석은 결정으로 판명날 것이다.

"방송통신설비의 설치기준에 관한 규정" 제20조(회선수)와 "접지설비 구내통신설비 선로설비 및 통신공동구 등에 관한 기술기준" 제32조(구내통신선의 배선)가 개정되어 2023년 6월 7일부로 발효됨으로써, 공동주택과 업무시설의 단위 업무구역($10m^2$)에 광케이블 SMF x 2코어 이상이 인입되게 규정되었고, FTTH(Fiber To The Home), FTTO(Fiber To The Office)가 법제화 되었으며, 광케이블은 SMF방식으로 통일되었다.

**권고 사항!**

홈네트워크뿐 아니라, 설계 도서에 반영되어 있는 모든 MMF는 SMF로 변경 조치하는 게 미래 지향적인 결정이 될 것이다.

**참고** [#감리현장실무: 미래 지향적인 #스마트 정보통신감리(5) #광케이블 SMF vs MMF논쟁 가이드] 2020년 3월 27일

# 03절

# 세대단자함 구성에 관한 비판적 분석

건축 현장에 정보통신 설비가 고도화되기 시작한 계기는 1990년대 WWW와 브라우저에 의한 인터넷 대중화와 인터넷을 가입자댁내로 확장해준 FTTH 초고속인터넷의 급속한 확대 보급이었다.

그러나 건설현장에선 여전히 첨단화된 정보통신기술을 이해하지 못하는 전기엔지니어들이 건축 정보통신설비분야의 설계, 시공, 감리 등을 수행해왔다. 그 결과 잘못된 기준들이 건축 현장에 그대로 관행으로 유지되고 있다. 건축 정보통신 분야를 세부적으로 꼼꼼하게 살펴보면 수정 보완해야 할 내용들이 많다.

공동주택의 정보통신설비/방송설비들과 연결되는 케이블들이 세대 내부로 인입되는 관문인 세대단자함에도 그런 흔적이 남아있다.

## 1 2000년대 초반 세대단자함 구성

### 1) 특등급

[그림 10-8] 초기 특등급 세대단자함이다.

**그림 10-8 초기 특등급 세대단자함**

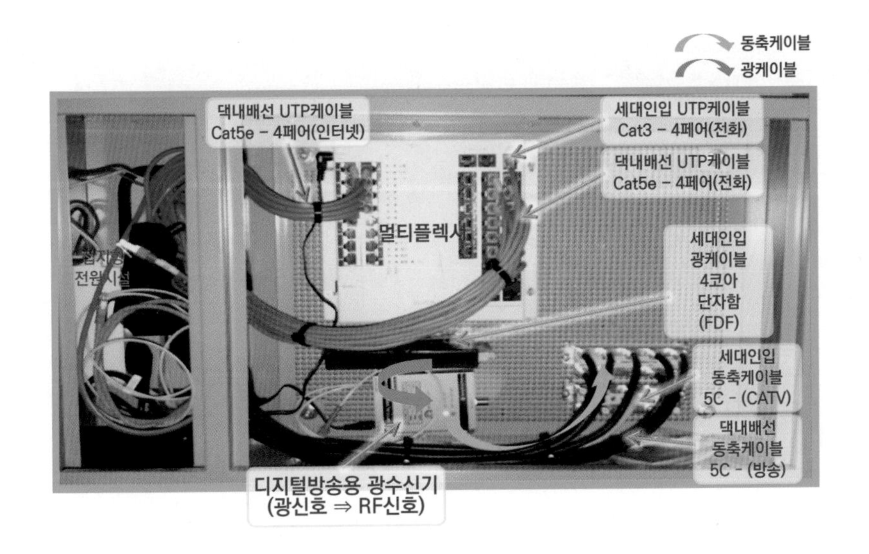


상단 중앙에 멀티플렉서가 위치하는데, 좌측은 초고속인터넷회선을 각방 데이터 인출구로 분배하는 L2 스위치이고, 우측은 유선 전화회선(국선)을 각방 전화 인출구로 분배하는 연결단자 조합이다. 정보통신공학적으로 멀티플렉서란 명칭은 적절하지 않다.

중앙 하단에는 방재실 헤드엔드에서 각동을 거쳐 세대단자함까지 광케이블로 전달되는 방송공동수신(SMATV)신호를 동축케이블로 각 방 TV인출구로 공급하기 위해 광전 변환하는 ONU가 위치한다. 그리고 중간 중단에 조그만한 검은 직사각형 박스는 광케이블 4개 코어를 성단하는 "미니 FDF"이다. 그리고 우측 하단에는 방송공동수신(SMATV)신호를 각방 TV인출구로 공급하는 MATV분배기, 종합유선방송사의 CATV신호를 각방 TV인출구로 공급하는 CATV분배기가 위치한다.

## 2) 1등급

[그림 10-9]는 초기 1등급 세대단자함이다.

**그림 10-9 초기 1등급 세대단자함**

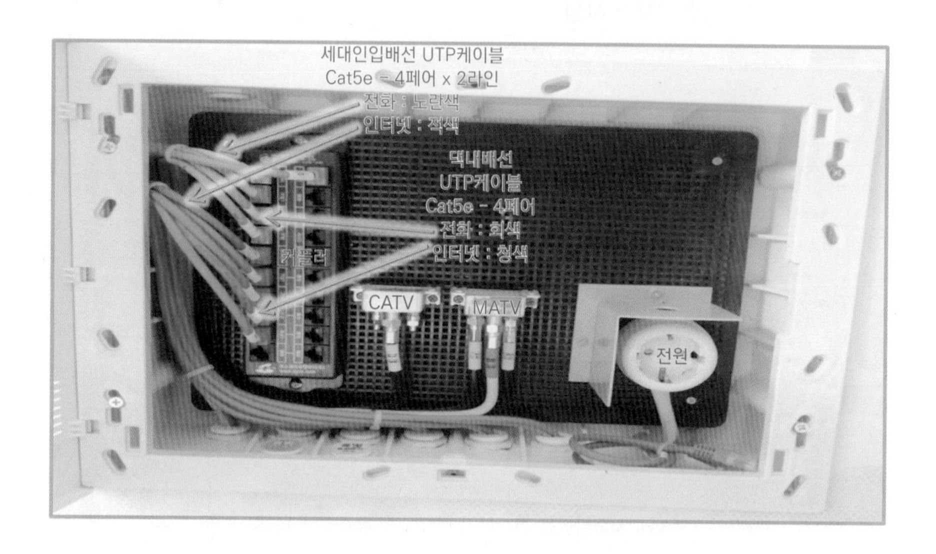


특등급과 차이점은 다음과 같다.

- ◆ 광케이블 4코어가 인입되어 성단되는 FDF가 없다.
- ◆ 전원 콘센트 인출구가 특등급은 4구인데 비해, 1등급은 1구이다.
- ◆ L2스위치를 포함하는 멀티플렉서 대신에 커플러가 설치된다.

커플러는 L2스위치가 포함되지 않음으로 인입 초고속인터넷 회선이나 유선전화를 각방의 데이터/전화 인출구와 물리적인 연결만 가능하다.

## 2 2010년 전후 세대단자함

### 1) 특등급

[그림 10-10]는 2010년 전후의 특등급 세대단자함이다.

그림 10-10 2010년 전후의 특등급 세대단자함

이전 세대단자함과 비교해서 거실 천장 WiFi AP가 추가되었다. 우측 상단에 거실 천장 WiFi AP로 데이터와 전원을 공급하는 PoE Injector 가 있다. PoE Injector 를 거치면 UTP 케이블 8개 심선에 데이터와 DC 전원이 추가된다(Tx: 2, Rx: 2, 나머지는 DC 24V 급전).

### 2) 1등급

[그림 10-11]은 2010년 전후의 1등급 세대단자함이다.

**그림 10-11 2010년 전후의 1등급 세대단자함**

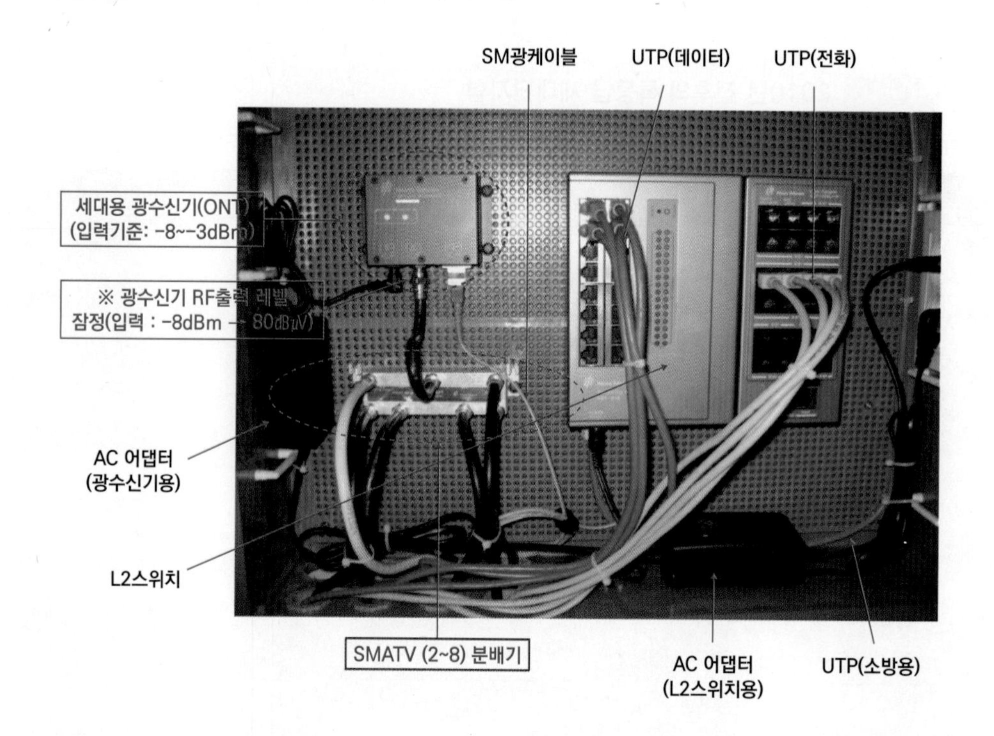


광케이블이 인입되지 않지만, 방재실 헤드엔드에서 세대단자함까지 광케이블로 SMATV신호가 전송되어 SMATV분배기로 연결되기 전에 ONT에서 광전 변환된다. ONT는 좌측 상단에 위치한다.

## 3 2015년 이후 세대단자함

### 1) 특등급

[그림 10-12]는 2015년 이후의 특등급 세대단자함이다.

이전 특등급 세대단자함과 차이는 세대단자함과 거실 광인출구간에 광케이블이 배선되어 있는 것이다.

그림 10-12 2015년 이후의 특등급 세대단자함

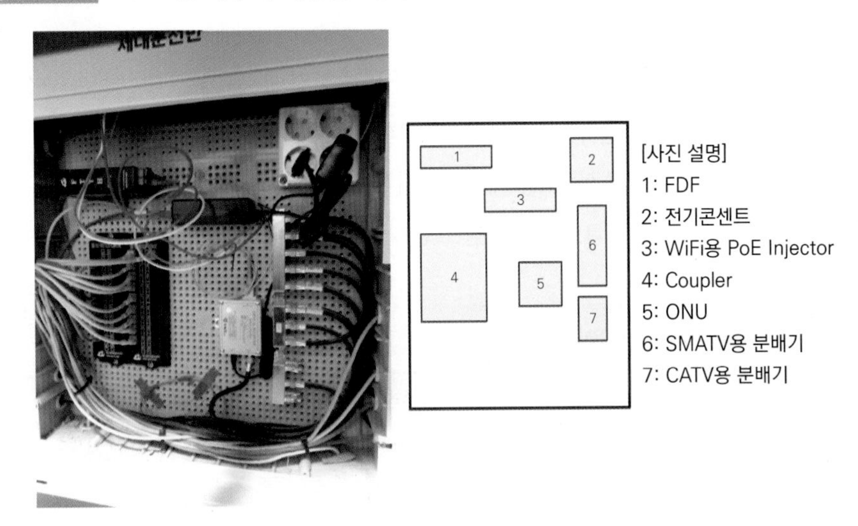


[그림 10-13]은 멀티플렉서를 확대한 것이다.

그림 10-13 멀티플렉서

상단 인터넷 연결부에는 광케이블의 SC커넥터가 광포트 SFP에 꽂혀 있는 것이 보이고, 아래 16개 RJ-45포트가 보인다.

멀티플렉서 하단부 국선 연결부를 보면, 국선 4회선이 들어올 수 있는 국선 포트가 있고, 각 Room 전화 인출구로 가는 포트 24개가 있다.

전화회선이 입력되는 국선 포트에 연결되는 UTP Cat5e x 1 line(8개 심선)은 T-568B 구성을 갖는다. 〈표 10-5〉를 참고한다.

**표 10-5 UTP Cat5e x 1 line(8개 심선) 구조**

| 심선번호 | 기능 | 심선번호 | 기능 |
|---|---|---|---|
| 1번 | 1번 국선 Tip선 | 5번 | 1번 Ring선 |
| 2번 | 1번 국선 Ring선 | 6번 | 3번 국선 Ring선 |
| 3번 | 3번 국선 Tip선 | 7번 | 4번 국선 Tip선 |
| 4번 | 1번 Tip선 | 8번 | 4번 국선 Ring선 |

즉, 8개 심선에 2개 심선(Tip선, Ring선)을 사용하여 국선 1회선, 4개 심선을 사용하여 국선 2회선, 8개 심선을 모두 사용하여 국선 4회선을 인입할 수 있다.

위에서 T선, R선은 Transmit, Receiver가 아니고 Tip, Ring이다. 이처럼 멀티플렉서 유선전화 부분은 물리적인 연결기능만 갖고 있다. 어떤 Room 전화 인출구로 UTP Cat5e x 1line을 배선해 놓으면, 세대단자함 멀티플렉서에서 포트 선택에 따라 국선 1, 2, 3, 최대 4회선까지 인입할 수 있다.

## 4 초고속정보통신건물 인증센터

초고속인증센터에서 제정한 인증 기준에서 불명확한 방식으로 세대 단자함 장비 구성을 제시하다보니 시공사에서 비용 측면을 우선적으로 생각한 결과 커플러를 사용하거나 저가의 L2스위치나 전원 아답터를 설치하게 되므로 통신사업자들이 시공사 설치 장비 신뢰성을 의심하게 되고 나아가 일반적인 가입자들 불편을 발생시키게 되고, 또한 특등급 인증에 대한 불신을 초래해서 삼성물산이나 GS건설의 공동주택 설계지침에는 아예 1등급으로 설계토록 설계회사로 요구하고 있으며, 기준과 별도로 무선 WiFi AP 설치나 세대단자함까지 광케이블을 인입시키는 등과 같은 별도 제안을 반영한다.

## 5 세대단자함에 대한 비판적 시각에서의 분석

### 1) 특등급 세대 인입 광케이블 4코어가 너무 Redundant하지 않는지?

현재 초고속인터넷용으로 1코어, SMATV용으로 1코어를 사용하는데, 미래 추가 수요가 있을까? 너무 Redundant하지 않는지?

이건 TCP/UDP/IP기술을 이해하지 못하는 전기 엔지니어들이 서비스별로 광케이블 코어를 별도로 사용해야 한다는데 기인하지 않은지 의심이 간다. Redundancy라면, 코어 백본쪽에 우선순위가 높고, End User단으로 올수록 우선순위가 떨어지는 원칙과도 맞지 않는다.

### 2) 멀티플렉서의 유선 전화부분이 축소 조정되어야 할 듯

멀티플렉서의 유선전화 부분에서 외부 사업자의 유선전화 회선(국선)이 4회선까지 입선되게 구성되는 경우도 있는데, 유선전화 회선감소 추세에 맞추어 축소 조정해야 할 것 같다.

그리고 이동전화의 번호이동(MNP: Mobile Numbet Portability)허용에 이어 유선전화의 번호이동(LNP: Local Number Portability) 허용으로 VoIP방식의 인터넷 전화를 이용하면, 초고속인터넷 회선에 통합되므로 유선 전화 부분과는 관련이 없다. 유선전화의 번호이동 허용으로 번호 앞부분에 식별번호 "070"이 붙지 않는 인터넷 유선전화를 이용할 수 있다.

### 3) 멀티플렉서의 L2스위치 효용성

현재 멀티플렉서의 L2스위치를 성능 규격 미흡을 이유로 통신사들이 사용하는 걸 꺼린다. 만약 L2스위치를 통해 초고속인터넷 1회선을 여러 Room의 데이터 인출구로 연결하더라도, ISP들은 공인 IP주소를 1개만 사용하게 허용하므로 세대내 다수의 PC를 인터넷에 연결할 수 없다.

ISP로부터 공인IP주소를 추가로 할당받으려면, 요금이 추가되고, 이런 과정 없이 초고속인터넷 회선을 스위치에 연결해서 다수의 유저가 인터넷 서비스를 이용하려면, 인증과정에서 차단된다. 근원적으로 통신사와 종합 유선방송사는 건물주 소유의 케이블 등 설비 사용을 피하고 자가망을 구축하려는 의지가 강하다.

멀티플렉서 L2스위치 규격에 IGMP Snoopping 기능을 포함시켜 통신사에서 IPTV를 개통할 때 L2스위치를 사용하게 유도했는데도 사용하질 않는 것이 현실이다.

건설사들이 설치하는 세대단자함내 멀티플렉서의 성능 규격이 ISP들이 요구하는 성능 규격을 만족하지 못했다. 특히 KT, SKBB LGU+ 등 ISP들이 초고속인터넷 시장에서 치열한 속도 경쟁을 벌이는 상황에서 건설사들이 시공해놓은 낮은 사양의 싸구려 멀티플렉서(심지어 저가의 중국산까지 사용) 사용을 기피하게 되었고, 그것이 관행으로 굳어져 버렸으며, 그걸 알고 있는 건설사들은 굳이 고사양의 멀티플렉서를 시공하려고 하지 않고 있는 상황이다.

IGMP는 IPTV서비스를 다수 가입자들에게 1:n방식으로 Multicasting Mode로 송출하는데 사용하는 L3계층에서 동작하는 프로토콜이다. 2 계층에서 동작하는 스위치 기반의 LAN망에서 아무런 User도 IGMP 그룹에 Join하지 않았는데도 IPTV 트래픽이 흐르는 비효율을 방지하기 위해, 스위치에 탑재된 IGMP Snooping을 이용해 스위치 내부를 흐르는 트래픽을 훔쳐보고선, IGMP 그룹에 Join이 된 상태이면 IPTV트래픽을 흘리고, Leave된 상태면 흘리지 않는 방식으로 제어해서 불필요한 네트워크 대역 남용을 방지한다.

초고속인터넷을 통해 IPTV서비스를 같이 이용하더라도 ISP로부터 공인 IP주소를 2개(초고속인터넷, IPTV) 할당받아야 한다. 그리고 요즘 통신사들은 초고속인터넷을 제공할 때, 유무선 공유기를 같이 제공하므로 멀티플렉서의 L2스위치의 효용성이 없다.

[그림 10-14]는 KT가 일반 초고속가입자에게 제공하는 FTTH 가입자 모뎀 ONU와 기가 와이파이(IEEE802.11 ac 이상)를 탑재한 유무선 공유기이다. 두 개를 합쳐 RJ-45포트가 8개나 된다.

그림 10-14 **FTTH가입자 모뎀(ONU)과 유무선공유기(IEEE802.11ac 와이파이 내장)**

멀티플렉서에서 각방 데이터 인출구로 연결되는 청색 UTP케이블의 RJ-45를 이 포트에 꽂으면, PC나 데스크탑을 각방 데이터 인출구에 연결하면 초고속인터넷 서비스를 이용할 수 있다.

유무선 공유기는 L2스위치와 달리 사설IP주소를 할당해주는 DHCP 서버가 내장되어 있으므로, 고속인터넷 1회선으로 다수의 PC를 연결해 인터넷을 이용할 수 있다.

공유기는 1개의 공인 IP주소를 다수의 사설IP주소와 1:N으로 Mapping 하는데, 그 방법은 공인IP주소의 Layer 4에 해당되는 Port Number의 다양한 주소를 사설 IP주소와 1:1로 연계시키는 방식으로 식별한다. 이렇게 구성하면, 세대 내부에 유선 LAN 자가망, 그리고 WiFi AP기반의 WLAN 자가망이 형성된다.

WiFi AP가 IEEE 802.11ac 또는 IEEE 802.11ax(WiFi 6)이면, 백홀로 사용되는 초고속인터넷 회선 속도는 1GbE이 되어야 한다. 거실 천장에 건설사에서 시공해놓은 WiFi AP가 있는 경우, WLAN 자가망은 2개가 된다. 스마트폰으로 세대내 WiFi 탐색을 하면 출력이 큰 WiFi AP가 먼저 잡힌다. WiFi AP를 WAN 네트워크에 연결하는 백홀은 세대내 유선 기반 초고속 인터넷회선이므로, WiFi AP를 유무선 공유기 RJ-45 포트에 연결하면 된다.

만약 멀티플렉서의 L2스위치를 초고속인터넷 1회선을 각방 데이터 인출구로 확장하여 멀티 유저단말이 독립적으로 사용하기 위해서는 L2스위치와 동일한 Broadcasting Domain내에 사설 IP주소를 할당해주는 DHCP서버(공유기 내부에 탑재)가 설치되어야 한다. 공유기는 L4헤더까지 열어 보기 때문에 공유기를 넘어서는 네트워크는 Broadcasting Domain에서 벗어난다.

초고속정보통신건물인증 심사기준에서는 세대단자함내 멀티플렉서 설치를 규정하지 않고 있으므로 자율적으로 선택할 수 있다. 다만 멀티플렉서를 설치하는 경우 1Gbps이상 스위칭 허브 및 IGMP Snooping기능을 지원하여야 하고, TTA시험성적서를 제출하도록 규정하고 있다.

### 4) 세대단자함내 SMATV용 광전변환소자 ONU 효용성

현재 공동 주택에서 공청 수신안테나로 수신한 SMATV신호로 지상파 TV를 시청하는 가구는 거의 없다.

대부분 종합유선방송이나 IPTV로 지상파TV를 시청하고 있다. 이런 상황에서 SMATV수신과 분배에 광케이블을 사용하는게 효율적인지 재고해볼 필요가 있다.

### 5) 세대단자함과 거실 광 인출구간 광케이블 배선

세대단자함과 거실 광인출구간에 광케이블이 배선되어 있는데, 향후 어떤 용도가 있을까?

초고속인터넷 속도가 1Gbps급에서 10Gbps급으로 업그레이드되는 미래 수요에 대비하는 것으로 볼 수 있다. FTTH(Fiber to the Home) 관점에서 광케이블의 홈 내부의 도달범위가 세대단자함에서 거실까지 확대된 것으로 볼 수 있다. 건물 내부 초고속 데이터용 STP케이블이 상용화되고 있는데, 고속 인터넷이 10GbE으로 올라가도 건물 내에서 수십m 구간을 지원하는 STP케이블이 상용화되고 있는 상황을 고려해야 하지 않을지 고민해볼 필요가 있다.

### 6) 세대단자함내 접지형 전기 콘센트 인출구 수 확대

현재 세대단자함 내부 설비 중 전기 콘센트가 필요한 소자들은 다음과 같다.

- ◆ 초고속인터넷 가입자 모뎀 ONU/ONT
- ◆ 천장 거실 WiFi AP
- ◆ 광전변환장치 ONU
- ◆ 멀티플렉서 L2스위치

◆ 유무선 공유기

세대 단자함 내부의 전기 콘센트 인출구는 여유 있게 시공하는 게 바람직한 것 같다.

**권고 사항!**

정보통신 엔지니어들 관점에서 세대단자함 구성과 기능에 관해 재정립할 필요가 있다. 세대 단자함 내부의 멀티플렉서, 커플러 등 호칭부터가 적절치 않다. 전기 엔지니어 주도로 이루어지다보니 비효율적이고 비합리적인 부분이 지금까지 남아있는 것 같다.

처음부터 정보통신 엔지니어들이 초고속 정보통신 건물 인증센터에 참여했으면, 시행착오가 없었을 것이다.

**참고** [감리현장실무: #세대단자함 구성에 관한 비판적 분석, 1편] 2020년 9월 3일

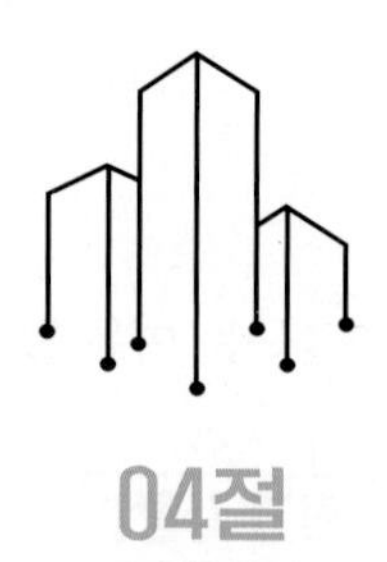

04절

# 홈네트워크 구성에 관한 비판적 분석

건축 현장의 정보통신기술의 변화는 정보통신 주류시장에 비해 늦게 진행되는 것 같다. 재건축되고 있는 공동주택 현장의 홈네트워크 설계, 시공 상황을 조사해본 결과, 현장에 따라 천차만별이다. 왜 그럴까?

사실 4차 산업혁명 기술이 도입되기 좋은 조건을 갖춘 분야가 건축, 의료, 자동차, 제조, 생산 공장 등이다. 그러나 건축 주도권을 갖는 건설사가 이에 대한 이해도가 높지 않기 때문에 스마트홈/빌딩, IoT홈/빌딩 등 분야가 다른 분야처럼 활성화 되지 못하고 인기 영합적이고 단편적으로 시늉만 내고 있는 실정이다.

## 1 건축 정보통신기술 혁신이 늦게 진행되는 이유는?

건축 정보통신 설계, 시공, 감리에 참여하는 엔지니어들에게 그 책임이 있다. 국내 일류 건설사가 시공하는 현장에 전기엔지니어인 전기팀장이 전기, 소방, 정보통신 시공을 책임지고 있는 것이 좋은 사례이다. 그리고 설계사의 정보통신 설계 책임자들의 수준도 문제인 것 같다.

설계사 정보통신 설계자들은 건축 정보통신 설비업체에 기술적으로 종속되어 있어서 주도적으로 건축 정보통신 설계분야를 치고 나가지 못하는 것 같다. 그 이유는 건축 정보통신 설계 용역이 분리 발주되지 않고 건축사 사무소로 일괄 발주되고, 다시 건축사 사무소에서 정보통신설계 단종회사로 저가 하도급 됨으로써, 제대로 된 정보통신 엔지니어가 설계에 참여할 수 있는 공간이 없다. 그리고 정보통신감리원들에계도 문제가 있다. 물론 한계가 있다. 소방감리처럼 강력한 법적인 무기가 있는 것도 아니고 배치되는 시기, 배치 감리원 등의 수에 있어서도 적극적으로 감리업무를 수행하기 어려운 것이 현실이기도 하다.

그러나 그러한 환경에서도 불구하고 건축 정보통신설비들이 발전속도가 빠르고 Life Cycle이 짧다는 사실을 고려하면, 미래 지향적인 설계, 시공이 되게 최선을 다해야 한다.

## 2 공동주택의 홈네트워크 설계시 고려 사항

### 1) 용도

공동주택 홈네트워크는 공동주택 단지의 백본 LAN이다. 회사나 단체의 구내에 구축되어있는 LAN에 해당된다. 방재실 단지 서버 등과 각세대의 월패드간을 연결해서 인터워킹이 가능하게 한다.

공동주택 홈네트워크는 궁극적으로 회사 LAN수준의 규격으로 발전해 나갈 것으로 전망된다.

### 2) Redundancy

공동주택 홈네트워크는 수많은 입주민들이 이용하는 백본 네트워크이므로 Reliability, Availability 등을 고려해야 한다. 그러므로 공동주택 홈네트워크의 단지망 부분에는 Redundancy를 적용하는 게 바람직하다.

### 3) 향후 발전과 미래 용도

공동주택 홈네트워크는 미래 스마트 시티와 인터워킹할 것이고, 스마트홈/스마트빌딩의 백본 역할을 하게 될 것이므로 설계시 이를 고려해야 한다.

## 3 홈네트워크 설계 현실

공동주택 단지 홈네트워크 설계 현황을 조사해보면 대단히 다양하다. 그건 표준이 정리되어 있지 않다는 걸 의미한다. 이에 비해 정보통신설비는 "사용전검사", "초고속정보통신 건물인증 지침" 등으로 잘 규정되어 있어 설계 내역이 통일되어 있다. [그림 10-15]에 공동주택 홈네트워크 구성을 보여준다.

**그림 10-15 공동주택 홈네트워크 구성**

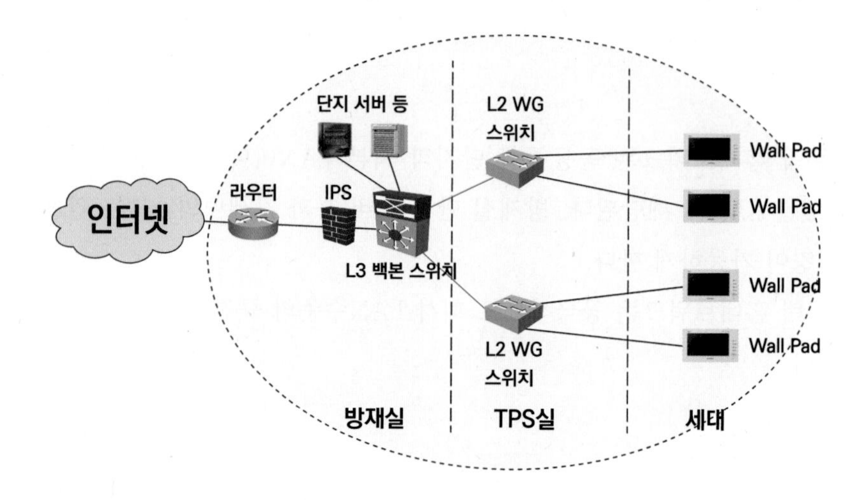


특히 방재실 L3백본 스위치~각동 층TPS실 L2 WG 스위치 구간의 설계가 다음과 같이 다양하다.

- 광케이블 SMF x 4코어(사용 2코어, 예비 2코어)
- 광케이블 SMF x 2코어(Tx 1코어, Rx 1코어)
- 광케이블 MMF x 4코어(사용 2코어, 예비 2코어)
- 광케이블 MMF x 2코어(Tx 1코어, Rx 1코어)

**권고 사항!**

근무하는 감리 현장의 홈네트워크 코어부분의 설계내역을 확인해주기 바란다. 아래 [그림 10-16]은 층TPS실의 광케이블 4코어를 성단하는 FDF와 L2 WG스위치이다.

그림 10-16 층TPS실의 광케이블 4코어를 성단하는 FDF와 L2 WG스위치

광케이블의 외장 칼라를 보니 SMF이다. 방재실로부터 인입되는 광케이블 끝에 Pig Tail을 융착 접속해서 만들어진 SC형 광커넥터가 FDF의 내부 광어댑터(Male)에 꽂힌다. 그리고 FDF 외부로 돌출된 광어댑터와 하단 L2 WG스위치의 광 어댑터간에는 OJC로 연결이 이루어진다.

## 4 홈네트워크 설계의 미래 지향적 관점에서 비판적 분석

### 1) 백본 네트워크 SMF 광케이블

공동주택 홈네트워크 방재실~동TPS실 구간의 연결에는 미래 홈네트워크의 발전을 고려하여 광케이블 SMF로 시공하는 게 바람직하다.

### 2) Redundancy 이중화

공동주택 방재실~동TPS실 구간의 광케이블은 절단 등 고장 발생시 영향받는 유저 규모를 고려할 때 이중화 구성이 바람직하다. 광케이블 SMF x 4코어로 시공되게 해야 한다.

### 3) Security

향후 공동주택에 스마트홈, IoT홈 등의 적용이 확대되어갈 것이므로 미래를 고려하여 보안이 강화되어야 한다. 앞으로 스마트홈, IoT홈으로 발전해 나가면, 해커들의 공격 대상이 될 수 있기 때문이다.

홈네트워크 인증 등급 AAA는 보안 부분이 강화되어 있다. 그런 관점에서 공동주택 홈 네트워크와 상용 인터넷간의 Firewall 규격이 업그레이드 되는 게 바람직하다.

### 4) 스마트홈, IoT홈

스마트홈, IoT홈의 본격적인 상용화가 아직 지지 부진하지만 어떤 모멘텀만 마련되면, 스마트홈, IoT홈으로의 발전 속도에 가속도가 붙을 것이므로, 이에 대한 고려가 있어야 한다.

### 5) 데이터 흐름의 병목 가능성 대비

LH 공사의 임대공동주택 홈네트워크 설계도면을 보면, 층TPS실에 96개 포트 용량의 Stackable L2 WG스위치를 위치시키고, 방재실 L3 백본 스위치와 연결하는 경우가 있는데, 현재는 세대 월패드의 데이터가 워낙 적어서 문제가 없지만, 미래에는 데이터 병목이 발생하지 않을지?

### 6) 재고 처리 회피

아직 공동주택 단지 홈네트워크 시공에 광케이블 중 이미 퇴출되고 있는 MMF를 여전히 설계 시공하고 있다. 오히려 MMF가격이 SMF보다 약간 더 비싸고, 스위치와 연결하는데 사용되는 광커넥터, SFP, OJC 등의 가격도 별 차이가 없는데도 여전히 MMF로 설계하는 이유는 광케이블 발전 트렌드를 모르고 있거나, 홈네트워크의 발전 전망에 대한 이해가 없기 때문일 것이다.

**권고 사항!**

현장에서 사용하는 MMF vs SMF 가격 비교, 광케이블 Type별 광커넥터, SFP, 광 Pig Tail, OJC 가격 비교 정보를 비교해 보기 바란다. 아마 일반 정보통신분야에서 MMF광케이블 수요가 없으므로 재고 정리 차원에서 공동주택 건물 정보통신 분야에서 계속 사용되는 게 아닌지 의심이 가는 대목이다. [그림 10-17]은 광-피그테일과 OJC를 보여준다.

그림 10-17 광 Pig Tail과 OJC

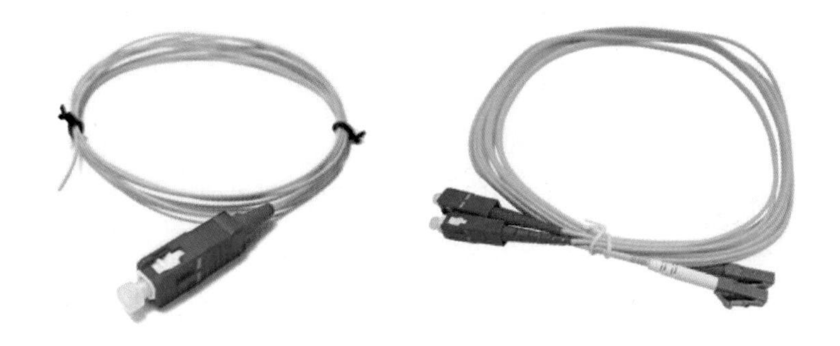

**권고 사항!**

배관 검측도 중요하지만, FDF, IDF, MDF 시공상태 검측도 빠트리지 않고 해야 한다. 전기감리분야는 업의 역사가 오래되어 특별한 신규 현안이 별로 없고, 소방감리분야는 법적으로 규제가 강해 현안을 제대로 챙기질 못할 경우, 개인적으로 손해를 보기 때문에 현장의 현안에 대해 관심도 많고, 동료들간에 신속하게 공유해서 해결하는 등 연대 의식이 강하다.
이에 비해 정보통신감리 분야는 챙겨야 새로운 현안이 많은데도 별로 관심이 없고, 감리원들간에 연대감도 없어서 현장의 이슈가 되는 정보조차 제대로 신속하게 공유되질 못하는 실정이다. 그러므로 전기, 소방감리 분야에 비해 제대로 대접받지 못하는게 아닌지. 정보통신 감리원들간에 연대, 정보공유, 긴급한 현안에 대한 관심과 문제 해결에 적극적으로 참여하는 의식개혁이 이루어져야 한다.

참고 [감리현장실무: #홈네트워크 구성에 관한 비판적 분석, 2편] 2020년 9월 6일

# 05절 UTP와 STP 케이블 사용 가이드라인

UTP케이블은 비차폐 케이블이고, STP케이블은 차폐 케이블이다. 물론 STP케이블이 더 비싸고 110블록이나 인출구 RJ-45 커넥터 성단시공시 손이 많이 간다. 건축현장에서 시공자와 감리원이 전기적 간섭 우려가 있는 구간에 UTP 또는 STP케이블을 적용할 것인지를 놓고, 의견 충돌이 발생할 수 있다.

현재 공동주택 등 건물 내부 End User단의 인터넷 속도가 100Mbps(Fast Ethernet)에서 1Gbps로 업그레이드 되고 있고, 언젠가는 10Gbps로 업그레이드 될 것이므로 UTP케이블이 STP케이블로 전환되어 나가야 할 것이다.

실제로 현장에서 FTP, STP 등 차폐 케이블들이 활발하게 출시되고 있고, 제조사에 따라 명칭이 혼란스러울 정도로 다양하게 사용되고 있다.

[그림 10-18]은 세대단자함 내부 모습인데, 각 방 전화 인출구와 데이터 인출구로 가는 UTP케이블이 보인다.

청색 외피 UTP Cat5e 케이블은 데이터용이고, 회색 외피 UTP Cat 5e케이블은 전화 Voice용이다.

그림 10-18 세대단자함 내부 모습

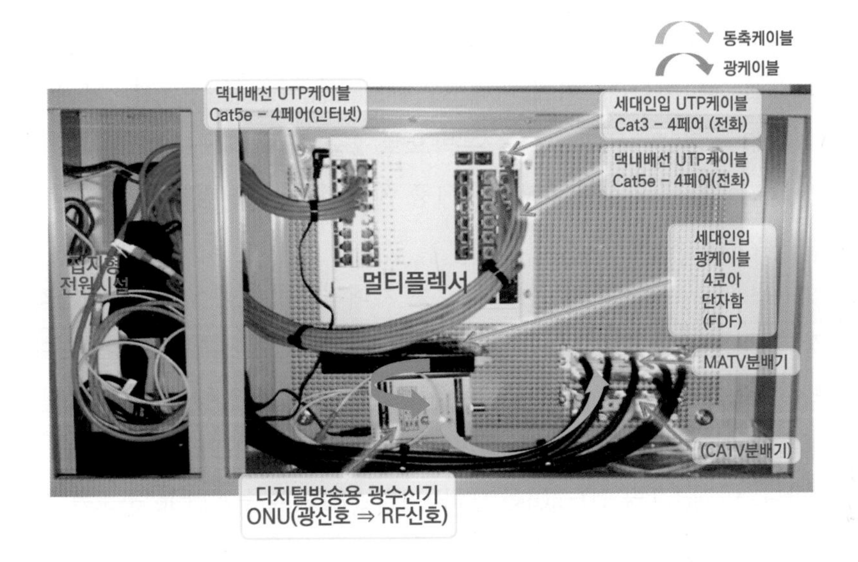


실제로 10Gbps 속도를 지원하는 Category-7 케이블은 차폐 특성이 강화된 S-FTP(Screened Foiled Twisted Pair), S-STP(Screened Shielded Twisted Pair) 구조로 출시되고 있다. 이 명칭에서 Screened는 가는 Al선으로 베처럼 짠 편조(Braid)를 차폐재로 사용한 것이고, Foiled는 얇은 Al Foil을 차폐재로 사용한 것이다. 주로 전산실에서 광모듈 없이 10Gbps를 구현하고자 할 때 주로 사용한다. 매우 굵고 유연성이 매우 낮다. [그림 10-19]는 S-STP(Screened Shielded Twisted Pair) 구조를 보여준다.

그림 10-19 S-STP 케이블 구조

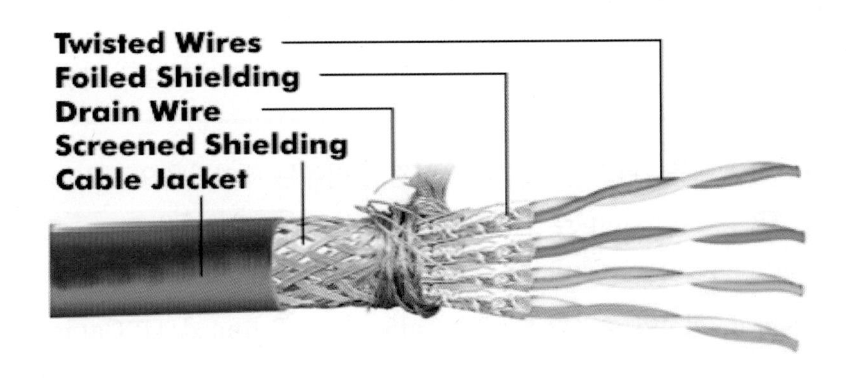

## 1 UTP vs FTP vs STP(UTP vs F-UTP vs SF-UTP)

UTP(Unshielded Twisted Pair)는 비차폐 케이블이다. 오로지 Twisted Pair로만 전기적 간섭을 방어한다. 이에 비해 STP(Shielded Twisted Pair)는 차폐 케이블인데, Twisted Pair와 외장(Sheath)이 은박으로 2중 차폐된 케이블이다. FTP(Foiled Twisted Pair) 케이블은 외장만 은박으로 1중 차폐되어 있고 접지선이 포함되어 있는데, 공장같은 환경에서 사용한다.

STP(Shielded Twisted Pair)케이블은 2중 차폐재(은박 + 메쉬)로 인해 가격이 올라가고, 외장이 굵어지고, 케이블의 유연성도 줄어들고, RJ-45 커넥터 접속시에도 손이 많이 가므로 시공자들은 STP케이블 사용을 선호하지 않는 경향이 있다. 다만 전기실, 공동구, 맨홀간 배관을 전기선 등과 함께 사용할 경우에는 STP(SF-UTP Cat5)를 사용하길 권장한다. 아래 [그림 10-20]은 UTP, STP, FTP 각종 Cable 구조를 보여준다.

그림 10-20 UTP vs FTP vs STP (UTP vs F-UTP vs SF-UTP)

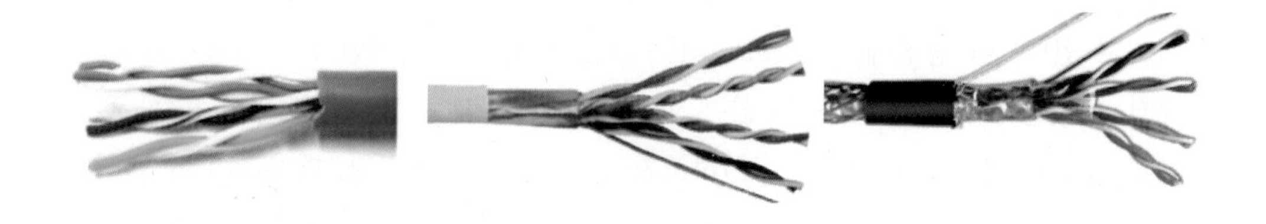

## 2 UTP케이블의 활용

원래 UTP케이블은 LAN을 구성하는 케이블이여서 LAN케이블로 불렸다. UTP 케이블의 최소 단위는 4 pair이다.

초기에 UTP케이블 1라인을 4 pair로 결정한 이유는 데이터용으로 2 pair, 전화용 1 pair, 전원공급용 1 pair로 고려하였으나, 실제로는 데이터용 2 pair만 사용하고 있다. 설계 도면에서는 UTP Cat 5e x 4 pair 또는 UTP Cat 5e 4p x 1line으로 주로 표시하고, 회선이 증가하면 UTP Cat5e 4p x 2 line, UTP Cat5e 4p x 3 line 이런 식으로 표시한다.

그리고 UTP케이블은 [그림 10-21]과 같이 1 pair씩 꼬여져 있다. 그 이유는 외부의 전기적 간섭을 전자기적으로 상쇄시키기 위함이다.

그림 10-21 UTP 케이블 4 Twisted Pair 구성과 간섭신호 상쇄 원리

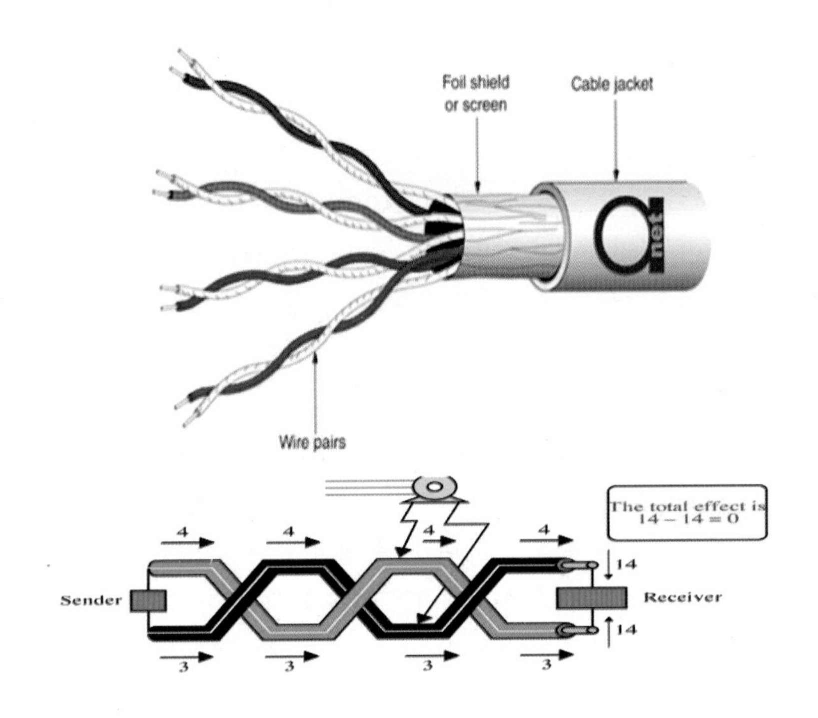


UTP 케이블 4 pair를 데이터 전송 회선으로 이용하는 경우, 1, 2번 심선은 송신용, 3, 6번 심선은 수신용, 그리고 남은 4개 심선은 예비용이다.

## 3 UTP케이블은 간섭으로부터 문제가 없을까?

일반적으로 UTP는 CD배관 속에 입선되어 콘크리트 속에 매몰되므로 EMI로 부터 해방이다. 물론 지하층 트레이를 타고 갈 때, 수직 트레이를 타고 올라갈 때는 노출이 된다. 그러므로 전기트레이, 통신 트레이가 분리되어 있다. "접지설비 · 구내통신선로설비 및 통신공동구 등에 관한 기술 기준"에 따르면, EMI 가해자인 전기케이블의 전압이 300V 미만이면 6cm, 300V 이상이면 15cm 이격 거리를 지키면 EMS 피

해자인 UTP 케이블에 간섭 문제가 생기지 않는다.

염려되는 것이 있다면, 전관방송 케이블이다. 전관방송 앰프는 멀리 떨어져 있는 수많은 스피커를 동작시키기 위해 High임피던스 방식으로 구동한다. 스피커로 공급되는 신호가 100V나 된다. 스피커들은 내장된 트랜스포머를 통해 앰프에 연결된다. 그러므로 트레이(Tray)상에 케이블 풀링시 신경 써야할 부분이다. 스피커를 연결하는 HFIX 1.5mm$^2$케이블과 영상정보처리기기(CCTV)카메라를 연결하는 UTP Cat5e 케이블을 근접시키지 않아야 한다.

낙뢰를 직접 맞으면 천하장사도 당할 수 없다. 낙뢰는 신호 관점에서 Time Domain에서 보면 날카로운 펄스여서 Frequency Domain에서 역으로 넓게 분포한다. 신호 처리 이론에서 폭이 없는 Unit Impulse Function을 Fourier Transform하면, 주파수 도메인에서 "-∞~+∞"에서 에너지가 존재하는 White Noise가 되는 것처럼, 어떤 Signal의 Time Domain과 Frequency Domain에서의 표현은 역으로 발생한다.

그러므로 낙뢰는 인근에서 발생해도 유기되는 간섭 신호가 넓은 주파수 대역에 걸쳐서 EMI 발생원으로 영향을 미친다. 장마철에 인근에서 낙뢰가 치면 라디오에도 잡음이 들어오는 이유이다. 낙뢰가 치면 건물 접지가 되어 있어도 노출된 회선에 영향을 미칠 수 있다. 그리고 서지를 발생시키는 전자기기들이 생활 환경에서 많이 사용되므로 전기적 간섭에 신경을 써야 한다. 그러므로 UTP케이블의 일부 전송 구간이라도 노출되면, STP케이블로 시공하는 게 타당하다.

## 4 초고속정보통신건물인증 제도에서의 링크테스트

초고속정보통신 건물로 인증 받으려면, 링크테스트를 해야 하는데, 링크 테스트 항목 중에 전기적 간섭에 관한 테스트 항목이 있다.

UTP케이블 같은 차폐되지 않은 Copper 케이블에서는 인접 회선간에 원치 않는 전자기적 결합으로 인해, 간섭이 발생하는데, 이것을 전화 위주 음성통신 시대에 인접 채널의 통화 신호가 새어 나온다는 의미에서 누화(Cross-talk)라고 했다. 데이터 위주의 통신 세상에서도 여전히 Cross-talk라는 용어를 사용한다. Cross-talk가 아날로그 음성 채널에서 발생하면, 통화 내용이 새어 나가지만, 데이터 채널에서 발생하면, 데이터 비트에러가 생긴다.

Closs-talk는 가해자 입장에서 송신단에서 발생하는 NEXT(Near end Cross-talk)와 수신단에서 발생하는 FEXT(Far end Cross-talk)가 있는데, 송신단이여서 간섭신호 레벨이 크게 유지되는 NEXT가 주로 문제가 된다.

[그림 10-22]는 송신단 간섭신호가 인접회선에 NEXT를 발생시키는 것을 보여준다.

그림 10-22 송신단 간섭신호가 인접회선에 NEXT를 발생

[그림 10-23]은 UTP Cat 6케이블이다. UTP Cat 6 케이블속 중심부에 Cross Filler를 심선간에 삽입하는 이유는 같은 Sheath속에 들어 있는 TX용 pair와 RX용 pair간의 NEXT를 방지하기 위함이다.

그림 10-23 UTP Cat 6케이블

## 5 UTP케이블 대신에 STP(SF-UTP)케이블로 대체해야 하는 분야는?

STP케이블을 사용해야 하는 장소와 구체적 이유 등이 정리된 자료가 있으면 좋을 텐데, 그런 가이드라인이 없는 것 같다. 감리 현장에서 시공자와 감리원 사이에 의견 충돌시 지침이 필요하다.

그렇다면 공동주택 단지에서 UTP케이블 대신에, STP케이블을 적용해야 할 분야는 배선의 일부라도 노출되는 게 있는 다음과 같은 분야가 될 것 같다.

예를 들어, 아래와 같은 시공분야는 UTP케이블 대신에 STP(SF-UTP) 케이블로 시공하는 것이 바람직하다.

- ◆ 주차관제설비 및 경비실 회선
- ◆ 출입통제설비회선
- ◆ 외부 Pole이나 벽에 부착된 영상정보처리기기(CCTV)카메라 회선
- ◆ 기타 외부와 간섭이 우려되는 지역의 회선

## 6 UTP 케이블의 발전

현재 UTP 케이블은 UTP Cat 5e와 Cat 6, UTP Cat 3와 Cat5가 주로 사용된다. 전화케이블 구내 간선용으로 UTP Cat3를 사용하는 이유는 50 pair 이상 심선 가닥이 많은 케이블이 필요하기 때문이다.

초고속 인터넷 서비스의 End User단 속도가 Fast Ethernet(100 Mbps)에서 1 Gbps, 10 Gbps로 고속화됨에 따라 UTP Cat 6, UTP Cat 6a 케이블이 출시되어 100m 이내 구내 전송 구간에서 사용되고 있다. 벌써 공동주택 건축시 세대 거설천장의 WiFi AP백홀용, 지하층 영상정보 처리기기(CCTV) 카메라 연결용 등 부분적으로 UTP Cat 6, UTP Cat 6a로 시공하는 사례가 많다.

### 1) Category

UTP케이블의 사용 분야를 정의하는 Category는 EIA/TIA-569로 다음과 같다. 〈표 10-6〉는 Cat 1~Cat 8까지의 규격을 보여준다.

**표 10-6 Cat 1~Cat 8까지의 규격**

| CATEGORY | TYPE | FREQUENCY BANDWIDTH | APPLECATIONS |
|---|---|---|---|
| CAT 1 | | 0.4MHz | |
| CAT 2 | | 4MHz | |
| CAT 3 | UTP | 16MHz | 10BASE-T, 100BASE-T4 |
| CAT 4 | UTP | 20MHz | Token Ring |
| CAT 5 | UTP | 100MHz | 100BASE-TX, 1000BASE-T |
| CAT 5e | UTP | 100MHz | 100BASE-TX, 1001BASE-T |
| CAT 6 | UTP | 250MHz | 1000BASE-T |
| CAT 6e | | 250MHz | |
| CAT 6a | | 500MHz | 10GBASE-T |
| CAT 7 | S/STP | 600MHz | 10GBASE-T |
| CAT 7a | | 1000MHz | 10GBASE-T |
| CAT 8 | | 1200MHz | |

전송매체의 성능 규격으로 주파수대역을 규정하고 있다. 주파수 대역이 넓으면 비례해서 데이터 속도도 올라간다. 이것은 Shannon의 정리에 의한 Channel Capacity로 설명할 수 있는데, AWGN(Additive White Gaussian Noise)가 존재하는, 즉 일반 통신채널에서 대역폭이 제한된 채널의 Channel Capacity는 다음과 같다.

◆ $C = B \log_2(1+S/N)$ [Channel Capacity(bps)는 대역폭 B와 S/N비로 결정]

예를 들어 B = 3 KHz이고, S/N = 30 dB인 통신채널(표준전화회선)의 Channel Capacity를 계산해보면, 30Kbps가 나온다. 전화 회선의 Dial up Modem connection으로 이용 가능했던 데이터 속도가 9.6 Kbps였다. 이론과 현실의 차이였다.

UTP Cat 5e의 주파수 대역은 100MHz이고, 데이터 속도는 100Mbps(100m 구간), 1Gbps(25m 구간)이다. UTP Cat 6의 주파수 대역은 250MHz이고, 데이터 속도는 1Gbps이다. Cat 6a, Cat 6e, Cat 7a 등과 같이 첨자 a, e가 다소 혼란스럽다. “a”는 advanced를, “e”는 enhanced를 의미한다.

### 2) 구내UTP케이블의 발전

Copper케이블은 궁극적으로는 광케이블로 대체되겠지만 상당 기간 동안은 Copper케이블이 사용될 것으로 전망되는데, 그 이유는 다음과 같다.

- ◆ 광케이블 사용시에는 전력을 공급하는 전기 케이블을 추가로 포설해야 하는데 비해, UTP케이블은 UTP케이블의 여유 심선을 이용하는 PoE방식으로 전력을 같이 공급할 수 있다. 이 특성이 건물 구내배선에서 엄청난 경쟁력이 된다. 구내에서 영상정보처리기기(CCTV)카메라, WiFi AP 등을 시공할때 PoE로 전원을 공급하는 것이 일반적이다.
- ◆ 광케이블은 최대 허용 곡율반경으로 인해 End User단에서 시공에 한계가 있는데 비해, UTP케이블은 자유롭게 구부릴 수 있어 융통성이 크다. 물론 이런 광케이블의 한계는 Insensitive Bending Fiber의 발전으로 해소될 것으로 예상된다.

그렇다면 10Gbps 이상의 초고속인터넷이 상용화 되는 시점에서 건물 구내에서 End User를 연결하는 UTP케이블 규격을 어떻게 해야 할까? 2023년 6월 7일 개정된 "초고속정보통신건물인증지침"에서 세대단자함에서 각방 거실/침실의 데이터 인출구와 거실 천장 WiPi AP의 백홀용 UTP케이블은 UTP Cat5e에서 UTP Cat6로 업그레이드되었다.

## 7 UTP, STP 사용시 고려사항

데이터 속도가 점차 올라가면, UTP 케이블을 인출구에서 RJ-45 커넥터를 성단하는 과정에서 외장과 심선 피복을 벗겨 Twisted Pair의 꼬임을 푸는 길이에까지 신경을 써야 한다.

1 Gbps속도에선 데이터 인출구 RJ-45 커넥터를 성단을 할때, Pair의 꼬임을 푸는 길이에 신경을 써야하는 이유는 데이터 속도가 올라갈수록 EMI에 취약해지기 때문이다. UTP 케이블은 여분의 심선으로 동작 전원을 공급하는 PoE 방식을 적용할 수 있으므로 광케이블에 비해 유리한 점이 있다. 이 특성이 End User단에서 Copper 케이블의 경쟁력을 강하게 해서 All Optical 정보통신 세상에서 더 오래 살아 남을 수 있게 해주는 게 아닐까?

데이터 속도가 1Gbps, 10Gbps로 올라가면, UTP케이블 대신에 차폐 특성이 더운 강화된 다양한 STP 케이블로 전환되어 나갈 것이다. 그러므로 미래에 데이터 속도가 올라갈 가능성이 있고, 일부 구간이라도 EMI에 노출되는 경우, STP케이블을 적극적으로 사용하는게 바람직할 것이다.

**참고** [감리현장실무: #UTP vs STP 케이블 사용 가이드라인] 2020년 2월 11일

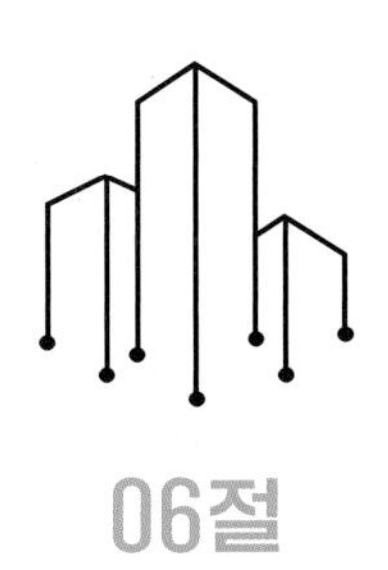

# 06절

# 구내통신케이블 기술기준 개정 필요성

초고속인터넷 속도가 100Mbps에서 1Gbps로, 그리고 10Gbps로 향해 나가고 있다. 10Gbps 초고속인터넷 시대를 맞이하여 과기정통부에서 모든 건물에 광케이블 설치를 의무화하는 법 개정을 2022년 7월에 입법 예고하고, 2023년부터 시행키로 하였다. 초고속 인터넷설비는 FTTH(Fiber to the Home)을 지향하고 있는데, 신축 건물에 광케이블을 의무화함으로써, 점차 Last Mile구간까지 광케이블이 확대되는 것으로 볼 수 있다. 초고속 인터넷 속도 1Gbps, 10Gbps 이후 초연결 사회(Hyper-connectivity Society) 인프라 진화에 선제적으로 대응하기 위한 포석이라고 할 수 있다.

이전부터 건물 구내는 통신사업자들의 관리 영역이 아니여서 End to End 구간의 품질로 평가하는 정보통신 품질에서 병목이 되는 경우가 많았다. 이걸 개선하기 위해 통신사업자들이 구내통신분야로 사업영역을 확대하기도 했다. 그리고 건축 준공허가 조건으로 허가 관청에서 정보통신/방송시설에 대한 "사용전검사"를 실시하고 있다.

## 1 관련법 "방송통신설비의 기술기준에 관한 규정" 개정 계획

과기정통부는 "방송통신설비의 기술기준에 관한 규정"을 개정하여 소형 단독주택, 업무용 건물, 상가, 대형건물, 오피스텔 등 모든 건물에 광케이블 설치를 의무화하기로 하였다.

2022년 7월 입법 예고를 거쳐 2022년 12월 6일 개정이 되었고, 2023년 6월 7일부로 발효되었다. 모든 구내통신설비의 경우, 광케이블 2코어 or 꼬임 케이블(UTP)

4 pair를 선택해서 시공할 수 있는데, 이것을 광케이블 2코어 + 꼬임 케이블(UTP) 4pair 둘다 시공해야 하는 것으로 변경된다. 구내 간선 케이블의 경우에도 현행 8코어에서 12코어로 증가시켜 용량을 확대키로 하였다.

기존 "초고속정보통신건물인증지침"에서는 구내 간선계에 [그림 10-24]와 같이 광케이블 8코어를 설치하게 되어있었는데, 이것을 2023년 6월 7일부로 개정하여 12코어로 확대하였다.

**그림 10-24 "초고속정보통신건물인증 지침"의 구내간선계**

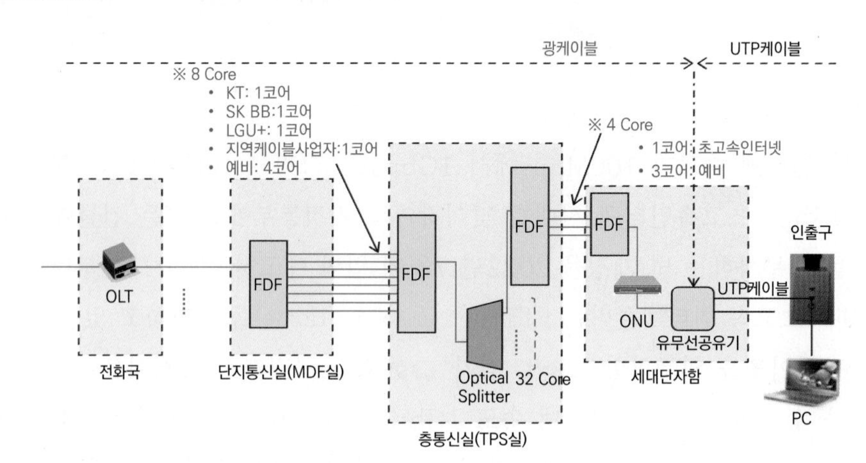


현재도 구내 간선계에서 4코어가 예비로 사용되지 않고 있는데, 12코어로 증가시키면 예비가 8코어로 증가하는데, 향후 어떤 수요가 있을까?

## 2 그간의 관련 법제도의 개정 건의 내용

KT, SK BB, LGU+ 등 통신사들이 10Gbps 초고속 인터넷 시대를 대비하여 신축 건물에 구내 광케이블 구축 활성화를 목표로 구내통신 인프라 고도화를 위한 관련법 개정 건의서를 2021년 5월 제1차에 이어 2021년 10월에 제2차 개정건의서를 과기정통부에 제출했다. 2021년 5월의 1차 개정 건의서는 "접지설비·구내통신설비·선로설비 및 통신공동구 등에 관한 기술기준" 제32조(구내선의 배선)을 개정하자는 건의였는데, 제32조는 "옥내와 옥외에 설치하는 선로는 100MHz 이상의 전송대역폭을 갖는 꼬임케이블, 광섬유 케이블, 동축케이블을 사용해야 한다."라는 내용 중 100MHz를 500MHz로 개정하자는 내용이었다.

2021년 10월의 2차 개정 건의서는 "방송통신설비의 기술 기준에 관한 규정" 제20조(회선수)를 개정하자는 건의였다. 제20조(회선수)의 현행 기준은 광케이블 시공이 선택사항으로 되어 있는데, 이것을 의무 사항으로 개정하려는 것이다.

〈표 10-7〉은 "방송통신설비의 기술기준에 관한 규정" 제20조(회선수)의 기존 내용을 요약한 것인데, 광케이블은 의무 사항이 아니고, 선택사항으로 되어 있다.

**표 10-7 "방송통신설비의 기술기준에 관한 규정" 제20조(회선수) 내용**

| 대상건축물 | 회선수 확보기준 |
|---|---|
| 1. 주거용건축물 | 국선단자함에서 세대단자함 또는 인출구 구간까지 단위세대당 1회선 (4쌍 꼬임케이블 기준) 이상 또는 광섬유케이블 2코어 이상 |
| 2. 업무용건축물 | 국선단자함에서 세대단자함 또는 인출구 구간까지 각 업무구역(10m$^2$)당 1회선 (4쌍 꼬임케이블 기준) 이상 또는 광섬유케이블 2코어 이상 |

제1차 건의는 기준(고시)을 개정하자는 것이었고, 제2차는 규정(시행령)을 개정하자는 건의였다. 제2차 건의는 "방송통신설비의 기술기준에 관한 규정"의 제20조(회선수) 관련 내용을 개정하여 광케이블 시공을 선택 사항에서 의무 사항으로 바꾸어서 신축 건물에 광케이블 구축을 활성화 하는데 목적이 있었다.

현행 기준은 단위 가구당 "UTP케이블 1회선 이상 or 광케이블 2코어 이상"에서 단위 가구당 "UTP케이블 1회선 이상 and 광케이블 2코어 이상"으로 개정을 요청하였는데, 핵심은 건물 구내통신인프라로 광케이블 시공을 의무하는 것이다. 그런데 법 개정에 시간이 걸리니까 "초고속정보통신건물인증지침"이 2021년 11월에 먼저 개정되었는데, 그 내용은 1등급에도 광케이블이 세대 내부로 인입되는걸 의무화 하였다.

2023년초에 개정법이 시행되면 신축 건물에 UTP케이블 or 광케이블 SMF 중 선택 시공할 수 있게 되어 있었던 것이 광케이블 SMF 시공을 의무사항으로 바뀌게 된다.

"방송통신설비의 설치기준에 관한 규정" 제20조(회선수)와 "접지설비 구내통신설비 선로설비 및 통신공동구 등에 관한 기술기준" 제32조(구내통신선의 배선)가 개정되어 2023년 6월 7일부로 발효됨으로써 공동주택과 업무시설의 단위 업무구역(10m$^2$)에 광케이블 SMF x 2코어 이상 인입이 법제화되었다.

## 3 건물 구내통신케이블 현행 기술 규격

### 1) 음성 전화 케이블

Copper 케이블 UTP Cat3와 UTP Cat5e가 사용된다.

### 2) 초고속 인터넷 케이블

초고속인터넷 케이블로 단지통신실~층통신실구간에서는 광케이블(SMF)이 사용되고, 층통신실~세대단자함 구간까지는 특등급은 광케이블, 1등급은 UTP Cat5e 케이블(2021년 11월 이후는 광케이블)이 사용된다. 그리고 세대단자함~거실/침실 인터넷 인출구 구간은 UTP Cat5e가 사용된다.

### 3) TV용 케이블

구내 TV분배망으로 동축케이블(HFBT), 광케이블SMF가 사용된다. 건물 구내TV 분배망의 종류는 다음 3가지가 있다.

**① SMATV 분배망**

- ◆ 동축케이블 HFBT-10C/7C/5C 등이 사용되거나 광 케이블 SMF와 Optical Splitter가 사용된다. 단방향이여서 광케이블(SMF)와 Optical Splitter로 분배망 구축이 용이하다.

**② CATV 분배망**

- ◆ 전송이 양방향인 것이외는 SMATV와 동일하다. 광케이블(SMF)와 Optical Splitter로 분배망을 구축하는 것이 양방향이여서 복잡하다.

**③ IPTV 망**

- ◆ 초고속인터넷망 상에 Overlay형태로 구축된다.

앞으로 TV분배망은 IP로 수렴될 것이다. 기술 발전 추세를 보면, 동축케이블에서 광케이블(SMF)로 전환되어 나갈 것이다. 이렇게 시공되기 위해서 "방송공동수신설비의 설치기준에 관한 고시"나 "방송법" 등이 개정되어야 한다. 과기정통부에서는

IPTV, 케이블TV 등을 구분하는 기술 규제를 폐지하는 "방송법" 개정을 추진하고 있다.

향후 건물 구내통신케이블은 초고속인터넷이 크게 영향을 미칠 것이다. 향후 유선전화는 VoIP방식으로 초고속인터넷에 통합될 것이고, TV분배망 역시 인터넷으로 수렴될 것이다. 그것은 통신사업자들의 IPTV와 넷플릭스, 디즈니TV, 쿠팡플레이 등의 OTT를 보면 실감할 수 있다.

## 4 건물 구내 Last Mile을 담당하는 케이블의 중요성

정보통신망, 교통 도로망, 택배물류망 등은 End User에 접근하는 Last Mile이 중요하다. 교통 도로망에서 요즘 Last Mile을 책임지는 Micro Mobility에 대한 수요가 나오고 있으며, 그 결과 전동 킥보드 등의 신사업이 출현하고 있다. 그리고 택배물류망에서는 Last Mile을 위해 택배 드론 등이 출현하고 있다.

정보통신망에서 Last Mile은 건물 구내에 해당된다. 대형 건물의 경우, 내부 케이블 포설을 건축주가 건설시에 시공하게 된다. 그러므로 유선 통신사업자들이 관리하는 범위 밖에 있다. 그 결과 건축 준공 허가시 "사용전검사"를 통해 허가 관청에서 최소한의 품질기준을 만족하는지 확인하게 된다.

### 1) End to end 구간에서 건물 구내가 Bottle neck 가능성

전송기술이 아날로그에서 디지털 방식으로 전환됨에 따라 건물 구내 케이블의 전송품질이 중요하게 고려된다. 그 이유는 아날로그 전송구간의 End to End 구간의 전송품질은 각 구간의 전송품질 평균으로 결정되는데 비해, 디지털 전송구간의 End to End 구간의 전송품질은 여러 구간의 전송품질 중 가장 나쁜 구간의 전송품질로 결정되기 때문이다.

그러므로 건물 구내 케이블구간의 전송품질이 열악하게 되면, End User 입장에서 그 구간이 품질의 Bottle Neck이 될 수 있으므로 건축물 구내 케이블의 기술 규격과 성능에 관심을 가져야 한다.

### 2) 정보통신 Total 공사비 vs 첨단 건물의 상징

건축물의 공사비 중 정보통신 공사비는 고작 5% 정도를 차지하지만 건물의 첨단을 나타나는데는 정보통신설비가 단연 압도적인 영향력을 갖는다. 이와 같은 건축물의 정보통신의 특성을 고려할 때 건축 구내 통신케이블은 최신 규격의 제품으로 시공하는 게 바람직하다.

**권고 사항!**

향후 구내나 세대내에서 광케이블이 어떻게 활용되는지를 고려해보길 바란다. 현재 특등급 공동주택에는 층통신실에서 세대단자함 구간까지 광케이블이 4코어 시공되고, 세대단자함에서 거실까지 광케이블(MMF 2코어 or SMF 1코어)이 시공하는데, 어떻게 활용될건지 생각해보길 바란다.

**참고** [감리현장실무: #건물구내 통신케이블 설비기술기준 개정 필요성] 2021년 6월 2일

**참고** [감리현장실무: #초고속정보통신 건물인증 1등급으로 시공 중인 공동주택 건축 현장 정보통신감리원에게 드리는 권고] 2021년 12월 6일

**참고** [감리현장실무: 모든 신축건물 광케이블 의무화 2023년부터 시행] 2022년 6월 11일

# 07절

# 공동주택 단지 홈네트워크 보안 체계 보강

이번 토픽은 "공동주택단지 홈네트워크보안체계 강화" 이슈에 관한 가이드이다. 4차산업혁명의 진전으로 공동주택이 스마트홈, IoT홈, AI 공동주택으로 발전해나감에 따라 공동주택 홈네트워크의 Security가 새로운 국면을 맞이하게 되는데, 아직 과기정통부, 국토교통부 등 정부기관, 건설사, 설계사 등 업계에서 구체적인 대비가 이루어지지 않는 것 같다.

지난 수년간 공동주택 홈네트워크 내부 보안 공격에 대비하여 세대간 사이버 경계벽 설치를 의무화하기 위한 "주택법 개정"과 "지능형 홈네트워크 설비 설치 및 기술기준" 개정 기본 방침이 과기정보통신부, 산업자원부, 국토교통부 등에서 확정되었으나, 실행 단계에서 구축비용과 유지관리 비용 부담으로 인해 지지부진한 상태에 있었다.

2021년 하반기 홈네트워크 월패드 내장 카메라에 의한 거실 영상 해킹 사건으로 인해 "지능형 홈네트워크 설비설치 및 기술기준" 고시 내용 중 정보보안 부분이 강화되었는데, 그 핵심은 세대망을 분리하는 것이다.

왜 홈네트워크 세대망 분리에 꽂히게 된 걸까? 보안 솔루션으로 망분리 기법은 일반적이지 않다. 국가기관이나 공공기관 업무망, 그리고 금융기관의 업무망을 인터넷과 물리적 또는 논리적으로 분리하는데 주로 사용한다.

## 1 홈네트워크 보안솔루션으로 세대망 분리를 선택한 이유는?

보안업계에서 화이트 해커를 동원해서, KBS, MBC 등 언론 매체를 통해 해킹 조작으로 아파트 세대 출입문을 무단으로 열고, 전기계량기를 조작하는 등의 장면을 리얼하게 보여주었기 때문이 아닐까? 그리고 실제로 월패드 내장 카메라를 통해 해킹된 거실 영상이 인터넷에서 공개되어 더욱 공동주택 거주 시민들을 불안하게 만들었기 때문이다.

언론 매체에서 화이트 해커들이 사용했을 것으로 짐작되는 L2에서의 해킹 기법, 그리고 해킹 방어기법에 대해 알아본다.

## 2 단지 서버와 홈네트워크 게이트웨이 사이의 망 분리

"지능형 홈네트워크 설비 설치 및 기술기준(2022년 7월 1일)"의 보안 관련 개정 내역을 요약하면 다음과 같다.

### 1) 제14조 2(홈네트워크 보안)

"단지 서버와 세대별 홈게이트웨이 사이의 망은 전송되는 데이터의 노출, 탈취 등을 방지하기 위해 물리적 방법으로 분리하거나 소프트웨어를 이용한 가상사설통신망(VPN), 가상근거리망(VLAN), 암호화(Encription) 기술 등을 활용하여 논리적 방법으로 분리하여 구성하여야 한다."

VPN은 [그림 10-25]와 같이 Tunnelling기법으로 사설망을 가상적으로 구성하고, 터널의 입구에서 암호화하고, 출구에서 복호화하고, 이용자를 인증하므로써 해킹으로부터 보안을 유지한다. VPN은 Tunnelling 기술, 인증기술, Enscription기술을 이용해서 구축한다.

그림 10-25 **VPN 구성 원리**

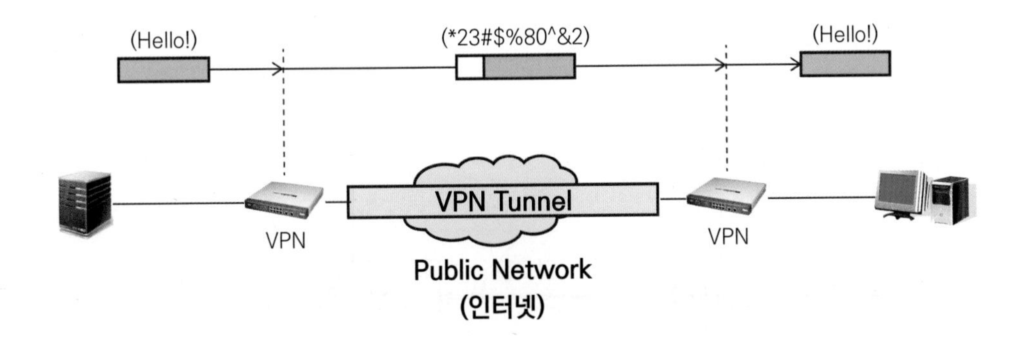


VLAN은 [그림 10-26]과 같이 물리적으로 1개의 LAN을 가상화(Virtualization) 기술을 이용해서 다수의 LAN으로 분리하는 기술이다.

그림 10-26 **VLAN 구성원리**

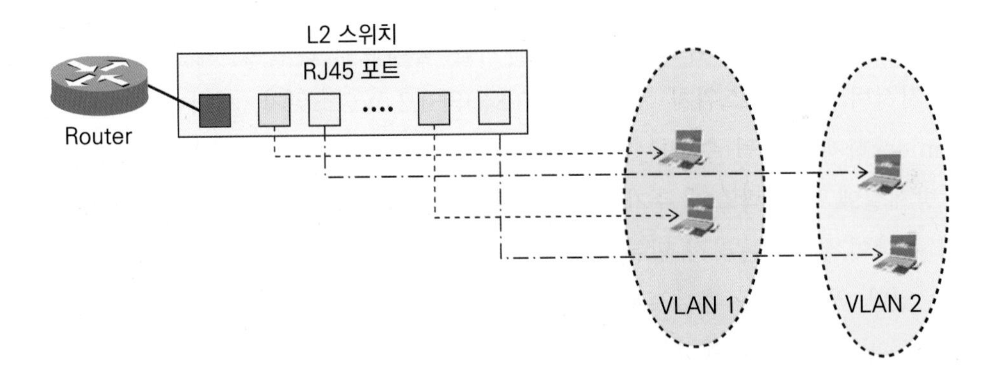


암호화는 [그림 10-27]과 같이 평문 메시지를 특정한 키로 변환해서 암호문으로 만들어 송신하고, 수신시에 특정한 키로 다시 평문으로 환원하는 방식으로 해킹으로부터 보안을 유지한다.

그림 10-27 **암호화 동작 원리**

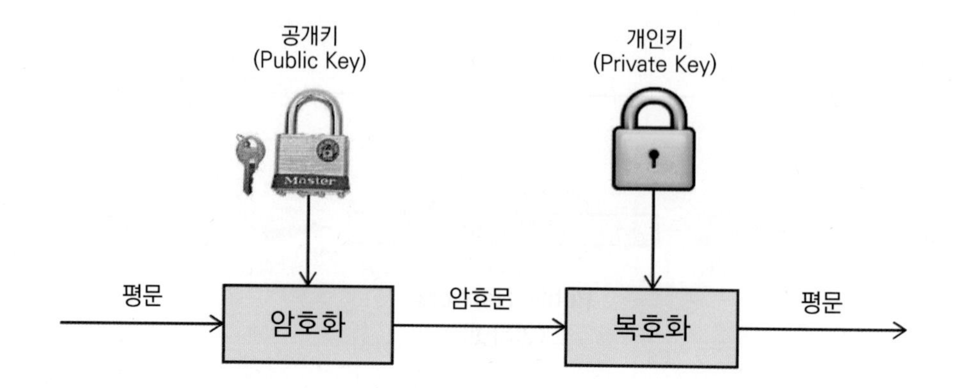


위와 같은 홈네트워크 보안 솔루션을 놓고 월패드 제조사들은 암호화 솔루션은 거의 Cost 증가없이 홈네트워크 설비에 적용할 수 있다고 주장하고 있으므로 건설사와 홈네트워크 설비업체들이 지지하고 있다. 이에 대해 논리적 망분리 솔루션업체들은 세대당 5~10만원 정도의 Cost 부담이 있더라도 세대망 분리 솔루션을 적용하는 것이 가성비면에서 유리하다고 주장한다.

월패드 제조사들의 암호화 솔루션은 기존 홈네트워크 설비, 예를 들어 방재실의 단지서버, L3백본스위치, 층통신실(TPS실)의 L2 WG스위치, 세대내 월패드 등과 Seamless하게 적용될 수 있는데 비해, 논리적 망분리 솔루션은 세대, 층통신실(TPS실), 방재실에 장비 박스가 추가되어 공사비용, 홈네트워크 설비와의 Interworking 등의 부담이 있다. 논리적 망분리 솔루션은 공사가 필요하므로 공사업체들이 선호할 수 있다. 월패드 등 홈네트워크 설비제조사들의 적극적인 협력과 지원이 없으면, Interworking 등에서 예상치 않은 문제가 발생할 수 있다. 예를 들어 세대간 망분리를 하면, 월패드상에서 세대간 인터폰 통화(VoIP)가 불가능하게 될 수도 있으므로 방재실 SIP서버단에서 특별한 조치가 필요하다.

[그림 10-28]은 기존 홈네트워크와 세대망 분리된 홈네트워크 개념이다.

그림 10-28 기존 홈네트워크와 세대망 분리된 홈네트워크

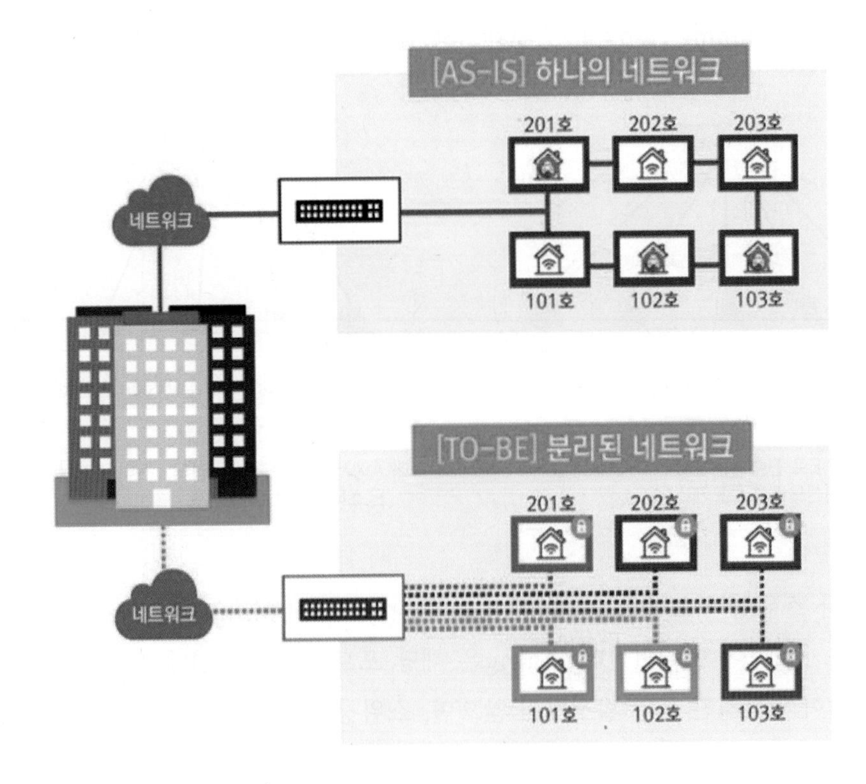


## 3 브로드캐스팅 도메인에서의 보안 취약점

L2스위치에서는 LAN(NIC)카드에 내장된 MAC주소에 근거해서 스위칭이 이루어지는데, 브로드캐스팅이 발생하므로 보안이 취약하게 된다. L2스위치에서는 MAC주소를 이용해서 스위칭을 수행한다. Dummy Hub에서는 프레임을 스테이션으로 전달할 때 마다 브로드캐스팅방식으로 모든 스테이션으로 전달하면, 스테이션에서 자신의 MAC주소가 적혀있는 프레임만 수신한다. 이에 비해 L2스위치(Switching Hub)에서는 프레임에 적혀있는 착신 MAC주소를 참고로 해서 해당스테이션이 연결된 포트로만 전달한다.

[그림 10-29]는 Dummy Hub와 L2스위치(Swiching Hub)의 브로드캐스팅 도메

인을 비교해서 보여준다.

**그림 10-29** **Dummy Hub와 L2스위치(Switching Hub)의 브로드캐스팅 도메인 비교**

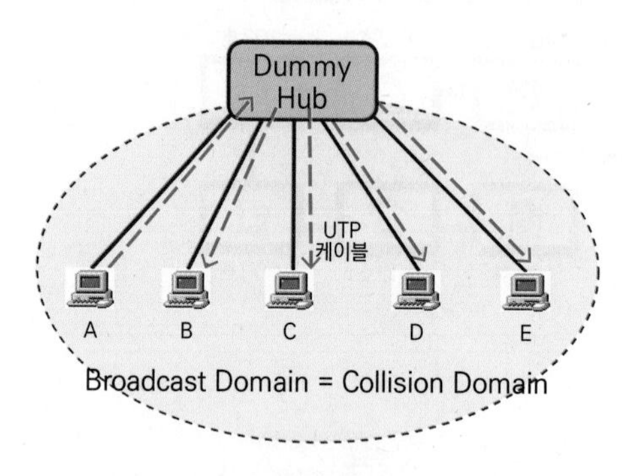


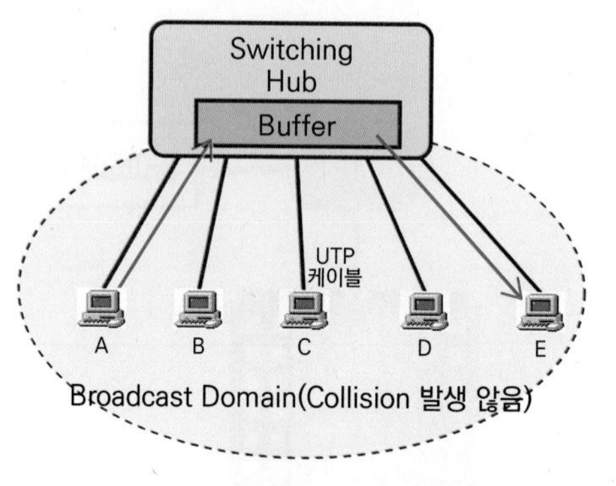


그러나 스위칭 허브에서도 비정상적인 동작 상태나 Aging 후 Flooding시에 가끔 브로드캐스팅이 이루어진다. Aging은 해당 포트의 스테이션에서 프레임의 송신이나 수신이 일정시간 동안 발생하지 않으면, 스위칭허브의 Look up테이블(MAC주소 테이블)에서 해당 스테이션의 MAC주소와 포트번호를 지워버리므로, 다음에 그 스테이션으로 가는 프레임이 있으면 브로드캐스팅으로 광고를 하고 해당 스테이션이 리플하면 Learning한 후 프레임을 전달한다.

### 1) Dummy Hub vs Switching Hub(L2스위치)

더미 허브는 L1 계층에서 동작하는 Repeater이고, 스위칭 허브는 L2 계층에서 동작하는 스위치이다. 더미 허브의 한 스테이션에서 송신할 프레임이 있으면, 모든 스테이션으로 프레임을 뿌리고, 스테이션들은 수신 MAC주소가 자신의 것이면 수신하고 그렇지 않으면 버린다.

[그림 10-30]은 Dummy Hub의 동작 원리를 보여준다.

그림 10-30 **Dummy Hub의 동작 원리**

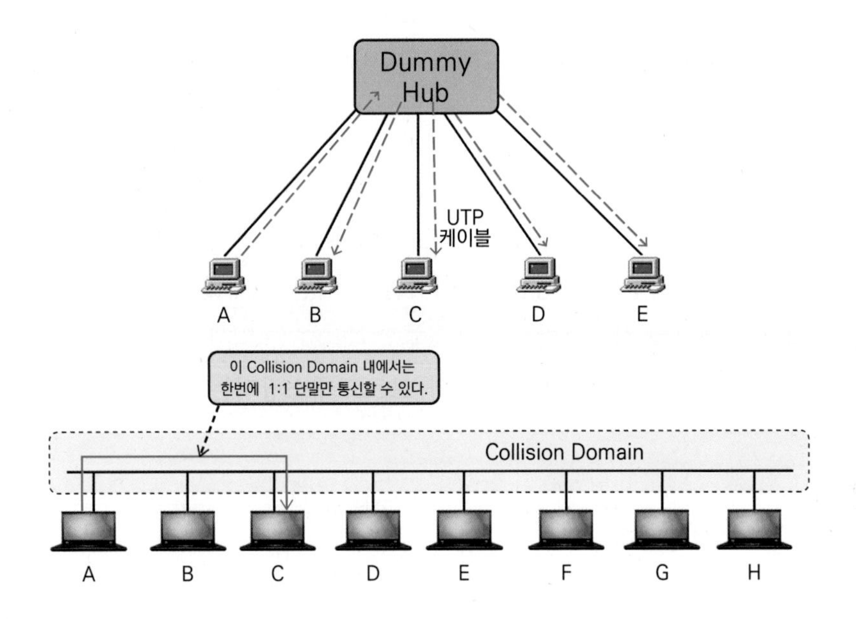


[그림 10-31]은 Switching Hub의 동작 원리를 보여준다.

그림 10-31 **Switching Hub의 동작 원리**

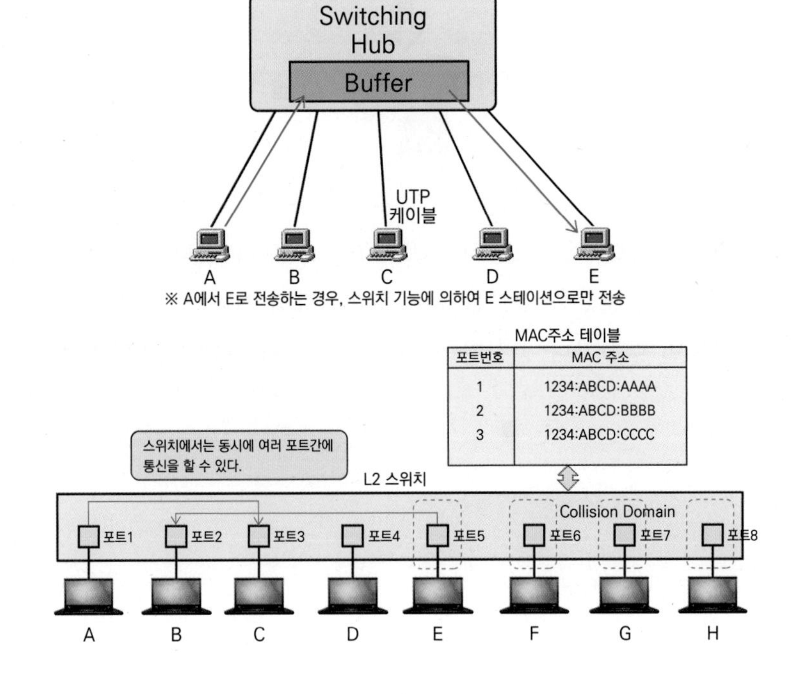

스위칭 허브의 한 스테이션에서 프레임을 송신하면 스위칭 허브가 MAC주소 테이블(Look up 테이블)을 Look up하고, 프레임의 수신 MAC주소와 Binding되는 해당 포트로만 프레임을 송신하므로 브로드캐스팅이 발생하지 않는다.

### 2) Switching Hub의 보안상 헛점

스위칭 허브에서도 동작 과정에서, 또는 비정상적인 트래픽 폭주시 등 유지보수 차원에서도 브로드캐스팅이 발생한다. 해커들은 이런 틈새를 이용해서 스니핑이나 스푸핑 기법으로 해킹을 시도한다.

스니핑은 [그림 10-32]와 같이 해커가 브로드캐스팅되는 프레임을 엿듣는 것을 가리킨다.

**그림 10-32 스니핑의 원리**

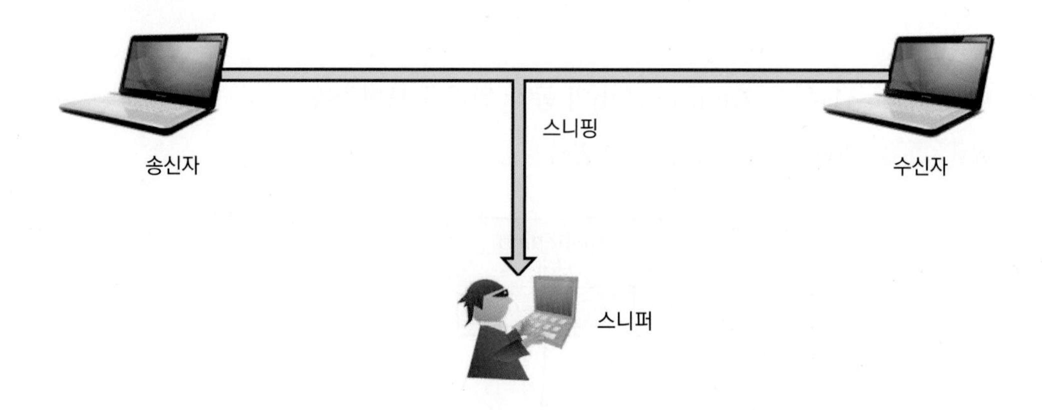


스푸핑은 해커가 브로드캐스팅되는 프레임으로 부터 취득한 정보를 악용하여 다른 유저인척 위장하여 필요한 정보를 해킹한다. [그림 10-33]과 같이 스푸핑은 해커가 자신을 정상적인 수신자나 송신자인 것처럼 속여서 프레임을 탈취하는 것을 가리킨다.

그림 10-33 스푸핑의 원리

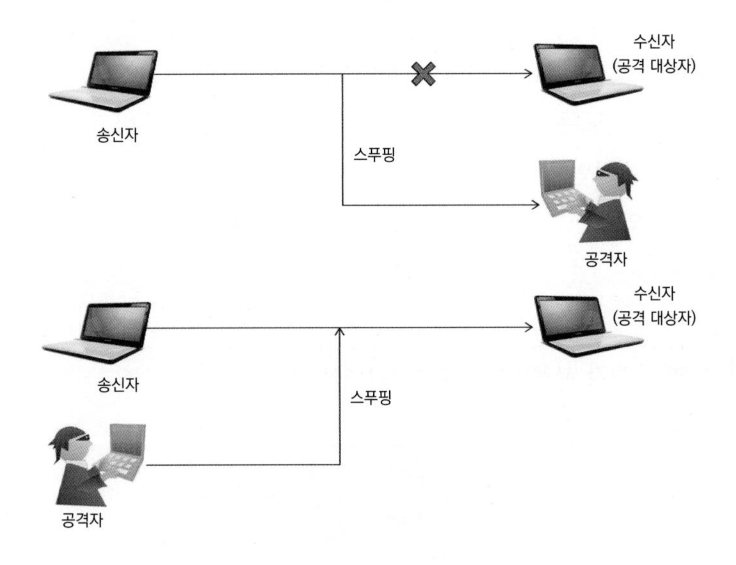


## 4 Switching Hub 사용하는 이유는?

왜 보안에 취약한 스위칭 허브를 홈네트워크이나 회사 LAN구성에 활용할까? 그건 가성비가 월등하기 때문이다. 스위칭 속도가 빨라서 저렴한 스위치로 엄청난 트래픽을 효율적으로 처리할 수 있다.

그렇다면 스위칭 허브로만 구성할 수 있을까? 그건 불가능한데, 바로 브로드캐스팅 때문이다. 브로드캐스팅을 제한하는 방법은 L3 Router를 사용하는 것이다. 그래서 인터넷은 L3라우터와 L2 스위치의 조합으로 구성된다.

만약 인터넷을 L2스위치로만 구성하면 브로드캐스팅되는 패킷의 폭증으로 인해 막혀버려 Dead Lock상태가 되어버릴 것이다. 그러므로 동일한 브로드캐스팅 도메인에 속하는 스테이션의 최대 수는 250~500개 범위에서 제한되어야 한다. 물론 프로토콜의 종류와 스테이션에서 발생하는 트래픽에 영향을 받는다.

## 5 브로드캐스팅 도메인에서의 해킹

L2브로드캐스팅 도메인에서 해킹이 용이하다. 해커가 LAN(NIC)카드를 조작해서 MAC주소에 관계없이 모든 프레임을 수신하게 만들면 해킹 준비가 된 것이다. 일반 유저가 사용하는 정상적인 LAN카드는 [그림 10-34]와 같이 프레임의 수신 주소 필드에 자신의 IP주소와 MAC 주소가 적혀있는 프레임만 선별적으로 수신하도록 필터링 기능이 작동한다.

**그림 10-34 일반 유저가 사용하는 정상적인 LAN카드**

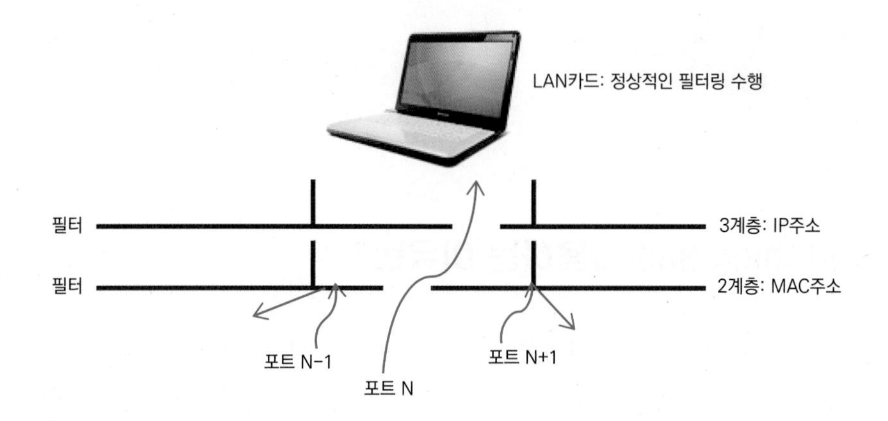


이에 비해 해커가 사용하는 비정상적인 LAN카드는 [그림 10-35]와 같이 필터링 기능을 해제하여 브로드캐스팅으로 송출되는 모든 프레임을 수신한다.

**그림 10-35 해커가 사용하는 비정상적인 LAN카드**

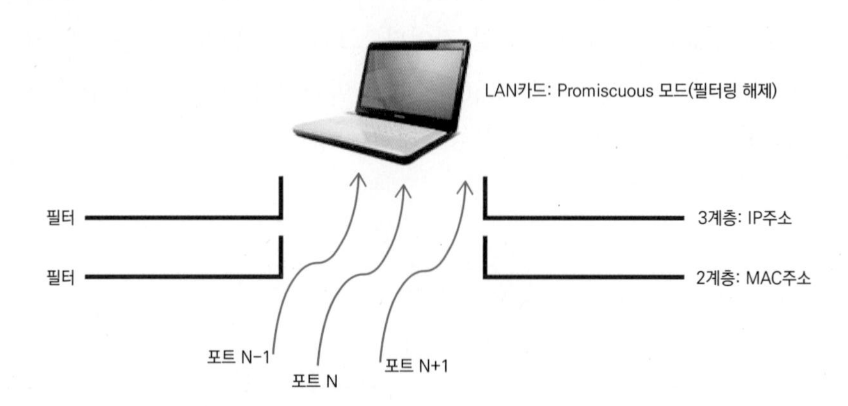

[그림 10-36]은 스위칭 허브로 비정상적인 과잉 프레임을 발생시켜 브로드캐스팅을 유발해서 해킹하는 걸 보여준다. 스위칭 허브로 랜덤하게 생성한 MAC주소를 가진 프레임을 무한대로 보내면 스위치의 MAC주소테이블은 자연스럽게 저장 용량을 초과하게 되고, 그 결과 스위치는 원래 기능을 상실하고 더미 허브처럼 동작하게 되어 브로드캐스팅이 빈발하게 된다.

**그림 10-36 비정상적인 과잉 프레임을 발생시켜 브로드캐스팅 유발해서 해킹**

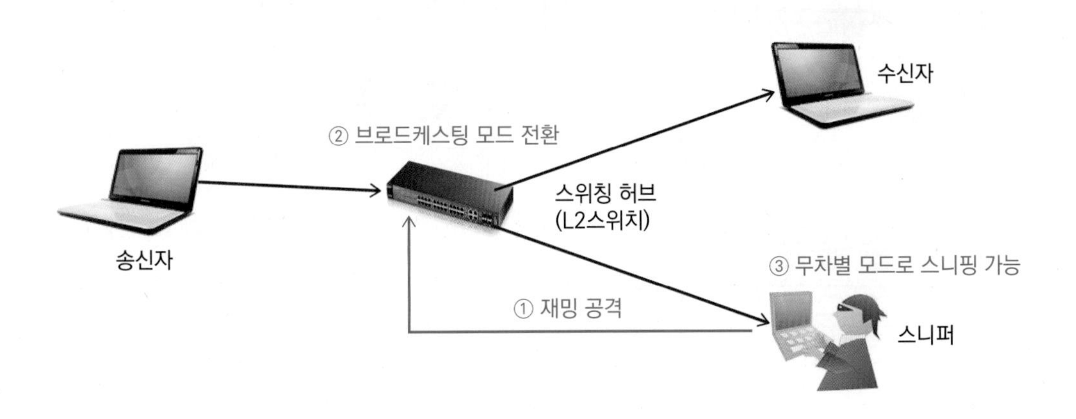


## 6 세대 및 공용부 단말이 하나의 네트워크로 구성된 취약한 구조

현재 대부분의 공동주택 홈네트워크는 [그림 10-37]과 같이 하나의 홈네트워크 망을 전체 세대 및 공용부 단말이 공유해 사용하는 구조이고, 한 세대 및 공용단말 해킹시 전체 네트워크가 해킹 위협에 노출되어 있는 구조이다.

이런 이슈를 해결하기 위해 과기정통부/국토교통부/산자부 공동 고시로 "지능형 홈네트워크 설비 설치 및 기술기준"의 정보 보안 부분을 강화하는 개정안을 법제화하여 2022년 7월 1일부터 시행하고 있다.

그림 10-37 공동주택 홈네트워크 취약점

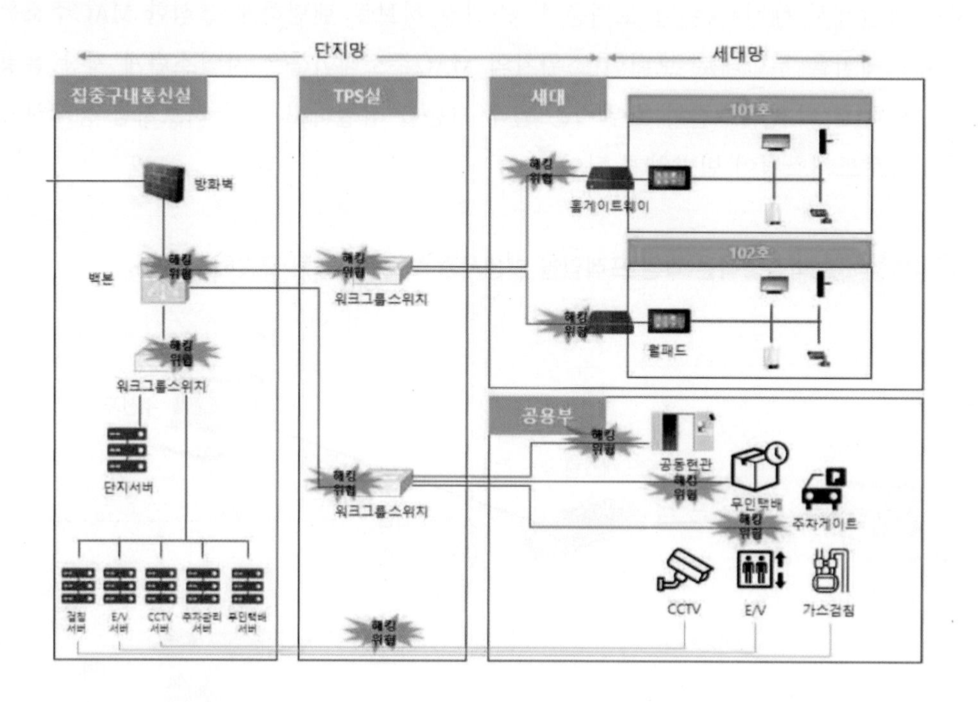


## 7 지능형 홈네트워크 보안 관련 현안 Question & Answer 1~10

최근(2022년 7월 전후) 월패드 내장 카메라에 의한 거실 영상 해킹으로 홈네트워크의 Security가 현안으로 떠올랐다. 그러나 언론 보도가 정확하지 않고, 전문가들의 주장도 각각 달라서 혼란스럽다. 이런 상황을 정리해보고자 Question 1~10개를 뽑아서 Answer를 리스트업 해봤다.

그리고 공동주택건축 감리현장에서의 홈네트워크설비의 KS 인증과 TTA 시험성적서 등 표준 인증 관련 혼란 상황도 합리적으로 정리되어야 한다.

Q1) 2022년 5월 KBS 홈네트워크 해킹 관련 보도에서 기자와 전문가가 세대단자함에서 홈게이트웨이를 찾는다고 뒤지고 다닌 사례가 있었다.

세대단자함내에 홈게이트웨이가 보이지 않으면 시공되지 않은 걸로 간주해야 하는가?

ANS)

반드시 그런 것은 아니다. 초기에는 월패드로부터 홈게이트웨이를 분리해서 세대단자함에 설치하였으나, 세대단자함 주변의 배관들이 너무 밀집되어 월패드 통합형으로 설치하는 방식이 보편화됨으로서 최근 준공된 공동주택의 세대단자함에서는 홈게이트웨이를 찾아보기 어렵다.

만약 정보통신설비 세대망 배관(10~15개)과 홈네트워크 세대망 배관(10여개)이 세대단자함으로 집중되면, 너무 혼잡해서 콘크리트 타설시 배관 틈 사이로 제대로 콘크리트가 스며들지 않아 콘크리트 양생시 크랙이 발생하는 등 시공 품질에 문제가 생길 것이다.

세대단자함내에 홈게이트웨이가 보이지 않는다고 홈게이트웨이가 시공되지 않았다고 단정하는 것은 옳바르지 않다. 세대망이 구축되어 있으면 홈게이트웨이의 Mandatory 기능은 있다고 보는 게 타당하다. 그건 각방에 설치되어 있는 온도조절기(도면에서는 T)가 세대망 내부에서 RS-485로 동작하는데, 스마트홈 앱을 통해 외부에서 TCP/IP로 동작하는 홈네트워크를 통해 제어할 수 있다는 사실로 증명이 된다.

Q2) 지난번 2022년 5월 KBS 보도에서 홈게이트웨이가 시공되지 않아서 해킹 문제가 발생했다는 식으로 보도한 적이 있었다. 홈게이트웨이의 주기능이 해킹 방지 기능인가?

ANS)

홈게이트웨이의 주 기능은 홈네트워크 기간망과 세대망을 연동하는 관문 역할이다. 물론 홈게이트웨이에 보안을 위한 NAT 등을 Optional한 기능으로 구현할 수 있다.

홈게이트웨이의 Mandatory 기능은 홈네트워크 기간망과 세대망간의 접속 기능이고, Optional 기능으로 DHCP, NAT 등의 기능을 추가할 수 있다.

홈네트워크 해킹 방지에 홈게이트웨이가 필수설비라는 주장은 과장된 것이다.

Q3) "지능형 홈네트워크 설비설치 및 기술기준"에서 세대망 분리 보안 솔루션을 2022년 7월부터 시행토록 했는데, 월패드 해킹을 완전하게 방어할 수 있을까?

ANS)

해킹을 방어하는 보안 솔루션은 다수의 시스템으로 구성된다. 세대망 분리 솔루션은 다수의 보안 솔루션 중 "One of Them"이 될 수 있다.

세대망 분리 솔루션이 만능인 걸로 과대 포장되지 않아야 한다. 세대망 분리 솔루션은 다른 보안설비들과 연합하여 좀더 보안능력이 강력한 홈네트워크로 만들어간다고 봐야 한다.

그러므로 보안 솔루션 전체 비용 등을 고려한 가성비를 고려해야 한다. 현재 공동주택 건설시 정보통신 공사비를 세대수로 나누어보면, 세대당 500만원 정도이다. 보안 솔루션 도입 비용은 이 세대당 정보통신 공사비를 고려해야 한다.

홈네트워크 보안 솔루션을 대상으로 하는 논쟁은 정답이 없다. 아무리 강력한 보안솔루션이라도 단일 보안 솔루션으로는 완벽한 방어는 불가능하다. 그결과 대기업의 LAN에 적용된 보안솔루션을 보면, 다양한 보안솔루션을 다중으로 적용하는 "Defence in Depth"방식이 일반적이다.

[그림 10-38]은 다양한 영역에서의 보안체계를 보여주고 있다.

**그림 10-38 다양한 보안 체계**

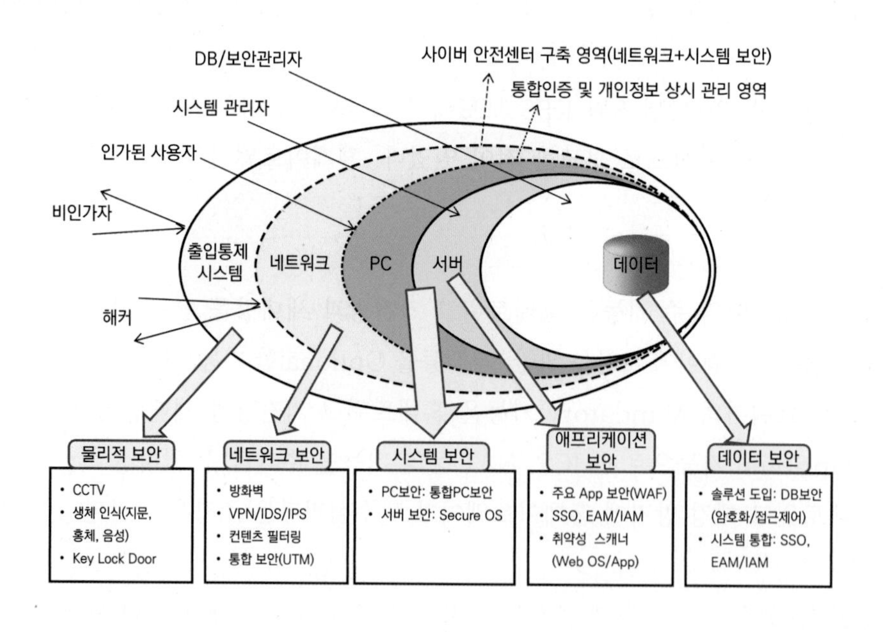


그러므로 암호화 솔루션 또는 논리적 세대망 분리 솔루션 단독 시스템으론 완전하게 보안공격을 방어할 수 없다. 보안솔루션 업체가 자신들의 솔루션은 모든 공격을 완벽하게 방어할 수 있다고 주장하면 그것은 거짓이다.

보안솔루션은 빈틈이 없는 완전한 이상적인 세상 기준에 맞추는 게 아니라, 수많은 제약과 한계를 반영하는 현실 세계에서의 타협으로 결정된다는 사실을 인식해야 한다.

불교의 열반(Nirvana)이나 기독교의 천국처럼, 완전한 세상에 사는 사람들이 고장이나 사고나 오류나 해킹이 전혀 발생하지 않는 완전한 것을 정상인 것으로 인식하는 오류를 Nirvana Fallcacy라고 하는데, 엔지니어들은 그런 오류에 빠지지 않아야 한다.

Q4) 홈네트워크 설비가 왜 최근까지 KS 국가 표준, TTA산업 표준으로 인증받은 제품으로 시공되지 않은 이유는 무엇일까?

ANS)

홈네트워크설비의 KS 국가표준, TTA 산업표준은 2010년대 초중반쯤 산업자원부 주도로 제정이 되었다.

1980년대 홈오토메이션 시장이 오픈되었을 때, 홈오토메이션 시장을 놓고 산자부는 가전시장으로, 국토교통부는 건축의 부가시장으로, 과기정통부는 정보통신기기 시장으로 서로 다르게 봄으로써 표준화 등이 지연되어 시장이 커지질 못했다.

사실 홈네트워크 시장은 성장 잠재력이 엄청나게 큰 시장이지만 기대만큼 성장하지 못하는 이유는 국가별, 지역별, 계층별 서비스 파편화(Fragmentation)가 심하고, 건축과 연계되므로 사업 Life Cycle이 국내의 경우 30~40년(공동주택 재건축 주기)으로 길기 때문이다.

스마트폰 같은 통신단말기기에 비해 TV수상기 등과 같은 가전기기 역시 교체 주기가 긴 것도 비슷한 이유일 것이다. 그런 연유인지 모르겠으나 공동주택 홈네트워크 설비 제조사들이 자사의 독점적인 시장을 유지하기 위해서 KS 국가표준과 TTA 산업표준을 적극적으로 수용하지 않았고, 과기정통부에서도 신경을 쓰지 않았기 때문인지 건축 현장에서 지키지 않은 사장된 표준과 인증 기준이 되어 버렸다.

이런 문제가 홈네트워크 해킹 대책을 논의하는 과정에서 노출이 되었다. 현재 출시되는 월패드 등 홈네트워크 설비는 TTA시험성적서를 받은 사례가 거의 없으며, 현재 받으려고 해도 KS 인증 기준, TTA시험 절차가 너무 오래된 버전이여서 통과할 수가 없으며, TTA에서도 시험성적서를 발급해줄 수 있는 준비가 되어 있지 않다.

그래서 홈네트워크 제조사들이 KC인증서로 대체하게 되었고, 건축현장에서도 통용이 되어왔다. 그러므로 월패드 제조사들이 KC 인증 대신에 TTA시험 성적서를 받으려면 KS 인증 기준과 TTA시험절차가 개정이 되어야 한다.

**Q5)** 이미 준공된 공동주택의 지능형 홈네트워크의 보안을 강화할 수 있는 현실적인 방안은 무엇일까?

**ANS)**

기존 공동주택의 홈네트워크 구축 양상이 다양하므로 단순하게 접근할 수 있는 문제가 아니다. 기존 공동주택의 홈네트워크 설비가 제조사 지향적인 KS 비표준 TTA 무인증 설비로 시공되었기 때문에 월패드 제조사가 도산된 경우에는 고장난 월패드 교체 수리 조차 어려운 실정이다.

건설된지 오래된 공동주택의 홈네트워크는 인터넷과 연동하지 않는 경우도 있는 등 구축방식이 다양하므로 종합적인 검토와 대책이 필요하다.

**Q6)** 만약 국가에서 지능형 홈네트워크 보안 시스템 표준 모델을 개발한다면 어떤 것을 고려해야 할까?

**ANS)**

지능형 홈네트워크는 기술적으로 회사의 LAN과 동일한 기술로 구현된다. 오히려 IoT기기들로 구성되는 세대망이 월패드를 허브로 해서 한 단계 더 구축되어 있다. 그러므로 바람직하기는 회사의 LAN에 적용되는 복합적인 보안솔루션을 적용하고, 전문 기술인력이 상시적으로 관리하는 체계를 구축하는 것이다. 그러나 공동주택단지의 홈네트워크를 회사 LAN수준으로 관리하는 것이 현실적으로 어려울 것이다.

사실 홈네트워크는 근래까지 해킹의 무풍지대였다. 스마트홈 앱에 의한 원격 스마트홈서비스 보급으로 홈네트워크이 인터넷과 연결되는 상황에서도 보안설비로 저렴한 방화벽(Firewall)이 설계에 반영되는 수준이었다.

공동주택 홈네트워크 설계 도면을 보면 방화벽(Firewall)부분이 설계사에 관계없이 복사한 것처럼 똑같다. 그만큼 신경쓸 필요가 없었던 것이다. 현장의 정보통신감리원들은 홈네트워크 보안에 관한 기준이나 근거가 없었기 때문에 찜찜하지만 그냥 넘어갈 수 밖에 없었다.

과기정통부는 "지능형 홈네트워크 설비설치 및 기술기준" 제14조 2(홈네트워크 보안) 제1항 및 제2항 부분에 대한 실무 지침을 제공하기 위해 "홈네트워크 보안가이드"를 제정하여 2022년 12월 16일에 릴리스하였는데, 홈네트워크 장비 보안요구사항으로 다음 5가지를 구체적으로 설명하고 있다.

- ◆ 데이터 기밀성(Confidentiality)
- ◆ 데이터 무결성(Integrity)
- ◆ 인증(Authentification)
- ◆ 접근통제(Acees Control)
- ◆ 전송 데이터 보안

공동주택단지의 홈네트워크의 기술적 수준과 단지 규모, 그리고 투자비용, 지속적인 관리 비용 등을 고려해서 표준 보안모델을 개발하여 제도화해서 설치 근거를 마련해 주면 혼란이 방지될 것이다.

Q7) 지능형 홈네트워크를 지속적으로 관리할 수 있는 효율적인 방안으로 어떤게 있을까?

ANS)

전문 해커들이 활동 영역을 넓혀가고, 해킹 수법이 고도화됨으로써 인터넷 보안 양상도 더욱 고도화되어 나가고 있다. 현재 인터넷 보안 양상은 다음 두 가지 용어로 함축할 수 있다.

- ◆ 모순(矛盾): 고대 중국에서 무기 상인이 창을 팔때는 뚫지 못하는 방패가 없다고 하고, 방패를 팔 때는 막지 못할 창이 없다고 하면서 판매했다는 고사에서 모순이란 단어가 만들어졌는데, 인터넷상에서 바이러스 등 공격수단과 이를 방어하는 보안 솔루션간의 관계가 모순의 관계인 것처럼, 새로운 공격수단이 나오면, 새로운 보안 솔루션이 나오는 등 계속 진화 발전해 나가야 한다.
- ◆ 제궤의혈(堤潰蟻穴): 개미 구멍이 큰 제방을 무너뜨린다는 의미의 사자성어인데, 인터넷 보안 공격의 특성을 잘 표현해주고 있다. 해커들은 끊임없이 홈 네트워크에서 개미구멍을 찾거나 만들고 있다.

이처럼 인터넷과 연동하는 홈네트워크는 보안 관점에서 살아 움직이는 생명체와 같으므로 실시간으로, 체계적으로 관리되어야 한다. 해커들의 공격은 시간을 가리지 않고 이루어지고, 웜과 바이러스 등 공격 수단은 계속 새로운 것이 만들어지기 때문이다.

큰 공동주택 단지에는 관리사무소에 전문인력을 고용토록 하고, 규모가 적은 공동주택 단지는 외부 전문업체에 위탁 관리 계약을 통해 주기적인 점검을 실시토록 하는 것이 바람직할 것이다. 공동주택 관리사무소에 전기설비를 관리하는 전기엔지니어들이 고용되어 있는 것처럼, 4차 산업혁명 시대의 초연결사회(Hyper connectivity Society), 스마트홈 시대를 맞이해서 공동주택 단지의 지능형 홈네트워크를 관리하는 정보통신 엔지니어가 필요할 것이다.

**Q8)** "지능형 홈네트워크 설비 설치 및 기술기준" 고시를 국토교통부, 산자부, 과기정통부 등 3부가 관리하고 있는데, 그로 인한 문제점은 무엇인가?

**ANS)**

고시를 3부 공동으로 관리함으로써 관리기능이 강해지는 것이 아니라 오히려 분산되어 책임감이 약화되는 문제가 있는 것 같다. 이제는 홈네트워크 소관 부서를 과기정통부로 일원화해서 집중 관리하는 것이 바람직할 것 같다.

**Q9)** 이번 홈네트워크 해킹 사건을 계기로 관련 법 가운데서 정비되어야 할 부분으로 어떤게 있을까?

**ANS)**

"정보통신공사업법" 제2조(정의)에 건축물내 정보통신 분야의 설계와 감리 소관을 건축사로 규정해 놓았는데, 이것을 정보통신기술사 소관으로 돌려놓아야 한다. 공동주택 홈네트워크 설계와 감리를 비전문가인 건축사들이 수행할 수 있을지 이해하기 어렵다. 이것은 필연적으로, 불법적인 하도급을 초래하고 설계와 감리 용역 품질의 부실을 가져온다.

"정보통신공사업법" 제2조(정의)는 2023년 6월 30일 개정되어 "건축사법에 따른 건축물의 건축 등은 제외한다"라는 그간 논란이 되었던 소위 '괄호 조항'을 제거하여 정보통신기술자 및 정보통신 엔지니어링사업자가 용역업자로서 건축사와 동등한 지위에서 관련 업무를 수행할 수 있도록 정상화되었다.

그리고 사용전검사 대상설비에 홈네트워크를 추가하도록 "정보통신공사업법"을 개정해야 한다.

그리고 산자부에서 주도해서 2010년대 초중반에 제정된 홈네트워크 KS국가 표준, TTA산업표준 등은 그간에 시간도 많이 경과하였고, 4차 산업혁명 기술의 홈네트워크에 적용으로 IoT 등 새로운 기기들이 홈네트워크에 추가로 도입되는 등 많이 변화되고 발전되었기 때문에 개정 등 재검토가 필요하다. 그리고 "지능형 홈네트워크 설비설치 및 기술기준" 고시 내용 중 홈네트워크 보안 부분을 현실에 맞게 개정해야 한다. 그리고 한국인터넷진흥원(KISA)에서는 고시 개정에 따라 "스마트홈 보안 가이드" 개정 용역을 발주했는데, 앞으로 고시가 개정되면 같이 개정작업이 이루어져야 한다.

Q10) 전국적으로 준공을 목전에 둔 공동주택 건축 현장의 정보통신 감리단으로 건축 준공 승인권을 갖고 있는 지자체 건축과로부터 고시를 철저하게 준수하라는 문서가 하달되고 있어서 현장의 감리원들이 혼란스러워 한다. 홈네트워크 설비업체가 TTA 시험성적서를 받지 못한 사례가 있으나 시간적으로 준공시까지 보완에 어려움이 발생하고 있는바, 이에 대한 현실적인 해결책은 무엇일까?

ANS)

준공을 목전에 두고 있는 공동주택 단지에 "지능형 홈네트워크 설비 설치 및 기술기준" 고시를 준수하라고 하면, 벤더 지향적인 비표준 홈네트워크 설비 환경에서 실행하기가 어렵다. 그러므로 현행법에서 "사용전검사" 대상설비에 홈네트워크 설비가 포함되지 않음으로 "사용전검사 필증"을 발급해주어 준공에 지장이 없게 하는 등 현실적인 처리가 필요하다.

홈네트워크 설비의 TTA 시험성적서 건은 설비 제조사와 협의해서 추후 보완 확약서를 받는 등의 방식으로 현실적이고도 합리적으로 정리하는 게 좋을 것 같지만 현실을 고려한다면 단순한 문제가 아닌 것 같다.

2022년 상반기에 KC 인증 주관부서인 국립전파연구원에서 사용전검사를 주관하는 지자체(통신과)로 월패드 KC인증은 전파 유해성 여부 인증이지 연동과 보안을 인증해주는 것이 아니므로, KS, TTA를 적용해야 한다는 문서를 발송했다. 그런데도 과기정통부(네트워크 정책과)에서는 국토교통부, 산자부와 함께 월패드 인증은 KC 인증으로 충분하다는 보도 자료를 뿌렸다.

이런 상황에서 준공 처리를 위해 아파트 건축 현장의 정보통신감리원이 사용전검사 신청서를 접수하기 위해 지자체(통신과)로 가면, 실무 공무원들은 월패드의 TTA 시험성적서를 요구한다. 사실상 법적으로 홈네트워크 설비는 사용전검사 대상설비가 아닌데도, 월패드 보안이 사회적 이슈가 되고 국립전파연구원의 문서로 인해 지자체(통신과)에서 챙기는 것이다.

과학기술정보통신부와 국립전파연구원간 상반되는 문서로 혼란스러워하던 지자체 사용전검사 부서와 건축 현장으로 산업통상자원부가 KC 인증을 받으면, 홈네트워크 기기 인증을 준수한 것으로 판단할 수 있고, 상호 연동성과 관련하여 KS 등 표준 준수 의무화를 폐지할 예정이라는 문서(2023년 5월 23일)를 발송함으로써 혼란스러운 상황이 일단 수습이 되었다. 현실적인 해결안으로는 KS 국가표준이나 TTA 산업표준 적용을 당분간 유예하고, KS 표준과 TTA시험절차를 현실에 맞게 개정해야 한다.

예를 들어 KS X4506프로토콜은 월패드 중심의 유선통신 표준으로 아래와 같은 홈네트워크 환경변화를 수용하는 방향으로 개정되어야 한다.

- ◆ 홈네트워크 제어방법이 월패드 중심에서 AI스피커, 모바일 등으로 변화
- ◆ 도어락, IoT콘센트 등과 같은 사용기기의 무선화로 유선통신 중심 프로토콜의 한계
- ◆ 글로벌 스마트홈 표준 선점을 위한 치열한 경쟁 전개

## 8 스마트홈 공동주택의 보안 체계 강화 필요성

최근 공동주택도 IoT건물로 발전해 나감에 따라 보안 대책이 강화되어야 한다. 이제까지 공동주택은 해커들의 공격 대상이 되질 않았다. 해커 입장에서 공동주택에 대한 사이버 공격의 여파가 그리 심각하질 않아 돈이 되지 않았기 때문이다.

해커들은 공격이 성공할 경우, 사회 경제적인 여파가 커 이목을 끌 수 있거나 사이버 공격 중단을 미끼로 돈을 갈취할 수 있는 IT회사, 금융회사, 유통회사, 게임회사 등을 타겟으로 삼았다. 그러나 앱, IoT와 접목되어 스마트홈으로 발전해가면 공동주택도 해커들의 공격 대상이 되는 시대가 올 것으로 경고한다.

벌써 "스마트홈 시대 눈앞, 해커가 당신 집 노린다."라는 제목의 기사를 접할 수 있다. 예를 들어 해커가 스마트홈 공동주택을 사이버 공격하여 실내 온도를 비정상적으로 높혀놓고 해지를 조건으로 추적이 불가능한 비트코인을 요구할때가 올거라고 경고한다. 현재 수준의 보안대책으로는 해커들의 공격에 속수무책이 될 것이다.

앞으로 어떤 새로운 형태의 공동주택 사이버 공격이 사회적인 이목을 끌면서 문제를 일으키는 사건으로 인해 공동주택 홈네트워크 보안이 강화되는 계기가 될 것이다.

그러므로 공동주택 단지 홈네트워크 구축시 스마트홈, 스마트 빌딩, 스마트카, 스마트 시티 시대의 도래를 대비해서 보안 대책을 강화해 나가야 한다. 해커들이 가정을 넘어 호텔 등 건물이나 도시 전체를 공격할 가능성이 있어 국가적, 사회적 위협으로 확대되어 나가기 때문이다.

정보통신감리원은 방화벽(Firewall) 등 홈네트워크 보안 설비에 관한 "주요 자재 승인"시에 향후 IoT 스마트홈 공동주택의 보안 규격으로 적절한지 확인해야 한다. 그리고 방화벽(Firewall) 등 홈네트워크 보안 설비 시공 단계에서 시공사로 하여금 "시공 상세도"를 제출하도록 해서 공동주택 단지의 향후 보안 체계의 중요성을 환기시켜야 한다.

**참고** [#감리현장실무: 미래 지향적인 #스마트정보통신감리(3) #공동주택단지 Firewall 보안체계보강] 2020년 3월 25일

**참고** [감리현장실무: #홈네트워크 내부해킹 사례 분석] 2021년 5월 15일

**참고** [감리현장실무: 지능형 홈네트워크 보안 관련 현안 Question & Answer 1~10] 2022년 5월 15일

**참고** [감리현장실무: 홈네트워크 해킹 방지 방안으로 세대망 분리에 꽂힌 이유는?] 2022년 5월 26일

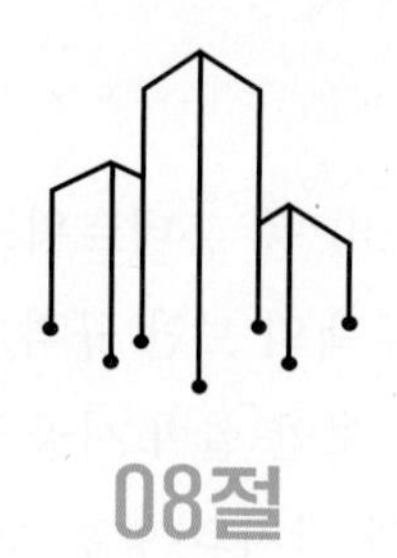

## 08절

# 전기차 충전설비 네트워킹

요즘 건축되는 공동주택은 관련법에 의해 주차 단위 구획 전체 면수의 일정 비율 이상의 전기차 충전용 콘센트를 시공해야 한다.

500세대 이상 주택단지를 건설하는 경우, "환경친화적 자동차의 개발 및 보급 촉진에 관한 법률"에 따라 이동형 충전기를 이용할 수 있는 콘센트를 주차단위 구획 총수를 50으로 나눈 수 이상, 그리고 "주차장법"에 따라 주차단위 구획 총수를 50으로 나눈 수 이상 설치해야 한다. "환경친화적 자동차의 개발 및 보급 촉진에 관한 법률 시행령"에 따르면, 급속 또는 완속 충전시설이 설치된 경우, 동일한 개수의 콘센트가 설치된 것으로 본다.

2020년 1월, "주택 건설기준 등에 관한 규칙" 개정으로 전기차 충전설비 대상을 30세대 이상으로, 콘센트 설치 비율을 2%에서 4%로 확대했다.

신축 공동주택의 경우, 미래 지향적으로 고려하여 전기차 충전 콘센트 설치비율을 법적인 기준보다 훨씬 더 많이 시공하기도 한다.

그런데 전기차 충전기를 전기 콘센트에 꽂고 충전을 하는 경우, 충전 요금 부과 방법이 기능적으로 가능해야 한다. 전기차 충전 설비 관련 도면이 전기 설계도면에 포함되더라도 설비의 상태 모니터링이나 충전 요금을 부과하는 기술은 정보통신 기술이 적용되므로 정보통신감리원이 살펴보고 전기감리원에게 조언해 주는 게 좋다.

## 1 전제 조건

먼저 공동주택 주차장에 전기차 충전용 설비 운영을 위한 고려사항은 다음과 같다.

- ◆ 전기차 충전용 전기요금 체계는 일반 전기요금에 비해 저렴하므로 충전용 전기요금을 분리하기 위해서는 전기공급을 분리할 수 있어야 한다. 기존 공동주택의 경우, 모자 분리가 되는 고전압실이 있는 대형단지여야 가능하다.
- ◆ 전기차 충전기에 의한 무단 도전(전기 요금을 내지 않고 훔쳐쓰는 행위)이 방지되어야 한다.
- ◆ 전기차 충전 요금은 시간대와 장소에 따라 다른데, 전기차 충전요금 부과시 이런 조건이 반영되어야 한다.

## 2 전기차 충전기 종류

전기차 충전기는 충전 소요 시간에 따라 급속 충전기와 완속 충전기로 구분되고, 설치되어 다수의 차량이 공용하는 고정식과 개인이 휴대하고 사용하는 이동식 충전기로 구분된다.

공동주택 입주자들처럼 전기차 소유자들이 이동식 충전기를 소지하고 있는 경우, 공동주택 지하 주차장에는 분리된 전기공급원으로 부터 제공되는 전기차 충전용 콘센트를 설치하고 충전요금을 입주자에게 부과할 수 있는 수단을 갖추면 된다.

오래된 공동주택의 경우에도 모자 분리가 가능한 고전압실이 있으면, 정부보조금과 전기차 충전인프라 제공업체의 지원으로 무료로 전기차 충전 콘센트 설비를 추가로 시공할 수 있지만, 전기차 충전 콘센트 사용이 가능한 주차면이 전기차 전용 주차면이 되어버리는 문제로 입주자 대표회의 통과가 어렵다. 환경부 지정 전기차 충전인프라 제공 지정업체들이 다수 있다.

## 3 전기차 충전 요금 받는 방식

전기차 충전기는 충전 요금을 수금할 수 있어야 한다. 불특정 다수가 사용하는 외부에 설치된 전기차 충전기는 충전 전기 소비량을 계수해서 이용자로 부터 요금을 실시간으로 수금할 수 있어야 한다. 공동주택 지하주차장에 설치되는 전기차 충전용 전기는 일반 용도의 전기와 요금 체계가 다르므로 공급이 분리되어야 한다. 전기차 충전요금은 충전소의 종류와 시간대에 따라 다르다.

전기차의 충전비는 휘발유차의 1/10 정도로 연료비가 절감된다. 그리고 전기차 충전기설비에 충전요금과는 별도로 기본요금을 부과할 예정이다. 아직 전기차 충전기 활용도가 낮기 때문에 전기차 충전기 운영업체들이 기본 요금 부과에 대해 강한 불만을 표출하고 있다. 가장 저렴한 장소와 시간대는 공동주택 지하주차장 충전기에서 심야에 충전하는 것이다.

전기 에너지는 발전되는 전기를 실시간으로 소비하지 않으면 사라져 버린다. 기름, 석탄처럼 재고로 쌓아놓을 수 없다. 물론 밧테리가 있지만 용량이 제한되고, 저장 비용도 엄청 비싸고 DC형태의 전기로만 저장할 수 있다. 그러므로 공동주택이나 주택에서 심야에 남아도는 전기에너지로 수많은 차량을 충전하면 전기에너지를 저장하는 것이므로 에너지 이용 효율 향상에 크게 기여할 것이고, 전기차가 수백만대로 보급되면 수력발전소 여러개 건설한 것과 같은 효과를 기대할 수 있다. 전기차 충전요금을 계수하여 수금하는 방법은 다음과 같다.

### 1) RFID카드로 충전요금 수금

입주자 RFID(13.56 MHz)카드를 이용하여 User를 식별 인증하고 충전요금을 월간 아파트 관리비에 부과하는 방식이다. 모든 입주자 RFID카드를 다 허용하는 것이 아니고 등록된 입주자 카드만을 허용한다.

전기차를 소유하지 않은 세대를 방문한 손님이 전기차를 충전할 경우에 대비하여 전기차 충전을 한시적으로 허용하는 제도도 필요하다.

공동주택 지하 주차장처럼 제한된 이용자들이 전기차를 충전하는 경우, 공동주택 입주민용 RFID카드로 사용자를 식별하여 해당 세대에 관리비로 부과할 수 있다. 이 경우, 전기차 충전요금을 관리하는 서버는 공동주택 방재실에 위치한다. 공동주택 단지 자체적으로도 전기차 충전요금을 계수할 수 있지만, 공동주택 건설시 분리된 분전반에 수용된 콘센트를 시공해놓으면, 전기차 충전기 업체가 공동주택 운영주체와 협의해서 RFID 리더를 콘센트에 설치하고, 전기차 충전기업체에서 공급하는 이동형 전기차 충전기로 전기차를 충전토록 하면, 중앙 요금 센터에서 개인별 충전요금이 계수되어 요금을 부과하는 방식으로 운영하는 방법도 있다. 이 경우, 전기차 충전요금을 관리하는 서버는 전기차 충전기 업체에서 운영한다.

국내에서는 산자부와 정보통신부가 2006년에 PLC 규격을 표준화 하였지만, 보격적으로 상용화되지 않고 있다가 2017년 SK BB가 초고속인터넷 분야의 선두주자인 KT를 따라 잡기 위해 PLC초고속 인터넷 서비스를 제공하기 시작했다. PLC방식의 초고속인터넷은 FTTH 초고속 인터넷에 비해 속도면에서 경쟁이 되지 않지만, 이런 전기차 충전 콘센트와 같은 틈새 분야에서 수요가 있다.

[그림 10-39]는 파워큐브 코리아의 이동형 전기차 충전기인데, 고유한 RFID 태그가 내장되어 있고, 한전 계량기가 내장되어 있다.

**그림 10-39 파워큐브 코리아의 이동형 전기차 충전기**

이동형 전기차 충전기는 파워큐브 코리아의 전자태그 표시가 붙은 콘센트를 이용해야 한다. [그림 10-40]은 전기차 이동형 충전기를 꽂아 사용할 수 있는 전용콘센트인데, RFID리더가 내장되어 있고, PLC방식으로 파워큐브 코리아에서 운용하는 서버와 인터워킹할 수 있다. 그리고 콘센트에 NFC통신설비를 시공하고, 스마트폰에 전기차 충전 관련 앱을 설치하면, 스마트 전기차 콘센트로 구성할 수 있다.

[그림 10-40]은 NFC태그가 내장된 스마트 콘센트이다. 스마트폰에 관련 앱을 설치해서 스마트 콘센트와 인터워킹한다.

그림 10-40 NFC태그가 내장된 스마트 콘센트

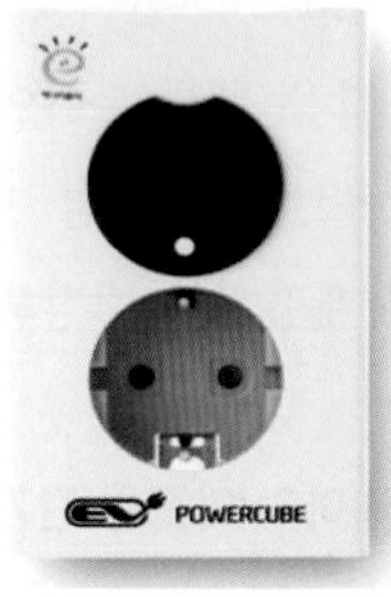


### 2) 일반 신용 카드로 충전요금 수금

전기차 충전 요금수금방식으로 신용카드를 이용하는 방식은 편리하기는 하지만, 법 제도적으로 복잡하다. 신용카드 방식으로 충전요금을 수금하려면, 운영주체인 아파트관리사무소가 사업자 등록을 해야 하고, 충전요금에 세금이 발생하는 등 복잡한 상황이 전개되므로 제한적이다.

이에 비해 아파트단지 지하철 연계상가 등에 설치되는 전기차 충전기는 불특정 다수가 사용하여 신용카드방식을 수용하는 것이 효율적이므로, 외부 전기차 충전업체로 관리를 위탁하는 방식으로 운영하기도 한다.

### 3) 지하층 전기차 충전기와 충전기 관리 서버간의 네트워킹

이동형 전기차 충전기용 콘센트를 이용하는 입주자로부터 충전요금을 받기 위해 방재실 전기차 충전기설비 관리 서버 또는 파워큐브 코리아와 같은 전기차 충전기지원 업체 서버와 인터워킹이 이루어져야 하는데, 이를 위한 네트워킹이 설계에 반영되어 있는지 확인해야 한다.

### 가) 급속 및 완속 충전기: 유선통신방식

지하층 전기차 급속 및 완속충전기를 방재실의 전기차 충전기 관리서버와 유선통신방식으로 네트워킹하는 것이 일반적이다. 전기차 충전기를 UTP Cat5e 케이블로 저층 층통신실의 홈네트워크용 L2 WG스위치 RJ-45포트에 연결하여 방재실의 전기차충전기 관리서버와 홈네트워크를 통해 TCP/IP로 인터워킹되게 한다.

지하층 전기차 충전기는 입주민 RFID 카드로 User를 식별 인증하고, 내장된 전기계량기에서 계량된 충전 전기 사용량을 방재실 전기차 충전기 관리서버로 전송하여 전기차 충전요금이 아파트 월관리비에 합산 청구되게 한다.

### 나) 과금형 충전용 콘센트: 유선통신방식 또는 부분적인 무선통신방식

지하층 전기차 충전용 콘센트는 일반 콘센트와는 달리 충전 전기량을 계량하는 전력량계, 그리고 User를 식별 인증하기 위한 RFID Reader가 추가되어야 하고, 방재실 전기차 충전기 관리서버와 인터워킹할 수 있는 TCP/IP 데이터 통신기능이 부가되어야 한다.

과금형 충전용 콘센트를 방재실 충전기 관리서버와 네트워킹하기 위한 방식으로는 완속 및 급속전기차 충전기와 동일하게 유선통신방식으로 연결할 수 있지만, 수량이 많으므로 전기차 충전 콘센트와 천장 몰드바까지만 부분적으로 무선으로 연결하는 경우가 더 많다.

예를 들어 지하층 천장의 몰드바에 WiFi AP를 설치하여 전기차 충전용 콘센트에 내장된 WiFi단말을 무선으로 연결한다. 몰드바위에 설치된 WiFi AP와 전기차 충전용 콘센트에 내장된 WiFi단말과는 1:n 통신 회선 구성이 가능하므로 WiFi AP 1개당 전기차 충전용 콘센트 다수개를 30~40m 범위에서 수용할 수 있다.

WiFi AP를 방재실 전기차 충전기 관리서버와 연결하기 위해 지하층 동통신실에 설치된 PoE L2스위치의 RJ-45포트에 WiFi AP를 UTP Cat5e케이블로 연결한다. PoE L2스위치는 WiFi AP에 전원을 공급하고, 집선 기능을 수행한다. PoE L2스위치는 가까운 층통신실의 홈네트워크용 L2 WG스위치의 RJ-45포트에 연결된다.

이와 같이 WiFi AP가 다수의 전기차 충전용 콘센트 내장 WiFi단말을 집선시킬 뿐 아니라, PoE L2스위치에서도 집선기능을 수행한 후 홈네트워크에 수용하므로 효율적이다.

전기차 충전용 콘센트를 방재실 전기차 충전기 관리서버와 연결하는데 사용되는 WiFi 네트워크는 일반 이용자들이 접근할 수 없는 폐쇄 네트워크로 운영되어야 하므로, WiFi AP는 고유한 자신의 SSID를 방송하지 않게 조치되어야 한다. 전기차 충전용 콘센트의 WiFi단말은 특정 WiFi AP에 고정적으로 수용되어야 하는데, 가장 가까운 WiFI AP가 Primary Homing이 되고, 그 다음 가까운 WiFi AP가 Secondary Homing이 되도록 셋팅하여 Primary WiFi AP의 고장에 대비해야 한다.

[그림 10-41]은 이동식 전기차 충전기 네트워킹 사례를 보여주는데, 전기차 충전기업체의 지원으로 구축한다.

파워큐브코리아의 이동형 전기차충전기를 사용하는 경우, 모자 분리된 전원의 지하층 인근 전기패널PM과 충전전용 콘센트간에 전기케이블 배관 CD 22C x 1과 배선 HFIX $2.5mm^2$x2c와 접지선E-$2.5m^2$만 반영되어 있으면 충분하고, 준공 후 파워큐브 코리아와 같은 전기차 충전기지원 업체에 신청하면, RFID태그 내장과 PLC 연결 등 추가 시공이 이루어진다.

**그림 10-41 이동식 전기차 충전기 네트워킹**

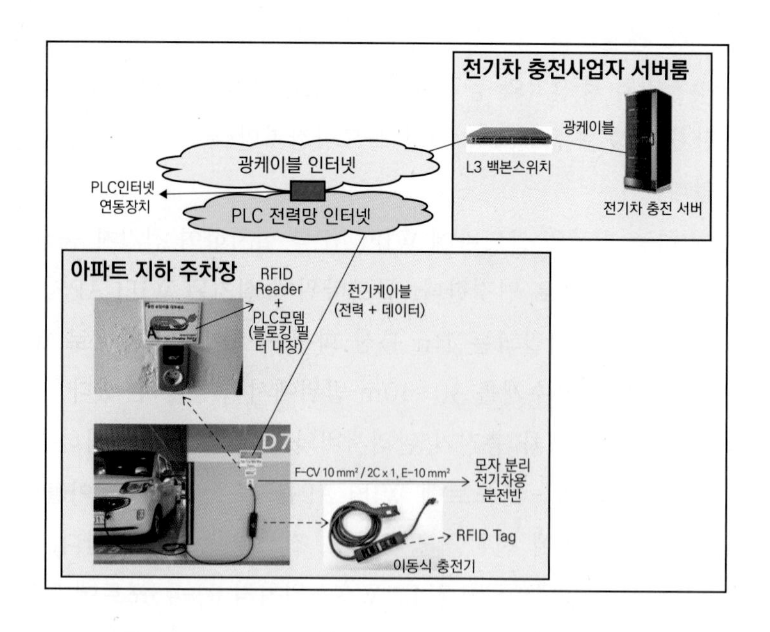

전기차 충전기 설비가 전기감리 소관이지만, 전기차 충전기 상태 모니터링, 설치 환경에 따른 충전 요금 계산 및 수금 관련 기능이 적절한지 검토는 정보통신감리가 지원해 주는 게 좋다.

**권고 사항!**

감리하고 있는 현장의 전기차 충전설비 관련으로 특히 충전 요금 부과 방식이 어떻게 구현되는지 확인하기 바란다.
전기차 화재 발생시 리튬이온 배터리의 열폭주 현상으로 인해 아직 효율적인 진화방법이 나오지 않는 상황인데, 전기차 충전설비들의 위치, 감시 등의 적절성 여부를 확인해보기 바란다.

**참고** [감리현장실무: 공동주택 주차장 #전기차충전기 충전요금 부과 방식 검토] 2020년 12월 21일

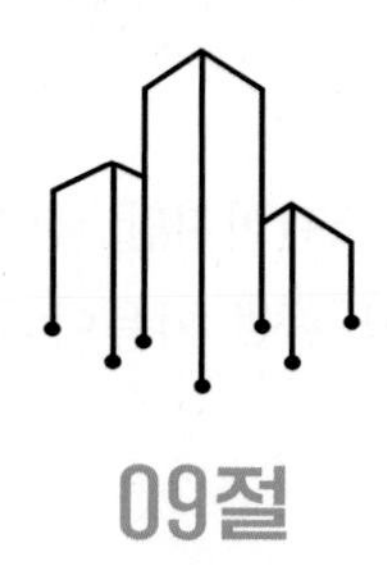

# 09절

# 정보통신설비 예비율(Redundency) 적용시 고려사항

정보통신설비에서 고장이 발생하는 경우를 대비하여 설비에 예비율(Redundency)을 적용하는데, 그 적용 범위와 기준이 구체적으로 규정되어 있지 않아 현장에서 혼란스러워하는데, 어떻게 대응해야 할지 알아본다.

## 1 정보통신설비 예비율 적용시 고려사항

정보통신설비 설계시 예비율을 결정할 때 고려해야 하는 사항으로는 다음과 같은 것들이 있다.

### 1) 정보통신설비가 Pubic Network or Private Network 중 어디에 사용되는지?

초고속 인터넷, 집전화 등 서비스를 제공하는 Public Network에 사용되는 정보통신설비의 예비율이 높아야 한다. 공동주택 단지내 각종 네트워크는 Private Network에 속한다. 그러나 초고속인터넷과 집전화 서비스를 제공하는데 사용되는 "정보통신설비"는 Public Network의 Extention으로 볼 수 있다.

### 2) 서비스 중단시 피해의 정도

해당 설비로 제공되는 서비스가 고장으로 인해 중단되는 경우 발생하는 피해 정도를 고려해야 한다. 예를 들면, 공동주택 단지망에서 원격검침설비가 고장나는 경우와 집전화설비가 고장나는 경우를 비교하면, 후자가 받는 영향이 더 크다. 그리고 집전화설비와 초고속정보통신 설비의 고장으로 인해 받는 영향을 비교하면, 초고속정보통신설비 고장이 더 큰 영향을 미친다.

### 3) 서비스 중단시 피해의 범위

해당 설비로 제공되는 서비스가 고장으로 인해 중단되는 경우, 발생하는 피해 범위를 고려해야 한다. 공동주택 단지의 네트워크는 다음과 같이 구분된다.

- 구내간선계
- 건물간선계
- 수평배선계

위 3개 네트워크계에서 고장 발생시 미치는 범위를 비교해 보면, 구내간선계가 제일 크고, 수평배선계가 제일 적다. 그래서 공동주택단지의 정보통신설비 중 초고속인터넷용 광케이블 구내간선계, 홈네트워크 광케이블 구내간선계, 영상정보처리기기(CCTV) 광케이블 구내간선계 등은 이중화되어 있는데 비해, 수평배선계는 이중화 하지 않는다.

### 4) 고장 발생시 수리의 효율성

정보통신설비에서 고장 발생시, 바람직한 것은 신속하게 고장을 검출하여 수리하는 것이다. 그걸 MTTR(Mean Time To Repair)라는 용어로 표현하는데, 고장수리 요원의 기량, 그리고 예비부품 관리 효율성 등에 영향을 받는다.

네트워크의 구성을 전송회선에 해당되는 Link와 시스템에 해당되는 Node로 구분할때, 실내(Inside)에 위치하는 Node에 비해, 실외(Outside)에 위치하는 Link의 고장 수리가 더 어렵다. 그리고 Node는 고장 자동검출경보 기능과 같은 Intelligence를 갖는데 비해, Link는 그런 기능이 취약하다. 그 결과 공동주택 단지의 홈네트워크에서 Node에 해당되는 L2 WG스위치는 이중화하지 않더라도 Link에 해당되는 광케이블은 이중화를 적용한다.

### 5) Trade-off between Cost and Service Quality

정보통신설비가 제공하는 서비스의 Quality와 Cost 간에는 Trafe-off Relation이 있다. 그러므로 네트워크 설비 Owner와 User간의 합의로 타협안을 결정해야 한다. Quality가 올라가면 Cost도 올라가므로, 무조건 최상의 Quality를 요구할 수 없다. 그래서 우리가 일상에서 이용하는 Service Quality는 최상(Best)이 아니고, 최적(Compromised)인 경우가 대부분이다.

그러나 예외도 있다. 인공위성을 쏘아 올리고, 지구국과 위성간의 제어 등을 위한 통신회선 구성시는 Cost를 고려치 않고 최상의 Redundency로 구축한다. 그 이유는 위성과 지구국을 연결하는 통신회선에서 고장이 발생하면, 수리하기가 불가능하고, 결과적으로 고가의 위성이 무용지물이 되기 때문이다.

## 2 정보통신설비에서 고장 발생시 수리 절차

Redundency가 적용되어 있는 정보통신시스템에 적용되는 고장수리 절차는 다음과 같다.

- ◆ Fault occur
- ◆ Fault detect
- ◆ Fault alarm
- ◆ Fault localize
- ◆ Fault isolate
- ◆ Protection switching
- ◆ Fault repair
- ◆ Recovery

[그림 10-42]는 이중화 Redundency를 갖는 교환시스템에서 고장 발생시 운영 절차를 나타낸다. 정보통신설비에서 위의 일반적인 고장수리 절차에 따라 고장이 발생하면, 고장 발생 상태를 검출하여 경보를 발령하여 설비운영 관리자에게 알리고, 고장 위치를 확인하고 고장이 다른 부분에 영향을 미치지 못하게 분리하고, 예비설비가 준비되어 있는 경우 절체하고, 고장난 부분을 수리하거나 예비 설비로 교체한 후,

원상으로 환원한다.

**그림 10-42 교환시스템 운영 절차**

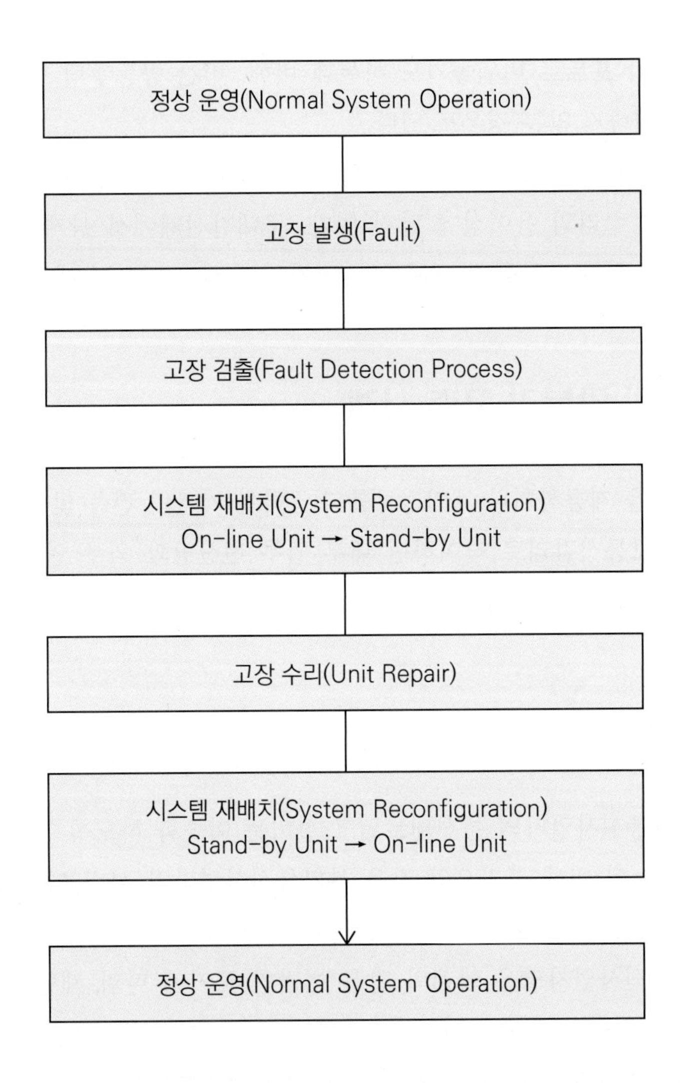


## 3 일반 공동주택 단지 정보통신설비의 적정 예비율은?

공동주택 단지를 대상으로 정보통신설비의 예비율(Redundency)을 볼 때, 관리 사무소(방재실/단지통신실)~각 동 간의 구내간선계는 이중화하는 것이 바람직하다.

홈네트워크를 사례로 들어보면, 방재실/단지통신실~각 동 TPS실 구간의 구내간선계에서 TPS실의 설비를 링크와 노드 관점에서 보면, 링크에 해당되는 광케이블은 이중화(SMF x4c, 2c는 사용, 2c는 예비)되어 있는데 비해, 노드에 해당되는 L2 WG스위치는 이중화되지 않고, RJ-45포트 레벨에서만 예비율을 적용한다. LH현장에서는 10% 정도를 예비 포트로 비워놓기도 하는데 비해, 민간 공동주택 현장은 꽉 채워서 예비 포트를 고려하지 않는 경우도 있다.

왜 이렇게 링크는 Redundency를 적용하는데 비해, 노드는 적용하지 않을까? 그건 고장 발생 시 수리의 용이성에 달려 있다. 구내간선계에서 광케이블이 절단되는 고장과 L2 WG스위치 고장을 비교해보면, 전자의 수리가 어렵기 때문이다.

## 4 이중화 및 망분리 구축 사례

국가 기간망을 제공하거나 개인정보를 취급하는 기관의 건축 및 네트워크 인프라 구축 현장에 정보통신감리로 참여하면 내부 업무 전산망과 외부 인터넷망간의 망분리 규제와 네트워크 인프라 이중화 요구조건 등이 설계도서 등에 잘 반영되었는지 살펴봐야 한다.

### 1) 국가 기간통신사업자망의 이중화 구축

KT 등 기간통신사업자의 통신네트워크 설비는 이중화 하도록 "방송통신기본법"에 규정되어 있는데 비해 카카오와 같은 부가통신사업자의 설비 이중화는 법적으로 규정되어 있지 않다.

국가 기간통신사업자망은 아래와 같은 법적인 근거에 따라 재난 등의 상황에서 중단되지 않도록 이중화 해야 한다.

- ◆ "방송통신발전기본법" 제35조(방송통신재난기본관리계획의 수립)
- ◆ "방송통신발전기본법 시행령" 제23조(주요 방송통신사업자의 보고), 제27조(주요 방송통신사업자)
- ◆ "주요통신사업자의 통신시설 등급 지정 및 관리 기준"(고시)

2022년 10월 카카오 분당 데이터 센터 화재로 인한 카카오 블랙 아웃을 계기로 "방송통신기본법"을 개정하여 부가통신사업자의 네트워크 인프라도 이중화 의무화하도록 법 개정을 추진할 예정이다.

### 2) 국가, 공공기관, 금융기관 업무망의 인터넷과 망 분리

국가, 공공 기관, 금융기관 등은 내부 업무망을 인터넷망과 분리시켜야 한다. 망 분리 방식에는 물리적 망분리와 논리적 망분리 방식이 있다.

"국가정보보안 기본지침" 제33조에 따르면, "각급 기관(공공기관 포함)의 장은 업무 자료를 소통하기 위한 전산망(업무망) 구축시 인터넷과 분리하도록 망을 설계해야 한다"라고 규정되어 있다.

공공기관은 일반적으로 물리적 망분리기법을 적용하는데, End User의 PC단말까지 분리되어야 한다. 이 경우 업무용PC를 연결하는 1회선, 인터넷용 PC를 연결하는 1회선 등 2회선이 필요하다. 이에 비해 고급기술인력을 보유하고 있는 금융기관은 논리적 망분리기법을 적용한다.

공공기관, 금융기관, 100만 이상 개인 정보보유사업자는 업무망을 인터넷망과 분리토록 법제화되어 있다. "정보통신망법", "개인정보보호법", 금융위원회의 "금융전산 망분리 가이드라인"(2013년 7월) 등에 망분리에 관한 내용이 언급되어 있다.

"전자금융거래법" 제21조(안전성의 확보의무), "전자금융 감독 규정" 제15조(해킹 등 방지대책)에 금융사와 전자금융업자는 내부업무망과 외부 인터넷을 망분리해야 한다라고 규정한다. 개인정보처리 시스템에 액세스하는 이용자수가 100만/day 이상이거나 연매출이 100억원 이상이면 망분리를 시행해야 한다.

### 3) 금융사/증권사/카드사의 DR(Disaster Recovery) 센터 구축

2001년 9.11 사태를 계기로 금융당국은 "재해 복구 구축안"을 통해 은행, 증권, 카드사들에게 재해 발생시점에서 3시간이내 정상 영업이 가능한 Mirroring수준의 DR센터를, 제2금융기관은 24시간이내 정상영업이 가능한 DR센터 구축을 요구했고, 2003년 1월부터 권고사항을 의무 사항으로 변경했다.

그 결과 금융사들은 평상시의 IDC센터와 비상시 DR센터를 분리해 운영하고 있다. 구글, MS, 메타 등 빅테크 기업들은 DR센터를 운영하고 있다.

주센터(IDC센터)와 DR센터는 지리적으로 30Km 이상 떨어지는 걸 권장하고 있다. 두개 센터가 동일 재해에 같이 영향을 받는걸 방지하기 위함이다.

DR사이트 운영 방식은 다음과 같다.

- Mirror Site: IDC와 DR센터를 Active-Active로 운영하다가, 재해 발생으로 IDC중단시 바로 DR센터로 전환할 수 있다.
- Hot Site: IDC와 DR센터를 Active-Stand by로 운영하다가, 재해 발생으로 IDC중단시 수시간 이내에 DR센터로 전환할 수 있으며, 대부분 금융사들이 선택한 방식이다.
- Warm Site: IDC센터가 재해 발생으로 중단시 DR센터로 전환시간이 상대적으로 더 소요된다.
- Cold Site: IDC센터가 재해 발생으로 중단시 DR센터로 전환에 상대적으로 더 긴 시간이 소요된다.

### 4) 공동주택 지능형 홈네트워크의 세대 망분리

"지능형 홈네트워크 설비 설치 및 기술기준" 제14조 2(홈네트워크 보안)에서 세대 망 분리를 다음과 같이 의무화하고 있는데, 그 이유는 해킹으로부터 개인 정보를 보호하기 위해서이다. 해당 규정은 다음과 같다.

"1. 단지 서버와 세대별 홈게이트웨이 사이의 망은 전송되는 데이터의 노출, 탈취 등을 방지하기 위해 물리적 방법으로 분리하거나 소프트웨어를 이용한 가상사설통신망(VPN), 가상근거리망(VLAN), 암호화(Encription) 기술 등을 활용하여 논리적 방법으로 분리하여 구성하여야 한다."

**권고 사항!**

현실 세상에서는 정보통신설비들이 일정 확률로 고장이 나게 되어 있다. 고장이 전혀 발생하지 않는 것이 정상이 아니라, 일정 확률로 고장이 발생하는 게 정상이다. 그렇다면 현실적으로 특정 정보통신설비의 예비율도 이와 같은 관점에서 결정해야 한다.

최근 지구 온난화 등 기상 이변으로 엄청난 폭우가 단시간내 집중적으로 내려서 인명과 재산손실이 발생하는데, 이와 같은 상황에서 지자체 당국자가 서울시 배수시설은 30년 빈도, 50년 장마 빈도로 설계되었는데, 이번엔 100년빈도, 500년 빈도의 장마비가 내렸다고 하면, 포퓰리즘에 익숙한 정치인들은 대뜸 100년 빈도로 설계하라고 요구한다. 그러나 이건 적절한 대책이 아니다. 제한적인 예산을 장마대책에 과잉 투자해버리면, 폭설 대책과 산불대책에 쓸 예산이 부족해져서 폭설피해와 산불 피해가 증가하기 때문이다.

이런 사례에서 보는 것처럼, 정보통신설비의 예비율은 고장이 없는 완전한 이상적인 세상 기준에 맞추는 게 아니라, 수많은 제약과 한계를 반영하는 현실 세계에서의 타협으로 결정된다는 사실을 인식해야 한다.

불교의 열반(Nirvana)이나 기독교의 천국 처럼, 완전한 세상에 사는 사람들이 고장이나 사고가 전혀 나지않는 완전한 것을 정상인 것으로 인식하는 오류를 Nirvana Fallcacy라고 하는데, 우리 엔지니어들은 그런 오류에 빠지지 말아야 한다.

**참고** [감리현장실무: 애매모호한 토픽 2, 서버 등 #주요정보통신시스템_이중화] 2021년 11월 8일

**참고** [감리현장실무: 정보통신설비의 예비율] 2022년 4월 11일

**참고** [감리현장실무: 정보통신 설비 예비율, Redudndency, Stand by] 2022년 9월 8일

# 참고문헌


1. 정보통신공사 감리업무 수행기준(2019.12)
2. 초고속정보통신건물인증업무 처리 지침(2021.11.22.)
3. 방송통신발전기본법 및 방송통신발전기본법 시행령
4. 접지설비 · 구내통신설비 · 선로설비 및 통신공동구등에 대한 기술기준
5. 방송통신설비의 기술기준에 관한 규정
6. 정보통신공사업법 및 정보통신공사업법 시행령, 시행규칙
7. 정보통신공사업법 시행에 관한 규정
8. 건축법 및 건축법 시행령
9. 주택법 및 주택법 시행령
10. 주택건설기준 등에 관한 규정
11. 주택건설기준 등에 관한 규칙
12. 지능형 홈네트워크 설비 설치 및 기술기준에 관한 고시(2022.7.1)
13. 방송공동수신설비의 설치 기준에 관한 고시
14. 범죄예방 건축기준 고시
15. 주차장법 시행규칙
16. 화재안전 기준(NFSC-202, NFSC-505, NFSC-604)
17. 민간분야 영상정보처리기기 설치운영 가이드라인(행정자치부)
18. 전파법 및 전파법 시행령
19. 방송법 및 방송법 시행령
20. 개인정보보호법 및 개인정보보호법 시행령
21. 전기통신사업법 및 전기통신사업법 시행령
22. 건설공사 사업관리방식 검토기준 및 업무수행지침
23. 주택건설공사 감리업무 세부기준(국토교통부)

24. 영유아보육법
25. 행정기관 및 공공기관 정보시스템 구축운영 지침
26. 방송통신기자재 등의 적합성평가에 관한 고시
27. 정보통신망 이용촉진 및 정보보호 등에 관한 법률
28. 홈네트워크 보안 가이드
29. 홈가전 IoT 보안가이드
30. 정보보호인증기준 상세 해설서
31. 홈네트워크 건물인증 보안점검 가이드

## ▣ 저자소개

### ☞ 이상일

경북대 전자공학과 졸업
연세대 공학대학원 전자공학과 졸업
정보통신기술사(ICT PE)
(현) 세광티이씨 전무
(전) 공군통신장교 대위 전역
(전) 한국전자통신연구원 선임연구원
(전) KT 연구소 상무보
(전) 송파헬리오시티(9510세대) 정보통신감리단장 역임

저서 정보통신감리실무 가이드북, 건기원, 2019년
건축정보통신설계감리 길라잡이, NT 미디어, 2015년

### ☞ 원충호

연세대학교 공학대학원(석사)
경기대학교 대학원 전자공학(박사)
한국방송공사(KBS), SBS정년퇴직, 강원대학교 미디어융합학부 초빙교수
정보통신기술사
(현) 안세기술 엔지니어링 3본부 이사, 국도 ITS 감리단
(현) 국가기술자격제도 위원(KCA), 국가직무체계(NCS 개발, 개선, 집필 등)
(현) IITP, TIPA, RAPA, KCA, KEA, 방송통신 ISC 기술 자문위원
(현) 대한민국 산업현장교수(정보통신, 중소기업 기술지원)
(현) 강원도, 서울시 공동주택품질관리단(통신), 서울주택도시공사(SH) 자문위원

(현) ICT 폴리텍대학 실무강의(비정기, 방송시스템 설계 및 구축과정, 재난방송 음향 실무과정)
(전) 서울시 건설심의위원, 조달청 우수제품 심사위원
(전) 국가철도공단 기술자문
(전) 중소기업청 기술개발 자문

저서 방송통신기술과 융합서비스 현장실무, 내하 출판사, 2021년 6월

☞ **박종규**

호서대 정보통신공학과 졸업
건국대 정보통신대학원 정보보안학과 졸업
정보통신기술사(ICT PE), 정보시스템감리원, 개인정보영향평가(PIA)
(현) 예향엔지니어링 상무
(현) 00시 ITS(지능형교통체계)구축사업 감리
(전) ㈜팬택 중앙연구소, NH농협은행 IT부문

저서 답이 보이는 정보보안기사/산업기사, NT미디어, 2013년
답이 보이는 정보보안기사 실기완벽대비, NT미디어, 2013년

개정판
건축정보통신 실전 스마트 감리

초판발행 2023년 4월 30일
개정판발행 2024년 2월 29일

지은이 이상일·원충호·박종규
펴낸이 안종만·안상준

편 집 탁종민
기획/마케팅 장규식
표지디자인 이영경
제 작 고철민·조영환

펴낸곳 (주) 박영사
서울특별시 금천구 가산디지털2로 53, 210호(가산동, 한라시그마밸리)
등록 1959.3.11. 제300-1959-1호(倫)
전 화 02)733-6771
f a x 02)736-4818
e-mail pys@pybook.co.kr
homepage www.pybook.co.kr
ISBN 979-11-303-1923-0 93560



정 가 53,000원